Rainer Bode
Artur Wittern

Mineralien und Fundstellen

Bundesrepublik Deutschland

Idar-Oberstein - das Mekka Nr. 1 für alle Mineraliensammler. Das Foto zeigt die berühmte Felsenkirche, darunter das Heimatmuseum, in dem viele Kristallschätze zu bewundern sind.

Rainer Bode, Artur Wittern

Mineralien und Fundstellen

Bundesrepublik Deutschland

bode

Dank

Das vorliegende Buch hat die Unterstützung von vielen Freunden und Bekannten gefunden, die korrigiert, redigiert, Texte bearbeitet, wertvolle Anregungen und neue Fundorte mitgeteilt haben.

Der besondere Dank der Autoren gilt vor allem den Beteiligten, die mit ihrem fachmännischen Rat die Entstehung des Buches begleitet haben. Zu nennen sind an erster Stelle Reinhardt Baade/Wermelskirchen und Markus Muhr/Troisdorf, die u.a. auch die Fundstellen der Eifel und des Oberbergischen Erzbezirks bearbeitet haben, sowie Dr. Roland Dietrich/Wiesbaden und Wolfgang Schreiber/Neu-Isenburg.

Ferner schulden die Verfasser besonderen Dank den folgenden Personen für ihre Mitarbeit am Fundstellenteil: Volker Betz/Taunusstein (Vogelsberg), Detlef Dederscheck/Bad Homburg (Taunus), Martin und Andreas Habel/Passau (Bayerischer Wald), Hado Heckmann/Essen (Velberter Erzbezirk), Dr. Wolfgang Hofmeister/Mainz (Pfalz), Roland Rank/Hof (Fichtelgebirge), Jens Schneider/Waldgirmes (Siegerland, Lahn-Dill-Gebiet), Wilfried Seyb/Dortmund (Sauerland), Dr. Uwe Steinkamm/Goslar (Westharz), Walter Tischer/Lünen (Sauerland).

Hilfreiche Hinweise und fachlichen Beistand erhielten die Verfasser von Horst Bauer/Singhofen, Siegfried Flach/Damme, Gerd Helsper/Siegen-Gosenbach, Manfred Henkel/Würzburg, Walter Höger/Hohenlimburg, Erich Keck/Etzenricht, Walter Konrad/Freiburg, Dr. Olaf Medenbach/Witten, Rolf Mell/Fuldabrück, Kurt Noll/Wattenheim, Alfred Peth/Idar-Oberstein, Dr. Klaus Stedingk/Berlin und Johannes Zapel/Lemgo. Auch ihnen sei herzlich gedankt.

Für die mühevolle Aufgabe, über viele Wochen Korrekturen am PC auszuführen, danken wir Frau Ingrid Feldmann/Haltern.

Für die Erstellung der Übersichtskarten sei den Herren Dieter Bender/Marl und Theo Müther/Münster gedankt.

Schließlich sei auch den Herren Renners und Möllmann von der Fa. Rehms-Druck/Borken sowie Herrn Bense von der Fa. Computer U. Bense GmbH/Coesfeld unser Dank ausgesprochen, da dieses Buch ohne ihre Hilfe nicht mit dem modernen "Werkzeug" unserer Zeit, dem Personal-Computer in Verbindung mit Desktop-Publishing, hätte erstellt werden können.

Abkürzungen

A	Der Aufschluß, VFMG Heidelberg
Am. Min.	American Mineralogist, USA
ASo	Der Aufschluß, Sonderband
EH	Emser Hefte, Bode-Verlag, Haltern
fluoresz.	fluoresziert
hex.	hexagonal
kub.	kubisch
kw	kurzwellig
L	Lapis, München
lw	langwellig
M	Magma, Bochum/Haltern
Min.Rec.	Mineralogical Record, Tucson/USA
mon.	monoklin
N.Jb.Min.Mh.	Neues Jahrbuch für Mineralogie, Monatshefte
okt.	oktaedrisch
orth.	orthorhombisch
prim.	primär
ps	pseudo-
pseudom.	pseudomorph
S	Schlackenmineral
sek.	sekundär
tet.	tetragonal
trig.	trigonal
trik.	triklin
U	Veröffentlichung unbekannt
UV	Ultraviolettes Licht

1. Auflage November 1989
Gedruckt in der
Bundesrepublik Deutschland

Layout, Produktionsleitung: Rainer Bode
Satz: Bode, Haltern
Belichtung: Linotronic 300, Fa. Rehms-Druck
Farblithografie: LT-Litho GmbH, Thüngen
Druck: Rehms-Druck, Borken, Westf.
Bindearbeiten: Terbeck, Coesfeld

ISBN 3-925094-24-5
Bestellungen über jede Buchhandlung
oder beim
Doris Bode Verlag GmbH
Dürnberg 2
D-4358 Haltern 4
Tel. 02364-16107

Inhalt

Seite 7. Rhodochrositkristalle in besonders schöner Ausbildung von der berühmten Fundstelle Grube Wolf in Herdorf/Siegerland. Bildbreite ca. 3 cm.

Vorwort

Wie sich ein Philatelist nur den Briefmarken der Bundesrepublik Deutschland widmet, so gibt es auch Freunde der Mineralien, die sich beim Sammeln auf den Raum des eigenen Staates beschränken. Wie die Sammler bundesdeutscher Postwertzeichen gehen sie davon aus, daß sie am ehesten im eigenen Land zu einer gewissen Vollständigkeit ihrer Sammlung gelangen. Hinzu kommt, daß solches Sammeln mit geringeren Kosten verknüpft ist als der Aufbau einer weltweiten systematischen Sammlung. Wer noch selber sammeln und seine überzähligen Schätze später vertauschen möchte, ohne daß es ihn mehr als einen Sommerurlaub kostet, der bleibe im Lande und schürfe tüchtig, allerdings ohne der Umwelt zu schaden. Überdies führen ihn die Sammelreisen oft zu landschaftlich reizvollen Stellen, wohin er sonst wohl nie käme.

Einer verfrühten Hoffnung sei aber hier schon vorgebeugt: Nicht alle beschriebenen Mineralien sind leicht oder überhaupt noch zu finden, meistens schon gar nicht in der Qualität der abgebildeten Farbfotos. Dennoch sind für den, der die Augen offen hat und die Anstrengung weiter Wege nicht scheut, genug Fundmöglichkeiten vorhanden. Die Mineralien historischer Fundpunkte werden in die Zusammenstellung mit einbezogen, da der Erwerb solcher Stufen aus alten Sammlungen oder wenigstens ihre Betrachtung in den Schauvitrinen der Institute und Bergbaumuseen möglich ist.

Für die Teilgebiete der Bundesrepublik Deutschland besteht kein Mangel an mineralogischer Fachliteratur, die auch den Vorzug größerer Ausführlichkeit hat. Die meisten Sammler kennen sicher die vielen Veröffentlichungen, z.B. über den Schwarzwald, den Harz, die Oberpfalz und die Vulkaneifel. Die Verfasser sehen ihre Aufgabe darin, den auf viele Einzelwerke und Artikel verteilten Stoff in einer Art "Gesamtaufnahme" darzustellen. Die angestrebte Vollständigkeit erfordert allerdings, die gesamten Erkenntnisse sehr gestrafft darzustellen. Das bedeutet eine Beschränkung auf das Notwendige und doch Kennzeichnende. Dabei ist natürlich einzuräumen, daß bei den Fundstellen nicht jeder kleine Aufschluß berücksichtigt werden kann, der nur unbedeutende Funde geliefert hat. Außerdem läßt sich nicht vermeiden, daß manche Fundstellen ausführlicher, andere dagegen nur knapp behandelt werden.

Die Mineralien werden in einer Art Telegrammstil beschrieben, und zwar nach der Systematik von Hugo Strunz, die auf kristallchemischen Kriterien beruht. Das hat den Vorteil, daß sich ein Sammler bei der Einordnung seiner Funde davon leiten lassen kann. Neben dem wissenschaftlichen Namen des Minerals erscheinen als mineralogische Daten die Formel und die Kristallform. Auf jede Einzelbeschreibung folgt die Angabe verschiedener Fundpunkte des Minerals, die von den Verfassern als "einigermaßen" repräsentativ angesehen werden. Jedem genannten Vorkommen wird nach Möglichkeit ein Literaturhinweis beigefügt, mit dessen Hilfe sich der Leser weitergehende Kenntnisse über das jeweilige Mineral, seine Paragenese und seine Fundstellen verschaffen kann. Dazu möchte auch das Literaturverzeichnis über das sonstige benutzte Schrifttum am Ende des Buches beitragen.

Dieses Buch ist nicht nur für den Sammler gedacht, der eine Mineraliensammlung "Bundesrepublik Deutschland" anstrebt - etwa als Regionalsammlung im Hinblick auf ein vereinigtes Europa- sondern auch für den Systematiker, der wissen möchte, welche Mineralien das eigene Land zu seiner Sammlung beisteuern kann. Er wird sehen, daß das gar nicht so wenige sind. Nicht minder ist an solche Sammler gedacht, die in den Grenzen der Bundesrepublik eine oder mehrere Lokalsammlungen aufgebaut haben oder noch zusammentragen möchten.

Der Fundstellenteil enthält Kartenskizzen zu den 30 ausgewählten Fundstellengebieten. Die Ziffern in den Karten weisen auf die im Buch beschriebenen Fundorte hin, auf die sich weitere Erläuterungen und auf den neuesten Stand gebrachte Listen über den Mineralbestand beziehen. Ohne als ausgesprochener Fundstellenführer gelten zu wollen, enthält das Buch so zahlreiche Fakten, daß es eine echte Fundgrube zum Nachschlagen, zum Informieren und zur Vorbereitung von Exkursionen darstellt. In diesem Zusammenhang sei darauf hingewiesen, daß beim Betreten von Steinbrüchen und Bergbauanlagen grundsätzlich die Erlaubnis der Betreiber eingeholt werden muß.

Schließlich möchte das Buch den Lesern, nicht zuletzt durch die zahlreichen Farbaufnahmen, ein überzeugendes Bild von Mannigfaltigkeit und Schönheit der Mineralien vermitteln, die die Bundesrepublik Deutschland zu bieten hat.

Der Titel des Buches "Mineralien und Fundstellen in der Bundesrepublik Deutschland" wurde mit Bedacht gewählt, da ein vorangestelltes "Die" den Anspruch auf lückenlose Vollständigkeit bedeutet hätte. Zwar haben sich die Verfasser bemüht, alle bisher in unserem Land gefundenen und beschriebenen Mineralien zu erfassen. Es ist aber durchaus denkbar, daß trotz aller Anstrengungen das eine oder andere Mineral nicht zu ihrer Kenntnis gelangte. Daher sind die Autoren für jeden Hinweis dankbar, der eine weitere Vollständigkeit herbeiführt.

Möge dieses Buch allen Sammlern und Freunden der Mineralien Hilfe und Anlaß zur Freude zugleich sein!

Artur Wittern, Rainer Bode,
im Dezember 1989.

1. Norddeutschland

1. Helgoland
2. Der Lüneburger Kalkberg
3. Der Segeberger Kalkberg
4. Kalksteinbruch Lieth bei Elmshorn
5. Joldelund, Kr. Nordfriesland
6. Salzhorst Wathlingen-Hänigsen bei Celle
7. Kreidegrube Misburg bei Hannover

Das norddeutsche Flachland erhielt seine heutige Oberflächengestalt im Pleistozän, als gewaltige Inlandeismassen aus dem Norden das Gebiet bis zu 400 m Höhe mit Gletscherschutt überdeckten. Mineralogisch interessant wird es an den Stellen, wo wie durch ein Fenster in die Tiefe ältere erdgeschichtliche Epochen unter der pleistozänen Decke sichtbar werden.

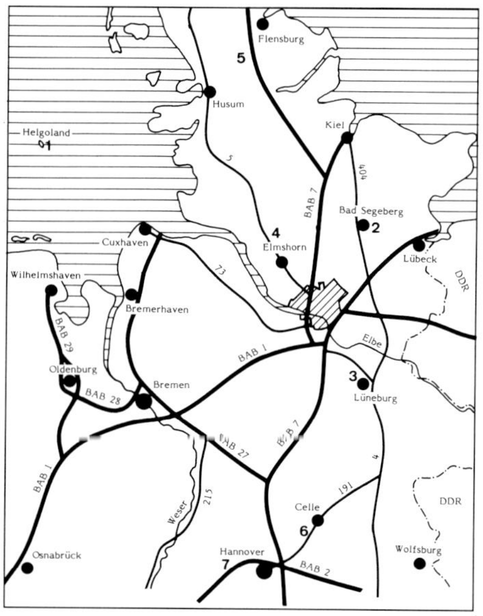

1. Helgoland

Der rote Felsen in der Nordsee aus Buntsandstein und die ihm vorgelagerte Klippe aus Muschelkalk gehören der Triasformation an, deren Schichten einst als Deckgebirge die Zechsteinsedimente überlagerten. Bemerkenswert ist das Vorkommen von ged. Kupfer im Buntsandstein, das schon in frühgeschichtlicher Zeit verhüttet wurde, wie archäologische Funde beweisen. Heute kommt das metallische Kupfer nur noch selten vor wie auch die übrigen Cu-haltigen Minerale im Buntsandstein: Chalkosin, Cuprit, Malachit, Chrysokoll, Shattuckit und ein Vanadiummineral, das in dem roten Sandstein auffällt durch seine Anreicherung in dunklen Kernen, die von Ausbleichungshöfen umgeben sind. Etwas reichlicher sind die an die Muschelkalkbänke gebundenen Minerale wie Sphalerit, Galenit, Fluorit, Quarz (Feuerstein), Calcit, Coelestin und Gips.

2. Der Segeberger Kalkberg

Hier hat ein Gipshut, also kein Berg aus Kalkgestein, infolge des Auftriebs von Zechsteinsalzschichten (Halokinese) das überlagernde Deckgebirge durchbrochen.

Bekannt sind von hier die sogenannten Segeberger Diamanten. Es handelt sich um Boracitkristalle, deren würfeliger Habitus kubische Symmetrie vortäuscht. In Wirklichkeit sind es Pseudomorphosen eines orthorhombischen Tief-Boracits nach Hoch-Boracit. Der vom Gipsabbau erhalten gebliebene Restgipfel steht unter Naturschutz und dient als Kulisse für die alljährlichen Karl-May-Festspiele. Interessant ist eine Führung durch das Labyrinth der durch Sinterwasser entstandenen Kalkberghöhlen.

3. Der Lüneburger Kalkberg

Für den Namen und die Entstehungsweise des Gipsfelsens von Lüneburg gilt das oben gesagte; doch ist von dort eine umfangreiche Zechsteinsalzparagenese bekannt geworden. Hervorzuheben sind zwei Borate, die für den Kalkberg die Typlokalität darstellt: Boracit und Lüneburgit.

Erwähnt sei, daß der Kalkberg in Lüneburg weltweit erst der zweite Fundort für Kalistrontit ist; auch Thenardit und Hydroglauberit sind in der Bundesrepublik seltene Minerale. Sie treten aber immer nur in kleinen Aggregaten auf.

Anhydrit	Hydroglauberit	Quarz
Boracit	Jarosit	Sylvin
Calcit	Kalistrontit	Syngenit
Gips	Lepidokrokit	Thenardit
Halit	Lüneburgit	
Hämatit	Pyrit	

4. Kalksteinbruch Lieth bei Elmshorn

Durch den Salzaufstieg gelangten hier Schichten des Rotliegenden bis an die Erdoberfläche. Das Liether Gestein bezeichnet man wegen seiner Entstehung als Kupferschiefer. Doch stand kaum Kupfer, sondern nur Eisen und wenig Zink zur Verfügung, als sich im Zechsteinmeer in sauerstoffarmen Schichten reichlich Schwefelwasserstoff aus abgesunkenen Tierkadavern bildete und in dem Sediment vorwiegend Pyrit und Markasit ausgefällt wurden. Sphalerit und Chalkopyrit treten nur in geringen Mengen auf.

Als beste Funde gelten blaßviolette Fluoritwürfelchen, aufgewachsen in Gesteinsspalten, erwähnenswert auch deshalb, weil sie nicht hydrothermal entstanden sind wie sonstige Fluoritkristalle, sondern wohl in Form einer Sammelkristallisation aus winzigen Teilchen.

Aragonit	Fluorit	Pyrit
Baryt	Gips	Quarz
Calcit	Goethit	Smithsonit
Chalkopyrit	Malachit	Sphalerit
Dolomit	Markasit	

5. Joldelund, Kreis Nordfriesland

Eine umfangreiche eisenzeitliche Verhüttungsanlage aus der Zeit 400 v.Chr. bis 200 n.Chr. wird "Ruhrgebiet des Nordens" genannt. Hier wurde mit Hilfe des Rennfeuers aus dem anstehenden Raseneisenerz schmiedbares Eisen gewonnen. Der Phosphorgehalt des Eisens, das nur unvollkommen ausgeschmolzen werden konnte, dürfte die Ursache für die Entstehung hübscher blauer Rosetten des Vivianits in den Blasenräumen der Schlacken gewesen sein, die zweitausend Jahre lang vom Sand der dortigen Binnendünen bedeckt waren.

6. Kaliwerk Niedersachsen bei Celle

Was für das Kalisalzbergwerk Niedersachsen mit den Schachtanlagen Wathlingen und Riedel gesagt wird, gilt im Grunde für alle norddeutschen Zechstein vorkommen, etwa für die Grube Hansa/ Empelde bei Hannover und dem Kaliwerk Siegfried-Giesen bei Sarstedt, um nur einige zu nennen.

Vor etwa 230 Millionen Jahren kam es im Zechsteinmeer zur Bildung von Barrieren, wodurch in dem warmen Klima riesige Becken als Verdunstungspfannen entstanden, in denen sich die Salze des Meerwassers abschieden. Durch die periodische Zufuhr frischen Meerwassers lagerten sich immer neue Salzschichten ab, so daß sich die mehrmalige gesetzmäßige Abfolge von schwer- bis leichtlöslichen Salzen noch jetzt am Profil der 1.000 Meter und mehr mächtigen Salzstöcke nachweisen läßt. Der steigende Druck, verstärkt durch die Deckgebirgsschichten des folgenden Mesozoikums, führte zu Umformungsvorgängen, von denen die schon erwähnte Halokinese am wichtigsten ist. Infolge des geringeren spezifischen Gewichts der Salzschichten gegenüber den Deckgebirgsmassen stieg das Salinargestein empor. Die vorher horizontal lagernden Schichten stellten sich hoch, wurden gefaltet, zerbrachen und drangen in einzelnen Fällen bis an die Erdoberfläche vor.

Bisher wurden über 30 sogenannte marine Salze bestimmt, hauptsächlich Chloride und Sulfate, untergeordnet auch Borate. In diesem Zusammenhang sei erwähnt, daß das Kaliwerk Niedersachsen bei Wathlingen-Hänigsen die Erstfundstelle für das seltene Borat Ericait ist. Die folgende Übersicht enthält die bisher bekannten Salzminerale dieser Fundstelle.

Anhydrit	Glauberit	Mirabilit
Aphthitalit	Halit	Pikromerit
Bischofit	Kainit	Polyhalit
Boracit	Kieserit	Rinneit
Carnallit	Koenenit	Sylvin
Ericait	Langbeinit	Tachyhydrit
Gips	Leonit	

7. Kreidegrube Misburg bei Hannover

Diese Fundstelle ist den Fossiliensammlern besser bekannt als den mineralogisch Interessierten; dennoch sei sie hier stellvertretend für viele norddeutsche Kalkmergelgruben genannt, deren Material aus der Kreidezeit zur Zementherstellung verwendet wird, z.B. in Lägerdorf bei Itzehoe, in Hemmoor, Höver und Wunstorf. Außer Calcit und Aragonit, deren Vorkommen zu erwarten ist, findet man in der Kreide häufig Konkretionen der Eisensulfide Pyrit und Markasit. Ihre Entstehung geht auf gelartige Ausfällungen zurück, die am strahligen Bau des kristallin gewordenen Innern und an der meist facettierten Oberfläche der Knollen zu erkennen sind. Leider sind diese Sulfidbildungen an der Luft wenig beständig und zerfallen nach einer gewissen Zeit.

Die Schachtanlage Riedel des Salzbergwerks Niedersachsen bei Celle/Niedersachsen.

2. Niedersächsisches Bergland (Teutoburger Wald-Weserbergland-Deister)

1. Eisenerzbergwerk Damme bei Osnabrück
2. Rulle bei Osnabrück
3. Ziegeleitongrube Pente bei Osnabrück
4. Steinbruch Im Gehn bei Ueffeln, Bramsche
5. Steinkohlenbergbau bei Ibbenbüren
6. Minerale der Erzgruben am Schafberg
7. Steinbruch Uffeln bei Ibbenbüren
8. Lengerich, Tecklenburger Land
9. Steinbruch Silberberg bei Ladbergen
10. Lienen, südlicher Teutoburger Wald
11. Eisenerzgrube Wohlverwahrt bei Nammen, Weserbergland
12. Extertal bei Rinteln/Weser
13. Vlotho/Weserbergland
14. Steinbruch Bernsen
15. Hohenrode bei Exten
16. Ziegeleitongrube Gohfeld bei Bad Oeynhausen
17. Steinbruch Alverdissen
18. Wöltje-Buche/Deister
19. Stemmer Berg bei Bad Nenndorf
20. Kaliwerk Salzdetfurth bei Hildesheim
21. Gipssteinbruch Weenzen bei Elze
22. Tongrube Duingen bei Alfeld
23. Tongrube Farmsen bei Hildesheim
24. Tongrube Hoheneggelsen bei Hildesheim
25. Tongrube Algermissen bei Sehnde

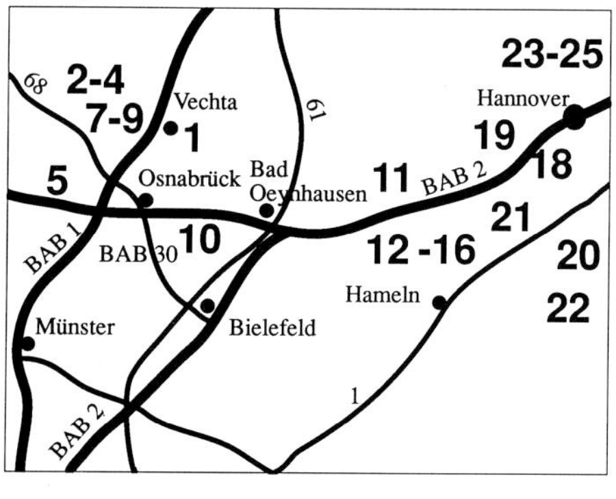

Geographisch gesehen umfaßt dieses Gebiet das Wiehengebirge, das Wesergebirge, den Teutoburger Wald und das Gebiet um Hildesheim. Geologisch wird es durch die Formationen des Mesozoikums, aber auch bereits durch ältere, wie Perm und Karbon geprägt.

1. Eisenerzbergwerk Damme bei Osnabrück

Die Grube Damme baute auf einem flachfallenden flözartigen Lager Eisenerze der Oberkreide ab. Das Erzlager, ein Oberkreidemergel, war nach der Basisfläche zur Unterkreide mit Brauneisenerzgeröllen verschiedenster Größe im bauwürdigen Lagerstätteninhalt von einigen dm bis zu 7 m durchsetzt. Das geförderte Roherz hatte einen Fe-Gehalt von 28% bis 40%. Durch Aufbereitung (Erzwäsche) wurde ein Erzkonzentrat von über 45% Fe an die Hütten geliefert.

In den Jahren 1938-1940 wurde im Gefrierverfahren der Schacht abgeteuft und von 1940 bis 1945 die Vorrichtungen für die Förderung gebaut. Ab 1947 begann die eigentliche Erzförderung. 1954, während der Blüte des Dammer Erzbergbaus, waren über 900 Bergleute beschäftigt. Infolge des kostengünstigen überseeischen Erzangebots wurde der Erzabbau aber immer mehr unrentabel. 1967 wurde die Erzförderung eingestellt. Bei einem nachgewiesenen Lagerstätteninhalt von über 85 Millionen Tonnen Eisenerz wurden während der Betriebsperiode etwa 7 Millionen Tonnen gefördert.

Mineralien aus Damme sind nur in ganz wenigen Regionalsammlungen vertreten, obwohl von hier recht schöne Stufen stammen. Besondere Erwähnung müssen

Der Förderturm der ehemaligen Eisenerzgrube Damme nördlich Osnabrück.

die bis zu 1,5 cm großen Amethystkristalle finden. Spektakulär sind auch die bis zu 3 cm langen, sowohl hell- als auch dunkelblau gefärbten Coelestine. An weiteren Mineralien kamen in den Erzgeoden vor: Calcit, Aragonit, Baryt (Meißelspat), Quarz, Markasit, Manganomelan, Goethit und Limonit. In Toneisensteingeoden fanden sich Zinkblende und Bleiglanz.

2. Rulle bei Osnabrück

Unter dieser Fundortbezeichnung finden sich in den Sammlungen Quarzdrusen, in denen Hämatit, Pyrit, Kupferkies, Calcit und Dolomit in schönen Kristallen vorkommen. Völlig unerwartet für diese Bildungsbedingungen traten auch kleine Fluoritkristalle auf. Die Quarzdrusen hatte man früher während des Aushubs von Baugruben gefunden.

3. Ziegeleitongrube Pente bei Osnabrück

Rund um Pente befinden sich eine Reihe von Tongruben, die wechselweise in Betrieb sind. Pente gilt als klassischer Fundort, der schöne Kupferkies- und Zinkblendekristalle aus Toneisensteingeoden liefert. Weiterhin kommen bis 2 cm große Quarze, Millerit und als Seltenheit leicht rosa gefärbter Apatit in bis zu 5 mm großen Kristallen vor.

4. Steinbruch Im Gehn bei Ueffeln/Bramsche

Von diesem Steinbruch sind aus Quarzgängen des Oxford (Malm) bisher folgende Minerale bekannt: Quarz (Bergkristall), Pyrophyllit, Pyrit, Hämatit, Hydrohämatit und Chlorit.

5. Ibbenbürener Steinkohlenbergbau

Die Steinkohle von Ibbenbüren wäre wohl nicht zur wertvollen Anthrazitkohle geworden und es gäbe dort kaum Minerale, wenn nicht etwa an der Wende vom Mesozoikum zum Tertiär durch ein magmatisches Großereignis in der Tiefe (Bramscher Pluton) der Karbonhorst des Schafbergs um fast 2.000 m nach oben gepreßt worden wäre. Sowohl in den Spalten der Steinkohlenflöze als auch in den Klüften der Randstaffeln bildeten sich Minerale, insbesondere sehr schöne Bergkristalle, aber auch Erze in abbauwürdiger Menge.

Anglesit	Gips	Schwefel, ged.
Aragonit	Halit	Siderit
Baryt	Malachit	Smithsonit
Calcit	Markasit	Sphalerit
Chalkopyrit	Millerit	Whewellit
Dolomit	Pyrit	
Galenit	Quarz	

6. Minerale der Erzgruben am Schafberg

Neben dem Steinkohlenbergbau entwickelten sich besonders im 19. Jahrhundert mehrere Erzbergwerke. Die 1806 gegründete Zeche Friedrich Wilhelm in Gravenhorst gewann Siderit und Limonit am südlichen Schafberg. Am Ostende des Schafberges baute die kleinere Zeche Hector Eisenerze ab, während die 1866 konsolidierte Grube Perm zu beachtlicher Blüte kam, als man hier Blei- und Zinkerze entdeckte. 1876 mußte die Förderung wegen immer größerer Wasserzuflüsse eingestellt werden. Die Grube lebte aber während des Ersten Weltkriegs wieder auf. Heute deuten nur einige Halden und Gebäude wie auch das Stollenmundloch der Grube Perm auf den ehemaligen Erzbergbau hin. Als weitere bekannte Grube ist das Bergwerk Hüggel zu nennen.

Anglesit	Dolomit	Pyrit
Anhydrit	Fluorit	Pyrolusit
Ankerit	Galenit	Quarz
Aragonit	Goethit	Siderit
Aurichalcit	Hämatit	Silber, ged.
Azurit	Hemimorphit	Smithsonit
Baryt	Hydrozinkit	Sphalerit
Bornit	Leadhillit	Stephanit
Brochantit	Malachit	Susannit
Cerussit	Manganomelan	Tetraedrit
Chalkopyrit	Markasit	Vivianit
Chalkosin	Melanterit	
Cuprit	Plumbojarosit	

Links. Mit 1.545 Meter Tiefe ist der Nordschacht des Steinkohlenbergerks Ibbenbüren die tiefste Steinkohlenzeche der Welt.

Oben. Markasitkristalle in der Form des Speerkieses aus einer der vielen Steinbrüche bei Lengerich, Teutoburger Wald.

7. Steinbruch Uffeln bei Ibbenbüren

In einer Zechsteinscholle ist hier ein Kalksteinbruch aufgeschlossen, der früher der Gewinnung von Branntkalk diente und später den Zuschlagstoff für die Gravenhorster Eisenzeche lieferte. Ein Bergbau auf Kupfer- und Bleierze kam 1865 nicht über das Versuchsstadium hinaus. In neuerer Zeit entdeckten Sammler hier ausgezeichnete Bergkristallstufen von einer Qualität, die an alpine Funde erinnern. Hervorzuheben sind auch die wasserklaren bis leicht rauchbraun gefärbten Quarz-Doppelender, die bis zu 18 cm lang werden. Daneben fanden sich in dem Steinbruch, der zur Zeit stilliegt, folgende Minerale:

Ankerit	Fluorit	Pyrit
Aragonit	Galenit	Quarz
Baryt	Hämatit	Siderit
Calcit	Limonit	Sphalerit
Chalkopyrit	Malachit	
Dolomit	Markasit	

8. Lengerich, Tecklenburger Land

Die Kalksteinbrüche der Oberkreide rund um Lengerich sind als Fundstellen für große, als Speerkies ausgebildete Markasitkristalle bekannt. Daneben kommen Baryt, Calcit, Strontianit und Pyrit in Kristallen vor.

9. Steinbruch Silberberg bei Hasbergen

Aus diesem Steinbruch sind folgende Minerale bekannt geworden:

Ankerit	Cerussit	Markasit
Aragonit	Chalkosin (?)	Quarz
Aurichalcit	Dolomit	Smithsonit
Azurit	Galenit	Sphalerit
Baryt	Hemimorphit	
Calcit	Malachit	

10. Lienen, südlicher Teutoburger Wald

Von den Kalksteinbrüchen am Kleeberg und bei Westerbeck sind Funde schöner Calcitstufen in verschiedenen Kristallformen erwähnenswert. Sehr selten kommt Strontianit in büscheligen Aggregaten vor.

11. Eisenerzgrube Wohlverwahrt bei Nammen

Im Vorland des Wesergebirges treten zwischen Minden und Bückeburg eisenoolithische Horizonte im Korallenoolith auf, die marin-sedimentären Ursprungs sind und der Dogger-Malm-Formation angehören. Der Eisenoolith befindet sich in Wechsellagerung mit Kalksandstein, Mergel- und Tonschichten und erlangt in der Gegend von Nammen Abbauwürdigkeit.

Die Grube Wohlverwahrt war zunächst von 1883 bis 1923 in Betrieb. 1935 nahm sie ihren Betrieb auf; in den 50er Jahren mußte die Förderung erneut eingestellt werden. Heute fördert hier die Barbara Eisenbergbau GmbH im Tiefbau Eisenerz, das bis zu einer Mächtigkeit von 3 m in einem kalkigen Klippenflöz ansteht. Die Eisenooide bestehen hauptsächlich aus Goethit mit Beimengungen von Hämatit. In den durch tektonische Störungen hervorgerufenen Klüften haben sich Minerale gebildet, von denen der sonst in diesem Gebiet seltene Fluorit besonders hervorgehoben werden soll.

Calcit	Gips	Siderit
Coelestin	Markasit	Sphalerit
Dolomit	Pyrit	
Fluorit	Quarz	

Seit einiger Zeit ist im ehemaligen Bergwerk Wohlverwahrt ein Besucherbergwerk eingerichtet. Die Besucher werden mit einem Triebwagen nach untertage befördert und können sich hier den Abbau erklären lassen. Informationen: Grube Wohlverwahrt, Karlstr. 48, 4850 Minden, Tel. 0571-399430/399442.

12. Extertal bei Rinteln

In diesem Gebiet gibt es im Steinmergelkeuper verschiedene kleine Aufschlüsse, z.B. bei Bösingfeld, in denen die berühmten Schaumburger Diamanten vorkommen. Damit werden klare Rauchquarzkristalle bezeichnet, die auch selten als Zepterquarze ausgebildet sind. Sie sitzen in hohlen Quarzdrusen, die manchmal auch Calcite enthalten können. Neben der Fundstelle Hohenrode, die gesondert beschrieben wird, sei als Fundort der Südosthang des Taubenbergs bei Wennenkamp genannt. Begrenzte Fundmöglichkeiten für Rauchquarze bestehen auch bei Nalhof-Extertal.

Leicht rauchbraun gefärbter Zepterquarz (Höhe ca. 1 cm) aus dem Raum Vlotho. Diese Kristalle sind auch als "Schaumburger Diamanten" bekannt.

13. Vlotho

Von hier stammen aus Schichten der Keuperformation die bekannten Pyritzwillinge nach dem Eisernen Kreuz, gebildet aus Zwillingen von zwei sich durchkreuzenden Pentagondodekaedern. Fundmöglichkeiten befinden sich bei Borlefzen an der Straße von Vlotho nach Veltheim (nördlich der Weser) und im Forst von Langeholthausen. Ein weiterer berühmter und heute noch aktueller Fundort ist der Steinbruch Maibolte bei Lemgo-Dörentrop.

14. Steinbruch Bernsen

In einer Schicht am Südrand des Bruchs befinden sich brotlaibförmige Geoden, die manchmal Calcit, Baryt, Coelestin und Quarz als idiomorphe Bergkristalle enthalten.

15. Hohenrode bei Exten

Auf dem Parkplatz am Südrand des Ortes weist eine Tafel auf einen geologischen Lehrpfad mit Namen "Der Keuperwanderweg" hin. Von diesem gelangt man auf einem parallel verlaufenden Forstweg zu einem Aufschluß in Form eines Quarzitbandes.

Dort lassen sich Knollen mit großen Hohlräumen finden, in denen die nachstehend aufgeführten Minerale auftreten können: Quarz als Bergkristall, Rauchquarz und Zepterquarz, Baryt, Chalkopyrit, Sphalerit, Malachit und Aurichalcit.

In einem kleinen Bachtal südlich des Keuperwanderweges wurden im Tonschiefer Pyritkristalle als Pentagondodekaeder und als Zwillinge nach dem Eisernen Kreuz gefunden, außerdem Calcit und Zepterquarz.

16. Ziegeleitongrube Gohfeld bei Bad Oeynhausen

In den Toneisensteingeoden dieser Tongrube lassen sich Aragonit, Baryt, Chalkopyrit, Gips, Pyrit, Quarz, Siderit und Sphalerit finden.

17. Steinbruch Alverdissen

Dieser Steinbruch ist bei Sammlern für

sein häufiges Vorkommen von zitronengelben Calcitkristallen beliebt, die unter langwelligem UV-Licht intensiv leuchten. Sie überziehen oft großflächig Kluftwände. Außerdem kommen Pyrit, Baryt und Limonit vor. Die Fundstelle ist vor allem bei Fossiliensammlern berühmt, da hier u.a. ausgezeichnete Seelilienstengel vorkommen.

18. Wöltje-Buche/Deister

Nördlich von Springe befindet sich auf dem Deisterkamm ein Aufschluß im Kalkstein des Malm, der die bekannten spitzpyramidalen Coelestinkristalle von schöner hellblauer Farbe lieferte. Daneben findet sich tafeliger sowie faseriger Coelestin. Fundmöglichkeiten bestehen vor allem auf den Halden.

19. Stemmer Berg bei Bad Nenndorf

Am Westrand des Ortes Stemmen an der Bundesstraße 65 von Hannover nach Bad Nenndorf ist Doggersandstein durch einen Steinbruch aufgeschlossen.

In den Drusen des rötlichbraunen Gesteins bildet der seltene Chalkophanit metallisch glänzende Beläge auf Calcit, Aragonit und Dolomit.

20. Kalibergwerk Salzdetfurth bei Hildesheim

Dieses Bergwerk ist die Typlokalität für Rokühnit, ein Chlorid der marinen Zechsteinsalze. Als weitere Fundstelle ist das Kaliwerk Siegfried-Giesen bei Sarstedt bekannt geworden.

21. Gipssteinbruch Weenzen bei Elze

Im Gipshut über einem Zechsteinsalinar hat sich an einigen Stellen elementarer Schwefel gebildet, und zwar durch die Mitwirkung anaerober Bakterien, durch deren Tätigkeit der Sulfatanteil zu Schwefelwasserstoff reduziert wurde. Weitere Reaktionen führten zur Abtrennung des Wasserstoffs, so daß Schwefel übrig blieb. Fundmöglichkeiten bestehen für ged. Schwefel, Gips (Marienglas), Markasit in Konkretionen und Anhydrit.

22. Tongrube Duingen bei Alfeld

Ein seltenes sedimentäres Vorkommen von Analcim; glasklare Deltoidikositetraeder bis 2 cm Größe sind auf tertiärer Kohle aufgewachsen; trübweiße Kristalle treten in Toneisengeoden auf. Weiter bestehen Fundmöglichkeiten für Zinkblende, Bleiglanz und Kupferkies.

23. Tongrube Farmsen bei Hildesheim

Ehemals beliebte und berühmte Fundstelle für große Toneisensteine, die heute in vielen Sammlungen vertreten sind. Die Kluftflächen der Schwundrisse waren sowohl mit grünlichen als auch mit bunt angelaufenen, linsenartigen Sideritkristallen besetzt. Selten traten wasserklare Quarze, Calcit (weiß bis gelb) sowie Rhodochrosit in fleischfarbenen, nierigen Krusten auf. Dünntafelige Zinkblendekristalle wurden ebenfalls gefunden.

24. Tongrube Hoheneggelsen bei Hildesheim

Südöstlich des Dorfes Hoheneggelsen befindet sich ein Gebiet, in dem heute Sonderdeponien angelegt werden. Als die Tongrube noch zur Tongewinnung diente (etwa um 1970), konnten hier in den Toneisensteinen hübsche gelbe Calcitkristalle, Baryt, Zinkblende, Pyrit, Markasit und sehr selten das organische Mineral Whewellit gefunden werden.

25. Tongrube Algermissen bei Sehnde

Eine ehemalige Tongrube, in der sehr viele Stufen mit gelben Calcitkristallen aus Toneisensteingeoden gefunden wurden.

Oben. Heute Mülldeponie, früher Fundort für schöne Kristallbildungen in Toneisensteinen: Die Tongrube Hoheneggelsen mit Ziegelei im Jahr 1971.

Unten. Calcitkristalle auf Siderit aus der Tongrube Farmsen bei Hildesheim.

Die Toneisensteine waren hier überwiegend rötlich gefärbt. Daneben kamen noch Baryt, Pyrit, Markasit, Gips und Aragonit vor.

**Bleiglanzkristall von Ramsbeck, Sauerland.
Höhe des Kristalls etwa 2 cm.**

3. Peine-Salzgitter-Gebiet

1. Tongrube Arpke bei Hämelerwald
2. Eisenerzgrube Peine I+II bei Telgte
3. Eisenerzlagerstätte Bülten-Adenstedt bei Peine
4. Eisenerzgrube Mathilde bei Lengede
5. Schachtanlage Konrad bei Salzgitter-Bleckenstedt
6. Lehre bei Braunschweig
7. Tongrube Ziegelei Moorhütte bei Braunschweig
8. Tongrube Klein Steimke bei Gifhorn
9. Braunkohlentagebau Helmstedt

1. Tongrube Arpke bei Hämelerwald

Direkt nördlich der Autobahn Hannover-Berlin befindet sich die neue Tongrube Arpke, in der Toneisensteingeoden verschiedener Größe (bis 1 Meter Durchmesser) auftreten. Auf den Klüften der Schwundrisse finden sich grünlich-brauner Siderit, weiße bis zitronengelbe Calcitkristalle sowie Baryt und kleine Pyritkristalle. Die ehemalige Tongrube direkt am Ziegeleitonwerk lieferte außerdem kleine Gipskristalle.

2. Eisenerzgrube Peine I+II bei Telgte

Bis 1968 wurden hier im Tiefbau sedimentäre Eisenerze abgebaut. In Calcitklüften fanden sich außergewöhnlich große Pyrrhotinkristalle (bis 2 cm!), die auf Calcit aufgewachsen sind. Sie können sowohl in der Größe als auch in der Ausbildung als die besten der Bundesrepublik bezeichnet werden. Ferner sind von hier bis zu 4 cm lange flachtafelige Barytkristalle erwähnenswert. Auf der Halde sind noch spärliche Funde von Calcit und derbem Pyrrhotin möglich.

3. Eisenerzlagerstätte Bülten-Adenstedt

Bis 1976 förderte diese Grube Erzschalengerölle aus Brauneisen mit relativ hohen Mangangehalten zur Eisengewinnung. Das Erzlager entstand vor rund 90 Millionen Jahren während der Oberkreide aus älteren Toneisensteinlagen, die im Verlauf mehrmaliger Überflutungen durch das Kreidemeer als Gerölle in bauwürdiger Menge angesammelt wurden, wobei eine Zertrümmerung der Schalen eintrat. Durch die Aufwölbung eines benachbarten Salzstocks stellten sich die Schichten der Oberkreide schräg, so daß die Erzlager auch zutage kamen.

Oben. Nördlich der Autobahn Hannover-Berlin in Höhe Hämelerwald liegen die Tongruben von Arpke. Hier kann man in Toneisensteinen (Bild unten) außer Siderit auch schöne Calcitkristalle finden.

Die Erze wurden im Laufe der Zeit durch verschiedene Schächte gefördert. Während um die Jahrhundertwende die Schacht-anlagen Wilhelm und Gerhard die Hauptförderschächte waren, stand bis zur Einstellung der Schacht Emilie in Betrieb.

In den Hohlräumen der schwarzbraunen Erzschalengerölle bildeten sich zahlreiche Minerale, von denen besonders die seltenen Manganoxide und Manganhydroxide das Interesse der Mineralogen finden. Genannt seien z.B. die hervorragenden Kristalle von Groutit, Ramsdellit, Nsutit und Kutnahorit, die in der Bundesrepublik bisher einmalig sind. In zahlreichen Mergelklüften fanden sich außerdem metergroße Amethyststufen. Heute sind keine Funde möglich, da die untertätigen Anlagen mit Sand verspült wurden. Die jetzigen Erzhalden stammen aus Kiruna oder aus Brasilien. Die Übersicht verdeutlicht die Vielfalt der vorkommenden Minerale, wobei auch die Ausbildungen in Paragenesen außerhalb der Erzschalengerölle berücksichtigt werden.

Amethyst	Groutit	Pyrolusit
Analcim	Hausmannit	Pyrrhotin
Anatas	Heulandit	Quarz
Baryt	Kutnahorit	Ramsdellit
Calcit	Limonit	Rhodochrosit
Dolomit	Manganit	Siderit
Gips	Markasit	Sphalerit
Glaukonit	Nsutit	
Goethit	Pyrit	

4. Eisenerzgrube Mathilde bei Lengede

Diese südlich gelegene Nachbargrube der Schachtanlage Bülten-Adenstedt war zwar mineralogisch nicht so interessant, doch sollen von hier die hohlen Erzgerölle erwähnt werden, in denen sich bis zu 2 cm lange Calcitkristalle sowie Baryt, Amethyst und Aragonit bildeten. In jüngster Zeit konnte auch Heulandit in millimetergroßen Kristallen bestimmt werden.

Schacht Emilie der ehemaligen Eisenerzgrube Bülten-Adenstedt bei Peine.

Historische Ansichtskarte, die den Gerhard-Schacht der Eisenerzgrube Bülten-Adenstedt im Jahr 1915 zeigt,

5. Schachtanlage Konrad bei Salzgitter-Bleckenstedt

Eine noch in Betrieb befindliche Eisenerzgrube (oolithisches Eisenerz aus dem Oberen Jura; Teufe 1.200 Meter), in der ein Endlager für schwach radioaktive Abfälle angelegt werden soll.

In den sehr seltenen Klüften finden sich außergewöhnlich schöne Coelestinkristalle (sicher die besten Deutschlands!) von wasserklarer bis leicht rötlicher Farbe. Bemerkenswert ist auch die Länge der Kristalle, die knapp 20 cm erreicht. Weitere Minerale von hier: Sphalerit, Halit, Gips, Anhydrit, Baryt und Calcit.

6. Lehre bei Braunschweig

In Regionalsammlungen verbreitet sind unter dieser Fundortbezeichnung kleine, meist graue Toneisensteine, die im Innern ganz mit Analcimkristallen übersät sind. Sie können sowohl farblos als auch milchig ausgebildet sein und werden von bis zu 1,5 cm großen plattigen Zinkblendeaggregaten und Calcitkristallen begleitet. Die Toneisensteine wurden beim Aushub von mehreren Baugruben in Lehre in den 70er Jahren gefunden.

7. Tongrube Ziegelei Moorhütte bei Braunschweig

Rund 1 km südwestlich von Volkmarode befand sich die Ziegelei Moorhütte. Von hier stammen sehr schöne, bis 15 cm große, im Ton idiomorph ausgebildete Gipskristalle. In Toneisensteingeoden fanden sich außerdem bis zu 5 cm lange Barytkristalle sowie Calcit, Pyrit und Zinkblende in schönen Kristallen.

8. Tongrube Klein Steimke bei Gifhorn

Von hier sind in sehr viele Sammlungen hübsche idiomorph ausgebildete Gipskristalle gelangt. Die Gipse von Klein Steimke zeichnen sich vor allem dadurch aus, daß aus einer rundlichen Gipsrose ein einzelner längerer Gipskristall herausragt.

9. Braunkohlentagebau Helmstedt

Aus den riesigen Tagebauen, die bis in die DDR hineinreichen, sind auch einige Mineralfunde bekannt. So sind von hier z.B. Aragonit, Baryt, Zinkblende, Calcit, Pyrit, Markasit und Gips bekannt.

4. Westharz

1. Vienenburg bei Bad Harzburg
2. Grube Großfürstin Alexandra bei Goslar
3. Steinbruch Heimberg bei Wolfshagen
4. Erzbergwerk Grund, Bad Grund
5. Kalksteinbruch Winterberg
6. Hütschental bei Wildemann
7. Lautenthaler Gangzug
8. Lautenthaler Hütte
9. Trogtal nördlich Lautenthal
10. Grube Friederike im Lindthal bei Lautenthal
11. Grube St. Anna im Ochsental
12. Der Rammelsberg bei Goslar
13. Clausthal-Zellerfeld
14. Ehemaliger Teerbau-Steinbruch am Kehrzug, Huttal
15. Halden der Grube Glücksrad bei Oberschulenberg
16. Gabbrosteinbruch im Radautal
17. Pinge Riekensglück bei Bad Harzburg
18. Diabassteinbruch Huneberg
19. Spitzenberg
20. Turmalinfundstelle Sonnenberg
21. Silbererzrevier St. Andreasberg
22. Diabassteinbruch Wäschegrund bei St. Andreasberg
23. Grube Wolkenhügel bei Bad Lauterberg
24. Grube Charlotte-Magdalena, Bad Lauterberg
25. Fundstellen am Großen Knollen
26. Grube Floßberg im Großen Andreasbachtal bei Barbis
27. Grube Henriette im Siebertal
28. Königskopf bei Oderbrück
29. Wurmbergsteinbruch bei Braunlage
30. Grube Ludwig-Rudolf bei Braunlage
31. Grube Weintraube bei Lerbach
32. Grube Brummerjahn bei Zorge
33. Adinol-Fundstelle Hütteneich bei Lerbach
34. Okergranit und sein Kontakthof im Bereich des Okertals

Die komplizierte Geologie des Harzes als Gebirgsrumpf des alten varistischen Gebirges läßt eigentlich keine knappe Darstellung zu. Dennoch möge hier in groben Umrissen das Wichtigste bei der Gebirgsbildung des Harzes festgehalten werden. Vor rund 330 Millionen Jahren soll im Oberkarbon die Hauptfaltung des Harzes eingesetzt haben, den man sich vorher als einen hauptsächlich im Devon und Unterkarbon gefüllten Sedimentationstrog (Geosynklinale) vorstellen muß. Dabei

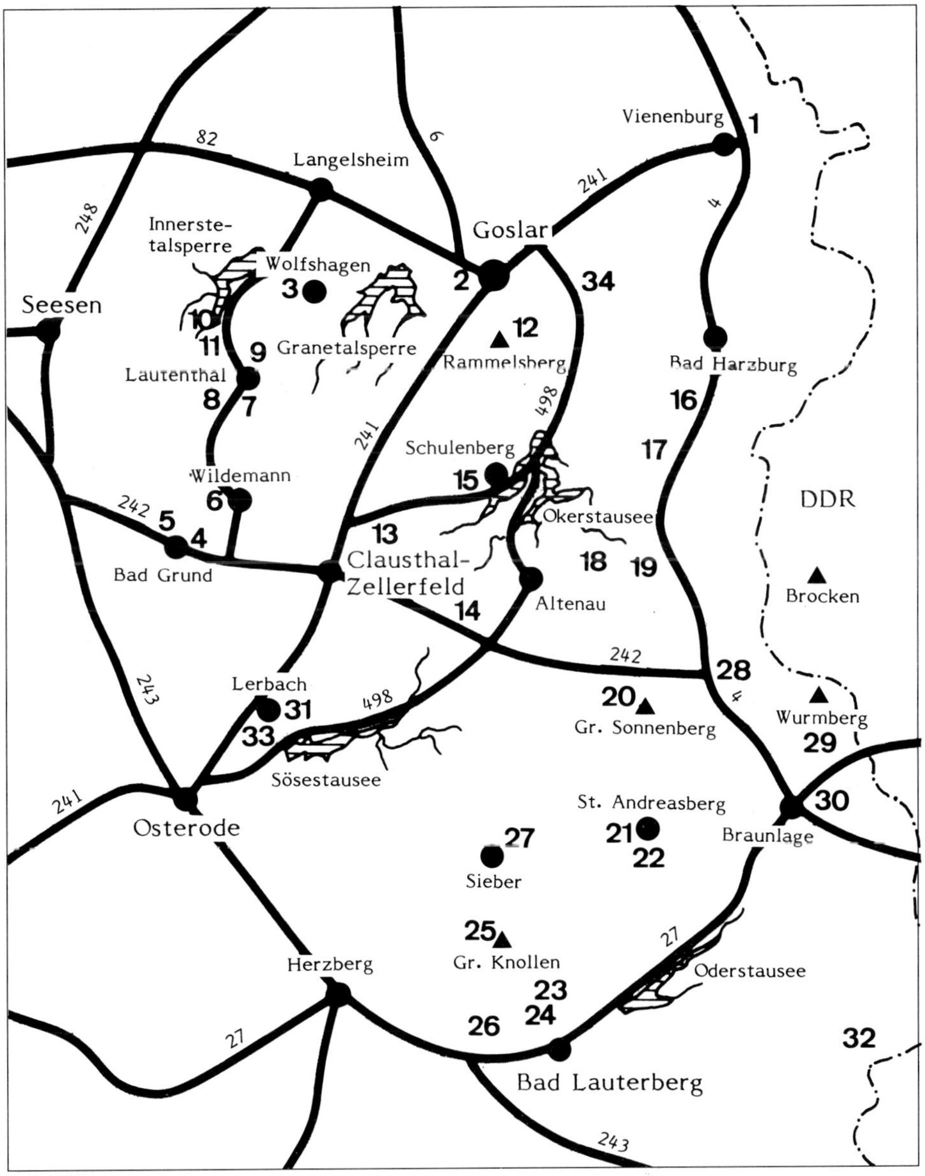

Bergleute im Kalisalzbergwerk Vienenburg bei Bad Harzburg. Historische Aufnahme aus dem Jahr 1896.

durchstieß der Brocken als intrusiver Hochpluton seine relativ dünne Decke und löste auch noch im Ausgangsstadium dieser Hauptphase immer neue Intrusionen aus, die zur Entstehung der granitischen, gabbroiden und ultramafitischen Harzgesteine führten. In mineralogischer Hinsicht ist wichtig, daß sich durch diese tektonischen Einwirkungen des Plutons Klüfte und Spalten öffneten, in die heiße wäßrige Lösungen aufzusteigen vermochten, aus denen sich bei der Abkühlung Erze und Gangarten absetzten. Weitergehende Erläuterungen erfolgen bei der Besprechung einzelner Lagerstätten und deren Mineralisationen.

Die Beschreibung der Fundorte erfolgt weitestgehend von Norden nach Süden.

1. Vienenburg bei Bad Harzburg

Dieses ehemals bedeutende Kalisalzbergwerk nördlich von Bad Harzburg wird als Fundort für das sonst in der Literatur wenig genannte marine Chlorid Tachyhydrit erwähnt (23).

2. Grube Großfürstin Alexandra bei Goslar

Vier Kilometer südlich von Goslar baute in einem Nebental der Gose eine zuletzt Großfürstin Alexandra genannte Grube von der 1. Hälfte des 16. Jahrhunderts an auf zwei der drei Trümer des hier aufgeblätterten Schiefersteintaler Gangzugs Blei-Zinkerze und von 1892 an auf dem 3. Trum das Nickelmineral Gersdorffit ab. Letzteres hatte große Hoffnungen erweckt, die sich aber nicht erfüllten, so daß die Grube 1909 stillgelegt wurde. Bescheidene Funde der Hauptminerale sind auf der Halde noch möglich. Folgende Minerale sind z.T. noch beim Nachlesebergbau in den 70er Jahren festgestellt worden:

Anglesit	Covellin	Pyrit
Ankerit	Dolomit	Pyromorophit
Annabergit	Galenit	Pyrrhotin
Arsenopyrit	Gersdorffit	Silber, ged.
Calcit	Limonit	Sphalerit
Cerussit	Millerit	Smithsonit
Chalkopyrit	Pharmakolith ?	

Das letzte Metallerzbergwerk im Oberharz: Erzbergwerk Grund. Von hier stammen u.a. sehr schöne Stufen mit Tetraedrit-, Pyrargyrit- und Antimonitkristallen.

3. Steinbruch Heimberg bei Wolfshagen

Der am Heimberg östlich von Wolfshagen durch einen großen Steinbruch aufgeschlossene devonische Diabas führt in den Klüften neben den üblichen Mineralen Calcit, Prehnit, Quarz und Kupferkies auch das Pyrobitumen Impsonit.

In den gelegentlich hier angefahrenen Trümern des Heimberg-Dröhneberger Gangzugs wurden vor einigen Jahren ausgezeichnete Nickelmineralfunde gemacht; auch Quarz und vor allem Aragonit kamen in Museumsstufen vor. Der Steinbruch wurde 1987 stillgelegt und wird seitdem rekultiviert.

Annabergit	Erythrin	Prehnit
Aragonit	Gersdorffit	Pyrit
Baryt	Millerit	Quarz
Calcit	Nickelin	Sphalerit
Chalkopyrit	Orcellit	Ullmannit
Dolomit	Pararammelsbergit	

4. Erzbergwerk Grund, Bad Grund

Das Blei-Zinkerzbergwerk Grund ist die einzige Grube im Oberharz, die noch Erz fördert. Eine 1988 drohende Schließung wurde für zunächst zwei Jahre hinausgeschoben.

Der Erzbergbau bei Grund, der sich bis nach Clausthal-Zellerfeld erstreckte, ist schon seit der frühen Neuzeit belegt, denn bereits 1564 wird erstmals die Grube "Hilff Gots im grundt" (Hilfe Gottes) erwähnt. Weitere berühmte und für Sammler wichtige Bergwerke sind die beiden Schachtanlagen Bergwerkswohlfahrt und Wiemannsbucht. Letzterer ist heute noch als Wetter- und Materialschacht in Betrieb.

Die Lagerstätte liegt geologisch in der Clausthaler Kulmfaltenzone, worunter die Sand-Ton-Sedimente des Devons und Unterkarbons zu verstehen sind, die nach der Auffaltung des Harzgebirges hier als Wechselfolge von Grauwacke und Tonschiefer anstehen. In der Folge tektonischer Vorgänge kam es zum Aufstieg hydrothermaler Lösungen in Gangzonen und zur Ablagerung der verschiedenen Mineralparagenesen in mehreren Phasen. Die Haupterzminerale sind Sphalerit und silberhaltiger Galenit sowie Chalkopyrit als Durchläufer. Typisch für die Vererzung in Bad Grund ist die Ausbildung als Bänder- und Ringelerz sowie in der Hauptphase III als Breccien- und Kokardenerz, was auf verwickelte Vorgänge bei der Kristallisation in den Gängen schließen läßt. Häufigste Gangartminerale sind Quarz, Calcit und Baryt.

Von den Mineralien sind vor allem schöne Bleiglanzstufen erwähnenswert. Weit verbreitet sind auch Stufen mit Markasitkristallen. Gesuchter sind Raritäten, wie z.B. Strontianitkristalle (Feldwebel-Schnurbärte) von der Grube Bergwerkswohlfahrt oder die bis zu 2 cm großen Tetraedritkristalle, die u.a. 1961 in der Betriebsabteilung Wiemannsbucht gefunden wurden. Besonders erwähnenswert sind ferner Kristalle von Antimonit, Polybasit, Pyrargyrit und Zinnober.

Akanthit	Cinnabarit	Markasit
"Amalgam"	Coelestin	Polybasit
Anhydrit	Covellin	Proustit
Antimon, ged.	Cuprit	Pyrargyrit
Antimonit	Dolomit	Pyrit
Azurit	Galenit	Quarz
Baryt	Gips	Quecksilber, ged.
Bastnäsit-(Y)	Goethit	Siderit
Boulangerit	Hämatit	Silber, ged.
Bournonit	Hydrozinkit	Sphalerit
Calcit	Jarosit	Stibiconit
Cerussit	Kermesit	Strontianit
Chalkanthit	Kutnahorit	Synchisit-(Y)
Chalkopyrit	Lepidokrokit	Tetraedrit
Chalkosin	Malachit	

5. Kalksteinbruch Winterberg bei Bad Grund

Zu den geologischen Besonderheiten des Harzes gehört ein etwa 1,5x1 km großer und etwa 600 m mächtiger Riffkalkklotz, auch Iberg-Winterberg-Massiv genannt. Dieses besteht aus mittel- und oberdevonischen Korallen- und Algenkalken mit teilweise reicher Fossilführung. Die Umgebung und Überdeckung besteht aus kulmischen Kalken, Schiefern und Grauwakken.

Die varistische Faltung hat den Kalkkomplex bis auf die starke Zerklüftung kaum beeinflußt. Klüfte und Störungen wurden aber teilweise mit Calcit, Baryt, Siderit, Braunspat und selten Quarz ausgefüllt. Im Südteil des Ibergs bildeten Nebentrümer des Rosenhöfer Gangzugs sowie metasomatische Verdrängungen Siderit-Vererzungen, die mehr als 500 Jahre im Abbau standen. Die z.T. in Limonit umgewandelten Erze versorgten bis 1869 eine Harzer Eisenhütte in Gittelde und wurden danach bis 1885 nach Dortmund-Hörde verschickt. Örtlich führen diese Nebentrümer des Rosenhöfer Gangzugs Bleiglanz, Kupferkies, Pyrit und Tetraedrit. Auch Dolomitisierungen sind im Iberg-Winterberg-Massiv festgestellt worden. Erwähnenswert sind vor allem hellblaue Barytkristalle sowie das Vorkommen des Pyrobitumens Impsonit auf Klüften und in Fossilhohlräumen.

Das Iberg-Winterberg-Massiv ist durch einen großen Steinbruch aufgeschlossen, der von der Fa. Fels-Werke Peine Salzgitter GmbH betrieben wird.

Aragonit	Cerussit	Malachit
Azurit	Chalkopyrit	Partzit
Baryt	Galenit	Pyrit
Brochantit	Hämatit	Pyrolusit
Calcit	Limonit	Rancieit

6. Hütschental bei Wildemann

Etwa 1 km nördlich von Wildemann in Richtung Lautenthal zweigt links vor einer Brücke ein Forstweg von der Straße ab, der nach einem weiteren Kilometer in das Hütschental führt. Hier bauten etliche Gruben auf dem Hütschental-Spiegeltal-Schultaler Gangzug, dessen geologische Verhältnisse stark denen der übrigen Oberharzer Erzgänge ähneln. So sind auch hier Quarz, Calcit, Baryt und Siderit die Hauptgangarten. Gefördert wurde hauptsächlich silberhaltiger Galenit in Form derber, kokardenerzartiger Trümer, während Sphalerit und Chalkopyrit zurücktraten.

Vom Bergbau im Hutzthaler Zug berichtet zuerst Hardanus Hake 1583, als in der ersten Hälfte des 16. Jahrhunderts die reichen, oberflächennahen Erzmittel der Hutzone gewonnen wurden. Von einer gewissen Blütezeit des Erzabbaus kann man in den Jahren 1747 bis 1763 sprechen, als acht Gruben in Förderung standen, die in Ost-West-Richtung lagen. Die wichtigeren Gruben hießen Baumgarten (1655-1803), Glück Auf (1618-1803), Neue Fundgrube (1697-1779), dazu rechneten wohl auch noch Neue Juliane und Neue Weintraube. Auf allen Gruben bekam man mit dem Abbau in größere Teufen Schwierigkeiten mit der Wasserhaltung, so daß die Aufrechterhaltung des Betriebs immer kostspieliger wurde und 1803 die Auflassung erfolgte.

Von den Versuchen zur Neubelebung des Bergbaus im Hütschental ist das Abteufen des Blindschachtes Glück Auf erwähnenswert, mit dem man von 1924 bis 1928 beschäftigt war. Wenn die Aussagen älterer Einheimischer stimmen, waren die Erwartungen an dieses Unternehmen so groß, daß man für den Erztransport einen kühnen Holzviadukt, die Teufelbrücke, errichtete, der das Tal bis zum Hang an der Straße nach Lautenthal überspannte. Die Hoffnungen wurden zunichte, als im Oktober 1928 bei 350 m Teufe das Wasser so stark eindrang, daß der Schacht rasch absoff. Etwas Gutes ist dennoch davon geblieben: Das geförderte Haufwerk liegt als Halde beim Blindschacht und bietet den Mineraliensammlern gute Fundmöglichkeiten, die auch auf den sonstigen Halden gegeben sind. Über die Sekundärbildungen ist bisher noch wenig bekannt.

Ankerit	Dolomit	Markasit
Aragonit	Galenit	Pyrit
Azurit	Gips	Quarz
Baryt	Goethit	Siderit
Brochantit	Hämatit	Sphalerit
Calcit	Hydrozinkit	Strontianit
Chalkopyrit	Kupfer, ged.	Witherit
Covellin	Langit	
Cuprit	Malachit	

7. Lautenthaler Gangzug

Lautenthal ist eine der ehemals sieben freien Bergstädte des Oberharzes und Sammelbegriff für eine Reihe von Fundstellen am Ort und besonders in der nördlichen Umgebung.

Lautenthal verdankt seine Entstehung dem vermutlich um 1450 begonnenen Bergbau auf silberhaltigen Bleiglanz im Lautenthaler Gangzug, der zu den Oberharzer Blei-Zink-Erzgängen gerechnet wird. Von der Mitte des 19. Jahrhunderts an wurde auch die reichlich vorhandene Zinkblende abgebaut. Nachlesebergbau fand noch bis 1945 statt, und von 1957 bis 1976 ist mit Unterbrechungen zinkblendereiches Haldenmaterial in Bad Grund aufbereitet worden.

Auf dem großen, nur teilweise bewachsenen Haldengelände südlich der Straße nach Hahnenklee-Bockswiese läßt sich noch ein Teil der im Gang angetroffenen Minerale finden. Fundmöglichkeiten sind auch für die zum großen Teil erst in neuerer Zeit auf den Halden entdeckten Sekundärmineralien vorhanden.

Anglesit	Devillin	Markasit
Ankerit	Elyit	Posnjakit
Arsenopyrit	Galenit	Pyrit
Aurichalcit	Gips	Quarz
Baryt	Hämatit	Rosasit
Brochantit	Hemimorphit	Schulenbergit
Calcit	Hydrozinkit	Serpierit
Caledonit	Langit	Smithsonit
Cerussit	Lautenthalit	Sphalerit
Chalkopyrit	Leadhillit	Tetraedrit
Chalkotrichit	Linarit	Wroewolfeit
Chenit	Lithargit	
Cuprit	Malachit	

8. Lautenthaler Hütte

Im nördlichen Stadtbereich befindet sich dicht am Flüßchen Innerste eine Schlakkenhalde der ehemaligen Lautenthaler Hütte. Hier wurden in den letzten Jahren zahlreiche Sekundärminerale des Kupfers, Bleis und Zinks gefunden, die in der obigen Liste mit enthalten sind.

9. Trogtal nördlich Lautenthal

Im Zusammenhang mit Selenidvorkommen sind die Grauwackensteinbrüche im Trogtal, ca. 2 km nördlich von Lautenthal, bemerkenswert. Hier fand der Arbeiter W. Schell in den 20er Jahren dieses Jahrhunderts in "selten 1 Zoll mächtigen" Gängchen aus eisenschüssigem Dolomit eine seltene Selenidparagenese. Neben dem bereits zur Fundzeit bekannten Clausthalit entdeckten Ramdohr und Schmitt (1955) erstmals die folgenden vier Selenide in höchstens 1 mm großen Körnern:

Trogtalit ($CoSe_2$, kub.), Hastit ($CoSe_2$, orthorhomb.), Bornhardtit (Co_3Se_4) und Treboldit (CoSe). Die Paragenese wird vervollständigt durch ged. Gold, Hämatit und jüngeren Kupferkies. Gediegenes Selen, Cerussit und Limonit entstanden durch Oxidation.

Trotz intensiver Suche durch Sachkundige konnten in den letzten 20 bis 25 Jahren jedoch keine Neufunde gemacht werden.

10. Grube Friederike im Lindthal bei Lautenthal

Lindthal bei Lautenthal ist Fundortangabe für viele ausgezeichnete Stufen von manganhaltigem Braunen Glaskopf, der vom 17. Jahrhundert an bis 1925 im Gegentaler Gangzug neben dem in der Teufe anstehenden braunen Siderit durch die Grube Friederike abgebaut wurde. In der Hutzone ist selten langstrahliger, mattglänzender, schwarzer Manganit vorgekommen. Die Gangart ist Quarz.

Bei niedrigem Wasserstand der Innerstetalsperre können auf der Halde am Westufer noch Glaskopf-Belegstücke gefunden werden. Mehrere Gangaufschlüsse an der Ostseite und oberhalb der Talsperre lieferten ebenfalls Braunen Glaskopf, dazu größere Quarzkristalle.

11. Grube St. Anna im Ochsental

Auf dem gleichen Gang wurden vor einigen Jahren gute und sehr große Festungsquarzstufen mit mehreren Zentimetern großen Pyramiden im Bereich der ehemaligen Grube St. Anna im Ochsental gefunden. Dort kommen auch Kupferminerale vor. Bekannt sind: Chalkopyrit, Covellin, Cuprit, Delafossit ?, ged. Kupfer, Malachit, Quarz.

12. Der Rammelsberg

Der Bergbau auf der Metallerzlagerstätte Rammelsberg gehört zu dem berühmtesten und ältesten Bergbau der Erde. Wurde bis vor wenigen Jahren die erste urkundliche Erwähnung (968 n. Chr.) mit dem Beginn des Bergbaus gleichgesetzt, so soll nach neuesten archäologischen Erkenntnissen an Schlackenfunden bereits im 3. oder 4. Jahrhundert n. Chr. ein Abbau im Ausbiß des Alten Lagers stattgefunden haben.

In der 1. Blütezeit von 968-1235 n.Chr. besaßen die Kaiser alle Bergrechte. Goslar war eine der bedeutendsten Residenzen, von hier aus wurde Weltpolitik gemacht, und die silbernen Otto-Adelheid-Pfennige waren Zahlungsmittel in weiten Teilen Europas. Die jährliche Erzförderung betrug etwa 8.000-10.000 t.

Als die Kaiser 1235 den Herzögen von Braunschweig-Wolfenbüttel das Zehntrecht überließen, blieb Goslar zwar Kaiserlich Freie Reichsstadt, aber bergbaulich gab es einen Niedergang, weil man mit zunehmender Abbauteufe die Grubenwässer nicht mehr beherrschen konnte. Zudem stürzte das unversetzte Gru-

Die Tagesanlagen des 1988 stillgelegten Metallerzbergwerks Rammelsberg in Goslar.

bengebäude ein. Von 1360-1455 wurde kein Erz gefördert. 1361 gelang es dem Rat der Stadt Goslar, die Bergrechte zu erwerben, um mit viel Aufwand die Gruben wieder in Förderung zu bringen. In dieser 2. Blütezeit von 1461-1525 wurden zuletzt jährlich 30.000 t Erz und mehr zutage gebracht. Goslar war zu der Zeit eine der bedeutendsten Städte Deutschlands, und seine Mariengroschen waren die wichtigste Währung im norddeutschen Raum.

Historische Ansichtskarte aus der Zeit um 1900, die zwei Harzer Bergleute in typischer Arbeitskleidung beim Bohren zeigt.

Der 1525 mit den Braunschweiger Herzögen beginnende Streit um die Bergrechte endete 1552 mit einem Diktat. Goslar verlor nicht nur die Bergrechte, sondern auch für immer seine politische Bedeutung.

Wenngleich die Herzöge sofort für Verbesserungen in der Grubenwasserlösung sorgten, so konnten Förderleistungen von 30.000 t während der herzoglichen Verwaltung und der 1634 von einer Erbengemeinschaft eingesetzten Kommunion-Verwaltung bis 1763 nie wieder erreicht werden. Dabei spielten allerdings der 30jährige Krieg und zeitweiser Holzmangel eine wichtige Rolle. Durch den Eintritt des Oberbergmeisters Roeder 1763 in die Grubenverwaltung kam es zwar zu zahlreichen technischen und organisatorischen Verbesserungen, u.a. wurde der Versatz eingeführt, aber eine wesentliche Steigerung der Erzförderung über das Niveau von 20.000 t/Jahr gelang nicht.

Erst mit der Übernahme der Verwaltung durch preussische Bergbeamte ab 1866 und durch die Einführung elektrischer Energie konnten schließlich jährliche Förderleistungen von 60.000 t und mehr erzielt werden. 1924 ging die Verwaltung vom Fiskus als Rechtsnachfolger der "Harzer Kommunion" auf die Unterharzer Berg- und Hüttenwerke GmbH über.

Nach dem Tief der Weltwirtschaftskrise begann 1936 mit der Einführung der Flotation zur Aufbereitung der Erze, mit der Inbetriebnahme einer neuen Schachtanlage und einer Zinkhütte in Harlingerode eine neue Epoche. Bis 1944 konnte die Förderung stetig auf 224.000 t gesteigert werden. Nach kriegsbedingtem Abfall wurden 1953 mehr als 250.000 t und von 1955-1964 jeweils über 300.000 t Erz jährlich gefördert. Trotz des zunehmenden Übergangs vom Kammer- auf den Pfeilerbau konnte man die Förderung infolge technischer Verbesserungen bis zur Stillegung der Grube am 30.6.1988 durch die seit 1968 die Geschäfte führende Preussag AG auf einen durchschnittlichen Förderniveau von etwa 280.000 t/Jahr halten. Aus diesen sind jeweils über 100.000 t Zink-, Blei-, Kupfer- und Schwerspatkonzentrate gewonnen worden.

Von den 29 Mio. t Erz sind in den 1.020 Jahren Betriebszeit ca. 25 Mio. t abgebaut worden. Die restlichen metallarmen bzw. im Alten Mann des Alten Lagers verbliebenen Erz sind derzeit nicht wirtschaftlich gewinnbar.

Die Lagerstätte bestand aus zwei großen sulfidischen Erzkörpern, dem Alten Lager und dem Neuen Lager mit dazwischenliegendem barythaltigem Grauerzkörper.

Die Entstehung der sehr feinkörnigen Erze aus hauptsächlich Sphalerit, Galenit, Chalkopyrit, Pyrit und Baryt, die in inniger Verwachsung u.a. als Melierterz oder in Wechsellagerung mit Schiefer als Banderz auftraten, stellt man sich heute so vor, daß im Mitteldevon am Meeresgrund heiße metallhaltige Lösungen austraten. Die Schwermetalle wurden als Sulfide und Barium als Sulfat ausgefällt und sedimentiert.

Während der varistischen Gebirgsbildung wurden die diagenetisch verfestigten devonischen Schichten gehoben, vielfach gefaltet, überkippt und metamorph verändert.

Außer den genannten Primärerzen konnten weitere 27 allerdings meist nur erzmikroskopisch nachgewiesen werden. Zu diesen kommen die Sekundärbildungen, von denen die sogenannten Vitriole am bekanntesten sind. Die buntfarbigen wasserhaltigen Sulfate bildeten sich besonders im Alten Mann aus durchgesikkerten wäßrigen Lösungen bei Luftzutritt,

Unten. Übersicht über die Mineralien des Rammelsbergs bei Goslar.

Arsenopyrit	Boulangerit	Freibergit	Jarosit	Meneghinit	Scholzit
Allophan	Bournonit	Galenobismutit	Kassiterit	Molybdänit	Schwefel, ged.
Analcim	Brochantit	Gips	Kobellit	Morenosit	Serpierit
Anglesit	Caledonit	Glauberit	Ktenasit	Phillipsit	Smithsonit
Antlerit	Cerussit	Goethit/Limonit	Kupfer, ged.	Polybasit	Szomolnokit
Aragonit	Chalkanthit	Gold, ged.	Langit	Pyrargyrit	Tenorit
Azurit	Chalkosin	Goslarit	Linarit	Pyrolusit	Tetraedrit
Baryt	Chrysokoll	Gudmundit	Linneit	Pyromorphit	Valleriit
Bianchit	Copiapit	Gunningit	Löllingit	Pyrrhotin	Voltait
Bismut, ged.	Covellin	Halotrichit	Mackinawit	Quarz	Wolframit
Bismuthinit	Cuprit	Hämatit	Magnetit	Retgersit	
Bornit	Devillin	Hemimorphit	Malachit	Rostit/Khademit	
Botryogen	Elektrum	Hydrozinkit	Markasit	Rozenit	
Emplektit	Epsomit	Jamesonit	Melanterit	Römerit	

Ein Steiger (mit Harzer Frosch) und zwei Hauer vor Ort in einem Erzabbau in Clausthal, etwa um 1896

oft als Stalaktiten, aber auch als Krusten auf Schieferbruch und altem Versatz.

Ein sehenswertes Besucherbergwerk ist heute im Roeder-Stollen eingerichtet. Informationen: Stadt Goslar, Tel. 05321-711219.

13. Clausthal-Zellerfeld

Clausthal und Zellerfeld, seit 1924 zu einer Stadt vereinigt, gehören zu den ehemals sieben freien Bergstädten des Oberharzes. Von diesem mittelalterlichen Bergbau ist bis auf eine Bergordnung von 1271 nicht viel bekannt. Um 1360 kam er durch Grubenwasserprobleme und durch die Pest zum Erliegen. Erst die Braunschweiger Herzöge nahmen anfangs des 16. Jahrhunderts den Bergbau wieder auf. Zu seiner Förderung verliehen sie Zellerfeld 1532 und Clausthal 1554 die Bergfreiheit. Am Ende des 16. Jahrhunderts waren über 50 Gruben in Betrieb. Der Dreißigjährige Krieg führte zu starken Einschränkungen. Die große Blütezeit des Oberharzer Bergbaus begann 1709 mit der Entdeckung des umfangreichen und silberreichen Dorotheer Erzmittels im östlichen Teil des Burgstädter Gangzugs. Die Gruben Dorothea und Caroline gehörten zu den reichsten Gruben ihrer Zeit in Deutschland.

Durch den Bau des mit Flügelörtern 19 km langen Tiefen Georg Stollens (1777-1799) konnte die Gruben-Wasserhaltung des Reviers für einige Jahrzehnte gesichert werden. Bereits 1851 mußte jedoch 100 Meter tiefer ein weiteres Stollensystem zur Wasserlösung aufgefahren werden. Der in Clausthal 400 m Teufe einbringende und auch das Lautenthaler Revier einschließende Ernst August Stollen mit insgesamt 26 km Länge konnte bereits 1864 in Betrieb gehen.

Gleichzeitig mit den Stollenbauten wurde übertägig ein umfangreiches Graben- und Teichsystem zur Versorgung der Gruben, Pochwerke und Hütten mit Wasserkraft eingerichtet. Bedeutende Erfindungen Harzer Bergleute und die Gründung der Bergakademie fallen in diese Zeit.

Die größeren Abbauteufen (bis 1.000 m) und der zunehmende Wettbewerb verlangten eine neue leistungsfähige Schachtanlage, die 1892 als der Kaiser Wilhelm (II)-Schacht in Betrieb ging. Bis zum Ersten Weltkrieg wurden jährlich, z.T. unter Raubbaubedingungen, 180.000 t Erz gefördert.

Strontianitkristalle in Form der für Clausthal und Bad Grund typischen "Feldwebelschnurrbärte".

Die Weltwirtschaftskrise 1930/31 erzwang die endgültige Stillegung des Bergbaus in Clausthal, Bockswiese und Wildemann.

Die wichtigsten Erzgänge des Clausthaler Reviers waren der Rosenhofer, der Zellerfelder und der Burgstädter Gangzug.

Der Rosenhofer Gang (Grube Zilla) wurde berühmt für seine großen, mit Chalkopyrit überzogenen Tetraedritkristalle sowie Bleiglanz auf Siderit. Bemerkenswert war auch das Vorkommen von Anhydrit.

Der Zellerfelder Gangzug lieferte nur Bleiglanz und seine Sekundärminerale. Zur Zeit werden in seinem westlichen Bereich nahe Wildemann archäologische Grabungen durchgeführt; man nimmt jetzt an, daß der Beginn des Oberharzer Bergbaus sehr deutlich vor 1000 n.Chr. gelegen haben muß.

Aus dem mit örtlich 50 m Mächtigkeit erreichenden Burgstädter Gangzug sind sehr schöne Stufen von Zinkblende und Quarz (Kappen- und Festungsquarze) bekannt geworden. Berühmt sind seine Ringel-, Kokarden-, Band- und Breccienerze. Gesucht sind die Selenide Tiemannit von der Grube Charlotte sowie Clausthalit, der auch auf der Grube St. Lorenz vorkam. Der Gang lieferte ferner ansehnliche Stufen von Calcit, Chalkopyrit, großen eingewachsenen Bournonitkristallen, Galenit, Jamesonit und Pyrit.

Heute noch erhaltene Zeugen des Oberharzer Bergbaus sind das Oberbergamt in Clausthal, viele Zechenhäuser und vor allem die Wasserwirtschaft. Die Halden bieten nur noch bescheidene Fundmöglichkeiten für Sammler.

Eine schon im vorigen Jahrhundert genannte Fundstelle für Pyromorphit sind die Halden der Gruben Haus Braunschweig und Dorothea Landeskrone am Galgenberg in Clausthal.

Bekannt für Cerussit sind die Halden der

Gruben St. Joachim, Bleifelder Schacht und Samuel im sogenannten Bleifeld des Zellerfelder Gangzugs. Die mehrere cm großen weißen, aber oft auch von Limonit überzogenen Kristalle bildeten sich in den Hohlräumen des Quarzes nach Weglösung des Calcits. Graben ist hier verboten! Beste Fundmöglichkeiten bestehen, wenn in diesem Gebiet Bauarbeiten durchgeführt werden.

Wer sich für den historischen Harzer Bergbau interessiert, sollte auf keinen Fall den Besuch des Oberharzer Heimat- und Bergwerksmuseums versäumen. Hier sind neben Bergbaugegenständen auch sehr schöne Mineralstufen ausgestellt. Informationen: Oberharzer Heimat- und Bergwerksmuseum, 3392 Clausthal-Zellerfeld, Tel. 05323-2502. Geöffnet täglich von 9 bis 17 Uhr.

Für alle Freunde der Mineralogie steht auf dem Besuchsprogramm natürlich auch der Besuch der Schausammlung der TU Clausthal, geöffnet Montag von 14 bis 17, Dienstag bis Freitag von 9 bis 12 Uhr.

14. Teerbau-Steinbruch am Kehrzug, Huttal

Dieser südöstlich von Clausthal gelegene Steinbruch baute um 1960 für einige Jahre Spilit-Diabase des Oberharzer Diabaszuges ab, die hier auch kieselige Hämatiterze und bunte Eisenkiesel führen. Besonders interessant sind die Mineralien des hydrothermalen Nachphase.

In drusigen Quarzmassen fanden sich schöne Kristalle von Ilvait und Stilpnomelan, auf Gängchen kommt auch weißer Calcit hinzu. Datolith bildete selbständige Gänge bis zu 20 cm Mächtigkeit. Sie enthielten in Drusen gut ausgebildete Kristalle bis zu 4 cm Größe, dazu jüngeren, gelblichen Calcit.

15. Halden derGrube Glücksrad bei Oberschulenberg

Die bei Sammlern bekannte Grube Glücksrad nahm ihre Tätigkeit 1532 auf und beendete sie erst 1931. Geologisch befinden wir uns in derselben Clausthaler Kulmfaltenzone wie in Bad Grund, nur auf einem anderen Gangzug, dem sogenannten Bockswieser Gangzug, der in Oberschulenberg zutage ausbiß. Auffällig ist die Menge der Sekundärminerale bei einer geringen Zahl von Gangarten, vornehmlich Quarz und Calcit, und von Primärerzen. Die Ursache ist darin zu sehen, daß das Gestein stark von den Haupterzen Galenit, Sphalerit und Chalkopyrit durchsetzt ist. Solche Haldenbrokken lagen jahrhundertelang in der Erde, wo sie einem langwährenden Oxidationsprozeß ausgesetzt waren. So konnten sich in dem durch die bekannten tektonischen Vorgänge ohnehin reichlich mit Hohlräumen und Spaltrissen versehenen Gesteinsmaterial die notwendigen chemischen Bausteine ansammeln, die zur Vielfalt der Kristallbildungen beitrugen. Auffällig sind zahlreiche Haldenstücke, die mit roten bis rotschwarzen Pigmenten durchsetzt sind. In Drusen stellte der Zweitverfasser eine typische Paragenese fest, die durch Mineralien wie Minium, Elyit, Caledonit, Lanarkit, Hydrocerussit, Leadhillit und Barysilit gekennzeichnet ist. Es könnte sein, daß diese ihre Entstehung dem mittelalterlichen Feuersetzen verdankt, was durch gleichartige Beobachtungen auf weiteren Fundstellen bestätigt wurde.

16. Gabbrosteinbruch im Radautal bei Bad Harzburg

Zur Reichhaltigkeit der geologischen Erscheinungen des Harzes gehört das Auftreten des Gabbrogesteins, das sich durch den Na-Ca-Feldspat und den hohen Pyroxenanteil vom Granit unterscheidet. Wegen seiner Festigkeit und Härte ist der Gabbro ein begehrtes Baumaterial. Der Steinbruch im Radautal wurde um 1838 eröffnet und seitdem ständig erweitert, so daß die früher genannten Steinbrüche Bärenstein I-IV darin aufgegangen sind.

Adular	Bergkristall	Diopsid	Hedenbergit	Molybdänit	Rutil
Aktionolith	Biotit	Dolomit	Hemimorphit	Montmorillonit	Schorlomit
Albit	Bronzit	Dravit	Heulandit	Muskovit	Schörl
Allanit	Brookit	Dundasit	Hydrogrossular	Natrolith	Serpentin
Allemontit	Brucit	Enstatit	Hypersthen	Olivin	Sphalerit
Almandin	Bytownit	Epidot	Ilmenit	Orthoklas	Spessartin
Amethyst	Calcit	Erythrin	Jarosit	Pentlandit	Spinell
Analcim	Cerussit	Fayalit	Kimzeyit	Periklas	Stilbit
Anatas	Chabasit	Forsterit	Klinozoisit	Picotit	Talk
Andradit	Chalkopyrit	Gadolinit	Labradorit	Pigeonit	Titanit
Anorthit	Chlorit	Galenit	Laumontit	Plagioklas	Todorokit
Antigorit	Chondrodit	Gehlenit	Löllingit	Prehnit	Tremolit
Apatit	Chrysokoll	Gips	Magnetit	Pyrit	Turmalin
Apophyllit	Chrysotil	Gmelinit	Magnetkies	Pyrop	Vesuvian
Arfvedsonit	Cobaltin	Goethit	Malachit	Pyrrhotin	Wollastonit
Arsenolith	Cordierit	Gold, ged.	Manganit	Quarz	Zirkon
Arsenopyrit	Covellin	Granat	Markasit	Rauchquarz	Zoisit
Augit	Cubanit	Graphit	Mesolith	Rhodochrosit	
Aurichalcit	Datolith	Grossular	Mikroklin	Rhodonit	
Axinit	Diallag	Hämatit	Mimetesit	Rucklidgeit	

Mineralienübersicht über die Funde im Gabbro-Steinbruch bei Bad Harzburg.

Adamin (Cu)	Caledonit	Dundasit	Illit	Opal	Schulenbergit
Agardit-(SE)	Cerussit	Elyit	Köttigit	Parahopeit	Schwefel, ged.
Allophan	Chalkanthit	Fahlerz	Kryptomelan	Parasymplesit	Serpierit
Anglesit	Chalkoalumit	Galenit	Kupfer, ged.	Plumbogummit	Silber, ged.
Ankerit	Chalkonatronit	Gips	Lanarkit	Plumbojarosit	Smithsonit
Aragonit	Chalkopyrit	Goethit	Langit	Posnjakit	Sphalerit
Aurichalcit	Chalkosin	Greenockit	Leadhillit	Pyrit	Spionkopit
Azurit	Chrysokoll	Hämatit	Linarit	Pyromorphit	Tenorit
Barysilit	Covellin	Hemimorphit	Malachit	Quarz	Theisit
Beaverit	Cuprit	Hisingerit (?)	Mennige	Ramsbeckit	Todorokit
Bornit	Cyanotrichit	Hopeit	Metavariscit	Rhodochrosit	Vivianit
Brochantit	Devillin	Hydrocerussit	Mimetesit	Richelsdorfit	Wroewolfeit
Calcit	Duftit	Hydrozinkit	Namuwit	Rosasit	

Links. Die Mineralien von Oberschulenberg.

Wenn der Gabbrosteinbruch auch wegen seiner mineralogischen Vielfalt berühmt ist, so wird doch mancher Sammler enttäuscht sein, weil gerade keine fündigen Gesteinspartien aufgeschlossen sind oder weil er in dem weiträumigen Bruch gar nicht weiß, wo er suchen soll. Daher sollte er sich vorher annähernd informieren, wo die einzelnen Mineralparagenesen anzutreffen sind, die von magmatischen Primärkristallisationen über pegmatitisch-pneumatolytische Minerale, hydrothermalen Bildungen bis zu Kontaktmetamorphiten und Oxidationsmineralen reichen. Die jüngste umfassende Darstellung des Gabbrosteinbruchs durch U. Steinkamm enthält eine Bestandsliste, in der alle Neubeschreibungen seit 1981 berücksichtigt werden. Es handelt sich um Anatas, Brookit, Dundasit, Jarosit, Spessartin wie auch um gediegenes Gold, Rucklidgeit, Cubanit, Markasit und Cobaltin, wobei letztere aber nur als Einschlüsse im Pyrrhotin erzmikroskopisch erkennbar sind (EH 89/1).

Ein seltener Fund im Diabassteinbruch Huneberg: Prehnitkristall mit 2 mm Höhe. Derber Prehnit ist hier dagegen häufig.

17. Pinge Riekensglück bei Bad Harzburg

Mit einem Versuchsschurf wurde ein hochmetamorphes Magnetitvorkommen des Oberharzer Diabaszuges untersucht, das als Besonderheit auch braunoliven Fayalit neben Quarz führt. Fein- bis mittelkörniger Magnetit und Fayalit lassen sich noch in der hauptsächlich aus verschiedenen Hornfelsen, Granodiorit und Marmoren bestehenden Halde finden.

18. Diabassteinbruch Huneberg

An die geologische Einheit der Clausthaler Kulmfaltenzone schließt sich, von Südwesten nach Nordosten streichend, der Oberharzer Diabaszug an, der im Steinbruch Huneberg 5 km südwestlich von Bad Harzburg aufgeschlossen ist. Das Diabasgestein ist noch vor der Harzfaltung in der Geosynklinalen gebildet worden, als eine intrusive Schmelze die Devonschichten aufwölbte und erstarrte. Es folgten noch Ablagerungen unterkarbonischer Schiefer und Grauwacken. Die Auffaltung führte zur Bildung von Schuppen und Schollen, und Dehnungsklüfte machten den Weg frei für aufsteigende hydrothermale Lösungen.

Analcim	Galenit	Prehnit
Annabergit	Gersdorffit	Pyrit
Calcit	Goethit	Pyromorphit
Chabasit	Granat	Quarz
Chalkopyrit	Laumontit	Sphalerit
Chlorit	Limonit	Stilbit
Datolith	Mikroklin	Thomsonit
Epidot	Natrolith	Wad

19. Spitzenberg

Dieses im Kontakthof des Harzburger Gabbromassivs liegende metamorphe Magnetitvorkommen des Oberharzer Diabaszuges wurde bis 1921 bebaut. Auf den Halden findet man eine reiche Palette metamorpher Gesteine, dazu Diabas. An Mineralien kommen Magnetit, der sowohl Pyrrhotin als auch Pyrit enthält, sowie Granat, Ilvait und Calcit vor.

Auch alpinotype Kluftparagenesen, bestehend aus Albit, Adular, Anatas, Chlorit und Heulandit, können gefunden werden.

20. Turmalinfundstelle Sonnenberg

Schon im 18. Jahrhundert wurde der unter einer verwitterten Hornfelsüberdeckung anstehende, teilweise zersetzte mikropegmatitische Randgranit durch die Grube Teuerdank auf Zinnstein (Kassiterit) untersucht. Es gibt jedoch nur gut auskristallisierte Turmaline (Schörl) bis zu über 1 cm Größe, z.T. massenhaft angereichert in den quarzreichen drusigen Partien.

21. Silbererzrevier St. Andreasberg

Das Gangdreieck von St. Andreasberg wird gern als klassische Lagerstätte bezeichnet, weil es sich um eine berühmte Fundstelle handelt, die hervorragend auskristallisierte Schaustufen lieferte und damit auch den Forscherdrang der früheren Mineralogen wachrief. Leider klingt im Begriff des Klassischen auch der Sinn des Alten und Vergangenen mit, was im Hinblick auf die Fundmöglichkeiten in diesem Revier nur allzu wahr ist; denn die Gruben liegen seit 1910 still.

Geologisch gehört das Revier der Mittelharzer Faltenzone an, doch die Nähe zum Brockenpluton hebt den Andreasberger Raum heraus und macht die Vielfalt der Mineralanreicherungen verständlich. Diese konzentrierten sich bei der Schrumpfung des Granits auf das schon vorher von Aufschiebungen gebildete Gangdreieck, das gegenüber der einsetzenden postmagmatischen Tätigkeit geöffnet war. Dabei ist anzunehmen, daß sich die Vorgänge des Aufsteigens und Absinkens der hydrothermalen Lösungen mehrfach wiederholt haben, was zur Folge hatte, daß sich durch heiße Nachschübe, wenn sie auf schon auskristallisierte Minerale trafen, die Zahl der Mineralbildungen weiter erhöhte. Insgesamt bewirkten diese Vorgänge, die in Wirklichkeit viel komplizierter abliefen, daß sich örtlich reiche Erzfälle absetzten, darunter auch einmalige Seltenheiten wie der Samsonit, und daß sich Drusen in den Gangfüllungen mit so herrlichen Kristallstufen bildeten wie sonst nirgends im Harz.

Die erzreichste aller Andreasberger Gruben war die Grube Samson, die im Jahre 1521 zum ersten Mal erwähnt wird und über Jahrhunderte in Förderung stand. Aus alten Grubenplänen geht hervor, daß der Samsoner Hauptgang, auf dem die Grube baute, auch am weitesten in die Teufe reichte. So fand man denn auch hier das größte "Silbernest" der Andreasberger Gänge mit 40 m Länge und 70 cm Mächtigkeit. Haupterze waren Pyrargyrit, Dyskrasit, Bleiglanz, ged. Arsen, ged. Silber, Tetraedrit, Nickelin, Breithauptit, Pyrostilpnit und Millerit.

1908, zwei Jahre vor Schließung der Grube, entdeckte der Berginspektor

Die berühmte Grube Samson im Jahr 1906. Heute ist hier ein Besucherbergwerk eingerichtet, in der auch die berühmte Harzer Fahrkunst im Original erhalten ist.

Werner ein stahlschwarzes Mineral, das er zunächst für Miargyrit hielt, später aber als Samsonit bestimmt wurde. Wegen seines bisher einmaligen Vorkommens (es sollen nur ca. 80 Stufen geborgen worden sein) gilt er weltweit als Rarität.

Ähnliche Reicherzfälle, wie sie von der Grube Samson berichtet werden, sind auch auf den benachbarten Gruben Felicitas und Catharina Neufang (bekannt für gute Desminkristalle) vorgekommen. Die Grube Andreaskreuz, wohl die älteste des Reviers, sei als Beispiel für die schönen Andreasberger Gangartenminerale genannt: Calcit (Kanonenspat), weingelber Fluorit, roter Harmotom, weißer und grüner Apophyllit, Heulandit und Analcim, die besonders auf dem Niveau des Sieberstollens zu finden waren. Neben dem Samsoner Gang wurde der Jacobsglücker Gang als zweitwichtigster angesehen, auf dem auch die Grube Claus-Friedrich baute. Von hier stammen die Mineralgemenge Gänsekötigerz und Buttermilcherz. In der Grube Fünf Bücher Mosis traten als Erze Cobalt- und Nickelminerale mit ihren Sekundärbildungen Erythrin und Annabergit auf. Cobalterze fand man auch auf den Gängen des Odertals, die man als Fortsetzungen der Andreasberger Gänge betrachten kann. Bekannt sind hier die Kobaltgrube, der Oderstollen und die Gruben im Magdgrab- und Morgensterntal.

Auf der berühmten Grube Samson ist ein Museum mit Schaubergwerk eingerichtet, dessen Besuch auf keinen Fall versäumt werden darf. Hervorzuheben ist von hier die Harzer Fahrkunst, die noch im Originalzustand erhalten und in Betrieb ist. Informationen: Grube Samson, 3424 St. Andreasberg; Tel. 05582-1249.

Adamin (Cu)	Bornit?	Epidot	Laumontit	Pyrargyrit	Stibarsen
Adelit	Boulangerit?	Epsomit	Lavendulan	Pyrit	Stibiconit
Adular	Bournonit	Erythrin	Leadhillit	Pyrolusit	Stilbit
Agardit	Breithauptit	Fizelyit	Linarit	Pyromorphit	Stilleit
Akanthit	Brewsterit?	Fluorit	Löllingit	Pyrostilpnit	Strontianit
Aktinolith	Brochantit	Galenit	Magnetit	Pyrrhotin	Talk
Albit	Calcit	Galenobismutit?	Malachit	Quarz	Tetraedrit
Analcim	Cerussit	Gersdorffit	Markasit	Rammelsbergit	Thomsonit?
Anatas	Cervantit	Gips	Metastibnit	Rauenthalit	Thucholith
Andradit	Chabasit	Gmelinit	Miargyrit	Realgar	Tiemannit
Anglesit	Chalcedon	Gold, ged.	Millerit	Rhodochrosit	Titanit
Anhydrit	Chalkopyrit	Grossular	Mimetesit	Richelsdorfit	Talk
Ankerit	Chalkosin?	Guanajuatit	Montmorillonit	Ripidolith	Turmalin?
Annabergit	Chervetit	Guerinit	Nakrit	Rosasit	Ullmannit
Antimon, ged.	Chloanthit	Harmotom	Natrolith	Rößlerit	Umangit
Antimonit	Chlorargyrit	Hämatit	Naumannit	Safflorit	Uraninit
Apophyllit	Chlorit	Hemimorphit	Nickelin	Samsonit	Valentinit
Aragonit	Chrysokoll	Heulandit	Nontronit	Saponit	Vanadinit
Argentit	Claudetit	Hörnesit	Olivenit	Schulenbergit	Wad
Argentopyrit	Clausthalit	Hydrocerussit	Opal	Schultenit	Witherit?
Arsen, ged.	Cobaltin	Hydrozinkit	Osarizawait	Schwefel, ged.	Wollastonit
Arsenosiderit	Covellin	Illit	Pararealgar?	Serpierit	Xanthokon
Arsenolith	Cubanit	Jamesonit?	Parasymplesit	Siderit	Zirkon
Arsenopyrit	Cuprit	Jarosit	Pharmakolith	Silber, ged.	Zoisit
Auripigment?	Datolith	Kaolinit	Phaunouxit	Skorodit	
Axinit	Devillin	Karelianit	Pikropharmakolith	Skutterudit	"Allemontit"
Azurit	Diaphorit	Kermesit	Pitticit	Smithsonit	"Arseniksilber"
Baryt	Dickit	Klinochlor	Polybasit	Smythit	"Buttermilcherz"
Berthierit?	Dolomit	Köttigit	Posnjakit	Sphalerit	"Gänsekötigerz"
Berzelianit	Duftit	Kupfer, ged.	Prehnit?	Stephanit	"Groddeckit"
Bismut	Dyskrasit	Langit	Proustit	Sternbergit	"Huntilith"

Die Mineralienübersicht von den Gruben in St. Andresberg. Berühmtestes Mineral von hier ist der Samsonit.

22. Diabassteinbruch Wäschegrund bei St. Andreasberg

Bereits im vorigen Jahrhundert waren die Diabaslager in und östlich von St. Andreasberg bekannt für Datolithvorkommen. Berühmt ist der heute längst stillgelegte Steinbruch im Wäschegrund, wo ein Datolithgang mit etwas Quarz, Calcit, Kupferkies und Pyrit kissenförmigen mitteldevonischen Spilit-Diabas durchsetzte. Die sehr gut ausgebildeten Kristalle sind bis über 2 cm groß und farblos oder leicht grünlich.

1984 wurden östlich von St. Andreasberg im Trutenbeektal bei Straßenbauarbeiten erneut zahlreiche Stufen mit wasserklaren bis trüb-weißen Datolithkristallen geborgen.

23. Grube Wolkenhügel bei Bad Lauterberg

Es ist wenig bekannt, daß sich im südlichen Westharz noch eine Schwerspatgrube bei Bad Lauterberg in Förderung befindet, die den schönen Namen Wolkenhügel trägt. Mit bisheriger Gewinnung von über 4 Mio. Tonnen hochwertigen Baryts ist sie eines der bedeutendsten Schwerspatbergwerke in der Bundesrepublik. Allerdings gibt es derzeit nur noch zwei weitere Barytgruben (Dreislar und Wolfach), die von 28 Betrieben im Jahre 1960 übri geblieben sind. Auch bei Bad Lauterberg wurden Gruben stillgelegt, z.B. Hoher Trost, Königsgrube u.a., die ursprünglich als Kupferbergwerke angelegt worden waren. Die Barytgänge des Südwestharzes enthalten nämlich auch Kupfer-, Blei- und Zinkerze sowie Quarz und Fluorit. Aufgeführt ist der bis jetzt bekannte Mineralbestand der Grube Wolkenhügel.

Aikinit	Coelestin	Limonit
Anhydrit	Cuprit	Malachit
Ankerit	Devillin	Markasit
Aragonit	Dolomit	Psilomelan
Baryt	Fluorit	Pyrit
Brochantit	Galenit	Quarz
Calcit	Gips	Sphalerit
Chalkopyrit	Goethit	Strontianit
Chrysokoll	Hämatit	Tetraedrit
Cinnabarit	Lepidokrokit	

24. Grube Charlotte-Magdalena, Bad Lauterberg

Vom Krumme-Lutter-Tal zweigt nach ca. 3,6 km nördlich vom Sportplatz Bad Lauterberg eine asphaltierte Forststraße nach Westen ins Schadenbeekstal ab. Die Halde der ehemaligen Grube Charlotte Magdalena erreicht man nach ca. 80 m. Sie liegt südlich der Forststraße auf der anderen Seite des Schadenbeekbachs.

Der Schadenbeeksglücker Gang wurde durch die Grube Charlotte Magdalena bergmännisch untersucht. Die Bergbaugeschichte reicht bis in das Jahr 1663 zurück, als der Gang erstmalig gemutet wurde. Zu einer Erzförderung ist es nie gekommen, da die relativ häufige Zinkblende früher noch nicht von wirtschaftlichem Interesse war und auch die Schwerspatmächtigkeiten unter der Bauwürdigkeit lagen. Nachdem der Tagesstollen 1958 nochmals von der Deutschen Baryt-Industrie aufgewältigt wurde, mußten sowohl der Schacht als auch der Stollen 1983 auf Anordnung des Bergamts verfüllt bzw. zugeschossen werden.

Mit Ausnahme der in der Literatur beschriebenen seltenen Sulfide und Gangarten können alle genannten Minerale sowohl derb als auch in Kristallen noch heute gefunden werden. Auch im Bachbett der Schadenbeek sind gelegentlich gute Funde möglich.

Anglesit	Chalkopyrit	Malachit
Antimonit	Fluorit	Markasit
Aragonit	Galenit	Pyrit
Baryt	Gips	Quarz
Bornit	Hämatit	Sphalerit
Calcit	Hydrozinkit	Tetraedrit
Cerussit	Linarit	

Die Knollengrube bei Bad Lauterberg, Fundstelle für schönen Roten Glaskopf und gute Fluoritkristalle. Foto 1916.

25. Fundstellen am Großen Knollen

Am Eingang des Großen Rothäuser Tals, abzweigend vom Tal der Grade Lutter, ca. 4,2 km nördlich vom Sportplatz Bad Lauterberg, befinden sich die Stollenmundlöcher des nördlichen und südlichen Rothäuser Stollens. Haldenmaterial aus diesen Stollen ist nur wenig vorhanden. Nur ca. 0,5 km südlich des Rothäuser Tals befindet sich im Grade-Lutter-Tal direkt an der Forststraße am Osthang des Großen Knollens eine kleine Halde des ehemaligen Knollenbuchenstollens.

Die Halde des ehemaligen Lutterstollens liegt im Tal der Grade Lutter, ca. 3,1 km nördlich vom Sportplatz Bad Lauterberg. Die Halde liegt unübersehbar direkt am Bachbett am Osthang der Hübichentalsköpfe.

Eine weitere Halde des Eisenerzbergbaus am Großen Knollen befindet sich direkt im Knollental, ca. 250 m unterhalb des Knollengipfels.

Die Beschreibung der Ganginhalte des Frische Lutter Gangs und der Knollengänge erfolgt auf Grund ihrer Unterschiedlichkeit nachfolgend in zwei Teilen.

Frische-Lutter-Gang

Der Inhalt des Frische-Lutter-Gangs besteht in erster Linie aus Baryt sowie den Gangarten Calcit, Quarz und Fluorit. Im nördlichen Teil des Gangs wurden diverse Kupferminerale (Chalkopyrit, Bornit,

Tetraedrit, Chalkosin, ged. Kupfer, Malachit sowie dichtes, kupferreiches Gel mit Eisenhydroxiden und Kieselsäure -Kupferpecherz-) gefunden. Weitere Sulfidbildungen sind Pyrit, Markasit, Sphalerit und als Seltenheit Skutterudit. Im südlichen Gangbereich treten Sulfide weniger häufig auf. Es überwiegen die Gangarten Baryt, Calcit, Fluorit und Quarz.

Im ehemaligen Bergbaugebiet auf dem Frische Lutter Gang sind auf Grund weniger bergbaulicher Aufschlüsse sehr geringe Fundmöglichkeiten für Baryt, Quarz, Calcit, Fluorit, Galenit, Chalkopyrit und Pyrit vorhanden.

Der Wurmbergsteinbruch bei Braunlage zur Zeit des Abbaus im Jahr 1973.

Knollengänge

Die Knollengänge gehören zum Hoher Troster Gangsystem. Bezüglich ihres Ganginhalts unterscheiden sie sich jedoch deutlich von den typischen Barytmineralisationen des SW-Harzes. Neben den Hauptgangarten Baryt, Quarz und Carbonaten sind die Knollengänge zusätzlich mit Hämatit (meist als Roter Glaskopf) vererzt, was sie für den Eisenerzbau bis 1913 wirtschaftlich interessant machte. Darüber hinaus treten neben den genannten Mineralen Fluorit, Chalkopyrit, Pyrit sowie selten Anhydrit und Gips auf. Auf den Halden der Knollengruben sind folgende Minerale zu finden: Baryt, Hämatit, Quarz, Fluorit (!), Siderit, Calcit, Aragonit und Pyrit

26. Grube Floßberg im Großen Andreasbachtal bei Barbis

Der Bergbau im Andreasbachtal reicht bis ins 16. Jahrhundert zurück und ging auf dem Reinebornstaler Gang und dem Flußgruber Gang um. Das Abbauinteresse galt damals vornehmlich dem Bleiglanz.

Mitte des 18. Jahrhunderts wurde der Bergbau im Andreasbachtal wieder aufgenommen. Diesmal galt das wirtschaftliche Interesse jedoch ausschließlich der Hauptgangart, dem Fluorit, der einigen Harzer Hüttenbetrieben als Flußmittel bei der Verhüttung von Erzen diente. Die Abbauperioden waren zeitlich jedoch nur von kurzer Dauer. Die Gesamtförderung an Flußspat betrug ca. 2.000 Tonnen.

Aufgrund eines erhöhten Flußspatbedarfs der Stahlindustrie zu Beginn des Industriezeitalters wurden die Gänge im Andreasbachtal von 1820 bis 1830 nochmals bergmännisch untersucht. Diese Untersuchungen blieben, wie auch die der Deutschen Baryt-Industrie während des Zweiten Weltkriegs, als das Interesse dem Schwerspat galt, ohne Erfolg. Letzte Versuche, den Fluoritabbau im Andreasbachtal wieder aufzunehmen, endeten 1959 mit erheblichen finanziellen Defiziten für die Harzer Fluorit Bergbau GmbH. Die genannten Minerale können auch heute noch leicht auf Halden und Pingen als Belegstücke gefunden werden. Mengenmäßig findet man überwiegend Fluorit und Carbonate. Als Besonderheiten seien die Vanadiumminerale Calciovolborthit und Vesignieit herausgehoben.

Anglesit	Chalkosin	Malachit
Ankerit	Chrysokoll	Markasit
Antimonit	Devillin	Mimetesit
Azurit	Dolomit	Pyrit
Baryt	Erythrin	Pyromorphit
Bornit	Fluorit	Quarz
Brochantit	Galenit	Silber, ged.
Calciovolborthit	Goethit	Tetraedrit
Calcit	Hämatit	Vesignieit
Cerussit	Lepidokrokit	
Chalkopyrit	Linarit	

27. Grube Henriette im Siebertal

Unmittelbar nördlich der Brücke über die Kulmke befindet sich eine alte Halde mit Gangmaterial aus Quarz, Calcit, Ankerit und Baryt. Es enthält Spuren von Skutterudit, Chalkosin, Chalkopyrit, Covellin, Safflorit (?), verhältnismäßig reichlich Bornit und daneben als Sekundärbildungen Tirolit, Malachit, Brochantit, Ba-Pharmakosiderit und Olivenit.

28. Königskopf bei Oderbrück

Der zwischen Oderbrück und Königskrug gelegene und schon vor über 20 Jahren stillgelegte Bruch befindet sich in einem dachnahen Bereich des Brockengranits, wie zahlreiche Hornfelseinschlüsse, z.T. mit Aplitgängen durchzogen, zeigen. Neben diesem grauen Dachgranit steht aber auch rötlicher Randgranit an, der in miarolitischen Drusen vor allem Turmalin (Schörl), Albit, Kalifeldspat, Quarz, Fluorit, Hämatit und Chabasit, seltener Preh-

Exkursion in der alten Grube Weintraube bei Lerbach.

nit, Pumpellyit, Stilbit und Laumontit in meist kleinen, aber oft schönen Kristallen enthält. In den aplitischen Gängen kommen Turmalinsonnen vor.

29. Wurmbergsteinbruch bei Braunlage

Der auf der Südwestseite des Wurmbergs befindliche Steinbruch ist im Dachgranit angelegt. Dieser ist mittelkörnig und von hellgrauer bis roter Farbe. In Drusen wurden bis zur Stillegung des Bruchs in den 60er und 70er Jahren dieses Jahrhunderts schöne Kristalle von violettem Fluorit (bis über 1 cm Größe), Turmalin, Quarz, Kalifeldspat, Albit, Epidot, aber auch Chabasit, Stilbit und Magnetit gefunden. Der Steinbruch ist heute teilweise mit Bodenaushub verfüllt.

30. Grube Ludwig-Rudolf bei Braunlage

Im südwestlich von Braunlage gelegenen Forstort Steinfeld begann man in der 1. Hälfte des 18. Jahrhunderts auf dem Ludwig Rudolfer Gang mit dem Abbau von silberhaltigem Bleiglanz, Kupferkies und seinen Sekundärmineralen sowie später auch von Kobalt-Nickel-Erzen, der 1758 zur Errichtung eines Blaufarbenwerks führte.

Intensive Schürfarbeiten von 1835-1837 ergaben die Entdeckung von über 30 weiteren Gängen. Trotzdem gelangte der Bergbau nie zu großer Bedeutung und blieb fast ganz auf den Ludwig Rudolfer Gang beschränkt. Letzte Sucharbeiten haben noch 1948 stattgefunden.

Aufgrund älterer Literatur und neueren Haldenfunden, von denen besonders die Anataskristalle erwähnt werden sollen, sind folgende Minerale bekannt geworden:

Ankerit	Cuprit	Pyrit
Anatas (!)	Devillin	Pyromorphit
Anglesit	Erythrin	Pyrrhotin
Annabergit	Galenit	Quarz
Antimonit	Hämatit	Rhipidolith
Azurit	Hemimorphit	Safflorit
Brochantit	Langit	Schwefel, ged.
Calcit	Linarit	Silber, ged.
Cerussit	Malachit	Sphalerit
Chalkopyrit	Nickelin	"Braunspat"
Clausthalit	Posnjakit	"Rotgültigerz"
Chrysokoll	Proustit	"Speiskobalt"

31. Grube Weintraube bei Lerbach

Wenig nordwestlich von Osterode befinden sich im Raume Lerbach noch zahlreiche Spuren des ehemaligen Bergbaus auf Eisen. Die Roteisensteinlager des Lahn-Dill-Typs sind hier an den Diabaszug gebunden, der in Richtung Buntenbock weiterstreicht.

Aus der großen Zahl der Pingen mit ihren Halden, die noch im Gelände auszumachen sind (15 Stollenmundlöcher und 8 bekannte Schachtanlagen) ist zu entnehmen, daß im Lerbacher Revier ein reger Abbau des hämatithaltigen Roteisensteins stattfand.

Am ergiebigsten war die Grube Weintraube, deren Erzlager eine Erzmächtigkeit bis zu 15 m aufwies. Von allerdings nur noch historischer Bedeutung ist das Vorkommen seltener Seleniderze in dieser Grube, die in schmalen Trümern den Eisenstein durchsetzten und daher auch jünger sein dürften als dieser. Zunächst hielt man diese weißen Erze für Silber, was verständlich ist, da die Silberselenide Crookesit und Eukairit unter ihnen vorkamen. Häufiger traten anscheinend die reinen Kupferselenide Berzelianit, Umangit und Klockmannit auf, etwas seltener das Hg-haltige Selenid Tiemannit und Clausthalit, ein Bleiselenid. Als Umwandlungsprodukte des Clausthalits sollen sich sogar gediegen Selen und Cerussit gebildet haben. Auch das Cobaltselenid Bornhardtit und gediegen Gold konnten erzmikroskopisch identifiziert werden.

Die Bildung der Selenide muß in einer Phase vor sich gegangen sein, als nur wenig Schwefel in den Lösungen zur Verfügung stand und diese das Selen des tonschieferähnlichen Nebengesteins

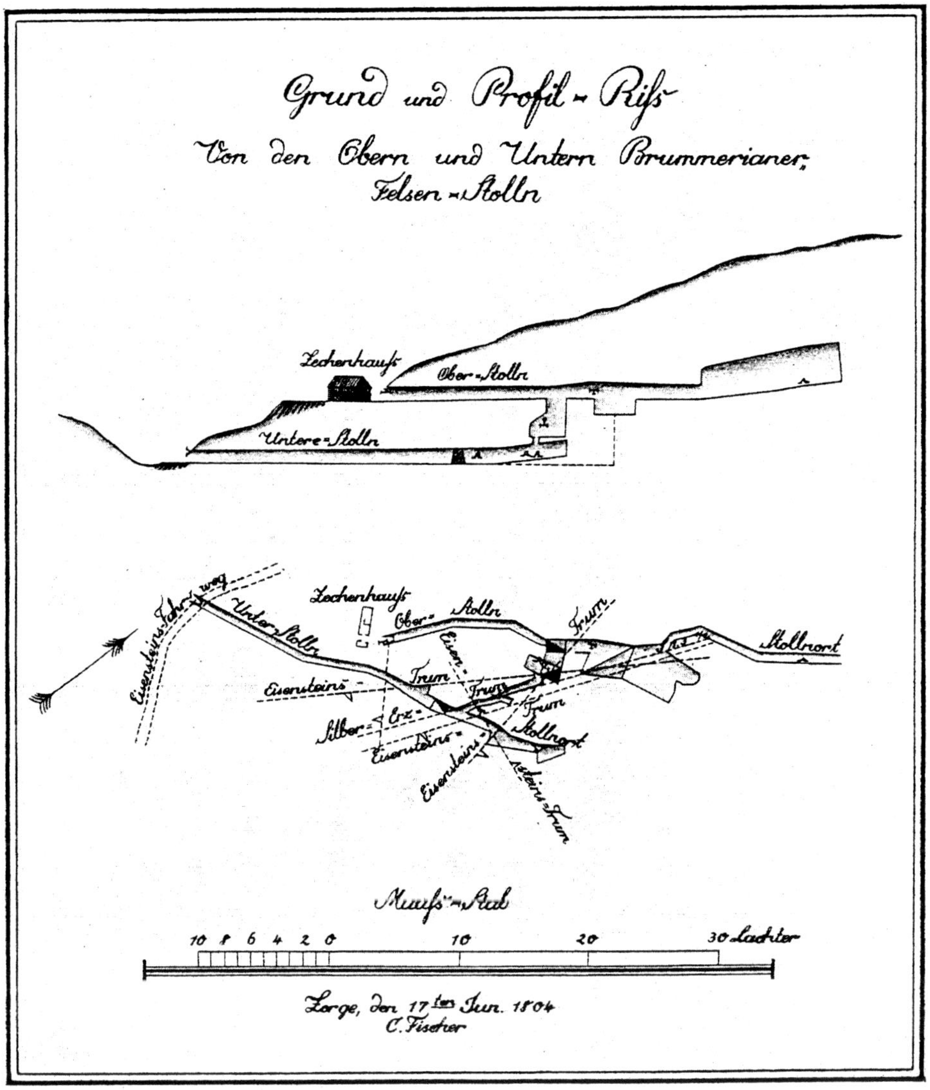

Historischer Grubenriß aus dem Jahr 1804, der den "Obern und Untern Brummerianer Felsenstollen" zeigt. Nach Unterlagen aus dem Staatsarchiv Wolfenbüttel.

mobilisierten. Da sämtliche Gruben schon seit langer Zeit aufgelassen sind, wäre der Fund von Selenerzen auf den alten Halden ein wahrer Glücksfall.

32. Grube Brummerjahn bei Zorge

Im südlichen Unterharz erstreckt sich zwischen Wieda und Zorge ein Diabaszug, an den auch hier das Vorkommen von Roteisenstein geknüpft ist. Reste des alten Bergbaus findet man an den Hängen des Wäschkopfs und westlich von Zorge, wo sich neben anderen Gruben die Brummerjahn am alten Wiedaer Hüttenweg befand. Diese Grube wird in den Akten erstmalig 1795 erwähnt. In einem Riß von 1804 ist ein Silbererztrum verzeichnet, bei dem es sich nach heutiger Ansicht um verkannte Selenerze gehandelt haben dürfte, da sich die Grube Brummerjahn später als der Hauptfundort für die Selenide herausstellte, die bereits im Zusammenhang mit der Grube Weintraube in Lerbach genannt wurden. Es besteht eine große Ähnlichkeit zwischen beiden Selenidfällen wie auch mit dem Vorkommen von Tilkerode/Ostharz.

Neben den jüngeren Kupfersulfiden Chalkosin, Chalkopyrit und Bornit führt Luedecke (17a) noch das seltene Mineral Allopalladium an, das heute Stibiopalladinit heißt. Obwohl kein Beleg vorhanden ist und das Mineral für den Westharz nicht wieder nachgewiesen werden konnte, gewinnt die Angabe von Luedecke an Glaubwürdigkeit, wenn man bedenkt, daß der Stibiopalladinit für Tilkerode gesichert ist.

33. Adinol-Fundstelle Hüttenteich bei Lerbach

Zu den sammelwürdigen Gesteinen gehören die jaspisähnlichen buntfarbigen Adinole. Diese sehr feinkörnigen, überwiegend aus Quarz, Opal und Albit bestehenden Gesteine bildeten sich am Kontakt der Diabase aus vulkanischen Tuffen und tonigen Sedimenten. Solche rot, grün und grau gebänderten Adinole stehen in der Straßenböschung am Lerbacher Hüttenteich an.

34. Okergranit und sein Kontakthof im Bereich des Okertals

Im Bereich des Okertals wurden im Zuge von Straßen- und Wegebauarbeiten immer wieder Mineralvorkommen pegmatitischer, kontaktpneumolytischer, hydrothermaler und kontaktmetamorpher Art freigelegt. Sammelwürdige Minerale waren in den letzten 20 bis 25 Jahren Turmalin, Axinit, Pseudomorphosen von Glimmer nach Cordierit, Arsenkies, Gersdorffit, Nickelin, Quarz, Calcit, Anatas, Kupferkies, Pyrit und Granat.

5. Kassel-Fulda-Gebiet

1. Basalt der Bramburg bei Adelebsen
2. Meenser Steinberg am Hohen Hagen
3. Bühl bei Kassel
4. Grube Chattenberg im Unterwerra-Grauwackengebirge
5. Grube Münden bei Nentershausen
6. Richelsdorfer Erzrevier
7. Kaliwerk Hattorf
8. Kaliwerk Ellers bei Neuhof
9. Eisenberg bei Korbach
10. Grube Christiane bei Adorf
11. Azurite von Thalitter bei Korbach
12. Gipsfundstellen um Borken
13. Gembeck
14. Großalmerode
15. Steinbruch Dainrode
16. Blaue Kuppe bei Eschwege

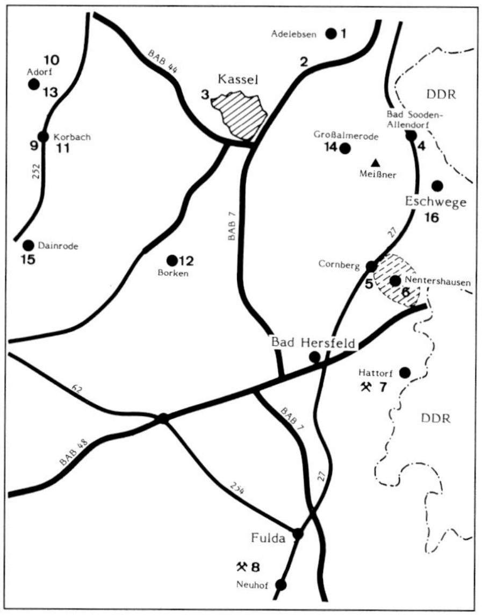

1. Basalt der Bramburg bei Adelebsen

Im Nordwesten von Göttingen befindet sich etwa 15 km entfernt ein Steinbruch im Basalt der Tertiärzeit, der bei Untersuchungsarbeiten interessante Minerale erbrachte. Dabei stellte sich heraus, daß je nach der abnehmenden Temperatur der Basaltschmelze verschiedene Mineralparagenesen entstanden waren, die sich hauptsächlich in den Blasenräumen gebildet hatten.

Analcim	Gyrolith	Pentlandit
Apatit	Halloysit	Phakolith
Apophyllit	Magnetit	Phillipsit
Bravoit	Montmorillonit	Saponit
Calcit	Natrolith	Tacharanit
Chabasit	Nontronit	Thaumasit
Chalkopyrit	Okenit	Thomsonit
Gonnardit	Opal	

2. Meenser Steinberg am Hohen Hagen

Ein hier befindlicher Basaltsteinbruch gilt als klassische Fundstelle für Chloropal. Verfeinerte Untersuchungsmethoden haben ergeben, daß es sich dabei nur um ein Gemenge von Opal und Nontronit oder Opal und Goethit handelt.

3. Bühl bei Kassel

Eine der wenigen Fundstellen auf der Erde für gediegenes Eisen befand sich in dem Basaltvorkommen am Bühl im Dorf Weimar nahe Kassel. Dieses terrestrische Eisen denkt man sich in der Art eines natürlichen Hochofenprozesses entstanden. Indem der Basalt tertiäre Braunkohle durchbrach, reduzierte der Kohlenstoff die in der heißen Schmelze mitgeführten Eisenoxide zu Eisen. Die am Bühl gefundenen Eisenklumpen enthielten daher auch immer Beimengungen des natürlichen Eisencarbids Cohenit. Die Brocken waren meistens klein, der größte Klumpen wog 5 kg. In den Sammlungen schützt man die häufig rostfarbenen Fundstücke durch einen Lackfilm vor der weiteren Oxidation. Als weitere Fundstelle für terrestrisches Eisen gilt auch der Basaltsteinbruch des Teichelbergs bei Pechbrunn.

4. Grube Chattenberg im Unterwerra-Grauwackengebirge

Nördlich und südlich von Bad Sooden-Allendorf in Nordhessen wird eine Aufsattlung devonischer Grauwackenschichten teilweise vom Zechstein umrandet. Hier ist Bergbau seit dem 16. Jahrhundert auf Kupferschiefer belegt. Die Grube Chattenberg bei Albungen an der Unterwerra baute auch auf Quarzgängen mit Chalkopyrit. Nach der Erschöpfung der Vorräte besann man sich auf die dortigen Barytgänge. Der Abbau begann um 1860 und endete 1967. Als Weißspat war der Chattenberger Baryt sehr geschätzt. Zusammen mit den Gruben Gustav, Anna, Emilie u.a. soll die Gesamtproduktion 130.000 t betragen haben. Für Mineraliensammler dürften am ehesten die alten Halden des Kupferbergbaus interessant sein.

5. Grube Münden bei Nentershausen

Die Ablösung des Erzbergbaus durch Barytgewinnung läßt sich auch bei dieser Grube beobachten, nur daß sie zeitweise zu den wichtigsten deutschen Barytproduzenten gehörte, bis die Reserven 1951 erschöpft waren, und daß sie vorher auf Kobalt-Nickel-Erze statt auf Kupferschiefer angesetzt war. So trifft man in alten Sammlungen, u.a. im Kasseler Naturkundemuseum und im Museum

Rotenburg/Fulda, Erzstufen dieser Grube an, die oft Skutterudit, Ni-Skutterudit, Nickelin und Millerit auf einem Handstück zeigen. Die Erze waren im 18. Jahrhundert zur Herstellung von Blaufarben sehr begehrt und gingen wohl zumeist an die kurhessischen Manufakturen. Ihre Blüte erlebte die Grube allerdings erst als Barytbergwerk, nachdem 1865 die Mutung erfolgte.

Eine Schmalspurbahn transportierte den Stückspat von reiner Qualität zum Mahlwerk beim Bahnhof Sontra. Von 1909 bis 1951 belief sich die Gesamtförderung auf 525.000 t.

6. Richelsdorfer Erzrevier

Viele der späteren Barytgruben des Richelsdorfer Gebirges haben zunächst auf Kupferschiefer und Cobalterze gebaut, so Franziska bei Braunhausen, Langehecke südwestlich von Nentershausen, Dachsberg nahe Bauhaus, Wechselschacht und Hohesüß, die als Auswahl anzusehen sind. Ehe auf die Vererzung der sogenannten Kobaltrücken eingegangen wird, seien einige Hinweise zur Geologie gegeben.

In Nentershausen ergab eine Bohrung bis zur Teufe von 941 m, daß der Untergrund aus Gesteinen des Oberrotliegenden zusammengesetzt ist. Darunter vermutet man Schichten devonisch-karbonischen Alters. Das Rotliegende wurde vom Zechsteinmeer überflutet, wobei dort befindliches oder zugeführtes Erzmaterial ausgelaugt und in schlammigen, durch starke Fäulnis gekennzeichneten Sedimenten wieder angereichert wurde, wahrscheinlich unter Mitwirkung anaerober Schwefelbakterien. Durch den Druck überlagernder Schichten bildete sich der Kupferschiefer mit seinen Erzimprägnationen und Fischfossilien in einer Mächtigkeit von 18-24 cm. Danach müssen in geologisch jüngerer Zeit neue tektonische Vorgänge eingesetzt haben, in deren Verlauf die Barytgänge gebildet und die Cobalt-Nickel-Vererzung mobilisiert wurde. Schollenbildungen und Verwerfungen bauten die Cobaltrücken auf, in denen die verschiedenen Phasen der Mineralisation vor sich gingen.

Die Primärminerale des Kupferschiefers sind für den Sammler wenig attraktiv, dagegen enthalten die Cobaltrücken einen beachtlichen Bestand an Erzmineralen, unter denen die Co-Ni-Arsenide vorherrschen. Es folgen die Sulfide Pyrit, Galenit, Sphalerit, Cobaltin, Chalkopyrit und andere wie Arsenopyrit, Vaesit und Cattierit, die nur mikroskopisch erkennbar sind. Den Großteil der Richelsdorfer Minerale machen aber die Sekundärbildungen der Oxidations- und Zementationszone aus, wie auch Neubildungen in den verlassenen Grubenbauen und auf den Halden. Erstaunlich ist die Vielzahl der Calcium-Magnesium-Arsenate mit Raritäten wie Weilit, Haidingerit, Vladimirit, Ferrarisit, Phaunouxit, Rößlerit, Talmerit, Brassit u.a.. Sie erinnern an die Vorkommen in Wittichen und Markirch/Frankreich. Hier wie dort verdanken sie ihre Entstehung den erzhaltigen Versatzsteinen im Alten Mann der Gruben und den unterirdischen Bedingungen. In Richelsdorf, besonders in Bauhaus, lieferte der früher als nutzlos angesehene Baryt mit seinen restlichen Cobalterzen die erforderliche Arsensäure. Im Material der Grube Schnepfenbusch wurde das neue Arsenat Richelsdorfit 1982 festgestellt, für das Richelsdorf die Typlokalität ist.

Das Fördergerüst der Schachtanlage Schnepfenbusch bei Bauhaus in den 40er Jahren.

Es ist nicht möglich, den Mineralbestand jeder einzelnen Grube anzugeben. Was die Fundmöglichkeiten betrifft, so ist zu bedenken, daß der Bergbau seit fast 30 Jahren stilliegt, daß die Schächte der meisten Gruben verfüllt wurden und viele Halden durch Abfahren verschwunden sind. Daher sollte man seine Erwartungen nicht zu hoch ansetzen, wenn man die noch vorhandenen Aufschlüsse besucht. Zu nennen sind die Schachthalden beiderseits der Straße von Nentershausen nach Süß, wo Cobalterz abgebaut wurde, die Pingenzüge und Halden der Kobaltrücken von Langehecke und Dachsberg oder die Resthalden bei Bauhaus, die manchmal für Wegebauzwecke genutzt werden.

Ein S kennzeichnet die Schlackenmineralien, die hauptsächlich von den Halden der Richelsdorfer und der Sontraer Hütte stammen. Darunter sind etliche Seltenhei-

Adamin	Chalkanthit^{S}	Gersdorffit	Laurionit^{S}	Partzit	Siderit
Agardit-(SE)	Chalkoalumit^{S}	Gips	Lepidokrokit^{S}	Pharmakolith	Simonkolleit^{S}
Anglesit	Chalkonatronit	Goethit	Leucit^{S}	Phaunouxit	Skutterudit
Anhydrit	Chalkophyllit	Guerinit	Linarit	Phosgenit^{S}	Smithsonit
Annabergit	Chalkopyrit	Haematophanit^{S}	Magnetit^{S}	Pikropharmakolith	Spangolith^{S}
Anthonyit^{S}	Chalkosin	Haidingerit	Malachit	Pitticit	Sphalerit
Aragonit	Chrysokoll	Hämatit	Markasit	Posnjakit	Strashimirit
Arsenolith	Cobaltin	Heterogenit	Melanterit^{S}	Pyrit	Susannit
Arsenopyrit	Cornubit	Hörnesit	Melilith	Quarz	Szomolnokit
Atakamit^{S}	Cotunnit^{S}	Hydrocalumit^{S}	Metavoltin	Quenstedtit^{S}	Talmessit
Aurichalcit	Covellin	Hydrocerussit^{S}	Millerit	Rammelsbergit	Tennantit
Azurit	Cuprit	Hydrozinkit	Molybdänit^{S}	Rauenthalit	Tetraedrit
Baryt	Cyanotrichit^{S}	Irhtemit	Monohydrocalcit	Retgersit	Theisit
Beta-Roselith	Devillin	Jarosit	Morenosit	Rhodochrosit^{S}	Tirolit
Beudantit^{S}	Diaboit^{S}	Kalialaun	Ni-Skutterudit	Rhomboklas	Todorokit
Bianchit^{S}	Djurleit	Kaolinit	Nickelhexahydrit	Richelsdorfit	Vaesit
Bornit	Dolomit	Klinosafflorit	Nickelin	Rosasit	Vivianit^{S}
Botallackit^{S}	Duftit	Klinotirolit	Norsethit^{S}	Roselith	Vladimirit
Brassit	Elyit^{S}	Kobaltkoritnigit	Olivenit	Rozenit	Wad
Bravoit	Enargit	Konichalcit	Orthopyroxen	Rößlerit	Wadsleyit
Brochantit	Erythrin	Koritnigit	Paratakamit^{S}	Safflorit	Weilit
Bulachit	Ettringit^{S}	Köttigit	Parahopeit^{S}	Sainfeldit	Willemit^{S}
Calcit	Ferrarisit	Ktenasit^{S}	Pararammelsbergit	Schulenbergit^{S}	Witherit^{S}
Cattierit	Galenit	Kupfer, ged.	Parasymplesit	Schwefel, ged.	Wülfingit^{S}
Cerussit	Gaspeit	Langit	Parawollastonit^{S}	Serpierit	Zinkit^{S}

Oben. Mineralienübersicht Richelsdorf.

ten, z.B. das bisher nur aus Meteoriten bekannte Mineral Wadsleyit, wie auch die beiden neuen Minerale Simonkolleit und Wülfingit.

7. Kaliwerk Hattorf

Zwischen Fulda und Werra erstreckt sich das zweite bedeutende Kalirevier der Bundesrepublik, das bis ins thüringische Gebiet der DDR hineinreicht. Es entstand vor rund 200 Millionen Jahren, als die Ausläufer des Zechsteinmeeres zeitweise tief nach Süden vordrangen. Wie im Bereich der norddeutschen Salzlagerstätten schieden sich auch hier während einer Periode mit heißem, trockenem Klima die im Meerwasser gelösten Salze durch Verdunstung aus. Durch mehrfaches Überfluten und Austrocknen bildete sich in den flachen und von Riffen abgetrennten Lagunen eine gesetzmäßige Folge der Salzschichten, die man als "Werra-Serie" bezeichnet. Im Gegensatz zu Norddeutschland ist hier die Erscheinung des Salzaufstiegs kaum zu beobachten. Dafür liegen die Salzlager in größerer Tiefe (400 bis 1.000 m), und die Schichten verlaufen durchweg horizontal.

Nachdem Tiefbohrungen den Nachweis abbauwürdiger Kalilager erbracht hatten, wurde im Jahre 1907 der erste Schacht bei Philippsthal abgeteuft, der den Namen Hattorf erhielt. Heute zählt die Grube zu den modernsten Kaliwerken der Bundesrepublik.

An Mineralien kommen in Hattorf fast alle marinen Salze vor, die auch bei den norddeutschen Kalibergwerken aufgeführt wurden. Überwiegend sind es Chloride in derber Ausbildung wie Halit, Sylvin und Carnallit. Die in der folgenden Aufstellung genannten Salze können auch in Kristallen auftreten. Bei einem Erwerb ist man auf Tausch oder Kauf von Stufen angewiesen, die von untertage herausgebracht werden.

Anhydrit	Glauberit	Mirabilit
Aphthitalit	Halit	Polyhalit
Bischofit	Kainit	Schönit
Blödit	Kieserit	Sylvin
Carnallit	Langbeinit	Syngenit
Epsomit	Leonit	Vanthoffit
Gips	Löweit	

8. Kaliwerk Ellers bei Neuhof

Neuhof liegt etwa 15 km südöstlich von Fulda. Schon von weitem erkennt man die Lage der Grube an einem rund 140 m hohen Abraumberg. Auf ihm kommt es zu Neubildungen von Salzen, z.B. des Epsomits. Aber: "Unbefugten ist der Zutritt verboten."

Der Mineralbestand gleicht dem der Grube Hattorf. Bemerkenswert sind aber von hier besonders große und hervorragend ausgebildete Kristallstufen von Halit, Schönit (Pikromerit), Sylvin und Leonit. Weitere Minerale sind Hämatit, Magnesit, Pyrit und ged. Schwefel.

Die historische Postkarte zeigt einige Ansichten aus Goldhausen sowie im Hintergrund den berühmten Eisenberg (oben).

9. Eisenberg bei Korbach

Bei Nachforschungen nach der Herkunft des Waschgoldes im Flußsand der Eder stieß man auf den Waldecker Eisenberg, der als äußerster Ausläufer des Rheinischen Schiefergebirges angesehen werden kann. So trennt der steile Abbruch nach Osten die gefalteten paläozoischen Tonschiefer des Sauerlands von den ungefalteten mesozoischen Schichten der Korbacher Bucht. Interessant ist der Eisenberg wegen seines Goldvorkommens, von dem man sich jedoch keine übertriebenen Vorstellungen machen darf. Fundmöglichkeiten bestehen heute kaum. Das Gold erschien in meist schwammig-moosförmiger Ausbildung extrem selten in nur mm-breiten Calcitklüftchen des dortigen Kieselkalks, den man im Mittelalter schon bevorzugt ausbeutete (EH 87/3).

Allophan	Cinnabarit	Libethenit
Ankerit	Clausthalit	Magnetit
Azurit	Dolomit	Markasit
Baryt	Galenit	Pyrit
Bornit	Gips	Quarz
Bravoit	Goethit	Silber, ged. (?)
Calcit	Gold, ged.	Sphalerit
Chalkopyrit	Hämatit	
Chalkosin	Ilmenit	

10. Grube Christiane bei Adorf

Die gegenüber den anderen Ruhrkonzernen nur über eine vergleichsweise geringe inländische Eisenerzgrundlage verfügenden Mannesmann-Röhren-Werke bemühten sich seit 1935 um eine Verstärkung ihrer Erzbasis. Da das heimische Eisenerz zu dieser Zeit einen begehrten Rohstoff bildete, war der Erwerb von abbauwürdigen Vorkommen jedoch sehr schwierig. Unter Vermittlung des Amtes für deutsche Roh- und Werkstoffe pachtete Mannesmann die Grubenfelder der Gewerkschaft Christiane im Juli 1936 auf die Dauer von zunächst 25 Jahren und führte den Betrieb unter dem Grubennamen Christiane.

Im Rahmen der Stillegung des gesamten inländischen Eisenerzbergbaus von Mannesmann wurde im Revier Martenberg am 16. April 1963 die letzte Förderschicht verfahren. Von 1938 bis 1963 förderten die Bergleute der Grube Christiane insgesamt 1.720.996 Tonnen Erz. Zum Zeitpunkt der Betriebseinstellung betrugen die sicheren Vorräte 180.000 Tonnen, die wahrscheinlichen Vorräte 500.000 Tonnen und die möglichen Vorräte 200.000 Tonnen.

Mineralstufen von der Grube Christiane sind in vielen Sammlungen verbreitet. Typisch sind sehr gut ausgebildete Markasitkristalle, die auf einer rötlichen Matrix sitzen, und kugelige Barytaggregate, auf denen mit Malachit überzogene Kupferkieskristalle sitzen.

Unten. Die Eisenerzgrube Christiane um 1960.

Baryt	Galenit	Markasit
Calcit	Hämatit	Pyrit
Chalkopyrit	Limonit	Sphalerit
Dolomit	Malachit	

11. Azurite von Thalitter bei Korbach

Zu einem der ältesten Bergbaureviere in Deutschland gehört die Gegend von Thalitter (Itter). Hier soll schon in der Bronzezeit Bergbau auf im Zechstein eingelagerte Kupfererze umgegangen sein. Auch eine Verhüttung am Ort hat stattgefunden. Viele Pingen zeugen noch heute von den ehemaligen Bergbauaktivitäten.

Für Mineraliensammler von Interesse sind die kleinen Halden. Dort findet man im Zechstein auftretenden Drusen, die häufig gut ausgebildete Azuritkristalle bis 1 cm Größe beinhalten. In der Kristallausbildung erinnern sie an Tsumeb-Azurite. Weitere Minerale von hier sind Malachit, Kupferkies, ged. Kupfer, Baryt, Hämatit, Bleiglanz, Gips und Calcit.

Oben. Eine schöne Gipsrose (Höhe ca. 8cm) von Neuenhain bei Borken.

12. Gipsfundstellen um Borken (Neuenhain)

Im Gebiet rund um Borken, das kürzlich durch ein Unglück auf einem Braunkohlenbergwerk in die Medien gelangte, befindet sich eine Vielzahl von Tongruben, in denen man sehr schöne Gipskristalle gefunden hat und teilweise auch noch finden kann. Eine der bekanntesten Tongruben liegt bei Neuenhain. Hier kann man auch Marienglas finden.

13. Gembeck

Ehemaliger untertägiger Abbau von Coelestin (der über zwei Meter Mächtigkeit hatte), der für deutsche Verhältnisse hervorragende hellblaue Stufen mit gut ausgebildeten Coelestinkristallen lieferte. Auf ihnen saßen häufig kleine weißliche Strontianitbüschel.

Oben. Um die Jahrhundertwende wurde bei Gembeck Coelestin abgebaut. Bis vor einigen Jahren konnten noch gute Coelestinkristalle gefunden werden.

Oben. Von der Grube Christiane bei Adorf sind vor allem schöne Markasitstufen bekannt. Daneben kommen aber auch interessante Pseudomorphosen wie z.B. die abgebildeten Kristalle von Limonit nach Calcit vor. Die Bildbreite beträgt 7 cm.

Links. Bis zu 2 cm lange Aragonitkristalle aus dem Steinbruch Dainrode.

14. Großalmerode

Südlich Großalmerode werden oberhalb von Braunkohlenflözen besonders reine Tone abgebaut. Neben verkieseltem Holz sind von hier vor allem Retinit, Oxalit, Pyrit und Markasit bekannt.

15. Steinbruch Dainrode

Aus diesem Grauwacke-Steinbruch sind vor allem schöne Kristallgruppen mit Aragonit bekannt geworden. Daneben kommen Calcit, Dolomit, Baryt, Kupferkies und Hämatit vor, auch in Kristallen.

16. Blaue Kuppe bei Eschwege

Es handelt sich um eine Basalterhebung etwa 3 km südlich von Eschwege, die heute unter Naturschutz steht. Der Basaltabbau ruht schon seit 60 Jahren. Am Beispiel der Blauen Kuppe hat S. Koritnig die Kontakteinwirkungen des tertiären Basalts auf den Bundsandstein des Deckgebirges untersucht, wofür insofern günstige Voraussetzungen bestanden, als Sandsteinschollen von der Basaltschmelze eingeschlossen worden waren.

Durch die Fumarolentätigkeit bildeten sich in den Blasenräumen des Basalts verschiedene Minerale, so z.B. Magnetit als kleine schwarze Oktaeder, Hämatit als rautenförmige Täfelchen, weißer tridymitähnlicher Christobalit, aber auch Tridymit selber in hexagonalen Kristallen, außerdem Apatit, Hypersthen, Fassait, Orthoklas, Granat, Aragonit und Calcit. An Zeolithen wurden Natrolith, Stilbit und Chabasit gefunden, alle drei nicht besonders häufig.

6. Sauerland

1. Steinbruch Hohenlimburg bei Hagen
2. Kupferberg bei Letmathe
3. Zinkerzgruben im Raum Letmathe-Iserlohn
4. Kupfer- und Bleierzgrube Erzgebirge II bei Iserlohn
5. Steinbruch Becke-Oese
6. Wavellitfundstellen bei Apricke und Altenhellefeld
7. Steinbruch Calcit bei Holzen
8. Steinbruch Müschede
9. Autobahnbaustelle in Neheim-Hüsten
10. Autobahnbaustelle Am Bockstall bei Arnsberg
11. Casparizeche in Uentrop
12. Grube Hermannszeche bei Plettenberg
13. Zinkerzgrube Emilie-Theodora bei Plettenberg
14. Kupfererzgrube St. Caspar bei Plettenberg
15. Grube Franz-Ida bei Allendorf
16. Bleierzgrube Churfürst Ernst in Bönkhausen bei Endorf
17. Grube David bei Warstein
18. Quarzkristalle aus dem Warstein-Suttroper Raum
19. Steinbrüche bei Warstein
20. Steinbruch Kallenhardt
21. Erzrevier Ramsbeck
22. Steinbruch Silbach
23. Steinbruch Hildfeld
24. Nehden bei Brilon
25. Steinbruch Thülen
26. Steinbruch Alme
27. Steinbruch Bleiwäsche
28. Kupfererzlagerstätten bei Marsberg
29. Schwerspatbergwerk Dreislar
30. Erzbergwerk Meggen bei Lennestadt

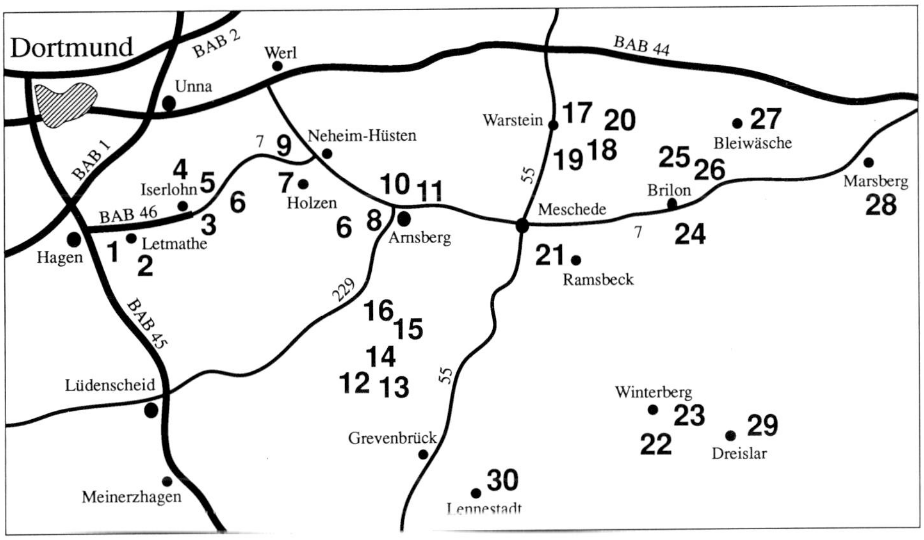

Oben. Übersichtskarte Sauerland.

Erdgeschichtlich ist das Sauerland ein Teil des Rheinischen Schiefergebirges und besteht hauptsächlich aus devonischen und karbonischen Sedimentgesteinen, die der bekannten mitteleuropäischen Geosynklinalen entstammen. Submariner Vulkanismus dürfte die Ursache für die Diabase des späteren Hochsauerlands mit dem 841 m hohen Kahlen Asten gewesen sein. Durch die mehrfach erwähnte Faltung im Oberkarbon fand eine Verformung der Gesteinsschichten statt, deren Ergebnis die Sättel und Mulden, die Querstörungen und Schieferung sind. In Spalten und Rissen fanden hydrothermale Lösungen Platz, die ihre Gangart- und Erzminerale hier absetzen konnten. Wahrscheinlich wirkte in jüngerer Zeit auch der tertiäre Vulkanismus auf die Vererzung ein, ohne daß Basaltkörper von nennenswerter Größe entstanden. Die Blei-Zink-Erzvorkommen des Massenkalks, die Calcit- und viele Barytgänge sowie die Vererzungen der Querklüfte von Ramsbeck werden darauf zurückgeführt.

1. Steinbruch Hohenlimburg bei Hagen

In einem riesigen Steinbruchbetrieb wird Massenkalk abgebaut. Bei Sammlern berühmt und beliebt ist diese Fundstelle für Calcit, der hier in vielen Formen und Trachten vorkommt. Auch Quarz kommt in verschiedener Ausbildung vor als Morion, Citrin und Eisenkiesel. Leider wird derzeit keine Sammelgenehmigung erteilt.

Anglesit	Cerussit	Limonit
Ankerit	Chalkopyrit	Malachit
Aragonit	Dolomit	Markasit
Aurichalcit	Galenit	Pyrit
Baryt	Goethit	Quarz
Calcit	Hämatit	

Bei Aushubarbeiten wurden im Stadtgebiet von Hohenlimburg außergewöhnlich gute, bis 3 cm lange, dickprismatische Milleritnadeln gefunden, die von Calcit- und Ankeritkristallen begleitet werden.

2. Kupferberg bei Letmathe

Unter dieser Fundortbezeichnung findet man in den Sammlungen Stufen mit schönen Malachitkristallen, meist zu Büscheln aggregiert. Daneben kamen Kupferkies, Calcit, Dolomit, Cuprit, Quarz (Eisenkiesel), Lepidokrokit, Pyrit, Markasit und Limonit vor. Das Material stammt aus dem stillgelegten Steinbruch Anna, in dem bis zu 10 cm mächtige Kupfererzlagen angefahren wurden.

3. Zinkerzgruben im Raum Letmathe-Iserlohn

Die Vererzungen in diesem Revier, wo aber seit 1900 nicht mehr gefördert wird, sind an Störungen im mitteldevonischen Massenkalk geknüpft. In den Lagerstätten traten in den oberen Teufen vorwiegend Sekundärbildungen wie eisenhaltiger Galmei, Smithsonit, Hemimorphit, Cerussit, Pyromorphit und Limonit auf, die zur Tiefe hin in Sphalerit, Pyrit, Markasit und Bleiglanz übergingen. Berühmt von hier sind die prächtigen Pseudomorphosen von Galmei nach Calcit. Wichtige Grubennamen sind Westig, Krug von Nidda oder Tiefbau von Hövel.

Der Steinbruch Calcit bei Holzen hat eine Vielzahl interessanter und schöner Mineralien geliefert. Vor allem Calcit (siehe Foto) wurde in vielen Variationen gefunden.

Die Erze wurden in der Zinkhütte Genna bei Letmathe verarbeitet, deren Schlakkenhalde vor einiger Zeit zum Gegenstand sammlerischen Interesses wurde. Von hier sind die seltenen Mineralien Ordonezit, Varlamoffit und Cyanophyllit bekannt, deren Bildung in den Schlackenhohlräumen wohl auf der Verhüttung ortsfremder Erze nach 1900 beruht (A 83/2).

Das in der Nähe bei Hemer liegende Felsenmeer ist eines der eigenartigsten und faszinierendsten Gebiete im Sauerland, das durch Erosion entstanden ist.

In diesem Raum wurde vermutlich schon im 8. oder 9. Jahrhundert v.Chr. auch Eisenerz abgebaut. Es handelt sich dabei um metasomatischen Roteisenstein. Interessant von hier sind die Pseudomorphosen von Hämatit nach Calcitskalenoedern sowie die Quarz-Doppelender, die durch verschiedene Eisen-Mangan-Verbindungen schwarz gefärbt sind.

4. Kupfer- und Bleierzgrube Erzgebirge II bei Iserlohn

Etwa 4 km südlich von Iserlohn liegt östlich der Landstraße nach Ihmert das Fischgut Bräke. Am Südhang des Bräkerkopf genannten Bergrückens befinden sich noch heute mehrere Stollen mit davorliegenden Abraumhalden, die zu der früheren Kupfer- und Bleierzgrube Erzgebirge II gehört haben. Diese war zwischen 1860-1940 mit längeren Unterbrechungen im Betrieb. Man erreicht das Gelände, indem man dem mittleren der drei Hangwege folgt.

Das Erzvorkommen setzt in den Gesteinsschichten des oberen Givet (Lenneschiefer) auf. Es handelt sich nicht um eine ausgesprochene Gangbildung. Die hydrothermal entstandene Blei-Kupfer-Vererzung ist hier an flache, linsenförmige Hohlräume gebunden, die bei Faltungsvorgängen parallel zur Schichtung entstanden sind.

Derbe Stücke von Galenit und auch Chalkopyrit können leicht auf den Halden gefunden werden. Ansonsten ist die Paragenese artenarm: Anglesit, Cerussit, Covellin, Cuprit, Dolomit, Malachit, Posnjakit und ged. Schwefel.

5. Steinbruch Becke-Oese

Das Hartsteinwerk Becke-Oese verarbei-

Im Steinbruch Becke-Oese bei Menden werden manchmal Bleierzgänge angefahren, die bemerkenswerte Bleiglanzkristalle bis zu 5 cm Kantenlänge geliefert haben. Auch in Zukunft kann man noch gute Funde erwarten.

tet Kulm-Plattenkalk zu Straßenbaumaterial. Der große Steinbruch liegt etwa 2 km südlich von Menden direkt an der Verbindungsstraße nach Hemer.

Die im Steinbruch anstehenden Kulm-Plattenkalke sind mittel- bis dickbankig gelagert. Der dunkelgraue, mehr oder weniger kieselige Kalkstein führt schwärzliche, dünne, kieselige Tonsteinzwischenlagen. Wie in fast allen Steinbrüchen des nördlichen Sauerlandes haben auch hier spätere Mineralisationsphasen Klüfte und Hohlräume im Gestein verkieselt und vererzt. Im Bereich des heutigen Hartsteinwerkes Becke-Oese war diese Vererzung durch Bleiglanz und auch Kupferkies örtlich begrenzt so intensiv, daß im Mittelalter sogar ein regelrechter Abbau dieser Erze stattgefunden hat. Um 1640 wird eine "Bleierzgrube Hasenberg im Bezirk Hemer" erwähnt, die um 1720 sogar guten Ertrag erbracht haben soll. Die Spuren dieses alten Bergbaus sind 1972 dem Steinbruchbetrieb zum Opfer gefallen.

Für den Mineraliensammler bietet der Steinbruch gute Fundmöglichkeiten, allerdings nur dann, wenn gerade an fündigen Stellen abgebaut wird. Besonders erwähnenswert sind z.B. Bleiglanzkristalle, die Kantenlängen bis zu 6 cm aufweisen. Da die hier vorkommende Zinkblende cadmiumhaltig ist, tritt auch Greenockit auf. Die Paragenese umfaßt folgende Minerale:

Anglesit	Devillin	Malachit
Aragonit	Dolomit	Markasit
Aurichalcit	Fluorit	Pyrit
Azurit	Galenit	Pyrolusit
Baryt	Gips	Quarz
Calcit	Goethit	Sphalerit
Cerussit	Greenockit	"Stilpnosiderit"(?)
Chalkopyrit	Hydrozinkit	Tetraedrit
Covellin	Limonit	
Cuprit	Linarit	

6. Wavellitfundstellen bei Apricke und Altenhellefeld

Diese beiden Lokalitäten gehören zu den klassischen Wavellitfundstellen im Sauerland. Das Vorkommen von Apricke befand sich auf einem Truppenübungsplatz und ist nicht mehr zugänglich. Die Wavellitkugeln und -rosetten waren meistens weiß-grau und hatten einen Durchmesser bis 2 cm.

Das andere Vorkommen ist der Steinbruch Altenhellefeld, in dem auch gelblich oder grünlich gefärbter Wavellit auftrat. Von hier ist auch das Vorkommen von Variscit zu erwähnen.

7. Steinbruch Calcit bei Holzen

Der große Steinbruch liegt ca. 2 km südlich von Holzen direkt an der Verbindungsstraße, die von Holzen zum Hönnetal führt.

Im Steinbruch Calcit werden Gesteine gewonnen, die vorwiegend als Baustoff im Straßenbau Verwendung finden. Der durch den Steinbruchbetrieb aufgeschlossene und auch abgebaute Kulmplattenkalk gehört der Vise-Stufe des Unterkarbons an. Mineralisationsphasen im Oberkarbon und sehr wahrscheinlich auch im Tertiär bewirkten eine Verkieselung und Vererzung der durch tektonische Bewegungen entstandenen Klüfte und Hohlräume des Gesteins.

Die steilen Wände des Steinbruchs vermitteln einen guten Einblick in Faltenbau und Tektonik des Remscheid-Altenaer Sattels.

Wavellit in bis zu 1 cm großen Sonnen von Altenhellefeld.

Für den Mineraliensammler ist hauptsächlich die durch spätere Mineralisationsphasen entstandene Paragenese interessant. Bisher wurden folgende Minerale gefunden:

Anglesit	Devillin	Millerit
Ankerit	Dolomit	Psilomelan
Aragonit	Galenit	Pyrit
Azurit	Gips	Pyrolusit
Baryt	Limonit	Quarz
Brochantit	Goethit	Sphalerit
Calcit	Hydrozinkit	Tetraedrit (?)
Chalkopyrit	Malachit	
Covellin	Markasit	

8. Steinbruch Müschede

Müschede liegt ca. 5 km südlich von Neheim-Hüsten an der Bundesstraße B 229. Direkt am nördlichen Ortseingang zweigt eine Asphaltstraße nach Osten ab und führt nach etwa 100 m zu einem aufgelassenen Steinbruch, der heute als Mülldeponie genutzt wird.

Im 18. und 19. Jahrhundert fand hier Bergbau auf Buntmetallerz durch die Grube Bau auf Gott statt. Der diese Erze führende, max. 1,5 m mächtige Barytgang setzt in Kalken des Unterkarbons auf und wurde durch den Steinbruchbetrieb erneut aufgeschlossen. Leider bestehen infolge der Deponienutzung heute keine Fundmöglichkeiten mehr. Vor einigen Jahren wurden hier große Stufen mit bis zu 8 cm langen, grünlich-grauen Barytkristallen gefunden. Für Micromounter bietet sich aber immer noch die Gelegenheit, direkt am Eingang der Mülldeponie links neben der Straße hinter einer Metallwarenfabrik Belegmaterial aufzusammeln, da in einer steilen Böschung der Barytgang aufgeschlossen ist.

Die Blei-, Kupfer- und Fahlerze treten mit ihren Verwitterungsprodukten in Hohlräumen des verquarzten Baryts auf. Der Baryt selbst bildet kleine, aber schöne Kristalle von Meißel- und Blätterspat. Die Paragenese umfaßt folgende Minerale:

Azurit	Cuprit	Partzit
Baryt	Dickit (?)	Quarz
Chalkopyrit	Galenit	Tetraedrit
Chrysokoll (?)	Malachit	

9. Autobahnbaustelle in Neheim-Hüsten

1986 stieß man bei der Fortsetzung der A 445 auf eine Mineralisation in unterkarbonischen Kulmschiefern, die neben gut ausgebildeten Kristallen von Dolomit,

Quarz, Chalkopyrit, Pyrit, Markasit und Gips auch besondere Apatitkristalle aufwies. Die kleinen hexagonalen Prismen fielen dadurch auf, daß von beiden Basisflächen ausgehend die Rosafärbung zur Mitte hin weißlich wurde bis zu einer schwarz erscheinenden Trennschicht. Die Untersuchung ergab, daß diese in Wirklichkeit völlig farblose Zwischenschicht aus Hydroxylapatit besteht, während es sich bei den Außenschichten um Carbonat-Hydroxylapatit handelt (L 86/10).

Die Halde der Casparizeche.

10. Autobahnbaustelle Am Bockstall bei Arnsberg

Eine weitere Autobahnbaustelle, die zur Zeit der Drucklegung dieses Buches noch interessante Fundmöglichkeiten geboten hat. Insbesondere die Phosphatparagenese soll hier hervorgehoben werden.

Antimonit	Freibergit	Phosphosiderit
Aragonit	Galenit	Pyrit
Azurit	Gips	Pyrolusit
Baryt	Goethit	Quarz
Beraunit	Halloysit	Rockbridgeit
Calcit	Jarosit	Siderit
Chalkopyrit	Kakoxen	Sphalerit
Chlorit	Kryptomelan	Strengit
Cuprit	Kupfer, ged.	Valentinit
Dolomit	Lepidokrokit	Wavellit
Ferristrunzit	Malachit	
Fluorit	Markasit	

11. Casparizeche in Uentrop bei Arnsberg

Zwischen Arnsberg und Meschede ging vor hundert Jahren im Mülmecke-Siepen, einem Zuflußtal der Ruhr, bei Uentrop Bergbau auf Antimonerze zu Ende. Das Vorkommen von Sb-Erzen weckte das Interesse von Mineralogen und Sammlern, zuletzt in unserer Zeit, als die Lagerstätte beim Bau einer neuen Autobahn angeschnitten wurde. Die Bezeichnung Casparizeche geht auf den ältesten der ehemaligen Stollen zurück, der in den Jahren 1786 bis 1788 vorgetrieben wurde, als man Bleiglanz zu finden hoffte. Er erhielt seinen Namen nach dem damaligen Besitzer Caspary.

Nach H. von Kamp (15a) förderte die Grube in den Jahren der Haupttätigkeit von 1825 bis 1885 die vergleichsweise kleine Menge von 1.560 t Antimonerz. Aus dem Vollen hat man wohl selten schöpfen können, was sich aus der geologischen Beschaffenheit der Lagerstätte erklären läßt. In der Nachwirkung tektonischer Vorgänge sind nur fallweise hydrothermale Lösungen der Antimonerze in die Kulmschichten des Plattenkalks und Alaunschiefers aufgestiegen. So bildeten die Erztrümer, wenn sie auch im ganzen dem Streichen der Schichten des Unteren Oberkarbons folgten, die hier den Devonsattel überlagern, keine aushaltenden Gänge, sondern nur Nester.

Ammoniojarosit	Fluorit	Mimetesit
Anglesit	Galenit	Plagionit
Antimonit	Gips	Pyrit
Aragonit	Goethit	Pyromorphit
Baryt	Heteromorphit (?)	Quarz
Bindheimit	Hidalgoit	Rosasit
Bournonit	Jamesonit	Senarmontit
Calcit	Karposiderit	Sphalerit
Cerussit	Kermesit	Stibiconit
Cervantit	Larsenit^{S}	Valentinit
Chalkostibit	Leiteit^{S}	Zinckenit
Claudetit	Malachit	
Dolomit	Metastibnit	

^{S} = Schlackenbildung

12. Grube Hermannszeche bei Plettenberg

An der Landstraße zwischen Allendorf und Plettenberg liegt etwa 1,2 km südlich der Ortschaft Hüttebrüchen das Gelände der ehemaligen Eisenerzgrube Hermannszeche. Westlich einer engen Straßenkurve befinden sich in einem Seitental die beiden heute verbrochenen Stollen dieser Grube, auf der um 1850 ein bedeutender Betrieb stattgefunden hat. Die recht große bewachsene Halde erstreckt sich talabwärts direkt östlich der Landstraße. Nur hier lohnt es sich, nach Mineralien zu suchen.

Das in den Schichten des Givet aufsetzende Erzlager ist an den sogenannten Kalk der Hermannszeche gebunden, der metasomatisch vererzt ist. Hier befinden sich Brauneisenerze, die einen relativ hohen Mangangehalt als Eiserner Hut einer Siderit-Pyrit-Vererzung aufweisen.

Da während der Betriebsperiode der Hermannszeche nur die bauwürdigen Erze der Hutzone gewonnen wurden, ist die Paragenese der hier anzutreffenden Minerale nicht besonders vielfältig. Auf der Halde besteht gegenwärtig noch die Möglichkeit, auch Handstücke zu finden. Bisher wurden folgende, fast nur oxidische Minerale angetroffen: Brauner und Schwarzer Glaskopf, Lepidokrokit, Manganit und Pyrolusit.

14. Zinkerzgrube Emilie-Theodora bei Plettenberg

Die ehemalige Zinkerzgrube Emilie-Theodora liegt nördlich des Plettenberger Stadtteils Eiringhausen im Blemke-Tal. Von der Bundesstraße B 236 zweigt eine talaufwärts führende Fahrstraße ab, die nach etwa 1,5 km an einem alten Forsthaus endet. Von hier verläuft in nordöstlicher Richtung ein Wanderweg, der nach etwa 500 m das Grubengelände erreicht.

Das Zinkerzlager ist an eine NE-streichende und mit 35-50 Grad S einfallende Kalkbank (Kalk der Hermannszeche) gebunden, die zum mittleren Givet gehört. Nur diese 5-10 m mächtige Kalklage wurde metasomatisch vererzt und zwischen 1860-1883 durch die Plettenberger Zinkgewerkschaft abgebaut. Der noch vorhandene Förderstollen dient heute zur Trinkwassergewinnung. Das Haldengelände erstreckt sich östlich des Stollenmundloches und ist mit Bäumen bewachsen.

Die bisher bebauten Lagerteile bilden den Eisernen Hut des eigentlichen Haupterzkörpers, der im Streichen auf etwa 550 m verfolgt wurde und in größeren Teufen primäre Sulfide führt. Das Erz besteht aus krustigen, zelligen Massen von eisenhaltigem Galmei. Darin treten häufiger Nester von schaligen Sulfiden auf. Der Zinkgehalt ist mit ca. 36% relativ hoch.

Ankerit	Galenit	Quarz
Aragonit	Hemimorphit	Siderit
Baryt	Hydrozinkit	Smithsonit
Calcit	Limonit	Sphalerit
Chalkopyrit	Markasit	Wurtzit
Dolomit	Pyrit	

15. Kupfererzgrube St. Caspar bei Plettenberg

An der Verbindungsstraße zwischen Plettenberg und Attendorn befindet sich etwa 2 km südlich des Ortsausgangs von Plettenberg ein Wanderparkplatz. Von hier aus muß man zuerst einem Forstweg folgen, in der ersten Kurve aber einen steil bergauf führenden Pfad gehen, um nach etwa 600 m zum Haldengelände der Grube zu kommen.

Die bereits im Jahre 1046 in alten Urkunden erwähnte Kupfergrube St. Caspar am Bärenberg ist als älteste Grube des märkischen Sauerlandes anzusehen. Sie liegt am Kalmecker Siepen, einem seitlichen Taleinschnitt, der aus dem Grünetal hinaufzieht zur Höhe des Bärenberges. Die Grube St. Caspar baute auf einem mesothermalen Kupferkies-Quarzgang, der in unterdevonischen Schiefern des Ebbesattels aufsetzt und eine streichende Länge von mindestens 2 km hat. Erzgänge dieser Abfolge waren im Mittelalter im Sauerland häufig bauwürdig, sind heute aber bergwirtschaftlich bedeutungslos, da sie eine zu geringe Teufenerstreckung haben.

Der Grubenbetrieb mit zeitweisen Unterbrechungen endete erst zu Beginn des 20. Jahrhunderts. Die noch gut erhaltenen beiden Stollen der Grube haben montanhistorische Bedeutung. Sie sind heute mit Eisengittern verschlossen und dienen als Winterquartier für Fledermäuse.

Die Gangfüllung besteht fast nur aus durch Eisenoxide rot gefärbtem dichtem Quarz. Nesterweise treten Kupferkies und auch Bornit eingesprengt auf. Erstaunlich ist, daß Fahlerz auf der Halde bisher nicht nachgewiesen werden konnte, da nach den alten Überlieferungen der Silbergehalt des Fördererzes recht hoch gewesen sein soll. Auf der Halde wurden bisher folgende Minerale gefunden:

Allophan	Cuprit	Quarz
Bornit	Dickit (?)	Siderogel
Chalkopyrit	Goethit	Tenorit
Chrysokoll	Kupfer, ged.	
Covellin	Malachit	

16. Grube Franz-Ida bei Allendorf

Ehemaliges Schwerspatbergwerk mit Fundmöglichkeiten für schönen Glaskopf und als Besonderheit gut ausgebildete Hollanditkristalle.

17. Bleierzgrube Churfürst Ernst in Bönkhausen

Wie aus alten Berichten hervorgeht, hatte die silberhaltigen Bleiglanz fördernde Grube ihre Blütezeit vor dem Dreißigjährigen Krieg. Danach scheinen die bergbaulichen Erträge nie mehr von größerer Bedeutung gewesen zu sein, bis die Grube um 1890 aufgelassen wurde. Auffällig ist, daß sich im Haldenmaterial wie im Fall der Grube Glücksrad in Oberschulenberg eine besondere Paragenese sekundärer Minerale ausbilden konnte, die mit hoher Wahrscheinlichkeit auf das Feuersetzen im Mittelalter zurückgeht. Da die Vererzung an harte postvaristische Quarzgänge gebunden war, erleichterten sich die Bergleute das Abteufen der Tagesschächte am Ausgehenden des Gangs vermutlich mit Hilfe des Feuers.

Die Spuren der Einwirkung hoher Temperaturen auf das Gestein in Form der typischen roten Farbpigmente und glasig angeschmolzener Gangartbrocken sind noch vielfach anzutreffen. Auch in Bönkhausen dürften die sonst eher seltenen Minerale wie Lithargit, Massicotit, Mennige, Plattnerit, Hydrocerussit, Elyit, Caledonit, Chenit und Lanarkit einer Entstehungsphase zuzurechnen sein, die vielleicht das Feuersetzen mit zur Voraussetzung hat.

Akanthit	Cyanotrichit	Mimetesit
Anglesit	Dolomit	Partzit
Aragonit	Elyit	Plattnerit
Azurit	Galenit	Pyrargyrit
Baryt	Goethit	Pyrit
Blei, ged.	Hemimorphit	Pyromorphit
Bornit	Hydrocerussit	Quarz
Brochantit	Kupfer, ged.	Schwefel, ged.
Calcit	Lanarkit	Silber, ged.
Caledonit	Leadhillit	Smithsonit
Cerussit	Linarit	Sphalerit
Chalkopyrit	Lithargit	Susannit
Chalkosin	Macphersonit	Tenorit
Chenit	Malachit	Tetraedrit
Cinnabarit	Markasit	Wulfenit
Covellin	Massicotit	
Cuprit	Mennige	

18. Grube David bei Warstein

In Störungsbereichen des Warsteiner Sattels enthalten oberdevonische Schichten Erzkörper aus Siderit und Brauneisen, die auf der Grube David, später Christiansglück, bis 1949 abgebaut wurden. Da die Eisenerze phosphorhaltig sind, bildeten sich in den Hohlräumen und Klüften Phosphatminerale, die bei uns zum Teil ziemlich selten sind (EH 87/2).

Apatit	Hämatit	Pyrit
Aragonit	Kakoxen	Quarz
Azurit	Kidwellit	Rockbridgeit
Baryt	Kupfer, ged.	Siderit
Beraunit	Laubmannit	Sphalerit
Chalkopyrit	Lepidokrokit	Strengit
Coeruleolaktit	Limonit	Tetraedrit
Crandallit	Malachit	Variscit
Cuprit	Manganrockbridgeit	Vivianit
Dufrenit	Markasit	Wavellit
Galenit	Matulait	

19. Quarzkristalle aus dem Warstein-Suttroper Raum

Die bekannten doppelendigen Quarzkristalle (auch "Typ Suttrop" genannt), meist durch Einschlüsse getrübt, kommen schwebend im devonischen Massenkalk vor, d.h. sie lassen sich leicht aus der umgebenden Gesteinsmasse herauspräparieren. Ihre Entstehung ist nicht vollständig geklärt. Man neigt dazu, eine tertiäre Bildung aus ascendenten Lösungen anzunehmen.

20. Steinbrüche bei Warstein

Neben dem Abbau von Eisenerz zählen auch der ehemalige Blei-Zinkerzbergbau sowie der noch in Betrieb befindliche Abbau von devonischem Massenkalk in vielen Steinbrüchen rund um Warstein zu den wichtigen Erwerbsquellen dieses Gebiets. Bei Mineraliensammlern bekannt sind die Steinbrüche für einige schöne Mineralarten. Genannt seien Bleiglanz, Bornit, Covellin, Kupferkies, Zinkblende, Markasit, Pyrit, Calcit, Dolomit, Ankerit, Cerussit, Anglesit, Baryt, Malachit, Azurit, Smithsonit, Quarz, Limonit und Hämatit.

21. Steinbruch Kallenhardt

Dieser große Steinbruch am Ortsrand von Kallenhardt ist seit Jahrzehnten ein beliebter Fundort. Vor allem sind von hier sehr schöne Malachitkristalle bekannt, die meistens garbenförmig gewachsen sind. An weiteren Mineralien kommen Azurit, Kupferkies, Calcit, Bleiglanz und Quarz vor, meistens in Kristallen.

22. Erzrevier Ramsbeck

Diese berühmte Blei-Zink-Lagerstätte umfaßt eine Reihe hydrothermal gebildeter Erzgänge in quarzitischer Grauwacke und Tonschiefern. Man geht davon aus, daß die Hauptgänge im Verlauf der varistischen Gebirgsbildung entstanden, als die Ramsbecker Schichten gefaltet wurden und bei geöffneten Gangspalten die Mineralisationsphasen in mehreren Schüben einsetzen konnten. Dazu kamen im Tertiär neue Störungen in Form von Verwerfungen und Querklüften, als das Rheinische Schiefergebirge emporgehoben wurde.

Der Bergbau soll in Ramsbeck bis in die frühe Bronzezeit zurückreichen; sicher wurde er im Mittelalter betrieben, aber es ist wenig darüber bekannt. Ausgedehnte Pingenzüge im Bereich der Gruben Alexander und Glücksanfang deuten darauf hin, daß nach dem Dreißigjährigen Krieg sich nur kleine Unternehmen als Eigenlöhnerbetriebe bergbaulich betätigten, indem sie kleine Schächte auf dem Ausgehenden der Gänge niederbrachten. Im 18. Jahrhundert erlangte der Bergbau ein wenig mehr Bedeutung. 1759 ließ Clemens August, Kurfürst von Köln, die bekannten Ausbeutetaler aus dem Silber von Ramsbeck schlagen. Erst ab 1815 belebte sich der Bergbau unter preußischer Berghoheit, als die Hauptgruben Bastenberg, Dörnberg, Alexander und Aurora zu einer Gewerkschaft vereinigt wurden. Zu einer richtigen Blüte ist es damals nicht gekommen, weil es immer am Betriebskapital mangelte, eher zu einer Scheinblüte, die mit dem sogenannten Silbertrick zusammenhängt. Um der Geldmisere abzuhelfen und die Zweifel der Aktionäre zu beseitigen, ließ der Generaldirektor vor den Augen des Verwaltungsrates aus einem Zentner Blei die erstaunliche Menge Silber von 27 Talern Wert erschmelzen, denn der bestochene Schmelzmeister hatte das Ergebnis heimlich mit Silbertalern aufgebessert. Da die Gelder nun flossen, setzte ein ungeahnter Aufschwung ein, der aber bei den gegebenen Bergbauverhältnissen und dem getriebenen Aufwand nur mit dem Zusammenbruch enden konnte. Auch in der Folgezeit ging es auf und ab. Erst die Zeit nach dem Zweiten Weltkrieg brachte durch den Einsatz moderner Abbauverfahren eine Besserung. So förderte man im Jahre 1959 526.000 t Roherz. Doch auch 1974 zeigte sich wieder, daß trotz aller Bemühungen kein kostendeckendes Ergebnis zu erzielen war, und der Bergbau erlosch in Ramsbeck.

Die Ramsbecker Gruben haben eine Fülle von Mineralen geliefert, besonders Bastenberg und Dörnberg, da die Gruben Alexander und Aurora schon früher stillgelegt wurden. Es sind nicht nur die Erze, darunter das Haupterz Galenit und der erst kürzlich bestimmte Imiterit. Dazu kommen zahlreiche Sekundärminerale, die vor allem in der Hutzone und auf den

Die Aufbereitungsanlage Willibald bei Ramsbeck ist auf dieser Ansichtskarte abgebildet, die 1904 verschickt wurde.

Halden vorkamen. Unter diesen ist auch hier das neue Sulfat Ramsbeckit hervorzuheben, das 1985 anerkannt wurde. Interessant ist das Auftreten des sehr seltenen Arsenobismits, obgleich in den Gruben kein primäres Bismutmineral festgestellt werden konnte. Die Sammler sind, da die Gruben nicht betreten werden dürfen, auf die Halden angewiesen. Ergiebig sind sie wohl nur, wenn durch Abfuhren alte Partien angeschnitten werden, wie das 1981 bei der Halde der Grube Alexander der Fall war.

Adamin	Brochantit	Dundasit	Langit	Polybasit	Serpierit
Akanthit	Calcit	Erythrin	Leadhillit	Posnjakit	Siderit
Allophan	Caledonit	Ferricopiapit	Lepidokrokit	Proustit	Silber, ged.
Anglesit	Cerussit	Ferrinatrit	Linarit	Pyrargyrit	Skorodit
Ankerit	Chalkanthit	Galenit	Linneit	Pyrit	Smithsonit
Aragonit	Chalkonatronit	Gerhardtit	Malachit	Pyromorphit	Sphalerit
Arsenobismit	Chalkophanit	Gersdorffit	Markasit	Pyrrhotin	Stephanit
Arsenopyrit	Chalkopyrit	Gips	Melanterit	Quarz	Sternbergit
Aurichalcit	Chalkosin	Goethit	Mennige	Rammelsbergit	Stibiconit
Azurit	Chalkostibit	Hemimorphit	Millerit	Ramsbeckit	Susannit
Baryt	Chlorit	Hörnesit	Mimetesit	Realgar	Tetraedrit
Beudantit	Cinnabarit	Hydrozinkit	Muskovit	Retgersit	Ullmannit/Korynit
Bindheimit	Corkit	Imiterit	Namuwit	Richelsdorfit	Valentinit
Bornit	Covellin	Jarosit	Ni-Skutterudit	Rosasit	Vivianit
Boulangerit	Cuprit	Kaolinit	Nickelin	Rozenit	Wad
Bournonit	Devillin	Köttigit	Olivenit	Römerit	Woodwardit
Bravoit	Dickit	Ktenasit	Parasymplesit	Schulenbergit	
Breithauptit	Dolomit	Kupfer, ged.	Plagionit	Schwefel, ged.	

Oben. Mineralienübersicht Ramsbeck.

Einen interessanten Einblick in den Blei-Zink-Erzbergbau gibt das Besucherbergwerk Ramsbeck. Neben einem Museum kann man auch untertägige Anlagen (Fahrt mit der Grubenlokomotive) besichtigen. Informationen: Verkehrsamt Bestwig, 5780 Bestwig, Tel. 02904-81275.

23. Steinbruch Silbach

Dieser nördlich vom bekannten Wintersportort Winterberg gelegene Steinbruch baut auf mehreren Sohlen Diabas ab. In Klüften der Störungszonen werden recht schöne Mineralien gefunden, von denen vor allem die gut ausgebildeten Apophyllitkristalle hervorzuheben sind (A 82/3).

Amethyst	Datolith	Orthoklas
Axinit	Klinozoisit	Pektolith
Calcit	Markasit	Prehnit
Chalkopyrit	Millerit	Serpentin-Asbest
Coelestin	Oligoklas	Strontianit

24. Steinbruch Hildfeld

Ein ähnlicher Steinbruch mit gleicher Paragenese wie in Silbach. Allerdings sind die Funde hier wesentlich spärlicher.

25. Nehden bei Brilon

Bekannte Bleiglanzfundstelle, die mittlerweile auch als Saurierfundort in die Geschichte eingegangen ist. Die Bleiglanzkristalle kamen idiomorph in Ton ausgebildet vor und haben Kantenlängen bis 3 cm. Sehr häufig sind sie verwachsen oder verzwillingt. Selten sitzen auf den Kristallen auch kleine hellrote Zinkblendekristalle.

26. Steinbruch Thülen

Im Gebiet von Thülen befinden sich mehrere Kalkbrüche, in denen seit langer Zeit der hier besonders rein vorkommende Calcit abgebaut wird. Er dient vor allem für die Gartengestaltung und für Edelputz. An einigen Stellen wurde der Calcit sogar untertage abgebaut.
In Hohlräumen des Kalks konnten sich große skalenoedrische Calcite bis 20 cm Kantenlänge bilden, die leicht bräunlich gefärbt waren. Man trifft sie in vielen Lokalsammlungen an.

Ein rund 12 cm langer Calcitkristall von Thülen.

27. Steinbruch Alme

Bei Alme befindet sich ein weiterer Kalksteinbruch, in dem nur sporadisch abgebaut wird. Alme ist unter Sammlern bekannt für intensiv rosarot gefärbten Calcit, der sowohl derb als auch in kleinen Kristallen vorkommt.

28. Steinbruch Bleiwäsche

Zu den bekanntesten Fundpunkten im Sauerland gehört der Steinbruch Bleiwäsche. Von hier stammen vor allem milchigtrübe, doppelendig ausgebildete Quarze.

Bei Bleiwäsche ist vermutlich schon im Mittelalter Bergbau auf Blei-Zinkerze betrieben worden. Im riesigen Steinbruchgebiet, in dem heute noch Kalkschotter für Straßenbauzwecke abgebaut wird, werden hin und wieder Vererzungszonen angefahren, die dann für Sammler besonders interessant sind. Gleich im Eingangsbereich liegt die Fundstelle für Quarz-Doppelender, die in einer 5 bis 7 m breiten und etwa 10 m hohen Schicht vorkommen. Sie sind durch Hämatiteinschlüsse meist leicht rötlich gefärbt. Daneben enthalten alle Kristalle Anhydrit-Einschlüsse.

Aus dem eigentlichen Steinbruch sind folgende Minerale bekannt geworden: Azurit, Malachit, Calcit, Bleiglanz (mit Kantenlängen über 5 cm), Kupferkies, Chalcedon, Hämatit, Baryt und Dolomit.

29. Kupfererzlagerstätten bei Marsberg

Die nach Osten abfallenden Devon- und Karbongesteine des Sauerlands tauchen unter den Schichten des Zechsteins und Bundsandsteins der Hessischen Senke ab. In den Störungszonen dieses Gebiets kam es in den Schiefern des Unterkarbons wie auch in den Sedimenten des Zechsteins zur Ausbildung kupferreicher Erzfälle. Als häufigstes Erzmineral wurde Chalkosin abgebaut, daneben förderte man Bornit und Chalkopyrit, als Sekundärbildungen ged. Kupfer, Cuprit, Azurit und Malachit. Weniger häufig waren ged. Silber, Sphalerit, Fahlerz, Galenit, Covellin, Pyrit und Markasit. Ein Einzelfund von Famatinit ist noch nicht sicher bestimmt. Die zahlreich vorkommenden Oxidationsminerale wie Cu-haltige Sulfate und Phosphate werden derzeit noch untersucht.

Die Förderung wurde nach den Kriegszerstörungen 1945 nicht wieder aufgenommen.

An die nach dem Rammelsberg und Richelsdorf drittgrößte Kupfererzlagerstätte der Bundesrepublik erinnert heute ein Schaubergwerk mit Bergbaumuseum. Informationen: Besucherbergwerk Kilian-Stollen, 3538 Marsberg, Tel. 02992-4366.

29. Schwerspatgrube Dreislar

Südlich von Medebach befindet sich eine der berühmtesten Barytlagerstätten, die viele eindrucksvolle Schaustufen für Mineraliensammlungen in aller Welt geliefert hat. Besonders hübsch wirken Stücke, deren schneeweiße Kristalle mit Kupferkies überstreut sind. An großen Raritäten von hier sind Cinnabaritkristalle (bis 3 mm) sowie sehr schöne Strontianitkristalle (bis 5 cm) zu erwähnen. Während die kleine Grube früher sehr viele Stufen lieferte, kommen heute durch den Abbau in tieferen Bereichen bedingt Funde nur noch selten ans Tageslicht.

Baryt	Galenit	Pyrit
Calcit	Gips	Quarz
Chalkopyrit	Hämatit	Quecksilber, ged.
Cinnabarit	Malachit	Sphalerit
Dolomit	Markasit	Strontianit

Der Sizilia-Schacht der Schwefelkieslagerstätte Meggen/Lenne.

30. Erzbergwerk Meggen bei Lennestadt

Die ausgedehnte, noch heute in Betrieb befindliche Schwefelkieslagerstätte bei Lennestadt ist besonders durch gut ausgebildete Bleiglanzstufen mit Kristallen bis zu 8 cm Kantenlänge, meist auf Dolomit sitzend, sowie durch die Vielzahl schöner Calcit- (Kanonenspat) und Pyritstufen bekannt geworden.

Allophan	Dolomit	Melanterit
Baryt	Fahlerz	Pyrit
Bornit	Galenit	Quarz
Calcit	Gips	Sphalerit
Chalkopyrit	Markasit	

Barytstufen aus Dreislar sind in allen Mineraliensammlungen verbreitet. Die kleine Schwerspatgrube in der Nähe von Medenbach ist heute noch in Betrieb. Etwa 12 Bergleute sind beschäftigt.

7. Münsterland

1. Grube Mathilde bei Ascheberg
2. Grube Bertha bei Ottmarsbocholt
3. Grube Alwine bei Ahlen

1. Grube Mathilde bei Ascheberg

Vom Bergbau auf den zahlreichen Strontianitlagerstätten zwischen Münster und Hamm ist heute kaum noch etwas zu sehen, auch nicht im Raum Ascheberg-Drensteinfurt, wo die bedeutendsten Gruben lagen. Daher findet man nur noch auf kleinen Resthalden Belegstücke der schönen münsterländischen Strontianitstufen, die in vielen mineralogischen Sammlungen als klassisches Material bewundert werden können. Obwohl in

den Strontianitgruben sonstige interessante Minerale kaum vorkamen, haben sie ihre Bedeutung als weltweit einzige Vorkommen gehabt, die den Bedarf an Strontiumverbindungen decken konnten, bis die sehr viel preisgünstigere Gewinnung aus Coelestin den Strontianitbergbau im Münsterland zum Erliegen brachte.

Eine der bekanntesten Gruben für Mineraliensammler ist die Grube Mathilde bei Ascheberg. Sie lieferte nicht nur während der Betriebszeit schöne büschelförmig angeordnete Strontianite. Auch auf der kleinen Halde konnten Anfang 1974 ergiebige Funde gemacht werden, die in zahlreiche Sammlungen gelangten. Die bis zu 15 cm langen Kristallbüschel sitzen auf weißen Calcitkristallen auf. Häufige Begleitmineralien sind Pyrit und Markasit.

2. Grube Bertha bei Ottmarsbocholt

Die Halde dieser Strontianitgrube ist besonders für igelartig ausgebildeten Strontianit bekannt geworden.

3. Grube Alwine bei Ahlen

Auch hier konnten auf der Halde schöne Strontianitstufen gefunden werden. Die Alwine zählt jedoch auch zu den klassischen Vorkommen, da ausgezeichnete Kristallstufen, die während der Betriebszeit gefunden wurden, in vielen europäischen Museen ausgestellt sind.

Von der Halde der Grube Mathilde bei Ascheberg stammen dieses bis zu 4 cm langen Strontianitbüschel, die auf Calcit sitzen. Oben links ist die Halde zu sehen, bevor die Sammlerscharen einsetzten. Heute ist sie um einige Meter niedriger ...

In den benachbarten Brüchen der Zementindustrie werden immer wieder Strontianitgänge angefahren, die natürlich ebenfalls schöne Kristalle enthalten. Es besteht jedoch Sammelverbot.

8. Ruhrgebiet

1. Zeche Friedrich der Große, Herne
2. Zeche Graf Moltke, Gladbeck
3. Zeche Zollverein in Essen
4. Zeche Christian Levin in Essen
5. Zeche Julia, Recklinghausen
6. Zeche Auguste-Victoria, Marl-Hüls
7. Zeche Franz Haniel, Oberhausen
8. Zeche Minister Stein in Dortmund
9. Zeche Pluto in Wanne-Eickel

Die Erzvorkommen in Marl-Hüls, Gladbeck und Essen sind mit den dortigen Steinkohlenzechen verknüpft. Beim Abbau der Kohle entdeckte man, daß die Karbonschichten von größeren Verwerfungsspalten durchsetzt waren, in denen sich Erzminerale, wie Chalkopyrit, Sphalerit, Galenit u. a. absetzten und sogar abbauwürdige Vorkommen bildeten.

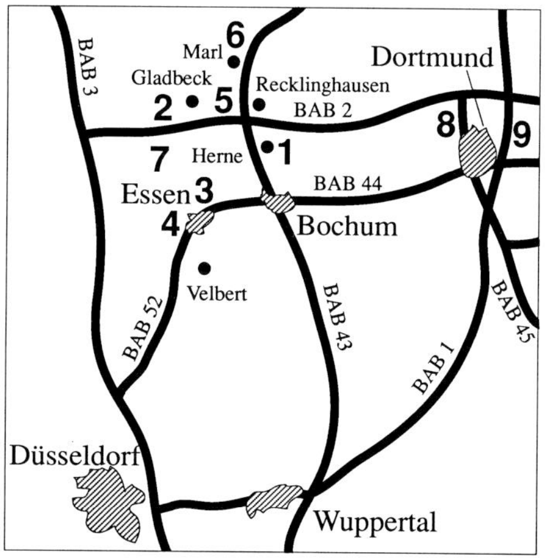

1. Zeche Friedrich der Große, Herne

Die von Einheimischen liebevoll auch Piepen-Fritz genannte, schon lange stilliegende Kohlenzeche der ehemaligen Ilseder Hütte ist berühmt für die schönen Markasitkristalle, die tannenbaumförmig aggregiert sind. Sie gelangten in viele Sammlungen.

2. Zeche Graf Moltke, Gladbeck

Auch auf der Zeche Graf Moltke wurde ein größeres Blei-Zinkerzvorkommen angetroffen. Dort begrenzten zwei Querstörungen das Ost- und Westfeld der Zeche, die man als Östliche und Westliche Wasserkluft bezeichnete. Sie führten an Erzmineralien hauptsächlich Zinkblende und Bleiglanz. Weitere vorkommende Minerale waren Pyrit, Markasit, Dolomit, Baryt, Ankerit, Siderit, Quarz, Malachit und Chalkopyrit. Vor einigen Jahren konnten auf den Halden noch schöne Funde gemacht werden. Inzwischen wurden die Halden abgefahren.

3. Zeche Zollverein in Essen

Die berühmte Essener Steinkohlenzeche Zollverein, die 1987 ihre Förderung einstellte, ist vor allem für ausgezeichnete Milleritfunde bekannt. Millerit trat in bis zu 10 cm langen Nadeln von messinggelber Farbe auf. Meist bildet er jedoch kleine Sternchen rund um einen Kupferkieskristall und sitzt auf weißlichen Dolomitkristallen. Weitere Begleitmineralien sind Zinkblende, Quarz (u.a. mit Wasser- und Bitumeneinschlüssen und als Zepterquarz) und Calcit.

Baryt	Galenit	Pyrit
Calcit	Markasit	Quarz
Dolomit	Millerit	Sphalerit

Die Zeche Zollverein in Essen - ein berühmter Fundort für schöne Milleritstufen.

4. Zeche Christian Levin in Essen

Hier befand sich eines der berühmtesten Erzvorkommen im Ruhrgebiet. Schon seit 1888 existierten zwei Mutungen auf Bleierze. Ein Abbau kam aber erst ab 1941 zustande. 1958 wurde die Erzförderung eingestellt. Haupterze waren Bleiglanz und Zinkblende. Kupferkies, Millerit, Pyrit und Markasit kamen ebenfalls vor, dazu die Gangarten Quarz, Calcit und Baryt sowie Sekundärminerale, darunter seltene Halogenide. Sie entstanden, als aufsteigende heiße Wässer mit hohem Gehalt an Na^+- und Cl^--Ionen über eine längere Zeit mit den Primärerzen reagieren konnten. Es sei darauf hingewiesen, daß die Minerale Cotunnit, Cumengeit, Diaboleit und Laurionit bei uns bisher nur in Schlacken vorgekommen sind.

Alunogen	Covellin	Linarit
Anglesit	Cumengeit	Malachit
Antlerit	Cuprit	Matlockit
Aragonit	Diaboleit	Melanterit
Atacamit	Gips	Metavoltin
Baryt	Goethit	Mennige
Bornit	Goslarit	Natrojarosit
Brochantit	Halit	Paratacamit
Calcit	Halotrichit	Percylith
Caledonit	Hydrocerussit	Phosgenit
Cerussit	Ihleit	Plumbojarosit
Chalkanthit	Kupfer, ged.	Römerit
Chalkosin	Lanarkit	Schwefel, ged.
Copiapit	Laurionit	Tenorit
Cotunnit	Leadhillit	

5. Zeche Julia bei Recklinghausen

Von der mittlerweile stillgelegten Steinkohlenzeche Julia in Recklinghausen konnte durch die Beobachtungen des Sammlers Heinz Vogelsang u.a. eine interessante Sulfat-Sekundär-Mineralisation festgestellt werden. Die Bildung erfolgte in alten Strecken, die lange Zeit nicht mehr betreten wurden, und in denen kaum Luftaustausch stattfand.

Baryt	Hexahydrit	Römerit
Blödit	Markasit	Schwefel, ged.
Calcit	Melanterit	Siderit
Chalkopyrit	Mendozit	Sideronatrit
Copiapit	Metavoltin	Siderotil
Coquimbit	Millerit	Siegenit
Dolomit	Nakrit	Sphalerit
Galenit	Natrojarosit	Szomolnokit
Gips	Pickeringit	Tamarugit
Halit	Pyrit	Voltait
Halotrichit	Quarz	

6. Zeche Auguste-Victoria in Marl-Hüls

Nach dem Zweiten Weltkrieg wurde im Grubenfeld der Steinkohlenzeche Auguste-Victoria ("AV") bei Marl eine der bedeutendsten Blei-Zinkerzlagerstätten abgebaut. Das Vorkommen war ebenfalls an eine Verwerfung gebunden und wurde als William-Köhler-Gang bezeichnet. Die Mächtigkeit betrug im Durchschnitt 8 bis 12 Meter, manchmal auch 18 Meter. Während der Erzabbau im Jahr 1962 eingestellt wurde, steht die Steinkohlenzeche Auguste Victoria (Betreiber ist die BASF) auch heute noch in Förderung.

Der Schacht IV in Marl-Hüls. Bis 1961 wurden durch ihn Blei-Zinkerze gefördert. Heute dient er als Wetterschacht.

Aus der Betriebszeit der Gewerkschaft Stein V, die den Erzabbau durchführte, stammen viele Erzstufen mit großen Bleiglanz- und Zinkblendekristallen (fast immer schwarzbraun), die häufig auf weißen Quarzkristallen saßen. Als Besonderheit sind vor hier bis zu 5 cm lange nadelige Bleiglanzkristalle zu erwähnen, die pinselartig angeordnet sind. Sie stellen Pseudomorphosen von Bleiglanz nach Millerit dar. Millerit ist daneben in außergewöhnlich langen Nadeln bis zu 4 cm Länge in die Sammlungen gelangt und haben "AV" berühmt gemacht. Zu den Seltenheiten gehört Caracolit.

Ankerit	Galenit	Plumbojarosit
Calcit	Gips	Pyrit
Caracolit	Goslarit	Quarz
Cerussit	Halit	Siderit
Chalkopyrit	Melanterit	Sideronatrit
Copiapit	Malachit	Smithsonit
Cotunnit	Markasit	Sphalerit
Dolomit	Metavoltin	Wurtzit

7. Zeche Franz Haniel bei Bottrop

Die Steinkohlenzeche Franz Haniel wurde Anfang der 80er Jahre in Sammlerkreisen durch ausgezeichnete Milleritfunde bekannt, die auf einer großen Halde getätigt werden konnten. Der Millerit kam in kleinen Toneisensteingeoden vor. Daneben sind aber auch eine Reihe sekundärer Sulfatminerale bekannt geworden:

Baryt	Jarosit	Römerit
Calcit	Melanterit	Schwefel, ged.
Copiapit	Metavoltin	Sideronatrit
Dolomit	Millerit	Sphalerit
Galenit	Pyrit	Tamarurgit
Gips	Markasit	
Halotrichit	Rozenit	

8. Zeche Minister Stein in Dortmund

Die Zeche Minister Stein, vor einigen Jahren stillgelegt, war ebenfalls ein Fundort für ruhgebietstypische Mineralien, wie z.B. Markasit, Pyrit, Calcit, Millerit, Dolomit und Quarz. Stufen gelangten in viele Regionalsammlungen.

9. Zeche Pluto in Wanne-Eickel

Von der Zeche Pluto sind aus einer großen Kluft Anfang der 80er Jahre eine Vielzahl von Markasitstufen in die Sammlungen gelangt. Der Markasit bildete große kugelige Aggregate, die teilweise mit einem roten Überzug versehen und so typisch als von Pluto erkennbar sind. Daneben kamen bis zu 1 cm große Zinkblendekristalle sowie Calcit, Baryt, Pyrit und Dolomit vor. Die größten geborgenen Stufen waren über einen Meter lang.

9. Bergisches Land

1. Der Lintorfer Gangzug
2. Der Selbecker Gangzug
3. Grube Benthausen bei Mettmann
4. Grube Thalburg bei Heiligenhaus
5. Grube Fortuna und Steinbruch Prangenhaus bei Wülfrath
6. Grube Ferdinande
7. Gruben Eisenberg und Wilhelm II bei Velbert
8. Zeche Glückauf III bei Velbert
9. Wasserfall-Steinbrüche
10. Straßenbaustelle Aprath bei Wuppertal
11. Gruben Wild- und Heidberg bei Wildbergerhütte
12. Grube Alter Bleiberg bei Pochwerk
13. Grube Fahrenberg bei Pochwerk
14. Grube Grünbleiberg bei Niedergelpe
15. Grube Silberkuhle bei Tilkausen
16. Grube Eisenkrone bei Derschlag
17. Grube Siegfried bei Dieringhausen
18. Grube Lüderich bei Untereschbach
19. Grube Versöhnung bei Altenrath
20. Grube Idria im Milchborntal bei Bensberg
21. Grube Penny bei Mohlscheid
22. Gruben Apfel, Berzelius und Columbus zwischen Herkenrath und Immekeppel
23. Grube Leibnitz-Dante bei Rösrath-Hoffnungsthal
24. Gruben Nicolaus und Phönix bei Fischermühle im Naafbachtal
25. Grube Castor bei Loope
26. Grube Bliesenbach bei Loope
27. Grube Silberkaule am Heckberg bei Heckhaus

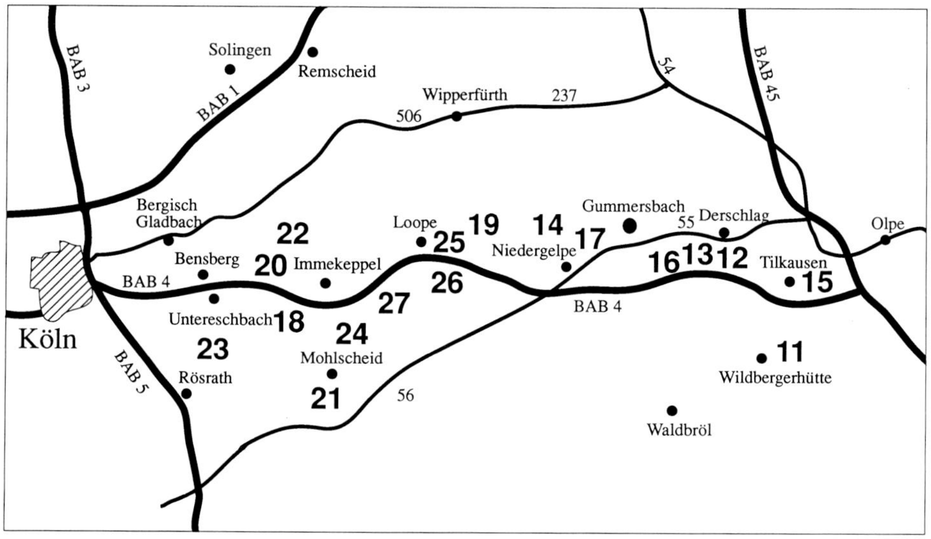

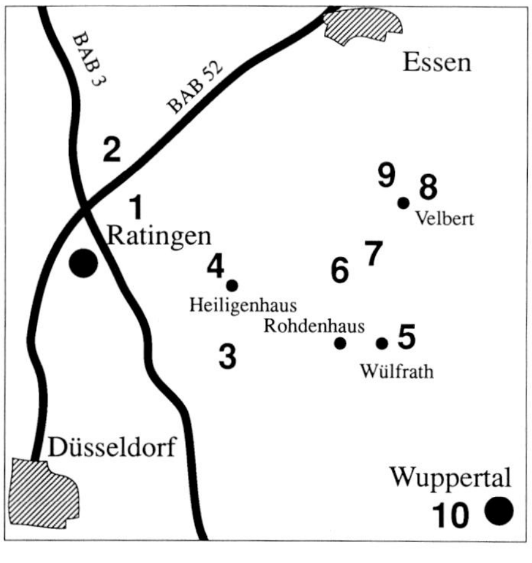

Übersichtskarten über die Fundorte im Bergischen Land. Unten links die Fundstellen 1-10, oben die Fundstellen von 11-27.

Velberter Erzbezirk (1-10)

Durch die Städte Ratingen, Velbert, Wuppertal und Düsseldorf wird annähernd ein Raum begrenzt, in dem vormals Erzbergbau umging. Neben Brauneisenstein- und Alaunschiefervorkommen waren es vor allem Blei-Zink-Erzgänge, welche das Interesse des Bergmanns erweckten.

Den urkundlichen Nachrichten zufolge scheint hier der Bergbau im 15. und 16. Jahrhundert eine erste Blüte erlebt zu haben, deren Ende zeitlich mit dem Dreißigjährigen Krieg zusammenfällt. In der zweiten Hälfte des vergangenen Jahrhunderts führte der rasch wachsende Rohstoffbedarf der aufblühenden Industrie auch hier zu einer Wiederbelebung des brachliegenden Erzbergbaus. Zwischen 1841 und 1896 entstanden so vor allem in der Gegend von Lintorf und Selbeck im Westen sowie bei Velbert im Osten des Gebiets eine Reihe größerer und kleinerer Gruben, von denen jedoch nur wenige wirtschaftliche Bedeutung erlangen konnten. Die wirtschaftlichen Rahmenbedingungen verschlechterten sich um die Jahrhundertwende derart, daß die meisten Gruben ihren Betrieb wieder einstellen mußten. Im Jahr 1916 kam der niederbergische Erzbergbau vollends zum Erliegen.

Die Pb-Zn-Cu-Fe-Vererzungen dieses Gebiets sind gebunden an Querverwerfungen in Gesteinsschichten des Oberen

Mitteldevons, des Oberdevons und des Unterkarbons. Die Anlage der Verwerfungen erfolgte aller Wahrscheinlichkeit nach bereits gegen Ende des Oberkarbons, als das Gebiet zusammen mit dem Nordrand des Rheinischen Schiefergebirges gefaltet, aus dem Meer herausgehoben und den älteren varistischen Faltenketten angegliedert wurde. Die Hauptabbrüche an ihnen traten allerdings erst nach der Faltung ein. Manches spricht dafür, daß die Mineralausfüllungen erst im Tertiär stattgefunden haben.

Bei den Erzgängen handelt es sich in der Regel nicht um scharf abgegrenzte Gänge, sondern vielmehr um Trümerzonen, innerhalb derer sich einige Gangspalten hinsichtlich Mächtigkeit und Erzführung herausheben. Die reicheren Erzvorkommen konzentrieren sich auf mehrere Gangzüge, welche das Gebirge Richtung SSO nach NNW streichend durchsetzen. Die sogenannten Sprünge im Steinkohlengebirge des westlichen Ruhrgebiets werden als die nördlichen Fortsetzungen dieser Gangzüge angesehen.

1. Der Lintorfer Gangzug

Der am weitesten westlich gelegene Lintorfer Gangzug weist zwei im Abstand von 600 Metern parallel streichende Hauptgänge auf. Der östliche ist durch die Schächte Friedrichsglück und Loman (vorm. Diepenbrock) in Abbau genommen worden. Beim westlichen Hauptgang erfolgte der Abbau durch die Schächte Broekman und Georg. Nördlich Lintorf sind die Haupterzgänge durch ein mächtiges Diagonaltrum verbunden, auf das die Schächte Heinrich und Catharina angesetzt waren.

Die Vererzungen im ehemaligen Kohlenkalkbruch Cromford bei Ratingen werden als südliche Fortsetzung des Lintorfer Gangzugs gedeutet.

In den Jahren zwischen 1841 und 1902 sind insgesamt fünf Anläufe unternommen worden, den Erzreichtum von Lintorf zu heben. Sie scheiterten jedoch stets an den hohen Wasserzuflüssen bzw. an den damit verbundenen wirtschaftlichen Schwierigkeiten. Die Hauptbetriebsperioden lagen zwischen 1865 und 1872 sowie zwischen 1878 und 1884. Gefördert wurden in der Hauptsache Bleiglanz und Markasit.

Sammlungsstufen aus den Lintorfer Bergbauepochen sind außerordentlich rar. In der älteren Literatur werden Funde von großen Bleiglanzkristallen mit bis zu 10 cm Kantenlänge, traubigem, z.T. hahnenkammartigem Markasit, honigfarbener Zinkblende, Braunspat, Quarz, Calcit und faserigem Baryt erwähnt.

2. Der Selbecker Gangzug

Von allen niederbergischen Blei-Zinkerz-Vorkommen hatte der Selbecker Gangzug die größte wirtschaftliche Bedeutung. Der sogenannte Hauptgang weist Mächtigkeiten zwischen 1 und 13 m auf, örtlich sogar bis zu 30 m. Er führt nahezu ausschließlich Zinkblende, die zusammen mit den Gangarten den Zement von Nebengesteinsbreccien bildet. Die Bleivererzungen sind weitgehend an Nebentrümer gebunden.

Hier baute die Grube Neu-Diepenbrock III in den Jahren zwischen 1883 und 1907 rund 165.000 Tonnen Zinkerz und 5.300 Tonnen Bleierz ab. Die Erzgewinnung ging bis 1899 auf dem Südmittel um, welches vom Nordmittel durch eine 150 bis 200 Meter mächtige taube Partie getrennt ist. Damals zeichnete sich ein Auskeilen des Südmittels unterhalb der 300 m-Sohle ab. Die Verlagerung des Abbaus in das Nordmittel brachte Probleme in Form erhöhter Wasserzuflüsse und immer wiederkehrender Alaunschieferbrände mit sich. Durch einen solchen Brand kam die Grube Ende 1907 zum Erliegen.

Die Grube ist mineralogisch durch große Zinkblendekristalle bekannt geworden. Diese weisen fast immer einen Überzug von winzigen Pyritkristallen auf. Bemerkenswert ist das Vorkommen des auf den niederbergischen Erzgängen sonst raren Baryts. Eine ausgesprochene Besonderheit stellt der hier gefundene Nickelin (Rotnickelkies) dar.

3. Grube Benthausen bei Mettmann

Als Fortsetzung des Selbecker Gangzugs können die Erzgänge der ehemaligen Bleierzgrube Benthausen bei Mettmann angesehen werden. Dort wurden innerhalb einer Trümerzone von 1.300 Meter Breite acht bauwürdige Gänge aufgeschlossen. Die Erzförderung dieser Grube, die von 1889 bis 1903 in Betrieb war, ist jedoch insgesamt gering geblieben.
In der Literatur wird das Auftreten von z.T. sehr großen, wohlausgebildeten Bleiglanzkristallen erwähnt. Das Haldenmaterial führt verhältnismäßig viel Calcit. Bleiglanz und Zinkblende wurden hier in meist winzigen, aber hübschen Kriställchen innerhalb von Dolomitdrusen gefunden. Besonders häufig traten hier Neubildungen von Aragonit auf.

Auch südlich der Grube Benthausen sind Grubenfelder auf Blei-, Zink- und Kupfererze verliehen worden. An dieser Stelle sei außerdem auf das Vorkommen von wasserklaren, teilweise rauchbraun gefärbten Zepterquarzen mit Calcit in einem Straßeneinschnitt im Neandertal, zwischen Hochdahl und Mettmann gelegen, hingewiesen.

4. Grube Thalburg bei Heiligenhaus

Im Gebiet von Heiligenhaus und Velbert lassen sich die wichtigsten Erzvorkommen in drei Gangzügen zusammenfassen.

Der Gangzug der Grube Thalburg im Westen von Heiligenhaus läßt sich vom Gewerbegebiet Schopshof bis hin zum ehemaligen Bahnhof Isenbügel hin verfolgen. Während der in den Jahren zwischen 1887 und 1901 durchgeführten Untersuchungsarbeiten sind drei parallel streichende Gänge und ein Diagonaltrum nachgewiesen worden. Hinzu kommt ein westlich davon bei Unterhösel aufgeschlossener Gang.

Die primäre Vererzung bestand vorwiegend aus Bleiglanz. Stellenweise kamen auch schon in den oberen Teufen Kupfer- und Zinkerze vor. Die Einwirkung oxidierender Tageswässer reichte hin bis in große Teufe. So sollen noch auf der 92 m-Sohle längere, bis zu 30 cm mächtige "Grünbleischnüre" angetroffen worden sein.

Von der Halde dieser Grube, die vor einigen Jahren bei Bauarbeiten angeschnitten wurde, sind interessante Sekundärmineralien bekannt geworden. Zu den interessantesten Funden gehören Arsenate wie Olivenit und Bayldonit.

5. Grube Fortuna und Steinbruch Prangenhaus bei Wülfrath

Die Blei-Zink-Vererzungen der ehemaligen Grube Fortuna, unmittelbar südlich des Wülfrather Kalksteinbruchs Prangenhaus gelegen, sollen ebenfalls dem Thalburger Gangzug angehören. Wichtiger als die gangförmigen Vererzungen war hier ein kontaktmetasomatisches Markasitvorkommen auf der Grenze zwischen Flinzschiefer und Massenkalk.

Kugeliger, strahlig ausgebildeter Markasit, äußerlich meist oxidiert, fand sich in großen Mengen auf der Halde dieser Grube.

Der Steinbruch Rohdenhaus bei Wülfrath ist bekannt geworden durch sehr schöne Rosasitkugeln.

Innerhalb des Steinbruchs Prangenhaus wurden ebenfalls reiche Vererzungen angetroffen, die neben Markasit bemerkenswert viel Kupferkies aufwiesen. Zu den begehrtesten Sammelobjekten gehören Azurit und Malachit aus dem Eisernen Hut des Vorkommens.

6. Grube Ferdinande

Der mittlere Gangzug, welcher im Grenzbereich zwischen den Städten Heiligenhaus und Velbert durch Erzgruben aufgeschlossen war, läßt sich streng genommen in zwei Gangbereiche aufteilen: den Ferdinande-Gangzug im Westen und den Gangzug von Eisenberg/Wilhelm II im Osten.

Nach Süden hin setzt sich der Ferdinande-Gangzug bis in den Wülfrather Kalksteinbruch Rohdenhaus fort. Von dort stammen ausgezeichnete Stufen mit Aurichalcit, Rosasit, Smithsonit, Hemimorphit, Azurit und Allophan sowie Zinkblende, Bleiglanz und Markasit. Die gleichen Mineralien (von Azurit und Allophan abgesehen) fanden sich früher auch auf den Halden des von 1887 bis 1898 in Betrieb befindlichen Bergwerks Ferdinande. Im nördlichen Teil dieses Gangzugs wird die Hutzone von Pyromorphit und Cerussit geprägt. Vereinzelt wurden auch Arsenate gefunden.

7. Gruben Eisenberg und Wilhelm II bei Velbert

Der Gangzug von Eisenberg/Wilhelm II läßt sich, ausgehend von seinem nördlichsten Aufschlußpunkt im Abbaubereich der ehemaligen Eisensteingrube Friedrich über Velbert-Birth, wo sich die Bleierzgrube Eisenberg befand, bis in das Grubenfeld von Wilhelm II verfolgen.

Die südliche Fortsetzung dieses Gangzugs mit den ehemaligen Gruben Josephine und Emanuel tangiert im Bereich des Gehöfts Silberburg den Kalksteinbruch Rohdenhaus. Es ist nicht abwegig anzunehmen, daß auch die in den aufgelassenen Wülfrather Kalksteinbrüchen Schlupkothen und Hammerstein und im noch weiter südlich gelegenen Dornaper Kalksteinbruch Schickenberg angetroffenen Vererzungen mit diesem Gangzug in Zusammenhang stehen.

Die Gruben Eisenberg und Wilhelm II waren nur relativ kurzzeitig von 1896 bis 1903 in Betrieb. Ihre Erzförderung blieb entsprechend gering. Die Bergbautätigkeit auf den Gruben Josephine und Emanuel beschränkte sich auf geringfügige Aufschlußarbeiten.

Über die auf den Erzgängen von Eisenberg und Wilhelm II vorkommenden Mineralien ist wenig bekannt geworden, da die ehemaligen Halden in den 50er und 60er Jahren vollständig überbaut worden sind. Dabei dürften gerade hier die Voraussetzungen für das Auftreten vielfältiger Sekundärbildungen besonders günstig gewesen sein. Im Zuge von Bauarbeiten in unmittelbarer Nähe des alten Fahrschachts von Wilhelm II konnten Pyromorphit und interessanterweise Wulfenit gefunden werden.

Die Halden der Grube Josephine sind altbekannte Fundstellen von Pyromorphit. In zerfressenem Bleiglanz finden sich neben ged. Schwefel und Anglesit gelegentlich auch seltene Mineralien wie Leadhillit und Caledonit.

Die angesprochenen Vererzungen im Dornaper Steinbruch Schickenberg bestehen überwiegend aus Markasit, Kupferkies und Pyrit. Bleiglanz tritt dagegen zurück, und Zinkblende scheint ganz zu fehlen. Als interessante Sekundärmineralien sind neben Malachit Cuprit und ged. Kupfer hervorzuheben.

Die Dornaper Steinbrüche sind darüberhinaus durch das Vorkommen ausgezeichneter Quarz-, Calcit- und Dolomitkristalle bekannt.

8. Zeche Glückauf III bei Velbert

Auf dem östlich von Velbert liegenden Gangzug ist bis 1916 Bergbau umgegangen. Die Zeche Glückauf III im Hefel arbeitete auf drei eng beieinanderliegenden Nebentrümern des sogenannten Hauptgangs. Diese war in seinem nördlichen Teil durch den Schacht Glückauf II bei Sondern erschlossen worden, dort aber ebenso wie der östlich des Hauptgangs befindliche Nebengang für unbauwürdig befunden worden.

Im südlichen Abschnitt bei Rickrath war der Hauptgang Gegenstand eines alten Bergbaus. Dieser wurde gegen Mitte des vergangenen Jahrhunderts wieder aufgenommen. Hier förderte die Prinz-Wilhelm-Grube von 1858 bis 1899 rund 30.000 Tonnen Erz, überwiegend Zinkblende.

Bei dem von der Grube Vereinigte Glückauf und Hohmannsburg in unmittelbarer Nähe von Schloß Hardenberg gebauten Gang, welcher in N-S-Richtung streicht, soll es sich um ein Diagonaltrum zwischen dem Hauptgang im Norden und einem noch unbekannten Gang im Süden handeln.

Die Glückauf-Zechen haben überwiegend Bleiglanz gefördert. Von hier stammen Stufen mit zum Teil recht großen, gut ausgebildeten Bleiglanzkristallen auf Ankerit. Derartige Funde sind bis in die jüngste Zeit hin auch auf den Halden im Hefel gelungen.

Auf der Prinz-Wilhelm-Grube, wo sich in den oberen Teufen reiche Blei- und Kupfervererzungen fanden, wurde auf den unteren Sohlen praktisch nur noch Zinkblende abgebaut. Der Eiserne Hut des Hauptgangs hat im Bereich der Prinz-Wilhelm-Grube eine vielfältige Mineralparagenese mit zum Teil recht seltenen Sulfaten geliefert. Im Nordabschnitt des Hauptgangs wurden die Hutbildungen dominant durch Pyromorphit und Cerussit vertreten. Vereinzelt konnten auch Arsenate wie Mimetesit und Hidalgoit gefunden werden.

Der ehemalige Steinbruch Sondern (heute Mülldeponie) hat u.a. sehr schönen Malachit und Azurit geliefert. Hier traten im Bereich dolomitisierter Partien des Kohlenkalks Drusen mit zum Teil wasserklaren Quarz- und Aragonitkristallen auf.

9. Wasserfall-Steinbrüche

Ein zum Steinbruch Sondern analoges Vorkommen von Aragonit, Quarz, Calcit, Bleiglanz und Malachit in dolomitisierten Partien des Kohlenkalks stellten die Wasserfall-Steinbrüche bei Velbert-Langenhorst dar, welche unlängst dem Autobahnbau zum Opfer gefallen sind.

10. Straßenbaustelle Aprath bei Wuppertal

Es handelt sich um eine Fundstelle, die wahrscheinlich nur während der Bautätigkeit an der neuen Bundesstraße B 224 bei Schloß Aprath erhalten bleibt. In einem Geländeeinschnitt wurden Kulm-, Alaun- und Tonschieferschichten des Unterkarbons freigelegt, in denen sich eine Phosphatmineralisation befand. Neben Kakoxen, Strengit und Beraunit ist besonders das neue Phosphat Ferristrunzit zu erwähnen, das erstmals 1987 von Blaton/Belgien beschrieben wurde (EH 88/4).

Unten. Mineralienübersicht über den Niederbergischen Erzbezirk (Fundorte 1-10).

Allophan	Cuprit A,J,F,R,Q,D,T	Lanarkit T	Pyrit
Anglesit J,F,R,Q,D	Devillin T	Langit Q	Pyromorphit S,E,W,A,J,F,R,T
Ankerit	Dolomit	Lavendulan T	Quarz
Antlerit Q	Erythrin V	Leadhillit J	Rosasit R,Q,T
Aragonit S,A,J,R,Q,D,T	Ferricopiapit R,Q,D	Lepidokrokit R	Rozenit Q
Asphaltit	Galenit	Linarit R,Q	Römerit R,D
Aurichalcit F,R,T	Gips	Malachit S,E,A,F,R,Q,D,T	Schulenbergit T
Azurit S,E,R,Q,D,T	Goethit S,E,R,Q,D	Markasit	Schwefel, ged. J,F,R,T
Baryt V,J	Gunningit Q	Melanterit R,D	Serpierit Q
Bayldonit T	Halloysit R	Mennige R	Siderit
Beta-Roselith C	Hämatit R,Q,D,T	Millerit	Siderotil Q
Beudantit J	Hemimorphit F,R,Q,T	Mimetesit A,R,T	Smithsonit R,Q,T
Brochantit Q	Heterogenit Q	Mottramit F	Sphalerit
Calcit R	Hidalgoit S	Muskovit T	Szomolnokit Q
Caledonit J,T	Hörnesit F,T	Nickelin N	Theisit C
Cerussit S,E,W,J,R,Q,D,T	Hydrocerussit J	Olivenit F,T	Vanadinit F
Chalkanthit Q,D	Hydrozinkit F	Otavit Q	Woodwardit T
Chalkopyrit	Kaolinit V,J,R,T	Pitticit T	Wulfenit W
Chrysokoll R	Ktenasit Q,T	Plumbojarosit T	
Covellin F,R,Q,D	Kupfer, ged. A,R,Q,D	Posnjakit Q	

Es bedeuten:

A - Ehem. Wasserfall-Steinbrüche, Autobahneinschnitt, B - Grube Benthausen, C - Baugrube Forum Niederberg, D - Dornaper Steinbruch, E - Grube Eisenberg, F - Grube Ferdinande, J - Grube Josephine, N - Grube Neu-Diepenbrock III (Selbeck), Q - Steinbruch Prangenhaus, R - Steinbruch Rohdenhaus, S - Sondern, T - Grube Thalberg, V - Vereinigte Glückauf, W - Wilhelm III.

Bensberger Erzbezirk und Oberbergisches Land

Als Bergisches Land wird das Gebiet zwischen Rhein und der Wasserscheide von Wupper und Bigge in West-Ost-Richtung und zwischen Ruhr und Sieg in Nord-Süd-Richtung bezeichnet. In diesem Raum ging einstmals ein intensiver Bergbau um. Der Bensberger Erzbezirk zählte zu den bedeutendsten deutschen Erzrevieren.

Das letzte in Betrieb befindliche Bergwerk war die Blei-Zinkerz-Grube Lüderich bei Untereschbach, die 1978 die Förderung einstellte.

Die im Unterdevon des Bergischen Landes weit verbreiteten Blei-Zink-Erzgänge gehören dem Typus und der Lage nach zum einst bedeutenden Bensberger Blei-Zink-Erzbezirk. Hauptsächlich handelt es sich um hydrothermal entstandene Vererzungen innerhalb tektonischer Störungszonen. Junge, postvaristische, durch silberarmen Bleiglanz, zum Teil auch Baryt gekennzeichnete Gangvererzungen kommen untergeordnet vor.

Haupterzminerale waren Zinkblende und Bleiglanz in wechselnden Mengenverhältnissen. Kupferkies und Siderit sind verbreitet, jedoch selten so konzentriert, daß sie wirtschaftlich verwertet werden konnten. Neben Siderit ist Quarz die Hauptgangart. Ankeritischer Dolomit ist lediglich extensiv verbreitet. Nur vereinzelt ist Calcit zu beobachten.

Mineralogische Besonderheiten sind Fahl–, Nickel-, Cobalt- und Quecksilbererze, die jedoch stellenweise angereichert auftraten.

An supergenen (durch Verwitterung neugebildeten) Erzmineralien sind Cerussit, Anglesit, Pyromorphit, Malachit, Galmei und Limonit verbreitet. Die südlich Niedergelpe gelegene, wirtschaftlich allerdings unwichtige Lagerstätte Grünbleiberg erhielt zum Beispiel durch den hier stark zu Pyromorphit zersetzten Bleiglanz ihren Namen.

Verwaltungsbeamte der Blei- und Silbererzgrube Wildberg vor den Gebäuden des Bergwerks, etwa zur Zeit um 1905.

11. Gruben Wild- und Heidberg bei Wildbergerhütte

Das Erzrevier von Heidberg sowie das weiter südlich gelegene von Wildberg müssen schon sehr lange bekannt gewesen sein, denn schon Karl der Große legte hier einen befestigten Reichshof an. Dieser konnte eigentlich nur zum Schutz der Förderung von Erz dienen, da die landwirtschaftliche Nutzung nicht in Frage kam. 1167 wurde der Reichshof Eckenhagen zusammen mit dem Reichshof Andernach von Kaiser Friedrich I. Barbarossa dem Kölner Erzbischof Reinald von Dassel geschenkt.

Mit Unterbrechungen dauerte der Betrieb auf der Grube Wildberg bis 1911 an, während er auf der Grube Heidberg schon 1879 wegen Unrentabilität eingestellt wurde. Die auf den Halden anzutreffenden Mineralien haben M. Muhr und A. Nehls kürzlich beschrieben (EH 88/3). Zu den hier bemerkenswerten Funden gehören Erythrin und Bieberit.

Anglesit	Cerussit	Pyrit
Ankerit	Chalkopyrit	Pyromorphit
Aragonit	Dolomit	Siderit
Azurit	Erythrin	Skutterudit
Bieberit	Galenit	Sphalerit
Brochantit	Leadhillit	Tetraedrit
Calcit	Linarit	
Caledonit	Malachit	

12. Grube Alter Bleiberg bei Pochwerk

Zwischen Pochwerk und Zimmerseifen markiert ein Pingenzug die Lage der Grube Alter Bleiberg. Schon 1776 berichtete Ferber "... von pfauenschweifigen und angelaufenen Bleyglänzen aus der Grube Alt-Bleyberg bey Mittelach im Amte Windeck." Und Dörring schwärmt 1779 vom gleichen Vorkommen: "Dieser Gang veredelt sich gemeiniglich, wann große offene Klüfte sich aufthun, in welchen manchmalen Centner schwere drußenartig gewachsene Würfel von Stahlderben Bleiglanze sich vorfinden, welche als recht schöne Schau Stuffen das Aug ergözen."

Beim Bau der Auffahrt zum Autobahnzubringer konnten in den letzten Jahren auf einer später abgefahrenen Halde bis zu 5 cm große Bleiglanzwürfel gefunden werden. In der heute begrünten Böschung waren Bleierzgänge aufgeschlossen. Ein Pingen- und Haldengelände im Bereich des Bleiberggipfels (312,3 m) ermöglicht auch heute noch gute Mineralfunde von dieser Lagerstätte.

Anglesit	Covellin	Mennige
Ankerit	Elyit	Pyrit
Aragonit	Galenit	Pyromorphit
Azurit	Gips	Quarz
Baryt	Hämatit	Siderit
	Hydrozinkit	Sphalerit
Calcit	Limonit	Tenorit
Cerussit	Malachit	Tetraedrit
Chalkopyrit	Markasit	

13. Grube Fahrenberg bei Pochwerk

Vom alten Blei- und Kupferbergwerk bei dem Ort Fahrenberg, früher auch Zum

Von dier Grube Friedrich-Wilhelm bei Herdorf im Siegerland stammt diese 4 cm hohe Stufe mit Pyritkristallen.

Göttlichen Segen genannt, findet man heute westlich von Fahrenberg noch einige Pingen und Halden mit geringen Fundmöglichkeiten.

14. Grube Grünbleiberg bei Niedergelpe

Östlich von Nochen, südöstlich Niedergelpe, waren an einem alten Waldweg die Pingen des Bergwerks Grünbleiberg zu finden. Ein 1,3 m mächtiger, Bleiglanz und Grünbleierz führender Gang wurde hier abgebaut.

Der von Mineraliensammlern in den letzten Jahren bloßgelegte Gang erbrachte noch einmal ausgezeichnete Pyromorphitstufen mit Kristallen bis 5 mm Länge. Als mineralogische Kostbarkeit ist der hier vorkommende Vauquelinit (freundliche Mitteilung von H. Bernard, Leverkusen) zu erwähnen. Heute sind die Pingen aufgefüllt, und ein junger, schützenswerter Waldbestand wächst heran. Fundmöglichkeiten sind nicht mehr gegeben.

15. Grube Silberkuhle bei Tilkausen

Östlich von Eckenhagen liegt mit einem 250 m langen Pingenzug die Grube Silberkuhle an der Ostseite des gleichnamigen Bergrückens. Halden befinden sich am ehemaligen Schacht Wächter und im Wald verstreut von der Autobahn bis Tilkausen. Von dieser Fundstelle stammt das Kupfersulfid Geerit, das hier allerdings nur erzmikroskopisch in sehr dünnen Überzügen auftritt.

16. Grube Eisenkrone bei Derschlag

Der Bereich des Eisen- und Kupferbergwerks Eisenkrone ist durch zahlreiche Pingen, überwachsene Halden und zwei Stollen gekennzeichnet. Der durch eine Eisentür gesicherte untere Stollen diente im letzten Krieg als Luftschutzraum.

Auf den Halden ist Kupferkies, Malachit, geringe Spuren von Bleiglanz und Brauneisenstein zu finden. Außerdem gibt es teilweise gut ausgebildeten Baryt als Begleitmineral der Erze (Gangart).

Der Hauptschacht der Grube Lüderich.

17. Grube Siegfried bei Dieringhausen

Ein Teil der alten Grubenanlagen des ehemaligen Bleibergwerks ist heute durch den Autobahnzubringer überdeckt. Im Tal südlich der Hambaumsiedlung in Dieringhausen, westlich von Halstenbach, sind bei einem alten Stollen noch Halden vorhanden. Hier können noch die üblichen Blei-, Zink- und Kupfererze gefunden werden.

18. Grube Lüderich bei Untereschbach

Der Lüdericher Gangzug besteht aus vererzten Störungszonen, die Galenit, vorwiegend jedoch Sphalerit enthielten. Der Abbau wurde 1978 eingestellt; die Grube war eine von den letzten vier Blei-Zink-Erzbergwerken in der Bundesrepublik und hatte einen Anteil von über 10% an der Zinkproduktion. Schon 1877 konnte aus der an Spurenelementen reichen Zinkblende erstmals das Element Gallium isoliert werden. Auch Spuren von Germanium und Indium ließen sich feststellen. Die Halden am Hauptschacht sind rekultiviert. Fundmöglichkeiten gibt es noch auf der Franziskaschacht-Halde im Rothenbachtal bei Hoffnungsthal.

Azurit	Greenockit	Millerit
Bournonit	Jamesonit	Pyrit
Chalkopyrit	Kupfer, ged.	Quarz
Cuprit	Luzonit	Sphalerit
Galenit	Malachit	Tetraedrit
Gips	Markasit	Ullmannit

19. Grube Versöhnung bei Altenrath

Südwestlich von Altenrath in unmittelbarer Nähe der sogenannten Panzerstraße liegt das bewaldete Haldengelände der einst bedeutendsten bergischen Nickelgrube. Neben 2,5% Zinkerz, 4% Kupfererz und 65,5% Bleierz lag die Nickelerzausbeute bei beachtlichen 28%. Ein interessanter Fund mit schönen Gersdorffitkristallen wurde von diesem Fundort bekannt (EH 85/4).

Annabergit	Galenit	Quarz
Bieberit	Gersdorffit	Sphalerit
Chalkopyrit	Morenosit	
Erythrin	Nickelin	

20. Grube Idria im Milchborntal bei Bensberg

Ein ausgedehnter Pingenzug mit zahlreichen kleinen Halden erstreckt sich noch heute vom südlichen Abhang der Hardt bis ins Milchborntal. Im Haldenmaterial kommen Zinnoberimprägnationen vor.

Das gesamte Gelände ist 1988 auf Vorschlag vom Rheinischen Amt für Bodendenkmalpflege unter Denkmalschutz gestellt worden. Bodeneingriffe wie Baumaßnahmen mit Fundamentierung, das Ausheben von Gruben oder das Roden von Bäumen bedürfen der Genehmigung der Unteren Denkmalbehörde (EH 86/3).

21. Grube Penny bei Mohlscheid

Bei dem westlich von Mohlscheid gelegenen Stollenmundloch der Grube Penny sind noch überwachsene Halden vorhanden, die ein großes Spektrum der hier vorkommenden Buntmetallerze liefern. Die nordwestlich von Mohlscheid gelegene Schachthalde ist dagegen weniger ergiebig.

22. Gruben Apfel, Berzelius und Columbus zwischen Herkenrath und Immekeppel

Im Volbachtal und seinen Nebentälern wurden für die Region typische Blei-Zink-Lagerstätten abgebaut. Bemerkenswert ist das Vorkommen von silberreichem Antimonfahlerz.

Quecksilbermineralien sind aus dem Volbachtal bisher nicht bekannt, obwohl auf der Zinkhütte der AG Berzelius in Bergisch Gladbach bei der Röstung der Blende von der Grube Berzelius regelmäßig Quecksilber in geringen Mengen gewonnen wurde.

Auf zahlreichen Halden gelingen immer wieder schöne Mineralfunde, wie z.B. Siegenit in kleinen Oktaedern. 1989 erlangte die Grube Apfel einen hohen Bekanntheitsgrad durch die beliebte WDR-Serie Forstinspektor Buchholz: Das ehemalige Betriebsgebäude der Grube Apfel wurde als Forsthaus zur Filmkulisse.

23. Grube Leibnitz-Dante bei Rösrath-Hoffnungsthal

Am Westhang des Lüderichbergs (260 m) sind die Kupfererzgänge der Grube Leibnitz und Dante bekannt. In Sammlerkreisen hat dieser Fundort den verheißungsvollen Namen Blaue Halde. Bei oberflächigem Absuchen können rauhe, gebleichte Sandsteine aufgelesen werden, die auf Kluftflächen die intensiv blau bzw. grün gefärbten Beläge von Azurit und Malachit enthalten. Besonders interessant ist das Vorkommen von Olivenit, der in büscheligen Aggregaten bis 1 cm Länge vorkommt. Selten sind die sulfidischen Ausgangserze Bleiglanz, Zinkblende und Kupferkies. Braune wie schwarze Mineralanflüge weisen auf Eisen-Mangan-Verwitterungserze hin.

24. Gruben Nicolaus und Phönix bei Fischermühle im Naafbachtal

Diese beiden Bergwerke im Naafbachtal, ca. 3,5 km nordwestlich von Much gelegen, waren zunächst selbständige, dann im Jahr 1889 konsolidierte Betriebe. Die Vererzung bestand vorwiegend aus Bleiglanz, etwas Zinkblende sowie wenig Kupferkies. Gangarten waren Siderit und Quarz.

Diese Mineralien sind nach einigem Schürfen auf den ausgedehnten Halden mit großer Wahrscheinlichkeit zu finden.

25. Grube Castor bei Loope

Zwischen Overath und Engelskirchen baute im Aggertal die Grube Castor auf zwei Erzgängen. Sie war über drei Jahrzehnte das größte Bleierzbergwerk des Bensberger Erzreviers. Das ausgedehnte Haldengelände nördlich von Schloß Ehreshoven zeugt eindrucksvoll vom Ausmaß der montanen Aktivität und ist für Sammler durch die reiche Mineralienvielfalt immer noch von großem Interesse (EH 87/2).

Anglesit	Gips	Pyrit
Annabergit	Goethit	Pyrolusit
Antlerit	Goslarit	Pyromorhpit
Aragonit	Greenockit	Quarz
Aurichalcit	Hydrozinkit	Ramsbeckit
Azurit	Kupfer, ged.	Schulenbergit
Brochantit	Langit	Schwefel, ged.
Cerussit	Leadhillit	Serpierit
Chalkopyrit	Lepidokrokit	Siderit
Copiapit	Limonit	Siegenit
Corkit	Linarit	Smithsonit
Covellin	Malachit	Sphalerit
Cuprit	Manganomelan	Tenorit
Dickit	Markasit	Tetraedrit
Erythrin	Melanterit	Vivianit
Galenit	Mimetesit	
Gersdorffit	Olivenit	

26. Grube Bliesenbach bei Loope

Römische Scherben und mittelalterliche Bergwerkseinrichtungen deuten auf eine sehr alte Grube hin. Die wichtigsten Bergbauperioden waren die Zeitabschnitte von 1883 bis 1909 und von 1912 bis 1926. Die vertikale Aufschlußhöhe dieser Lagerstätte betrug 583 m (+201 m bis -382 m NN). Die Grube Bliesenbach war damit die tiefste Grube im Bergischen Land.

1,5 km östlich von Loope im Loopebachtal liegt das ehemalige Betriebsgelände. Slotta (33) berichtet: "Ein Besuch der technischen Denkmäler der Grube Bliesenbach gehört zu den beeindruckenden Erlebnissen, die man bei der Inventarisation erleben kann." Im Jahr 1983 sprengten belgische Pioniere die monumentalen Ruinen der Maschinenhalle und des Mahlwerks zum Leidwesen vieler Bergbaufreunde. Nun sind nur noch Reste einer ehemals großen Bergehalde und ein älteres Pingen- und Haldengelände übrig geblieben. Primärerze können immer noch gefunden werden.

27. Grube Silberkaule am Heckberg bei Heckhaus

Die Grube Silberkaule zählt zu den aktuellen Mineralfundorten im Bergischen Land. Bergbau wurde auf dieser Grube nachweislich bereits vor dem Dreißigjährigen Krieg betrieben. Bis zum Jahr 1868 erfolgte jedoch nur ein periodischer, oberflächennaher Abbau, später dann Tiefbau.

Von der Grube Silberkaule sind noch zahlreiche Bergbauspuren erhalten. An der Nordflanke des Heckbergs (384 m) erstreckt sich ein langer Pingenzug mit großen Schachtpingen aus früheren Bergbauepochen. Weiter unterhalb am Berghang liegt die gewaltige Schachthalde des Maschinenschachts. Das obere Heckbachtal ist mit Bergehalden ausgefüllt. Besonders hervorzuheben sind die bis zu 8 mm großen Chalkosinkristalle.

Anglesit	Galenit	Pyrargyrit
Ankerit	Hydrozinkit	Pyrit
Aragonit	Lanarkit	Pyrolusit
Aurichalcit	Langit	Pyromorphit
Brochantit	Leadhillit	Quarz
Calcit	Limonit	Siderit
Caledonit	Linarit	Smithsonit
Cerussit	Malachit	Sphalerit
Chalkopyrit	Markasit	Tetraedrit
Chalkosin	Millerit	
Covellin	Plumbojarosit	

Das Haldengebiet der ehemaligen Grube Berzelius bei Immekeppel.

Prächtige Malachitbüschel von der Grube Friedrich bei Wissen/Sieg. Die nadeligen Kristalle sind bis 2 cm lang.

10. Siegerland

1. Grube Ver. Rhonard bei Olpe
2. Grube Vahlberger Zug bei Rothemühle
3. Grube Mercur bei Silberg
4. Grube Stahlberg bei Müsen
5. Grube Wildermann bei Müsen
6. Grube Brüche bei Müsen
7. Grube Hoherstein bei Littfeld
8. Grube Altenberg bei Littfeld
9. Grube Heinrichssegen bei Littfeld
10. Grube Victoria bei Littfeld
11. Grube Anna bei Littfeld
12. Grube Gonderbach bei Fischelbach
13. Gruben Morgenstern, Gottessegen, Alexandershoffnung, Zufriedenheit und Berghäuschen bei Hesselbach
14. Grube Neue Haard bei Weidenau
15. Grube Philippshoffnung bei Siegen
16. Grube Jacobskrone bei Achenbach
17. Grube Ameise im Leimbachtal bei Siegen
18. Grube Storch und Schöneberg bei Gosenbach
19. Gruben Apfelbaumer Zug, Wernsberg und Breimehl bei Brachbach
20. Grube Grüner Löwe bei Gosenbach
21. Grube Buntekuh bei Niederschelden
22. Grube Concordia bei Niederfischbach
23. Grube Fischbacher Werk bei Niederfischbach
24. Grube Eupel bei Niederhövels
25. Grube Vereinigung bei Katzwinkel
26. Grube St. Andreas bei Bitzen
27. Grube Huth bei Hamm
28. Grube Friedrich bei Steckenstein/Wissen
29. Grube Bindweide bei Steinebach
30. Grube Käusersteimel bei Kausen
31. Grube Grüne Aue bei Schutzbach
32. Grube Ohligerzug bei Biersdorf
33. Grube Füsseberg bei Biersdorf
34. Grube San Fernando bei Herdorf
35. Grube Wolf bei Herdorf
36. Grube Alte Mahlscheid bei Herdorf
37. Grube Bollnbach bei Herdorf
38. Grube Große Burg bei Altenseelbach
39. Grube Hollertszug bei Grünebach
40. Grube Eisenzecher Zug
41. Grube Pfannenberger Einigkeit bei Salchendorf
42. Gruben Brüderbund und Kohlenbach bei Eiserfeld
43. Grube Eisernhardter Tiefbau
44. Grube Bautenberg bei Wilden
45. Die Blei- und Silberbergwerke bei Wilnsdorf-Wilgersdorf
46. Grube Marie bei Wilnsdorf
47. Grube Peterszeche bei Burbach

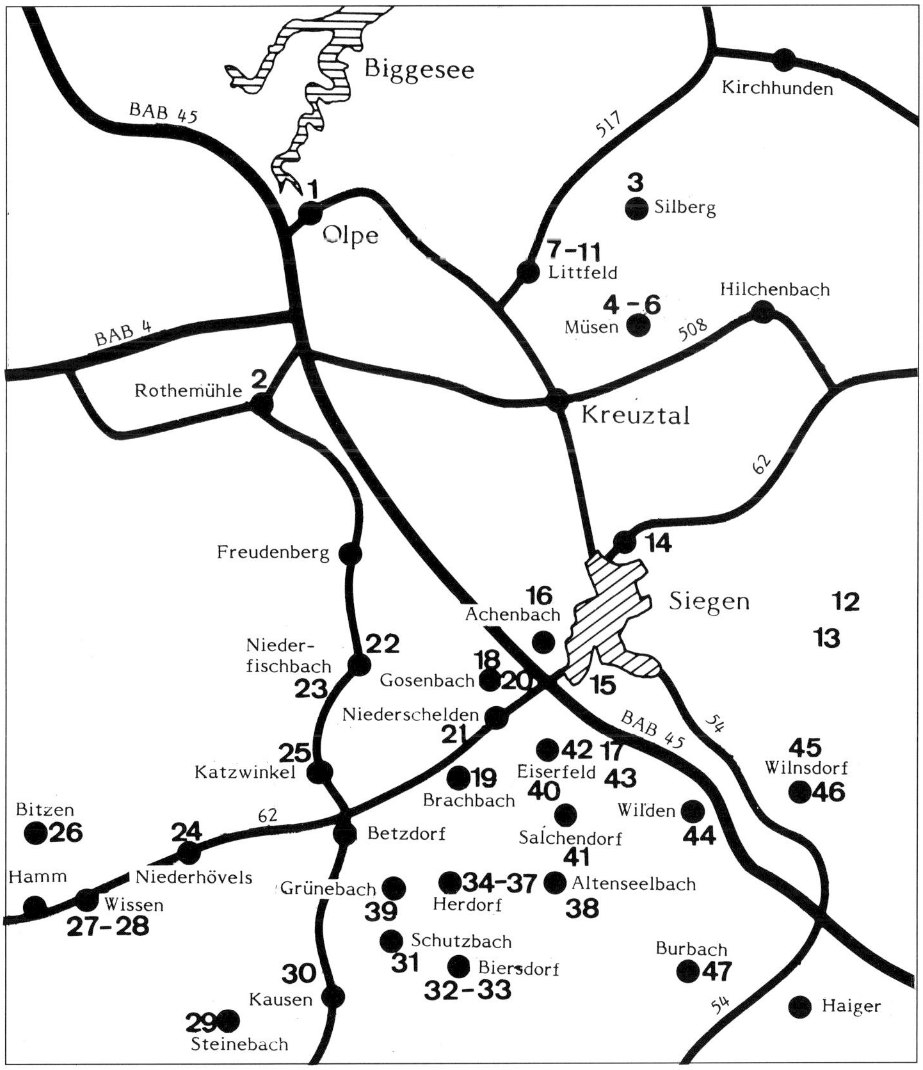

Das Siegerland gehört zu den klassischen deutschen Erzrevieren für die Eisengewinnung. Es würde aber nicht das Interesse der Mineralogen und Sammler erregen, wären nicht mit dem hauptsächlich vorhandenen Siderit in den zahllosen Gängen auch Buntmetallerze vorgekommen, z.B. Blei-, Zink-, Kupfer-, Cobalt- und Nickelverbindungen. In diesem Zusammenhang ist auch der hohe Mangangehalt mancher Sideritgänge zu erwähnen, der besonders im Eisernen Hut zur Ausbildung wunderschöner Rhodochrositstufen führte, die zu den schönsten der ganzen Welt zählen. Ehe auf einige der berühmt gewordenen Gruben näher eingegangen wird, sei ein Blick auf die geologischen Verhältnisse geworfen.

Das Gesteinsfundament geht auch hier auf die Sedimente der varistischen Geosynklinale zurück, in die zeitweise untermeerische Vulkane hineinwirkten und Diabase wie Keratophyre entstehen ließen. Die sogenannten Siegener Schichten des Devonzeitalters waren wie überall im Verlauf der folgenden Faltung der Gebirge, hier des Rheinischen Schiefergebirges, vielfältigsten Störungen ausgesetzt, so daß Sättel und Schollen entstanden. Im Verlauf dieser tektonischen Beanspruchung haben sich auch die Gangspalten gebildet, in denen die hydrothermalen Lösungen des Spateisensteins mit ihren buntmetallhaltigen Begleitkomponenten aufsteigen und auskristallisieren konnten. Die Roteisensteinlager im Dillgebiet sind nicht von hydrothermaler Herkunft, sondern als Ergebnis exhalativer Vorgänge im Zusammenhang mit dem submarinen Vulkanismus des Devons zu verstehen. Gasförmige Eisenverbindungen durchsetzten die Schichten am Meeresgrund und färbten das erstarrte Gestein später mit der roten Oxidationsfarbe. Schließlich griffen auch Störungen durch den tertiären Vulkanismus auf das Gebiet über, das eingerahmt ist von Vogelsberg, Westerwald und Siebengebirge.

Die folgende Aufzählung kann nur die wichtigsten und klassischen Fundorte und Bergwerke des Siegerlands enthalten, da sonst die Beschreibung zu umfangreich geworden wäre.

1. Grube Ver. Rhonard bei Olpe

Die Grube Vereinigte Rhonard baute auf dem bei Olpe liegenden ·Rhonarder Gangzug überwiegend Spateisenstein, daneben auch Limonit und Kupferkies ab. Sie ist besonders bekannt für ausgezeichnete Zinnoberfunde mit gut ausgebildeten Kristallen. Das Zinnobererz soll in "10 cm dicken Schnüren" in einem mächtigen Roteisensteingang vorgekommen sein.

Weiterhin sind von hier Millerit, Nickelin, Cuprit, Annabergit, Bleiglanz, Gersdorffit, Zinkblende, Baryt und Quarz bekannt geworden.

2. Grube Vahlberger Zug bei Rothemühle

Die Grube Vahlberger Zug lag südlich Olpe bei Rothemühle. Die lange erloschene Spateisensteingrube ist bekannt als historischer Fundort für Rhodochrosit, der hier in skalenoedrischen Kristallen bis 1 cm Länge vorkam. Weiterhin kommen Malachit und kugeliger Pyrolusit vor.

3. Grube Mercur bei Silberg

Auf den Halden der Grube Mercur konnten in den letzten Jahren recht hübsche Mineralien gefunden werden. Vor allem Cinnabarit (Zinnober) fand sich, wenn auch selten, in bis zu 1 cm großen Einzelkristallen oder mehrere cm großen Aggregaten auf Hohlräumen des Gangquarzes.

Die erwähnten Minerale können überwiegend als Belegstücke auf der Schacht- und Stollenhalde gefunden werden.

Anglesit	Fahlerz	Nickelin
Antimonocker	Galenit	Pyrit
Azurit	Hämatit	Quarz
Baryt	Kupfer, ged.	Quecksilber, ged.
Caledonit	Limonit	Siderit
Cerussit	Linarit	Siegenit
Chalkopyrit	Malachit	Sphalerit
Cinnabarit	Morenosit	
Dickit	Muskovit	

Müsen-Littfeld

Das Gebiet zwischen den Dörfern Müsen und Littfeld nördlich von Kreuztal gehört zu den klassischen Mineralfundstellen des Siegerlands.

Von dort stammen viele ausgezeichnete Stufen, die dazu beigetragen haben, das Siegerland in seiner mineralogischen Bedeutung berühmt werden zu lassen. Auch bot der Bergbau den Bewohnern dieses relativ strukturschwachen Gebiets eine der wenigen Gelegenheiten, ihren Lebensunterhalt zu bestreiten. Die Bedeutung des Bergbaus für diese Gegend ist z.B. auch aus der Tatsache zu ersehen, daß Littfeld zeitweise der Ort mit der zweithöchsten Einwohnerzahl des Siegerlands war. Als letzter "Großbetrieb" in Müsen schloß die Grube Stahlberg 1931.

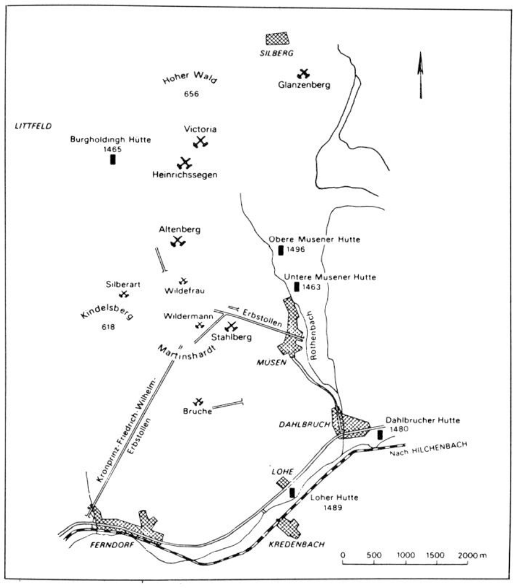

Übersichtskarte über die Gruben im Müsen-Littfelder Raum.

Auf vielen Halden in der gesamten Gegend kann noch nach Mineralien gesucht werden. Besonders die Halden der Gruben Wildermann und Victoria erwiesen sich in den letzten Jahren als ergiebig für Belegstücke.

4. Grube Stahlberg bei Müsen

Müsen liegt im Tal des Rothenbachs zwischen Kreuztal und Hilchenbach (von der B 508 in Dahlbruch Abfahrt nach Norden). Die ehemaligen Bergwerke befinden sich alle westlich von Müsen an der Martinshardt (616 m). Genannt werden sollen hier die Gruben Stahlberg, Wildermann und Brüche, die alle bedeutende Mineralfunde geliefert haben.

Die Grube Stahlberg gilt als die "berühmteste" und, urkundlichen Erwähnungen nach (1313), älteste Grube des Siegerlandes. Der größte Spateisensteingang des Stahlbergs, der sogenannte "Stahlberger Stock", war so mächtig (12-27 m), daß schon im 18. Jahrhundert ein großzügiger Etagenbau angelegt werden konnte, der damals als einmalig galt.

Außer Spateisenstein wurden auf mehreren Gängen auch jahrzehntelang Metallerze abgebaut, die den Wert der Eisensteinproduktion überstiegen und sämtliche Betriebskosten decken konnten. Diese Gänge liegen nordwestlich (Mittel St. Friedrich und Bräser) und südöstlich vom Stahlberger Stock.

Die Metallerzgänge waren meist mit Fahlerz, Bleiglanz, Kupferkies, untergeordnet auch mit Kobaltnickelkies ausgefüllt. Da die Mittel zwar nach der Teufe hin weiterführten, aber allmählich vertaubten, mußte die überregional bekannte Grube Stahlberg 1931 stillgelegt werden.

Der tiefe Stahlberger Erbstollen ist heute auf Teilstrecken zum Besucherbergwerk ausgebaut, eine Besichtigung ist sehr empfehlenswert. Information: M. Krause (Tel. 02733-61743) oder H. Schmidt (Tel. 02733-61150).

An Mineralien hat die Grube Stahlberg vor allem sehr schöne, kristallisierte Stufen von Tetraedrit, Quarz als Bergkristall und Siegenit (Kobaltnickelkies) geliefert. Letztere wurden bis zu 2 cm groß und kamen z.B. häufig im Bereich der Schwabengrube vor. Durch einen hohen Arsengehalt zersetzen sich manche größeren Kristalle häufig und werden rissig oder gar ganz zerstört.

Auch Kupferkies und Bournonit kamen in schönen Kristallen vor. Ullmannitkristalle bis 1,5 cm Größe waren in Eisenspat eingewachsen, desgleichen Cobaltit bis 4 mm Größe im Tonschiefer .

Anglesit	Dolomit	Pyromorphit
Annabergit	Erythrin	Quarz
Baryt	Galenit	Schwefel, ged.
Bieberit	Linarit	Siderit
Boulangerit	Linneit	Siegenit
Bournonit	Malachit	Sphalerit
Calcit	Mennige	Tetraedrit
Cerussit	Millerit	Ullmannit
Chalkopyrit	Morenosit	
Cobaltit	Pyrit	

5. Grube Wildermann

Auf dem Haldengelände der Grube Stahlberg befindet sich heute eine Ferienhaussiedlung. An ihr führt ein Fahrweg vorbei hinauf zum Mundloch des Wildermänner Erbstollens sowie zu ausgedehnten Halden und den Grubengebäuden der Grube Wildermann am Osthang der Martinshardt.

Die Grube Stahlberg bei Müsen.

Während auf den Stahlberg-Halden Funde von Mineralien nunmehr ausgeschlossen sind, bieten die Halden von Wildermann auch heute noch Gelegenheit zum Sammeln.

Unter dem Namen Wildermann sind einige Grubenfelder und Gangmittel westlich der Stahlberger Gänge konsolidiert, von denen die weiteste Ausdehnung der Jungfer-Wildermänner Gang besitzt. Er ist durchschnittlich 2 m mächtig und mit Siderit, Fahlerz, Bleiglanz und Zinkblende ausgefüllt. Nesterweise führt er auch andere Metallerze.

Die Grube ist durch den Wildermänner Erbstollen gelöst, der seinerseits vom Stahlberger Erbstollen um 136 m unterteuft wurde, mit dem auch Untertageverbund bestand. An Mineralien erlangten vor allem Linneit- und Siegenitstufen Bedeutung, die auf den mehrfach verworfenen Jungfer- und Wildermänner Gängen in schönen Kristallen vorkamen. Auch Drusen mit Gersdorffitkristallen bilden schöne Sammelstücke. Ähnlich gut ist dieses Mineral nur noch auf der Freudenzeche bei Dillenburg aufgetreten.

Aus der Hutzone stammen Stufen mit Sekundärmineralien, die z.T. auch noch auf den Halden zu finden sind. Auch Haldenfunde der verschiedensten Erze wurden gemeldet, darunter Gersdorffit und Millerit.

Anglesit	Erythrin	Morenosit
Annabergit	Galenit	Nickelin
Antimonit	Gersdorffit	Posnjakit
Aurichalcit	Hydrozinkit	Pyrit
Baryt	Korynit	Pyrolusit
Bornit	Kupfer, ged.	Pyromorphit
Bournonit	Langit	Quarz
Brochantit	Limonit	Rosasit
Cerussit	Linarit	Schulenbergit
Chalkopyrit	Linneit	Schwefel, ged.
Cobaltin	Malachit	Siderit
Covellin	Mennige	Silber, ged.
Cuprit	Millerit	Sphalerit
Dolomit	Mimetesit	Ullmannit

6. Grube Brüche bei Müsen

Die ehemalige Grube Brüche liegt am südlichen Osthang der Martinshardt. Sie baute auf einem Eisenspatgang mit einer durchschnittlichen Mächtigkeit von 3 m, stellenweise war der Gang 7 m mächtig. In oberen Teufen war der Siderit in Brauneisenstein umgewandelt. Hier fanden sich im Eisenspat Sekundärprodukte der beibrechenden sulfidischen Blei-, Zink- und Kupfererze.

Der Stollen- und Blindschachtbetrieb Brüche lief bis 1923. Kleinere Arbeiten und eine geringe Erzförderung wurden noch von 1934 bis 1941 getätigt.

Hervorragend ausgebildete und berühmte Mineralien von Brüche sind vor allem Anglesit und Cerussit, die beide in schönen Kristallen auftraten. Auf den Halden vor den beiden Stollen sind noch geringe Funde möglich.

Anglesit	Chalkopyrit	Pyrit
Azurit	Galenit	Pyrolusit
Bindheimit	Langit	Schwefel, ged.
Brochantit	Linarit	Siderit
Cerussit	Malachit	Sphalerit

7. Grube Hoherstein bei Littfeld

Von Müsen aus führt eine schmale, im weiteren Verlauf sehr schlecht werdende Straße an der Rothenbacher Hütte vorbei in Richtung Westen nach Littfeld. Sie führt durch das Ausgrabungsgelände am Altenberg, wo eine mittelalterliche Wohnsiedlung und ein ebenso altes Bergwerk gefunden wurden.

Kurz danach befinden sich rechter Hand Halden der Grube Altenberg, während auf der anderen Straßenseite Reste der ehemaligen Grube Hoherstein zu sehen sind.

Die Grube Hoherstein bebaute einen 2,5 m mächtigen Gang in geringem Umfang. Auf einer nach Süden verflaufenden Gangkluft mit Bleierzen setzte nach Osten ein bis zu 5 cm mächtiges Fahlerztrum auf, es verlor aber weiter nach Osten hin deutlich an Stärke und keilte schließlich ganz aus. Beim weiteren Niedergehen auf dieser Gangkluft wurden dann schöne Tetraedritkristalle gefunden. Bei Untersuchungsarbeiten von der Grube Altenberg aus (1912) wurden die Hoherstein-Gänge nicht mehr für bauwürdig befunden.

Bemerkenswert ist aber, daß auf Hoherstein 1785 im Baryt Quecksilber in kleinen Tropfen gefunden wurde.

8. Grube Altenberg bei Littfeld

Die Grube Altenberg gehört zu den ältesten Gruben im Fundgebiet. Sie findet 1551 unter anderem Namen ihre erste urkundliche Erwähnung. Aus damaligen Gutachten über den schon vorhergegangenen Bergbau auf der Grube ist aber zu entnehmen, daß sie schon lange vorher in Betrieb war.

Vier Gangbereiche wurden auf Altenberg bebaut, von denen der Altenberger Gang -früher Müsener Gang genannt- mit bis zu 46 m Mächtigkeit bei 350 m Erzführung der bedeutendste war. Die Erztrümer setzten ziemlich regellos im Liegenden des Gangs auf. Sie wurden bis zu 4 m mächtig und beinhalteten sehr reine Blei- und Zinkerze, untergeordnet Pyrit, Fahlerz und Kupferkies. Der Abbau wurde mit mehreren Stollen und im Schachtbau bis 1914 betrieben, als die Grube wegen mangelnder Neuaufschlüsse und großem Wasserzufluß geschlossen wurde.

Auf der Grube Altenberg wurden besonders schöne Barytkristalle bis zu 6 cm Länge gefunden.

Anglesit	Dolomit	Morenosit
Annabergit	Erythrin	Pyrit
Bleiglanz	Fahlerz	Quarz
Bournonit	Linarit	Siderit
Calcit	Linneit	Siegenit
Cerussit	Malachit	Sphalerit
Chalkopyrit	Millerit	Baryt

Fährt man die oben genannte Straße weiter, gelangt man an eine Kreuzung, die nach links in Richtung Littfeld führt, nach rechts zu den Gruben Heinrichssegen und Victoria am Hohen Wald. Kurz hinter den Altenberg-Halden, noch vor der Kreuzung und im Zwickel mit der nach rechts führenden Straße, liegen rechterhand große Halden und Klärteiche der Aufbereitung Heinrichssegen.

9. Grube Heinrichssegen

Etwa 1,4 km nördlich der Grube Altenberg sind zwei Erzlagerstätten, der Hauptgang und der Wernergang, von der Grube Heinrichssegen bebaut worden. Auf dem 270 m langen und 0,5-4 m mächtigen Hauptgang brachen reiche, silberhaltige Fahlerze mit Kupferkies, Bleiglanz, Baryt und Pyrit. Außerdem wurden edle Silbererze gefunden.

Der Wernergang hatte eine bauwürdige Länge von 150 m bei 4-10 m Mächtigkeit. Ausgefüllt war er mit Grauwacke, Tonschiefer und Baryt, in denen Fahlerz, Kupferkies und Bleiglanz vorkamen.

Die Grube wurde mit drei Stollen und im Blindschachtbetrieb erschlossen. Einer der Stollen diente ab 1845 als Erbstollen tieferer Sohlen der weiter nördlich gelegenen Grube Victoria.

Die Grube Heinrichssegen hat besonders schöne Mineralien hervorgebracht. Bedeutend waren vor allem die Silbererzfunde. 1784 und 1839 wurden Klüfte angefahren, die ausgezeichnete Stufen mit Pyrargyritkristallen geliefert haben. Besonders der Fund von 1839 erbrachte reiche "Ausbeute". Die Pyrargyrite wurden hier mehrere Zentimeter lang und von Stephanit, Argentit und Akanthit begleitet. Die Fahlerze des Wernergangs waren häufig mit kleinen Blättchen und Blechen gediegenen Silbers bewachsen.

Daneben gab es schöne Funde von Bournonitkristallen, Pyritkristallen und Baryt. Erwähnenswert sind noch Quarzkristalle mit kleinen aufsitzenden Cinnabaritkristallen.

Akanthit	Galenit	Quecksilber, ged.
Ankerit	Kupfer, ged.	Siderit
Argentit	Linneit	Siegenit
Baryt	Mennige	Silber, ged.
Bournonit	Millerit	Sphalerit
Calcit	Pyrargyrit	Stephanit
Chalkopyrit	Pyrit	Tetraedrit
Cinnabarit	Pyromorphit	Ullmannit
Dolomit	Quarz	

10. Grube Victoria bei Littfeld

Die Grube Victoria lag 300 m nördlich der Grube Heinrichssegen am Südhang des Hohen Waldes. Mehrere Gänge wurden durch Stollen erschlossen, wobei der Hauptgang der Grube wie auch ein weiterer -der liegende Gang-, bei 2-4 m Mächtigkeit neben Siderit auch Blei-, Kupfer- und Fahlerze führte. In oberen Teufen waren die Gänge zu Brauneisenstein oxidiert, in dem Sekundärmineralien der Metallerze vorkamen.

Die Grube Victoria bei Littfeld ist eine der bedeutendsten Milleritfundstellen des Siegerlands gewesen. Die abgebildete Kristallgruppe besteht aus bis zu 5 cm langen Nadeln.

Ein weiterer Gang, der Diagonalgang, führte derbe Bleierze von 1-3 m Mächtigkeit neben eingesprengten Fahlerzen. Außerdem wurden in einem als Beilehn mitbebauten benachbarten Grubenfeld Quecksilbererze gefunden. Ein später ausgerichteter Tiefbau auf der Grube Victoria erreichte eine Teufe von 580 m. 1918 wurde die Grube Heinrichssegen mit der Grube Victoria konsolidiert, 1927 der gesamte Betrieb eingestellt.

Die Grube Victoria ist für ihre Bildungen im Eisernen Hut berühmt: Anglesitkristalle bis 5 cm Größe und verschiedener Färbung kamen vor, daneben große Cerussit- und Malachitkristalle sowie gediegenes Silber.

Gediegener Schwefel wurde in Kristallen bis 5 mm gefunden. In diesem Zusammenhang sei auch die Bleiglanzvarietät "Johnstonit" mit erhöhtem Schwefelgehalt erwähnt. Sie kam vor allem auf dem liegenden Gang vor.

Die Grube Victoria hat 1909 auch die großartigsten Milleritfunde des Siegerlands geliefert. Die glänzenden, messinggelben Nadeln sind über 5 cm lang und zu Büscheln und dicken Garben vereinigt. Selbst die Grube Friedrich bei Wissen hat keine vergleichbaren Funde hervorgebracht.

Auch sind auf Victoria besonders schöne Kupferkiesstufen gefunden worden, deren Kristalle sich laut Literatur "vorzüglich zu Messungen eigneten und durchaus mit denen von der Grube Georg bei Willroth zu vergleichen sind".

Auf einigen Halden der Grube Victoria können noch Belegstücke vieler Mineralien gefunden werden. Die Wege rund um den Hohen Wald dürfen aber nicht befahren werden!

Akanthit	Cuprit	Pyrit
Anglesit	Dolomit	Pyrolusit
Annabergit	Erythrin	Pyromorphit
Antimonocker	Galenit	Quarz
Baryt	Kupfer, ged.	Schwefel, ged.
Bornit	Limonit	Siderit
Brochantit	Linarit	Siegenit
Cerussit	Linneit	Silber, ged.
Chalkopyrit	Malachit	Sphalerit
Cinnabarit	Millerit	Tenorit
Covellin	Morenosit	Tetraedrit

11. Grube Anna bei Littfeld

Fährt man an der genannten Kreuzung nach links in Richtung Littfeld, liegen oberhalb und unterhalb der Straße, fast schon im bebauten Ortsbereich, Halden der Grube Anna. Die Halde unterhalb der Straße dient als Umrandung eines Teiches, hier darf nicht gesammelt werden!

Von der Grube sind vor allem Stufen mit kleinen Cinnabaritkristallen im Baryt und Quarz bekannt. Sie hat aber auch andere der typischen Müsener Minerale (z.B. Linneit-Siegenit) geliefert.

12. Grube Gonderbach bei Fischelbach

Die ehemals fürstliche Blei- und Silbererzgrube Gonderbach liegt im gleichnamigen Tal zwischen Fischelbach und Banfe. Eine große, teilweise angefahrene Halde ist dort heute noch zu sehen.

Die Grube wurde seit Mitte des vorigen Jahrhunderts mit Unterbrechungen bebaut und 1931 vorläufig stillgelegt. Bekannt und berühmt geworden ist sie durch Funde edler Silbererze, die um 1860 im sogenannten Rotgültigerztrum des östlichen Gangbereichs gemacht wurden und dann im Abbau standen. Von 1936 bis 1939 wurden Untersuchungen auf weitere Vorkommen edler Silbererze im Gang durchgeführt, die man jedoch mit Beginn des Zweiten Weltkriegs einstellte.

Vor allem sind von hier ausgezeichnete Kristallstufen von Pyrargyrit zu nennen, die sich durchaus mit den damaligen Vorkommen im Harz messen konnten. Weiterhin wurden bis handtellergroße und zentimeterdicke Platten von gediegenem Silber gefunden, das außerdem in Locken und baumförmigen Aggregaten vorkam, die teilweise mit Pyrargyritkristallen besetzt waren. Weitere Begleitmineralien der Silbererze, die auf 500 m streichender Länge aufgeschlossen wurden, bildeten Polybasit (Kristalle bis 0,5 cm), Stephanit und Fahlerz. Letzteres ist auch später noch an mehreren Stellen abgebaut worden. Haupterz war Bleiglanz, der in Drusen und auf Spalten schöne, große Kristalle ausbildete. Sie sind manchmal nach der Oktaederfläche verzwillingt, so daß pseudohexagonale, dünntafelige Kristalle vorliegen, die als Gonderbacher Platten berühmt geworden sind.

Die Belegschaft der Grube Gonderbach vor dem Stollenmundloch im Jahr 1929 - dem Jahr der Einstellung.

Die häufigeren Erze und ihre Sekundärprodukte sowie die Gangarten können als Belegstücke noch gefunden werden. Haldenfunde der altbekannten Silbererze sind jedoch ziemlich ausgeschlossen. Zur Beachtung: Das Gonderbachtal darf nicht befahren werden!

Ankerit	Galenit	Schwefel, ged.
Azurit	Malachit	Silber, ged.
Baryt	Polybasit	Sphalerit
Calcit	Pyrargyrit	Stephanit
Chalkopyrit	Pyrit	Tetraedrit
Dolomit	Quarz	

13. Gruben Morgenstern, Gottessegen, Alexandershoffnung, Zufriedenheit und Berghäuschen bei Hesselbach-Fischelbach

In der Umgebung von Hesselbach und Fischelbach bauten im vorigen Jahrhundert weitere, wenig bekannte Gruben auf ähnlichen Gängen wie die Grube Gonderbach. Sie haben hin und wieder recht gute Stufen von Bleiglanz in großen Kristallen, Fahlerzkristalle und Kupferkies geliefert.

Von den Gruben Alexandershoffnung, Morgenstern und Berghäuschen sind auch Pyrargyritfunde bekannt. Auf der letztgenannten Grube kam selten ged. Silber in hübschen Bäumchen nebst Argentitimprägnationen im Schiefer vor.

Auf der Grube Gottessegen, nördlich von Hesselbach gelegen, wurden recht schöne grüne Pyromorphitkristalle gefunden, die auch an anderen Stellen noch vorkamen, weiterhin Cerussitkristalle (bis 1 cm) und kleine Anglesitkristalle. Fundmöglichkeiten sind für Bleiglanz noch gegeben.

14. Grube Neue Haardt bei Siegen-Weidenau

Eine der bedeutendsten Roteisensteingruben des Siegerländer Reviers war die Grube Neue Haardt. Zeitweise waren über 500 Bergleute beschäftigt. Von hier sind besonders viele Stufen mit Hämatit (Eisenglanz, teilweise Eisenrosen) und Limonit in den Sammlungen zu finden. An weiteren Mineralen kamen vor: Bornit, Chalkopyrit, Chalkosin, Cuprit, Malachit, Dolomit, Ankerit, Goethit, Lepidokrokit und Calcit.

Bis 3 cm lange Milleritkristalle von der Grube Jacobskrone bei Achenbach.

15. Grube Philippshoffnung bei Siegen

Auf dieser Grube wurden im letzten Jahrhundert sehr reiche Cobalterze abgebaut. Folgende erwähnenswerte Minerale sind bisher bekannt geworden: Cobaltin, Skutterudit, Asbolan, Arsenopyrit und Erythrin. Weitere wichtige Cobalterzgruben, die immer wieder in Sammlungen als Fundort auftauchen, sind die Gruben Pützhorn und Morgenröthe bei Eisern

16. Grube Jacobskrone bei Achenbach

Die Grube Jacobskrone ist als historischer Fundpunkt für schöne Milleritkristalle bekannt geworden. Die bis zu 4 cm langen Nadeln sitzen auf Grauwacke und werden häufig von kleinen Zinkblende- oder Bleiglanzkristallen begleitet. Weitere Minerale von hier sind ged. Kupfer, Pyrit, Markasit und Quarz.

17. Grube Ameise im Leimbachtal

Eine bei Sammlern weniger bekannte Grube nahe Siegen, von der Pseudomorphosen von Cerussit und Pyromorphit nach Limonit kommen. Daneben wurden Millerit, Anglesit, Bleiglanz, Zinkblende, Quarz und Lepidokrokit gefunden. Die Grube war bis 1932 ein selbständiges Bergwerk und konsolidierte 1938 mit der Grube Eisernhardter Tiefbau.

18. Grube Storch und Schöneberg bei Gosenbach

Dieses Bergwerk war ehemals die größte (mit über 2.000 Beschäftigten) und tiefste (über 1.100 Meter) Spateisensteingrube Europas. Von hier sind vor allem Bleiglanzkristalle auf Siderit bekannt. Daneben kamen Ullmannit (Var. Korynit), Millerit, Linneit, Chalkopyrit, Calcit sowie Dolomit in großen Kristallen vor.

19. Gruben Apfelbaumer Zug, Wernsberg und Breimehl bei Brachbach

Brachbach liegt rund 10 km westlich von Siegen und gehört heute zur Verbandsgemeinde Kirchen, Krs. Altenkirchen. Die auf Brachbacher Gebiet abgebauten Erzgänge (Siderit, Limonit) gehören einer Gangzone an, deren Einzellagerstätten neben der üblichen Nord-Süd-Streichrichtung auch zahlreiche Vorkommen enthalten, die eine Streichrichtung von Osten nach Westen zeigen. Die wichtigsten Bergbaubetriebe waren die Gruben Apfelbaumer Zug, Ecke, Wernsberg (Wernsberger Erbstollen), Zeche und Breimehl. Die nachfolgende Aufzählung führt alle Mineralien auf, die auf der Halde der Grube Breimehl in den letzten Jahren gefunden wurden (EH 88/4).

Aragonit	Delafossit	Muskovit
Azurit	Erythrin	Posnjakit
Bornit	Gips	Pyrit
Brochantit	Goethit	Pyrolusit
Chalkophyllit	Hämatit	Quarz
Chalkopyrit	Kupfer,ged.	Rhodochrosit
Chalkosin	Langit	Siderit
Cobaltin	Lepidokrokit	Tetraedrit
Covellin	Malachit	
Cuprit	Manganomelan	

20. Grube Grüner Löwe bei Gosenbach

Auf der Grube Grüner Löwe bei Gosenbach wurden vor allem Cobalterze abgebaut. Eine große Halde ist jetzt östlich des Ortes noch zu sehen, doch sind hier die Fundaussichten spärlich.

Bergkristalle auf Siderit von der berühmten Grube Pfannenberger Einigkeit bei Salchendorf. Der längste Kristall ist 3,5 cm lang.

Cobaltin, Skutterudit und ihr Verwitterungsprodukt Erythrin kamen vor allem am Ausgehenden der Sideritgänge vor, wo sie durch Quarz "verunreinigt" wurden. Auch Sulfide wie Millerit, Kupferkies, Fahlerz, Pyrit und Siegenit wurden gefunden.

21. Grube Buntekuh bei Niederschelden

Die Grube Buntekuh ist ein typischer Vertreter der Siegerländer Cobalterzgruben. Bornhardt (1913) beschreibt die mineralogische Beschaffenheit der Cobalterze: "Die in den Kobalterzgängen enthaltenen Erze haben fast durchweg ein unscheinbares Aussehen, so unscheinbar, daß der Nichtkenner sie leicht als wertlos unbeachtet läßt." So kommt z.B. der Cobaltin in Tonschiefer und Quarz fein eingesprengt in lebhaft glänzenden und flimmernden Funken vor. Erst unter dem Rasterelektronenmikroskop erkennt man 5 µm große Cobaltinoktaeder.

Haldenmaterial ist praktisch nicht mehr vorhanden. Die umfangreichen Schlackehalden der ehemaligen Charlottenhütte dürfen nicht mit dem Bergematerial einer Cobalterzgrube verwechselt werden!

Anglesit	Delafossit	Natrojarosit
Aragonit	Dolomit	Osarizawait
Asbolan	Erythrin	Posnjakit
Bieberit	Gips	Pyrit
Brochantit	Goethit	Quarz
Chalkophyllit	Heterogenit	Rhodochrosit
Chalkopyrit	Kaolinit	Richelsdorffit
Co-Arsenopyrit	Kupfer, ged.	Schwefel, ged.
Cobaltin	Langit	Siderit
Cornubit	Limonit	Sphalerit
Covellin	Malachit	Tetraedrit
Cuprit	Manganit	Wad

22. Grube Concordia bei Niederfischbach

Die Gänge des Grubenfeldes Concordia, die nahe der Wehbacher Überschiebung im Bereich des Wehbacher Sattels aufsetzen, waren nach der Gangkarte des Siegerlandes auf Eisen-, Kupfer-, Blei Silber-, Zink-, Nickel- und Cobalterze verliehen. Wann der Bergbau hier begann, ist nicht genau bekannt. Er endete vor rund 60 Jahren (EH 88/4).

Aikinit	Cuprit	Pyromorphit
Akanthit	Erythrin	Quarz
Brochantit	Lepidokrokit	Smithsonit
Calcit	Linarit	Sphalerit
Caledonit	Malachit	Tetraedrit
Cerussit	Pharmakolith	Ullmannit
Chalkopyrit	Plagionit	Valentinit
Chalkosin	Pyrit	
Covellin	Pyrolusit	

23 Grube Fischbacher Werk bei Niederfischbach

Die Grube Fischbacher Werk liegt im hinteren Otterbachtal bei Niederfischbach, dorthin führt ein Fahrweg am Tierpark vorbei zu großen Halden. Seit dem 17. Jahrhundert wurden im Otterbachtal Bleierze geschürft; verliehen wurde Fischbacher Werk 1811. Von 1857 bis 1876 wurden zwei bis 60 m lange Spateisenmittel mit reichen Blei-, Zink- und Fahlerzen bebaut. Während dieser Zeit wurden die Grubenfelder an eine belgisch-französische Grubengesellschaft verkauft, die sie Anfang der 80er Jahre aber an eine englische Bergbaugesellschaft weiterverkaufte. 1890/91 stieß man auf mächtige Erzmittel, die kurze Zeit für sehr hohe Erträge sorgten, dann aber schnell erschöpften. Wiederum wurde die Grube veräußert und 1904 wegen finanzieller Schwierigkeiten der letzten Besitzer endgültig geschlossen.

Unten. Mineralienübersicht Fischbacher Werk.

Akanthit	Calumetit	Gersdorffit	Linarit	Posnjakit	Siderit
Anglesit	Cerussit	Gips	Lithargit	Proustit	Silber, ged.
Ankerit	Chalkanthit	Gladit	Malachit	Pyrargyrit	Spangolith
Annabergit	Chalkopyrit	Glaukodot	Millerit	Pyrit	Sphalerit
Aragonit	Covellin	Goethit	Mimetesit	Pyromorphit	Stephanit
Aurichalcit	Cubanit	Hörnesit	Muskovit	Pyrostilpnit	Tsumebit
Azurit	Cuprit	Hydrozinkit	Namuwit	Quarz	Ullmannit
Bornit	Cyanophyllit	Jakobsit (?)	Nickelin	Ramsbeckit	Valentinit
Bournonit	Dolomit	Kobaltkoritnigit	Olivenit	Rosasit	Vivianit
Brochantit	Erythrin	Kupfer, ged.	Penroseit	Safflorit	Zinkit
Calcit	Freibergit	Langit	Plumbojarosit	Schulenbergit	
Caledonit	Galenit	Lepidokrokit	Polydymit	Schwefel, ged.	

Interessanterweise sind auf der Gangkarte des Siegerlands für die Grube Fischbacher Werk nur Eisen-, Kupfer-, Blei- und Zinkerze eingetragen. Ob die Alten die jetzt neu bestimmten und früher sicher gesuchten Silbererze übersehen haben oder ob die Ag-Mineralien in den Erzen enthalten waren, die per Bahn aus dem Gebiet Müsen-Littfeld zur Aufbereitung Fischbacher Werk transportiert wurden, muß noch geklärt werden.

Bei neueren Untersuchungen stellte man eine ganze Reihe von Sekundärmineralien fest, unter denen sich Seltenheiten befinden, die besonders erwähnt zu werden verdienen: Calumetit, Cyanophyllit, Kobaltkoritnigit, Spangolith und Tsumebit (A 89/1-2).

24. Grube Eupel bei Niederhövels

Die Grube Eupel gehört zu den bekannteren Siegerländer Spateisensteingruben. Von hier stammen die begehrten und typischen Stufen, bei denen auf Quarzkristallen große gelblich-bräunliche Dolomitkristalle und Pyrite sitzen. Teilweise wurden sie auch von Kupferkies begleitet.

Weitere Betriebsabteilungen waren die beiden Gruben Glücksstern und Rasselskaute. Eupel stellte 1964 als eines der letzten Bergwerke im Siegerland die Förderung ein.

25. Grube Vereinigung bei Katzwinkel

Auf der Halde der 1961 stillgelegten Spateisensteingrube Vereinigung sind in der letzten Zeit schöne Funde von überwiegend Oxidationsmineralen gemacht worden. Es handelt sich u.a. um Linarit, Serpierit, Cerussit und Erythrin. Daneben kommen Dolomit, Zinkblende, Fahlerz und Bleiglanz vor.

Aus der Betriebszeit der Grube stammen hübsche Stufen mit Kupferkies und Zinkblende auf Siderit.

26. Grube St. Andreas bei Bitzen

Eine bis 1931 in Betrieb befindliche Eisenspatgrube mit bis zu 500 Beschäftigten, von der vor allem hübsche Bleiglanzkristalle auf Siderit bekannt sind. Auch große milchig-weiße Kappenquarze, auf denen Pyrit und Kupferkies sitzen, stammen von hier.

27. Grube Huth bei Hamm

Aus der Betriebszeit dieser Eisenspatgrube, die 1890 stillgelegt wurde, stammen einige schöne Funde mit nierigem Rhodochrosit, der allerdings meistens nur eine rötlich-braune Farbe zeigt. Darüberhinaus ist die Grube Huth bekannt als ein Fundort ausgezeichneter Glasköpfe.

Im Abbau einer Siegerländer Spateisensteingrube zu Anfang unseres Jahrhunderts.

28. Grube Friedrich bei Steckenstein/Wissen

1884 wurde hier auf der Sohle des Arzbacher Erbstollens das seltene Mineral Hauchecornit gefunden, als man im Eisenspat einen Hohlraum anfuhr, der eine lockere Erzmasse aus schönen Milleritkristallen neben Kallilith (Bi-haltiger Ullmannit), Bismuthinit, Linneit, Sphalerit und Quarz enthielt. Das neue Mineral war mit den Milleritnadeln verwachsen und fiel sogleich durch seine dicktaflig-tetragonalen Kristalle mit abgeschrägten Kanten auf. Aber erst 1893 schlug der Entdecker Scheibe den Namen Hauchecornit vor, mit dem er den Direktor der Bergakademie in Berlin, W. Hauchecorn, ehrte.

Auf den Halden des Friedrich-Betriebspunkts Grube Eisengarten, links der Straße zwischen der B 62 und Steckenstein, kann noch nach Mineralien gesucht werden. Die Halde ist unmittelbar neben der Straße aufgestürzt.

Anglesit	Cuprit	Millerit
Bindheimit	Hauchecornit (!)	Pyrit
Bismuthinit	Kallilith	Pyrolusit
Boulangerit	Kupfer, ged.	Pyromorphit
Cerussit	Limonit	Quarz
Chalkopyrit	Linarit	Schwefel, ged.
Chlorit	Linneit	Sphalerit
Covellin	Malachit (!)	

Die historische Postkarte zeigt die Anlage der Grube Friedrich bei Wissen.

29. Grube Bindweide bei Steinebach

Die Grube wurde in der Mitte des 19. Jahrhunderts in Betrieb genommen. Man baute Eisenglanz, Brauneisen- und Spateisenstein ab. Sie war durch zwei Schächte bis in eine Teufe von 500 m erschlossen. Weiter wurde ein tiefer Stollen aufgefahren. Ende des Jahres 1931 kam der Betrieb infolge der Weltwirtschaftskrise zum Erliegen.

Bornit	Lepidokrokit	Pyrolusit
Chalkopyrit	Limonit	Quarz
Chalkosin	Malachit	Rhodochrosit
Cuprit	Polianit	Siderit
Hämatit	Psilomelan	Wad
Kupfer, ged.	Pyrit	

Der "Fuss", wie die Grube Füsseberg bei Biersdorf von den Einheimischen auch genannt wurde.

Besucherbergwerk Tiefer Stollen

Der Stollen wurde 1981 aufgewältigt und als Besucherstollen eingerichtet. Eine Fahrt mit einer Grubenbahn führt an die Sehenswürdigkeiten heran (Erzabbaue, 2 Schächte, Originalausbau). Mineralien sowie Pläne und Fotos ergänzen die Ausstellung. Information: Verbandsgemeindeverwaltung 5241 Gebhardshain Telefon: 02747/2011.

30. Grube Käusersteimel bei Kausen

Die zwischen Schutzbach und Kausen gelegene Grube Käusersteimel war eine der interessantesten Kupfererzfundstellen des Siegerlands. So erwähnt R. Nostiz in seinem Buch "Die Mineralien der Siegerländer Erzlagerstätten" (1912), daß die Grube "zum grössten Leidwesen der Mineraliensammler" schon eingestellt worden sei. Besonders gediegenes Kupfer ist in einmaliger Qualität und verschiedener Ausbildung (Kristalle, draht- und moosförmig) gefunden worden. So wird z.B. von "lanzettähnliche Formen" bis 15 cm Länge berichtet. Pseudomorphosen von ged. Kupfer und Malachit nach Cuprit sind ebenfalls erwähnenswert. Daneben sind von hier bedeutende Covellin-, Malachit- und Cupritfunde zu erwähnen. Auf der Halde bestehen noch gute Fundmöglichkeiten.

Azurit	Hämatit	Markasit
Bornit	Kakoxen	Olivenit
Chalkopyrit	Kupfer, ged.	Pseudomalachit
Covellin	Lepidokrokit	Pyrit
Cuprit	Limonit	Quarz
Delvauxit	Malachit	
Goethit	Manganomelan	

31. Grube Grüne Au bei Schutzbach

Auch im südlichen Siegerland traten zeitweise gut ausgebildete Bunterzstufen im Eisenspat auf. Ein klassisches Vorkommen hierfür ist die Grube Grüne Au (auch "Grünau"). Neben Millerit kamen von hier bemerkenswerte Kristallgruppen des Cobaltits und des seltenen Polydymits (früher auch als Saynit oder Grünauit bezeichnet), der bis zu 1 cm große Kristalle bildete. Außerdem wurden Bismutminerale bekannt, z.B. Bismutit auf korrodiertem Bismuthinit (A 88/5).

Anglesit	Dolomit	Pyrolusit
Aikinit	Emplektit	Pyrrhotin
Ankerit	Erythrin	Quarz
Annabergit	Goethit	Rhodochrosit
Antimonit	Goslarit	Rosasit
Aurichalcit	Hämatit	Roselith
Bismit	Hydrozinkit	Schulenbergit
Bismut, ged.	Kupfer, ged.	Schwefel, ged.
Bismuthinit	Langit	Siegenit
Bismutit	Lapieit	Skutterudit
Bornit	Lepidokrokit	Smithsonit
Brochantit	Linarit	Sphalerit
Caledonit	Linneit	Stibiconit
Chalkopyrit	Markasit	Tennantit
Chalkosin	Millerit	Tenorit
Chloanthit	Morenosit	Tetraedrit
Covellin	Mückeit	Ullmannit
Cuprobismutit	Pharmakolith	Valentinit
Delafossit	Polydymit	Wittichenit
Devillin	Pyrit	

32. Grube Ohligerzug bei Biersdorf

Diese Grube war im letzten Jahrhundert berühmt für ihre prächtigen Eisen- und Manganerze. Der Brauneisenstein stand bis in große Teufen an und war sehr drusig ausgebildet. Daher sind von Ohligerzug auch ausgezeichnete Glasköpfe in allen Variationen bekannt. Rhodochrositkristalle kamen in sehr guter Qualität vor (eine Stufe ist in R. Brauns "Das Mineralreich" abgebildet) und erreichten bis 3 cm Länge. Daneben sind auch gute Pyrolusitkristalle zu erwähnen. Weiterhin sind bekannt: ged. Kupfer, Psilomelan, Chalkopyrit, Goethit, Lepidokrokit und Hämatit.

33. Grube Füsseberg bei Biersdorf

Der Bergbau im Siegerland erlosch endgültig mit der Einstellung der Spateisensteingrube Füsseberg am 31. März 1965. Diese Grube war eine der größten in diesem Revier und umfaßte die Betriebspunkte Füsseberg, Glaskopf und Friedrich Wilhelm. Sie bauten auf dem Florz-Füsseberger Gangzug.

Überregionale Bedeutung erlangte der "Fuss", wie die Grube von Einheimischen liebevoll genannt wurde, durch die ausgezeichneten Kupferkiesstufen. Die Kristallstöcke waren überdurchschnittlich groß (bis 12 cm) und häufig bunt angelaufen. Sie sitzen auf Quarz, der manchmal etwas rötlich gefärbt ist.

In diesem Zusammenhang sind die "Persil-Bornite" zu erwähnen, die um 1960 auf dem Markt auftauchten. Es handelte sich dabei nicht um Buntkupferkies, also Bornit, wie damals behauptet wurde, sondern nur um Kupferkies. Dieser war allerdings von findigen Bergleuten in einer Persil-Essig-Brühe gekocht worden, was ihm zu den schillernden Farben verhalf.

34. Grube San Fernando bei Herdorf

Dieses Bergwerk baute ebenfalls auf dem Florz-Füsseberger Gangzug Spateisenstein ab. Es war mit der Grube Wolf zu einer Verbundanlage zusammengeschlossen und bis 1962 in Betrieb. Von San Fernando sind vor allem gute Zinkblendestufen bekannt, deren Kristalle meist dunkelbraun bis schwarz gefärbt sind.

35. Grube Wolf in Herdorf

Die Grube Wolf hat durch ihre außergewöhnlichen Rhodochrositfunde Weltruf erlangt. Stufen sind in allen mineralogischen Museen vertreten und begehrte Kostbarkeiten.

Bei Herdorf im Hellertal, einem ehemals bedeutenden Zentrum siegerländischer Bergbautätigkeit, soll es früher über 360 Gruben- und Stollenanlagen gegeben haben, in denen man zuerst Silber- und Bleierze, später Brauneisenstein und zum Schluß Eisenspat förderte. 1962 wurde die Förderung eingestellt.

Die Grube Wolf zeichnete sich dadurch aus, daß ihr Eiserner Hut, die Zone des aus Siderit umgewandelten Brauneisensteins, bis zur 350-m-Sohle reichte. Man führt das auf die Auswirkung zweier in der Nähe aufgestiegener Basaltstöcke zurück, die im flüssigen Stadium das Nebengestein erhitzten und so die Oxidation in den Sideritgängen beschleunigten. Damit schafften sie auch die Voraussetzungen für die Entstehung der prächtigen Rhodochrositstufen, die die Grube Wolf weltweit bekannt gemacht haben. Das Vorkommen erstreckte sich ausschließlich auf den Eisernen Hut, wo bei der Zersetzung des Siderits in Brauneisenstein der Mangangehalt frei wurde und sich Manganoxid bildete. Durch die Reaktion mit kohlensäurehaltigen Wässern, die bis in die zahlreichen Drusen des Eisensteins am Übergang zum Siderit vordringen konnten, entstand so der Rhodochrosit. Die Kristalle sind eigentlich klein, aber da sie als Subindividuen zu Großkristallen zusammengewachsen sind, hält man die hübschen Tönnchen, Zapfen oder Garben für Kristalle, die auf Brauneisenstein, Limonit, Quarz oder sogar auf gediegenem Kupfer sitzen.

Bismuthinit	Limonit	Pyrolusit
Chalkanthit	Malachit	Quarz
Chalkopyrit	Markasit	Rhodochrosit
Cuprit	Millerit	Siderit
Dolomit	Pharmakosiderit	Sphalerit
Kupfer, ged.	Polianit	
Lepidokrokit	Pyrit	

Das Fördergerüst der Grube Wolf - ein ehemals dominierendes Wahrzeichen im Hellertal.

36. Grube Alte Mahlscheid

Die Grube Alte Mahlscheid liegt oberhalb Herdorf an der Landesgrenze zwischen Rheinland-Pfalz und Nordrhein-Westfalen. Sie baute auf dem Nordende des Florz-Füsseberger Gangzugs.

Die aufgeführten Mineralien wurden alle in den letzten Jahren auf der Blauen Halde, der großen Abraumhalde, gefunden.

Anglesit	Cuprit	Mimetesit
Azurit	Galenit	Pyrit
Brochantit	Kupfer, ged.	Pyromorphit
Cerussit	Langit	Quarz
Chalkopyrit	Linarit	Siderit
Chalkosin	Malachit	"Ziegelerz"
Covellin	Millerit	

37. Grube Bollnbach bei Herdorf

Ein weiteres berühmtes Bergwerk bei Herdorf war die Grube Bollenbach (auch Bollnbach), von der schöne Pyrolusitstufen stammen. Hier arbeiteten bis zu 600 Bergleute. Die Grube wurde 1927 stillgelegt.

38. Gruben Große Burg und Lohmannsfeld bei Altenseelbach

Diese beiden Bergwerke, die neben Siderit auch auf Blei- und Zinkerze bauten, sind bekannt geworden durch sehr schöne Bleiglanz-, Baryt- und Quarzkristalle (Große Burg) bzw. durch Funde von Siegenit, Pyrargyrit, Antimonit und Fahlerz (Lohmannsfeld).

39. Grube Hollertszug bei Grünebach

Klassischer Fundpunkt für den im Siegerland seltenen Skorodit ist die Grube Hollertszug (auch Hollerter Zug). Daneben sind hier zwei weitere für diesen Raum recht seltene Minerale, Dufrenit und Chalkosiderit, vorgekommen.

40. Grube Eisenzecher Zug südlich Eiserfeld

Dieses Bergwerk, das auf dem gleichnamigen Gangzug Spateisenstein abbaute, gehörte zu den größten Anlagen des Siegerlands. Über 1.000 Bergleute waren in Spitzenzeiten beschäftigt. In der letzten Betriebsperiode war die Grube mit dem Nachbarbetrieb Pfannenberger Einigkeit verbunden.

Berühmt sind vor allem die hier aufgetretenen Manganerze. Pyrolusit, Psilomelan und Hausmannit kamen in guten Kristallen in vielen Ausbildungsformen vor. Ebenfalls häufig waren Limonit, Hämatit, Lepidokrokit und Pyrit in teilweise guten Kristallen.

41. Grube Pfannenberger Einigkeit bei Salchendorf

Wer Bleiglanz aus dem Siegerland meint, verbindet damit fast immer den Namen

Die Grube Bautenberg bei Wilden ist bekannt für gute Antimonitstufen.

der Grube Pfannenberg (auch Pfannenberger Einigkeit). Von hier stammen viele Sideritstufen, auf denen bis zu 5 cm große, gut ausgebildete Bleiglanzkristalle sitzen. Eine Besonderheit stellen dabei sowohl stark verzerrte als auch Kristalle mit einem flachtafeligen Habitus dar, die auch als "Gonderbacher Typ" angesprochen werden. Sideritkristalle waren selten. Nur einmal, 1905, wurde ein Fund getätigt, der laut R. Nostiz (1912) den Neudorfer Sideriten im Unterharz ähnelte. Die Kristalle hatten eine Kantenlänge bis zu 2 cm. Daneben zählen auch die schönen Bergkristallstufen (Kristalle bis 8 cm) zu den Kostbarkeiten aus dem Siegerland. Und man darf von Pfannenberg natürlich auch nicht die ausgezeichneten Millerite vergessen, die in bis zu 3 cm langen Nadeln auf Siderit sitzen. Pfannenberger Einigkeit wurde als letzte Erzgrube im Kreis Siegen 1962 geschlossen.

Ankerit	Bornit	Pyrit
Antimonit	Chalkopyrit	Siderit
Baryt	Galenit	Sphalerit
Bergkristall	Millerit	Tetraedrit

42. Gruben Brüderbund und Kohlenbach bei Eiserfeld

Als Beispiel zweier Eiserfelder Gruben, die ausgezeichnete Mineralfunde lieferten, seien hier die beiden ehemaligen Gruben Kohlenbach und Brüderbund genannt, die unterhalb der Straße von Eiserfeld nach Salchendorf zwischen Michels- und Pfannenberg ihre Stollenmundlöcher hatten. Halden sind nicht mehr vorhanden.

Auf beiden Gruben wurde Eisenspat als Haupterz gefördert, früher auch Kupfererze. Von letzteren ist besonders Chalkosin erwähnenswert, der in der Zementationszone früher reichlich brach und auch Kristalle bildete. Eiserfeld ist bekannt für schöne Stufen dieses hochwertigen Kupfererzes. Die Grube Brüderbund lieferte auch ausgezeichnete Stufen mit bis zu 5 cm langen Bergkristallen. Weiterhin kamen in oberen Teufen vielfach schöne Bildungen gediegenen Kupfers vor, besonders auf Brüderbund. Auf der Grube Kohlenbach ist in zwei Erznestern Carollit (= "Sychnodymit"), auch kristallisiert, vorgekommen und von Laspeyres beschrieben worden. Für dieses seltene Mineral ist in Deutschland bisher kein anderer Fundpunkt bekannt.

Bornit	Dolomit	Pyrit
Carollit	Fahlerz	Pyrolusit
Cerussit	Galenit	Quarz
Chalkopyrit	Kupfer, ged.	Rhodochrosit
Chalkosin	Malachit	Siderit
Cobaltin	Markasit	Siegenit
Cuprit	Millerit	Emplektit

43. Grube Eisernhardter Tiefbau bei Eisern

Dieses Spateisensteinbergwerk ist bekannt als historischer Fundort für schöne Manganminerale, wie z.B. Pyrolusit, Polianit und Wad. Die Grube wurde 1957 wegen Erschöpfung der Lagerstätte stillgelegt.

44. Grube Bautenberg bei Wilden

Das klassische Vorkommen für Antimonit im Siegerland befand sich auf der Grube Bautenberg, etwa 7 km südlich Siegen gelegen. Die Grube wurde nach einem Schachteinsturz im Jahr 1942 stillgelegt.

Der Antimonit kommt meistens in feinnadelig-haarigen Kristallbüscheln vor, die auf Siderit sitzen. Daneben sind aber auch Einzelkristalle bis 2 cm Länge und 3 mm Stärke bekannt geworden. Einen besonderen Reiz haben die auf Bautenberg gefundenen Bleiglanzkristalle, die zusammen mit Kupferkies auf weißem Quarz aufsitzen (M 84/2).

Antimonit	Kallilith	Siderit
Bismuthinit	Limonit	Silber, ged.
Calcit	Pyrargyrit	Sphalerit
Cerussit	Pyrit	Tetraedrit
Chalkopyrit	Pyromorphit	
Galenit	Quarz	

45. Die Blei- und Silberbergwerke bei Wilnsdorf-Wilgersdorf

Zu diesem Grubengebiet sind so bekannte Gruben wie Neue Hoffnung und Landeskrone sowie Grüner Baum, Bruno und Neues Jerusalem zu zählen. Der Bergbau in dieser Region blickt mittlerweile auf eine über 800jährige Tradition zurück.

Als erste Grube wurde der Berg Ratzenscheid 1298 in einer Urkunde erwähnt. Nach wechselvollen Jahrzehnten und Jahrhunderten, in denen man mit unterschiedlichem Erfolg auf den obengenannten Gruben Bergbau betrieb, entschloß man sich 1899, die mittlerweile starke Zersplitterung der Wilnsdorf-Wilgersdorfer Gruben einzuschränken. So wurden die beiden bis dahin größten Gruben Neue Hoffnung und Landeskrone zu einer Grube mit dem Namen Neue Hoffnung-Landeskrone konsolidiert. Durch diesen Zusammenschluß und das Abteufen eines neuen Schachts konnte zunächst tatsächlich die Fördermenge erhöht werden. Mit zunehmender Teufe verringerte sich allerdings der Bleierzgehalt der bebauten Gänge drastisch. Zunächst konnte dieser Ausfall durch die nun erhöhte Zinkerzförderung ausgeglichen werden, jedoch rentierte sich mit Erreichen einer Teufe von 440 m der Abbau nicht mehr. Die endgültige Stillegung der Betriebe erfolgte im Jahre 1917. In den dreißiger Jahren wurde mittels einer Untersuchungsstrecke und in den fünfziger Jahren durch einige Tiefbohrungen noch einmal nach abbauwürdigen Erzmitteln gesucht, allerdings ohne Erfolg.

Die Gruben Neue Hoffnung und Landeskrone lieferten hervorragende Mineralstufen, die in Sammlungen in aller Welt zu finden sind. Besonders erwähnenswert sind die Funde von Pyromorphit (überwiegend braune, aber auch weiße, gelbliche und farblose Kristalle bis 1,5 cm), Cerussit (kurz- oder langprismatische, pseudohexagonale Dipyramiden, Zwillinge und Drillinge) und Millerit (messinggelbe Nadeln bis 1 cm Länge).

Aber auch neuere Haldenfunde sorgten durch das Auftreten von ged. Silber, Pyrargyrit, Siegenit, Zinnober und Galenobismutit für großes Interesse bei Mineraliensammlern (EH 85/4).

Akanthit	Cuprit	Pyrargyrit
Anglesit	Dolomit	Pyrit
Annabergit	Fahlerz	Pyromorphit
Antimonit	Galenit	Quarz
Aragonit	Galenobismutit	Ramsbeckit
Azurit	Gips	Schulenbergit
Baryt	Gold, ged.	Schwefel, ged.
Bournonit	Hydrozinkit	Siderit
Brochantit	Kupfer, ged.	Siegenit
Cerussit	Langit	Silber, ged.
Chalkopyrit	Limonit	Sphalerit
Chrysokoll	Linarit	Stibiconit
Cinnabarit	Malachit	Ullmannit
Cobaltin	Markasit	
Covellin	Millerit	

46. Grube Marie bei Wilnsdorf

Etwa 15 km südöstlich von Siegen baute bei Wilnsdorf die Grube Marie, deren Gangzug man zur Buntmetallzone rechnete. Sie förderte bis 1914 Blei- und Zinkerze, als ein Untertagebrand und der beginnende Weltkrieg die Tätigkeiten beendeten. Bei der Abfuhr der Halden im Jahre 1978 für den Wegebau konnte Material gesichert und später untersucht werden, wobei das Augenmerk besonders auf sekundäre Bildungen gerichtet wurde.

Anglesit	Cuprit	Schulenbergit
Aragonit	Dundasit	Schwefel, ged.
Aurichalcit	Fahlerz	Serpierit
Brochantit	Galenit	Siderit
Calcit	Pyrit	Sphalerit
Caledonit	Pyromorphit	Susannit
Cerussit	Quarz	Thuringit
Chalkanthit	Ramsbeckit	
Covellin	Rosasit	

47. Grube Peterszeche bei Burbach

Große Halden und Gebäude der ehemaligen Grube Peterszeche liegen südwestlich von Burbach im unteren Buchhellertal. Vor allem Blei- und Zinkerze wurden hier abgebaut, zuweilen brach Kobaltnickelkies (Siegenit) so häufig bei, daß er mitgewonnen werden konnte. Sämtliche Erze kamen auf Quarz- und Sideritgängen vor.

Aus der Peterszeche stammen schöne und große Stufen mit Bleiglanz und Zinkblende in zum Teil großen Kristallen. Daneben kam auch der Siegenit ab und zu in sehr kleinen Oktaedern vor, meist jedoch derb.

Haldenfunde von Millerit konnten vereinzelt noch in den letzten Jahren gemacht werden. Früher bildete er auf Peterszeche bis zu 3 cm lange Nadeln auf den Erzen und im Dolomit oder Tonschiefer.

Auf den großen Halden im unteren Buchhellertal können mit Geduld noch viele der genannten Mineralien gefunden werden.

Anglesit	Langit	Pyromorphit
Brochantit	Limonit	Quarz
Cerussit	Linarit	Schwefel, ged.
Chalkopyrit	Malachit	Siderit
Erythrin	Mennige	Silber, ged.
Fahlerz	Pyrit	

48. Grube Schöne Aussicht bei Burbach

Am Nordhang des Burgbergs bei Burbach befinden sich 400 m südwestlich der Jugendherberge die Reste der Grube Schöne Aussicht, die auf Blei-, Zink- und Kupfererze baute. Sie ist durch zwei Stollen, einen Blindschacht und mehrere Gesenke aufgeschlossen. Dazu kommt ein Pingenzug im Waldgelände, der in Gangrichtung von Süden nach Norden streicht. Die Gangarten bestehen aus Quarz und Grauwacke, die das Erz in Nestern mit derben Schnüren enthalten. Auf der fast unberührten Halde konnten in den letzten Jahren die folgenden Minerale geborgen werden, unter denen sich das seltene Nitrat Gerhardtit wie auch das im Siegerland bisher unbekannte Arsenat Cuproadamin befinden.

Allophan	Kampylit	Pyromorphit
Anglesit	Kupfer, ged.	Quarz
Azurit	Langit	Rosasit
Bindheimit	Leadhillit	Schwefel, ged.
Brochantit	Limonit	Siderit
Caledonit	Linarit	Silber, ged.
Cerussit	Malachit	Skorodit
Chalkopyrit	Markasit	Sphalerit
Covellin	Mennige (Minium)	Susannit
Cuprit	Millerit	Tennantit
Cuproadamin	Mimetesit	Tetraedrit
Galenit	Posnjakit	Ullmannit
Gerhardtit	Pyrit	Zinnober

11. Westerwald

1. Grube Georg bei Willroth
2. Grube Friedrich-Wilhelm
3. Grube Louise bei Güllesheim
4. Gruben Lammerichskaule und Harzberg
5. Grube Silberwiese bei Oberlahr
6. Grube Anxbach bei Larscheid
7. Grube Eisenkaute bei Marienberg
8. Grube Reichensteinerberg bei Puderbach
9. Grube Schöne Aussicht bei Dernbach
10. Grube Apollo bei Raubach
11. Grube Louisenglück bei Niederhonnefeld
12. Grube Virneberg bei Rheinbreitbach
13. Grube Clemenslust bei Bruchhausen
14. Steinbruch Roth
15. Steinbruch Breitscheid-Medenbach
16. Drachenfels, Siebengebirge

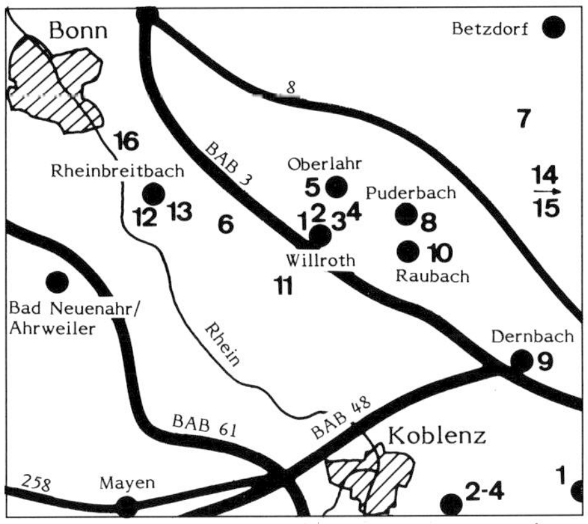

Seit langer Zeit bezeichnet man mit dem Namen Westerwald das geographische Gebiet zwischen Sieg und Lahn. Geologisch ist dieses ein Teil des rechtsrheinischen Schiefergebirges. Dazu gehört auch das Siegerland, dessen Spateisengänge sich im Wieder Revier des Unterwesterwalds fortsetzen. Im Osten liegt die Dillmulde mit ihren submarin entstandenen Diabasgesteinen und Roteisensteinlagern auf dem Gebiet des Westerwalds, so daß für den geologisch einzugrenzenden Westerwald nur die tertiären Erscheinungen nachbleiben: Sedimente wie Tone, Braunkohle, vor allem aber vulkanische Gesteine wie Basalte und Tuffe, zu denen auch der Trachyt des Siebengebirges zählt. Mit den Höhen, über die nach dem bekannten Lied der kalte Wind pfeift, sind die Basaltflächen des Hohen Westerwaldes gemeint, die sich während einer vulkanischen Phase im Jungtertiär über die älteren Devonschichten ergossen und später angehoben wurden.

Der Horhausener Gangzug

Der zweifelsohne bedeutendste Gangzug im Wieder-Spateisenbezirk führte von der Grube Silberwiese bei Oberlahr bis hin zur über alle Grenzen bekannten Grube Georg bei Willroth.

Nahezu alle Gruben, die auf diesem Gangzug liegen, sind durch teilweise ausgezeichnete Mineralfunde bekannt geworden. Von Norden nach Süden sind dieses die Gruben Silberwiese, Harzberg, Lammerichskaule, Louise, Friedrich-Wilhelm und Georg.

1. Grube Georg bei Willroth

Ein bedeutendes Ereignis für das Fortbestehen und Aufblühen der Grube war 1865 ihr Erwerb durch die Firma Friedrich Krupp/Essen. Danach begann eine Periode des intensiven Abbaus. So wurde zum Beispiel 1868 ein Maschinenschacht abgeteuft, von dem aus man bereits 1885 fünf Sohlen unter der Tiefen-Georgstollen-Sohle (in einer maximalen Teufe von 155 m) auffahren konnte. Bei der Stillegung im Jahr 1965 hatten die Aufschlüsse die 850-m-Sohle erreicht. Insgesamt belief sich die Förderung der Grube Georg auf 5,38 Mio. t Eisenerz.

Berühmtheit in aller Welt erlangte die Grube durch herausragende Bournonitfunde. Die größten Kristalle erreichten eine Kantenlänge von 6 cm. Sie sind meist pseudohexagonal ausgebildet, zeigen aber auch die für Bournonit typischen Zwillings- bzw. Wiederholungszwillingsbildungen (Rädelerz).

Weiterhin brachte die Grube ausgezeichnete Kupferkiesstufen in der letzten Abbauperiode auf der 850-m-Sohle zutage. Die Stufen weisen bis zu 3 cm große, meist buntangelaufene Kristalle auf Siderit auf. Begleitmineralien sind oft Tetraedrit, Bleiglanz und Zinkblende.

Fundmöglichkeiten bestehen heute kaum noch, da die wenigen und zudem sehr kleinen Resthalden abgefahren oder schon abgesucht sind.

Akanthit	Cosalit	Pyrolusit
Anglesit	Covellin	Pyromorphit
Antimonit	Dolomit	Quarz
Azurit	Galenit	Siderit
Baryt	Kobellit	Sphalerit
Boulangerit	Kupfer, ged.	Stibiconit
Bournonit	Malachit	Tetraedrit
Calcit	Markasit	Ullmannit
Cerussit	Millerit	Valentinit
Chalkopyrit	Psilomelan	Wad
Cinnabarit	Pyrit	

2. Grube Friedrich-Wilhelm

Diese Grube mußte bereits 1910 stillgelegt werden, weil sich vermutlich wegen der schlechten Gangfortsetzung kein Abbau mehr lohnte. Die zwischen den Gangvorkommen Georg und Louise liegende Grube Friedrich-Wilhelm wurde nur bis zur 125-m-Sohle aufgefahren.

Mineralogisch erwähnenswert erscheint nur das Auftreten von ged. Kupfer auf braunem Glaskopf, Millerit und Tetraedrit.

3. Grube Louise bei Güllesheim

Alten Beschreibungen zufolge scheint die Grube Louise das ergiebigste Vorkommen des ganzen Horhausener Reviers gewesen zu sein. Hierbei wird sowohl die Mächtigkeit der Gänge als auch die herausragende Güte des Eisenerzes hervorgehoben.

Wie die Grube Georg wurde auch die Louise 1865 von der Firma Friedrich Krupp erworben. Allerdings mußte sie bereits 1930, 35 Jahre früher als Georg, wegen mangelnder Erzvorräte stillgelegt werden.

Obwohl auch Primärmineralien in ausgezeichneter Qualität gefunden wurden, machten besonders zwei Oxidationsmineralien die Louise in der Sammlerwelt berühmt. Zum einen ist dieses das Vorkommen von Rhodochrosit, der wunderschöne Stufen mit rot durchscheinenden, typisch skalenoedrischen Kristallen bis 10 mm ausbildete. Zum anderen muß die Louise als Typlokalität von Beudantit aufgeführt werden. Die Erstbeschreibung erfolgt e1826 von A. Levy. Beudantit bildet gelbliche bis grünlich-braune Rhomboeder, die von Corkit, Pyromorphit und Mimetesit begleitet werden.

Anglesit	Geokronit	Pyrolusit
Annabergit	Goethit	Pyromorphit
Azurit	Hämatit	Quarz
Beudandit	Hinsdalit	Rhodochrosit
Bindheimit	Karminit	Rockbridgeit
Boulangerit	Kidwellit	Sericit
Calcit	Laubmannit	Siderit
Cerussit	Lepidokrokit	Skutterudit
Chalcosiderit	Limonit	Sphalerit
Chalkopyrit	Linneit	Tetraedrit
Chloanthit	Malachit	Valentinit
Corkit	Manganit	
Cuprit	Millerit	
Dolomit	Mimetesit	
Dufrenit	Pharmakosiderit	
Erythrin	Psilomelan	

4. Gruben Lammerichskaule und Harzberg

Erwähnenswert sind von der Grube Lammerichskaule Funde von Polydymit und Violarit . Diese Minerale konnten sonst nur noch auf der Grube Louise im Horhausener Gangbezirk gefunden werden. Von der Grube Harzberg ist nur ged. Kupfer auf braunem Glaskopf bekannt geworden.

5. Grube Silberwiese bei Oberlahr

Die besten Fundmöglichkeiten im beschriebenen Ganggebiet bietet die 1941 stillgelegte Grube Silberwiese. Insbesondere können noch heute Stufen von Bournonit, Boulangerit und Bleiglanz auf den alten Halden gefunden werden. Außerdem treten Tetraedrit, Antimonit, Pyrit und Valentinit auf.

6. Grube Anxbach bei Lorscheid

Rund 10 km westlich des Grubenbezirks Horhausen befindet sich im Wiedtal die Grube Anxbach. Hier wurde bereits im 18. Jahrhundert Bergbau auf silberhaltigen Bleiglanz betrieben. Jedoch nahm mit zunehmender Teufe der Gehalt an Bleiglanz und Zinkblende so stark ab, daß bereits ab Mitte des 19. Jahrhunderts die Lagerstätte nur noch auf Siderit bebaut wurde. 1876 wurde mit dem Tiefbau begonnen.

Obwohl die Förderung erheblich stieg und eine Seilbahn zur schnelleren Förderung der Erze an die Straße Linz-Neustadt angelegt wurde, mußte die Grube 1885

Links die Grube Georg im Jahr 1892, oben der neue Förderturm, wie er heute noch weithin sichtbar an der BAB Köln-Frankfurt steht.

wegen Absatzschwierigkeiten und schlechter Verkehrsverhältnisse stillgelegt werden.

Explorationsarbeiten nach dem Zweiten Weltkrieg erbrachten zwar eine geringe Förderung, womit die Kosten gedeckt werden konnten, ein größeres Erzvorkommen wurde jedoch nicht mehr gefunden. 1959 wurden die Förderung und ein Jahr später auch die Untersuchungsarbeiten eingestellt.

Auf den Haldenresten können noch heute schöne rote Zinkblendekristalle bis 1 cm und Bleiglanz gefunden werden.

7. Grube Eisenkaute bei Marienberg

Im südwestlichen Teil des ehemaligen Bergreviers Dillenburg existiert ein Gangzug mit Brauneisenstein und Manganerzen, der im Tonschiefer der Koblenzschichten aufsetzt und durch seine reinen und sehr reichen Erze Anlaß zu bergmännischem Abbau gab. Die Gänge des genannten Lagerzugs bilden meist kurze, durch schmale Klüfte getrennte Mittel, manchmal auch durch Vereinigung stockartige Erzkörper.

Auf einem dieser Gangstücke baute die ehemalige Grube Eisenkaute, deren einplanierte Halden und Gebäudereste man rechts der B 414 zwischen Bad Marienberg und Lautzenbrücken noch vorfinden kann. Die B 414 führt von Herborn in Richtung Hachenburg.

Verliehen war die Eisenkaute neben anderen Gruben desselben Gangzugs schon 1777; auch fand kurz darauf ein reger Bergbau statt. Ihre Blütezeit hatte die Grube nach neuen Aufschlüssen Mitte des 19. Jahrhunderts. Die Gänge erreichten einige Meter Mächtigkeit und waren auf einer Länge von 600 m bei 200 m Breite des Grubengebäudes aufgeschlossen.

Stufen dieser bedeutenden Eisen- und Manganerzgrube sind in vielen Regionalsammlungen vertreten.

Vor allem kam Pyrolusit hier in prächtigen Stufen vor; diese bilden heute begehrte Sammelstücke. Schöne Ausbildungen gab es auch von Manganitkristallen, Psilomelan, Manganomelan und braunem Glaskopf. Daneben kamen Aragonit (Eisenblüte), Rhodochrosit, Dolomit und Quarz vor; einige Arten sind noch nicht genau bestimmt. Belegstücke der häufigeren Manganerze und Glaskopf sind auf den überwachsenen, teils einplanierten Halden bei großer Ausdauer noch zu finden. An die früheren Funde erinnern heute nur noch die Kristallstufen in den Sammlungen des weiteren und näheren Umlands.

8. Grube Reichensteinerberg bei Puderbach

Diese Grube zählt zu den kleineren des Gangzugs. Vor wenigen Jahren sind die Haldenfunde untersucht worden, bei denen interessante Sekundärbildungen auftraten (L 84/9).

Anglesit	Cuprit	Olivenit
Azurit	Fahlerz	Partzit
Beudantit	Galenit	Pharmakosiderit
Bindheimit	Goethit	Phosgenit
Boulangerit	Gold, ged.	Pyrit
Bournonit	Langit	Pyrolusit
Caledonit	Lepidokrokit	Quarz
Cerussit	Linarit	Schwefel, ged.
Chalkopyrit	Malachit	Siderit
Corkit	Mansfieldit	Sphalerit
Cornwallit	Mimetesit	Ullmannit
Covellin		

9. Grube Schöne Aussicht bei Dernbach

Die auf Eisen, Blei, Silber und Kupfer verliehene Eisenerzgrube Schöne Aussicht bildet das nordöstliche Ende des Emser Gangzugs. Die Hauptförderperiode war in den Jahren von 1850 bis 1900. Kurze Zeit später wurde die Grube stillgelegt. Der mit Quarz durchwachsene Brauneisensteingang war durchschnittlich 0,5 bis 2 m mächtig. Er enthielt einige sehr seltene Mineralbildungen, die zur damaligen Abbauzeit teilweise Neuheiten darstellten.

Insbesondere die seltenen silber-, iod-, brom- und chlorhaltigen Verbindungen weckten das Interesse der Wissenschaftler. Obwohl im Laufe der Jahrzehnte das im Wald liegende Haldengebiet stark abgesucht wurde, konnten immer wieder schöne Funde getätigt werden. Der Beweis dafür ist in dem Vorkommen des neuen Sulfidhalogenids Perroudit (Karminit-ähnlich) zu sehen. Nur aufgrund der zu geringen Substanzmenge ist es nicht gelungen, dieses Mineral von der Schönen Aussicht rechtzeitig zu beschreiben. Als Typlokaliät gilt deshalb Cap Garonne/ Cote d'Azur, wo Perroudit häufiger und etwas größer als auf der Grube Schöne Aussicht vorkommt.

"Amalgam"	Hinsdalit	Pharmakosiderit
Anglesit	Jodargyrit	Pyrit
Beudantit	Jodobromit	Pyrolusit
Cerussit	Karminit	Pyromorphit
Corkit	Limonit	Silber, ged.
Embolit	Mimetesit	Skorodit
Goethit	Perroudit	

10. Grube Apollo bei Raubach

Ähnlich wie die Grube Georg bei Horhausen baute auch die Grube Apollo bei Raubach auf einem antimonerzführenden Gang.

Ursprünglich war das Grubenfeld Apollo auf Eisen- und Kupfererze verliehen worden. Bei Explorationsarbeiten stieß man 1912 in einem bleiglanzführenden Quarzgang auf Antimonerze, unter anderem auf Antimonit, Berthierit und Jamesonit. Bereits 1921 mußte aufgrund der geringen Fördermengen der Betrieb wieder eingestellt werden. Auch bei Untersuchungsarbeiten während des Zweiten Weltkriegs fand man keine abbauwürdigen Erzkörper.

Bournonit, Tetraedrit, Antimonit und Boulangerit sind die herausragenden Mineralien dieser Lokalität. Auf Klüften des Siderits kommen sehr gut ausgebildete Bournonitkristalle bis 50 mm Größe, zum Teil als Rädelerz, vor. Tetraedrit tritt überwiegend eingesprengt in Siderit auf, Antimonit in Form von nadeligen, bis zu 15 mm großen Kristallen, meist mit der bekannten Horizontalstreifung. Auf Antimonit sind häufig die beiden Oxidationsmineralien Valentinit und Stibiconit zu erkennen. Feine, nadelig-faserige, überwiegend verfilzte Aggregate von Boulangerit füllen Hohlräume des Siderits aus.

Zweifelsohne sind die heutigen Fundmöglichkeiten auf den Halden als gut zu bezeichnen. Alle aufgeführten Mineralien können mit etwas Ausdauer gefunden werden. Insbesondere ausgezeichnete

Bournonitfunde sind in der letzten Zeit bekannt geworden (EH 86/3).

Antimonit	Dickit	Quarz
Berthierit	Galenit	Senarmontit
Boulangerit	Goethit	Siderit
Bournonit	Jamesonit	Stibiconit
Cerussit	Nakrit	Tetraedrit
Chalkopyrit	Pyrit	Valentinit
Chlorit	Pyrolusit	
Covellin	Pyrophyllit	

11. Grube Louisenglück bei Niederhonnefeld

Alte Spateisensteingrube, deren Halden bescheidene Funde ermöglichen. Bisher wurden beobachtet (auch Kristalle): Zinkblende (rot), Bleiglanz, Siderit, Quarz, Bournonit, Tetraedrit und Rhodochrosit.

12. Grube Virneberg bei Rheinbreitbach

Der Kupfererz führende Quarzgang der berühmten Grube Virneberg, auch St. Josephsberg genannt, gelangte vor ca. drei Millionen Jahren durch tektonische Vorgänge, die den Gang aufrichteten, in die Nähe der Erdoberfläche. Das ermöglichte die Entstehung einer Oxidationszone von über 100 m Teufe sowie einer ausgedehnten Zementationszone mit besonders reichen Kupfererzen. Die auffälligen Oxidationsfarben dieser Erze haben sicher früh eine bergbauliche Tätigkeit angeregt. Es muß offen bleiben, ob diese bis in die Zeit der Besiedlung durch die Kelten zurückreicht. Interessant ist aber der Fund einer Urne in einem alten Stollen, in der sich zahlreiche Münzen aus der Zeit Konstantins des Großen befanden. Daraus läßt sich schließen, daß schon zur Römerzeit Bergbau auf dem Virneberg umging. Nach dem Dreißigjährigen Krieg dauert es noch geraume Zeit, bis die Grube im 18. und 19. Jahrhundert ihren eigentlichen Aufschwung erlebte. Die Blütezeit der Erzförderung erstreckte sich von 1850 bis 1863.

Danach verschlechterte sich die Lage der Grube allmählich. Eine englische Gesellschaft, die das Werk 1870 übernahm, ließ das Erz auf dem Wasserweg nach Südengland zur Verhüttung transportieren. Zu hohe Betriebskosten, fallende Kupferpreise auf dem Weltmarkt und wohl auch ein absehbarer Rückgang der Erzförderung zwang die englischen Besitzer 1882 dazu, den Betrieb einzustellen. 1886 wurde die Grube endgültig stillgelegt.

Die Grube Virneberg wurde weltbekannt durch hervorragende Stufen von gediegenem Kupfer, Chalkotrichit und Pseudomalachit, die in den Hauptjahren der Abbautätigkeit in die Sammlungen und Museen gelangten. Herauszuheben sind auch die Funde von Atakamit, Dufrenit, Faustit und Goudeyit.

Akanthit	Caledonit	Dufrenit	Hydrocerussit	Olivenit	Schwefel, ged.
Anglesit	Cerussit	Duftit	Hydroxylapatit	Opal	Serpierit
Antlerit	Chalkophyllit	Dundasit	Hydrozinkit	Pharmakosiderit	Siderit
Aragonit	Chalkopyrit	Erythrin	Jarosit	Plumbojarosit	Silber, ged.
Atakamit	Chalkosin	Faustit	Kupfer, ged.	Posnjakit	Smithsonit
Aurichalcit	Chlorit	Galenit	Langit	Pseudomalachit	Sphalerit
Azurit	Connellit	Gips	Linarit	Pyrit	Susannit
Beudantit	Corkit	Goethit (Limonit)	Malachit	Pyromorphit	Tennantit
Bornit	Covellin	Goudeyit	Melanterit	Quarz (Chalcedon)	Tenorit
Brochantit	Cuprit	Hämatit	Muskovit	Rhodochrosit	
Calcit	Dolomit	Hinsdalit	Namuwit	Schulenbergit	

Oben. Die Mineralien der Grube Virneberg.

13. Die Grube Clemenslust bei Bruchhausen

Die etwa 3 km südöstlich des Virnebergs gelegene Grube Clemenslust baute auf einem Gang, der geologisch viel Ähnlichkeit mit dem der Grube Virneberg hat. Hier wie dort besteht die Gangart aus Quarz und das Gangerz hauptsächlich aus Chalkopyrit. Nur im Alter unterscheiden sich die Gruben; die Grube Clemenslust stand nur von 1853 bis 1875 in Förderung.

Anglesit	Cuprit	Manganomelan
Azurit	Duftit	Olivenit
Bayldonit	Erythrin	Pharmakosiderit

Beudantit	Galenit	Pseudomalachit
Brochantit	Goethit (Limonit)	Pyrit
Cerussit	Hydrozinkit	Pyromorphit
Chalkopyrit	Karminit	Serpierit
Chalkosin	Kupfer, ged.	Siderit
Chrysokoll	Langit	Sphalerit
Corkit	Linarit	Tennantit
Covellin	Malachit	Tenorit

14. Steinbruch Roth

Dieser ca. 7 km westlich von Herborn liegende Basaltbruch ist berühmt für seine wunderschönen Natrolithstufen; die nadeligen Kristalle mit gut erkennbaren Endflächen können bis 3 cm lang werden. Weiterhin werden gefunden: Analcim, Apophyllit, Calcit, Phillipsit und Thomsonit.

15. Steinbruch Breitscheid-Medenbach

Westlich von Herborn liegt an der Straße von Breitscheid nach Medenbach ein großer Kalksteinbruch. Von hier sind vor allem Kappenquarze berühmt. Daneben sind bekannt: Aragonit, Azurit, Calcit, Chalkopyrit, Dolomit, Hämatit, Limonit und Malachit.

16. Drachenfels im Siebengebirge/Bonn

Der Drachenfels, ein bekanntes Ausflugziel bei Königswinter/Rhein, ist ein Bestandteil des tertiären, an Einbruchstellen der Niederrheinischen Bucht entstandenen Vulkangebiets mit Namen Siebengebirge.

Das Gestein des Drachenfelses bildete sich aus trachytischem Magma, das subvulkanisch innerhalb von Tuffen erstarrte. Bekanntestes Mineral von hier ist Sanidin, der bis zu 5 cm große Kristalle ausbildet. Erwähnenswert sind auch Tridymitkristalle, die aber nicht so gut ausgebildet sind wie die von den bekannten Eifelfundstellen. Außerdem kommen in den Basalten des Siebengebirges folgende Mineralien vor: Olivin, Augit und Plagioklas.

12. Lahn-Dill-Gebiet

1. Die Gruben Gnade Gottes, Stangenwage und Bergmannsglück bei Donsbach
2. Grube St. Nicolaus bei Dillenburg
3. Grube Idria bei Dillenburg
4. Grube Altelohrbach
5. Gruben Neuermuth und Gemeinezeche
6. Grube Ferdinand
7. Grube Hilfe Gottes
8. Grube Carlshoffnung bei Steinbrücken
9. Grube Gottesgabe bei Roth
10. Grube Alte und Neue Constanze bei Eisemroth
11. Grube Aurora bei Niederroßbach
12. Grube Isabella bei Oberroßbach
13. Grube Goldbach bei Oberroßbach
14. Grube Freudenzeche bei Steinbach
15. Gruben Sellnbach und Hangelberg bei Breidenstein
16. Grube Boxbach bei Kleingladenbach
17. Grube Ludwigshoffnung bei Gladenbach
18. Grube Weidenstamm bei Solms
19. Grube Laubach bei Albshausen
20. Roteisensteingrube Fortuna bei Oberbiel
21. Grube Falkenstein bei Oberscheld
22. Gruben im Scheldetal
23. Grube Rotläufchen bei Waldgirmes
24. Grube Eleonore bei Biebertal
25. Grube Friedberg
26. Hohensolms, Königsberg
27. Grube Versöhnung bei Bottenhorn
28. Steinbrüche bei Herbornseelbach
29. Steinbruch Hartenrod bei Oberscheld
30. Steinbruch Phillipstein
31. Die Gruben Gießener Braunsteinbergwerke und Fernie in der Lindener Mark
32. Staffel bei Limburg/Lahn
33. Oberneisen bei Diez
34. Steinperf/Dünsberg
35. Dünsberg
36. Grube Malapertus und Steinbruch Hermannstein bei Wetzlar
37. Grube Laubach bei Laufdorf
38. Grube Heinrichssegen bei Ehringshausen
38. Steinbruch Steeden

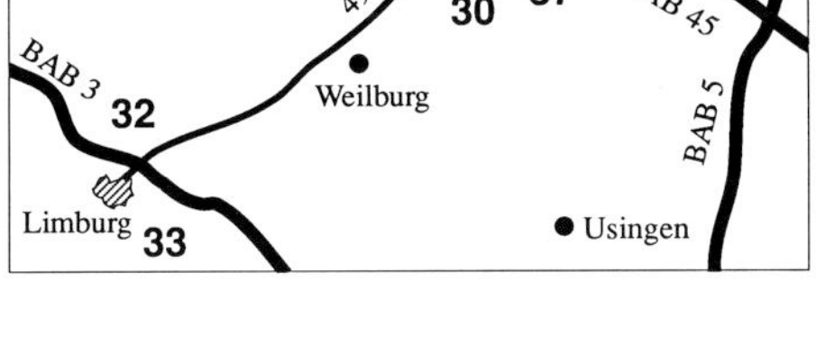

An das Siegerland grenzt im Süden die Dillmulde. Wie schon angedeutet, ist es hier zu umfangreichen Diabaseinlagerungen in die devonischen und unterkarbonischen Sandsteine, Schiefer und Kalke gekommen. So liegen die linsenförmigen Vorkommen des für dieses Revier charakteristischen Roteisensteins zumeist in oder auf Schichten von Diabastuff. Der Erzbergbau ist auch hier wie im Siegerland längst zum Erliegen gekommen. Nahe Dillenburg befand sich bei Oberscheld die größte Grube des Dillreviers mit Namen Königszug, von der nur noch die Bergbauruinen und überwachsenen Halden künden. Wenn hier auch eine Fundstelle für Wavellit war, so bleiben für den Sammler heute fast nur noch die Steinbrüche übrig, in denen das Diabasgestein abgebaut wird.

1. Die Gruben Gnade Gottes, Stangenwage und Bergmannsglück bei Donsbach

Donsbach liegt westlich von Dillenburg zwischen Herborn und Haiger. Die ehemalige Kupfergrube Gnade Gottes, 1603 beim Eisensteinbau entdeckt, lag im Hachelbacher Grund nördlich von Donsbach. Ihre Gänge setzten sich nach Westen ins unmittelbar benachbarte Feld der Grube Stangenwage fort und wurden von dort aus bebaut. Halden der Grube Bergmannsglück liegen am Nordhang eines Hügels unmittelbar am westlichen Ortsbereich von Donsbach. In allen Gruben sind mehrere devonische Roteisen-erzlager bekannt, an die recht reichhaltige Kupfererzgänge gebunden sind. So existiert z.B. im Feld Stangenwage-Gnade Gottes ein ziemlich kompliziertes Gangsystem, in dem sich insgesamt acht Kupfererzgänge untereinander oder mit den Eisensteinlagern scharen. Diese Gänge wurden in größeren Teufen durch den später begonnenen tiefen Dillstollen noch einmal angefahren, erwiesen sich aber als erzleer. Sämtliche Gruben sind sowohl im Stollen- als auch im Tiefbau auf Kupfer und Eisen betrieben worden, in der Regel ab ca. 1700. Die Stangenwage schloß als letzter Betrieb 1941.

Die Mineralführung aller Donsbacher Gruben ist etwa gleichartig. Haupterze waren Kupferkies, Malachit, Pyrit, seltener Chalkosin, gelegentlich Bleiglanz. Sie kamen in einer quarzigen oder carbonatischen Gangart, ab und zu auch mit Baryt, Ankerit oder Dolomit vor. Im Oxidations- und Zementationsbereich gab es z.T. hochwertige Kupferreicherze wie Tenorit, Cuprit, ged. Kupfer, Covellin, Kupferpech- und ziegelerz, ansonsten noch Azurit und Chrysokoll. Außer den Kupfererzen mit ihren Gangarten soll es laut Literaturangaben auch Nickelerze auf Querstörungen gegeben haben. Als Rarität sind hellblaue Coelestinkristalle aus Stangenwage-Gnade Gottes beschrieben worden. Alle anderen Mineralien traten ab und zu in schönen Stufen auf.

Auf den verbliebenen Halden der genannten Gruben können noch Belegstükke vieler der genannten Mineralien gefunden werden, auch auf den Halden einiger weiterer Kupfergruben in der unmittelbaren Umgebung bei Donsbach (z.B. Haus Nassau westlich von Bergmannsglück). Das Haldenmaterial weist bestimmt noch Minerale auf, die bis jetzt aus Donsbach nicht richtig bekannt wurden; man ist hier bei der Suche auf etwas Glück angewiesen.

2. Grube St. Nicolaus bei Dillenburg

Nördlich von Dillenburg baute die Grube St. Nicolaus am Westhang der Lachseite mit mehreren Stollen drei parallellaufende Kupfererzgänge ab. Das Bergwerk stand schon um 1700 in Förderung, spätere Versuche im 19. Jahrhundert waren erfolglos, so daß die Grube 1863 aufgelassen wurde.

Es sind die üblichen Kupfererzmineralien bekannt, die in einer Gangart aus Quarz, Calcit und Baryt, in oberen Teufen auch mit Limonit, vorkamen. Malachit, Azurit, Kupferkies, Chrysokoll, etwas Chalkosin bildeten ab und zu schöne Stufen. Bekannt geworden ist die Grube durch die Erze der Oxidationszone. Ged. Kupfer und vor allem Cuprit kamen hier, teils recht schön kristallisiert, im Brauneisenstein oder Quarz vor. Am bekanntesten sind jedoch schöne Gruppen von Chalkotrichit, der hier in nadeligen Aggregaten gefunden wurde und sonst im Dillenburger Revier nicht vorkam.

3. Grube Idria bei Dillenburg

Nur von rein mineralogischem Interesse ist das Zinnobervorkommen der Grube Idria in Richtung Nanzenbachtal, wenig nordöstlich von Dillenburg. Im Tiefen Stollen der Kupfererzgrube Fortunatus wurde Mitte des vorigen Jahrhunderts eine Schalsteinkluft angefahren, die grob und fein eingesprengte Zinnobererze zusammen mit Pyrit führte.

Das Vorkommen war wirtschaftlich unbedeutend und ähnelt den Quecksilbererzfundstellen bei Hohensolms und Königsberg (siehe dort). Auch auf Idria gab es kaum Kristallstufen, sondern meist derbe Erzstücke.

Gruben Altelohrbach, Neuermuth, Gemeinezeche, Hilfe Gottes und Ferdinand bei Nanzenbach

Nanzenbach liegt einige km nordöstlich von Dillenburg zwischen Dietzhölztal und Scheldetal. Die ehemaligen schon von Becher beschriebenen Gruben lagen teils im oberen Nanzenbachtal in der direkten Umgebung des Ortes, teils östlich in Richtung Scheldetal. Jetzt sind nur noch wenige Überbleibsel des ehemals blühenden Bergbaus um Nanzenbach zu sehen. Meist handelt es sich um überwachsene, alte Halden, auf denen nur noch unbedeutende Erze zu finden sind, während früher zu Betriebszeiten der Gruben schöne und bedeutende Mineralstufen geborgen wurden.

4. Grube Altelohrbach

Diese 1764 erstmals erwähnte, sehr reiche Kupfergrube erschloß mehrere, teils sehr mächtige Calcit- und Quarzgänge, die hochwertige Kupfererze führten. 1788 wurde die erste Wasserkunst des Dillgebietes in der Grube Altelohrbach angelegt, die jedoch die starken Wasserzuflüsse auf Dauer nicht bewältigen konnte, so daß die Grube kurz darauf stillgelegt werden mußte.

Die Grube ist durch Stufen mit Kupfermineralien bekannt geworden, die während des Abbaus gefunden wurden. Besonders Malachit kam in schönen Kristallen oder großen, traubigen Aggregaten vor, auf denen manchmal Azuritkristalle wie aufgestreut lagen. Kupferkies und Pyrit brachte die Grube in Kristallstufen. Bekannt sind daneben noch große Calcitdrusen mit Kristallen von aufsitzendem Kupferkies.

5. Gruben Neuermuth und Gemeinezeche

Diese Gruben lagen östlich der Grube Altelohrbach sehr nahe am Ort. In ihren Feldern ist schon um 1470 nach Kupfererzen gesucht worden; beide wurden meist gemeinsam bis ca. 1860 bebaut.

Beide Gruben weisen eine ähnliche Paragenese wie die Altelohrbach auf. In oberen Teufen kamen Oxidationserze vor, z.B. Cuprit, Tenorit (Gemenge aus beiden = Kupferpecherz) und Chrysokoll. Als Seltenheit sind von Neuermuth Zinnober- von Gemeinezeche Arsenkieskristalle bekannt. Auf letzterer wurden bis vor einiger Zeit noch schöne Stücke mit Malachit auf den alten Halden gefunden.

Auf allen drei genannten Gruben kamen die Kupfererze besonders reichlich dort vor, wo sich die Gänge mit Roteisenerzlagern scharten. Diese Verhältnisse findet man auf vielen Dillenburger Kupfererzgruben.

6. Grube Ferdinand

Die ehemalige Kupfererzgrube Ferdinand liegt im oberen Scheldetal westlich von Nanzenbach. Auf ihr sind zwei Gänge bekannt, die zwischen 1820 und 1870 abgebaut worden sind. Auch Eisen- und Manganerze wurden zeitweise in der Grube gewonnen.

Die Fundstelle hat reiche Kupfererze geliefert, die manchmal schöne Stufen bildeten. Oxidische Erze gingen noch bis weit unter die Stollensohle. Gangarten waren Quarz und Baryt, selten Calcit.

Sammelnswert waren vor allem Stufen mit ged. Kupfer und Cuprit, die in den Gängen reichlich vorkamen, außerdem Malachit, Kupferkies, Pyrit und Kupferpecherz. Über neuere Funde ist leider nichts bekannt. Sämtliche Halden liegen auf Privatbesitz und sind eingezäunt.

7. Grube Hilfe Gottes

Die alte Grube Hilfe Gottes, im oberen Scheldetal gelegen, wurde nach Becher ab 1727 zunächst als Kupfererzgrube betrieben. Zehn Gänge sollen in ihr bekannt gewesen sein. Außerdem existierte ein Roteisensteinlager, das zeitweise abgebaut wurde.

1841 wurde im oberen Stollen der Grube zufällig ein Nickelerzkörper angefahren, der bis 1873 in Abbau stand. Die Erze brachen 35 m im Hangenden des erwähnten Roteisensteinlagers auf einem aus umgewandeltem Diabas entstandenen, bis zu 3 m mächtigen Serpentinitgang. Weitere Gangarten waren Quarz, Siderit, Calcit und Dolomit. Die Ni-Mineralien dieses Vorkommens haben die Grube Hilfe Gottes berühmt gemacht. Aus den Drusen und Klüften des Erzkörpers sind im einzelnen bekannt:

Millerit in schönen Kristallen bis zu 2 cm Länge und 1 mm Dicke, vielfach um sich selbst gedreht, daneben Ni-Skutterudit, Kupferkies, Bleiglanz, Zinkblende und Pyrit (alle auch in schönen Kristallen!), Quarz, Calcit- und Dolomitkristalle, Annabergit und Erythrin als Zersetzungsprodukte.

An seiner oberen Begrenzung wurde das Erzmittel von einem saigeren Calcittrum durchschnitten. An diesem Scharkreuz fanden sich Cobaltin, Gersdorffit, Nickelin und Skutterudit. Auch in größerer Teufe fand sich in einer Querkluft noch einmal Cobaltin. Sehr seltene beibrechende Minerale waren Bismuthinit, Wismutnikkelglanz, Magnetit und Pyrrhotin.

8. Grube Carlshoffnung bei Steinbrücken

Die Grube Carlshoffnung, auch "In der Deutzemannsdell" genannt, lag am Nordwesthang des Homberges rechts der Straße von Steinbrücken nach Mandeln. Sie gehörte zu konsolidierten Feldern der Grube Gottesgabe in Richtung Roth, wurde aber mit mehreren Stollen meist eigenständig betrieben. Man baute silberhaltiges Fahlerz, Bleiglanz und Kupfererz ab. Auf den kleinen Halden vor den ehemaligen Stollenmundlöchern, die allenthalben am Hang zu sehen sind, gibt es noch geringe Fundmöglichkeiten.

Außer den genannten Erzmineralien sind als primäre Erze noch Kupferkies und Pyrit zu nennen. Sie kamen auch selten in Drusen als aufgewachsene Kristalle vor. Gangarten waren Quarz und Siderit, der im Oxidationsbereich in Limonit umgewandelt wurde. Dort gab es auch die typische Hutparagenese. So wurden Malachit, Azurit, Cerussit, Anglesit, Pyromorphit, Brochantit, Zinnober (derb, pulvrig) u.a. gefunden. Die Oxidationsminerale bildeten meistens Kristalle bis zu 2 mm.

Erzhalde und Zechenhaus der Grube Gottesgabe bei Roth um die Jahrhundertwende.

9. Grube Gottesgabe bei Roth

Im Elbbachtal zwischen Roth und Mandeln liegt die ehemalige Kupfer- und Silbererzgrube Gottesgabe. Sie war eines der wichtigsten und zeitweise modernsten Metallerzbergwerke des hessischen Hinterlands. Auf halber Strecke zwischen Mandeln und Roth sieht man linkerhand noch einige Ruinen, Halden und den Förderstollen, der heute der Wasserversorgung dient. Bergbau fand auf der Grube mit mehreren Unterbrechungen von 1696 bis 1926 statt, meist auf silberreiche Fahlerze. Letzte Untersuchungen wurde 1941 eingestellt. In der näheren Umgebung der Grube sind noch zahlreiche andere Gänge oder Nebentrümer des Gottesgaber Hauptgangs teilweise eigenständig bebaut worden (Gruben Aurora, Seifenroth, Priester Aaron).

Die Erze der Grube Gottesgabe treten im Quarz, Siderit und Limonit auf. Sie sind teilweise sehr quecksilberreich. An Mineralien sind schöne Fahlerzstufen aus Scharkreuzen der unteren Gangbereiche bekannt geworden, während aus der Oxidationszone vor allem Sekundärmineralien stammen.

Als nicht gesichert gelten Haldenfunde von ged. Quecksilber, die auf Grund des hohen Hg-Gehalts der Lagerstätte aber durchaus möglich sind. Einige unbekannte Minerale harren noch der genauen Bestimmung. Die genannten Minerale können mit Geduld auf den vorhandenen Halden vor dem Stollen, z.T. als Stufen mit Kristallen, noch gefunden werden, Schaustufen sollte man sich allerdings keine erhoffen.

Azurit	Galenit	Pyrit
Chalkopyrit	Kupfer, ged.	Quarz
Cinnabarit	Limonit	Siderit
Cuprit	Malachit	Tetraedrit

10. Grube Alte und Neue Constanze bei Eisemroth

Zwischen Herbornseelbach und Eisemroth wurden meist gleichzeitig die beiden Kupferbergwerke Alte Constanze und Neue Constanze betrieben. Die Alte Constanze wurde 1727 erstmals bebaut, die Neue Constanze wenige Jahre später. Mit Unterbrechungen wurde auf letzterer bis 1905 gearbeitet. In früheren Zeiten brachen auf beiden Gruben reichlich Kupfererze auf mehreren Gängen. Vor allem Scharkreuze lieferten große Mengen Erz. Alte Halden, Klärteiche und zerfallene Stollenmundlöcher sind heute noch zu sehen. Auf den Halden läßt sich noch das eine oder andere Stück finden, natürlich nicht in der Qualität früherer Funde.

Auf keiner Grube soll Malachit so häufig gewesen sein wie auf der Alten und Neuen Constanze. Malachit wurde zum Teil als Haupterz abgebaut, zusammen mit einem Gemenge aus anderen oxidischen Erzen (Kupferpecherz), Chalkosin und Kupferkies (schöne Kristalle!). Zahlreiche hervorragende Malachitstufen gelangten in alte Sammlungen. Die großen Trauben und Kugeln saßen zusammen mit Azurit, Brochantit, Chalkosin und Kupferkies auf Quarz und Calcit, der hier ebenfalls in schönen Kristallen vorkam. Außerdem fand man Pyrit und Chrysokoll.

11. Grube Aurora bei Niederroßbach

Niederroßbach liegt im Roßbachtal nördlich von Haiger. Die ehemalige Grube Aurora befindet sich in einem kleinen Seitengrund, der von Niederroßbach aus über die Aurorastraße zu erreichen ist. Sie ist eine altbekannte Dillenburger Fundstelle vor allem für bemerkenswerte Fahlerzstufen. Sie wird nach Becher schon 1558 erwähnt und in größerem Maße bis Anfang des 19. Jahrhunderts bebaut. Im Feld von Aurora sind ein Hauptgang und drei parallele Gangtrümer bekannt, die annähernd gleiche Erze geliefert haben. Heute sind nur noch Haldenreste und ein Klärteich zu sehen.

Ausgezeichnete Stufen mit großen Tetraedritkristallen wurden auf der Grube Aurora gefunden. Die Grube ist in Sammlerkreisen gerade für diese Stücke bekannt. Begleitet wurden die Fahlerze von teilweise bis 4 cm großen Bleiglanzkristallen, Kupferkies, Pyrit und wenig Zinkblende. Selten kam Millerit (haarförmige Kristalle) in Drusen der Grauwacke auf Sideritkristallen vor; er wuchs auch direkt auf Fahlerz auf.

Aus der spärlich ausgeprägten Oxidationszone sind Cuprit, Cerussit, Malachit und Azurit bekannt, alle auch in kleinen Kristallen. Gangarten waren Quarz, Calcit, Siderit und selten Baryt. Bleiglanz, Tetraedrit und Kupferkies kann man heute noch in kleinen Mengen auf den verbliebenen Haldenresten sammeln, allerdings meist derb.

12. Grube Isabella bei Oberroßbach

Oberroßbach liegt gleich hinter Niederroßbach. Die ehemalige Grube Isabella lag nordwestlich vom Ort. Sämtliche Gänge verlaufen in West-Ost-Richtung entlang einer größeren Störungszone. Die schon im südlichen Siegerland befindlichen Gänge der Gruben Marie und Löwenstern könnten die Fortsetzung der Aurora-Isabella-Gänge darstellen. Auf ihnen wurde in wechselnden Perioden bis 1902 ein teilweise sehr ergiebiger Abbau von Blei-, Kupfer- und Silbererzen geführt.

Von Isabella sind ebenfalls sehr schöne Fahlerzstufen bekannt. Außerdem kamen noch Bleiglanz und Kupferkies in idiomorpher Ausbildung vor. Über weitere Mineralfunde ist leider nichts bekannt. Gangarten waren auch hier vor allem Calcit und Quarz.

13. Grube Goldbach bei Oberroßbach

Die Grube Goldbach lag in unmittelbarer Nachbarschaft von "Aurora" im Langenbachtal nordwestlich von Oberroßbach. Sie wird ebenfalls schon von Becher 1789 erwähnt. Zwei Gänge mit Blei- und Kupfererzen wurden mit wechselndem Erfolg abgebaut. Halden sind noch heute vorzufinden.

Die Grube hat verschiedentlich gute Stufen mit ged. Kupfer, Cuprit, Malachit und Azurit geliefert. Weitere Mineralien waren Bleiglanz, Kupferkies, Fahlerz und einige noch nicht genau bestimmte Kupfer-Sekundärminerale.

Bemerkenswert ist das von Becher 1784 erwähnte Vorkommen von "Kobold". Wahrscheinlich handelte es sich hier um Cobaltin, der sonst im Dillenburger Raum nur noch in Nanzenbach vorgekommen ist und danach auch auf der Grube Goldbach nicht mehr gefunden wurde. Geringe Mengen der Kupfer-Sekundärminerale und auch einige Erze lassen sich auf den alten Halden noch finden.

14. Grube Freudenzeche bei Steinbach

Auf der Grube Freudenzeche bei Steinbach, nordwestlich Dillenburg wurden zwei Gänge auf Blei- und Zinkerz abgebaut. Der Bergbau um Steinbach hat nach Becher schon in der Mitte des 16. Jahrhunderts auf mehreren Gruben stattgefunden. Die Grube Freudenzeche arbeitete mit Unterbrechungen bis 1954.

Die Grube hat ausgezeichnete Kristallstufen von Gersdorffit geliefert, der selten neben Bleiglanz, Zinkblende und Kupferkies vorkam. Diese Stufen sind denen aus Siegerländer Gruben, z.B. den Müsenern, durchaus ebenbürtig. Kristalle von bis zu 4 mm Größe waren keine Seltenheit. Begleitet wurde das Nickelerz stellenweise von Annabergit. Auch die anderen Erze kamen in Kristallen vor; von Zinkblende gibt es schöne Stufen, bei denen die Kristalle auf Quarz aufgewachsen sind.

15. Gruben Sellnbach und Hangelberg bei Breidenstein

Bei Breidenstein südlich Biedenkopf wurden die beiden Gruben Sellnbach und Hangelberg auf Silberfahlerz betrieben. Sie liegen im Elbbachtal westlich des genannten Ortes. Seit 1842 förderte man dort Blei-, Silber- und Kupfererze. Letzte Untersuchungen liefen gegen Ende des Zweiten Weltkriegs. Heute ist außer einigen kleinen Halden nur noch der ehemalige Förderstollen von Sellnbach zu sehen, der seit den fünfziger Jahren zur Wassergewinnung genutzt wird.

Aus beiden Gruben ist eine Reihe schöner Oxidationsmineralien bekannt, die neben den Primärerzen Tetraedrit, Kupferkies und Bleiglanz in den Drusen der quarzigen Gangart auftreten. Weitere Gangarten sind Siderit und Calcit.

Die häufigeren Primärerze, auch Malachit und Azurit, konnten bis vor kurzem durchaus noch gefunden werden, die anderen Minerale gelegentlich oder nur sehr selten.

Antimonit	Cuprit	Pyrit
Azurit	Galenit	Quarz
Calcit	Kupfer, ged.	Quecksilber, ged.
Chalkopyrit	Limonit	Schwefel, ged.
Chalkosin	Malachit	Siderit
Chrysokoll	Partzit	Tetraedrit
Covellin	Pseudomalachit	

16. Grube Boxbach bei Kleingladenbach

Kleingladenbach liegt bei Breidenbach, etwa 10 km südlich von Biedenkopf. Zu den ehemaligen Grubengebäuden, Pingen und Halden der Grube Boxbach gelangt man am besten von Wiesenbach aus, wo eine schmale Fahrstraße ins Boxbachtal abzweigt. Das ehemalige Zechenhaus ist heute ein Hotel. Große Halden liegen hinter dem Gebäude am Berg. Erste Erzfunde wurden im Boxbachtal um 1660 gemacht, danach entwickelte sich die Grube zu einer wichtigen Kupfererzgrube des Bergreviers Wetzlar. Mit einigen Pausen wurde bis 1919 Bergbau im engeren Sinne betrieben. Untersuchungen, deren Ergebnisse nicht bekannt sind, liefen jedoch bis 1952.

Haupterz war Kupferkies, der meist derb und nur selten in kleinen Kristallen vorkam. Mit ihm kamen Pyritkristalle und seltener Markasit in der typischen Kugelform vor. Ferner traten Bleiglanz, ab und zu idiomorph kristallisiert, sowie äußerst selten Gersdorffit in sehr kleinen Kristallen und derb auf.

Aus der Oxidationszone sind die üblichen Sekundärmineralien bekannt: Goethit, Limonit, Malachit und Azurit (gelegentlich in Kristallen), außerdem Bornit, Chalkosin und angeblich Annabergit (mit Gersdorffit). Bei genauerer Suche können bestimmt noch einige Neuentdeckungen gemacht werden.

17. Grube Ludwigshoffnung bei Gladenbach

Im hessischen Hinterland sind einige nickelerzführende Diabasvorkommen bekannt, darunter auch das der Grube Ludwigshoffnung in dem kleinen Ort Bellnhausen wenig nördlich von Gladenbach, das wohl am bedeutendsten war. Die Nickel- und Kupfererze traten in mehreren oberflächennahen Linsen oder Stöcken des Diabasmandelsteins auf, eingesprengt oder auf Calcitklüften. Sie wurden im Tagebau und in mehreren Schächten während wechselnder Perioden zwischen 1845 und 1918 abgebaut und in der Aurorahütte zu Gladenbach verarbeitet. Ein Nachlesebergbau von 1931 verlief erfolglos.

Die Halde der Grube bietet noch eine der wenigen Gelegenheiten, Nickelerz, vor allem Millerit, in kleinen Proben zu sammeln. Auch die anderen in der folgenden Liste erscheinenden Mineralien konnte man in den letzten Jahren noch als Belege aufsammeln.

Annabergit	Linneit	Pyrit
Chalkopyrit	Malachit	Rammelsbergit
Erythrin	Millerit	
Galenit	Pentlandit	

Eisenerzgruben

Die Eisenerzgruben des Bergreviers Wetzlar haben im Gegensatz zu den Metallerzbetrieben in der Regel kaum nennenswerte Mineralfunde geliefert, Ausnahmen bilden die im folgenden beschriebenen Vorkommen:

18. Grube Weidenstamm bei Solms

Auf der Grube Weidenstamm zwischen Solms und Braunfels waren besonders manganreiche Brauneisenerze aufgeschlossen. Die Grube wurde auch zeitweise auf reine Manganerze bebaut. Rhodochrosit lieferte neben anderen Manganmineralen schöne Stufen. Deren Qualität reicht aber nicht an die anderer Fundorte heran.

Die ehemalige Roteisensteingrube Fortuna - heute ein Besucherbergwerk.

19. Grube Laubach bei Albshausen

Im Brauneisenstein der Grube Laubach südlich von Albshausen bei Solms wurde ein einmaliger Fund von Eisenphosphaten (Eleonorit, Wavellit) gemacht. Das Vorkommen ähnelt dem der Grube Eleonore bei Biebertal.

20. Roteisensteingrube Fortuna bei Oberbiel

Die ehemalige Roteisensteingrube Fortuna (stillgelegt 1983) zwischen Oberbiel und Berghausen ist zu einem sehenswerten Besucherbergwerk ausgebaut worden (Informationen: Fremdenverkehrsverband des Lahn-Dill-Kreises, Kreishaus, 6330 Wetzlar, Tel. 06441-405338). Früher lieferte die Grube recht schöne Kristallstufen der typischen Lahn-Dill-Erze in ihrer Gangart. Einzigartig von hier sind auch die riesigen, bis 0,5 m im Durchmesser großen Glasköpfe! Mineralien: Baryt, Calcit, Dolomit, Hämatit, Limonit, Pyrit und Quarz.

Die genannten Minerale können als Belegstücke auf den alten Halden gefunden werden. Im Museum (dem Besucherbergwerk angeschlossen) bestehen auch Kaufmöglichkeiten.

21. Grube Falkenstein bei Oberscheld

Die erst 1957 in Betrieb genommene Grube Falkenstein liegt südöstlich von Oberscheld rechts der Straße nach Eisemroth. Das Grubenfeld Falkenstein wird 1865 erstmals genannt. Der Bergbau wurde jedoch wegen des tief ansitzenden Lagers erst vor 30 Jahren begonnen. Die Grube wurde wegen der steigenden Konkurrenz ausländischer Erze von Beginn an mit modernster Technik ausgestattet, doch überlebte auch der Falkenstein das große Grubensterben an der Dill nicht und mußte 1973 die Förderung einstellen. In knapp 15 Betriebsjahren wurden ca. 1,2 Millionen Tonnen Roteisenstein gefördert.

Neben den typischen Mineralien der Roteisensteingruben hat Falkenstein prachtvolle Stufen mit Calcitkristallen hervorgebracht, teilweise mit sehr großen Kristallen in vielen Varietäten. Auch Überwachsungen mehrerer Generationen Calcit in verschiedensten Ausbildungen waren nicht ungewöhnlich. Typisch für Falkenstein ist flachtafeliger, schneeweißer Calcit (Blätterspat) als sehr junge Bildung, isoliert und auf Kanonenspäten oder großen, älteren Rhomboedern aufgewachsen.

Calcitkristalle von der Grube Falkenstein sind in vielen Sammlungen verbreitet. Der abgebildete Kristall ist 2 cm hoch.

Vielfältig waren auch die anderen Formen: Skalenoeder als Doppelender auf älteren Calcitkristallen oder mit kleinen, aufsitzenden Pyrit- und Kupferkieskristallen. Diese teilweise sehr bizarren Stufen von hervorragender Qualität sind bei Sammlern beliebte Schauobjekte. Leider waren die Fundmöglichkeiten nur während des Abbaus gut, aber Calcitstufen von Falkenstein sind recht verbreitet.

22. Gruben Königszug, Neue Lust und Grube Beilstein im Scheldetal

Im Scheldetal nördlich von Oberscheld bei Dillenburg bauten sehr viele Gruben auf dem sogenannten Eibacher Lagerzug reinen, teils kalkigen oder kieseligen Roteisenstein ab. Von allen Erzvorkommen des Dillgebiets ist dieser Lagerzug nach Ergiebigkeit und Ausdehnung der bedeutendste.

Der Eisensteinbergbau im Dillgebiet ist sehr alt. Schon Chatten und Kelten beuteten die oberflächennahen Erzvorkommen aus. Urkundlich wird er erstmals um 1420 erwähnt. In den Jahrhunderten darauf war der Bergbau großen Schwankungen unterworfen, Blütezeiten wechselten sich mit schweren Krisen ab. Zeitweise konnte nur staatliche Hilfe den Bergbau vor dem Untergang bewahren. Diese Verhältnisse führten auch zur Konsolidierung kleinerer Grubenfelder zu erfolgreicher arbeitenden Großbetrieben.

Dennoch wurde auch das Dillgebiet im 20. Jahrhundert vom großen Grubensterben erfaßt, als die Heranschaffung ausländischer, hochwertiger Erze billiger wurde als die Aufrechterhaltung des heimischen Bergbaus. Die Stillegung der Grube Falkenstein 1973 bedeutete das Ende des wohl über 2.000 Jahre alten Bergbaus an der Dill.

Grube Neue Lust

Die Neue Lust liegt im oberen Scheldetal in Richtung Nanzenbach am Ende des Gründchens Rotseifen. Hier wurden von 1822 ab Roteisenerze abgebaut. 1962 schloß die Grube wegen Erschöpfung der Lagerstätte. In diesen 140 Jahren sind auf der Grube ca. 1,5 Mill. Tonnen Eisenstein gefördert worden.

Grube Königszug

1819 wurden vier Grubenfelder im mittleren Scheldetal zur konsolidierten Grube Königszug zusammengeschlossen. Nach und nach konnten weitere Kleinbetriebe hinzugekauft und die zugehörigen Lagerstätten großzügig aufgeschlossen werden, soweit das im Rahmen der sehr komplizierten geologischen Verhältnisse möglich war. Die Grube Königszug wurde so zu einem der größten Betriebe im Lahn-Dill-Gebiet. Von 1820 bis zur Stillegung im Jahre 1968 dürften ca. 10 Millionen Tonnen Erz gefördert worden sein.

Grube Beilstein

Die Grube Beilstein baute auf der südlichen Fortsetzung des Eibacher Lagerzuges ein mächtiges Roteisenstein-Grenzlager ab. Grubengebäude und Halden sind heute noch kurz hinter Oberscheld rechts der Straße ins Scheldetal zu sehen.

Die Mineralführung der Roteisensteingruben ist recht einfach. Nennenswert sind schöne Quarze, Pyritkristalle, Hämatitkristalle und roter Glaskopf, untergeordnet Siderit, Ankerit, Baryt und Dolomit; auf Königszug auch Wavellit. Sehr schön kamen auf Klüften Calcitkristalle in vielen Formen und Variationen vor. So sind zum Beispiel ungewöhnlich große, steile Rhomboeder vom Königszug bekannt oder schlanke, spitze Skalenoeder von Beilstein. Auch die Grube Neue Lust lieferte schöne Gruppen von Calcitkristallen auf teilweise großen Stufen.

Aus schmalen Querklüften, die gelegentlich angetroffen wurden, stammen Kupferkieskristalle und Malachit. Unbedeutende Belegstücke vieler Mineralien sind auf den unzähligen und großen Halden zu finden.

23. Grube Rotläufchen bei Waldgirmes

Die Grube Rotläufchen am Waldrand nördlich von Waldgirmes ist international bekannt für schöne Stufen sehr seltener Eisenphosphatmineralien, die auf Klüften des dort ehemals abgebauten Brauneisensteins auftreten. Das Vorkommen war vom wirtschaftlichen Standpunkt her ein unwichtiger Kleinbetrieb. Es wurde jedoch von vielen Mineralogen besucht. Seine Paragenese ist erstmals von Prof. A. Streng aus Gießen um die Jahrhundertwende untersucht worden, ehe in den siebziger Jahren der gesamte Mineralbestand erfaßt wurde.

Typisch sind Verwachsungen der verschiedenen Minerale und epitaktische Aufwachsungen jüngerer Phasen auf älteren Bildungen.

Die genannten Minerale wurden bis in die letzten Jahre hinein gefunden, doch ist das Sammeln auf den gras- und baumbewachsenen Halden von den Forstbehörden nicht gerne gesehen, da gute Funde nur noch durch umfangreiche Grabarbeiten auf den schon mehrfach umgewühlten Halden möglich wären.

Apatit	Kidwellit	Quarz
Coeruleolaktit	Laubmannit	Strengit
Crandallit	Limonit	Variscit
Dahllit	Manganrockbridgeit	Wavellit
Dufrenit	Matulait	Whitlockit
Eleonorit	Psilomelan	
Kakoxen	Pyrolusit	

24. Grube Eleonore bei Biebertal

Die ehemalige Grube Eleonore, westlich von Biebertal am Fuße des Dünsbergs gelegen, war zeitweise eine der berühmtesten deutschen Fundstellen. Aus dem hangenden Kieselschiefer des Brauneisenstein-Hauptlagers gelangten offenbar phosphorsäurehaltige Wässer in den Eisenstein und bewirkten dort eine farbenprächtige Phosphatparagenese, die um 1880 von dem Gießener Professor Streng und dessen Schüler Nies beschrieben worden ist. Die Grube Eleonore ist für den von Nies entdeckten Strengit Typlokalität. Das Mineral trat in schönen, pfirsichblütenroten Kristallgruppen neben anderen Phosphatmineralien auf. Allerdings kamen die Phosphate nur an einer begrenzten Stelle vor, daß restliche Lager war fast frei von ihnen. Lediglich Phosphorit bot über mehrere Jahre Anlaß zu bergmännischer Gewinnung.

Die Grube Eleonore wurde noch in anderer Hinsicht bekannt: 1882 wurde im nördlichen Lagerbereich ein äußerst reiches Roteisenstein-Eisenglanzlager aufgeschlossen (z.T. über 69% Eisengehalt). Das Vorkommen war im internationalen Vergleich einmalig. Erzproben wurden 1892 auf der Weltausstellung in Chicago gezeigt.

Vereinzelt konnten in den letzten Jahren Funde von schönen Hämatitstufen, Quarz, Calcit und Manganerzen gemacht werden. Erfolglos war die Suche nach Phosphaten.

Ankerit	Kakoxen	Rhodochrosit
Apatit	Lepidokrokit	Siderit
Calcit	Limonit	Strengit
Dolomit	Manganit	Wad
Eleonorit	Psilomelan	Wavellit
Hausmannit	Pyrolusit	
Hämatit	Quarz	

25. Grube Friedberg

Der Bereich der Grube Friedberg grenzt unmittelbar nördlich an das Feld der Grube Eleonore. Hier wurde seit 1864 Brauneisenstein gewonnen. Sie schloß als letzte Bieberer Brauneisensteingrube 1961.

Aus der Grube Friedberg sind vor allem schöne, große Stufen von Lepidokrokit auf Glaskopf bekannt, die in viele Sammlungen gelangten. Außerdem fand man im Brauneisenstein neben anderen Manganerzen typischer Ausbildung sehr schöne Gruppen von Rhodochrositkristallen. Sämtliche Halden der Grube sind einplaniert und aufgeforstet, die Übertageanlagen abgebrochen.

26. Hohensolms, Königsberg

Mineralogisch interessant, wenn auch wirtschaftlich unbedeutend, sind einige kleinere Vorkommen von Zinnober zwischen Königsberg und Hohensolms, westlich von Biebertal. Sie haben hin und wieder sammlungswürdige Erzstufen, jedoch kaum Material mit Kristallen geliefert.

Mitte des vorigen Jahrhunderts sind dort drei Grubenfelder auf Zinnober- und Kupfererze verliehen worden. Ein regelmäßiger Bergbau hat aber nie stattgefunden. Die Erze traten in sehr oberflächennahen Aufschlüssen (Gruben Leo, Susanna, Ludwig) zusammen mit Quarz, Baryt (Grube Ludwig) oder als Imprägnation im Schalstein auf. Begleitmineralien waren außerdem Malachit und Pyrit als älteste Bildung.

1924 wurde auf der 130-m-Sohle der Roteisensteingrube Königsberger Gemarkung, in unmittelbarer Nachbarschaft der oben genannten Fundstellen, ein zinnoberführender Gang angefahren, der etwas größere Erzmengen lieferte. Dieser Fund wurde sorgfältig untersucht (Hummel, 1925), das Vorkommen war jedoch ebenfalls unbauwürdig. Stufen von dort, meist derbe Erzstücke, sind in manchen alten Sammlungen vertreten.

Heute findet man im beschriebenen Gebiet kaum noch Bergbauspuren. Die Suche nach Quecksilbererzen ist angesichts der sehr sporadischen Erzvorkommen und der fehlenden Aufschlüsse aussichtslos, so daß Zinnoberstufen aus Königsberg/Hohensolms eine Rarität bleiben werden.

27. Grube Versöhnung bei Bottenhorn

Mitte des 19. Jahrhunderts wurde die Grube Versöhnung, etwas östlich von Bottenhorn im hessischen Hinterland, auf Nickelerze bebaut, die in einem vererzten Diabas auftraten. Damals wurden rund 10 t Erz gefördert. In einer späteren Betriebsperiode im 1. Weltkrieg baute man abermals etwa 3 t Nickel- und Kupfererze ab.

Von der Grube Versöhnung stammen laut Laspeyres sehr schöne Stufen mit Milleritkristallen, wie sie sonst im Hinterland nicht mehr vorgekommen sind. Außerdem kamen als Haupterze Pentlandit und Kupferkies vor. Fundmöglichkeiten bestehen nicht mehr. Historisches Material soll sich im Weilburger Bergbaumuseum befinden.

28. Steinbrüche bei Herbornseelbach

Eine reichhaltige Mineralführung zeigt der Diabas, der in mehreren Steinbrüchen in der Gegend von Herbornseelbach aufgeschlossen ist. Bisher wurden in den Hohlräumen und auf den Klüften des harten Gesteins folgende Minerale festgestellt:

Analcim	Dolomit	Pektolith
Apophyllit	Epidot	Prehnit
Babingtonit	Galenit	Pumpellyit
Calcit	Hämatit	Pyrit
Chabasit	Heulandit	Quarz
Chalkopyrit	Laumontit	Sphalerit
Datolith	Malachit	Stilbit

Stollenmundloch des Hauptstollens der Gießener Braunsteinwerke. Zu sehen ist auch die erste Motorgrubenlokomotive der Welt.

29. Steinbruch Hartenrod bei Oberscheld

Diabas-Steinbruch, der verschiedene Störungen (Schiefer/Sandstein) aufweist. Als Besonderheit werden hier bis zu 3 mm große Pyrrhotinkristalle gefunden. Weiterhin kommen vor: Calcit, Baryt, Pyrit, Chalkopyrit, Galenit, Malachit, Quarz, Natrolith, Apophyllit, Datolith, Pektolith, Prehnit (als Rarität mit gelber Farbe), Heulandit, Pumpellyit und Klinozoisit.

30. Diabas-Steinbruch Phillipstein bei Braunfels

Während früher in diesem Raum Eisenerzbergbau umging, ist heute nur noch der Diabas-Steinbruch der Basalt-AG, Linz a. Rhein, in Betrieb und für Sammler interessant. Bisher konnten in Hohlräumen folgende Minerale gefunden werden: Chalkopyrit, Calcit, Pyrit, Dolomit, Malachit, Rhodochrosit, Quarz, Hämatit, Limonit, Pyrolusit und Melanterit.

31. Die Gruben Gießener Braunsteinbergwerke und Fernie in der Lindener Mark

Zwischen Gießen-Süd, Klein- und Großen Linden lag das bedeutendste Manganerzbergbaugebiet Deutschlands, das zeitweise auch im internationalen Vergleich einzigartig dastand. Seit 1840 wurden in diesem, allgemein unter Lindener Mark oder Bergwerkswald bekannten Areal Manganerze aus Mulden und Dolinen des dolomitisierten Massenkalks gewonnen. Die Erzlager wurden von vielen Querstörungen durchörtert, wobei die Erze auch ins Nebengestein (Tonschiefer) durchsetzten. Direkt südlich von Gießen arbeiteten die Gießener Braunsteinbergwerke mit mehreren Förderstollen, einigen Schächten und in Tagebauen; der etwas jüngere Tagebau der Grube Fernie bei Klein-Linden wurde als letzter Betrieb 1967 stillgelegt und danach zum Freizeitgelände umgewandelt. Der gesamte Bereich der ehemaligen Gießener Braunsteinbergwerke (= Bergwerkswald) steht heute unter Naturschutz. Überall findet man hier Pingen, Halden und Verbrüche im Waldboden (Vorsicht!). In seiner knapp 125jährigen Geschichte erbrachte der Bergbau in der Lindener Mark knapp 8 Millionen Tonnen stückige Manganerze und Farberze (Mangantonschlamm) für die Keramikindustrie.

An Mineralien sind die üblichen Manganmineralien in sehr schönen Stufen bekannt: Pyrolusit in guten, tafeligen Kristallen oder bis zu 7 cm langen, strahligen Aggregaten, Manganitkristalle, Wad, Psilomelan, Manganomelan und Brauneisenstein. Aus Klüften im Manganerz und im dolomitisierten Kalk stammen gute Rhodochrositstufen, meist von blaßrosaroter Farbe und selten in ausgebildeten Skalenoedern. Weiterhin kamen Aragonit-, Dolomit-, Baryt- und Quarz-Kristalle sowie Calcit in vielen verschiedenen Kristallformen vor. Wenig bekannt sein dürfte, daß die Felder der Gießener Braunsteinbergwerke neben Mangan und Eisen auch auf Cobalt und Nickel verliehen waren. In der einschlägigen Literatur finden sich Hinweise auf Stufen mit Milleritkristallen und Erythrin, die aus Querstörungen stammen dürften, da eine solche Paragenese zusammen mit Manganerzen auf dieser Art Lagerstätte sehr untypisch wäre. Belegmaterial dieser Querklüfte lag jedoch nur in sehr geringen Mengen vor.

Trotz noch vorhandener Halden und Tagebaue ist die Möglichkeit, die bekannten und begehrten Minerale der Lindener Mark zu finden, sehr gering geworden. Die meisten Fundstellen sind vollständig rekultiviert, damit unkenntlich oder nicht mehr ergiebig. Man muß sich also auch hier mit meist bescheidenen Belegen begnügen, die auf manchen Haldenresten noch zu finden sind. Lediglich der Tagebau der ehemaligen Grube Fernie bot noch bis in die 70er Jahre hinein gute Aufschlüsse. Doch hat sich auch das nach der Umgestaltung zum Freitzeitgelände schnell geändert.

32. Staffel bei Limburg/Lahn

Staffelit, ein ursprünglich amorphes Phosphoritmineral, das hier ansteht, kann in feinkristalliner Form als Carbonat-Fluorapatit angesehen werden. Fundmöglichkeiten bestehen auf Feldern um Staffel.

33. Oberneisen bei Diez

Oberneisen ist einer der klassischen Fundpunkte für Rhodochrosit. Hier wurden Eisensteinlager auf den Grubenfeldern Seitersfeld und Rothenberg abgebaut. Der Rhodochrosit kommt meistens in Form nierig-traubiger Überzüge, sehr selten auch in Kristallen vor. Daneben sind bekannt: Hämatit, Limonit, Dolomit, Calcit sowie Pyrolusit und Phosphorit.

34. Steinperf

Die Steinbrüche am Westhang des Burg-Bergs und am Dimm-Berg sind am besten über die von der Straße Bottenhorn-Steinperf abzweigende Zufahrt ins Industriegebiet zu erreichen (ca. 400 m südlich Steinperf). Zu den Abbauen südlich der Straße Obereisenhausen-Holzhausen fährt man 750 m ab Ortsausgang Obereisenhausen in das Werksgelände des Schotter- und Asphaltwerks ein und von dort aus einen Weg bergauf.

Das Gebiet ist nach Wilke (40) "eine Zone voller Störungen (Verwertungen). Zahlreiche unterkarbonische körnige intrusive Diabase (so: Burg-Berg bei Steinperf und bei Obereisenhausen; mit Mandelsteintextur) sowie Olivindiabase/(Paläo-)Pikrite (wie am Dimm-Berg) treten auf. An der Grenze zu den durchbrochenen Sedimentgesteinen sind Kontakterscheinungen typisch (Fleck-, häufiger gehärtete Schiefer)".

Albit	Hämatit	Pyrit
Calcit	Malachit	Quarz
Chalkopyrit	Pektolith	Sericit
Epidot	Prehnit	Sphalerit
Galenit	Pumpellyit (?)	

35. Dünsberg

Der aus Kulm-Kieselschiefer bestehende Härtling des Dünsberges bei Biebertal bildet einen der äußeren Ausläufer des rechtsrheinischen Schiefergebirges. An seinem Fuß bauten die ehemaligen Gruben Eleonore und Friedberg mulmiges Brauneisenstein-Manganerz ab (siehe dort).

Anläßlich der Arbeiten zur Errichtung einer Fernmeldeanlage fielen große Mengen Haldenmaterial an, welches heute noch allenthalben um den Gipfel des Berges herum gesammelt werden kann. Ansonsten ist man auf Lesesteine angewiesen, mit denen man manchmal Glück hat. Vor allem während der Erdarbeiten konnten auf Klüften des Kieselschiefers schöne Gruppen mit Phosphatmineralien gefunden werden, besonders Variscit (kräftig apfelgrün) und Wavellit wurden in schönen Stufen geborgen.

Calcit	Limonit	Strengit
Chalcedon	Opal	Variscit
Dolomit	Pyrit	Wavellit
Hämatit	Pyrolusit	
Kakoxen	Quarz	

36. Grube Malapertus und Kalksteinbruch Hermannstein bei Wetzlar

Hier wird derzeit ein Kalk-Ton-Gemisch zur Zementherstellung im Tagebau abgebaut. Bereits 1853 wurden in diesem Gebiet Schürfrechte auf Manganerze verliehen (Grube Malapertus). Die oberflächennahen Bereiche wurden mit sogenannten Reifen-Schächten (Weiden-Ausbau) erschlossen und abgebaut. 1931 wurde die Grube Malapertus stillgelegt. Von da an erfolgte nur noch die Gewinnung von Kalk.

Heute bestehen gute Fundmöglichkeiten für schöne Calcite, gute Pyrolusitkristalle sowie für Manganit, Dolomit, Wad und Nontronit.

37. Grube Laubach bei Laufdorf/Wetzlar

Ehemalige Brauneisensteingrube der Harz-Lahn-Erzbergbau-Gesellschaft, die 1962 stillgelegt wurde. Tiefster Aufschluß war die 125-m-Sohle. Das Gestein war an vielen Stellen mit Klüften durchzogen, die Eleonorit in schönen Kristallen enthielten. An weiteren sammelwürdigen Mineralien sind Calcit, Bornit und als Seltenheit Türkis in kleinen, nierigen Krusten zu erwähnen.

38. Grube Heinrichssegen bei Ehringhausen

Die ehemals von der Harz-Lahn-Bergbau-Gesellschaft betriebene Fluß-, Rot- und Brauneisenstein-Grube lag zwischen Werdorf und Ehringhausen. Sie wurde im Dezember 1961 stillgelegt. Der tiefste Aufschluß war die 195-m-Sohle. Von hier stammt sehr schöner Glaskopf, der z.T. mit Vivianit überzogen ist, sowie Dolomit, Calcit und Lepidokrokit.

Rhodochrositkristalle von Oberneisen. Bildbreite 5 cm.

13. Unteres Lahngebiet

1. Erzgänge bei Holzappel
2. Grube Mercur, Bad Ems
3. Grube Bergmannstrost, Bad Ems
4. Grube Friedrichssegen
5. Grube Rosenberg bei Braubach
6. Grube Mühlenbach bei Koblenz
7. Grube Anna bei Winden
8. Loreley-Gebiet
9. Erzgänge bei Werlau-Wellmich/Rhein
10. Steinbruch Miehlen
11. Diabassteinbruch Steinsberg
12. Steinbruch Mensfelder Kopf bei Limburg
13. Steinbruch Steeden bei Limburg
14. Steinbruch Schäfer bei Hahnstätten, Diez

Bergleute der Grube Holzappel bei Laurenburg beim Verstürzen von Nebengestein auf die Halde.

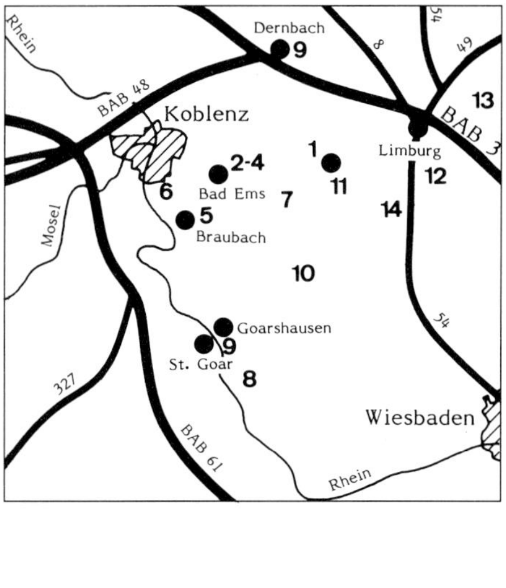

1. Erzgänge bei Holzappel

Es handelt sich um die Gangzüge, die an der unteren Lahn die östliche Begrenzung des Erzstreifens im südlichen Rheinischen Schiefergebirge bilden und die daher auch den Vorkommen bei Bad Ems sehr ähnlich sind. In Holzappel steht noch das Haus, in dem Goethe 1815 wohnte, als er von Wiesbaden aus die damals berühmten Fundstellen dieser Gegend besuchte. Sammler bevorzugen heute die Halden an der Lahn mehr als die bei der Holzappeler Hütte.

Im Jahre 1952 wurde die nach einer Gemarkung benannte Grube Holzappel nach fast 200jähriger Abbautätigkeit auf einem Erzgang zwischen dem Gelbach- und dem Hüttenbachtal wegen Unrentabilität stillgelegt. Dieser Betrieb muß zu den bedeutendsten Erzgruben im westdeutschen Raum gezählt werden.

Die Grube baute auf einen 0,5 bis 1 m mächtigen Hauptgang, der vorwiegend Zinkblende (Hauptfördererz), Bleiglanz, Kupferkies, Pyrit und Siderit führte. Seltener traten folgende Erzmineralien auf: Tetraedrit, Ullmannit, Gersdorffit, Linneit, Millerit, Pyrrhotin und Bismuthinit. Als Gangart kamen Quarz sowie Ankerit und Calcit vor. Häufigste Oxidationsmineralien waren Cerussit und Pyromorphit, die jedoch bei weitem nicht so gut ausgebildet waren wie auf den benachbarten Emser Gruben.

Der Ems-Braubacher Gangzug

Von Arzbach, das nördlich von Bad Ems liegt, bis hinunter nach Braubach am Rhein zieht sich der Ems-Braubacher Gangzug auf einer Länge von ca. 16 km. Die bekanntesten Gruben auf diesem Gangzug, die zum Teil über mehrere Jahrhunderte Erze (überwiegend Blei- und Zinkerze) förderten, waren die Gruben Silberkaute bei Arzbach, Pfingstwiese und Mercur (später konsolidiert) bei Bad Ems, Bergmannstrost (ebenfalls Bad Ems), Friedrichssegen, ca. 10 km westlich von Bad Ems, und Rosenberg bei Braubach am Rhein.

In dieser Region wurde nachweislich schon von den Römern Bergbau betrieben. Davon zeugen heute noch sichtbare Reste eines kleinen Hüttenwerks am Blöskopf bei Bad Ems und eine altrömische Siedlung aus dem zweiten oder dritten Jahrhundert n. Chr., die bei Ausgrabungen in der Nähe von Braubach gefunden wurde, sowie Funde von altem Gezähe und römischen Münzen. Im Mittelalter setzte dann ein systematischer Abbau der Emser Erzlagerstätten ein. Im folgenden finden sich immer wieder Erwähnungen über Verleihungen von Gruben in diesem Raum.

Die erste urkundliche Erwähnung stammt aus dem Jahre 1158. Dabei handelt es sich um eine Schenkungsurkunde Friedrich Barbarossas an den Trierer Erzbischof, womit dieser die Bergrechte erhält, bei Ems Silber abzubauen. Über die folgenden Jahrzehnte fehlen die Aufzeichnungen. In einem 1765 erschienenen Bericht eines nassauischen Amtmanns berichtet dieser von einer Blütezeit der Emser Gruben im 14. und 15. Jahrhundert. Ab dem 18. Jahrhundert kann dann die Geschichte nahezu lückenlos verfolgt werden. So wird ab 1743 von Stollenvortrieben im Bereich Fahnenberg und Pfingstwiese berichtet. Allerdings gingen die Arbeiten nicht voran, da der Betrieb immer wieder wegen Wasserschwierigkeiten und zu geringer Erzausbeute eingestellt werden mußte. Durch den Aufkauf aller Gruben in der Umgebung von Ems durch die Bendorfer Gewerkschaft Remy, Hoffmann & Comp. erlebte der Bergbau einen entscheidenden Aufschwung. Zu den aufgekauften Gruben zählten die Gruben Mahlberg, Ziegelhütte (besser bekannt unter Fahnenberg), Pitschbach, Pfingstwiese, Plüskopf (oder Blöskopf), die alle zu der Grube Mercur konsolidiert wurden, desweiteren im Bereich Nievern die Grube Linnebach, die besser bekannt ist unter ihrem späteren Namen Bergmannstrost.

Zunächst folgten einige wechselhafte Jahre. Doch ab 1850 setzte ein neuerlicher Aufschwung ein, woraufhin sich die Bendorfer Gewerkschaft entschloß, die vorhandenen Anlagen auszubauen bzw. einige Neubauten zu errichten. So wurde zum Beispiel die Emser Hütte und die Pfingstwieser Aufbereitungsanlage umbzw. ausgebaut sowie auf der Lahninsel "Silberau" eine zweite Aufbereitungsanlage erstellt.

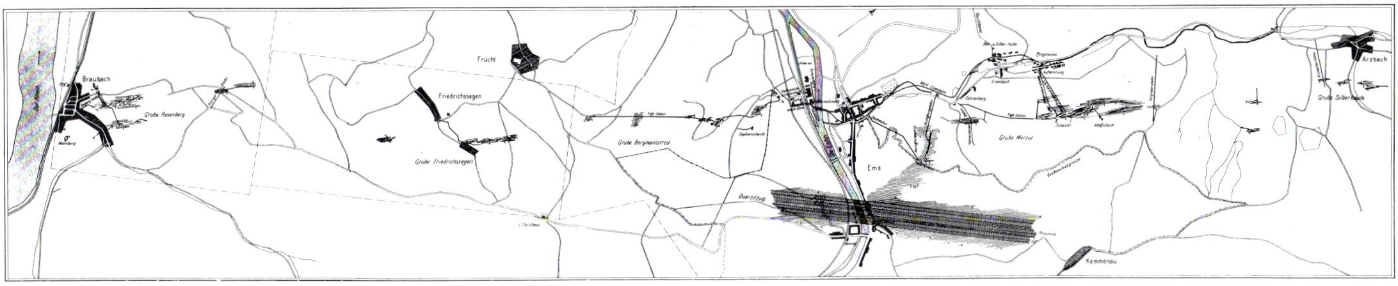

Die Lage der Gruben auf dem Ems-Braubacher Gangzug. Links (am Rhein) lag die Grube Rosenberg, dann folgten die Gruben Friedrichssegen, Bergmannstrost, Fahnenberg, Mercur, Pfingstwiese und Silberkaule (bei Arzbach).

Grubenbefahrung auf der Grube Holzappel im Jahr 1988. Überall haben sich sinterartige, eisenhaltige Überzüge gebildet.

Aus der Bendorfer Gewerkschaft bildete sich 1871 die "AG des Emser Blei- und Silberwerkes". Danach folgten Jahre mit ausgezeichneten Förder- und Ausbeutezahlen. So erbrachte das Jahr 1875 eine Gesamtleistung von 1,65 Mio. Mark. Ziemlich schnell verschlechterte sich jedoch die Situation ab 1882, bedingt durch fallende Metallpreise und durch strenge Auflagen der Behörden zum Schutz der Emser Heilquellen. So mußten bereits 1887 die Grube Bergmannstrost und 1894 die Fahnenberger Gruben, einige nur vorübergehend, andere für immer, stillgelegt werden.

1909 schloß sich die "AG des Emser Blei- und Silberwerkes" mit der "Stolberger Zink AG" zusammen. Trotz zahlreicher Versuche, den Bergbau auf den Emser Gruben wieder zubeleben, mußte 1912 die bedeutende Grube Friedrichssegen und letztlich 1925 die Emser Bleihütte geschlossen werden. Bis zum Ende des Zweiten Weltkriegs wurde noch Abbau insbesondere auf dem Neuhoffnungsgang betrieben. Danach kam der Bergbau jedoch endgültig zum Erliegen. Größere

Erzmengen konnten noch in der Nachkriegszeit durch die Aufbereitung der Halden mittels Flotation gewonnen werden.

2. Grube Mercur, Bad Ems

Von der Grube Mercur sind überwiegend schöne Stufen mit gut ausgebildeten, hochglänzenden Bleiglanzkristallen bis 3 cm Größe, Zinkblende (zum Teil als Kokardenerz ausgebildet), Cerussit (sowohl farblos, weiß, als auch durch Bleiglanzeinlagerungen schwarz gefärbt) und Anglesit bekannt geworden. Das berühmteste Mineral von den Emser Gruben ist Pyromorphit in der Ausbildung als "Emser Tönnchen". Mercur lieferte hervorragende Stufen grünlicher und gelblicher "Tönnchen" mit glatter Oberfläche im Gegensatz zu den nadelig verwachsenen, tönnchenförmigen Aggregaten von der Grube Rosenberg. Als seltene Erzmineralien sind Nickelin, Ullmannit, Gersdorffit, Cobaltin und ged. Kupfer zu nennen.

3. Grube Bergmannstrost, Bad Ems

Das bekannteste Mineral von dieser Grube ist ged. Kupfer, das in Form von Bäumchen bis 5 cm Länge oder seltener als Butzen vorkam. Pyromorphit fand sich in kleinen, grünlichen Kristallen bis 1 cm. Erwähnenswert sind noch Pyrargyrit, Bleiglanz und Linarit.

4. Grube Friedrichssegen

Die bedeutendste Grube auf dem Emser Gangzug war die Grube Friedrichssegen, deren herrliche Mineralfunde aus der Oxidationszone Weltruhm erlangten. Zuerst müssen die ausgezeichneten Pyromorphit-Stufen mit farblosen, weißen, gelblichen, grünlichen, braunen und annähernd schwarzen Farbtönen genannt werden, die in allen mineralogischen Sammlungen der Welt zu finden sind. So wurde auf Friedrichssegen der spektakulärste Pyromorphitfund des Emser Reviers gemacht. 1867 öffnete man auf der 3. Tiefbausohle (unter dem Heinrichstollen) eine 10 m hohe, 10 m lange und 2 m breite Kluft, vollkommen besetzt mit Pyromorphitkristallen. Aus dieser Kluft konnten prachtvolle, zum Teil zentnerschwere Stufen geborgen werden (zu besichtigen u.a. im Museum der Humboldt-Universität/Ostberlin und im British Museum of Natural History, London).

Weiterhin sind auf Friedrichssegen schöne Cerussitkristalle, häufig verzwillingt oder verdrillingt, auch Pseudomorphosen mit Anglesit bildend, bis 5 cm Größe und als Erzmineralien Bleiglanz, Zinkblende und ged. Kupfer aufgetreten.

Oben. Bad Ems, ca. 1920, Neuhoffnungsstollen, 16. Sohle. Die schweren Erzwagen mußten noch per Hand geschoben werden.

Links. Die Anlagen der Grube Friedrichssegen im Jahr 1910. Von hier stammen viele Pyromorphitkristalle, die in allen Sammlungen der Welt zu besichtigen sind.

Neben diesen klassischen Funden konnten durch rege Sammlertätigkeit in den letzten Jahren einige zum Teil seltene Mineralien von den Halden identifiziert werden. Dazu gehören Moschellandsbergit, Kongsbergit, ged. Quecksilber, ged. Gold und zahlreiche Cu-Pb-Zn-Oxidationsmineralien.

Adamin	Erythrin	Morenosit
Anglesit	Galenit	Moschellandsbergit
Aragonit	Gersdorffit	Namuwit
Azurit	Gibbsit	Perroudit
Beudantit	Gips	Posnjakit
Brochantit	Gold, ged.	Pyrit
Calcit	Hemimorphit	Pyromorphit
Caledonit	Hidalgoit	Quarz
Cerussit	Hinsdalit	Quecksilber, ged.
Chalkophanit	Hopeit	Schulenbergit
Chalkopyrit	Hydrozinkit	Schwefel, ged.
Copiapit	Jodargyrit	Serpierit
Corkit	Kaolinit	Siderit
Coronadit	Karminit	Silber, ged.
Covellin	Kongsbergit	Smithsonit
Cuprit	Kupfer, ged.	Sphalerit
Devillin	Langit	Tenorit
Dundasit	Limonit	Vivianit
Elyit	Linarit	
Embolit	Malachit	

5. Grube Rosenberg bei Braubach

Die Grube Rosenberg war als letzte Grube auf dem Ems-Braubacher Gangzug in Betrieb und bildet mit den Königsstieler-Hohler Gängen das südwestliche Ende des Emser Bergbaureviers. Von hier stam-

Rechts. Historische Gangaufnahme von der Grube Rosenberg um 1910, die den Hangenden Victor-Gang auf der 4. Sohle zeigt.

men ausgezeichnete Stufen mit farblosem, gelblichem bis grünem (aus oberen Teufen), überwiegend aber bräunlichem (aus größeren Teufen) Pyromorphit. Die Kristalle sind kurz- oder langprismatisch, typisch tönnchenförmig, häufig aber auch nadelig (blumenkohlartig) ausgebildet.

Erwähnenswert sind ferner Cerussit, auch als Schwarzbleierz, sowie Bleiglanz, Kupferkies, Markasit und Zinkblende.

6. Grube Mühlenbach bei Koblenz

Die Grube Mühlenbach förderte im Mühlenbachtal nahe Koblenz-Ehrenbreitstein bis 1961 Blei- und Zinkerze. Sie war in den Jahren nach dem Zweiten Weltkrieg die wichtigste und produktionsstärkste Blei-Zinkerz-Grube von Rheinland-Pfalz. Einen Höhepunkt der Erzförderung erreichte das erstmals 1842 urkundlich erwähnte Bergwerk in den Jahren zwischen 1951 bis 1957. Durchschnittlich 87.000 t Roherz wurden pro Jahr gefördert. Die Gesamtförderung betrug mindestens 2 Mio. t.

Für Mineraliensammler von Interesse sind die sehr gut ausgebildeten Bleiglanzkristalle mit Kantenlängen bis 3 cm. Leider sind nur wenige Stufen in den Sammlungen verbreitet. Begleitet wird Bleiglanz von Zinkblende (teilweise Honigblende), Kupferkies, Pyrit, Quarz und Calcit. Erzmikroskopisch konnten Tetraedrit, Siegenit und Bravoit nachgewiesen werden (EH 79/1).

7. Grube Anna bei Winden

Dieses ehemalige Blei-Zinkerz-Bergwerk, das auf fünf Gängen abbaute und zuletzt 1915 Ziel von ergebnislosen Untersuchungsarbeiten war, ist in der letzten Zeit bekannt geworden durch verschiedene Sekundärminerale. Gefunden wurden bisher: Anglesit, Pyromorphit (grün und braun), Malachit, Brochantit, Cerussit, Serpierit, Cuprit, Sphalerit, Galenit und Chalkopyrit.

Unter dem Rhein wurden Blei-Zinkerze im Gebiet um Werlau-Wellmich bei St. Goar abgebaut. Berühmt von hier sind violette Apatite.

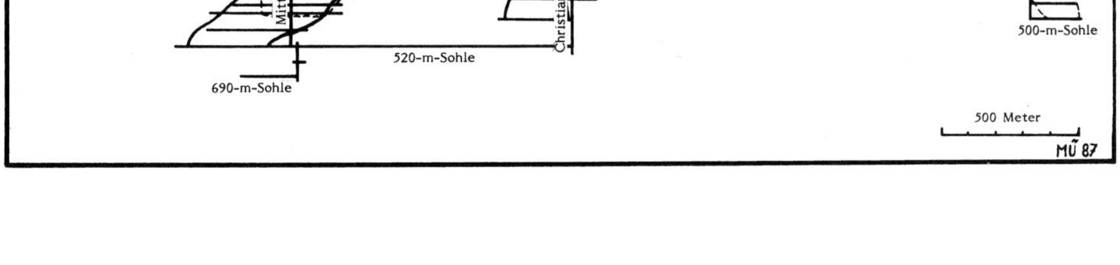

8. Loreley-Gebiet

In den Seitentälern im Gebiet der Loreley werden an vielen Stellen in Quarzklüften immer wieder teilweise bis 2 cm große Apatitkristalle gefunden. Fast alle sind hellrosa gefärbt. Begleitminerale sind Bornit, Chalkopyrit und Pyrit.

9. Erzgänge bei Werlau-Wellmich/Rhein

Südlich von Braubach wurde in der Nähe von St. Goarshausen der Werlau-Wellmicher Gangzug beiderseits des Rheins durch zahlreiche Gruben aufgeschlossen, die auch hier hauptsächlich Blei-, Zink- und Kupfererze förderten. Die wirtschaftlich wichtigste der Gruben, die Consolidierte Gute Hoffnung, verband ihre links- und rechtsrheinischen Gruben durch Unterquerung des Rheinstroms. Sie schloß 1961 als letzte ihre Werkstore.

Berühmt und begehrt sind von hier die leicht rosa gefärbten Apatitkristalle, die bis zu 2 cm Größe vorkommen und immer auf Quarz sitzen. Auch hervorragend ausgebildete Bergkristalle bis zu 15 cm Länge sind von hier bekannt. Selten sitzen ihnen auch Sulfide auf wie Bleiglanz- oder Kupferkieskristalle.

Albit	Galenit	Posnjakit
Anglesit	Gips	Pyrargyrit
Ankerit	Goethit	Pyrit
Antimonit	Graphit	Pyromorphit
Apatit	Greenockit	Quarz
Aragonit	Halotrichit	Ramsbeckit
Aurichalcit	Hämatit	Rhodochrosit
Brochantit	Hydrozinkit	Rosasit
Calcit	Jarosit	Schulenbergit
Cerussit	Kaolinit	Schwefel, ged.
Chalkopyrit	Langit	Sericit
Chalkosin	Leadhillit	Serpierit
Chlorit	Lepidokrokit	Siderit
Chrysokoll	Linarit	Silber, ged.
Copiapit	Malachit	Smithsonit
Covellin	Manganomelan	Sphalerit
Devillin	Mennige	Talk
Dickit	Millerit	Wad
Dolomit	Namuwit	
Fahlerz	Periklin	

10. Steinbruch Miehlen

Etwa 500 Meter nordöstlich von Nastätten liegt im Gemeindegebiet von Miehlen ein Steinbruch, in dem devonische Grauwacke abgebaut wird. In Quarzklüften, die den Schiefer durchsetzen, werden ausgezeichnete Bergkristalle bis 10 cm Länge gefunden. Milchige Quarze können sogar 20 cm Größe erreichen. Außerdem kommen Albitkristalle vor.

11. Diabassteinbruch Steinsberg bei Laurenburg

Im Diabassteinbruch Steinsberg wird auf drei Sohlen abgebaut und der Diabas zu Edelsplitt gebrochen. Von hier besonders erwähnenswert sind die bis zu 2 cm großen Albitkristalle.

Albit	Markasit (?)	Sphalerit
Asbest	Pyrit	Stilpnomelan
Calcit	Quarz	
Hyalit	Serpentin	

12.Meensfelder Kopf

15 Kilometer südlich Limburg liegt der noch in Betrieb befindliche Keratophyr-Bruch Meensfelder Kopf, in dem Edelsplitt gebrochen wird. Als mineralogische Besonderheiten sind von hier schwarze Anataskristalle sowie Fluorite bis 1,5 cm Kantenlänge und von violetter Farbe zu nennen. Daneben kommen bis zu 3 cm lange Rauchquarze mit Dauphineer Habitus sowie Pyrit, Kupferkies und Albit vor.

Bergkristallgruppe mit bis zu 8 cm langen Kristallen, die im Gebiet von Werlau-Wellmich gefunden wurde.

13. Steeden bei Limburg/Lahn

In den Massenkalk-Steinbrüchen bei Steeden nordöstlich Limburg wurden große Calcitdrusen angetroffen, die bis zu 1 Meter Durchmesser hatten. Die Calcitkristalle sind in zahlreichen Ausbildungen zu finden, z.B. als Blättercalcite oder Kanonenspäte, und zeigen eine große Farbenvielfalt. Weiterhin kommen vor: Hausmannit, Polyanit, Pyrolusit und Limonit (Glaskopf).

14. Steinbruch Schäfer bei Hahnstätten, Diez

In dem vom Kalkwerk Schäfer auf 6 Sohlen betriebenen Steinbruch finden sich in Störungszonen des Massenkalks gut ausgebildete Calcitkristalle und Limonit in Form schöner großer Glasköpfe.

14. Eifel

1. Laacher See-Gebiet
2. Wingertsberg bei Niedermendig
3. Dachsbusch bei Glees
4. Volkesfeld und Weibern
5. Hannebacher Ley
6. Herchenberg bei Burgbrohl
7. Leilenkopf bei Niederlützingen
8. Kunkskopf bei Wassenach
9. Steinbruch Kalem bei Birresborn
10. Die Wannenköpfe bei Ochtendung
11. Nickenicher Sattel
12. Ettringer Bellerberg
13. Schellkopf bei Brenk
14. Grube Silbersand bei Mayen
15. Mosellaschacht bei Mayen
16. Arensberg bei Zilsdorf
17. Emmelberg bei Üdersdorf
18. Weiersbach bei Üdersdorf
19. Dreiser Weiher
20. Firmerich bei Daun
21. Grube Bergkrone bei Uersfeld
22. Erzgruben Wohlfahrt und Schwalenbach bei Rescheid
23. Blei- und Zinkerzgruben bei Bleialf in der Schneifel
24. Grube Hoffnung bei Ahrbrück
25. Grube Glückstal bei Willerscheid
26. Steinkohlenbergwerk Emil Mayrisch
27. Steinkohlenbergwerk Anna bei Alsdorf
28. Steinbruch Mayer bei Hastenrath
29. Altenberg bei Aachen
30. Stolberg bei Aachen
31. Mechernich
32. Breitenbenden bei Mechernich
33. Kahlenberg bei Mechernich
34. Maubacher Bleiberg
35. Grube Tanzberg bei Keldenich
36. Grube Gertrud bei Antweiler

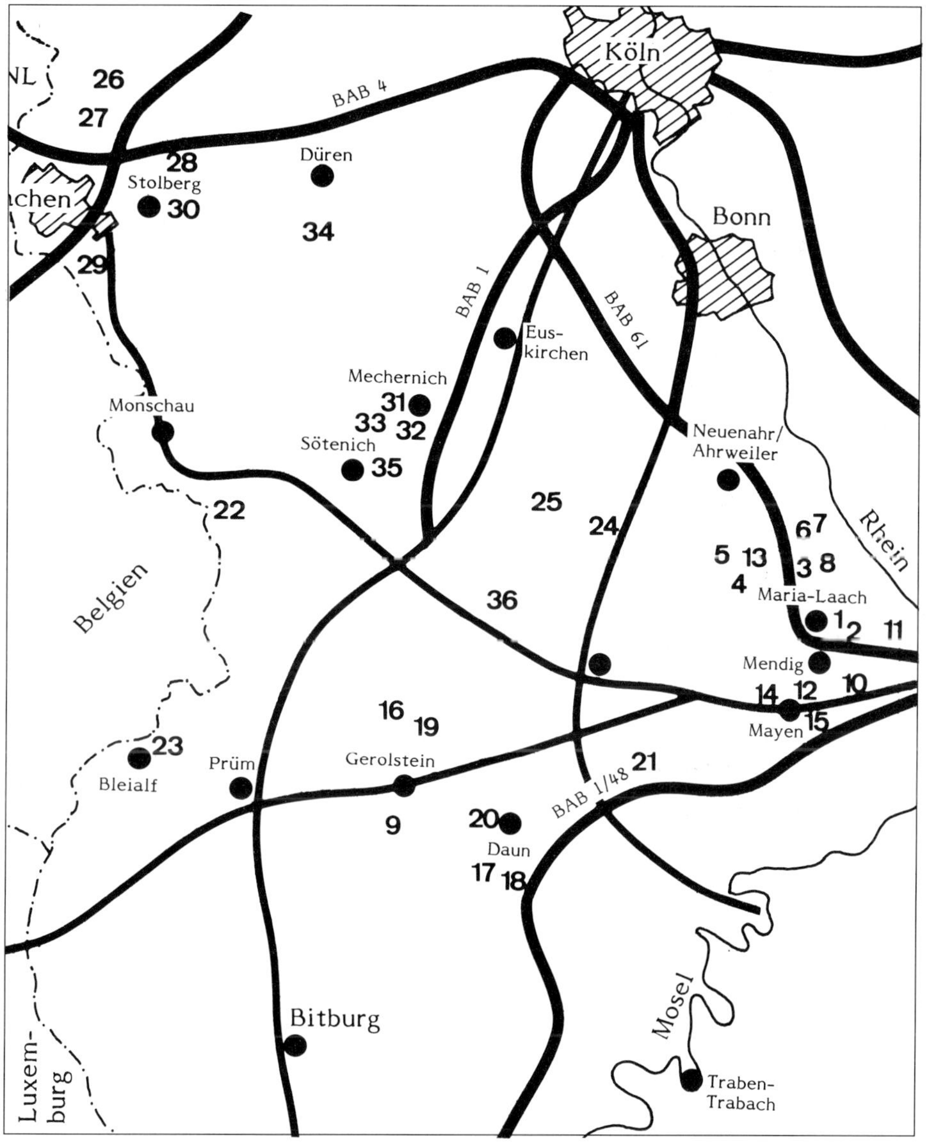

Oben. Die Fundstellen in der Eifel.

Für die Entstehung der Eifel, die nördlich der Mosel den linksrheinischen Teil des Rheinischen Schiefergebirges darstellt, gelten die schon bekannten Vorgänge im Paläozoikum. Die Gebirgsfaltung führte auch hier zu varistisch streichenden Sätteln und Mulden aus vornehmlich Tonschiefern, Grauwacken und Kalken. Von den Sedimenten des Erdmittelalters ist kaum etwas erhalten geblieben. Doch im Tertiär erfuhren weite Teile der Eifel während einer neuen Phase vulkanischer Tätigkeit eine erhebliche Umgestaltung, die noch heute das Landschaftsbild prägt. Nach dem zeitlichen Ablauf der vulkanischen Aktivitäten, die anscheinend noch bis ins Pleistozän nachwirkten, unterscheidet man drei Hauptverbreitungsgebiete: Hocheifel, Westeifel und Laacher See-Gebiet.

1. Laacher See-Gebiet

Auf dem Gebiet des heutigen Laacher Sees entstand im Jungquartär ein großes Einbruchbecken. Die letzten vulkanischen Tätigkeiten fanden vor ca. 11.000 Jahren statt. Bei dem Ausbruch von gewaltigen Bimsmassen bildete sich zum einen die Bimstuffdecke des Neuwieder Bekkens, und zum anderen formte sich die Umgebung des Laacher Kessels, wobei auch das heutige Seebecken gebildet wurde. Die hier vorkommenden Bimstuffe unterscheiden sich in weißen Bims (nephelin-trachytisch, vermutlich auch phonolithisch), auch Laacher Trachyt genannt, und grauen Bims (Mischprodukt aus phonolitischem und basanitischem Magma).

Als wichtigste Fundstellen in diesem Gebiet sind die ehemaligen Tuffgruben am Wingertsberg, am Thelenberg sowie die Gruben in unmittelbarer Seenähe beim Hotel Waldfrieden und beim Kloster zu nennen. Aber auch die Bimsgruben im Gebiet zwischen Mendig und Nickenich (bekannteste Grube in diesem Gebiet ist der Krufter Ofen) sind dazuzurechnen. In den sanidinitischen Auswürflingen konnten gerade in letzter Zeit einige sehr seltene Mineralien gefunden werden wie zum Beispiel:

Allanit	Jakobsit	Rozenit
Baddeleyit	Lavenit	Siderit
Bustamit	Markasit	Tephorit
Calciobetafit	Monazit	Thorit
Chevkinit	Polymignit	Tscheffkinit
Fergusonit	Pyrophanit	Wollastonit
Forsterit	Pyroxmangit	Wöhlerit
Hjortdahlit	Rhabdophan-(SE)	
Ilmenit	Rhodonit	

2. Wingertsberg bei Niedermendig

Vielgenannter Fundort südlich des Laacher Sees, der noch heute im Abbau steht und immer wieder gute Fundmöglichkeiten bietet. Außer den unter Laacher See-Gebiet genannten Mineralien treten hier als Besonderheit Hercynit, Andalusit und Davyn auf. Hauyn wird in bis zu 2 cm großen rundlichen Einschlüssen gefunden.

3. Dachsbusch bei Glees

Zwischen Wehr und Glees befindet sich direkt an der Autobahn A 61 der ca. 60 m hohe Dachsbusch, der durch einen mittlerweile stillgelegten Schlacken-Bruch aufgeschlossen wurde. Er ist einer der Grenzberge des Wehrer Kessels, zu denen auch Meirother Kopf, Hüttenberg und Tiefenstein gehören.

Bekannt geworden ist der Dachsbusch vor allem durch sehr gute Korund- und Zirkonkristalle. Korund tritt in Form tafeliger oder pyramidaler Kristalle auf, wobei die Farbe zwischen blau, bläulichgrün bis grün, bläulichgrau bis grau sowie rosa bis braun variiert. Prismatische Kristalle, die überwiegend farblos, weiß bis grauweiß oder leicht rosafarben sind, bildet Zirkon. Die Kristalle erreichen eine Größe von ca. 5 mm.

Der Steinbruch Hannebacher Ley. Hier wurde auch der Hannebachit entdeckt

Almandin	Jarosit	Sanidin
Andalusit	Korund	Sillimanit
Apatit	Lavenit	Skapolith
Biotit	Magnetit	Spinell
Disthen	Natrojarosit	Titanit
Fluorit	Phillipsit	Wöhlerit
Hauyn	Pyrochlor	Zirkon
Hornblende	Pyroxen	

4. Sanidinvorkommen von Volkesfeld und Weibern

Die Äcker rund um Volkesfeld und Weibern sind klassische Fundstellen für klare oder leicht braun gefärbte Sanidinbruchstücke bis 10 cm. Die Sanidinstücke sind häufig auch zum Schleifen geeignet. Besonders im Frühjahr bieten sich gute Fundmöglichkeiten.

5. Hannebacher Ley

Im bekannten Steinbruch dieser Basaltkuppe wurde das bisher einzige Sulfit in der Eifel mit dem Namen Hannebachit entdeckt. Weiterhin kommen als Raritäten Saponit und zwei organische Bildungen vor, Whewellit und Asphaltit.

6. Herchenberg bei Burgbrohl

Etwa 2 km nordwestlich von Burgbrohl liegt der Herchenberg, ein Schlackenabbau mit Melilith-Nephelinit-Gängen, die unter anderem Nephelin, Apatit, gelblichen Melilith, Magnetit, Pyroxen und selten Perowskit führen.

In Einschlüssen toniger Gesteine treten außerdem Titanit, Ilmenit, Pseudobrookit, Rutil, Topas, Mullit, Osumilith, Cristobalit und Fayalit auf.

7. Leilenkopf bei Niederlützingen

Östlich von Niederlützingen im Brohltal befindet sich der Schlackenvulkan Leilenkopf. Abgebaut wurden Lapilli- und Schlakkentuffe sowie Basalttuffe, die durch Carbonate verfestigt wurden. Der Bruch ist stillgelegt.

Dominierende und verbreitete Mineralien vom Leilenkopf sind Calcit und Aragonit in zwei Generationen sowie Phillipsit. Calcit bildet farblose, klare, spitzrhomboedrische Kristalle bzw. Kristallaggregate bis 3 cm Größe, desweiteren nierige, kugelige oder traubige Aggregate mit weißer bis gelblicher Färbung auf grünlichem Lavatuff. Seltener als Calcit kommt Aragonit vor. Er bildet weißliche,

bis 2 cm große nadelige Kristalle und Aggregate. Begleitet werden Calcit und Aragonit von Phillipsit, der in Form von farblosen, langprismatischen, pseudohexagonalen Kristallen vorkommt. Weitere Mineralien vom Leilenkopf sind Andradit, Biotit, Hämatit, Magnetit und Pyroxen.

Oben links. Etwa 1 Kilometer nordwestlich von Birresborn liegt der Steinbruch Kalem. Auch hier wurde Hannebachit sls Seltenheit gefunden.

Oben. Blick vom Nickenicher Sattel über das Neuwieder Becken. Im Vordergrund der Schlackenabbau.

8. Kunkskopf bei Wassenach

Ein weiterer mineralogisch interessanter Schlackenkegel mit Lavagängen befindet sich ca. 1 km nordwestlich von Wassenach. Hierbei handelt es sich um den Kunkskopf.

Die Lava führt Nephelin, Sodalith, Leucit, Sanidin, Olivin und grünen Pyroxen. In den Schlacken kommen unter anderem sehr schöne gelbliche Hornblendekristalle, Pseudobrookit, Rhönit, Leucit, Nephelin, Hämatit, Nosean sowie als Besonderheit Birnessit, ein Mineral der Manganomelan-Gruppe, vor. Der Kunkskopf ist bisher das einzige bekannte Vorkommen für Birnessit in der Eifel.

9. Steinbruch Kalem bei Birresborn

Rund 1 km nordwestlich von Birresborn liegt ein Vulkanberg, der sich hauptsächlich aus Melilith-Nephelinit und Pyroklastiten zusammensetzt. Auch dieser Steinbruch bringt die für die Eifel typischen Mineralien hervor, zum Beispiel Perowskit, Leucit, Apatit, Chabasit, Gismondin und Fluorit. Hier gelang vor einigen Jahren der Fund zweier extrem seltener Mineralien. Zum einen handelt es sich um das zweite Vorkommen des Sulfitminerals Hannebachit und zum anderen um den Erstfund von Alumohydrocalcit in der Eifel.

Hannebachit vom Kalem ist ähnlich wie von der Typlokalität Hannebacher Ley ausgebildet: maximal 2 mm große, hauchdünne, farblose und langgestreckte Täfelchen mit rechteckigem, aber auch lanzettförmigem Umriß. Winzige weiße, radialstrahlige Aggregate auf Kristallrasen mit Calcit und Aragonit stellten sich als das für die Eifel neue Mineral Alumohydrocalcit heraus.

10. Die Wannenköpfe bei Ochtendung

Auch die Wannenköpfe bestehen aus einer Vielzahl von Schlackenkegeln, die interessante Einschlüsse mit den typischen Eifelmineralien aufweisen.

In einem Toneinschluß konnten 1987 als Seltenheit Jeremejewitkristalle identifiziert werden. Die Wannenköpfe stellen damit das vierte Vorkommen von Jeremejewit in der Welt und das dritte in der Eifel neben Drees und dem Emmelberg dar.

11. Nickenicher Sattel

Nördlich von Nickenich ca. 10 km von Andernach entfernt liegt ein 392 m hoher Schlackenkegel, der Nickenicher Sattel. Der jungquartäre basaltische Vulkan (geschätztes Alter ca. 30.000 bis 40.000 Jahre) setzt sich aus Aschen, Wurfschlakken, Schweißschlacken und Lavaströmen (Leucit-Basanit) zusammen. Den Abschluß bildet eine mehrere Meter mächtige Schicht von jungen Bimstuffen.

Die interessanten Mineralien sind überwiegend in den Basaltlavaschlacken und den Fremdgesteinseinschlüssen zu finden. Sehr bekannt vom Nickenicher Sattel sind die ausgezeichneten, hochglänzenden und mehrere cm großen Hämatitkristalle und, in direkter Nachbarschaft davon, die blättchenförmigen, teilweise Bäumchen bildenden Tenoritkristalle. Beide Mineralien entstanden durch Ausscheidungen heißer Gase, sogenannter Fumarolenbildungen. Zu den häufigen Mineralien der Fremdgesteinseinschlüsse (silicatische Xenolithe) zählen unter anderem Mullit, Topas, Apatit und Tridymit. Als Seltenheiten sind Cuprorivait, Wagnerit,

Grandidierit und Volborthit zu nennen.

Amphibol	Hämatit	Roedderit
Apatit	Klinopyroxen	Rutil
Aragonit	Korund	Sanidin
Biotit	Leucit	Sodalith
Cordierit	Magnetit	Tenorit
Cristobalit	Mullit	Titanit
Cuprorivait	Nephelin	Topas
Enstatit	Olivin	Tridymit
Fayalith	Osumilith	Volborthit
Gips	Pseudobrookit	Wagnerit
Grandidierit	Pyroxen	Zirkon
Hauyn	Rhönit	

12. Ettringer Bellerberg

Auf Grund der überaus reichhaltigen und teilweise sehr seltenen Mineralisation ist der Ettringer Bellerberg als die bedeutendste und auch bekannteste Fundstelle der Eifel zu bezeichnen. Der Vulkankegel, dessen Kraterwall sich zum einen aus einem westlichen Teil, dem eigentlichen Ettringer Bellerberg, und zum anderen aus einem östlichen Teil, dem Kottenheimer Büden, zusammensetzt, liegt ca. 2 km nördlich von Mayen bei dem kleinen Ort Ettringen.

Vom Bellerberg gingen zwei große Lavaströme aus: nach Süden das ca. 15 bis 25 m mächtige Mayener Feld und nach Norden das bis zu 60 m mächtige Winfeld. Ein dritter kleinerer Lavastrom, das Ettringer Feld, erstreckt sich nach Westen. Der Abbau von Lava ging bereits vor ca. 5.000 Jahren am Bellerberg um. Man benötigte das Gestein als Werkstoff für Reib- und Mahlsteine. Heute wird das abgebaute Material hauptsächlich zum Wegebau und für Sportplätze verwendet.

Aufgrund der regen Abbautätigkeit und des großen Interesses von Sammlern und Wissenschaftlern konnte in den letzten Jahren eine vielfältige Mineralparagenese mit einigen sehr seltenen und teilweise sogar neuen Mineralien am Ettringer Bellerberg gefunden bzw. bestimmt werden. Zu den neuen Mineralien zählen Eifelit, Ettringit, Jasmundit, Mayenit und Reinhardbraunsit. Weiterhin konnten Mineralien, die bisher nur als synthetische Verbindungen der Zementchemie bekannt waren, am Ettringer Bellerberg identifiziert werden, z.B. Brownmillerit, Portlandit und Strätlingit.

Auch Roedderit wurde in diesem Steinbruch erstmalig als natürliche Bildung gefunden. Vorher war dieses Mineral, dem der Eifelit sehr ähnlich ist, nur von Meteoritenfunden bekannt geworden. Häufige Vertreter der bis zu dm-großen calciumreichen Xenolithe sind Calcit, Fluorit, Ettringit, Thaumasit, Gips, Hydrocalumit, Chabasit, Phillipsit u.v.m.

In den silicatischen Einschlüssen und ihren Reaktionszonen kommen häufig Quarz, Cristobalit und Tridymit sowie Magnetit, Hämatit, Titanit, Pseudobrookit, Rhönit, Pyroxen und Amphibol vor. Seltener sind hierin zum Beispiel Mullit, Topas, Hauyn, Zirkon, Korund, Osumilith und Roedderit zu finden. Insgesamt konnten bisher über 100 verschiedene Mineralien identifiziert werden.

Unten. Die Mineralienübersicht vom Bellerberg enthält über 100 Spezies.

Afwillit	Calcit	Fluorit	Leucit	Perowskit	Spinell
Almandin	Cancrinit	Forsterit	Levyn	Phillipsit	Spurrit
Amphibol	Cerianit	Gehlenit	Magnetit	Plagioklas	Srebrodolskit
Analcim	Chabasit	Gips	Malachit	Portlandit	Strätlingit
Andradit	Chalkopyrit	Gismondin	Mayenit	Powellit	Tenorit
Apatit	Coelestin	Goethit	Meionit	Pseudobrookit	Thaumasit
Apophyllit	Combeit	Hauyn	Monazit	Pyrochlor	Thomsonit
Aragonit	Cordierit	Hämatit	Monticellit	Pyroxen	Titanit
Azurit	Cristobalit	Hydrocalumit	Montmorillonit	Pyrrhotin	Tobermorit
Baddeleyit	Cuspidin	Jarosit	Mullit	Quarz	Topas
Baryt	Digenit	Jasmundit	Narsarsukit	Reinhardbraunsit	Tridymit
Biotit	Dolomit	Jennit	Natrojarosit	Rhönit	Vaterit
Bixbyit	Eifelit	Kalsilit	Nephelin	Roedderit	Volborthit
Braunit	Ellestadit	Konichalcit	Nordstrandit	Rutil	Wagnerit
Brownmillerit	Enstatit	Korund	Nosean	Sanidin	Willhendersonit
Brucit	Ettringit	Larnit	Osumilith	Sillimanit	Wollastonit
Calciovolbortit	Fayalit	Lepidokrokit	Periklas	Sodalith	Zirkon

Ganz oben. Der Schellkopf - Fundstelle für das seltene Mineral Brenkit. Die Aufnahme stammt aus dem Jahr 1982.

Brenkitkristalle vom Schellkopf. Bildbreite ca. 5 mm.

13. Schellkopf bei Brenk

Rund 7 km nordwestlich vom Laacher See entfernt liegt bei dem kleinen Ort Brenk der für dieses Gebiet älteste Vulkan. Den Namen Schellkopf soll die Bergkuppe von ihrem Gestein erhalten haben, einem Noseanphonolith, der beim Anschlagen mit dem Hammer einen hellen Ton, also einen Schall, von sich gibt.

Bekannt wurden Steinbruch und Ort durch die Entdeckung eines neuen Minerals, das den Namen Brenkit erhielt.

Auf Klüften des Phonoliths bildet Brenkit spitzrhomboedrische, farblose, manchmal auch milchig-weiße Kristalle bis 8 mm Länge. Als Begleitmineralien sind neben Phillipsit, Gonnardit und Zeophyllit auch ausgezeichnete Ettringitkristalle zu nennen. Letztere sind teilweise besser ausgebildet als auf der Typlokalität, dem Ettringer Bellerberg. Ettringit tritt in Form von hexagonalen farblosen oder milchigweissen Kristallen bis 5 mm Größe auf. Desweiteren kommen noch Lizardit, Aragonit, Para- und Tetranatrolith vor.

Analcim	Ettringit	Phillipsit
Apatit	Fluorit	Pyroxen
Apophyllit	Gismondin	Tetranatrolith
Aragonit	Gonnardit	Thaumasit
Brenkit	Lizardit	Thomsonit
Calcit	Montmorillonit	Uranylvanadat
Chabasit	Paranatrolith	Zeophyllit

14. Grube Silbersand bei Mayen

Schon zur Römerzeit soll auf der später Silbersand genannten Grube Bergbau betrieben worden sein. Der Name Silbersand entstand im Mittelalter und wurde vermutlich auf Grund des Silbergehalts im Bleierz (ca. 25 g Silber pro Zentner = 0,05%) gewählt. Der von Südwest nach Nordost streichende Hauptgang war ca. 750 m lang und führte Bleiglanz, Zinkblende, Pyrit, Kupferkies und Fahlerz. Als Gangarten traten Quarz und Siderit auf.

Von besonderem Interesse ist das Vorkommen von Boulangerit, der in Butzen oder auch feinen Fasern auf bzw. in Siderit oder Quarz eingewachsen ist. In Sammlungen vertreten sind hin und wieder schöne, teilweise bis 5 cm Kantenlänge aufweisende Bleiglanzkristalle.

Abbau im Basaltsteinbruch Arensberg bei Zilsdorf, den man durch einen Tunnel erreicht.

Eine der interessantesten Fundstellen in der Eifel ist der Emmelberg bei Üdersdorf. Von hier stammen eine Reihe sehr seltener Mineralien.

15. Mosellaschacht bei Mayen

Diese längst stillgelegte Dachschiefergrube, die untertägig Schiefer abbaute, lieferte recht schöne Aragonitkriställchen in Form von Überzügen gelblicher bis grüngelblicher Farbe.

16. Arensberg bei Zilsdorf

Der ca. 1 km nördlich von Zilsdorf gelegene "Basaltschlot" Arensberg gehört zu den tertiären Vulkanen, den sogenannten Hocheifel-Basalten. Im Bruch, der durch einen kleinen Tunnel zu erreichen ist, stehen außer Basalt tertiäre Blocktuffe im Bereich des Tunnels an.

Durch mitgerissene Kalkschollen konnte sich im Basalt und den Kontaktzonen eine interessante Mineralisation bilden. Hervorzuheben sind die teilweise ausgezeichnet ausgebildeten Zeolith-Mineralien wie zum Beispiel Natrolith, Thomsonit, Gismondin, Chabasit und Phillipsit.

Ein kleiner Teil des Bruchs lieferte eine Kalksteinschicht, in der eine interessante Magnesium-Mineralparagenese enthalten war. In diesem Material waren Mineralien wie Hydromagnesit, Artinit, Antigorit, Periklas und Dolomit enthalten.

Analcim	Gonnardit	Offretit
Apophyllit	Gyrolith	Periklas
Aragonit	Heulandit	Phillipsit
Artinit	Hydromagnesit	Pyrit
Baryt	Hydrotalkit	Serpentin
Brucit	Kupferkies	Skolezit
Calcit	Lizardit	Tacharanit
Chabasit	Mesolith	Thomsonit
Dolomit	Montmorillonit	Tobermorit
Gismondin	Natrolith	Vaterit

17. Emmelberg bei Üdersdorf

Das bedeutendste Vorkommen im Raum Üdersdorf ist der Emmelberg. Insbesondere dem regen Abbau und der Kulanz der Firma Slavik bezüglich der Genehmigung, den Bruch betreten zu können, ist es zu verdanken, daß der Emmelberg zu einer der interessantesten Fundstellen in der Eifel geworden ist. Ausschlaggebend dafür war natürlich auch der Mineralienreichtum und das Auftreten von teilweise sehr seltenen Mineralien.

So konnte vom Emmelberg zum ersten Mal Jeremejewit aus der Eifel nachgewiesen werden. Weitere zum Teil für die Eifel seltene Spezies sind Afwillit, Brownmillerit, Cuprorivait, Fayalith, Reinhardbraunsit, Sellait und Strätlingit.

Die Mineralien kommen überwiegend in den Fremdgesteinseinschlüssen vor. Hier sind drei verschiedene Arten zu nennen:

1. Die sanidinitischen Einschlüsse sind auf Grund ihrer weißen Farbe zu erkennen: Größe ca. 5 bis 50 cm. Häufigste Mineralien: Sanidin, Magnetit, Apatit, Titanit.
2. Die silicatischen Einschlüsse, meist an blasenreichem, bunt gefärbtem Reaktionshof zu erkennen: Größe bis 50 cm. Häufigste Mineralien: Sanidin, Topas, Pseudobrookit.
3. Die Ca-reichen Einschlüsse; weiß-graue Farbe mit farbigem Bruch. Größe bis 50 cm. Häufigste Mineralien: Ettringit, Hydrocalumit.

Afwillit	Hauyn	Portlandit
Amphibol	Hämatit	Pseudobrookit
Andradit	Hochquarz	Pyrochlor
Apatit	Hornblende	Pyroxen
Apophyllit	Hydrocalumit	Reinhardbraunsit
Augit	Jeremejewit	Rhönit
Baryt	Korund	Roedderit
Brownmillerit	Larnit	Rutil
Biotit	Leucit	Sanidin
Calcit	Levyn	Sellait
Chabasit	Magnetit	Sillimanit
Cordierit	Mayenit	Sodalith
Cristobalit	Melilith	Spinell
Cuprorivait	Montmorillonit	Strätlingit
Diopsid	Mullit	Thaumasit
Enstatit	Nephelin	Titanit
Ettringit	Nosean	Tobermorit
Fayalith	Olivin	Topas
Fluorit	Ortho-Pyroxen	Tridymit
Forsterit	Osumilith	Vaterit
Gehlenit	Phillipsit	Wollastonit
Gismondin	Phlogopit	Zirkon

18. Weiersbach bei Üdersdorf

Neben dem Emmelberg befindet sich bei Üdersdorf eine zweite, für Mineraliensammler sehr interessante Fundstelle, der Weiersbacher Steinbruch. Im klüftigen Basalt treten Leucit, Nephelin, grüner Pyroxen, Melilith, nadeliger Apatit, Hämatit und Magnetit auf. Besonders gut ausgebildet kommt Perowskit vor, zum Teil in Form skelettartiger Verwachsungen.

19. Dreiser Weiher

Der Dreiser Weiher ist ein Trockenmaar, das westlich von Dreis ca. 10 km von Daun liegt. Es entstand vermutlich durch den Einbruch einer Magmakammer. Das Alter beläuft sich auf ca. 10.000 Jahre.

Ganz oben. Zu einer beliebten Touristenattraktion entwickelt hat sich die Olivinfundstelle Dreiser Weiher bei Daun.

Oben. Blick auf Daun, im Hintergrund der Firmerich.

In der Umgebung des Maares befinden sich mehrere Tuffgruben. Bekannt geworden ist die Fundstelle durch die hier im Tuff vorkommenden Peridot-Knollen (besser bekannt unter dem Namen "Olivin-Bomben"), die einen Durchmesser bis zu 20 cm erreichen. Begleitmineralien sind Klinopyroxen, Biotit und Spinell, meist in Form eingewachsener Körner.

20. Firmerich bei Daun

Nordöstlich von Daun liegt der Firmerich. Am bzw. auf dem Firmerich befinden sich Steinbrüche, in denen Leucitit-Nephelin-Basalt-Laven, Basalttuffe und Schlacken aufgeschlossen sind.

In den Steinbrüchen und auf den umliegenden Feldern kommen in den Tuffen ausgezeichnete Augitkristalle bis 5 cm Größe vor. Weitere Mineralien sind unter anderem Leucit, Hauyn, Biotit, Nephelin, Apatit und Magnetit.

21. Grube Bergkrone bei Uersfeld

Das Gebiet zwischen Mayen und Daun bietet nicht nur dem Sammler von Vulkanmineralien Fundstellen. Es existieren in diesem Gebiet auch einige Bergwerke, die überwiegend auf Baryt bauten. Die bedeutendste in diesem Gebiet war die Grube Bergkrone zwischen Uersfeld und Gunderath, zu ereichen über A 48 Koblenz-Trier, Ausfahrt Ulmen. Die Grube baute auf einem ca. 600 m langen, durchschnittlich 10 m mächtigen und NNE-SSW streichenden Tonschiefergang, der große Barytlinsen enthielt. Diese erreichten eine Länge von 30 bis 50 m und eine Mächtigkeit von maximal 5 m.

Aus der Abbauzeit stammen gute Funde mit überdurchschnittlich großen, durchscheinend-weißlichen Barytkristallen, die flachtafelig ausgebildet waren und bis zu 20 cm Kantenlänge aufweisen konnten. Weitere Minerale von hier sind ged. Kupfer, Pyrit, Quarz, Hämatit, Goethit, Siderit und Malachit.

22. Erzgruben Wohlfahrt und Schwalenbach bei Rescheid

In der Gemeinde Hellenthal befinden sich die Gruben Wohlfahrt und Schwalenbach bei Rescheid. Sie gehörten einst zu den bedeutenderen Gruben in der Nordeifel.

Die älteste Beschreibung der Grube Wohlfahrt stammt von 1543. Demzufolge baute man das Erz zunächst oberflächennah ab. Im 17. Jahrhundert ging man auf Stollenbetrieb über. Von 1690 bis 1791 ruhten die Arbeiten auf der Grube. Erst um die Jahrhundertwende begann man wieder mit einem geregelten Betrieb. Zu dieser Zeit waren ca. 11 Bergleute auf der Grube beschäftigt, und man förderte rund 400 Zentner Bleiglanz pro Jahr. Insbesondere durch die Mechanisierung und den Einsatz von Dampfmaschinen konnte die Grube immer weiter vergrößert werden und gehörte Mitte des 19. Jahrhunderts zu den produktionsstärksten Bergwerken in der Nordeifel. 1853 wurde die Grube stillgelegt. Nach einigen Versuchsarbeiten nahm eine englische Gesellschaft den Betrieb der Grube 1878 wieder auf und setzte gleichzeitig die Grube Schwalenbach in Förderung.

Während man auf Schwalenbach mit umfangreichen Aufschlußarbeiten begann, mußte man die Wohlfahrt auf Grund geringer Erzanbrüche 1884 erneut stillegen. Der bebaute Gang auf Schwalenbach setzte sich weiter zur Teufe fort, so daß man unter Einsatz moderner Maschinen den Tiefbau forcierte. Der Erste Weltkrieg zwang jedoch zur Einstellung. Schließlich begann man 1936 zum letzten Mal mit Arbeiten auf den beiden Gruben. Allerdings erfüllten sich die Erwartungen nicht, so daß die Gruben 1940 endgültig geschlossen wurden.

Als Erze sind Bleiglanz, Kupferkies und Pyrit, als Gangarten Quarz und Ankerit zu nennen. Erwähnenswerte Mineralfunde sind schöne Stufen mit bis zu 5 cm großen Bleiglanzkristallen, häufig sehr gut ausgebildet auf Quarz, außerdem Kupferkies- und Pyritkristalle sowie die üblichen Oxidationsmineralien wie Cerussit, Anglesit, Hydrozinkit und Malachit.

23. Blei- und Zinkerzgruben bei Bleialf in der Schneifel

Westlich von Prüm, nahe der Grenze zu Belgien, hat der Erzbergbau im Umkreis des Ortes Bleialf seit dem Mittelalter eine bedeutende Rolle gespielt. In der rauhen Berglandschaft mit kargen landwirtschaftlichen Erträgen war der Abbau des silberhaltigen Bleiglanzes der dortigen Erzgänge über Jahrhunderte eine willkommene Erwerbsquelle. Nicht nur alte Pingenzüge und Haldenproben mit deutlichen Kennzeichen des Feuersetzens bezeugen den frühen Bergbau. Es gibt auch mehrere Urkunden über die Verleihung der Bergrechte für die Grubenfelder bei Alf, deren älteste aus dem Jahr 1158 stammt. Der Name Bleialf taucht 1584 zum erstenmal auf. Aus dem Zusatz des Hauptfördererzes zur Ortsbezeichnung kann man den hohen Stellenwert des dortigen Bleibergbaus entnehmen.

Bleiglanzkristalle auf Dolomit von der Grube Rescheid, Nordeifel. Die Stufe hat eine Breite von 6,5 cm.

Etwas Genaueres über den Betrieb in den Bleialfer Gruben läßt sich erst für das 19. Jahrhundert sagen, als besonders die Grube Neue Hoffnung aufblühte. Den höchsten Förderungsstand erreichte diese Grube 1878 mit 6.546 t Bleierz und 0,3 t Kupfererz. Daraus geht hervor, daß das Kupfervorkommen in den Bleialfer Gängen von untergeordneter Bedeutung war. Bald danach zeigte sich aber, daß der Vorrat an Erzmitteln schrumpfte.

1886 wurde der Abbau eingestellt, nachdem vorher bereits die Förderung auf dem Richelberger Gang zum Stillstand gekommen war. Die zahlreichen Versuche, den Bergbau wieder zu beleben, schlugen fehl. Die letzte Mutung mit Namen Ihrenbrück III wurde 1954 endgültig aufgegeben.

Auf alte Bergbauhalden stößt man in der Nähe der ehemaligen Schächte und Gänge, z.B. bei den Heinrich-Gängen, bei den Resten der Grube Neue Hoffnung und am Ausgang der Straße Am Richelberg, aber auch auf freiem Feld oder im Wald. Erst in den letzten Jahren sind Minerale durch die Sammler bekannt geworden, doch ist noch keine Veröffentlichung darüber erschienen. So erhebt die folgende Zusammenstellung keinen Anspruch auf Vollständigkeit. Minerale, deren Identität noch nicht durch Untersuchungen gesichert werden konnte, werden durch ein Fragezeichen gekennzeichnet.

Akanthit (?)	Covellin	Malachit
Anglesit	Cuprit	Massicotit
Ankerit	Digenit	Mennige
Aragonit	Dolomit	Posnjakit
Aurichalcit (?)	Elyit	Pyrit
Azurit	Galenit	Pyromorphit
Baryt	Gips	Quarz
Bindheimit (?)	Goethit	Romeit
Brochantit	Hydrocerussit	Schwefel, ged.
Caledonit	Jarosit	Serpierit
Cerussit	Kaolinit	Siderit
Chalkanthit	Kupfer, ged.	Sphalerit
Chalkopyrit	Langit	Tenorit (?)
Chalkosin (?)	Leadhillit (?)	Tetraedrit
Corkit	Linarit	

24. Grube Hoffnung bei Ahrbrück

Hier setzen an der Ahr in unterdevonischen Schichten Antimonerzgänge auf, die während des 19. Jahrhunderts durch die Grube Hoffnung abgebaut wurden. Das Hauptfördererz war Antimonit, der dort mit den Gangarten Quarz und Dolomit eine sandige Grauwacke durchtrümerte. Die Lagerstätte scheint nicht sehr umfangreich gewesen zu sein (A 78/11).

Antimonit	Dolomit	Pyrit
Aragonit	Erythrin	Quarz
Baryt	Gips	Romeit
Bindheimit	Heterogenit	Sphalerit
Boulangerit	Ilvait	Stibiconit
Cervantit	Kermesit	Talk
Chalkopyrit	Limonit	Valentinit
Cuprit	Metastibnit	Veenit

25. Grube Glückstal bei Willerscheid

Eine kleine, unbedeutende, aber für Mineraliensammler immer noch interessante Grube befindet sich ca. 10 km südöstlich von Bad Münstereifel. Es handelt sich dabei um die bleierzführende Grube Glückstal. Auf den Halden können im Quarz Bleiglanzkristalle und Bleischweif gefunden werden. Desweiteren kommen Baryt und Dolomit (Gangart) auch in Form kleiner Kristalle vor, außerdem noch Kupferkies, Malachit, Cerussit und Anglesit.

26. Steinkohlenbergwerk Emil Mayrisch bei Siersdorf

Von dieser Steinkohlenzeche, die eine wichtige Bedeutung für das Aachener Steinkohlenrevier hat, sind eine Reihe von Mineralien bekannt geworden, die auch auf den Zechen an der Ruhr gefunden wurden. Es sind:

Baryt	Galenit	Siegenit
Calcit	Markasit	Sphalerit
Chalkopyrit	Millerit	Strontianit
Dickit	Pyrit	
Dolomit	Quarz	

27. Steinkohlenbergwerk Anna bei Alsdorf

Dieses stillgelegte Steinkohlenbergwerk, das wie die Grube Emil Mayrisch von der Eschweiler Bergwerksverein AG betrieben wurde, hat ebenfalls eine Reihe von Mineralien geliefert. Es handelt sich um typische Bildungen der Steinkohlenzechen.

Alunogen	Galenit	Siderit
Baryt	Halotrichit	Sideronatrit
Calcit	Markasit	Siegenit
Chalkopyrit	Melanterit	Sphalerit
Copiapit	Millerit	Tamarugit
Dickit	Pyrit	
Dolomit	Quarz	

Die Schachtanlage und Aufbereitung Virginia der Gewerkschaft Mechernicher Werke. Die Aufnahme stammt vermutlich aus dem Jahr 1886.

28. Steinbruch Mayer bei Hastenrath

In diesem Steinbruch wurden bisher folgende Mineralien gefunden:

Anglesit	Covellin	Malachit
Aragonit	Cuprit	Markasit
Aurichalcit	Dolomit	Pyrit
Azurit	Galenit	Quarz
Brochantit	Gips	Rosasit
Calcit	Greenockit	Siderit
Cerussit	Hydrozinkit	Smithsonit
Chalkopyrit	Limonit	Sphalerit

29. Altenberg bei Aachen

Im Gebiet von Aachen gibt es zwei große klassische Blei-Zink-Vorkommen: Altenberg und Stolberg (siehe unten). Bei den Lagerstätten handelt es sich um meist stockwerkartig ausgebildete Galmeivorkommen. Daneben wurde Erz in sogenannten sulfidischen Kontaktlagern abgebaut.

Die ehemalige Gewerkschaft Altenberg hatte ihr Konzessionsfeld im Raum zwischen Eupen, Aachen und Herve, also auch auf belgischem Gebiet. Bekannteste Bergwerke sind Moresnet (bzw. Neu-Moresnet) sowie die Grube Schmalgraf. Sie tauchen immer wieder auf den Fundortzetteln auf.

Berühmt von hier sind vor allem die krustenförmigen, teilweise nierigen Ablagerungen von Bleiglanz, Zinkblende, Wurtzit und Pyrit, die als "Schalenblende", besonders von "Schmalgraf", bekannt geworden sind. Daneben gehören aber auch schöne, bis zu 2 cm große Hemimorphitkristalle zu den begehrten Mineralien von Altenberg. Sie sitzen häufig auf Smithsonit auf.

Zu guter Letzt seien die vielen Zinkspat-Ausbildungen genannt, die ihren Weg in viele bedeutende Sammlungen gefunden haben. Der Smithsonit kommt sowohl blättrig, stalaktitisch als auch in Pseudomorphosen nach Calcit vor. Die Farbe variiert dabei von weiß über grau, rot nach braun und kam selten auch blau vor. Vereinzelt wurde auch Willemit gefunden.

30. Stolberg bei Aachen

Die Galmei-Vorkommen ähneln den Lagerstätten von Altenberg. Auch hier kommen die Blei-Zink-Erze in stockwerkartigen Lagern vor. Das bedeutendste Bergwerk war die Grube Diepenlinchen. Die Erzführung bestand aus Schalenblende, also aus Wurtzit, Bleiglanz, Pyrit und Markasit; untergeordnet kamen auch Galmei, Cerussit, Malachit, Pyromorphit (grün und braun), Hemimorphit, Wad, Goslarit, Hydrozinkit, Antimonit und Calcit vor. Mineralogisch erwähnenswert sind die schönen oktaedrischen Bleiglanzkristalle.

Außer der Grube Diepenlinchen kamen noch einige weitere für Sammler interessante Gruben vor, z.B. die Gruben Zufriedenheit, Büsbacherberg und Breinigerberg.

31. Mechernich

Ein schon nachweislich von den Römern betriebener Bergbau auf Blei befindet sich am Nordrand der Eifel zwischen Mechernich und Kall. Aus dem Jahre 1469 stammt die erste Erwähnung vom "Bleiberge" in einer Rechnungseintragung eines Kölner Kaufmanns. Die erste überlieferte Bergordnung wurde 1567 von Johan de Linge, dem Grafen von Arensberg, erlassen. Nach wechselndem Erfolg wurde 1859 der Mechernicher Bergwerks-Aktienverein gegründet, wodurch eine Blütezeit des Bergbaus eingeleitet wurde. Der Abbau fand im Tage- und Tiefbau statt. 1957 mußte der Betrieb auf grund des fallenden Bleipreises, aber auch wegen des niedrigen Bleigehaltes des Erzes von ca. 1% eingestellt werden.

Auf den Mechernicher Lagerstätten (Fundortbezeichnungen Kahlenberg, Westschacht, Grießberg) trat Bleiglanz als Primärerz in den Bundsandsteinen und Konglomeraten auf. Er bildet auf Klüften gut ausgebildete, würfelige Kristalle bis zu mehreren cm Größe. Als herausragende Bleisekundärmineralien sind Cerussit (bis 6 cm!), Anglesit, Pyromorphit (grüne und gelbe Kristalle bis 2 cm), Mimetesit und Wulfenit zu nennen. Fundmöglichkeiten sind nicht mehr gegeben, da das ehemalige Grubengelände heute von der Bundeswehr als Depot genutzt wird (EH 82/2).

Anglesit	Gips	Plumbojarosit
Aurichalcit	Goethit	Pyrit
Azurit	Greenockit	Pyrolusit
Baryt	Hämatit	Pyromorphit
Beaverit	Hemimorphit	Quarz
Bieberit	Hydrozinkit	Rancieit
Bravoit	Jarosit	Rosasit
Calcit	Kupfer, ged.	Schwefel, ged.
Cerussit	Limonit	Siderit
Chalkopyrit	Linarit	Smithsonit
Corkit	Malachit	Sphalerit
Cuprit	Molybdänit	Wulfenit

Der Tagebau Maubach im Jahr 1965.

32. Breitenbenden bei Mechernich

Im Kölner Raum liegt ein sehr bekanntes, lokal begrenztes Vorkommen am Ortsrand von Breitenbenden, wo Anfang der 60er Jahre unmittelbar unterhalb der Landstraße grobe Sandsteinkonglomerate aufgeschlossen waren. Die bis über faustgroßen Kiesel und Sandsteingerölle waren mit frischgrünen Kristallrasen von Pyromorphit und dazu kontrastierenden samtschwarzen Manganoxiden überzogen und verkittet. Weiterhin kamen Wulfenit sowie Dickit vor.

33. Kahlenberg bei Mechernich

Anfang der 70er Jahre wurde in einem stillgelegten Knottenerz-Tagebau in Klüften ausgezeichneter gelblicher Smithsonit in nierigen, flächigen Krusten bis 5 cm Stärke gefunden. Daneben traten Bleiglanz, Cerussit, Hemimorphit, Bieberit, Corkit und Pyromorphit auf.

34. Maubacher Bleiberg

In unmittelbarer Nähe vom Mechernicher Grubenbezirk liegt der Maubacher Bleiberg. Auch hier trat Buntsandstein auf, der als Imprägnation abbauwürdigen Bleiglanz aufwies.

Das Vorkommen bei Untermaubach setzte sich in Form von Butzen oder Knoten im Grundkonglomerat aus Grauwacke und Quarz fort, das vom Sandstein überlagert wurde. Neben Bleiglanz stammten Zinkblende, Kupferkies und Bravoit aus hydrothermalen Lösungen, die als Bindemittel zwischen den Geröllen in den Konglomeraten dienten. Wegen der geringmächtigen Sandsteindecke gewann man das Erz im Tagebau.

Nachweislich ging bereits im 13. Jahrhundert reger Bergbau um. Nachdem

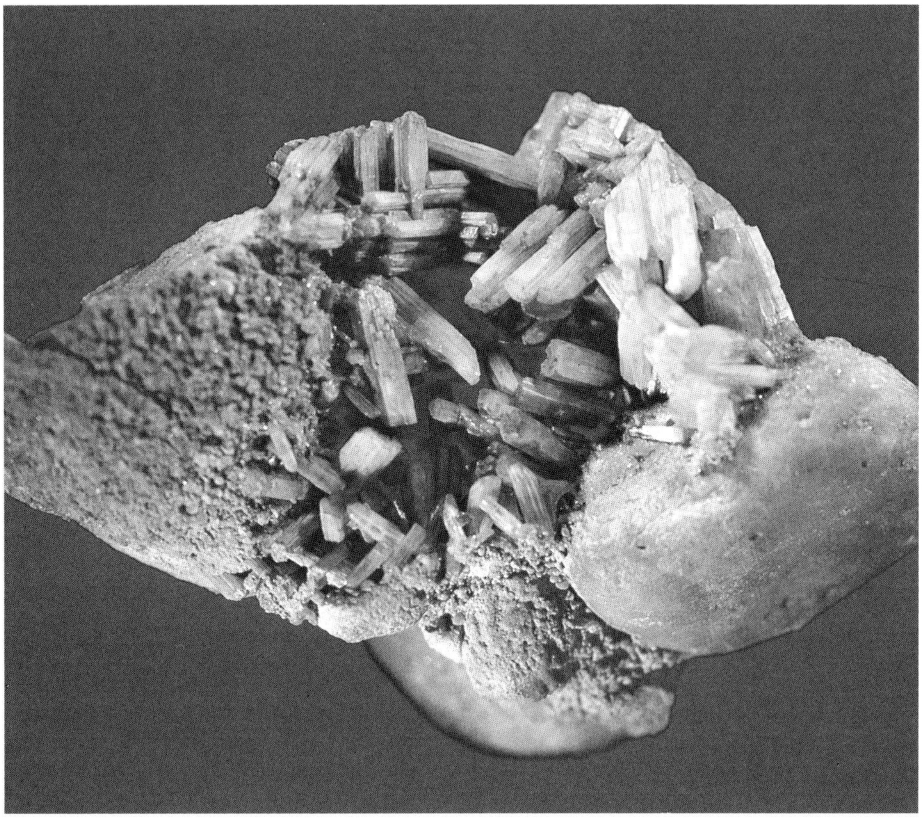

Typisches Sandsteingerölle von Mechernich, die mit Cerussitkristallen verkittet wurden. Die Bildbreite beträgt ca. 8 cm.

der Maubacher Bleiberg auf eine über 700jährige Abbauzeit zurückblicken konnte, wurde die Lagerstätte durch moderne Abbaumethoden nach dem Zweiten Weltkrieg schnell abgebaut und ausgeerzt. Ende März 1969 wurde der Abbaubetrieb eingestellt. Heute wird der Tagebau als Mülldeponie genutzt.

Neben hervorragenden Bleiglanzstufen ist der Maubacher Bleiberg durch Bravoitstufen und einige zum Teil seltene, Sekundärmineralien bekannt geworden. So sind Bieberit, Richelsdorfit, Lavendulan und Erythrin als Raritäten anzusehen.

Allophan	Delafossit	Malachit
Anglesit	Dickit	Markasit
Ankerit	Digenit	Melanterit
Aragonit	Dolomit	Molybdänit
Aurichalcit	Erythrin	Plumbojarosit
Azurit	Galenit	Posnjakit
Bieberit	Gips	Pyromorphit
Bravoit	Goslarit	Quarz
Brochantit	Hämatit	Rancieit
Calcit	Hemimorphit	Richelsdorfit
Cerussit	Jarosit	Schwefel, ged.
Chalkanthit	Kupfer, ged.	Serpierit
Chalkophyllit	Langit	Siderit
Chalkopyrit	Lavendulan	Sphalerit
Covellin	Limonit	Tetraedrit
Cuprit	Linarit	Wulfenit

35. Grube Tanzberg bei Keldenich

Bei Keldenich treten ebenfalls Blei- und Kupfererze als Imprägnation in den Sandsteinen auf, die im ehemaligen Konzessionsfeld Callerstollen untertage abgebaut wurden. Der Bergbau geht vermutlich bis in die Römerzeit zurück.

Unter den Fundortbezeichnungen Tanzberg oder/und Kall sind in Sammlungen vor allen Dingen Cerussitstufen zu finden. Kristalle wurden bis zu 2 cm Länge beobachtet.

Anglesit	Dolomit	Millerit
Ankerit	Galenit	Pyrit
Bornit	Gips	Pyrolusit
Calcit	Hemimorphit	Pyromorphit
Cerussit	Langit	Rancieit
Chalkopyrit	Limonit	Serpierit
Covellin	Linarit	
Dickit	Malachit	

36. Grube Gertrud bei Antweiler/Eifel

In der Nähe von Adenau liegt der Ort Antweiler. Im Limbachtal, einem Seitental der Ahr, befindet sich die ehemalige Grube Gertrud.

Sie wurde auf Fahlerz bebaut. Dementsprechend bestehen auch auf den Halden überwiegend Fundmöglichkeiten für Fahlerz und Oxidationsminerale. Desweiteren kommen Kupferkies, Bleiglanz, Zinkblende, Pyrit sowie häufig Azurit und Malachit vor.

Allophan	Chrysokoll	Pyromorphit
Annabergit	Dickit	Serpierit
Caledonit	Hörnesit	Tenorit
Chalkanthit	Hydrocerussit	Tetraedrit
Chalkophyllit	Lavendulan	
Chalkosin	Parasymplesit	

15. Hunsrück

1. Grube Theodor bei Tellig
2. Grube Gondenau bei Traben-Trarbach
3. Grube Kautenbach bei Bernkastel
4. Grube Schloßberg bei Geisenheim, Rhein
5. Grube Dr. Geier, Waldalgesheim
6. Stromberg
7. Idar-Oberstein
8. Steinkaulenberg
9. Fischbacher Kupferbergwerk
10. Steinbruch Setz
11. Wäschertskaulen
12. Steinbruch Juchem im Fischbachtal
13. Göttschieder Heide
14. Felder bei Rimsberg/Nohen
15. Grube Clarashall, Ruschberg
16. Steinbruch Jean, Baumholder
17. Kirn

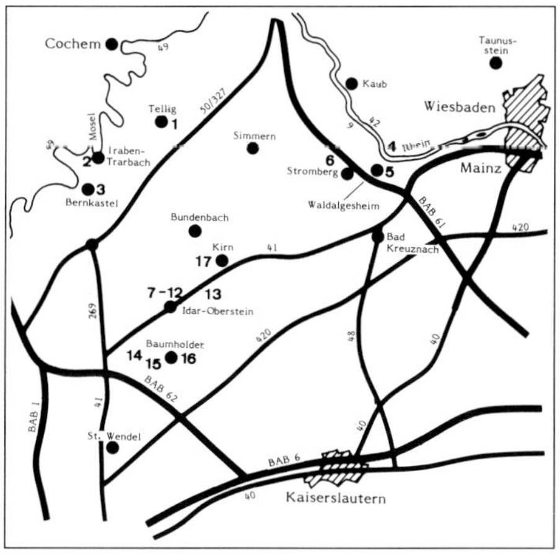

1. Grube Theodor bei Tellig

Vereinzelt findet man in Sammlungen Bleiglanz- und Zinkblendestufen mit der Fundortbezeichnung "Grube Theodor(a), Tellig". Dieses Blei-Zinkerz-Bergwerk, in der Nähe von Traben-Trabach gelegen, förderte bis 1959 ungefähr 300.000 t Roherz. Die Erze wurden teilweise zur Aufbereitung nach Bad Ems transportiert.

2. Grube Gondenau bei Traben-Trarbach

Rund 3 Kilometer östlich von Traben-Trarbach lag die Schiefergrube Gondenau, die von 1936 bis 1949 auch auf Blei-Zinkerze baute. Auf den Halden konnten bisher gefunden werden: Zinkblende, Bleiglanz, Kupferkies, Pyrit, Calcit, Quarz, Malachit, Cerussit und Dolomit.

3. Grube Kautenbach bei Bernkastel

Die ehemalige Kupfer- und Bleierzgrube Kautenbach, die schon im Mittelalter in Abbau stand, gehört zu den klassischen Fundstellen in Deutschland. Von hier stammen die berühmten Blaubleierzstufen, Umwandlungspseudomorphosen von Bleiglanz nach Pyromorphit. Diese Varietät wurde nur an ganz wenigen anderen Stellen gefunden, z.B. in Zschopau, Freiberg, Wheal Goet (Frankreich) und Wheal Hope (Cornwall).

Die Funde stammen alle aus den letzten beiden Jahrhunderten. Stufen von Kautenbach sind in fast jeder bedeutenden Mineraliensammlung der Welt zu finden. Die Kristalle können bis 4 cm groß werden. Ein besonders guter Fund muß im Jahr 1845 gemacht worden sein, da hierüber der berühmte Bergrat und Mineraloge Nöggerath ausführlich berichtet hat.

Die Entstehung der Pseudomorphosen ist auf das Zirkulieren von kohlensäurehaltigen Thermalquellen in den Erzgängen zurückzuführen. Neben den oben genannten Pseudomorphosen (auf einigen besonders alten Etiketten u.a. als "Sexangulit" bezeichnet) kommt auch der umgekehrte Fall vor, nämlich Pseudomorphosen von Pyromorphit nach Bleiglanz. Hierbei haben die Kristalle noch eine gelblich-bräunliche Farbe.

Außer den Pseudomorphosen kommen neben Pyromorphit noch Pyrit und Markasit vor, die auf dem Blaubleierz sitzen.

4. Grube Schloßberg bei Geisenheim, Rhein

Die Grube Schloßberg baute mit mehreren Betriebspunkten (z.B. Grube Johannisberg) ab 1854 im Tiefbau Mangan- und Brauneisenerze ab. Später wurden auch Tagebaue angelegt. Der Bergbaubetrieb ruht hier seit 1920.

Typisches und gesuchtes Mineral ist von hier Rhodochrosit, der vor allem in kugeligen und nierig-schaligen Aggregaten erscheint. Er sitzt meistens auf Schiefer, kann aber auch auf Pyrolusitkristallen vorkommen. Insgesamt sind nur sehr wenige Stufen in Sammlungen anzutreffen.

5. Grube Dr. Geier, Waldalgesheim

Ein weiterer berühmter Fundort für schönen Rhodochrosit ist das ehemalige Mangan- und Dolomitbergwerk Dr. Geier bei Waldalgesheim. Der Förderturm der Grube Amalienshöhe war aufgrund der besonderen architektonischen Bauweise und seiner exponierten Lage ein weithin sichtbares Wahrzeichen.

Der Abbau der Erze in den beiden Grubenfeldern Elisenhöhe und Waldalgesheim geht bis zum Jahr 1839 zurück. Später kamen weitere Grubenfelder hinzu, z.B. Amalienshöhe im Jahr 1883. Während zunächst Eisenmanganerze abgebaut wurden, kam ab 1954 auch der Abbau von Dolomit dazu. 1971 erfolgte die Einstellung des Grubenbetriebs.

Der hier vorkommende Rhodochrosit, der in Kugeln in nierigen oder traubigen Aggregaten bis 1 cm Durchmesser meist auf Limonit aufsitzt, zählt zuden gesuchten Raritäten. Daneben fand man Pyrolusit, Limonit und Calcit.

6. Stromberg

Die Massenkalk-Steinbrüche bei Stromberg sind seit langer Zeit Fundpunkte für außergewöhnlich große Quarzkristalle.

Die Grube Amalienshöhe bei Waldalgesheim von Süden aus gesehen. Foto 1973.

Sie kommen hier vorzugsweise in der Varietät Kappenquarz vor. Die Einzelkristalle, die in vielen Farbtönen (z.B. als Citrin oder Eisenkiesel) auftreten können bis 50 cm Länge erreichen; Kristallstufen mit mehreren Zentnern Gewicht sind ebenfalls gefunden worden. Außerdem wurden im Steinbruchgebiet Bleiglanzgänge angefahren, die bis zu 50 cm Mächtigkeit hatten. Hier wurden dann auch grüne Pyromorphite sowie Cerussitkristalle gefunden. Weitere Minerale von hier sind Kupferkies, Aragonit, Calcit, Dolomit und Malachit.

7. Idar-Oberstein

Die Bedeutung des Ortes als Mittelpunkt der Edelsteinbearbeitung und des Diamanthandels ist ohne die Achatvorkommen in der Umgebung nicht denkbar. Im 19. Jahrhundert waren bis zu 40 Achatgräber damit beschäftigt, das vulkanische Gestein des Steinkaulenbergs abzubauen. Auch heute sind an vielen Stellen noch Funde von Achatmandeln, Jaspis und Amethystquarz möglich. Aus der Stätte der Achatgewinnung und der zahlreichen Achatschleifen entwickelte sich ein blühender Umschlagplatz für Mineralien, Diamanten, Schmucksteine und Erzeugnisse der Goldschmiedekunst.

Kein Wunder, daß nicht nur die branchenkundigen Einkäufer und Anbieter die Stadt aufsuchen, die 1974 zum Sitz einer Diamant- und Edelsteinbörse gewählt wurde, sondern Tausende von Touristen, Gemmologen und Sammlern, die Idar-Oberstein als ein Mekka für schöne Steine ansehen. Um dieser Rolle gerecht zu werden und ihre Besucher an der Bewunderung edler Steine teilhaben zu lassen, besitzt die Stadt zwei Museen: das Deutsche Edelsteinmuseum des Bundesverbands der Edelstein- und Diamantenindustrie und das Heimatmuseum unterhalb der Felsenkirche. Ersteres besticht das Auge durch eine systematisch aufgebaute Ausstellung aller Edelsteine der Welt vom Achat bis zum Zoisit, und zwar im rohen wie im geschliffenen Zustand. Letzteres verleugnet seine Entstehung aus einem kleinen stadtgeschichtlichen Museum nicht, doch wurde es zu einer hervorragenden Mineralienschau ausgestaltet, die sich eines regen Besuches erfreut.

In der Vorhalle weist das Bild "Die alte Schleife" mit den bäuchlings liegenden "Bachschleifern" auf einen Raum hin, in dem durch gesammelte Einrichtungen und Geräte ein anschauliches Bild des traditionellen Achatschleifens vermittelt wird. Ein anderer Raum zeigt eine alte Goldschmiedestube. Ferner sieht man in weiteren Räumen den in Idar-Oberstein geschaffenen Schmuck, die Entwicklung des Schmucks während der verschiedenen Epochen, die Arbeiten der Steinschneider, eine Sammlung riesiger Bergkristallstufen, deren schwerste 2,1 t wiegt, und die sogenannte Glyptothek mit den kostbarsten Dingen des Museums. Natürlich fehlen auch die einheimischen Achate nicht, bei denen es sich um die schönsten Stücke handelt, die dort gefunden wurden. Ein ganzer Raum ist den Mineralien des Saar-Nahe-Berglandes gewidmet. Im Obergeschoß sind die weltweit vorkommenden Mineralien zu besichtigen, daneben die geschlossene Sammlung eines Spenders aus Idar-Oberstein, fluoreszierende Mineralien in einem Sonderkabinett und vieles mehr, das erwähnenswert wäre. Das Museum ist ganzjährig geöffnet, täglich von 9.00 bis 17.00 Uhr.

8. Steinkaulenberg

Eine der berühmtsten Fundstellen in diesem Gebiet ist der Steinkaulenberg, von dem behauptet wird, daß Mitte des letzten Jahrhunderts rund 40 Achatgräber im Tage- und Tiefbau tätig waren. Noch

Ein Blick in eine Achatschleife in Idar-Oberstein in den 30er Jahren.

heute sind viele dieser "Achathöhlen" zugänglich. Im Besucherbergwerk Steinkaulenberg kann man gefahrlos auf den Spuren der Achatgräber wandeln.

An Mineralien wurden sowohl an den Schürfstellen als auch auf Halden folgende Mineralien gefunden : Achat, Amethyst, Bergkristall, Rauchquarz, Chalcedon, Calcit, Goethit, Hämatit, Jaspis, Markasit und Pyrit.

9. Fischbacher Kupferbergwerk

Eine weitere Attraktion bei Idar-Oberstein dürfte der Besuch des Fischbacher Kupferbergwerks im Hosenbachtal sein. Riesige Weitungen, die vor dem 30jährigen Krieg angelegt wurden, zeugen vom Fleiß der Bergleute. Für Mineraliensammler war die Grube allerdings unbedeutend.

10. Steinbruch Setz

Zu einem der größten Erlebnisse des Sammlerlebens gehört auch das Selbersuchen in den großen Steinbrüchen bei Idar-Oberstein, vor allem, wenn auch die Fundaussichten gut sind. Deshalb werden sie an den Wochenenden manchmal von mehreren Hundert Sammlern bevölkert, die oftmals sehr unbedacht in den Steinbrüchen arbeiten und so schon viele Menschen gefährdet oder verletzt haben

Der Steinbruch Setz liegt zwischen Idar und Tiefenstein. Er ist bekannt geworden durch besonders schön gefärbte Achate. Daneben kommen vor: Amethyst, Aragonit, Baryt, Bergkristall, Calcit, Chalcedon, Fluorit (sehr selten), Goethit, Harmotom, Hämatit, Jaspis, Malachit, Markasit, Pyrit und Rauchquarz.

11. Wäschertskaulen

Unter dieser Fundortbezeichnung wird ein Acker- und Wiesengebiet nördlich von Idar verstanden, in dem neben schönen Jaspisen auch Achate, Amethyste, Bergkristalle und Rauchquarze gefunden werden.

12. Steinbruch Juchem im Fischbachtal

Dieser berühmte Steinbruch ist ebenfalls ein Anziehungspunkt für alle Sammler. Von hier stammen wunderschöne Achate und bis metergroße Amethystdrusen. Außerdem sind die in vielen Varietäten auftretenden Calcitkristalle zu erwähnen. In den Drusen kommen eine Reihe weiterer Minerale vor: Aragonit, Baryt, Bergkristall, Chabasit, Fluorit (selten), Goethit, Harmotom, Hämatit, Jaspis, Lepidokrokit, Malachit, Markasit, Pyrit und Rauchquarz.

In der Nähe liegt der ehemalige Steinbruch Bernhard. Die Mineralparagenese ist ähnlich wie im Juchem.

13. Göttschieder Heide

Ein weiterer berühmter Fundpunkt bei Idar-Oberstein ist die Göttschieder Heide (am Flugplatz). Hier lassen sich Achat, Amethyst, Bergkristall, Jaspis und Rauchquarz finden.

14. Felder bei Rimsberg/Nohen

Hier finden sich auf frisch gepflügten Äckern zwischen den beiden Orten sehr schöne Achate, oft mit der fleischfarbenen Tönung, wie sie die Achate des Steinkaulenberges häufig zeigten. Weiterhin kommen Amethyst, Bergkristall, Jaspis und Rauchquarz vor.

15. Grube Clarashall bei Ruschberg/Baumholder

Die jetzt stillgelegte Barytgrube lieferte außergewöhnlich große Barytkristalle der jüngsten Generation. Auf den bis zu 30 cm langen dicktafligen Kristallen war manchmal Cinnabarit idiomorph oder anflugartig mit schwarzem Manganmulm aufgewachsen.

Links. Besuchergruppe im Fischbacher Kupfererzbergwerk bei Idar Oberstein.

Rechts. Prehnit in kugeligen Aggregaten aus dem Fischbachtal bei Idar-Oberstein. Die Bildbreite beträgt 2,5 cm.

16. Baumholder

Im militärischen Sperrgebiet befindet sich links der Straße von Rathsweiler nach Baumholder etwa 3 km vor dem Ort ein aufgelassener Steinbruch mit dem Namen "Jean", der nur mit Genehmigung betreten werden darf. Das porphyrische Gestein enthält Zeolithe wie Heulandit, Laumontit, Harmotom und Chabasit. Von dieser Fundstelle wurde aber auch das seltene Vanadat Vesignieit beschrieben, das sonst in der Bundesrepublik nur an wenigen Stellen, z.B. im Andreasbachtal bei Bad Lauterberg, vorkommt. Anhand von Funden aus einem anderen Steinbruch des Truppenübungsplatzes oberhalb der ehemaligen Backesbergermühle erfolgte der erste Nachweis des Zeolithminerals Mordenit für die Bundesrepublik (20a).

17. Kirn a.d. Nahe

Der Steinbruch Pfeiffer bei Kirn ist bekannt geworden außer seinen Achaten durch sehr schöne Drusen mit Amethyst-, Quarz- und Rauchquarzkristallen. Calcite sind ebenfalls in vielen Farb- und Kristallformen aufgetreten.

16. Taunus

1. Mangan-Eisenerzlager Ober-Rosbach
2. Altweilnau
3. Heftrich
4. Grube Jeanette bei Kransberg
5. Grube Philippseck
6. Usingen
7. Kaisergrube
8. Grube Wundertshecke
9. Grube Mehlbach bei Weilmünster
10. Grube Altermann bei Langhecke
11. Grube Altehoffnung bei Weyer
12. Grube Lindenberg bei Münster
13. Tongrube im Rupelton bei Flörsheim/Main
14. Rockenberger Sandgruben bei Butzbach

1. Mangan-Eisenerzlager Ober-Rosbach

Südlich von Friedberg befand sich am Ostrand des Taunus einstmals die zweitgrößte deutsche Manganerzlagerstätte, deren Abbau schon 1925 eingestellt wurde. Während der Betriebszeit sind mitunter schöne Rhodochrositstufen und goldgelber Kakoxen herausgebracht worden. Haldenfunde sind jetzt aber äußerst selten (M 84/2).

2. Altweilnau

Altweilnau liegt ca. 9 km westlich von Usingen im Weiltal. Im gesamten Bereich des Ortes auf den Grubenfeldern Königsholz, Bleizeche I und II finden sich Reste des alten Bergbaus: Halden, Pingenzuge, verstürzte und offene Stollenmundlöcher. Der Bergbau auf Bleiglanz hat in diesem Bezirk aber nur kleine Erträge erbracht, da das Erz meist in einzelnen, verstreuten Nestern in den Quarzgängen auftrat. Als weitere Gangart kommt noch selten Calcit hinzu. Außer dem schon genannten Bleiglanz, der vorwiegend derb auftritt, findet sich noch Kupferkies als Primärerz. Im anstehenden Bleiglanz fanden sich winzige Zinkblendekristalle.

Bei großer Ausdauer sind auf den Halden noch große, gebänderte Quarze vom Usinger Habitus zu finden, auch Pyromorphit derb und klein kristallisiert von hellgrüner Farbe, desweiteren Cerussit, Malachit und als Rarität winzige gediegene Kupferkristalle.

3. Heftrich

Wenige Kilometer östlich von Heftrich finden sich in einer Waldschlucht die Halden des Bleibergwerks, welches bis in die 30er Jahre mit Maschinenförderung auf einem Bleiglanzgang gebaut hat. Der Fundort wurde durch seine schönen großen Bleiglanzstufen bis mehrere kg Gewicht bekannt. In den letzten Jahren sind noch einmal schöne Funde von kristallisiertem Bleiglanz, Fahlerz und Zinkblende, meistens auf den typischen Quarzen dieser Lokalität sitzend, bekannt geworden. Außer Spuren von wahrscheinlich recenter Kobaltblüte findet sich hier keine typische Sekundärmineralisation, was für die Fundstellen des Taunus ungewöhnlich ist. Weitere Funde sind wenig wahrscheinlich.

4. Grube Jeanette

Südöstlich von Usingen, im Wald zwischen Kransberg und Pfaffenwiesbach, finden sich die Halden und Pingen der Grube Jeanette. Vom Stollen selbst und seiner Halde, welche tiefer an der Straße lagen, ist nichts mehr vorhanden. Die kleine Grube wurde im vorigen Jahrhundert aufgrund ihrer schönen kristallisierten Pyromorphite bekannt. Diese gelangten schon damals in bedeutende und weit entfernte Sammlungen, was alte Sammlungszettel noch heute bezeugen. Auch einigen Generationen der heutigen Sammler gelang es hier noch unzählige der typischen Stufen für die Sammlungen unserer Zeit zu bergen.

Bei aller Vielfalt in Form und Farbe, in welcher der Pyromorphit hier auftritt, dominieren doch die typischen hellgrünen Kristallaggregate, die nicht selten Faustgröße erreichen. Auch derbe wulstige Massen mit kristallisierten Bereichen und von dunklerem Grün sind repräsentativ für den Fundort. Selten finden sich auch Lagen von braunem Pyromorphit zwischen grünem eingebettet. Quarz bildet hier die einzige Gangart, Bleiglanz mit wenig Kupferkies das Primärerz. Zu erwähnen ist noch Cerussit, der zuweilen in zersetzter Grauwacke hübsche Kristalle bildet.

5. Grube Philippseck

Zwischen Usingen und Butzbach zweigt bei Ziegenberg eine kleine Straße vom Usatal über den Ort Wiesenthal nach Münster ab. Kurz vor Münster oben auf der Ackerkuppe liegen in einem langgestreckten Gebüschstreifen die Haldenreste der mittelalterlichen Grube Philippseck versteckt. Wie so manche alte Taunusgrube hat auch sie eine wechselvolle Betriebsperioden hinter sich. Das Bergwerk baute auf Gängen mit Bleiglanz, Fahlerz und Kupferkies. Diese Paragenese ermöglichte eine interessante Sekundärmineralisation. Häufig finden sich hier Rasen von feinkristallinem Azurit, die nicht selten von farblosem, hell grünlichem, glänzendem Pyromorphit überwachsen sind. Dazu gesellen sich manchmal noch weiße Cerussitkristalle. Malachit spielt nur eine untergeordnete Rolle. Kupferkies ist oft in rot-opakes Ziegelerz umgewandelt. Das zersetzte Fahlerz bildet gelbe poröse Massen (wie Pitticit). Die Fundmöglichkeiten sind inzwischen sehr begrenzt, und das Schürfen im Vogelschutzgebiet ist verboten.

6. Usingen

Der bekannte Usinger Quarzgang, der sich etliche Kilometer im Gelände verfolgen läßt und auch das Naturdenkmal Eschbacher Klippen bildet, wird heute noch wenig östlich der Stadt am Bremthaler Quarzitwerk abgebaut. Der besonders reine Quarz ist ein wichtiger Rohstoff für die Schott'schen Glaswerke.

Seit seinem Bestehen hat dieser Aufschluß große und prachtvolle Quarz- und Morionstufen mit der typischen Kristallbänderung hervorgebracht. Eine metergroße Stufe von dort steht seit langem vor dem Wiesbadener Landesmuseum. Die häufig bis faustgroßen Kristalle sind in Klüften in einen hellen und sehr zähen Kaolin eingebettet. Im Habitus zeigen sie fast ausnahmslos nur ihre hexagonale Pyramide. Gute Funde könnten nach wie vor gemacht werden, jedoch ist das Betreten ausnahmslos verboten und wird bergpolizeilich mit hohen Strafen geahndet.

7. Kaisergrube

Etwa acht Kilometer östlich von Usingen über Pfaffenwiesbach liegt einsam in den Waldungen des Wintersteins die ehemals bedeutende Kaisergrube. Das Bergwerk liegt interessanterweise direkt auf dem römischen Grenzwall, dem Limes. Aus der Betriebsperiode um 1840 mit zwei 150 Meter tiefen Schächten und Wasserhaltung mittels Dampfmaschine sind heute noch die Gebäude erhalten, welche privat bewohnt werden. Das gesamte Gelände mit zugehörigen Halden ist eingezäunt. Die Grube baute auf mehreren Bleiglanzgängen. Aus der Betriebszeit wurden besonders große braune Kristalle von Pyromorphit beschrieben. Haldenfunde dieses Minerals sind jedoch nicht bekannt geworden.

8. Grube Wundertshecke

Die Grube Wundertshecke, die noch zu dem Gangbereich der Kaisergrube gezählt werden kann, liegt ca. 3 Kilometer nördlich von Pfaffenwiesbach im Wald hinter Friedrichstal. Von dieser kleinen Bleigrube, die wohl nur einen versuchsweisen Abbau darstellte, sind noch die großen trichterförmigen Halden des Pingenzugs erhalten. Außer derbem, in limonitisierten Gangquarz eingewachsenem Bleiglanz konnte man hier bis vor einigen Jahren hübsche kleine lichtgrüne Pyromorphitrasen finden. Fundmöglichkeiten sind noch gegeben.

9. Grube Mehlbach bei Weilmünster

Die ehemalige Grube Mehlbach liegt südwestlich von Weilmünster rechts der Straße nach Laubuseschbach. Schon seit dem 15. Jahrhundert wurde in der Umgebung teilweise mit großem Erfolg, Bergbau auf Blei-, Silber- und Kupfererze geführt. Vor allem die Grube Mehlbach war früher bekannt für reiche Anbrüche mit Fahl- und Rotgültigerzen. Sie wurde 1841 stillgelegt. Heute sind nur noch einige Haldenreste zu sehen, die geringe Fundmöglichkeiten für Mineralien bieten.

Zu Ihren Betriebszeiten hat die Grube Mehlbach schöne Kristallstufen von Bleiglanz (bis 10 cm Kantenlänge!) und Fahlerz geliefert. Begleitet wurden diese Erze von Pyrit, Bournonit und gelegentlich Pyrargyrit. Gangarten waren Quarz, Calcit und Ankerit. Sekundär gebildet wurden Azurit, Malachit, Cerussit, Brochantit und Anglesit. Aus den Gruben von Weilmünster wird von J.J. Ferber 1776 außerdem noch "Kobolt" erwähnt. Hierbei dürfte es sich um Cobaltin gehandelt haben.

10. Grube Altermann bei Langhecke

Langhecke ist nach Villmar eingemeindet und liegt südwestlich Weilmünster an der Straße zwischen Laubuseschbach und Villmar. Reste des sehr alten Bergbaues findet man südlich von Langhecke im Wald, am Westhang der Roten Küppel oder direkt an der oben genannten Straße. In Langhecke wurden auf den Gängen der Gruben Altermann und Glücksstern Metallerze abgebaut. Der Bergbau existierte seit dem Mittelalter. Umfangreiche Information über den Langhecker Bergbau sowie über andere Metallerzbetriebe des Taunus liefert die Beschreibung des Bergreviers Weilburg, auf die hier hingewiesen sei (1a).

Die früher sehr reichen Gänge der Gruben haben eine Reihe interessanter Mineralien geliefert. In einer Gangart aus Quarz, Ankerit und Calcit kamen silberreiche Fahlerze, Kupferkies, Bleiglanz und Pyrit vor, alle auch in Kristallen. Mit dem Fahlerz traten kleine eingewachsene Kristalle von Pyrargyrit auf, der früher auch als Erz gefördert werden konnte. Weitere Primärerze waren Zinkblende und Hämatit. An sekundären Bildungen sind bis jetzt bekannt: Azurit, Malachit, Pyromorphit, Limonit, Mennige, Anglesit, Cerussit und Erythrin. Einige weitere Minerale sind noch nicht untersucht.

Auf den bewachsenen Halden im Wald konnten in den letzten Jahren noch Belege der gängigen Mineralien gefunden werden.

11. Grube Altehoffnung bei Weyer

Weyer liegt zwischen Münster und Oberbrechen, wenig südlich von Villmar an der Lahn. Die ehemalige Grube Altehoffnung, auch Weyerer Werk genannt, lag etwas östlich des Ortes und wurde mit mehreren Stollen und Schächten auf Blei-, Silber- und Kupfererze betrieben. Außer einigen Mauerresten und kleinen Halden ist vom Weyerer Werk nicht mehr viel zu sehen. Der Betrieb auf der Grube kam schon 1846 zum Erliegen.

Auf drei Hauptgängen und mehreren Nebentrümern brachen Fahlerz, Bleiglanz, Kupferkies und Pyrit in schönen Kristallen. Ein beibrechender Begleiter des Fahlerzes war Pyrargyrit. Die Gangart bestand aus Quarz, Calcit und Ankerit. In oberen Gangbereichen kamen Cerussit, Malachit, Azurit und sehr schöner Pyromorphit vor.

12. Grube Lindenberg bei Münster

Münster liegt südöstlich von Villmar an der Lahn zwischen Wolfenhausen und Weyer (siehe dortige Fundortbeschreibung). Die ehemalige große Roteisensteingrube Lindenberg liegt südlich der Baumannsmühle an der Straße von Münster nach Wolfenhausen.

Verliehen wurde das Feld Lindenberg schon 1848, der Abbau begann aber erst 1941, nachdem die Existenz eines im Durchschnitt 5 m mächtigen Roteisenerzlagers bekannt geworden war, um 1950 wurden die Erze sogar bis zu 20 m Mächtigkeit aufgeschlossen.

Die Erze förderte man auf der 120-m-Sohle der Grube über eine 3 km lange Richtstrecke nach Aumenau bei Villmar zur Verladung. Auch war das Feld Lindenberg untertägig mit den Gruben Altermann bei Langhecke (siehe dort) und Strichen, nördlich von Münster, verbunden. Von der Grube Strichen aus wurden vor 1941 die Lagerverhältnisse auf Lindenberg untersucht. Trotz reicher Erzvorräte hatte die Grube Lindenberg wegen der ausländischen Konkurrenz auf Dauer Absatzschwierigkeiten; nach weitgehenden, jedoch erfolglosen Rationalisierungsmaßnahmen mußte die Grube 1970 endgültig schließen. Bis dahin waren ca. 2 Millionen Tonnen Eisenerz gefördert worden.

Hauptmineralien waren hier Quarzkristalle und Calcit, von denen vor allem letzterer in schönen Stufen mit teilweise sehr großen Kristallen in verschiedenen Farben und Ausbildungen vorkam. Auf Spalten und Klüften gab es ferner schöne Gruppen von Dolomitkristallen und Ankerit, oft mit Kupferkieskristallen und Pyrit besetzt, ein Verwitterungsprodukt des Kupferkieses war Malachit.

Als Besonderheit kamen Stufen mit kleinen Pyriten vor, die orientiert auf Calcitkristallen aufgewachsen waren. Sämtliche genannten Arten bildeten schöne Kristallstufen, die in viele Sammlungen gelangt sind. Leider kann man auf den verbliebenen Halden der Grube Lindenberg nur noch vereinzelt Belegstücke finden, die an die Qualität früherer Funde nicht heranreichen.

13. Tongrube im Rupelton bei Flörsheim/Main

Ehemalige Tongrube am westlichen Rand von Flörsheim, heute aufgefüllt und als Sportplatz genutzt. Hier traten im grüngrauen oligozänen Rupelton in großer Zahl schöne Gipsrosetten auf, sehr ähnlich denen von Halle an der Saale. Sie waren weithin bekannt und gingen in viele Sammlungen ein.

14. Rockenberg bei Butzbach/Wetterau

Zusammen mit den Nachbarorten Griedel und Gambach ist Rockenberg berühmt geworden für die hübschen "Rokkenberger Röschen", "Sandrosen", Pseudomorphosen von Kieselsäure nach Baryt-rosetten, wobei heute vielfach kaum noch Barytsubstanz erhalten geblieben ist. Die schönsten Einzelrosen, perfekt ausgebildet oder in kleinen Gruppen verwachsen, kamen in der kleinen Hoffmannschen Sandgrube und der benachbarten Gemeindesandgrube vor (später als Deponie aufgefüllt). An manchen Stellen waren auch Bänke ausgebildet, die aus Tausenden filigranartig verwachsenen kleinen Röschen bestanden. In der wesentlich größeren Sandgrube ("hinter dem Zuchthaus") traten weniger die feinblättrigen schönen Rosen als vielmehr wesentlich größere und derbere Rosetten bis zum Gewicht mehrerer Zentner auf. Man trifft sie häufig in Gärten der Gegend aufgestellt an. Die Rosen von Gambach sind häufig mehr eiförmig gerundet, aus unzähligen Blättern dicht verwachsen. Die eigentlichen "Rockenberger Röschen" sind viel feiner ausgebildet, als die rötlichen "Oklahomarosen", hell gelbbraun gefärbt und auch deutlich von den afrikanischen "Wüstenrosen" zu unterscheiden.

Eine typische Rockenberger Sandrose.

17. Vogelsberg

1. Stempel bei Marburg
2 Hoher Berg bei (Nieder-)Ofleiden
3. Großen-Buseck
4. Annerod
5. Schiffenberg bei Gießen
6. Langd
7. Nidda
8. Ober-Widdersheim
9. Steinheim/Dietesheim bei Hanau
10. Gaulsberg bei Ortenberg
11. Gedern
12. Herbstein

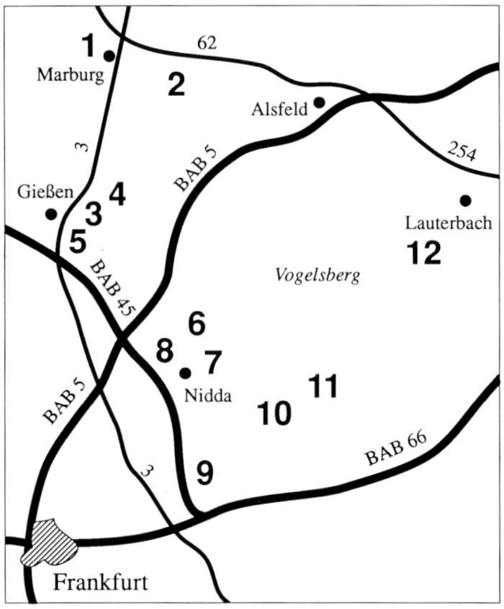

Der tertiäre Vulkanismus hat im Vogelsberg ein ausgedehntes Gebiet mit basaltischen Ergußgesteinen hinterlassen, das mit einem Durchmesser von ca. 60 km zu den größten Europas zählt.

Das Gebiet ist arm an wirtschaftlich nutzbaren Mineralien (Bauxit, Eisenerze). Der Abbau von Basalten hat jedoch zahlreiche Steinbrüche entstehen lassen, in denen gelegentlich Mineralien -meist Zeolithe-gefunden wurden. Zeolith wird schon von Klippstein im Jahre 1790 erwähnt. Einige der im 19. Jahrhundert bekanntgewordenen Vorkommen im Vogelsberg wie der Stempel bei Marburg, Annerod und Nidda zählen zu den klassischen Zeolithfundstellen. Auch in jüngerer Zeit wurden sehr interessante und gut ausgebildete Zeolith-Mineralien gefunden, wobei die mineralisierten Zonen in den Basalten oft sehr klein sind und nur für kurze Zeit aufgeschlossen waren.

Nachfolgend werden nur die wichtigsten und neuere Vorkommen genannt.

1. Stempel bei Marburg

Diese bereits seit 1825 bekannte Fundstelle hat hervorragende Stufen mit Natrolith und Phillipsit geliefert. Schöne Stücke sind z.B. im Mineralogischen Museum Marburg ausgestellt. Mineralien vom Stempel bei Marburg waren zwischen 1825 und 1885 Gegenstand vieler Untersuchungen und Publikationen. Als weitere Mineralien werden Analcim, "Phakolith", Calcit und Faujasit erwähnt.

2. Hoher Berg bei Niederofleiden

Sehr großer Steinbruch, in dem bis 2 cm große Chabasitkristalle in schönen Stufen gefunden wurden. Daneben kommt in einem Ilmenitreichen Basalt Thomsonit und Calcit vor, seltener Phillipsit, Gyrolith, Apophyllit und Gonnardit, die z. T. eine ältere Hohlraumparagenese mit Ilmenit, Augit und Feldspatkristallen überkrusten. Auch derber Opal, Chalcedon und Quarzaggregate kamen vor.

3. Großen-Buseck

Ebenfalls eine schon im vorigen Jahrhundert bekannte Fundstelle von Chabasit, Phillipsit und besonders Faujasit. Am Attenberg befindet sich ein Steinbruch mit den obengenannten Mineralien sowie Offretit.

4. Annerod

Früher berühmtes Vorkommen von hervorragenden Faujasitkristallen, das heute überbaut ist. Weitere Mineralien wie bei Großen-Buseck genannt.

5. Schiffenberg bei Gießen

Vorkommen von Gismondin und anderen Zeolithen sind schon 1870 vom Mineralogen Streng von Aufschlüssen am Schiffenberg beschrieben worden.

6. Langd

Aufgelassener Steinbruch mit Vorkommen von Phillipsit, Chabasit und Pseudomorphosen.

7. Nidda

Um die Jahrhundertwende beliebtes Exkursionsziel der Göttinger und Marburger Mineralogen. Das schon seit 1859 bekannte Vorkommen von Chabasit und Phillipsit, das durch Keller aufgeschlossen wurde, ist nicht mehr zugänglich. Stufen von Nidda sind in alten Sammlungen in großen Mengen vorhanden und haben Material für viele mineralogische Arbeiten geliefert.

8. Ober-Widdersheim

Im Steinbruch bei Ober-Widdersheim wurden besonders Anfang der siebziger Jahre hervorragende Zeolith-Stufen gefunden. Die Paragenese umfaßt neben Phillipsit und Chabasit ("Phakolith") in ungewöhnlich großen Kristallen auch Montmorillonit-Minerale, Calcit, Analcim, Natrolith, Thomsonit und Mesolith sowie als Rarität für den Vogelsberg tafelige Offretit-Levyn-Verwachsungen.

9. Steinheim/Dietesheim bei Hanau

Südwestlich von Hanau wurden früher in Basaltbrüchen in blasenreichen Partien des Trapps Hyalit und Sphärosiderit gefunden, über die bereits 1837 berichtet wurde. Schöne Sphärosiderit-Drusen wurden auch bei Bauarbeiten im Mainbett von Großauheim geborgen. Ein bekanntes altes Vorkommen von Hyalith war Rüdigheim NE von Hanau. Eine in jüngerer Zeit bekanntgewordene Fundstelle ist ein Steinbruch bei Blofeld. Steinheim war ein bekanntes Vorkommen für "Holzopal".

10. Gaulsberg bei Ortenberg

Im Steinbruch am Gaulsberg wurden in der Vergangenheit mehrfach interessante Mineralparagenesen in Blasenräumen beobachtet. Die Paragenese in Basalten umfaßt Analcim, Phillipsit, Apophyllit, Calcit, Aragonit, Thomsonit, Natrolith, Thaumasit, Montmorillonit und Pyrit, selten Chabasit. Besonders interessant ist die Paragenese eines gefritteten Sandsteineinschlusses mit Seltenheiten wie Paulingit, Klinoptilolith, Erionit, Merlinoit und D'Achiardit.

11. Gedern

In der Umgebung von Gedern bei Burkhards und Ober-Seemen lag früher ein Vorkommen von Gismondin. Ein Steinbruch bei Gedern ist Fundort für Chabasit, Phillipsit, Offretit-Erionit, Gismondin und Calcit.

Ein ca. 1,8 cm großer Chabasitkristall von Niederofleiden, Vogelsberg.

12. Herbstein-Steinbrüche.

Zeitweise waren hier blasenreiche Zonen im Basalt aufgeschlossen. Chabasit, Phillipsit sowie Offretit in verschiedenen Aggregatformen und als Perimorphosen nach Calcit sind die häufigsten Mineralien.

18. Rhön/Franken

1. Gipslagerstätten am Steigerwald
2. Tongrube Mistelgau
3. Steinbruch Wirmsthal
4. Schonungen bei Schweinfurt
5. Sondheim v.d. Rhön
6. Zeilberg bei Maroldsweisach
7. Allanit und Anatas vom Kupferberg/ Frankenwald
8. Steinbruch Köditz bei Hof
9. Feilitzsch bei Hof
10. Steinbruch Schrenk bei Tauperlitz
11. Lichtenberg
12. Wurlitz
13. Schmölz im Köstenbachtal bei Wallenfels

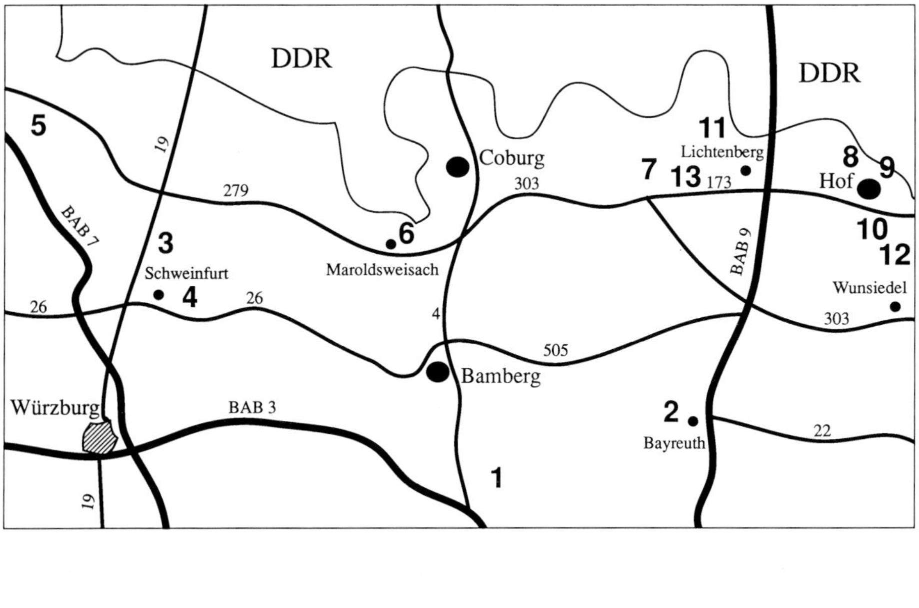

1. Steigerwald

Entlang der Westflanke des Steigerwalds befinden sich ausgedehnte Gipslagerstätten. Diese sind durch mehrere Abbaue über- und untertage aufgeschlossen und liegen zwischen Donnersdorf im Norden über Sulzheim bis nach Iphofen im Süden. Für den Sammler interessant ist vor allem die Grube am nördlichen Ortsrand von Sulzheim, in der wasserklare Gipskristalle bis über Zentimetergröße gefunden werden. Für den Geologen interessant sind auch die als Naturdenkmal seit kurzem wieder sichtbaren Sulzheimer Gipshügel, wo der Gips in waagerechten Lagen zutage tritt.

2. Tongrube Mistelgau

In einer Tongrube am südlichen Ortsrand von Mistelgau findet man nach längerer Trockenheit, wenn sich der Ton leicht in Lagen aufspalten läßt, gut ausgebildete idiomorphe Gipskristalle, vorwiegend als Schwalbenschwanz.

Außerdem ist die Grube ein Anziehungspunkt für Fossilienfreunde. Man findet pyritisierte Ammoniten, Trilobiten und Belemniten. Als Seltenheit treten in kleinen Hohlräumen der Fossilien glänzend schwarze Zinkblendekristalle auf.

3. Steinbruch Wirmsthal

Von der Autobahnausfahrt Hammelburg fährt man in Richtung Bad Kissingen. Nach einigen Kilometern erreicht man Enerdorf und biegt rechts ab nach Wirmsthal. Etwa 1,5 km hinter dem Ort befindet sich ein Steinbruch in der Nähe eines Sportplatzes. Im dort anstehenden Muschelkalk findet man in kleinen Hohlräumen hellblaue, milchig trübe, aber hochglänzende Coelestinkristalle.

4. Schonungen bei Schweinfurt

Von Schonungen fährt man durch den Ortsteil Hausen. Etwa 3 km auf einer Schotterstraße hinter dem Ort wird ebenfalls Muschelkalk abgebaut. Dort findet man Coelestin und verzerrte scherbenförmige Quarzkristalle bis zu mehreren Zentimetern Größe.

5. Sondheim v. d. Rhön

Dieser Fundpunkt liegt bei Bischofsheim in der bayerischen Rhön. In braunkohlehaltigen Tonsteinen der Jungtertiärzeit bildeten sich hier infolge der Kontaktwirkung mit vulkanischen Gesteinen Schwundrisse und Hohlräume. Diese ermöglichten es, daß in ihnen strahlige Kristalle von Anapait aggregierten. Der Dörnergraben bei Sondheim ist nach Messel die zweite Fundstelle des seltenen Phosphats in der Bundesrepublik.

6. Der Zeilberg bei Maroldsweisach

Die Basaltkuppe des Zeilbergs erhebt sich 2 km östlich von Maroldsweisach in Unterfranken und ist durch zwei Steinbrüche aufgeschlossen. Der im Jungtertiär entstandene Basaltkörper hat die jurassischen Schichten des Deckgebirges durchschlagen und dabei Fremdgesteine aus Rhät, Lias und Dogger eingeschlossen. So vollzog sich die Mineralisation in zwei Paragenesen, einmal in der des Basalts mit Tuffiten, zum anderen in der der Fremdeinschlüsse. Auf der Grundlage dieser Zweiteilung haben H. Jakob und R. Matouschek die Minerale des Zeilbergs erstmals ausführlicher beschrieben (A 79/10). In der folgenden Gesamtübersicht sind auch die neu dazugekommenen Minerale berücksichtigt. Nach Aussage von Sammlern bestehen die besten Fundmöglichkeiten auf den beiden untersten Sohlen des nordöstlichen Steinbruchs, wenn dort abgebaut wird.

Afwillit	Granat	Pyrit
Apophyllit	Gyrolith	Quarz
Aragonit	Harmotom	Rhodesit
Augit	Heulandit	Saponit
Calcit	Laumontit	Scawtit
Chabasit	Leucit	Siderit
D'Achiardit (?)	Lizardit	Skolezit
Dolomit	Natrolith	Stilbit
Erionit	Okenit	Thaumasit
Garronit	Olivin	Thomsonit
Gips	Opal	Tobermorit
Goethit	Phillipsit	Vivianit

7. Allanit und Anatas vom Kupferberg/Frankenwald

Bei Kupferberg in Nordostbayern befindet sich ein großer Schottersteinbruch, der hier als Fundstelle für das nicht sehr häufig auftretende Mineral Allanit aufgeführt wird. Die prismatischen Kristalle sind von schöner brauner Farbe und einzeln oder in Gruppen auf der Matrix aufgewachsen. Neben kleinen, aber gut ausgebildeten Anataskristallen erscheinen in der Paragenese auch die Titanminerale Brookit und Titanit, dazu Apatit, Chalkopyrit, Epidot, Gips, Ilmenit, Magnetit, Pyrit, Sphalerit und Zirkon.

Oben. Der Basaltsteinbruch Zeilberg bei Maroldsweisach. Blick nach Norden. Im Hintergrund das Brecherwerk.

Links. Alpine Qualität hat dieser 7 mm lange Brookitkristall von Feilitzsch bei Hof.

8. Steinbruch Köditz bei Hof

Rund 2 km westlich von Hof liegt die Ortschaft Köditz, an deren südlichem Ortsrand durch einen noch in Betrieb befindlichen Steinbruch der dort anstehende Diabas gewonnen wird.

Die Diabase im Raum Hof sind eigentlich ehemalige Basalte. Sie entstanden vor ca. 350 Millionen Jahren und sind gealtert und vergrünt. Der varistischen Gebirgsbildung ging eine rege Vulkantätigkeit voraus. Dieser Vulkanismus fand submarin, also auf dem Meeresgrund statt. Durch verschiedene Metamorphosen baute sich in den Adern der Diabase Calcit auf. In diesen Calcitadern sind die meisten der im Diabas vorkommenden Minerale zu finden.

Im Steinbruch Köditz wurden in Kristallen gefunden: Baryt bis ca. 4 cm Länge, Calcit, Pyrit, Anatas braun bis gelb (spitzbipyramidal) sowie blau (tafelig), Zinkblende, Kupferkies, Quarz und Malachit als Belag.

9. Feilitzsch bei Hof

Einer der zahlreichen Diabassteinbrüche in der Nordostecke Bayerns befindet sich in Feilitzsch, etwa 4 km in nordwestlicher Richtung von Hof entfernt, wo er zur Schottergewinnung dient. In den letzten Jahren erlangte er die Aufmerksamkeit der Sammler, als von hervorragend kristallisierten Titanmineralen berichtet wurde, die gewöhnlich nur in alpinen Gebieten anzutreffen sind. Am bemerkenswertesten sind braune und blaue Anataskristalle mit vielfältigen Flächenkombinationen und einer Größe bis zu 5 mm. Tafelige Brookitkristalle mit Vertikalstreifung erreichen sogar eine Länge bis zu 12 mm, während die Titanitkristalle kleiner bleiben. Auch Rutil konnte als viertes Titanmineral nachgewiesen werden. Daneben gibt es noch folgende Minerale: Sphalerit, Chalkopyrit, Galenit, Pyrit, Quarz, Calcit, Albit, Adular, Chlorit und Montmorillonit.

Der Steinbruch Feilitzsch bei Hof, eine interessante Fundstelle für Brookite und Anatase.

10. Steinbruch Schrenk bei Tauperlitz

Dieser Diabassteinbruch ist bei Mineraliensammlern bekannt geworden durch eine Kupferkiesvererzung, die sich im oberen, nicht mehr in Abbau befindlichen Bereich befindet. Bisher wurden hier Cuprit (Var. Chalkotrichit), Malachit, Azurit und Chrysokoll gefunden.

11. Lichtenberg

Zu den sporadisch angezeigten Mineralvorkommen des Frankenwaldes gehört eine Stelle bei Lichtenberg, wo in der Waldabteilung "Buttermühle" an der Muschwitz (Grenze zur DDR) Diabasfelsen anzutreffen sind. Aus den Calcitklüften des Gesteins lassen sich schöne Andraditkristalle von grüner und brauner Farbe heraussäuern, in deren Begleitung gelegentlich blätterig-schuppige Stilpnomelanaggregate in Kugelform auftreten. Die Kügelchen haben nur mm-Größe und sind hier rot oder rotbraun gefärbt, weichen also von der mit schwarz oder schwarzgrün angegebenen Farbe ab. Als Begleitminerale werden Adular, Albit, Diopsid, Epidot und Hämatit, vereinzelt auch Cerussit und Galenit, genannt.

Berühmtheit hat die Fundortbezeichnung Lichtenberg aber für ein anderes Vorkommen bzw. Mineral erlangt, nämlich den Malachit.

Er kommt im Bereich von hier auftretenden Fluoritgängen in schönen garbenförmigen und kugeligen Aggregaten bis mehreren cm Größe vor. Fluorit wurde im Raum Lichtenberg auf mehreren Gruben abgebaut. Besonders bekannt ist die Friedensgrube, die laut Gümbel (1859) schon vor 1680 betrieben wurde. Es wurden folgende Mineralien gefunden: Malachit, Siderit, Limonit, Fluorit, Kupferkies, Calcit, Chrysokoll, Pyrit, Azurit, Ni-Arsenkies, Bismut, Quarz, Hämatit, Manganit, Pyrolusit, Wad, Manganomelan, Kupferziegelerz, Chalkosin, Cuprit, ged. Kupfer, Pseudomalachit und Annabergit.

Auf den Halden der ehemaligen Gruben Neu Bescheert Glück und Alt Bescheert Glück bei der Dorschenmühle/Lichtenberg konnten in den letzten Jahren ebenfalls sehr interessante Mineralien (im Mikrobereich) gefunden werden: Azurit, Malachit, Cuprit, Arsenkies, Bismutit, Zinkblende, ged. Kupfer, ged. Silber, Pyrit, Kupferkies, Baryt, Langit, Aurichalchit, Hämatit, Epidot, Brochantit, Andradit, Quarz, Calcit und Fluorit.

12. Wurlitz

Das am Nordhang des Schwesnitztales gelegene Serpentinit-Gabbro-Vorkommen wurde 1889 beim Bau der Eisenbahnlinie Hof-Rehau aufgeschlossen und bis in die Gegenwart abgebaut. Es erlangte vor allem durch das Vorkommen von prachtvollen Topazolithkristallen (bis 5 mm) Bedeutung. Serpentinit ist wegen seiner hohen Druckfestigkeit ein straßenbautechnisch gut verwertbares Material.

Das Wurlitzer Serpentinit-Gabbro-Lager befindet sich in einer der Münchberger Gneismasse im Südosten vorgelagerten Grünschieferzone, welche noch ein zweites großes Serpentinit-Lager beherbergt, das am Haidberg bei Zell aufgeschlossen ist. Es wird angenommen, daß der Serpentinit durch metamorphe Veränderungen aus Peridotit entstanden ist. In diesem Serpentinitkörper sind Gabbrogesteine eingeschlossen, welche weitgehend saussuritisiert, d.h. metamorph in Fe-arme Zoisitminerale Grossular und Vesuvian umgewandelt werden. Diese Partien sind oft bis zu mehreren Metern mächtig.

Andradit	Magnetit	Sphalerit
Aragonit	Malachit	Talk
Calcit	Millerit	Titanit
Chalkopyrit	Prehnit	Topazolith
Chlorit	Pyrit	Tremolit
Diopsid	Pyrrhotin	Vesuvian
Dolomit	Quarz	
Hessonit	Sepiolith	

13. Schmölz im Köstenbachtal bei Wallenfels

Auf Halden ehemaliger Blei-Zinkbergwerke können folgende Minerale gefunden werden: Schwefel, ged., Bleiglanz, Kupferkies, Zinkblende, Cerussit, Linarit, Malachit, Hemimorphit, Aurichalcit und Chrysokoll.

19. Spessart

1. Steinbruch Altenmittlau
2. Grube Sommerkahl
3. Biebergrund bei Gelnhausen

Steinbruch Altenmittlau/Spessart, eine Fundstelle für schöne Azurite. Zu sehen ist der letzte in Abbau befindliche Teil an der Nordseite.

1. Steinbruch Altenmittlau

Etwa 10 km südlich von Gelnhausen trifft man bei Altenmittlau auf einen Dolomitsteinbruch, der sich schon über drei Generationen im Besitz derselben Familie befindet. Geologisch betrachtet gehört dieser Aufschluß der Zechsteinformation an. Nachdem das Rotliegende entstanden war, hatte das Meer freien Zutritt. Es konnte den vorhandenen Mineralbestand in sich aufnehmen und später wieder ausfällen. Ähnlich wie bei der Entstehung des Kupferschiefers reicherten sich im Schlamm der Sedimente die Erze an. Die Schichtung ist im Steinbruch teilweise erkennbar. Schließlich lagerte sich darüber eine etwa 30 m dicke Schicht des Zechsteindolomits, der das heutige Fördergut darstellt. Berühmt wurde Altenmittlau durch Funde ausgezeichneter Azuritstufen, die sich im Verlauf der weiteren Mineralisation aus dem Cu-Angebot und reichlichen Carbonaten in den Hohlräumen bilden konnten. Wie die folgende Aufstellung zeigt, ist der bisher bekannte Mineralbestand nicht sehr groß. Doch sei auf das Vorkommen des seltenen Minerals Tsumebit hingewiesen, das lange Zeit nur von Tsumeb/Namibia bekannt war. Außer in Altenmittlau wurde es kürzlich auch von der Grube Clara in Oberwolfach beschrieben.

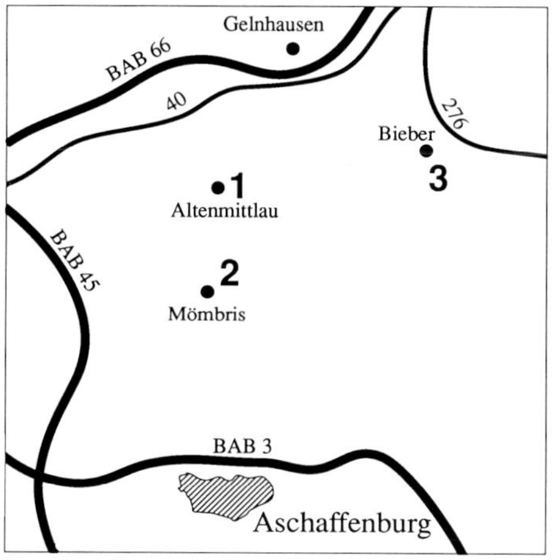

Anglesit	Duftit	Molybdänit
Aragonit	Galenit	Muskovit
Azurit	Konichalcit	Olivenit
Baryt	Kupfer, ged.	Pyromorphit
Calcit	Limonit	Quarz
Cerussit	Malachit	Tennantit
Chalkopyrit	Manganomelan	Tirolit
Cuprit	Mennige	Tsumebit
Dolomit	Mimetesit	Wulfenit

2. Sommerkahl

Sommerkahl ist berühmt geworden durch die ehemalige Kupfererzgrube Wilhelmine. Bergbau auf Kupfer- und Eisenerze wurde in diesem Gebiet aber auch noch durch einige andere Gruben betrieben. VonWilhelmine stammen vor allem eine Vielzahl sekundärer Mineralien.

Aragonit	Chrysokoll	Pharmakosiderit
Azurit	Cornwallit	Pseudomalachit
Baryt	Covellin	Pyrit
Bornit	Fluorit	Quarz
Calcit	Galenit	Tennantit
Chalkanthit	Idait	Tirolit
Chalkophyllit	Limonit	Wad
Chalkopyrit	Malachit	Wittichenit
Chalkosin	Olivenit	

3. Biebergrund, Gelnhausen

InBieber ging seit dem 15. Jahrhundert ein intensiver Bergbau auf kupfer-, blei- und silberhaltige Lettenerze um. Später kam der Abbau von Cobalt- und Nickelerzen auf dem sogenannten "Kobaltrücken"hinzu. In Sammlungen verbreitet sind vor allem Erytrhin und Bieberit.

Ankerit	Cerussit	Malachit
Annabergit	Emplektit	Pharmakolith
Antimonit	Erythrin	Pharmakosiderit
Arsenopyrit	Galenit	Psilomelan
Azurit	Galmei	Pyrolusit
Baryt	Gips	Sphalerit
Bieberit	Kupfer, ged.	
Bornit	Lepidokrokit	

20. Odenwald

1. Steinbruch Wingertsberg bei Nieder-Ramstadt
2. Steinbruch am Glasberg bei Nieder-Beerbach
3. Marmorwerk Link bei Auerbach/Bergstraße
4. Reichenbach
5. Bismutvererzung bei Heppenheim
6. Steinbruch der Porphyrwerke AG bei Mackenheim
7. Grube Marie in der Kohlbach bei Hohensachsen
8. Hohe Waid bei Schriesheim
9. Katzenbuckel bei Waldkatzenbach
10. Roßberg bei Darmstadt
11. Gruben Messel und Prinz von Hessen bei Darmstadt
12. Baryt von Ober-Kainsbach
13. Manganerzvorkommen bei Bockenrod
14. Galmei-Bergbau bei Alt-Wiesloch/Heidelberg
15. Tongruben I-V bei Wiesloch

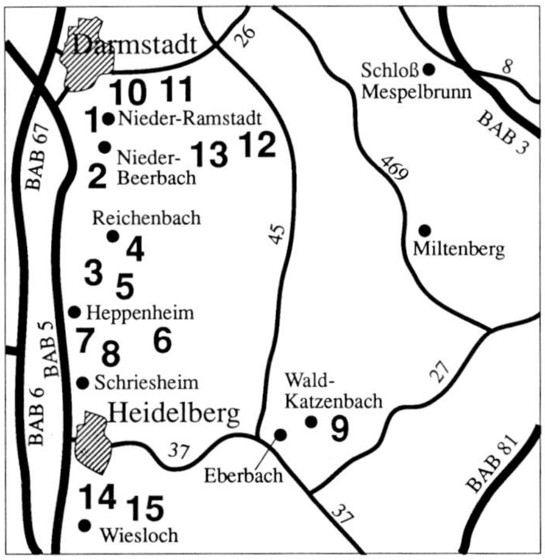

Auffällig ist, daß der Odenwald verhältnismäßig arm an bauwürdigen Lagerstätten ist, was zu der Meinung geführt hat, die Region sei für den Sammler ziemlich unergiebig. Wahr ist wohl, daß der Odenwald etwas für Kenner ist, daß es ihm aber an Mineralen nicht mangelt. Ein wenig hängt das Ganze mit der Geologie dieses Gebietes zusammen, die an sich bereits kompliziert genug ist und die daher auch nur in vereinfachter Form dargestellt werden kann.

Der kristalline Odenwald ist ein Teil des varistischen Gebirges. Allerdings gehört er zur erzgebirgisch streichenden Zone wie Spessart, Schwarzwald und Vogesen. Das im Oberkarbon aufgefaltete Gebirge, das schon damals die magmatischen Gesteine Gabbro, Diorit und Granit enthielt und somit auch die Voraussetzungen für spätere Erzlagerstätten bot, wurde im Rotliegenden um rund 4.000 m abgetragen, wobei die möglicherweise vorhandenen Mineralgänge zerstört wurden. Nur Reste wie der mineralreiche Marmor von Hochstädten, die Hohe Waid, ein Kalksilicatfelsen, die Quarzgänge von Mackenheim u.a. blieben übrig. So konnten auch die sehr viel jüngeren tektonischen Vorgänge beim Einbruch des Rheingrabens mineralogisch nicht mehr viel bewirken, aber sie befreiten den Vorderen Odenwald von der mesozoischen Deckschicht, so daß das alte Abtragungsniveau des Rotliegenden wieder zugänglich wurde.

1. Steinbruch Wingertsberg bei Nieder-Ramstadt

In der Gemeinde Mühltal gibt es mehrere Hartsteinbrüche, von denen der am Wingertsberg weit bekannt ist, da Paul Ramdohr 1923 eine dort aufgetretene Ag-Co-Vererzung beschrieb. Von den rund 40 festgestellten Mineralen seien ged. Silber, Maucherit, Pechblende und Coffinit hervorgehoben. Im Steinbruch am Emmertsberg bei Waschenbach fand man ausgezeichnete Kristallgruppen des Bechtinits. Jalpait und Chlorargyrit stammen aus einer Ag-Cu-Paragenese des Steinbruchs am Hainberg östlich von Waschenbach.

2. Steinbruch am Glasberg bei Nieder-Beerbach

Für diesen Gabbrosteinbruch, in dem der Besitzer Straßenschotter gewinnt, besteht eine bergrechtliche Gewerkschaft zur Ausbeutung des vorkommenden Silbers und der beibrechenden Erze.

Akanthit	Covellin	Pharmakolith
Albit	Cuprit	Pitticit
Allanit	Epidot	Prehnit
Amphibol	Erythrin	Proustit
Analcim	Galenit	Pyrit
Annabergit	Gips	Pyrophyllit
Aragonit	Goethit	Pyrrhotin
Arsen, ged.	Hämatit	Quarz
Arsenosiderit	Heulandit	Realgar
Azurit	Konichalcit	Safflorit
Baryt	Kupfer, ged.	Silber, ged.
Beta-Roselith	Löllingit	Skutterudit
Bornit	Magnetit	Sphalerit
Calcit	Malachit	Stilbit
Cerussit	Manganomelan	Tennantit
Chabasit	Molybdänit	Tirolit
Chalkopyrit	Natrolith	Titanit
Chalkosin	Ni-Skutterudit	Trechmannit
Chlorargyrit	Nickelin	
Cinnabarit	Pearceit	

3. Marmorwerk Link bei Auerbach/Bergstraße

Die Entstehung des Marmors war lange Zeit umstritten, bis die marin-sedimentäre Herkunft des Gesteins mit späterer regionalmetamorpher Veränderung erkannt wurde. Der Marmor hat im Bereich der angrenzenden Nebengesteinsschollen

Akanthit	Barkevikit	Eisenkiesel	Laumontit	Pharmakolith	Siderit
Aktinolith	Baryt	Enargit	Lepidokrokit	Phlogopit	Silber, ged.
Albit	Bergkristall	Epidot	Lepidomelan	Piemontit	Skapolith
Almandin	Beryll	Erythrin	Limonit	Polybasit	Skutterudit
Amethyst	Biotit	Galenit	Löllingit	Prasem	Sphalerit
Amianth	Bismut, ged.	Gips	Magnesit	Prehnit	Spinell
Andesin	Bismutinit	Glaukodot	Magnetit	Prochlorit	Stephanit
Andradit	Bornit	Goethit	Malachit	Psilomelan	Talk
Ankerit	Byssolit	Gold, ged.	Markasit	Pumpellyit	Tetraedrit
Annabergit	Bytownit	Grammatit	Martit	Pyrargyrit	Titanit
Anorthit	Calcit	Graphit	Melanit	Pyrit	Topas
Anorthoklas	Chalcedon	Grossular	Meroxen	Pyrolusit	Tschermakit
Antigorit	Chalkanthit	Hastingsit	Mikroklin	Pyrrhotin	Turmalin
Antimon, ged.	Chalkanthit	Hämatit	Milchquarz	Rammelsbergit	Ullmannit
Apatit	Chalkophyrit	Hedenbergit	Molybdänit	Realgar	Uralit
Apophyllit	Chalkosin	Ilmenit	Morenosit	Rhodochrosit	Vesuvian
Aragonit	Chrysokoll	Jaspis	Muskovit	Rhodonit	Wad
Arsen, ged.	Chrysotil	Jenkinsit	Nickelin	Rosenquarz	Wollastonit
Arseniosiderit	Cordierit	Kaolinit	Olivin	Rutil	Zirkon
Arsenophyrit	Covellin	Kassiterit	Opal	Safflorit	Zoisit
Asbolan	Cuprit	Klinichlor	Orthit	Salit	
Augit	Desmin	Klinizoisit	Orthit	Scheelit	
Axinit	Diopsid	Kupfer, ged.	Pargasit	Schwefel, ged.	
Azurit	Dolomit	Labradorit	Pennin	Sericit	

Oben. Übersicht über die Mineralien von Auerbach/Bergstraße.

eine mineralreiche Reaktionszone ausgebildet. Bisher wurdenüber 130 Minerale gefunden.

4. Reichenbach

Der sich vom Teufelsstein und Borstein über den Ort Reichenbach zum Hohenstein und weiter nach Raidelbach erstreckende Gang ist an vielen Stellen durch Steinbrüche aufgeschlossen. Es konnten besonders zahlreiche Oxidationsminerale gefunden werden, die sich aufgrund der Kupfervererzung in den oberen Teufen des Gangs gebildet haben.

Die ersten Bergbautätigkeiten in diesem Raum gehen bis in die Zeit von 1530-1600 zurück, wo Pb-Cu-Erze Gegenstand des Abbaus waren. Von 1843-68 und 1935-44 gewann man Kupfererze aus Lettenschichten des Hohensteiner Gangs. Dieser Gangzug besteht überwiegend aus verquarztem Baryt. Mit dem Abbau des "Reichenbacher Quarzits", eines Gesteins zur Grabstein- und Denkmalplattenherstellung, begann man bereits 1880 am Teufelsstein und Borstein (beide westlich von Reichenbach). Der Steinbruch am Borstein ist noch heute in Betrieb.

Die zahlreichen, zum Teil auch seltenen Oxidationsmineralien, die Reichenbach mittlerweile zum bekanntesten Fundort des Odenwalds gemacht haben, treten sporadisch in dem gewonnenen Quarzit auf. Solche Gesteinsstücke können von den Schleifereien nicht zur Plattenherstellung verwendet werden und stehen manchmal den Sammlern zur Verfügung. Es sollte jedoch unbedingt eine Sammelerlaubnis beim Eigentümer oder bei den Arbeitern eingeholt werden.

Über die Grenzen des Odenwaldes hinaus bekannt wurde Reichenbach durch die Benennung eines neuen Minerals von dieser Lokalität, des Reichenbachits. Ein weiteres neues Mineral von Reichenbach wurde nach Dr. Gerhard Hentschel/Wiesbaden mit dem Namen Hentschelit belegt.

Anglesit	Duftit	Mottramit
Antlerit	Enargit	Olivenit
Arsenosiderit	Fornacit	Plumbogummit
Azurit	Galenit	Pseudomalachit
Ba-Pharmakosiderit	Goethit	Pucherit
Baryt	Gold, ged.	Pyrolusit
Bayldonit	Hämatit	Pyromorphit
Beudantit	Hentschelit	Quarz
Bindheimit	Hinsdalit	Reichenbachit
Bismutit	Hyalit	Richelsdorfit
Brochantit	Hydroxyl-Apatit	Rutil
Calcit	Jodargyrit	Siderogel
Cerussit	Karminit	Silber, ged.
Chalcedon	Klinobisvanit	Skorodit
Chalkanthit	Klinoklas	Strashimirit

Chalkopyrit	Konichalcit	Tennantit
Chalkosin	Kupfer, ged.	Tenorit
Chenevixit	Lepidokrokit	Tripuhyit
Chlorargyrit	Libethenit	Vanadinit
Cornubit	Linarit	Vauquelinit
Cornwallit	Luzonit	Weinschenkit
Covellin	Malachit	Wulfenit
Cuprit	Mimetesit	
Descloizit	Mixit	

5. Bismutvererzung bei Heppenheim

Ein Steinbruch südlich von Sonderbach erschließt pegmatitische Gesteine nahe dem Weschnitzpluton. In den Quarzgängen wurden vor einiger Zeit außer ged. Gold, Scheelit und Molybdänit mit Powellit interessante Bismutminerale entdeckt, so gediegen Bismut, Wittichenit, Emplektit, Aikinit und Gladit.

6. Steinbruch der Porphyrwerke AG bei Mackenheim

Der Steinbruch ist lange bekannt durch seine Uran- und Bismutvererzung (Pechblende, Coffinit, ged. Bismut, Bismuthinit, Emplektit, Aikinit, Cosalit). Im Sinne der Lagerstättenkunde kann man vielleicht sogar von einer Bi-Co-Ni-As-Formation sprechen, da auch Co-Erze wie Safflorit und Skutterudit sowie Ni-Erze wie Nickelin und Gersdorffit vorkommen. In dieser Paragenese wurde 1986 der seltene Arsenolamprit entdeckt, die rhombische Modifikation des Arsens.

7. Grube Marie in der Kohlbach bei Hohensachsen

Hier ging ehemals Bergbau auf Blei-Kupfer-Erze um. Doch auf den Halden fanden sich neben ged. Silber und ged. Kupfer auch so seltene Minerale wie Aikinit, Vaesit und Cattierit.

8. Hohe Waid bei Schriesheim

Die Kappe des 457 m hohen Kalksilikatfelsens nördlich von Schriesheim enthält in Drusen Kristalle des Grossulars, des Epidots, oft mit Hornblende verwachsen, daneben Scheelit, meist eingewachsen, und Molybdänit mit Powellit.

9. Katzenbuckel bei Waldkatzenbach

Es handelt sich um einen Vulkanschlot, im Buntsandstein, der sich im östlichen Odenwald zur Zeit des Rheingrabeneinbruchs um die Wende Kreide-Tertiär gebildet hat. An besonderen Mineralien, die in einem jetzt aufgelassenen Steinbruch am Michelsberg angetroffen wurden, seien Ilmenit, der seltene Freudenbergit (nur erzmikroskopisch sichtbar), Gibbsit, bis 2 cm große Magnetitkristalle, Nephelin und Apatit genannt.

10. Roßberg bei Darmstadt

Ein weiterer Basaltkegel bei Roßdorf, etwa 9 km östlich von Darmstadt, der seit Jahrzehnten durch einen großen Steinbruch aufgeschlossen ist. Bekannt sind von hier sehr gut ausgebildete Zeolithe wie Natrolith, Thomsonit, Skolezit, Mesolith, Phillipsit, Gonnardit und Stilbit.

11. Gruben Messel und Prinz von Hessen bei Darmstadt

Nur wenige Kilometer nördlich gelangt man zu der besonders bei Fossiliensammlern bekannten Ölschiefergrube Messel, die ihrer Entstehung nach dem Eozän angehört. Die beiden sehr ähnlichen Phosphate Messelit und Anapait, die hier vorkommen, haben eine Zeitlang für Verwirrung gesorgt. Ohne wissenschaftliche Untersuchung kommt man bei der Bestimmung nicht aus. In der benachbarten Grube Prinz von Hessen soll jedoch der Messelit allein auftreten.

12. Ober-Kainsbach

Es ist nicht schwer, im Odenwald noch Barytstufen aufzusammeln. Fast an allen genannten Fundstellen trifft man sie an, aber nach großen Schaustufen des schönen blauen Baryts von Ober-Kainsbach oder ähnlichen Schwerspatgängen des kristallinen Grundgebirges wird man vergeblich ausschauen. So wird dieses Vorkommen lediglich aus historischen Gründen genannt.

13. Bockenrod

Aus der ehemaligen Manganerzgrube Gottfried bei Bockenrod stammen schöne Rhodochrositstufen. Der Rhodochrosit bildet nierige und kugelige Aggregate.

14. Galmeibergbau bei Alt-Wiesloch/Heidelberg

Der Bergbau bei Wiesloch reicht bis in die Zeit der römischen Besatzung in Germanien zurück, wenn nicht gar bis in die Keltenzeit. 1851 entdeckte man bei Untertagearbeiten römische Stollen, wo Funde von Münzen, z.B. des Kaisers Marc Aurel (161-180), den uralten Bergbau bewiesen. Die erste mittelalterliche Urkunde um 1090 belegt die Zinspflichtigkeit des Bergwerks gegenüber dem Kloster Lorsch, als der Abbau wohl mehr dem silberhaltigen Bleiglanz galt. Später stand neben der Eisenerzgewinnung hauptsächlich die Förderung von Galmeierz zur Herstellung von Messing im Vordergrund. Als Galmei bezeichnet man ein Mineralgemenge, das überwiegend aus Zinkspat (Smithsonit) besteht, das aber auch bis zu 50% Eisencarbonat und bis zu 3% Cadmiumcarbonat enthalten kann. In der Form traubig-stalaktitischer Massen ähnelt das Erz der Schalenblende.

Der mittelalterlichen Periode folgte nach dem Dreißigjährigen Krieg ein wechselvolles Auf und Ab, bei dem der Bergbau zeitweilig in Vergessenheit geriet. Erst um 1850 lief der Betrieb wieder an, nun unter dem Namen Grube Segen Gottes. Später gesellten sich die Gruben Ernst und Hindenburg dazu. Nach einem Höhepunkt um 1860 sank die Förderung bis zum Ende des Jahrhunderts stark ab und endete mit der Schließung der Galmeigruben. Die angespannte Rohstofflage im Ersten Weltkrieg ließ aber den Bergbau wieder aufleben; doch zeigte sich in den Jahren danach, daß die Aufrechterhaltung der Betriebe immer mehr zu einer Frage der Rentabilität wurde, wozu Inflation, Wassereinbrüche und sinkende Weltmarktpreise beitrugen. Das trifft auch für die Jahre des Aufbaus nach dem Zweiten Weltkrieg zu, als 1948 die abgesoffenen Gruben gesümpft wurden und man den Gänsbergschacht im Süden von Wiesloch abteufte. Als Subventionen abgelehnt wurden, fand der rund 2.000 Jahre alte Bergbau 1953 sein Ende.

Am Schnittpunkt dreier geologischer Einheiten gelegen, dem südlichen Odenwald, dem nördlichen Kraichgau und dem Rheingraben, ist die Zuordnung der Blei-Zink-Lagerstätte Wiesloch mit ihrer berühmten Schalenblende nicht einfach. Für die Entstehung der Vererzungen dürfte die Nähe zum Rheingraben ausschlaggebend sein, da zweifellos durch die von ihm ausgelösten tektonischen Störungen neue oder neu mobilisierte Erzlösungen in die Kluftsysteme des Oberen Muschelkalks eindringen konnten, der hier ansteht. Wahrscheinlich ist auch die Bildung der für Wiesloch typischen Schalenblendestalaktiten von der Verkarstung dieses Muschelkalks abhängig. Jedenfalls müssen in dem leichtlöslichen Kalkstein Voraussetzungen entstanden sein, die es den submikroskopischen Sulfidpartikeln ermöglichten, zu koagulieren und in langen Zeiträumen bei weiterer Erzzufuhr Schicht um Schicht zu wachsen. Eine solche kollomorphe Entstehungsweise mit schichtweiser Ablagerung scheint nicht nur für das Mineral Sphalerit kennzeichnend zu sein. Die Untersuchung der aufgeschnittenen, meist knolligen oder zapfenförmigen Schalenblenden hat ergeben, daß viele der in der Mineralübersicht angegebenen Sulfide nur als schalige Lagen vorkommen, was nicht ausschließt, daß sie in Hohlräumen idiomorph auskristallisieren.

Anglesit	Gips	Plagionit
Antimonocker	Gratonit	Pyrit/Melnikovit
Auripigment	Hutchinsonit	Pyrolusit
Azurit	Hydrozinkit	Realgar
Baryt	Jordanit	Schwefel, ged.
Calcit	Kermesit	Semseyit
Cerussit	Limonit	Smithit
Chalkopyrit	Livingstonit	Smithsonit
Dolomit	Meneghinit	Sphalerit
Galenit	Metastibnit	
Geokronit	Mimetesit	

15. Tongruben I-V bei Wiesloch

In bestimmten Horizonten der heute abgeräumten Tonvorkommen traten massenhaft hervorragend ausgebildete Gips-Einzelkristalle bis ca. 10 cm Größe auf. Sie waren bei Sammlern vor allem wegen ihrer oft außerordentlich scharfkantigen Ausbildung beliebt. Im kurzwelligen UV-Licht zeigen sie sehr gut die bekannte "Sanduhrstruktur". Auch schöne Durchwachsungszwillinge sind von hier bekannt.

21. Pfalz

1. Stahlberg bei Rockenhausen
2. Landsberg bei Obermoschel
3. Koppelberg bei Kirchheimbolanden
4. Mörsfeld
5. Potzberg bei Altenglan
6. Lehmberg bei Niederhausen/Nahe
7 Königsberg bei Wolfstein
8. Imsbach am Donnersberg
9. Steinbruch Mannbühl bei Bolanden
10. Steinbruch Lenz bei Rockenhausen
11. Schweisweiler
12. Steinbruch Rauschermühle bei Niederkirchen
13. Steinbrüche Brunnenberg und Eisenstein bei Kirchheimbolanden
14. Steinbruch am Karrenberg bei Reichweiler
15. Bühlskopf bei Ellweiler
16. Steinbruch bei Kreimbach
17. Hirschhorn bei Kaiserslautern
18. Weinberge bei Wendelsheim/Alzey
19. Waldhambach
20. Erzgang bei Nothweiler
21. Grumbach bei Lauterecken
22. Rammelsbach bei Kusel

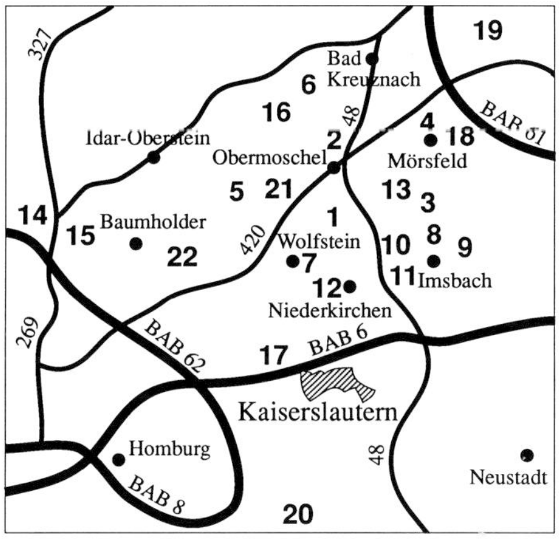

Die Gesteine der Saar-Nahe-Senke werden im Süden und Westen von der Trias -Buntsandstein, Muschelkalk, Keuper- überlagert. Im Norden wird das Gebiet von stark gefalteten Devonschichten begrenzt, im Osten vom Mainzer Becken und dem Rheingraben. Während des Rotliegenden lagerten sich in der Senke Schuttsedimente ab. Dazu traten an Verwerfungslinien Eruptivgesteine und deren Tuffe wie die basaltischen Andesite von Idar-Oberstein und die Rhyolithe, Rhyodazie und Dolerite (gabbroide Lagergänge) von Bad Kreuznach. Das bunte Bild wird durch das Saarkarbon vervollständigt.

Die Quecksilberlagerstätten der Pfalz

Besonderes Interesse fanden in der Nordpfalz seit vielen Jahrhunderten die Vorkommen von quecksilberhalten Erzen. Alle Quecksilberlagerstätten liegen im Bereich des Pfälzer Nordsattels. Auffallend ist die Affinität der Erzgänge zu Rhyolith-Lakkolithen und intermediären Lagergängen in den Sedimenten des Rotliegenden.

1. Stahlberg bei Rockenhausen

Neben dem Moschellandsberg (siehe unten) zählt der Stahlberg zu den bekanntesten Quecksilberlagerstätten der Pfalz. Auch hier wurden durch Vulkanismus quecksilberhaltige Lösungen mobilisiert. Das Haupterz war Cinnabarit. Gediegenes Quecksilber kam nur untergeordnet vor, doch fanden sich gediegenes Silber und silberhaltige Erze, denen der mittelalterliche Bergbau galt.

Auf 394 ha Grubengelände wurden vier Erzgänge (Silber-Quecksilber-Fahlerz; der Silbererzgang am Hottenberg war 2,75 m mächtig) in den Grubenfeldern St. Philipp, Erzengel Michael, Bergmannsherz, Gottesgab und Carolina abgebaut. Mit neun Bergwerken (Kleiner und Großer Hottenberg, Hilf Gottes, St. Barbara, Himmliches Heer, St. Görgen, Berat Gottes, Bauernzeche, Heilige Dreifaltigkeit, Heiliger Geist) förderte man von 1788 bis 1827 ingesamt 262.000 kg Quecksilber, was einer Jahresleistung von 6.875 kg. entspricht.

Durch die Autarkiebestrebungen ab 1933 kam es noch zu einem Nachlesebergbau, bis das geringe Aufkommen 1942 das Ende des Quecksilberbergbaus bedingte. Interessant ist ein Haldenfund von 1987 des seltenen Minerals Schachowit, das damit von einem zweiten Fundort in der Pfalz nachgewiesen werden konnte.

2. Landsberg bei Obermoschel

Der Moschellandsberg, wie die kuppelartige Erhebung bei Obermoschel auch genannt wird, ist das Ergebnis vulkanischer Tätigkeit im Unterperm, bei der nach den Rhyolithmassen auch stark Hg-haltige hydrothermale Erzlösungen empordringen konnten. Die älteste Nachricht über den Quecksilberbergbau dieser Region datiert aus dem Jahr 1403. Auf 30 ha Grubengelände wurden drei Erzgänge (Gottesgabe, Speyerer Gang und Schwarzer Gang mit dem 12x5x15 m großen Lazarustrum) durch 20 bis 25 Bergwerke abgebaut. Die Produktion betrug von 1760 bis 1764 7.278 kg Quecksilber. Ab 1936 wurde das Haldenmaterial noch einmal aufbereitet. Bis 1942 hatte man rund 250 t Quecksilber darstellen können. 1943 wurde die Arbeit eingestellt, da die im Zweiten Weltkrieg besetzten russischen Vorkommen die Gewinnung der Pfälzer Quecksilbererze überflüssig machten. Der Name des Berges ist aber erhalten geblieben in der Bezeichnung für das seltene Silberamalgam Moschellandsbergit.

Mit Ausnahme der Grube Carolina sind alle Untertagebaue nicht mehr zugängig; doch befindet sich die Carolina in Privatbesitz. Die alten Halden sind überwachsen und bieten kaum noch Fundmöglichkeiten.

Akanthit	Dolomit	Moschelit
Ankerit	Eglestonit	Moschellandsbergit
Antimonit	Elektrum	Nickelin
Antlerit	Enargit	Ni-Skutterudit
Aragonit	Freibergit	Paraschachnerit
Arsenopyrit	Galenit	Quarz
Azurit	Gips	Quecksilber, ged.
Baryt	Goethit/Limon	Schachnerit
Berthierit	Gold, ged.	Schachowit
Biotit	Hydrobiotit	Schwefel, ged.
Bornit	Kalomel	Senarmontit
Bournonit	Kongsbergit	Siderit
Brochantit	Kupfer, ged.	Silber, ged.
Calcit	Kuzminit	Skutterudit
Chalkanthit	Langit	Stibiconit
Chalkopyrit	Lepidokrokit	Tennantit
Chalkosin	Linneit	Terlinguait
Chalkostibit	Livingstonit	Tetraedrit
Cinnabarit	Malachit	Tiemannit
Coccinit	Markasit	Valentinit
Covellin	Metacinnabarit	Violarit
Digenit	Millerit	

3. Koppelberg bei Kirchheimbolanden

Hier erwirtschafteten die Gruben Altheubusch, Altsteinbiel, Koppelberg und Karlstollen von 1762 bis 1780 rund 100.000 kg Quecksilber.

4. Mörsfeld

Auf zwei Erzgängen förderten in diesem Gebiet neun Gruben Quecksilber, und zwar auf den Grubenfeldern Altes Werk, Neues Werk, Carl Theodor und Elisabeth.

5. Potzberg bei Altenglan

Ein weiterer berühmter Fundort für gute Zinnoberkristalle sowie ged. Quecksilber waren die Gruben am Potzberg. Bekannte Gruben von hier sind Frischer Mut, Dreikönigszug und Alter Potzberg.

Die Grube Dreikönigszug lieferte als Beispiel im Durchschnitt 1.500 kg Quecksilber im Monat.

6. Lehmberg bei Niederhausen/Nahe

Seit dem 15. Jahrhundert ging hier der Quecksilberbergbau um. Es stand derbes Zinnobererz in Klüften eines stark hydrothermal beanspruchten Rhyodazits an. Bebaute Gruben waren Martinszug, Treue Zuversicht und Schmittenzug. In der letztgenannten Grube ist heute ein Besucherbergwerk eingerichtet.

7. Königsberg bei Wolfstein

In diesem Gebiet bauten rund 30 Gruben auf den Grubenfeldern Pfälzermuth, Theodors Erblust, Christiansglück und Herrenspitz.

Im Rhyolithgestein tritt eine Quecksilbervererzung auf, die auch Uranverbindungen enthält. Besonders ist hervorzuheben, daß der Königsberg die zweite Fundstelle für das Quecksilbermineral Corderoit ist, das bisher nur von McDermit, Nevada (USA), bekannt war. In Paragenese befanden sich außer Cinnabarit interessanterweise Uranmineralien wie Metatorbernit, Phosphuranylit, Meta-Zeunerit und Carburan. Ein Probeschurf der Gewerkschaft Brunhilde versprach keine wirtschaftliche Nutzbarkeit. Der Aufschluß wurde völlig beseitigt, so daß keine Fundmöglichkeiten existieren.

8. Imsbach am Donnersberg

Am Südrand des Donnersbergs liegt Imsbach. In unmittelbarer Nähe des Ortes befinden sich zahlreiche Gruben, die überwiegend auf Kupfer, aber auch auf Cobalt und Silber bauten.

Die bekanntesten Gruben waren Weiße Grube, Grüner Löwe, Friedrichsgrube, Reich Geschiebe, Katharina I und Katharina II. Die erste urkundliche Erwähnung von einer Grube bei Imsbach stammt von Weiße Grube aus dem Jahre 1145. Eine Blütezeit wurde jedoch erst im 15. Jahrhundert erreicht, als bis zu 500 Beschäftigte tätig gewesen sein sollen. Um 1700 soll unter kaiserlich-österreichischer Regierung nochmals ein Aufschwung herbeigeführt worden sein. So konnten während einer Periode von 1720-30 auf den Gruben Katharina, Grüner Löwe und Reich Geschiebe monatlich ca. 50 Zentner Kupfer und 12 Pfund Silber gewon-

Unten. Mineralienübersicht über die Funde der Imsbacher Gruben. Es bedeuten: 1 - Weiße Grube, 2 - Grüner Löwe, 3 - Reich Geschiebe, 4 -Katharina I, 5 - Katharina II.

Adamin 1	Cattierit 3	Gips 1,2,4,5	Opal 1,2,4,5
Agardit 1,2,4	Cerussit 1,2,4,5	Goethit 3,4	Partzit 1,2,4,5
Anglesit 1,4,5	Chalkanthit 1,2,4,5	Hämatit 3	Pharmakosiderit 4
Ankerit 3	Chalkopyrit 1,3,4	Hydrocerussit 1	Plancheit 1
Annabergit 1,3	Chalkosin 2,3,4,5	Jarosit 1,2,4,5	Plumbojarosit 2
Antlerit 5	Chalkotrichit 2	Kasolit 4,5	Posnjakit 2,4
Aragonit 4	Chloanthit 2	Konichalcit 1,4	Proustit 1
Argentit 1,4	Chrysokoll 1,2,3,4,5	Kupfer, ged. 2,4,5	Pyrit 1,3,4
Argentojarosit 5	Cobaltin 2	Langit 1,2,4,5	Quarz 1,4
Arsen, ged. 1,2,4	Coelestin 4,5	Lavendulan 1,2	Rhodochrosit 3
Arseniosiderit 1,4	Coffinit 1,4	Lepidokrokit 3	Safflorit 1,2,3,4
Arsenopyrit 4	Cornubit 1,2	Linarit 1,2,4,5	Siderit 2,4
Asphalt 1,2,4,5	Cornwallit 4	Linneit 1,3	Silber, ged. 1,2,4,5
Azurit 1,2,3,4,5	Covellin 1,2,3,4,5	Luzonit 3	Skutterudit 1,2,3,4
Baryt 4	Cuprit 1,2,3,4,5	Malachit 1,2,3,4,5	Sphalerit 1,2,3,4,5
Bayldonit 1,2,4	Devillin 1,2,4,5	Markasit 1,3,4	Tennantit 1,3,4,5
Beta-Uranophan 4,5	Digenit 1,3,4,5	Metauranospinit 4,5	Tenorit 1,4,5
Beudantit 4	Dolomit 1,2,3	Metazeunerit 1,4,5	Tetraedrit 3,4,5
Bornit 3	Duftit 2,4	Millerit 3	Tirolit 1,4
Breithauptit 3	Enargit 1,3,4	Mimetesit 1,2,4,5	Turmalin 1,2
Brochantit 1,2,4,5	Erythrin 1,2,3,4	Na-Uranospinit 4	Uraninit 1,4,5
Calcit 1,2,4,5	Fluorit 3	Natrojarosit 2,5	Wulfenit 1,2,5
Caledonit 1,4	Galenit 1,2,3,4,5	Nickelin 3	Zeunerit 2,4
Carburan 1,4	Gersdorffit 3	Olivenit 1,2,4	

Oben. Der Steinbruch Mannbühl im Jahr 1988.

Links oben. In der ehemaligen Cobalterzgrube Weiße Grube bei Imsbach ist heute ein Schaubergwerk eingerichtet.

Links unten. Ausgeerzter Tagebau der Grube Katharina II bei Imsbach.

nen werden. Von 1721 stammt ein Ausbeutetaler aus Silber. Ab 1730 konzentrierte sich der Abbau auf Kobalt. So förderte die Friedrichsgrube 1749 monatlich ca. 400 Pfund. Ein bedeutender Bergbau entwickelte sich allerdings nicht mehr. Die endgültige Stillegung erfolgte 1921.

Die Gruben um Imsbach bieten dem Sammler eine große Zahl von Cu-Co-Oxidationsmineralien (Malachit, Azurit, Chrysokoll, Erythrin) und zum Teil seltene sekundäre Uranmineralien (Uranophan, Uranospinit, Zeunerit). Sie stammen überwiegend von den Gruben Katharina I und Katharina II. Als weitere Raritäten können Agardit, Bayldonit, Partzit und Wulfenit genannt werden.

Fundmöglichkeiten sind auch heute noch gegeben, insbesondere für die häufigeren Cu-Co-Oxidationsmineralien.

Besucherbergwerk Weiße Grube

Durch einen Rundwanderweg sind die vier Imsbacher Gruben zu erwandern. Im Jahre 1979 wurde die Weiße Grube durch den Donnersbergkreis zum Schaubergwerk ausgebaut. Rund 300 m sind erschlossen. Information: Kreisverwaltung Donnersbergkreis, Fremdenverkehrsreferat, 6719 Kirchheimbolanden. Telefon: 06352/1401 oder Gemeinde 6761 Imsbach. Telefon: 06302/2304

9. Steinbruch Mannbühl bei Bolanden

Im nördlich von Dannenfels gelegenen Steinbruch Mannbühl wird Rhyodazit abgebaut, der sehr starke Kluft- und Störungszonen enthält. Die auftretenden Minerale deuten nach (51a) auf eine hydrothermale Mobilisation hin. Aus einer Barytkluft konnten als Seltenheit Bleiglanzkristalle geborgen werden. Auch schöne Amethyste sind von hier bekannt. Selten sind kleine tafelige Wulfenitkristalle.

Azurit	Galenit	Pyrit
Baryt	Goethit	Quarz (Var. Amethyst)
Calcit	Hämatit	Siderit
Chabasit	Harmotom	Sphalerit
Chalkopyrit	Malachit	Stilbit
Erythrin	Markasit	Wulfenit

10. Steinbruch Lenz bei Rockenhausen

Der hier sehr gut aufgeschlossene Andesit am Hintersteinerhof bei Rockenhausen führt in den oberen Teilen Blasen- und Mandelsteinzonen. In den Drusen finden sich hübsche Calcitkristalle in einer großen Formenvielfalt. Daneben treten Quarz, Amethyst, Rauchquarz, Achat und Jaspis auf.

Aragonit	Erythrin	Markasit
Baryt	Galenit	Phillipsit
Calcit	Goethit	Pyrit
Chalkopyrit	Hämatit	Quarz
Dolomit	Harmotom	Sphalerit

11. Schweisweiler

Da die Uranlagerstätte Bühlskopf bei Ellweiler seit Jahren abgebaut ist und kaum noch Funde zu erwarten sind, sei auf ein weiteres Vorkommen von Uranmineralen bei Schweisweiler im westlichen Bereich des Donnersbergs hingewiesen. Es scheint sich um eine Arsen-Uran-Formation zu handeln, da auch einige As-haltige Erze auftreten.

Arsen, ged.	Kasolit	Novacekit
Beta-Uranophan	Löllingit	Safflorit
Carburan	Na-Uranospinit	Skutterudit
Chloanthit	Meta-Novacekit	Uraninit
Coffinit	Meta-Uranospinit	Uranophan
Francevillit	Meta-Zeunerit	Uranospinit
Heinrichit	Na-Uranospinit	

Arbeiter im Steinbruch Rauschermühle in den 20er Jahren unseres Jahrhunderts.

12. Steinbruch Rauschermühle bei Niederkirchen

Der schon länger stillgelegte und sehr berühmte Steinbruch ist vor allem durch schöne Prehnitstufen bekannt geworden. Früher wurden hier Dolerite (gangförmig intrudierte gabbroide Andesit-Basalte) gebrochen, die zum Teil stark hydrothermal verändert wurden.

Albit	Datolith	Pektolith
Analcim	Julgoldit	Prehnit
Apophyllit	Chalkopyrit	Pumpellyit
Calcit	Natrolith	

13. Steinbruch Brunnenberg bei Kirchheimbolanden

In diesem Steinbruch, in dem Dolerite bzw. Rhyolithe abgebaut werden, finden sich in hydrothermal gebildeten Kluftsystemen schöne Amethystkristalle zusammen mit Klinochlor und Natrolith.

14. Steinbruch am Karrenberg bei Reichweiler

Hier konnte 1980 der Erstfund des Zeolithminerals Ferrierit für die Bundesrepublik gemacht werden. In und auf Quarzgeoden sind rosa gefärbte, radialstrahlige Aggregate erkennbar.

15. Bühlskopf bei Ellweiler

In Zerrüttungszonen der Nordflanke des Bühlskopfes trat eine kleine Uranvererzung auf, die von 1958 bis 1967 abgebaut wurde. Dabei wurden die folgenden Sekundärminerale als Beläge auf den Gesteinsklüften identifiziert:

Arsenuranylit	Kahlerit	Sharpit
Becquerelit	Kasolit	Sklodowskit
Boltwoodit	Na-Uranospinit	Uranophan
Curit	Novacekit	Uranopilit
Hallimondit	Rutherfordin	Uranospinit
Heinrichit	Schoepit	Zeunerit

16. Steinbruch bei Kreimbach

Nur wenige km von der Rauschermühle entfernt liegt bei Kreimbach ein Steinbruch, der der Gewinnung von Splitt und Schotter dient. Über einen längeren Zeitraum dort aufgesammeltes Material hat nun bei der Untersuchung zahlreiche erwähnenswerte Minerale ergeben. Als Besonderheiten seien hier drei Minerale der Epidot-Vesuvian-Gruppe herausgehoben: Klinozoisit, Pumpellyit und Julgoldit. Die größte Rarität sind aber gut ausgebildete, bis 5 mm große Greenockitkristalle.

Analcim	Goethit	Pektolith
Apophyllit	Greenockit	Prehnit
Calcit	Hämatit	Pumpellyit
Chalkopyrit	Julgoldit	Pyrit
Datolith	Klinozoisit	Silber, ged.
Galenit	Magnetit	

17. Hirschhorn bei Kaiserslautern

Bei dem kleinen Ort Hirschhorn, etwa 12 km nordwestlich von Kaiserslautern, entdeckte der in jungen Jahren tödlich verunglückte Mineraloge G. Dreyer das nach ihm benannte Bismutvanadat Dreyerit. Begleitminerale waren außer Quarz, Baryt

Dünntafelige Pektolithkristalle aus dem berühmten Steinbruch Rauschermühle bei Niederkirchen. Bildbreite 7 mm.

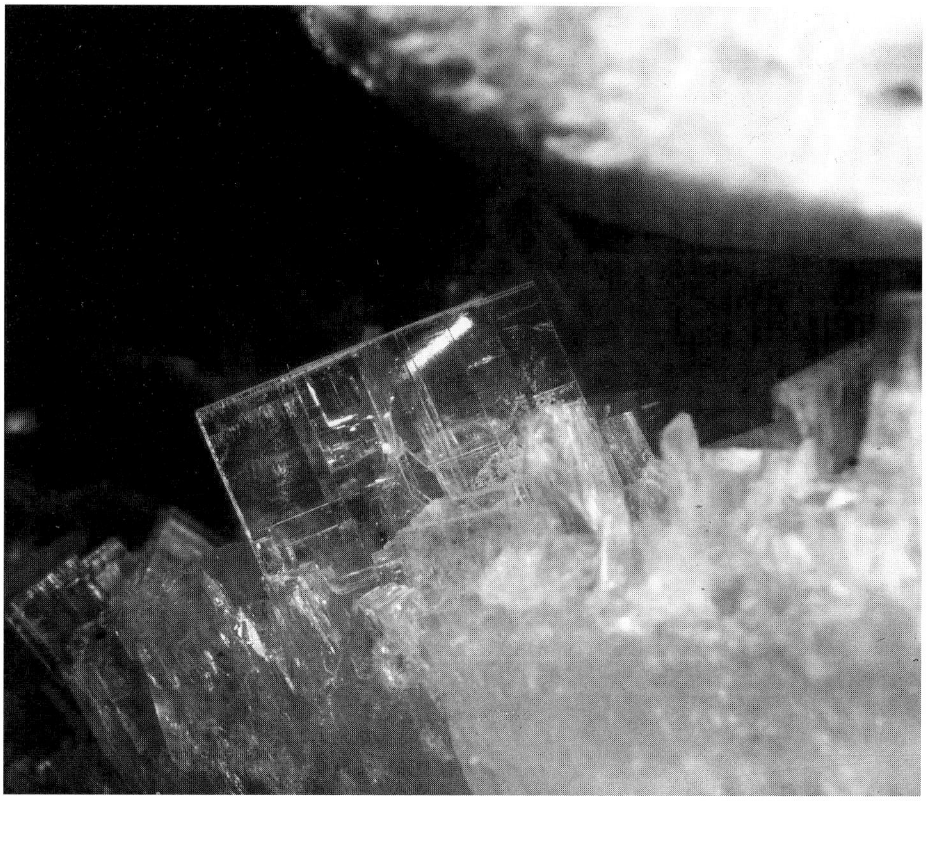

und Kaolinit seltene Minerale wie Bismit, Carnotit und Carburan.

Der Steinbruch Kreimbach, der für ausgezeichnete Greenockitkristalle bekannt geworden ist.

18. Weinberge bei Wendelsheim/Alzey

Besonders in den Weinbergen der Umgegend treten oft in größerer Zahl Achate als lose Gerölle auf. Nach starken Regenfällen finden sie sich vielfach gehäuft an den Hängen freigelegt. Sie zeichnen sich durch sehr vielfältiges und oft überraschendes Farbenspiel aus. Öfter enthalten sie Einschlüsse von Hämatit oder stellen gelegentlich Verdrängungspseudomorphosen nach Zeolithen dar.

19. Waldhambach

An einigen Stellen des südlichen Pfälzer Waldes, z.B. östlich von Waldhambach, ist nahe der Randverwerfung ein älteres vulkanisches Gestein in den Buntsandstein eingeschaltet, das man allgemein als Melaphyr bezeichnet. Die heutige Benennung lautet Olivinporphyrit. Dieses Gestein ist reich an Hohlräumen, den sogenannten Mandeln, die Achate, Amethyst und Quarz enthalten, seltener Calcit, Dolomit, Siderit, Rhodochrosit und Baryt. Typisch ist für die Waldhambacher Achate eine feine Bänderung durch wechsellagernde rot und weiß gefärbte Schichten, die der Form des Hohlraumes folgen. Manchmal füllt der Chalcedon den Innenraum nicht vollständig aus, so daß dieser mit amethystfarbenen Quarzkristallen ausgekleidet sein kann. In den vorhandenen Steinbrüchen und an Böschungen sind bei entsprechender Vorsicht und eingeholter Erlaubnis immer noch Funde möglich.

20. Erzgang bei Nothweiler

Im Buntsandstein der Südpfalz etwa zwischen Bad Bergzabern und Nothweiler kam es im Verlauf der Absenkung des Rheintalgrabens zur Ausbildung hydrothermaler Eisen- und Bleierzgänge, die sich auf elsässischem Gebiet fortsetzten. Über die bergbauliche Tätigkeit und die Mineralisation im Bereich dieser Gänge ist in den letzten Jahrzehnten wenig geschrieben worden. Erst 1986 befaßtesich eine Veröffentlichung wieder mit diesem Gebiet (A 86/4), beschränkte sich allerdings auf die Beschreibung der Minerale des südlichen Teils des Erzgangs bei Nothweiler, wo im Katzental silberhaltiger Bleiglanz gefördert wurde.

In die folgende Darstellung der bei Nothweiler festgestellten Minerale sind nur die Benennungen aus dem oben erwähnten Artikel übernommen worden, für die Belegproben aufgesammelt werden konnten.

Der Vollständigkeit halber seien auch die Minerale aus dem älteren Schrifttum aufgeführt: Sphalerit, Pyrolusit, "Psilomelan", Manganit, Rancieit, Smithsonit, Azurit, Aurichalcit, Baryt, Wulfenit und Chrysokoll.

Anglesit	Galenit	Mimetesit
Brochantit	Goethit/Limonit	Posnjakit
Cerussit	Hemimorphit	Pyromorphit
Covellin	Langit	Rosasit
Cuprit	Leadhillit	Schulenbergit
Dundasit	Linarit	Silber, ged.
Fahlerz	Malachit	

21. Grumbach bei Lauterecken

In vielen Sammlungen verbreitet sind Calcitkristalle mit der Beschriftung Grumbach, manchmal auch als Krumbach bezeichnet. Die Kristalle können bis 4 cm lang werden. Daneben kommen Kupferkies, Dolomit und Malachit vor.

22. Rammelsbach bei Kusel

Diese Fundstelle (Steinbruch) ist bekannt geworden durch Pseudomorphosen von Dolomit nach Calcit. Die Kristalle können bis zu 10 cm Länge erreichen und werden von Hämatit begleitet.

22. Saarland

1. Düppenweiler bei Saarlouis
2. Grube Louise bei Greimerath
3. Schwerspatgrube Korb bei Eisen
4. Freisen
5. Wallerfangen
6. Walhausen bei Nohfelden
7. Manganerzgrube bei Krettnich
8. Grube Mathias bei Ihn
9. Gipsgrube Frühauf in Saarfels bei Saarlouis

1. Düppenweiler bei Saarlouis

Ein gangförmiges Kupfervorkommen am Rande eines permischen Rhyolithmassivs war Ursache des alten Bergbaus, von dem nur noch kleine Halden mit Cu-haltigen Sekundärmineralen Zeugnis ablegen, darunter Pseudomalachit und seltener Libethenit.

2. Grube Louise bei Greimerath

Die Gänge dieser ehemaligen Eisenerzgrube sitzen in Quarzitgesteinen an der Grenze zum Buntsandstein. Wahrscheinlich entstand der geförderte Hämatit während einer Umlagerungsphase, in der sich auch Kaolinit, Kemmlitzit und Gorceixit neu bildeten, deren Vorkommen G. Müller beschreibt (A 88/5).

3. Schwerspatgrube Korb bei Eisen

Im Jahre 1912 suchte Christian Korb aus Eisen um Verleihung des heutigen Grubenbereichs auf Mangan nach, erhielt diese aber nur auf Eisen, später dann auch auf Mangan. Beim Abbau eines Eisenmanganmulms als Farberde für die keramische Industrie entdeckte man die umfangreiche Barytlagerstätte. Die Grube gehörte zu den drei letzten Barytbergwerken der Bundesrepublik, die noch in Förderung standen. Im Jahr 1988 ist die Grube Korb eingestellt worden.

Die Geologie dieses Barytvorkommens ist dadurch gekennzeichnet, daß es nahe der Grenze zwischen Rheinischem Schiefergebirge und Saar-Nahe-Senke liegt. Durch tektonische Vorgänge wurde es senkrecht gestellt, wahrscheinlich während der letzten Phase der variistischen

Die Anlagen der 1988 stillgelegten Schwerspatgrube Korb bei Eisen.

Gebirgsbildung. Aber die eigentliche Entstehung, ob hydrothermal und bzw. oder metasomatisch oder rein sedimentär, konnte anscheinend noch nicht geklärt werden. Im gesamten Grubenbereich wurden bisher folgende Minerale nachgewiesen:

Akanthit (?)	Cinnabarit	Melanterit
Albit	Dolomit	Muskovit
Anatas	Fe-Chlorit	Nakrit
Apatit	Fluorit	Pyrargyrit (?)
Aragonit	Galenit	Pyrit
Arsenopyrit	Gips	Pyrrhotin
Baryt	Goethit	Quarz
Bournonit	Hämatit	Rhodochrosit
Brookit	Ilmenit	Rutil
Calcit	Kaolinit	Siderit
Chalkosin	Malachit	Sphalerit
Chalkopyrit	Manganomelan	Tetraedrit
Chlorit	Markasit	Zirkon

4. Freisen

Der bekannte Steinbruch in Freisen an der Saar-Pfalz-Grenze war eine Fundstelle für hervorragende Achatbildungen mit schöner Bänderung. In oft recht großen Drusen traten daneben auch die wohl besten

Rauchquarzkristalle dieser Gegend auf, die dazu manchmal mit außergewöhnlich langen Goethitnadeln (bis 3 cm) oder flachtafeligen Hämatitkristallen sowie Chabasitwürfeln bewachsen waren.

5. Wallerfangen

In einem Kupfererzgang des Oberen Buntsandsteins von Wallerfangen war Azurit in vergleichsweise großer Menge ausgebildet und wurde vor allem im Mittelalter als Malerfarbe abgebaut. In einem Stollen des Blauwalds bei Wallerfangen konnte ein einziges Mal Strashimirit zusammen mit Olivenit festgestellt werden. Im Nahtenkeller erwies sich ein zersetzter Knochenrest als Brushit.

6. Kupfer- und Bleierzgrube Walhausen

Die nahe der Türkismühle bei Nohfelden gelegene Lagerstätte sei erwähnt, weil sie ertragsmäßig am bedeutendsten im Saarland war. Als Kupfererze wurden hauptsächlich Chalkosin und Digenit abgebaut, daneben traten auch Sphalerit, Fahlerz, Bleiglanz und Covellin auf.

7. Manganerzgrube bei Krettnich

Wenige Kilometer westlich von Primstal wurde früher in dem kleinen Ort Krettnich Manganerzbergbau betrieben. Hauptsächlich baute man das sonst eher selten vorkommende Mineral Manganit ab. Merkwürdig ist, daß neben Manganit Duftit in gut ausgebildeten Kristallen erscheint, was auf eine ältere Blei-Kupfer-Mineralisation hindeutet. Das Mineral Brackebuschit, das für die Bundesrepublik hier zum erstenmal bestimmt wurde, wird als Umwandlungsprodukt eines noch unbestimmten Pb-Mn-Vanadats angesehen.

8. Grube Mathias bei Ihn

Nahe der französischen Grenze befindet sich ein Gipsvorkommen, das von der Grube Mathias abgebaut wurde. Die Grube und das zugehörige Gipswerk liegen nördlich der Straße Ihn-Rammelfangen.

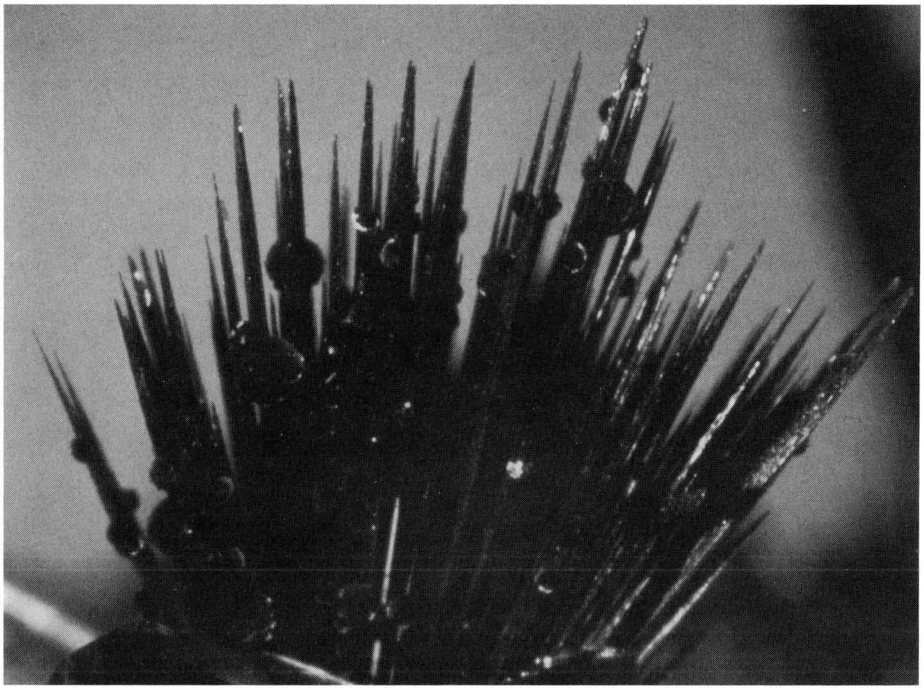

Goethit in nadeligen Kristallen bis 1,2 cm Länge vom bekannten Fundort Freisen im Saarland.

Als Mineralienbestand sind hauptsächlich Anhydrit und Gips, aber auch schneeweißer bis rosa gefärbter Fasergips und Marienglas zu nennen. Seltenheiten sind Ulexit und Mirabilit.

9. Gipsgrube Frühauf in Saarfels bei Saarlouis

Früherer Untertageabbau von Gips im mittleren Muschelkalk, am Rotaugen Richtung Menningen gelegen. Auf Haldenresten findet man Fasergips in sehr schöner Ausbildung: farblos, zart grünlichgelb, rosafarben oder orangerot, z.T. mit Bänderung, seidenglänzend bis fast dicht.

23. Schwarzwald

1. Flußspatgrube Käfersteige bei Pforzheim
2. Kirchheimerstollen in Müllenbach bei Baden-Baden
3. Neubulach
4. Grube Königswart bei Schönegründ/Murgtal
5. Freudenstadt
6. Lierbachtal
7. Fluoritfundstelle Ödsbachtal
8. Gruben Friedrich-Christian und Herrensegen im Wildschapbachtal
9. Grube Sophia im Böckelsbachtal, Wittichen
10. Schmiedestollenhalde, Wittichen
11. Grube Neuglück, Wittichen
12. Grube Johann am Burgfelsen, Wittichen
13. Grube Daniel im Gallenbachtal, Wittichen
14. Grube Anton im Heubachtal bei Schiltach
15. Grube Clara im Rankachtal
16. Spatmühle Kirnbach bei Wolfach
17. Grube Wenzel im Frohnbachtal, Oberwolfach
18. Grube Erzengel Gabriel im Einbachtal
19. Grube Ludwig im Adlersbachtal
20. Steinbruch Artenberg im Kinzigtal
21. Roßgrabeneck bei Biberach im Kinzigtal
22. Geisberg bei Schweighausen
23. Grube Silberbrünnle bei Gengenbach
24. Quarzporphyrbruch Hinterohlsbach
25. Grube Michael im Weiler bei Lahr
26. Steinbrüche am Hühnersedel
27. Gremmelsbach bei Triberg
28. Grube Segen Gottes bei Freiamt
29. Gruben am Schauinsland
30. Grube Gründenwald bei St. Ulrich
31. Erzrevier Untermünstertal
32. Gruben bei Sulzburg
33. Wiedener Erz- und Flußspatgruben
34. Gruben bei Todtnau

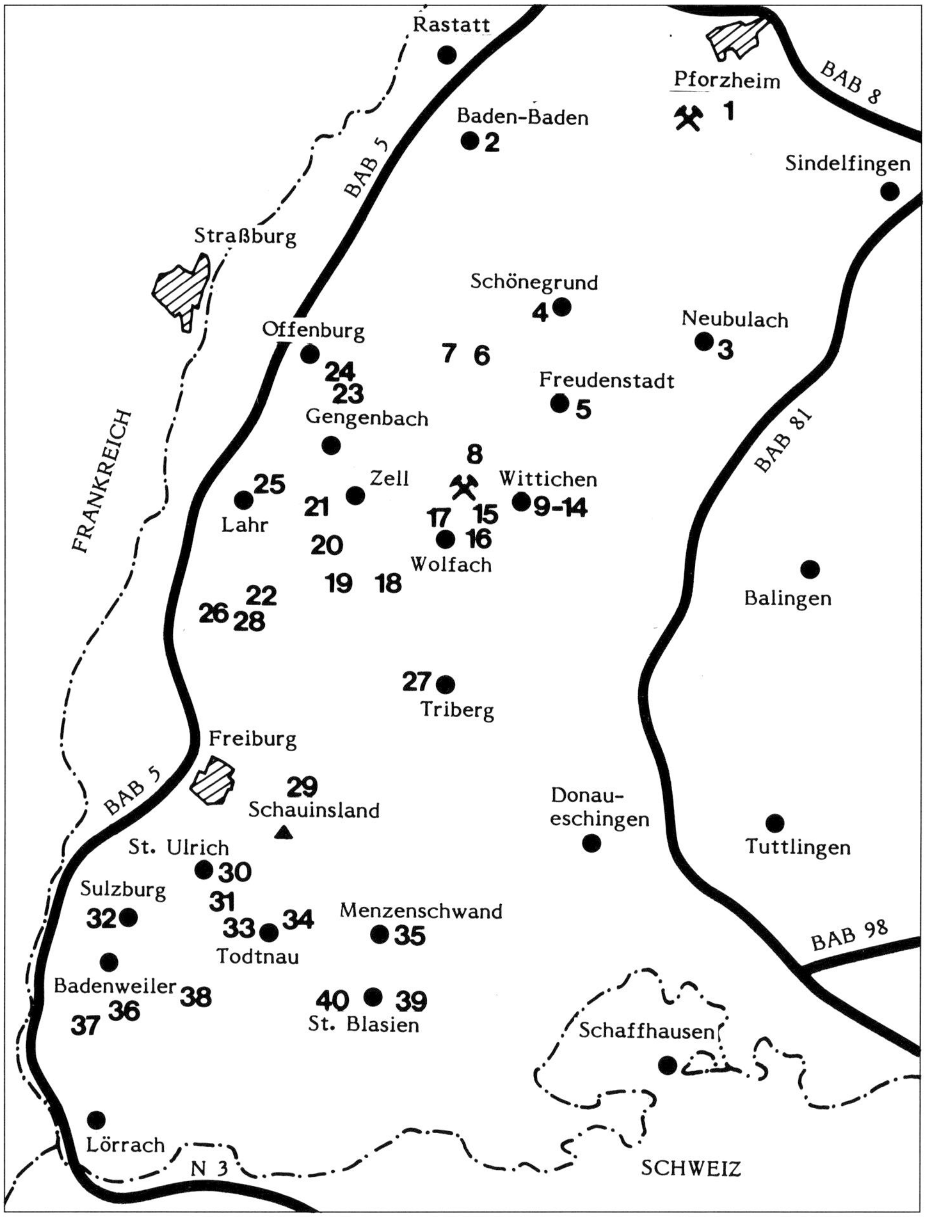

Übersichtskarte Fundstellen im Schwarzwald.

35. Uranerzvorkommen Menzenschwand
36. Ganggebiet von Badenweiler
37. Liel
38. Sirnitz
39. Grube Gottesehre bei Urberg/St. Blasien
40. Grube Friedrich August, Horbach bei St. Blasien

Der Sockel des Schwarzwalds besteht wie der des Odenwalds aus uralten Gesteinen, den Para- und Orthogneisen, deren Entstehung aus Sedimenten und Magmagesteinen weit vor der varistischen Gebirgsfaltung angesetzt werden muß. Mit der letzteren geht die Bildung der Granite einher, etwa ab dem Unterkarbon. Bei dieser Orogenese erfuhren auch die Gneise eine Umwandlung zu sogenannten Anatexiten. Mit der schon schwächeren Förderung magmatischer Porphyr- und Rhyolithgesteine klangen die tektonischen Vorgänge zunächst aus. Am Ende des Rotliegenden war eine fast unvorstellbare Abtragung des Gebirges zu verzeichnen, und der Schutt füllte die Tröge und Mulden. Darauf wurde die Abrasionsfläche von den Schichten des Buntsandsteins überlagert. Wenn heute nicht der gesamte Schwarzwald ein Deckgebirge aus mesozoischen Schichten trägt, dann verdanken wir das den im Tertiär neu einsetzenden Hebungs- und Störungsvorgängen, während derer der Oberrheingraben einbrach, der Kaiserstuhl vulkanisch wurde und der Feldberg seine größte Höhe erhielt. Aus diesen Zusammenhängen erklärt sich, daß den hydrothermalen Lösungen im Gefolge der gesteinsbildenden Prozesse oft Gelegenheit geboten wurde, als Gänge und Lagerstätten auszukristallisieren.

1. Flußspatgrube Käfersteige bei Pforzheim

Südlich von Pforzheim setzen zwischen Neuenbürg und Tiefenbronn im triassischen Deckgebirge des Buntsandsteins hydrothermale Baryt- und Fluoritgänge auf. Die vorwiegend Schwerspat enthaltenden Gänge des Neuenbürger Reviers führen Brauneisenerz, das dort gefördert wurde, bis 1866 die Hochöfen in Pforzheim und Friedrichstal bei Freudenstadt den Betrieb einstellten. Dagegen bewahrte die Förderung des Flußspats ihre Bedeutung, insbesondere die der Grube Käfersteige an der Straße vom Seehaus nach Tiefenbronn. Allerdings setzte die Fluoritgewinnung hier auch erst 1933 ein, da der Gang bis dahin wegen seiner geringen Brauneisenerzführung kein bergmännisches Interesse gefunden hatte. Mit dem stetigen Ausbau der Grubenanlagen nach dem Zweiten Weltkrieg stieg auch die Fördermenge. Für das Jahr 1986 wird eine Förderung von 93.000 t Rohflußspat genannt. Heute befördern Lkw das Rohhaufwerk zum Karlsruher Rheinhafen, wo es in einer modernen Aufbereitungsanlage weiterverarbeitet wird. Hier und an der Verladerampe der Grube im Würmtal ergeben sich am ehesten Fundmöglichkeiten für den Sammler.

Unten. Bismuthinitnadeln von der Flußspatgrube Käfersteige bei Pforzheim. Länge der Nadeln ca. 12 mm.

Bemerkenswert ist für den Flußspatgang der Grube Käfersteige eine nach der Tiefe zunehmende Sulfidführung. So ist die Lagerstätte weniger durch hübsche Fluoritstufen als durch ausgezeichnet gut kristallisierten Emplektit bekannt geworden, der in Drusen als freistehende haardünne Nadeln von metallischem Glanz vorkommt.

Agardit-(SE)	Covellin	Markasit
Alloklas	Cuprit	Mixit
Ankerit	Emplektit	Muskovit (?)
Azurit	Erythrin	Olivenit
Baryt	Fahlerz	Pyrit
Bismut, ged.	Fluorit	Pyrolusit
Bismuthinit	Galenit	Quarz
Bismutit	Goethit	Schwefel, ged.
Bornit	Hämatit	Siderit
Calcit	Kupfer, ged.	Silber, ged.
Chalkopyrit	Langit	Sphalerit
Chalkosin	Malachit	
Chrysokoll	Manganomelan	

2. Kirchheimerstollen in Müllenbach bei Baden-Baden

Im Bereich oberkarbonischer Sedimente treten Pechblende und Coffinit auf. Als seltene Sekundärbildungen seien die Uranylcarbonate Joliotit und Liebigit genannt.

3. Kupfer-Bismut-Erzgänge bei Neubulach

Der Bergbau in Neubulach wurde seit dem 11. Jahrhundert bis ins 14. Jahrhundert mit großem Erfolg betrieben. Aus den aufsitzenden Schwerspatgängen im Buntsandstein hat man anfangs Azurit, später Silbererz und Kupfererz gewonnen. Ab dem 14. Jahrhundert war der Bergbau bis Ende des 19. Jahrhunderts mit Unterbrechungen und wenig Ausbeute immer wieder aufgenommen worden. Nach dem Ersten Weltkrieg wurden Halden zurückgebaut und daraus Bismut gewonnen. Wenige Primärerze (Bornit, Chalkopyrit, Fahlerz, Pyrit, Emplektit) und ebenso wenige Gangarten (Quarz, Baryt, Calcit, Ankerit, Siderit) sind die Grundlage für auffallend zahlreiche Sekundärminerale, von denen farbenprächtige Azurit- und Malachitstufen am häufigsten sind.

Adamin	Chrysokoll	Mansfieldit
Agardit-(Ce)	Cinnabarit	Mixit
Allophan	Cornubit	Olivenit
Arseniosiderit	Cornwallit	Philipsburgit
Arsenocrandallit	Covellin	Pitticit
Atelestit	Crandallit	Preisingerit
Azurit	Cuprit	Pseudomalachit
Ba-Al-Pharmakosiderit	Digenit	Pyromorphit
Ba-Pharmakosiderit	Goethit	Rhodochrosit
Beyerit	Hämatit	Roosevelit
Bismutit	Jarosit	Siderogel
Bismutostibiconit	Konichalcit	Spionkopit
Brochantit	Kupfer, ged.	Strashimirit
Bulachit	Langit	Tenorit
Calcit	Lepidokrokit	Tirolit
Chalkophyllit	Malachit	Yarrowit
Chalkosin	Manganogel	

Im Stadtkern der alten Bergbaustadt Neubulach steht die ehemalige Bergvogtei, in der im Jahre 1977 ein Mineralienmuseum eingerichtet und im Jahre 1984 erweitert wurde. In ihm sind bergmännisches Gezähe und bergmännische Utensilien (u.a. Grubenlampen) ausgestellt. Neben dem Besucherbergwerk Hella-Glück-Stollen ist das Museum eine gern aufgesuchte Stätte im nördlichen Schwarzwald. Es sind außerdem Mineralien aus Neubulach, aus dem übrigen Schwarzwald, von allen anderen deutschen Fundstellen und aus der ganzen Welt zur Schau gestellt. Informationen: Kurverwaltung Neubulach, 7265 Neubulach 1. Telefon: 07053/7592.

Einer der früher aufgefahrenen Stollen, der Hella-Glück-Stollen, wurde 1969/70 von Mitgliedern der Stollengemeinschaft Neubulach in freiwilligen Arbeitsstunden aufgewältigt und befahrbar gemacht. Er führt 230 m in den Berg und hat einige kleine Nebenörter, in denen Figuren mit Arbeitskleidung der früheren Bergleute aufgestellt sind. Ferner kann man dort einen Abbau und an einigen Stellen sekundäre Mineralien sehen. Ein im Jahre 1972/73 neu aufgefahrener

Stollen dient als Therapiestation für Asthmakranke. Informationen: Bürgermeisteramt Neubulach, 7265 Neubulach. Telefon: 07053/7591-92.

4. Grube Königswart bei Schönegründ/Murgtal

Der Betrieb dieser auf Kupfer und Silber bauenden Grube mit Gängen im Deckgebirge wurde 1826 endgültig eingestellt. Die Mineralführung hat entfernte Ähnlichkeit mit der von Neubulach. So tauchen etliche der dortigen Sekundärminerale auf, aber auch andere wie Wroewolfeit, Klinoklas und Eulytin.

5. Bergbaurevier Freudenstadt

In der Umgebung der ehemaligen Bergbaustadt ging vielfacher Bergbau auf Eisen, Baryt, Kupfer und Silber um, der aber wohl nie sehr gewinnbringend war. Auch hier befinden sich die erzführenden Gänge (Quarz, Baryt, untergeordnet Fluorit) noch im mesozoischen Deckgebirge. Der Bestand an Primärerzen gleicht dem schon bekannten von Neubulach und Schönegründ. Zu den überwiegend von den Halden der Gruben Dorothea und Neues Jahr im Christophstal untersuchten Oxidationsbildungen kamen in der letzten Zeit weitere dazu: Delafossit, Gibbsit, Antlerit, Gorceixit, Klinoklas und Romancheit (L 85/11).

Agardit-(SE)	Cuprit	Mixit
Antlerit	Delafossit	Olivenit
Azurit	Dussertit	Pitticit
Ba-Pharmakosiderit	Gibbsit	Romancheit
Bayldonit	Goethit	Skorodit
Bismutit	Gorceixit	Strashimirit
Brochantit	Klinoklas	Tirolit
Cornubit	Langit	Weilerit
Cornwallit	Malachit	Wroewolfeit

6. Achatfundstellen Baden-Baden und Lierbachtal

An verschiedenen Stellen des westlichen Schwarzwalds stößt man auf Quarzporphyre, die ihre Entstehung dem Aufdringen von SiO_2-reichen Magmen am Ende des Paläozoikums verdanken. An solche Gesteine ist das Auftreten von Chalcedonknollen gebunden, die früher besonders im Gebiet von Baden-Baden in vielen Aufschlüssen gewonnen wurden, um den Achatbedarf der Steinschleiferei des Karlsruher Hofes zu decken. Auch im Lierbachtal nordöstlich von Oppenau fanden sich Achatmandeln, Lierbachkugeln genannt, bis zu 40 Zentimeter Durchmesser, die angeschliffen und poliert eine hübsche Bänderung oder die sonstigen Strukturen des kryptokristallinen Quarzes zeigen. Geringe Fundmöglichkeiten bestehen im Wald des Hauskopfes, des Eckenfelses, am Holzplatz wie auch im benachbarten Börskritt.

7. Fluoritgänge im Hessel- und Ödsbachtal bei Oberkirch

Westlich und südlich des Ortes Ödsbach traten infolge von Verwerfungen kombinierte Baryt-Fluorit-Gänge zutage, die viele Jahre lang bergmännisch genutzt wurden, im Ödsbachtal bis 1959. Die Gänge waren zwar arm an Erzen, aber sie lieferten hervorragende Fluoritstufen mit mehreren Zentimeter großen Würfeln, vorwiegend in den Farben weiß, blau bis grün, seltener violett gefärbt. Als weitere Minerale nennt M. Henglein (12) Chalkopyrit, Pyrit, Limonit, Lepidokrokit und Manganomelan. Ein Haldenfund von K. Walenta aus dem Jahr 1956 enthielt Bismuthaltigen Tennantit und neben Beudantit noch Posnjakit, Skorodit, Ba-Pharmakosiderit sowie die seltenen Bismutarsenate Rooseveltit und Preisingerit als Pseudomorphosen nach Emplektit .

8. Gruben Friedrich-Christian und Herrensegen im Wildschapbachtal

Die ins enge Wildschapbachtal abfallende Halde der alten Grube befindet sich beim Gasthof Zum grünen Baum. Nach M. Henglein (12) fand man auf dem Gangzug Herrensegen und Friedrich-Christian im Jahre 1767 bereits etliche abgeteufte Tagesschächte vor, als der Bergbau auf silberhaltige Erze, später auch auf Kupfererze und Fluorit neu aufgenommen wurde. Die Spuren deuteten darauf hin, daß man hier bergmännisch tätig war, als das Schießpulver noch nicht erfunden war. Anscheinend bediente man sich auch des Feuersetzens, und es ist nicht auszuschließen, daß ein Zusammenhang mit dem Auftreten der auffälligen Minerale Lithargit, Massicotit und Elyit besteht, wie er mehrfach beschrieben wurde.

Die zweite Bergbauperiode endete 1857, weil erwartete Geldmittel ausblieben und die Grubenaufsicht einem Aktienschwindel zuvorkommen wollte. In diese Betriebszeit fällt die Entdeckung des Silbererzes Schapbachit, das mit Matildit identisch ist. Die letztere Bezeichnung hat den Vorzug erhalten. In den knappen Jahren nach dem Ersten Weltkrieg kam die Grube wieder in Förderung. Diese letzte Bergbauphase dauerte bis 1956.

Agardit-(Ca)	Covellin	Massicotit
Akanthit	Cuprit	Matildit (
Allophan	Cuprobismutit	Mottramit
Anglesit	Dickit	Proustit
Arsenopyrit	Dolomit	Pyrit
Azurit	Duftit	Pyromorphit
Baryt	Elyit	Quarz
Bindheimit	Erythrin	Roselith
Bismut, ged.	Fahlerz	Schwefel, ged.
Bismuthinit	Fluorit	Siderit
Bismutit	Galenit	Silber, ged.
Bornit	Goethit	Tenorit
Brochantit	Hämatit	Tridymit
Calcit	Kupfer, ged.	Vanadinit
Cerussit	Langit	Wulfenit
Chalkanthit	Linarit	Xanthokon
Chalkopyrit	Lithargit	Zinckenit (?)
Chalkosin	Malachit	
Chrysokoll	Manganomelan	

Erzrevier Wittichen

Wohl kein Bergbaugebiet ist im Schwarzwald und darüber hinaus so berühmt wie das von Wittichen. Die zur Kobalt-Nickel-Silber-Bismut-Uran-Formation gehörenden Gänge setzen im Granit auf, während der Gneis taub ist. Es müssen aber noch später Mineralisationsvorgänge stattgefunden haben, da auch Erzgänge in das Deckgebirge eingedrungen sind. Der bis ins Mittelalter zurückreichende Bergbau galt zunächst dem gediegenen Silber, das in herrlichen Stufen geborgen werden konnte und dem heute noch das Hauptinteresse der Sammler auf der Sophiahalde gilt wie auch den seltenen Silbererzen Akanthit, Proustit, Xanthokon, Stephanit, Arsenpolybasit und Pearceit. Als das Silber abgebaut war, standen die Kobalterze Safflorit und Skutterudit zur Förderung an, die im 18./19. Jahrhundert zur Gewinnung von Blaufarben sehr begehrt waren. Bismut und die Bi-haltigen Erze wie Emplektit, Wittichenit, Bismuthinit, Aikinit gingen auf Halde, ebenso das reichliche Fahlerz und alle übrigen Erze, von denen nur die Seltenheiten Arsenolamprit, Luzonit, Lautit, Idait, Alloklas, Pararealgar und Alacranit genannt seien. Die Nickelerze traten in Wittichen stark zurück, aber vor einigen Jahren gab es Prospektionsarbeiten wegen vermuteter Uranvorkommen, da die Pechblende und ihre auffälligen Sekundärbildungen seit langem bekannt waren. Der geschätzte Vorrat an Uran wurde für nicht abbauwürdig befunden.

Wer die Wittichener Minerale nach Fundpunkten getrennt sammeln möchte, ist auf Übersichten für die wichtigsten Gruben angewiesen, zu denen die Angaben hier zum erstenmal aus in zahlreichen Publikationen verstreuten Artikeln zusammengetragen wurden.

Agardit-(SE)	Bismut, ged.	Goethit	Pararammelsbergit (?)	Siderit
Akanthit	Bismuthinit	Hämatit	Pararealgar	Silber, ged.
Alacranit	Bismutit	Heinrichit	Parasymplesit	Skorodit
Annabergit	Bornit	Kobaltkoritnigit	Pearceit	Skutterudit
Aragonit	Brochantit	Kupfer, ged.	Pharmakolith	Sphalerit
Arsen, ged.	Calcit	Langit	Pikropharmakolith	Stephanit (?)
Arseniosiderit	Chalkopyrit	Lavendulan	Pitticit	Symplesit
Arsenolamprit	Covellin	Löllingit	Proustit	Uraninit
Arsenolith	Cuprit	Malachit	Quarz	Uranospinit
Arsenopyrit	Dolomit	Meta-Heinrichit	Rammelsbergit	Vandendriesscheit
Arsenpolybasit	Emplektit	Meta-Kahlerit	Realgar	Wittichenit
Arsenuranospathit	Erythrin	Meta-Novacekit	Rößlerit (?)	Xanthokon
Ba-Pharmakosiderit	Fahlerz	Meta-Zeunerit	Rutherfordin	Xenotim
Baryt	Fluorit	Mixit	Safflorit)	Zeunerit
Billietit	Galenit	Nickelin	Sainfeldit	Meta-
Bismit	Galenosbismutit (?)	Novacekit	Schörl	Kirchheimerit

Oben. Mineralienübersicht Grube Sophia.

9. Grube Sophia im Böckelsbachtal

Folgt man von der Klosterkirche aus dem Böckelsbach aufwärts, so trifft man bei der spitzwinkeligen Abzweigung des neuen Forstweges nach rechts auf die ehemals umfangreiche Sophiahalde, die nur noch bescheidene Funde erlaubt, weil ihre Decke durch die Anlage des Weges, der sie durchschneidet, und durch die fortwährende Wegnahme von Haldenmaterial für den Wegebau immer dünner wurde. Dabei war die Grube hinsichtlich der Silberförderung einmal am ergiebigsten. Nach Vogelgesangs "Geognostisch-bergmännischer Beschreibung des Kinzigthaler Bergbaus" von 1865 lieferte sie in den Jahren von 1725 bis 1856 rund 5.200 kg Silber, und noch in unseren Tagen war manchem Sammler das Finderglück hold, wenn er mit seinem Metallsuchgerät auf eine größere Stufe dendritisch gewachsenen Silbers stieß. Aber das gediegene Silber ist nicht das einzige Mineral, mit dem die Sophiahalde aufwarten kann, wie die obige Liste zeigt:

10. Schmiedestollenhalde im Schmiedetobel

Von der Sophiahalde führt der neue Forstweg rechts im Bogen um den Silberberg weiter zur Schmiedestollenhalde, deren Wahrzeichen seit Jahren die Brandruine des ehemaligen Zangerschen Hauses darstellt. Auch dieser Fundpunkt ist nur noch ein Abglanz früherer Herrlichkeit, als man hier unschwer eine reichhaltige Sekundärparagenese aufsammeln konnte. Das Haldenmaterial stammt aus den Hauptgängen des Reviers, St. Joseph und Gnade Gottes, deren Kobalt-, Kupfer-, Bismut- und Uranvererzung am ergiebigsten war. Kein Wunder, daß die Sammler oft in Scharen die Schmiedestollenhalde heimsuchten. Dies und der mehrfache Abtransport von Haldenmaterial für Straßenbauzwecke sind die Ursache dafür, daß die Fundmöglichkeiten stark abgenommen haben. Dennoch ist es erstaunlich, was die Halde noch hergibt, wenn man mit Sorgfalt und Ausdauer sucht.

Unten. Die Mineralienübersicht der Schmiedestollenhalde.

Agardit-(Nd)	Bismutit	Emplektit	Meta-Heinrichit	Siderogel
Aikinit	Bismutoferrit	Enargit	Meta-Novacekit	Silber, ged.
Akanthit	Bornit	Erythrin	Meta-Zeunerit	Skorodit
Allophan	Brochantit	Eulytin	Mimetesit	Skutterudit
Anglesit	Calcit	Ferrisymplesit	Mixit	Sphalerit
Annabergit	Cerussit	Fluorit	Moorhouseit	Tennantit
Aragonit	Chalkanthit	Gips	Nickelin	Tetraedrit
Arsenosiderit	Chalkopyrit	Goethit	Novacekit	Tirolit
Arsenolith	Chalkosin	Hämatit	Olivenit	Uraninit
Arsenopyrit	Chrysokoll	Heinrichit	Parasymplesit	Uranophan
Asbolan	Cinnabarit	Heterogenit	Parnauit	Walpurgin
Atelestit	Connellit	Kaatialait	Pitticit	Wittichenit
Auripigment	Cornubit	Kasolit	Posnjakit	Wölsendorfit
Azurit	Cornwallit	Konichalcit	Preisingerit	Zeunerit
Ba-Pharmakosiderit	Covellin	Kupfer, ged.	Pyrit	
Baryt	Cuprit	Langit	Quarz	
Beudantit	Delafossit	Lautit	Realgar	
Beyerit	Devillin	Lavendulan	Richelsdorfit	
Bismit	Digenit	Linarit	Rooseveltit	
Bismut, ged.	Dolomit	Luzonit	Safflorit	
Bismuthinit	Dussertit	Malachit	Siderit	

11. Grube Neuglück im Böckelsbachtal

Um zur Halde der ehemaligen Grube Neuglück zu gelangen, folgt man von der Sophia aus dem Lauf des Böckelbachs weiter nach oben. Wo sich neben den Resten einer Waldarbeiterhütte das zugemauerte Stollenmundloch der Grube Simson befindet, wird rechts am Wege kurz danach eine verhältnismäßig flache Geröllhalde sichtbar. Wie Vogelsang (37a) in seiner Abhandlung über den Kinzigtaler Bergbau berichtet, erreichte man mit 120 fürstenbergischen Lachtern, das sind runde 240 m, in der Grube Neuglück die größte Teufe aller Gruben im

Revier. Da die Grube auf Cobalterze (Farbenkobolde) baute und bedeutende Mengen förderte, war sie unter Sammlern als Lieferant hervorragender Stufen von Safflorit und Skutterudit bekannt. Die Halde erscheint allerdings heute ziemlich abgesucht. Doch wird immer wieder von Funden der obigen Erze und der übrigen Minerale berichtet, die im folgenden aufgelistet werden:

Annabergit	Chalkosin	Nickelin
Aragonit	Covellin	Parasymplesit
Arsenolith	Digenit	Pikropharmakolith
Baryt	Dolomit	Quarz
Bismoclit	Emplektit	Safflorit
Bismut, ged.	Erythrin	Siderit
Bismuthinit	Fluorit	Skutterudit
Bismutit	Galenit	Tennantit
Bornit	Gips (?)	Wittichenit
Calcit	Hämatit	
Chalkopyrit	Lavendulan	

12. Grube Johann am Burgfelsen

Die verbliebene Halde vor dem oberen Stollen der Grube Johann liegt nahe dem Burgfelsen an einem bewaldeten Steilhang oberhalb des ersten Forstweges, der rechts von der Talstraße Vortal-Wittichen abzweigt. Die Halde des unteren Stollens ist bei Anlegung des genannten Forstweges beseitigt worden, so daß kaum noch Aussicht besteht, die aus diesem Bereich stammenden Minerale zu finden. Dazu gehören auch zwei jüngst von K. Walenta auf Eigenfunden von 1966 bestimmten Minerale, die als Bestandteil sinterartiger Krrusten einer Co- und U-haltigen Zone im damals noch zugänglichen unteren Stollen auftraten. Es handelt sich um arsenhaltigen Rapidcreekit (A 89/1) und um das neue Arsenat Camgasit, das nach seiner Formel benannt wurde (A 89/6).

Aikinit	Fahlerz	Quarz
Alloklas	Fluorit	Rapidcreekit
Allophan	Galenit	Safflorit
Anhydrit	Gips	Schröckingerit
Azurit	Goethit	Siderit
Baryt	Hämatit	Siderogel
Bismut, ged.	Hörnesit	Skutterudit
Bismuthinit	Hydromuskovit	Sphalerit
Bismutit	Langit	Spionkopit/Yarr.
Bornit	Lepidokrokit	Synchisit-(SE)
Calcit	Luzonit	Uraninit
Chalkopyrit	Malachit	Wittichenit
Chrysokoll	Markasit	Xenotim
Covellin	Monohydrocalcit	Zeunerit
Digenit	Novacekit	
Emplektit	Pitticit	Camgasit
Erythrin	Pyrit/Bravoit	

13. Grube Daniel im Gallenbachtal

Das Gallenbachtal ist das südliche Nachbartal des Tals von Wittichen. Von Vortal führt eine schmale Straße talaufwärts, der man bis zur Abzweigung einer neuen Forststraße folgt. Nach etwa 100 m Anstieg auf dieser Straße sieht man am linken Talhang unter hohen Tannen die Halde des oberen Stollens der Grube Daniel. Angeblich soll die Grube eine der ältesten im Wittichener Revier sein. In den Jahren der Wiederaufnahme der Bergbautätigkeit von 1709 bis zum Erliegen 1720 förderte man hauptsächlich Kupfererze. Am Rande sei vermerkt, daß die Erstbeschreibung des lange Zeit als selbständig geltenden Minerals Klaprothit auf einen Fund von der Grube Daniel zurückgeht. Inzwischen konnte nachgewiesen werden, daß Klaprothit mit Emplektit identisch ist, weswegen das Mineral auch in der nachstehenden Bestandsliste nicht mehr erscheint.

Aikinit	Chalkosin	Hämatit
Akanthit	Chrysokoll	Langit
Anglesit	Covellin	Linarit
Atelestit	Cuprit	Malachit
Azurit	Devillin	Mixit
Baryt	Digenit	Proustit
Bismut, ged.	Dolomit	Pyrit
Bismuthinit	Emplektit	Quarz
Bismutit	Erythrin	Siderit
Bornit	Eulytin	Siderogel
Brochantit	Fahlerz	Silber, ged.
Calcit	Fluorit	Sphalerit
Cerussit	Galenit	Spionkopit/Yarr.
Chalkopyrit	Goethit	Wittichenit

14. Grube Anton im Heubachtal bei Schiltach

Nach der Grube Sophia war die Grube Anton die ertragsreichste Silbergrube. Vogelgesang berichtet, es seien 737 kg Silber erzielt worden, daneben 189 t Kobalterz. Überhaupt ist eine Ähnlichkeit zwischen beiden Gruben erkennbar, was die Mineralparagenesen angeht. Doch deswegen wird hier nicht auf eine Übersicht des Mineralbestands verzichtet, sondern weil seit etlichen Jahren keine Sammelmöglichkeit mehr besteht. Die Einrichtung einer seismographischen Beobachtungsstation im unteren Stollen zog die Absperrung des gesamten Haldengeländes nach sich. Dennoch verdienen es einige seltene Arsenate, erwähnt zu werden, da sie im Wittichener Revier bisher nur im Antonstollen auftraten. Außer Sainfeldit, Hörnesit, Pharmakolith und Pikropharmakolith, die auch in den Wittichener Gruben vorkamen, handelt es sich um die Ca-haltigen Arsenate Rauenthalit, Guerinit, Ferrarisit und Machatschkiit. Auch der erst einmal festgestellte Roselith ist hier zu nennen.

15. Grube Clara im Rankachtal bei Oberwolfach

Von Unterbrechungen abgesehen, steht die Grube seit 1726 in Förderung. Das verdankt sie nach Einstellung des Erzabbaus den riesigen Vorräten an Baryt und Fluorit ihrer hydrothermal entstandenen Gänge, die in Gneis und zum Teil auch Buntsandstein aufsetzen. Berühmt war die Grube schon lange durch ihre ausgezeichneten Großstufen mit formenreichen Kristallen von Baryt und Fluorit, ehe sie viele neue Bewunderer dazugewann, denen es die große Zahl, der Artenreichtum und die Seltenheit ihrer sonstigen Minerale angetan hatte. In seiner jüngsten Gesamtübersicht über den Mineralbestand der Grube Clara führt Walenta 235 verschiedene Minerale auf (L 88/3), eine Anzahl, die auch von den Wittichener Gruben nicht erreicht wird.

Olivenit - eines der schönsten Minerale der Grube Clara. Die Kristalle sind ca. 4 mm lang.

16. Spatmühle Kirnbach bei Wolfach

Das Aufbereitungswerk für die in der Grube Clara geförderten Minerale Baryt und Fluorit sei hier genannt, weil es den Sammlern gegen Entgelt gestattet ist, auf der angelegten Halde zu suchen. Das Grubengelände selber im 12 km entfernten Hinterrankachtal darf nicht betreten werden. Daher stammen die meisten Funde der Grube Clara von der Werkshalde bei Wolfach.

Beliebtes Sammelziel im Schwarzwald: An der Aufbereitung der Grube Clara kann man gegen eine geringe Gebühr Mineralien sammeln.

Unten die Übersicht der bisher gefunden Mineralarten der Grube Clara.

Adamin
Adular
Agardit(Ce)
Akaganeit
Akanthit
Ammoniojarosit
Anatas
Anglesit
Annabergit
Antimonpearceit
Antlerit
Apatit
Aragonit
Arsen, ged.
Arsenbrackebuschit
Arsenosiderit
Arsenkies
Arsenocrandallit
Arsenogoyazit
Arsenolith
Arthurit
Atelestit
Azurit
Ba-Pharmakosiderit
Bararit
Baryt
Bastnäsit
Bayldonit
Beraunit
Beudantit
Bindheimit
Birnessit
Bismut, ged.
Bismuthinit
Bismutit
Bismutostibioconit
Bleiglanz (Galenit)
Bohdanowiczit
Bornit
Brochantit
Calcit
Caledonit
Cerussit
Cervantit
Cesarolith
Chalkanthit
Chalkosin
Chalkophyllit
Chalkopyrit
Chenevixit
Chlorargyrit
Chlorit
Chrysokoll
Chukhrovit-Ce
Cinnabarit
Clarait
Copiapit
Coquimbit
Cornubit
Cornwallit
Covellin
Crandallit
Cu-Ammoniumsulfat
Cualstilbit
Cuprit
Cuprobismutit
Cuprotungstit
Cyanophyllit
Cyanotrichit
Delafossit
Descloizit
Devillin
Digenit
Djurleit
Dolomit
Dufrenit
Duftit
Dussertit
Emplektit
Enargit
Erythrin
Ferberit
Ferrihydrit
Ferritungstit
Florencit
Fluocerit
Fluorit
Geokronit
Gersdorffit
Gips
Glaukonit
Goethit
Gold, ged.
Goyazit
Graphit
Guanajuatit
Guerinit
Halotrichit
Hämatit
Heyrovskyit
Hollandit
Hübnerit
Hydrotungstit
Hydrozinkit
Idait
Jarosit
Kakoxen
Kaolinit
Karminit
Klinoklas
Konichalcit
Kornelit
Köttigit
Kryptohalit
Kryptomelan
Kupfer, ged.
Langit
Laubmannit
Laumontit
Lavendulan
Leadhillit
Lepidokrokit
Linarit
Luzonit
Malachit
Manganit
Manganogel
Markasit
Mascagnin
Meta-Autunit
Meta-Forbernit
Meta-Novacekit
Meta-Zeunerit
Meta-Halloysit
Meymacit
Mimetesit
Mixit
Mohrit
Molybdänit
Monazit
Monohydrocalcit
Mottramit
Muskovit
Naumannit
Nontronit
Olivenit
Opal (Hyalit)
Parasymplesit
Parnauit
Partzit
Pavonit
Pearceit
Pharmakosiderit
Philipsbornit
Phosphofibrit
Phyllotungstit
Plumbogummit
Polybasit
Polydymit
Posnjakit
Proustit
Pyrargyrit
Pyrit
Pyrolusit
Pyromorphit
Pyrostilpnit
Pyrrhotin
Quarz
Quecksilber, ged.
Rammelsbergit
Ramsdellit
Rankachit
Raspit
Rhabdophan(Ce)
Rhabdophan(Nd)
Rhodochrosit
Rhomboklas
Richelsdorfit
Romanechit
Romeit
Rooseveltit
Rozenit
Römerit
Russelit
Rutil
Safflorit
Scheelit
Schoepit
Schwefel, ged.
Sellait
Siderit
Siderogel
Siderotil
Silber, ged.
Skorodit
Smythit
Sphalerit
Spionkopit
Stibiconit
Stibioluzonit
Stolzit
Strashimirit
Strengit
Stromeyerit
Strontianit
Svabit
Symplesit
Synchisit-Ce
Szomolnokit
Takovit
Tennantit
Tenorit
Tetraedrit
Theisit
Tirolit
Todorokit
Tripuhyit
Tsumcorit
Tsumebit
Umangit
Uraninit
Uranophan
Uranotungstit
Vaesit
Voltait
Weilerit
Wroewolfeit
Wulfenit
Xanthochroit
Xenotim
Yarrowit
Zippeit

17. Grube Wenzel bei Oberwolfach

Im Frohnbachtal, einem Seitental der Wolf, wenig nördlich von Oberwolfach gelegen, durchsetzte der wegen seiner reichen Silbererze berühmte Wenzelgang den Gneis. Nicht nur dadurch unterschied er sich von den silberführenden Gängen in Wittichen, die vom Granit begleitet wurden, sondern vornehmlich durch den Antimongehalt vieler seiner übrigen Erze. So war das Hauptfördererz der Dyskrasit, der in "zentnerschweren Blöcken" gewonnen wurde. Nach historischen Berichten hatte die Grube ihre Blütezeit von 1767 bis 1780. Bereits 1790 waren schon Zubußen erforderlich, und 1818 erfolgte die Schließung. Heute sind kaum noch Funde möglich, höchstens durch das erlaubte oder unerlaubte Betreten des zum Bächlehof gehörigen Gartens, in dem sich das Mundloch des unteren Stollens der Grube befindet.

Akanthit	Covellin	Plagionit
Anglesit	Dyskrasit	Polybasit
Ankerit	Erythrin	Pyrargyrit
Annabergit	Fluorit	Pyrit
Antimon, ged.	Freibergit	Pyrostilpnit
Antimonit	Galenit	Quarz
Aragonit	Gersdorffit	Silber, ged.
Argentit	Gips	Skutterudit
Arsenopyrit	Linarit	Sphalerit
Baryt	Malachit	Stephanit
Calcit	Markasit	Stibiconit (?)
Cerussit	Millerit	Tetraedrit
Chalkopyrit	Nickelin	Valentinit
Chlorargyrit	Pitticit	Xanthokon

18. Grube Erzengel Gabriel im Einbachtal

Bei Hausach im Kinzigtal zweigt das Einbachtal nach Norden ab. In etwa 7 km Entfernung war im Schlierengrund des oberen Tals ein Gang im Gneis aufgeschlossen, der Fluorit, Baryt und quarzreiche Partien enthielt. Hier förderte die Grube Erzengel Gabriel mit Unterbrechungen bis 1911 Flußspat; doch ging dieser Betriebsperiode in den Jahren 1747 bis 1833 ein Bergbau auf silberhaltigen Bleiglanz voraus. In beiden Fällen war der Abbau wohl nicht besonders erfolgreich, im früheren nicht, weil die Erzmittel zu knapp waren, im späteren nicht, weil der Fluorit wegen seiner Quarzadern nicht hochwertig genug war. Dennoch konnten Sammler auf der Halde eine ganze Reihe von Mineralen bergen; nennenswerte heutige Funde sollen jedoch meistens aus dem Untertagebau stammen.

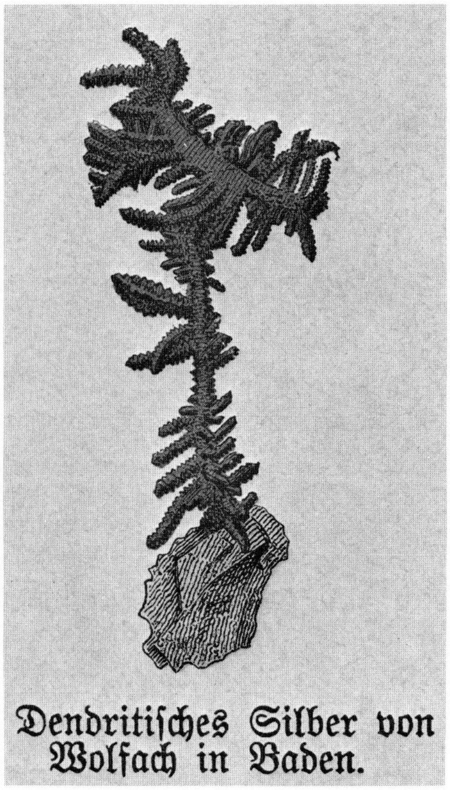

Abbildung einer Silberstufe von der Grube Wenzel aus einem Buch von 1908.

Anglesit	Galenit	Pyromorphit
Arsenopyrit	Halotrichit	Quarz
Baryt	Jarosit (?)	Schwefel, ged.
Bindheimit	Limonit	Skorodit
Cerussit	Markasit	Wulfenit
Dolomit	Pharmakosiderit	
Elyit	Pyrit	

19. Grube Ludwig im Adlersbachtal bei Hausach

Kurz hinter dem Steinbruch Hechtsberg im Kinzigtal, in dem 1974 als Einzelfund u.a. die Seltenheiten Lautit, Stromeyerit und Glaukodot auftraten, zweigt nach Süden ein Tal ab, das zur Halde der ehemaligen Grube Ludwig führt. Hier befanden sich im Gneis hydrothermal gebildete hornsteinartige Quarzgänge, die vor allem Antimonerze enthielten. Ehe noch ein Goldbeleg in der Grube Clara gefunden wurde, war das Mineral von hier bekannt. Der Pyrit galt schon immer als goldhaltig.

Andorit	Fahlerz	Pyrit
Ankerit	Fizelyit	Pyrostilpnit
Antimon, ged.	Galenit	Quarz
Antimonit	Gips	Schwefel, ged.
Arsenopyrit	Gold, ged.	Semseyit
Ba-Pharmakosiderit	Hydrozinkit	Skorodit
Baryt	Markasit	Sphalerit
Bindheimit	Metastibnit	Stephanit
Boulangerit	Miargyrit	Valentinit
Bournonit	Plagionit	Zinckenit
Calcit	Polybasit	
Cerussit	Pyrargyrit	

20. Steinbruch Artenberg im Kinzigtal

Im Kinzigtal weiter abwärts sieht man nahe dem Städtchen Steinach die Felskulisse des Artenberger Steinbruchs. Das Vorkommen, hauptsächlich aus Granit und Gneis der Schapbach-Formation bestehend, gehört wie der erwähnte Steinbruch Hechtsberg zu einer Reihe von Aufschlüssen, die ursprünglich zur Gewinnung von Schotter für den Bau der Kinzigtalbahn angelegt wurden. In dem jetzt stark ausgeweiteten Steinbruch arbeitet man auf fünf Sohlen. Bei Sprengungen werden immer wieder Gänge freigelegt, die das Gestein durchziehen und deren Mineralisation die Neugier der Sammler erregt hat. Es lassen sich zwei Arten von Gängen unterscheiden, solche aus derbem Quarz, in dem sich die Minerale fast nur eingesprengt befinden, und solche aus Calcit, in dessen Hohlräumen die vom Artenberg bekannten Minerale wohl auskristallisiert vorkommen, insbesondere zartgrüne Fluoritoktaeder von beachtlicher Größe auf weißen Calcitkristallen mit braunrötlicher Tönung.

Der Steinbruch ist noch in Betrieb, so daß sich entsprechend der Abbausituation immer wieder Fundmöglichkeiten ergeben. Neben Pyrit ist Antimonit das Hauptmineral im vererzten Gangquarz, in dessen Drusen auch nadelige Kristallbüschel gefunden werden können. Interessante Begleiter sind u.a. Fülöppit, Plagionit, Semseyit und Zinckenit, die meist eingewachsen auftreten. Neuerdings sind als Sekundärminerale des Quarzgangs Antlerit, Cerussit, Mimetesit, Senarmontit und

Stibiconit beschrieben worden. In anderer Paragenese fanden sich schöne tafelige Anatase und zusammen mit Allanit-(Ce) die SE-Carbonate Bastnäsit- (Ce) und Synchisit-(Ce), die in enger Verwachsung als weiße Pusteln von nur 0,2 mm Größe auf Calcit vorkommen (L 89/9).

Allanit-(Ce)	Fülöppit	Prehnit
Anatas	Galenit	Pyrit
Antimonit	Gips	Pyrrhotin
Antlerit	Goethit	Quarz
Arsenopyrit	Granat	Rutil
Axinit	Hämatit	Scheelit
Azurit	Jamesonit	Semseyit
Baryt	Klinozoisit	Senarmontit
Bastnäsit-(Ce)	Lepidokrokit	Siderit
Boulangerit	Malachit	Sphalerit
Calcit	Manganomelan	Stibiconit
Cerussit	Markasit	Synchisit-(Ce)
Chalkopyrit	Mimetesit	Wollastonit
Dolomit	Molybdänit	Zinckenit
Fahlerz	Muskovit	
Fluorit	Plagionit	

21. Roßgrabeneck bei Biberach im Kinzigtal

Der 513 m hohe Berg besteht aus Granit, durchzogen mit pegmatitischen Quarzgängen. Diese wurden in neuerer Zeit auf Wolfram untersucht. Im Hangschutt rund um den Gipfel befinden sich große Quarzblöcke mit zum Teil bis zu 15 cm großen Turmalinsonnen (Schörl). Des weiteren gibt es Fundmöglichkeiten für Wolframit, Scheelit, ged. Bismut, Rutil, Kassiterit und Hämatit.

Apatit	Hämatit	Tennantit
Arsenopyrit	Kassiterit	Turmalin
Ba-Pharmakosiderit	Quarz	Bismut, ged.
Bismit	Russellit	Wittichenit
Bismutit	Rutil	Wolframit
Brochantit	Scheelit	
Goethit	Sphalerit	

22. Geisberg bei Schweighausen

Am hohen Geisberg, zwischen Kinzig- und Elztal gelegen, stehen Reste eines jungpaläozoischen Porphyrs an. Dieser ist zum Teil als Mandelstein ausgebildet und birgt die schönsten Achate des Schwarzwaldes. Die bis zu 30 cm großen brotlaibartigen Achatevon teils rosa, rot, grau und kräftig blauen Farbe, wurden früher in Freiburg, Karlsruhe und Idar Oberstein verschliffen. Auch heute lassen sich mit Geduld im dortigen Gesteinsschutt kleinere, aber ansehnliche Stücke bergen. Des weiteren sind aus dem dort vorhandenen Unterrotliegenden verkieselte Hölzer der Gattung Dadoxylon in bis zu 70 cm langen und 30 cm dicken Stämmen bekannt.

23. Grube Silberbrünnle bei Gengenbach

Obwohl diese Grube im oberen Haigerachtal erst 1925 ins Bergfreie fiel, ist verhältnismäßig wenig über sie bekannt geworden. Wegen des Namens ist anzunehmen, daß man vor allem silberhaltigen Galenit abbaute, danach oder zugleich auch Kupfererz, das als Chalkopyrit in der Gangart aus Quarz und Hornstein eingewachsen ist. Die übrigen Primärerze können nur nach den Haldenfunden angegeben werden: Bornit, Galenit, Luzonit, Fahlerz, Pyrit, Emplektit und Hämatit.

Bei den Sammlern ist die Grube Silberbrünnle besonders durch das reichliche Vorkommen von Pseudomalachit berühmt geworden. Das Mineral ist meist in den Drusen der Gangart aufgewachsen und bildet traubig-nierige Aggregate von blaugrüner bis dunkelgrüner Farbe. Es finden sich auch kleine tafelige Kristalle auf Quarz, deren Ausbildung als hervorragend bezeichnet werden kann. Mengenmäßig übertrifft das Phosphat Pseudomalachit bei weitem die sonst häufigeren Arsenate. An weiteren Phosphaten sind nur Monazit-(SE) und Rhabdophan-(SE) zu nennen, die durch ihren Gehalt an Seltenen Erden auffallen. Ein solcher wurde ebenfalls bei den Carbonaten Bastnäsit-(SE) und Synchisit-(SE) wie auch beim Arsenat Agardit-(Nd) nachgewiesen. Hier besteht eine gewisse Ähnlichkeit mit den SE-Mineralen der Grube Clara in Oberwolfach (L 89/5).

Agardit-(Nd)	Covellin	Malachit
Allophan	Cuprit	Mimetesit
Anglesit	Devillin	Mixit
Azurit	Digenit	Monazit-(SE)
Ba-Pharmakosiderit	Duftit	Mottramit
Bastnäsit-(SE)	Eulytin	Olivenit
Bayldonit	Galenit	Parnauit
Beudantit	Goethit	Pseudomalachit
Beyerit	Hausmannit	Pyrolusit
Bindheimit	Hämatit	Pyromorphit
Bismutit	Kaolinit	Ramsdellit
Brochantit	Karminit	Rhabdophan-(Ce)
Cerussit	Konichalcit	Siderogel
Chalkosin	Kryptomelan	Skorodit
Chenevixit	Kupfer, ged.	Synchisit-(Ce)
Chrysokoll	Langit	Wulfenit
Cornwallit	Linarit	

24. Ohlsbach bei Gengenbach

Unweit von Gengenbach liegt am Eingang des Kinzigtals die kleine Gemeinde Ohlsbach. Nördlich des Ortes befindet sich ein kleiner ehemaliger Abbau auf Hydromuskovit. Er enthält bis 5 cm große rosa bis blaugrüne Apatitsonnen, die teilweise mit Endflächen ausgebildet sind, ferner violetter Fluorit.

Der Steinbruch in Ohlsbach darf als Fundstelle für die besten Apatite im Schwarzwald gelten.

25. Grube Michael im Weiler bei Lahr

Dem hydrothermalen Blei-Zink-Erzgang bei Weiler schreibt man wegen der Nähe zur östlichen Randverwerfung des Oberrheingrabens ein tertiäres Alter zu. Typisch für das Gangmaterial sind die häufigen Hornsteinbreccien, die ihre Entstehung der mehrmaligen Wiederbelebung der Gangtektonik verdanken sollen. Daneben ist der Baryt die Hauptgangart, in der oft große Erzbutzen des Galenits und Gruppen kleinerer Sphaleritkristalle eingeschlossen sind, während Chalkopyrit, Pyrit und Markasit in geringer Menge mehr den Hornstein durchsetzen wie auch das Arsen, das etwas reichlicher und dann oft in erdiger Beschaffenheit auftritt.

Zu einer interessanten Fundstelle wurde die jetzt eingeebnete Halde vor dem unteren Michaelstollen dadurch, daß seltene uran- und arsenhaltige Minerale gefunden wurden. So ist Weiler die Typlokalität für zwei Uranminerale, die nur von hier bekannt geworden sind: Widenmannit und Hügelit. Auch die Erstbeschreibung des Uranylarsenats Hallimondit und des Weilerits erfolgte von diesem Fundort.

Unter den Sekundärmineralen sind schöne Cerussit- und Mimetesitstufen hervorzuheben. Die Grube Michael galt lange

Zeit bei uns als das einzige Vorkommen für die Minerale Adamin und Köttigit. Für den neuerdings dort festgestellten Austinit trifft das wohl auch jetzt noch zu (L 89/5).

26. Steinbruch Hühnersedel bei Freiamt-Ottoschwanden

Hier liegt im Wald versteckt ein Steinbruch in dem nur noch zeitweise Quarzporphyr abgebaut wird.

Er enthält Drusen mit bis zu 3 cm großen Quarzkristallen, das seltene Tonmineral Nakrit, in guten Kristallen Scheelit und kleine Hämatitröschen.

27. Gremmelsbach bei Triberg

Nördlich von Triberg befindet sich im Oberrötenbacher Tal ein hydrothermaler Manganerzgang, der den dortigen Granit durchtrümert. Diese Fundstelle lieferte sehr schöne Pyrolusitstufen aus strahligen Büscheln mit Kristallen von mehreren cm Länge sowie Braunitkristalle.

28. Grube Segen Gottes bei Freiamt

Im Brettental bei Freiamt nördlich von Freiburg treten infolge einer Störung durch die Schwarzwaldrand-Verwerfung im Tertiär Blei-Zink-Erzgänge auf, die im 18. und 19. Jahrhundert auf Silber abgebaut wurden, wie eine der Gruben mit Namen Silberloch andeutet. Der Erfolg scheint nur mäßig gewesen zu sein. Um 1800 fielen die Gruben ins Bergfreie. Heute findet man nur noch den Rest einer Halde vor, die zur alten Grube Segen Gottes gehört und von der die nachstehend aufgezählten Minerale stammen:

Azurit	Covellin	Mimetesit
Baryt	Fahlerz	Pyromorphit
Bayldonit	Galenit	Rosasit
Bindheimit	Gips	Spangolith
Brochantit	Greenockit	Sphalerit
Caledonit	Hydrocerussit	Wad
Cerussit	Linarit	Wulfenit
Chalkopyrit	Malachit	

Unten. Die Mineralien der Grube Michael.

Adamin	Ba-Pharmakosiderit	Dolomit	Hügelit	Paratacamit	Silber, ged.
Agardit-(Ca)	Baryt	Duftit	Kaolinit	Philipsbornit	Smithsonit
Akanthit	Bayldonit	Erythrin	Karminit	Pitticit	Sphalerit
Anglesit	Beudantit	Fahlerz	Kasolit	Pyrit	Szomolnokit
Annabergit	Bismut, ged.	Galenit	Köttigit	Pyromorphit	Tsumcorit
Aragonit	Blei, ged.	Goethit	Kupfer, ged.	Quarz	Weilerit
Arsen, ged.	Brochantit	Graphit	Linarit	Realgar	Widenmannit
Arsendescloizit	Calcit	Greenockit	Malachit	Rutil	Wulfenit
Arsenolith	Cerussit	Hallimondit	Markasit	Schörl	Wurtzit
Auripigment	Chalkopyrit	Halloysit	Mimetesit	Schultenit	Zeunerit
Austinit	Cinnabarit	Halotrichit	Montmorillonit	Schwefel, ged.	
Azurit	Covellin	Heinrichit	Novacekit	Seladonit	
Ba-Al-Pharmakosiderit	Cuprit	Hemimorphit	Parasymplesit	Siderogel	

29. Schauinsland

Die Freiburger nennen die 1.286 m hohe Erhebung gerne ihren Hausberg. Früher hieß sie Erzkasten, wodurch schon angedeutet wird, daß hier die Voraussetzungen für einen Bergbau gegeben waren. Geschaffen wurden diese durch tektonische Vorgänge, die insgesamt dafür sorgten, daß sich in den anatexitisch umgewandelten Gneisen des Bergmassivs viele Erzgänge ausbilden konnten, die die größte Blei-Zink-Konzentration im Schwarzwald darstellten. Schon vom 12. Jahrhundert an setzte der Bergbau auf silberhaltiges Bleierz ein, dessen Erträge den Bau des schönen Freiburger Münsters mit ermöglichten. Später kam die Zinkerzförderung dazu. 1954 stellte die letzte Grube mit dem Namen Schauinsland den Erzabbau ein. Von den Mineralen des Schauinslands sind die großen und oft wunderschön auskristallisierten Pyromorphitstufen am bekanntesten.

Adamin	Covellin	Mimetesit
Anglesit	Cuprit	Proustit
Ankerit	Descloizit	Pyrit
Aragonit	Dolomit	Pyromorphit
Argentit	Galenit	Pyrrhotin
Aurichalcit	Greenockit	Quarz
Azurit	Halotrichit	Schultenit
Baryt	Hemimorphit	Schwefel, ged.

Beudantit	Hyalit	Siderit
Bindheimit	Köttigit	Silber, ged.
Brochantit	Limonit	Smithsonit
Calcit	Linarit	Sphalerit
Cerussit	Linneit	Strontianit
Chalkopyrit	Malachit	Tetraedrit
Chrysokoll	Markasit	Wulfenit
Cornetit	Maucherit	Zaratit

30. Grube Gründenwald bei St. Ulrich

Östlich von Bad Krozingen findet man bei St. Ulrich mit hohen Bäumen bewachsene Halden, die auf einen alten Bergbau hindeuten. Die Haldenfunde enthalten im Quarz mit Gneis als Nebengestein verschiedene Antimonerze wie Antimonit, Metastibnit, aber auch seltenere Mineralien, wie Miargyrit und Berthierit sowie ged. Schwefel in gut ausgebildeten Kristallen.

31. Erzrevier Untermünstertal

Auf über 50 Gängen, hauptsächlich aus Baryt und Fluorit bestehend, wurde in diesem Gebiet Bergbau auf Silber- und Bleierze betrieben. Die hydrothermalen Erzgänge setzten im Gneis auf und durchquerten Bänder aus Quarzporphyr. Weitere Gangarten waren Quarz, Calcit, Ankerit, Siderit und Dolomit. Die Hauptblütezeit des Bergbaus mit dem Kloster St. Trudpert als Mittelpunkt liegt wahrscheinlich im Mittelalter . Nach dem Dreißigjährigen Krieg hat der Abbau von nunmehr Blei- und Kupfererzen keine große Bedeutung erlangt, was auch für den zuletzt übrig gebliebenen Bergbau auf Baryt und Fluorit gilt. 1958 wurde die Förderung eingestellt, und nur der als Schaubergwerk hergerichtete Schindlergang hält die Erinnerung an alte Bergbauzeiten wach (siehe unten).

Von den Mineralen sind besonders die wasserklaren bis hellblauen Hexakisoktaeder des Fluorits und Stufen von gediegenem Arsen mit Silberlocken aus der Grube Teufelsgrund bei den Sammlern begehrt. Dazu gehört auch das von Walenta bestimmte Sulfat Boyleit aus dem Steinbruch Kropbach.

Schaubergwerk Schindler-Stollen

Nachdem die Gemeinde Münstertal den Stollen 1968 für die Wasserversorgung aufgekauft hatte, wurde er ausgebaut und als Schaubergwerk eingerichtet. Die Eröffnung erfolgte im Mai 1970. Neben Bergbaumaschinen, Gezähe u.a. sieht man die Erzgänge. Im Stollen werden Kuren für Asthmakranke durchgeführt. Informationen: Kurverwaltung, 7816 Münstertal, Rathaus. Telefon: 07636/ 70730.

32. Gruben bei Sulzburg

Im Markgräfler Land südlich von Freiburg durchsetzen bei Sulzburg verschiedene Erzgänge mit Quarz, Baryt und Fluorit als Gangbegleitern das Kulmkonglomerat der Badenweiler-Lenzkircher Mulde. Sulzburg verdankt seine frühere wirtschaftliche Bedeutung dem Bergbau auf Silber, der 1028 zum erstenmal urkundlich erwähnt wird, als Kaiser Konrad II. den Bischof von Basel mit einigen Silbergruben belehnt. Nicht von ungefähr besitzt Sulzburg das älteste deutsche Stadtwappen mit Bergbaumotiven: ein Bergmann fährt mit Gezäh und Geleucht ins Bergwerk ein, und ein Engel zeigt ihm den Weg zum Erz, das hier verhältnismäßig leicht zugänglich war.

Der Silberbergbau erstreckte sich auf die alten Gruben des Holderpfads und die Gruben Riester, Himmelsehre und Böschlisgrund. In der Kobaltgrube kamen neben Galenit und Chalkopyrit auch Skutterudit, Safflorit, Löllingit, Rammelsbergit und Pechblende in sehr kleinen Mengen vor. Die Fundmöglichkeiten werden hier als gering eingeschätzt.

Besser war es mit dem Finderglück vor einigen Jahren noch im Schweizergrund bestellt, wo ein Quarzgang mit Antimonerzen abgebaut wurde, wahrscheinlich als man im 18. Jahrhundert den Silberbergbau aufgeben mußte und Sulzburg 1789 sogar ein Bergamt erhielt. Die Antimongrube führte neben dem Haupterz Antimonit in strahligen Massen noch viele weitere Sb-haltige Minerale.

Anglesit	Chalkopyrit	Schwefel, ged.
Ankerit	Fülöppit	Semseyit
Arsenopyrit	Galenit	Skorodit
Beudantit	Gips	Sphalerit
Bindheimit	Jarosit	Uraninit
Boulangerit	Markasit	Valentinit
Bournonit	Meta-Kalerit	Wulfenit
Calcit	Plagionit	Zinckenit
Cervantit	Pyrit	

Die Halde der Grube Anton bei Wieden, aufgenommen im Jahr 1978.

33. Wiedener Erz- und Flußspatgruben

Die Gruben im Wiedenbachtal nördlich von Utzenfeld bauten auf Quarz-Flußspat-Gängen mit Bleiglanz- und Zinkblendeeinschlüssen, wobei die Zinkblende hier stark zurücktrat. Im Mittelalter gehörte das Gebiet zum Kloster St. Blasien, das hier nach Bleiglanz zur Silbergewinnung schürfen ließ. Unter österreichischer Herrschaft fand auch noch nach dem Dreißigjährigen Krieg Bergbau auf Silber statt. Da aber das Erz nicht sehr reichlich und der Silbergehalt nicht besonders hoch waren, erlosch das Interesse an den Gruben.

Erst als im Industriezeitalter die Bedeutung des Fluorits erkannt wurde, entwickelte sich der Flußspatbergbau. Wann dieser in Wieden begonnen hat, ist nicht bekannt. 1923 verlieh das Bergamt Freiburg der neu gegründeten "Wiesentäler Bergbau-Aktiengesellschaft" die Konzession. Den meisten Fluorit lieferten die Gruben Anton, Tannenboden, Finstergrund und Werner I bis III, die besonders durch die Rüstungspolitik nach 1933 einen ersten Aufschwung erlebten. Der zweite kam, als die Bundesrepublik infolge des Koreakriegs zum größten Flußspaterzeuger in Westeuropa aufstieg. In diese Zeit des intensiven Abbaus fallen auch die berühmten Funde von Silbererzen auf dem Tannenboden-Gang. Dort fand man 1971 gediegen Silber in großen Locken

Anglesit	Berthierit	Copiapit	Hemimorphit	Montmorillonit	Skorodit
Ankerit	Beudantit	Covellin	Hydrozinkit	Nickelin	Smithsonit
Antimon, ged. (?)	Bindheimit	Digenit	Jamesonit	Parasymplesit	Sphalerit
Antimonit	Bismuthinit (?)	Dolomit	Jarosit	Pitticit (?)	Stolzit
Antimonocker	Bornit	Duftit	Karminit	Plagionit	Tennantit
Aragonit	Bournonit	Elyit	Langit	Pyrargyrit	Tetraedrit
Arsen, ged.	Boyleit	Fluorit	Leadhillit	Pyrit	Valentinit
Arsenolith	Brochantit	Fülöppit (?)	Linarit	Pyromorphit	Wolframit
Arsenopyrit	Calcit	Galenit	Löllingit	Pyrostilpnit	Wulfenit
Aurichalcit	Caledonit	Gips	Malachit	Pyrrhotin	Zinckenit
Auripigment	Cerussit	Goethit	Markasit	Quarz	
Azurit	Chalkanthit	Goslarit	Melanterit	Rammelsbergit	
Ba-Pharmakosiderit	Chalkopyrit	Greenockit	Metastibnit	Realgar	

und Kristallen, gediegen Arsen als Scherbenkobalt, schöne Proustite, ferner Pyrargyrit, Argentopyrit, Akanthit, Dyskrasit, Stephanit, Sternbergit, Pyrostilpnit, Polybasit und Miargyrit. Auf dem Spitzdobel-Gang entdeckte man das Wolframmineral Ferberit. Andere Erzmineralien und Sekundärbildungen kamen auf allen Gängen vor. Der verstärkte Fluoritabbau in den oben genannten Jahren zeigte bald eine Begrenzung der Lagerstättenvorräte auf. Als immer mehr Zweifel an der Rentabilität des Grubenbetriebs auftauchten, wurde der Bergbau von der letzten Besitzerin, der Firma Bayer Leverkusen, 1974 stillgelegt.

Da die Gruben geschlossen sind, haben die Fundmöglichkeiten stark abgenommen; dennoch geben die zahllosen Halden, besonders ältere, immer noch mitnehmenswerte Mineralien her.

Akanthit	Dolomit	Proustit
Anglesit	Dyskrasit	Pyrargyrit
Antimon, ged.	Fahlerz	Pyrit
Argentopyrit	Ferberit	Pyromorphit
Arsen, ged.	Fluorit	Pyrostilpnit
Arsenolith	Galenit	Pyrrhotin
Azurit	Gips	Quarz
Baryt	Goethit	Safflorit
Breithauptit	Hemimorphit	Siderit
Calcit	Hydrozinkit	Silber, ged.
Cerussit	Malachit	Sphalerit
Chalcedon	Markasit	Stephanit
Chalkopyrit	Melanterit	Sternbergit
Chrysokoll	Metazeunerit	Ullmannit
Coelestin	Miargyrit	Wulfenit
Covellin	Polybasit	Xanthokon

Der Finstergrund-Stollen wurde Anfang der 80er Jahre von Mitgliedern des "Bergmannsvereins Finstergrund" aufgewältigt und befahrbar gemacht. Die Einweihung und Eröffnung erfolgte daraufhin im Jahre 1982. Die Strecke ist auf 1.400 m befahrbar. Dem Besucher werden u.a. Ausbau, alte Abbaue, Aufbrüche, Förderrollen und Gezähe gezeigt. Informationen: Adolf Rombach, Graben 8, 7861 Wieden, Tel. 07673-7974.

34 Gruben bei Todtnau

Todtnau führt noch heute einen Bergmann mit Schlägel und Eisen im Wappen als Erinnerung an den mittelalterlichen Bergbau, der auch hier wie im benachbarten Wiedener Revier ursprünglich auf Silber aus Galenit angesetzt war. Nach einer Urkunde von 1350 war Todtnau der Sitz eines Freiburger Münzmeisters. Viele alte Pingen und Halden im Bereich der Gruben Brandenberg, Maus und am Silberberg bei Fahl weisen auf die ehemalige Schürftätigkeit nach Erzen und neuzeitlichen Fluoritabbau hin. Es gelangten von der Grube Brandenberg sehr schöne Fluoritstufen mit großen blauen und grünen Würfeln in die Sammlungen. In den Gruben am Silberberg war der Fluorit auch farblos und rosa. Heute sind die Gruben aufgelassen, so daß für die Fundmöglichkeiten das bei Wieden Gesagte gilt.

Anglesit	Chalkopyrit	Proustit
Ankerit	Chrysokoll	Pyrit
Arsen, ged.	Dolomit	Pyromorphit
Aurichalcit	Fahlerz	Quarz
Azurit	Fluorit	Sphalerit
Baryt	Galenit	
Calcit	Hemimorphit	
Cerussit	Malachit	

35. Uranerzvorkommen Menzenschwand

1957 wurde bei Menzenschwand ein neues Uran-Vorkommen entdeckt. Im Granit des Krunkelbachtals setzen hydrothermal gebildete Fluorit-Baryt-Gänge mit Uranpecherz und zahlreichen sekundären Uranmineralien auf. Drei Jahre nach der Entdeckung des Vorkommens begann man mit Prospektionsarbeiten, wobei bereits nach kurzer Zeit ein Uranerzgang entdeckt wurde. Es blieb allerdings bei den Untersuchungsarbeiten, da die Gemeinde einen umfangreichen Abbau des Uranerzes verhinderte. Die Grube soll 1990 geschlossen werden. Folgende Uranmineralien treten im Krunkelbachtal auf:

Arsenuranylit	Ianthinit	Studtit
As-Uranospathit	Johannit	Torbernit
Autunit	Joliotit	Uraninit
Ba-Uranophan	Kahlerit	Uranocircit
Bassetit	Kasolit	Uranophan
Bergenit	Novacekit	Uranopilit
Beta-Uranophan	Phosphuranylith	Vandendriesscheit
Billietit	Renardit	Weeksit
Coffinit	Rutherfordin	Wölsendorfit
Cuprosklodowskit	Saleeit	Zippeit
Curit	Schoepit	
Heinrichit	Soddyit	

Zwei etwa 8 mm lange Anglesitkrisalle von der Grube Gottesehre bei Urberg, St. Blasien.

36. Ganggebiet von Badenweiler

Mit Ausnahme des Fürstenfreuder Gangs liegen die Erzgänge um Badenweiler in einem harten Quarzriff, das in der Zeit der tertiären Schwarzwaldrandverwerfung entstand. Während der Mineralisationsphasen setzten sich zunächst die Gangarten Fluorit und Baryt ab, wurden aber teilweise von Quarzlösungen verdrängt, die auch den anstehenden Muschelkalk verkieselten. Aus archäologischen Funden schließt man, daß schon die Römer in Badenweiler nach Silber und Blei schürften, wie sie auch die Thermalquellen zu schätzen wußten. Im Mittelalter wie in der Neuzeit ging immer wieder Bergbau um, wie die umfangreichen Halden der Gruben Haus Baden und Sophienruhe bezeugen. Als letzter stellte der Karlstollen 1926 den Betrieb ein.

Von Badenweiler sind aus der Zeit des Grubenbetriebs schöne Mineralstufen von Galenit, Fluorit, Cerussit, Wulfenit und Pyromorphit in die Sammlungen gelangt. Doch auch jetzt sind noch interessante Funde möglich, z.B. auf der steilen Halde am Altemannfelsen nahe der ehemaligen Grube Haus Baden oder auf dem Gelände dieser Grube selbst, auf dem im Jahre 1988 durch eine Riesenbaustelle für ein Sanatorium neues Haldenmaterial aufgeschlossen war. Am Altemannfelsen treten vielfach Haldenstücke auf, die die typischen Merkmale des Feuersetzens tragen. Auch hier dürfte die harte Gangart des verquarzten Baryts, die als Haupterz den Galenit führte, die Bergleute veranlaßt haben, die Stollen mit Hilfe des

Feuers voranzutreiben, solange man das Schließpulver nicht kannte. So ergibt sich denn auch bezüglich der Mineralparagenese eine Parallele zu den Gruben Glücksrad in Oberschulenberg, Churfürst Ernst in Bönkhausen, Bleialf in der Eifel u.a. Kennzeichnend sind auch hier die Minerale Hydrocerussit, Elyit, Caledonit, Chenit, Lanarkit wie auch Mennige, Massicotit und Lithargit.

Allophan	Dolomit	Melanterit
Anglesit	Elyit	Mennige
Ankerit	Fluorit	Mimetesit
Azurit	Galenit	Plumbogummit
Baryt	Gips	Posnjakit
Brochantit	Hämatit	Pyrit
Calcit	Hemimorphit	Pyrolusit
Caledonit	Hydrocerussit	Pyromorphit
Cerussit	Lanarkit	Quarz
Chalkopyrit	Langit	Schwefel, ged.
Chalkosin	Limonit	Scotlandit
Chenit	Linarit	Silber, ged.
Chrysokoll	Lithargit	Smithsonit
Covellin	Malachit	Sphalerit
Cuprit	Manganomelan	Tenorit
Devillin	Massicotit	Wulfenit

37. Liel

Bis ins vorige Jahrhundert ging im Markgräfler Land zwischen Müllheim und Kandern der Bergbau auf eozänes Bohnerz um. Zusammen mit ihm kamen reichlich nuß- bis kopfgroße, schön gefärbte Jaspise vor. Die bedeutendsten Eisengruben befanden sich zwischen Schliengen und Liel sowie im Hertinger Wald. Auf den umliegenden Feldern und Waldungen können auch heute noch Jaspise von grauer, gelber und roter Farbe gefunden werden, die geschliffen sich in Schönheit und Qualität mit ausländischen durchaus messen können.

38. Hämatitfundstelle Sirnitz

Die Fundstelle ist erreichbar über die Straße, die von Badenweiler nach Schönau führt. Noch bevor die Passhöhe erreicht wird, biegt links ein Weg zum 940 m hohen Schnelling ab. Erwandert man diesen etwa 2 km, geht rechts ein steiler Holzschleifweg den Berg hinauf. Nach etwa 100 m liegt im Wald eine Steinhalde. Hier sind hydrothermale Hämatit-Quarzgänge im unterkarbonischen Porphyr aufgeschlossen. Auf Klüften und Drusen finden sich tafelige Hämatitkristalle bis max. 1 cm Größe.

Die Grube Gottesehre baute bis 1986 Flußspat ab. Beim Abbau stieß man auf mehrere Silbererzfälle, die schöne Mineralien lieferte. Besonders farbenprächtig und variationsreich sind von hier Hemimorphit und Pyromorphit.

39. Grube Gottesehre bei Urberg/St. Blasien

Der zur Grube Gottesehre gehörige alte Ruprechtgang steht im Gneis und weiter nördlich im Granit. Er führt hydrothermal gebildeten Baryt und Fluorit, die alleiniges Fördergut wurden, als der Abbau der silberhaltigen Bleierze nicht mehr lohnte. Weitere Gangarten sind Quarz, auch als Hornstein und blauer Chalcedon, Calcit, Ankerit, Dolomit, Siderit und wenig Strontianit. Die Primärerze, hauptsächlich Galenit, daneben Sphalerit, Chalkopyrit und in Spuren Bornit, Fahlerz, Pyrit und Markasit, brauchte man nicht zu erwähnen, wenn nicht hin und wieder interessantere Minerale auftreten wie 1962 der Erzfall mit Silber, Arsen, Akanthit, Nickelin, Millerit, Safflorit, Skutterudit, Proustit und Xanthokon. Auch der von Walenta bestimmte silberhaltige Wittit und ein neuer Silberfund mit vermutetem Gersdorffit gehören hierher. Eines der schönsten Sekundärminerale ist der Hemimorphit.

Akanthit	Erythrin	Ni-Skutterudit
Anglesit	Fahlerz	Nickelin
Ankerit	Fluorit	Proustit
Annabergit	Galenit	Pyrit
Arsen, ged.	Gersdorffit	Pyromorphit
Azurit	Gips	Pyrrhotin (?)
Baryt	Goethit	Quarz

Bindheimit	Hemimorphit	Safflorit
Bornit	Hydrocerussit	Siderit
Calcit	Kaolinit	Silber, ged.
Cerussit	Langit (?)	Skutterudit
Chalkopyrit	Lithargit	Sphalerit
Chrysokoll	Malachit	Strontianit
Coffinit	Markasit	Wad
Covellin	Matildit	Wittit
Cuprit	Millerit	Wulfenit
Dolomit	Mimetesit	Xanthokon

40. Grube Friedrich August, Horbach bei St. Blasien

Nahe dem Klosterweiher von Horbach trifft man auf die Überreste der obigen Grube, die von 1852 bis 1859 nickelhaltigen Pyrrhotin abbaute. Als während des Ersten Weltkrieges das Metall Nickel knapp wurde, wältigte man die Grube noch einmal auf; doch das Vorkommen erwies sich als nicht mehr bauwürdig.

Die Lagerstätte ist aus geologischer Sicht interessant, da sie liquidmagmatischer Herkunft ist, was besagt, daß sich die Sulfidschmelzen aus dem Magma abschieden und in Kammern für sich anreicherten. So jedenfalls sucht man die in den Orthogneis von Horbach eingelagerten Gesteinslinsen zu erklären, an die das Erz gebunden ist. Dieses dunkeltombakbraune Pyrrhotinerz mit Ni-Gehalt trug zeitweilig den Namen Horbachit, weil man es für ein eigenständiges Mineral hielt. Es ist mit Chalkopyrit, Pyrit, Magnetit, Pentlandit, Linneit und Bravoit vergesellschaftet; als Sekundärbildungen wurden Melanterit und Morenosit beobachtet, seltener Annabergit.

24. Kaiserstuhl

1. Limberg bei Sasbach
2. Kirchberg bei Niederrotweil
3. Eichberg bei Oberrotweil
4. Badloch am Badberg
5. Vogtsberg bei Oberbergen
6. Fohberg bei Bötzingen (Oberschaffhausen)
7. Burg Sponeck

Die Melanitfundstelle Badloch bei Oberrotweil. Foto 1978.

Der nordwestlich von Freiburg wie eine Insel aus der Rheinebene aufragende Kaiserstuhl wird geologisch als ein Vulkangebirge des Tertiärs angesehen, das durch eine langanhaltende Intrusion des Magmas entstand. Die nach der Erkaltung einsetzende Erosion, mächtige Lößüberwehungen im Pleistozän und die Tätigkeit der Würmeiszeit gaben dem Kaiserstuhl sein heutiges Gesicht. Die basaltischen Gesteine mit ihren typischen Mineralen sind in zahlreichen Steinbrüchen aufgeschlossen.

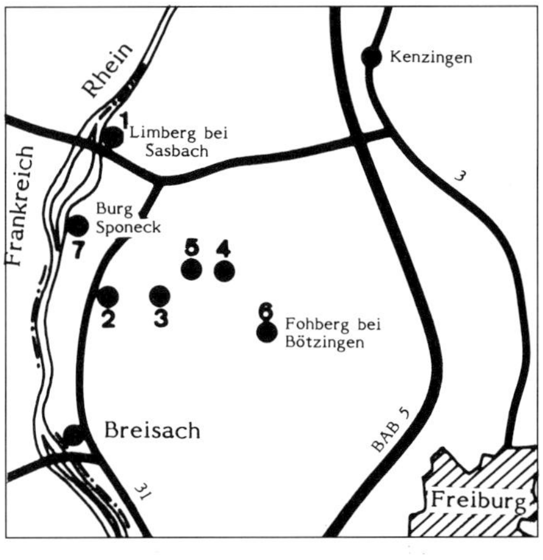

1. Limberg bei Sasbach

Das basaltische Gestein, der Limburgit, ist ein Tephrit, erkennbar an den eingesprengten Augitkristallen. Von den Zeolithen sind besonders Offretit und Faujasit zu nennen, letzterer, weil der Limberg die Originalfundstelle für dieses Mineral ist. Am Limberg ebenfalls vorkommende Tuffbreccien enthalten Enstatit. Berühmtheit erlangten die Steinbrüche vor allem durch die bis zu 3 cm langen Aragonitkristalle.

Aragonit	Faujasit	Phillipsit
Augit	Hyalit	Todorokit
Calcit	Montmorillonit	Wad
Chabasit	Nontronit	
Enstatit	Offretit	

2. Kirchberg bei Niederrotweil

Hier ist der Basalt ein Phonolith, in dessen Klüften sich als Seltenheit saphirblauer Hauyn bildete. Bekannt ist der grün fluoreszierende Hyalit zusammen mit Natrolith. Es ist auch buntschillernder Edelopal vorgekommen. Die Granatreihe ist mit Melanit, Andradit und Almandin vertreten.

3. Eichberg bei Oberrotweil

In den dortigen Weingärten finden sich in herumliegenden Hauynporphyrgesteinen beim Zerschlagen Leucitkristalle (Deltoid-Ikositetraeder) bis 4 mm. Nach Osann (22) sollen diese in Analcim umgewandelt sein.

4. Badloch am Badberg bei Oberbergen

Im Karbonatit dieses Steinbruchs kommt schwarzer würfeliger Dysanalyt vor, ein Nb-haltiger Perowskit. Auch in Steinbrüchen am Orberg bei Schelingen steht Karbonatit an, in dem schwarze Oktaeder des Magnetits und rotbraune des Koppits eingewachsen sind. Koppit ist Ce-haltiger Pyrochlor. Weiterhin finden sich bis zu 1,5 cm große tafelige Phlogopitkristalle sowie Forsterit und nadeliger Apatit.

5. Vogtsberg bei Oberbergen

Schräg gegenüber der eben genannten Fundstelle Badloch befindet sich ein von Sammlern angelegter Aufschluß, der gut ausgebildete Melanitkristalle bis 1 cm Durchmesser liefert.

6. Fohberg bei Bötzingen (Oberschaffhausen)

Am Fohberg bei Bötzingen, das am SO-Rand des Kaiserstuhls liegt, befindet sich ein Phonolith-Steinbruch, der durch schöne Funde von Natrolith, Apophyllit, Calcit und Fluorit bekannt geworden ist. Die Mineralien befinden sich überwiegend auf Spalten und Klüften aus tieferen Aufschlußzonen.

Ägirin	Hyalit	Rutil
Apatit	Kaolin	Sillimanit
Apophyllit	Korund	Sphalerit
Baryt	Magnetit	Spinell
Biotit	Melanit	Strontianit
Calcit	Muskovit	Titanit
Coelestin	Natrolith	Wollastonit
Cordierit	Pektolith	Zirkon
Epidot	Plagioklas	Zoisit
Fluorit	Pyrrhotin	
Hornblende	Quarz	Götzenit

7. Burg Sponeck

Die Burg Sponeck liegt westlich der Weinbaugemeinde Jechtingen. Unterhalb dieser Burg biegt ein Weg, am Altrhein entlangführen,d in Richtung Burkheim ab. Dort befinden sich mehrere aufgelassene Steinbrüche aus der Zeit der Rheinregulierung. Auf Kluftflächen der dortigen Tuffe und Laven hat sich Kalksinter abgesetzt, der an einigen Stellen mit Hyalitkügelchen übersät ist. Diese Stücke sind vor allem für Mineralienfreunde von fluoreszierenden Stufen interessant, da sie bei Bestrahlung mit kurzwelligem UV-Licht intensiv grün aufleuchten.

25. Hegau

1. Vulkanberg Höwenegg im Hegau
2. Hohentwiel
3. Hohenhewen

Vulkanberg Höwenegg im Hegau

Mit seinem Alter von rund 11 Millionen Jahren gehört der Höwenegg dem Jungtertiär an. Er zählt wie die südlicher gelegenen ehemaligen Vulkane Hohenhöven und Hohenstoffeln zu einer westlichen Gruppe der Hegauvulkane, deren Gestein man mit Melilith-Nephelinit bezeichnet. Dieses Gestein ist beim Höwenegg in einem umfangreichen Steinbruch aufgeschlossen, der als Fundstelle für interessante Zeolithminerale gilt, unter denen sich Seltenheiten und der weltweit nur vom Höwenegg bekannt gewordene Amicit befinden. Für die Bundesrepublik ist der Höwenegg bisher das einzige Vorkommen der Minerale Makatit (Typlokalität: Magadi-See, Kenia) und Mountainit (Typlokalität: Kimberley, Südafrika).

Will man den Gesamtbestand der Minerale des Höweneggs erfassen, muß man auf Angaben aus älterer Zeit zurückgreifen. Hinzu kommen neuere Veröffentlichungen von K. Walenta (Mountainit, Harmotom), G. Hentschel et. al. (Amicit, Merlinoit), K. Walenta et al. (Makatit, Paulingit).

Amicit	Limonit	Phlogopit
Analcim	Makatit	Seladonit
Apophyllit	Melilith	Skolezit
Aragonit	Merlinoit	Spinell
Calcit	Mesolith	Stilbit
Chabasit	Montmorillonit	Thomsonit
Chalkopyrit	Mountainit	Tobermorit
Epidot	Natrolith	Tridymit
Gips	Paulingit	
Harmotom	Phillipsit	

2. Hohentwiel

Da der Hohentwiel, ein 688 m hoher Phonolithkegel nahe der Stadt Singen, unter Naturschutz steht, verbietet sich das Klopfen und Graben für Sammler von selbst. Sollten lose Stücke herumliegen, die das fast einzige Mineral des Hohentwiels enthalten, wird man es aufheben dürfen. Gemeint ist der bekannte Natrolith, der im "Klingstein" des Vulkanstocks auftritt, besonders in der Nordwand, wo er schöne strahlige Sonnen von graugelber bis orangegelber Farbe bildet. Solche Stufen fehlten früher in keiner Sammlung. Auch der Tuff, der einstmals den Hohentwiel bedeckte, steuert als Verkieselungen zwei Minerale bei: graubraunen Opal und weißen Hyalit.

3. Hohenhewen

Südlich von Engen kann man von Anselfingen auf einem Wanderweg über den 848 m hohen Gipfel des Hohenhewen nach Welschingen gelangen. Dieser Dritte im Bunde der Hegauer Basaltkegel besteht wie der Höwenegg im Innern aus Melilith-Nephelinit, nur daß von ihm keine seltenen Minerale zu vermelden sind. Vielleicht hat das seinen Grund darin, daß erst wenige Untersuchungen durchgeführt wurden, obgleich das Gestein am steilen Osthang gut aufgeschlossen ist. Man findet hübschen Natrolith und Aragonit mit Nadeln bis zu 1 cm Länge. Aus Lagern des Juramergels und des Deckentuffs in den Randpartien des Kegels sind Gips und Apatit bekannt geworden.

26. Fichtelgebirge

1. Steinbrüche am Epprechtstein
2. Steinbruch Kleiner Kornberg bei Kirchenlamitz
3. Steinbrüche am Waldstein
4. Gefrees
5. Rudolfstein bei Weißenstadt
6. Grube Christa bei Weißenstadt
7. Johanneszeche bei Göpfersgrün
8. Acherwiese bei Schönbrunn
9. Steinbruch Zufurt bei Tröstau
10. Steinbruch Fuchsbau bei Leupoldsdorf
11. Fichtelsee am Fichtelberg
12. Goldlagerstätte Goldkronach
13. Grube Bayerland bei Waldsassen
14. Basaltsteinbruch Teichelberg bei Pechbrunn
15. Weißenstadt

Bekanntlich ist das Fichtelgebirge ein Bestandteil des alten varistischen Gebirges mit erzgebirgischem Streichen. Im Kern besteht es aus metamorphen Sedimentgesteinen, die bis ins Kambrium und Silur zurückreichen. Wichtig sind in mineralogischer Hinsicht vor allem die Granite, solche aus der vorvaristischen Zeit, die zu Orthogneis umgewandelt wurden, und die jüngeren, die während und nach der Faltung als Intrusionen nach oben gelangten. Einander immer unter anderen Bedingungen in langen Zeiträumen folgend, finden wir sie jetzt oft nahe beieinander als Porphyrgranit, Randgranit, Kerngranit und Zinngranit in den berühmten Steinbrüchen des Fichtelgebirges.

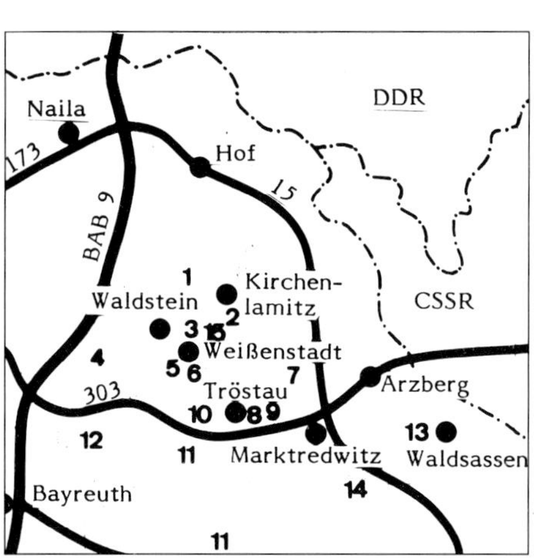

1. Steinbrüche am Epprechtstein

Westlich von Kirchenlamitz ist am Epprechtstein, einem von einer Burgruine gekrönten Berggipfel, der Kerngranit in zahlreichen Brüchen aufgeschlossen. Berühmtheit erlangte die Lokalität insbesondere durch das Auftreten von ausgezeichneten grünlichen Apatitkristallen bis 6 cm Größe sowie seltenen Berylliummineralen, zum Beispiel Euklas, Herderit und Bertrandit.

Anatas	Fluorit	Scheelit
Apatit	Galenit	Siderit
Arsenopyrit	Gilbertit	Sphalerit
Autunit	Herderit	Stilbit
Bertrandit	Hyalit	Topas
Calcit	Kassiterit	Torbernit
Chabasit	Muskovit	Turmalin
Chalkopyrit	Orthoklas	Uraninit
Chlorit	Phlogopit	Wolframit
Columbit	Psilomelan	Zinnwaldit
Epidot	Pyrit	
Euklas	Quarz	

Der Schloßbrunnenbruch bei Epprechtstein.

2. Steinbruch Kleiner Kornberg bei Kirchenlamitz

Bislang stillgelegter Steinbruch, der versuchsweise in Abbau gestanden hat, jetzt aber wieder stilliegt. Hier fanden sich Albit, violetter Fluorit, Muskovit, Orthoklas sowie schöne Bergkristalle. Selten waren kleine tafelige, spitz-bipyramidale, bläulich-schwarze Anatase und in einer Vererzungszone Bismutit sowie Magnetit-Einschlüsse.

3. Steinbrüche am Waldstein

Hier befinden sich zwei für Mineraliensammler interessante Steinbrüche: der Reinersreuther und der Grasyma-Bruch. Im ersteren wurden vor allem schöne Euklaskristalle sowie Anatas, Apatit, Quarz und limonitisierter Pyrit gefunden. Im benachbarten Bruch Grasyma konnten bis heute als Raritäten Euklas und Bertrandit gefunden werden (L 87/11).

Albit	Gilbertit	Quarz
Anatas	Goethit	Sphalerit
Apatit	Hämatit	Stilbit
Bertrandit	Kassiterit	Topas
Chalcedon	Muskovit	Turmalin
Euklas	Nontronit	Zinnwaldit
Fluorit	Orthoklas	Zirkon
Galenit	Pyrit	

4. Gefrees

Die Varietät des Andalusits mit Namen Chiastolith findet man in Stücken von kontaktmetamorphen Tonschiefern als eingewachsene cm-lange Kristalle. Ein Aufschluß fehlt. Die Funde stammen von den Feldern um Gefrees.

5. Rudolfstein bei Weißenstadt

Der aus Zinngranit bestehende Berggipfel gilt mit seinen Tafeltürmen als ideales Beispiel für die Verwitterung des Granits. An seinem Fuß befindet sich ein aufgelassener Steinbruch, der nur einmal außergewöhnliche Funde gebracht hat. Im Jahre 1964 wurde eine riesige Druse angefahren, die Hunderte von schönen Rauchquarz- und Feldspatkristallen bis über 20 cm Größe enthielt. Die Orthoklaskristalle waren überdies mit kleineren Topaskristallen übersät. Dieses Ereignis hat den Rudolfstein berühmt gemacht.

1950 erregte er auch die Aufmerksamkeit der Uranprospektoren, da man in den vergreisten Klüften des Zinngranits Uranglimmer, hauptsächlich Torbernit, entdeckt hatte. Der anschließende Uranversuchsbergbau dauerte bis 1957, als wegen zu hoher Gestehungskosten und sinkender Weltmarktpreise der Abbau nicht mehr lohnte. Heute gilt die Fundstelle als erloschen. Doch auf der Halde wurden außer Torbernit, Kassiterit und Wolframit Oxidationsminerale der Greisenzone, wie Langit, Connellit, Pharmakosiderit und Rhabdophan gefunden.

Steinbruch

Apatit	Magnetit	Topas
Beryll	Montmorillonit	Turmalin
Columbit	Orthoklas	Zinnwaldit
Hornblende	Quarz	

Halde Uranbergbau

Arsenopyrit	Langit	Sphalerit
Autunit	Meta-Torbernit	Torbernit
Chalkopyrit	Pharmakosiderit	Wolframit
Connellit	Pyrit	
Kassiterit	Rhabdophan	

6. Grube Christa bei Großschloppen

Ende 1977 wurde bei weiteren Probebohrungen im Raum Weißenstadt in der Nähe der Ortschaft Großschloppen ein neues Uranerzvorkommen entdeckt.

Im März 1980 wurde dieses Vorkommen durch Auffahren des Stollens Christa von der ESSO-Erz GmbH mit einem Versuchsbergbau erschlossen. In der Folgezeit wurde versuchsweise Uran gefördert und in der CSSR aufbereitet. Aufgrund von Unrentabilität und Bedenken der Gesellschafter wurde das Uranbergwerk Ende 1988 wieder stillgelegt.

Das dortige Uranvorkommen ist überwiegend sekundärer Art und entstand durch Verwitterung feinverteilter Primäruranerze aus überlagernden Graniten im oberen Miozän.

Die Sekundärmineralien lagerten sich in Kluft- und Ruschelzonen entlang einer Quarzader ab und kristallisierten dort aus. An Mineralien wurden beobachtet (41):

Autunit	Galenit	Sabugalit
Berzelianit	Gold, ged.	Saleeit
Bismut, ged.	Guanajuatit	Meta-Torbernit
Blei, ged.	Hämatit	Umangit
Bornit	Klockmannit	Uraninit
Chalkopyrit	Kupfer, ged.	Uranophan
Clausthalit	Kupferglanz	Uranosphärit
Coffinit	Martit	Vandendriesscheit
Covellin	Phosphuranylit	Wölsendorfit
Cuprit	Pyrit	
Fourmarierit	Renardit	

7. Johanneszeche bei Göpfersgrün

Die Talklagerstätte bei Göpfersgrün ist besonders bei Sammlern von Pseudomorphosen bekannt, also von Kristallen, deren chemischer Inhalt unter Beibehaltung der Umrißform durch ein anderes Mineral ersetzt oder verdrängt wurde. Solche Ausfüllungen fanden in Göpfersgrün von Dolomit- und Quarzkristallen durch Talk oder Speckstein statt. Die Ursachen dafür

Etwa 5 mm lange Kristalle eines Glimmerminerals, vermutlich Muskovit, vom Epprechtstein.

Der Reinersreuther Steinbruch am Waldstein.

sind noch nicht vollständig geklärt, da man sich auch über die Herkunft des Magnesiums bei der Entstehung der Talklager nicht im klaren ist.

8. Acherwiese bei Schönbrunn

Gebiet westlich von Schönbrunn bei Wunsiedel, in dem an Waldrändern und auf Feldern Lesesteine eines Kalksilicatfelses gesammelt werden können. Das schon im letzten Jahrhundert bekannte Vorkommen weist in Drusen und auf Klüften folgende Mineralien auf (L 84/2): Granat, Epidot, Diopsid, Albit, Prehnit, Opal, Galenit, Beryll und Quarz.

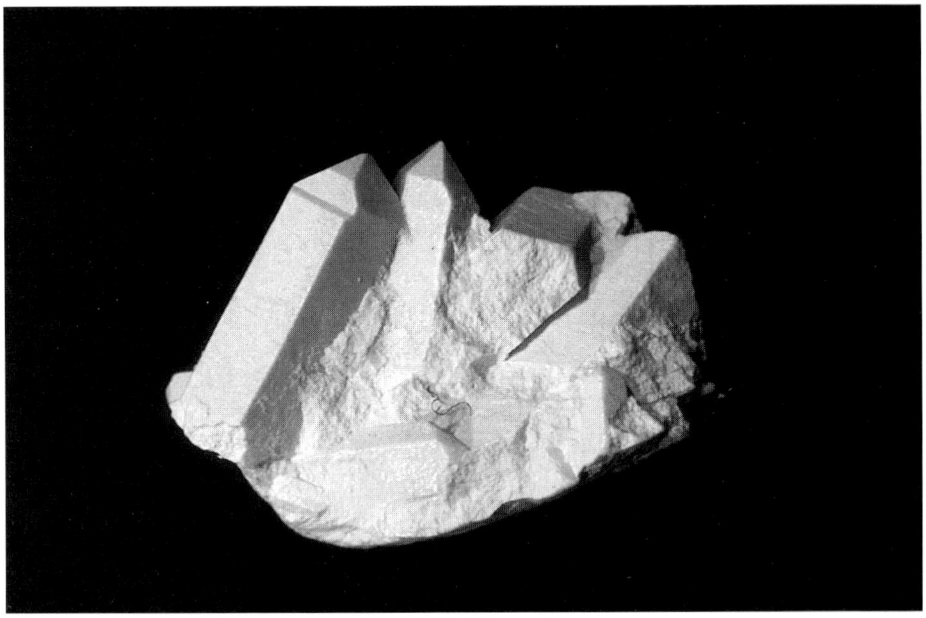

Oben. Göpfersgrün ist bekannt durch seine zahlreiche Speckstein-Pseudomorphosen. Agebildet sind 1,5 cm große Pseudomorphosen von Speckstein nach Quarz.

Links oben. Überblick über die Specksteingrube Johanneszeche bei Göpfersgrün.

Links. Der stillgelegte Steinbruch Fuchsbau, der jetzt unter Naturschutz steht.

9. Steinbruch Zufurt bei Tröstau

Diese erst seit ca. 1975 bekannte Fundstelle liegt unweit des Steinbruchs Fuchsbau. Bemerkenswert ist die hier vorkommende Qualität und Größe der Berylliummineralien Euklas, Phenakit und Herderit. So sind langprismatische, farblose bis milchigweiße Phenakitkristalle bis zu einer Länge von 40 mm und einer Stärke von 16 mm bekannt geworden, farblose Euklaskristalle bis 20 mm und gelbe bis schwach bräunliche, bis 20 mm lange Herderitkristalle.

Albit	Chlorit	Phenakit
Anatas	Euklas	Pyrit
Antimonit	Fluorit	Quarz
Apatit	Hämatit	Sphalerit
Arsenopyrit	Herderit	Stilbit
Autunit	Kassiterit	Topas
Bertrandit	Meta-Autunit	Torbernit
Beryll	Muskovit	Turmalin
Chalkopyrit	Orthoklas	

10. Steinbruch Fuchsbau bei Leupoldsdorf

Im Zinngranit kam es bei der Erstarrung durch Gasblasen zur Bildung von Miarolen. In diesen Hohlräumen kristallisierten nacheinander die Minerale, wobei die Mineralisation durch einen weiteren Vorgang unterstützt wurde. Infolge der Abkühlung schrumpfte das Gestein und es entstanden Risse, Spalten und Klüfte, die den aufsteigenden hydrothermalen Lösungen Platz boten. Zugleich ermöglichten sie aber auch eine Zersetzung des Granits, bei der sich die Greisenbänder bildeten und der Orthoklas sich in Kaolin umwandelte. Zur folgenden Liste der oft wunderbar kristallisierten Minerale vom Fuchsbau ist leider anzumerken, daß der Steinbruch seit 1984 unter Naturschutz steht, nachdem unvernünftige Sammler dort ihrer Suchleidenschaft nach den Kostbarkeiten mit hydraulischen Hebewerkzeugen und Benzinbohrern immer wieder gefrönt hatten.

Anatas	Herderit	Pyrit
Albit	Kaolinit	Rauchquarz
Bergkristall	Kassiterit	Rutil
Beryll	Lithiophorit	Topas
Chalkopyrit	Meta-Autunit	Turmalin
Epidot	Meta-Torbernit	Wolframit
Euklas	Montmorillonit	Zinnwaldit
Fluorapatit	Muskovit	Zirkon
Fluorit	Nontronit	
Goyazit	Orthoklas	

11. Fichtelsee am Fichtelberg

Bei der Vergrößerung des Fichtelsees fand man 1984 sehr schöne Rauchquarzstufen in Drusen des angefahrenen Granits, aber auch Topase und Phenakitkristalle, die teilweise auf Granit sitzen.

12. Goldlagerstätte Goldkronach

Gediegen Gold auf Quarz - eine solche Stufe von Goldkronach wünscht sich sicherlich jeder Sammler. Aber der Traum dürfte keine Erfüllung finden, da der Bergbau auf Gold schon 1925 eingestellt wurde und kaum noch Halden vorhanden sind. Bei Goldkronach begegnen wir sehr alten Gesteinsschichten wie in der Einführung erwähnt. In diese drangen während der granitischen Intrusionsphasen des Fichtelgebirges erzführende Quarzgänge, die auch Gold enthielten. Leider sind auch die seltenen Erze und die übrigen Minerale von Goldkronach höchstens noch im Aushub von Baustellen auf privatem Haldengelände zu finden.

Albit	"Falkmanit"	Quarz
Anatas	Freibergit	Rhodochrosit
Antimon, ged.	Galenit	Rutil
Antimonit	Gersdorffit	Scheelit
Apatit	Gips	Schwefel, ged.
Arsenopyrit	Gold, ged.	Seladonit
Azurit	Hämatit	Semseyit
Baryt	Heteromorphit	Sericit
Berthierit	Jamesonit	Siderit
Bismut, ged.	Kaolinit	Silber, ged.
Bismuthinit	Kassiterit	Skorodit
Boulangerit	Kermesit	Skutterudit
Bournonit	Limonit	Sphalerit
Calcit	Magnetit	Stannit
Cerussit	Malachit	Stibiconit
Cervantit	Manganomelan	Stilbit
Chalcedon	Meneghinit	Tetraedrit
Chalkopyrit	Molybdänit	Turmalin
Chlorit	Muskovit	Valentinit
Chalkostibit	Pennin	Wavellit
Cubanit	Plagionit	Wittichenit
Dolomit	Pyrit	Wolframit
Emplektit	Pyromorphit	Zinckenit
Enargit	Pyrrhotin	Zirkon

13. Grube Bayerland bei Waldsassen

Der Bergbau auf der Lagerstätte der späteren Grube Bayerland setzte nachweislich im 16. Jahrhundert ein. Bedeutung erlangte dieser jedoch erst gegen Ende des 18. Jahrhunderts, als auf den zwei Gruben Maximilian und Karl Ludwig Braun- und Roteisenstein abgebaut wurde. Später baute man auf drei Gruben (Maximilian, Königs- und Marienzeche) im Übertage- und Untertagebetrieb. Allerdings führten wirtschaftliche Entwicklungen zu einer Stillegung der Gruben im Jahre 1882.

Bei Explorationsarbeiten im Bereich der Zeche Maximilian stieß man 1900 auf ein umfangreiches Schwefelkieslager.

Blick in den Steinbruch Zufurt bei Tröstau.

Hierbei stellte sich heraus, daß in den Jahrhunderten zuvor lediglich die Oxidationszone der eigentlichen Erzlagerstätte abgebaut worden war. Wegen Unrentabilität konnte der Grubenbetrieb zunächst nicht aufgenommen werden. Erst 1916 führte Rohstoffknappheit zum Einsetzen einer neuerlichen Bergbautätigkeit bei Waldsassen. Nach weiteren Aufschlußarbeiten, welche die Abbauwürdigkeit des gefundenen Erzkörpers bewiesen, wurde am 23. August 1923 die Bergbau-AG Bayerland gegründet, die sofort mit Tiefbauarbeiten begann, unter anderem mit dem Abteufen des Bayerlandschachts. Schwefelkies konnte zum ersten Mal im Mai 1925 zutage gebracht werden.

Im Jahre 1937 stieß man parallel zu dem bis dahin bebauten Schwefelkieslager auf ein Magnetkieslager, das 1940/41 über den Gottes Hilfe- und den Joachim-Wetterschacht aufgeschlossen wurde. Zu diesem Zeitpunkt ging die Grube in den Besitz der Sachtleben AG über. Danach folgten Jahre mit ständig steigenden Förderzahlen. Erst in den 60er Jahren verschlechterte sich die wirtschaftliche Lage des Betriebes, insbesondere bedingt durch den rapide fallenden Weltmarktpreis und die verhältnismäßig geringe Fördermenge. Die Grube mußte am 30. September 1971 endgültig stillgelegt werden.

Als Zeuge des vergangenen Abbaus wurde das Fördergerüst einschließlich des Fördermaschinenhauses und der maschinellen Einrichtung im Bergbau- und Industriemuseum im Hammerschloß zu Theuern/Ostbayern wieder aufgebaut.

Geologisch betrachtet baute die Grube Bayerland auf einer ursprünglich sedimentär entstandenen, später aber metamorph veränderten Lagerstätte, in der neben Pyrit und Cu- und Pb-haltigen Erzen besonders Antimonerze angereichert wurden.

So beschrieb Ramdohr 1939 ein neues Bleiantimonsulfid von hier, das nach langer Zeit der Diskreditierung immer noch nicht anerkannt ist, weil die Zusammensetzung nicht endgültig geklärt wurde (vielleicht mit Boulangerit identisch). Viele der Mineralien, zumindest einige seltene Erze, sind nur erzmikroskopisch erkennbar.

Albit	Bismut, ged.	Delafossit	Kesterit	Pyrrhotin	Stibioluzonit
Almadin	Boulangerit	Disthen	Klinozoisit	Quarz	Tennantit
Amethyst	Bournonit	Falkmanit	Limonit	Römerit	Tenorit
Andalusit	Bravoit	Galenit	Magnetit	Rutil	Tetraedrit
Anglesit	Cernyit	Geokronit	Manganomelan	Schwefel, ged.	Titanit
Anthopyllit	Chalkanthit	Gold, ged.	Markasit	Sericit	Turmalin
Antimon, ged.	Chalkopyrit	Gudmundit	Melanterit	Siderit	Valleriit
Antimonit	Chalkopyrrhotin	Hocartit	Molybdänit	Silber, ged.	Vivianit
Apatit	Chalkosin	Hornblende	Muskovit	Sillimanit	Voltait
Arsen, ged.	Chalkostibit	Ilmenit	Polybasit	Sphalerit	Zirkon
Arsenopyrit	Chlorit	Jamesonit	Pyrargyrit	Spinell	
Baryt	Covellin	Jordanit	Pyrit	Stannit	
Biotit	Cubanit	Kassiterit	Pyromorphit	Staurolith	

Oben. Mineralienübersicht Grube Bayerland.

13. Basaltsteinbruch Teichelberg bei Pechbrunn

Vor rund 20 Millionen Jahren herrschte während des Tertiärs lebhafte vulkanische Tätigkeit in Mitteleuropa, ausgehend von einem verhältnismäßig nahen Zentrum im Egergraben südlich des Erzgebirges. Dieser verdankt auch der Basalt des Großen Teichelbergs, ein Olivinnephelinit, seine Entstehung. Ein umfangreicher, in mehreren Sohlen aufgeschlossener Steinbruch war in den letzten Jahren Fundstelle für viele seltene Minerale.

Aegirin	Diopsid (Cr)	Okenit
Allophan	Dolomit	Olivin
Analcim	Eisen, ged.	Orthoklas
Anatas	Enstatit	Paranatrolith
Ankerit	Gismondin	Pentlandit
Apatit	Hämatit	Phillipsit
Apophyllit	Idait	Plagioklas
Aragonit	Ilmenit	Pyrit
Arsenopyrit	Katophorit	Pyrrhotin
Augit	Limonit	Quarz
Biotit	Maghemit	Rutil
Bornit	Magnetit	Sanidin
Calcit	Markasit	Saponit
Chabasit	Mikroklin	Sillimanit
Chalkopyrit	Montmorillonit	Spinell (Picotit)
Chalkosin	Mullit	Talk
Chlorit	Muskovit	Tetranatrolith
Chromit	Natrolith	Thomsonit
Chrysotil	Nephelin	Valleriit
Covellin	Nontronit	Wad
Cubanit	Offretit	Wolchonskoit

14. Weißenstadt

Das am Fuße des Waldsteins gelegene Städtchen Waldstein war schon zur Markgräflerzeit eine ergiebige Fundstelle für Bergkristalle, die seit 1450 auch in Bergwerken abgebaut wurden. Auch heute kann man im Stadtkern von Weißenstadt in einigen Kellern Spuren des Bergkristallbergbaus finden.

Die Sandgruben in der näheren Umgebungsind Fundstellen für Bergkristalle (Nadelqaurz) und Rauchqaurze (Morion); aber auch Epdot und kleine Granatkristalle sowie selten Euklase wurden gefunden.

So ist Hagendorf-Süd kaum einem Sammler bekannt: Winteransicht mit mehreren Meter langen Eiszapfen. Die Übersichtsaufnahme zeigt oben den Förderturm und unten die 76-m-Sohle. Ganz unten rechts gerade noch erkennbar die 87-m-Sohle (Foto 1984).

Unten. Der Basaltsteinbruch Teichelberg bei Pechbrunn ist in den letzten Jahren zu einer Fundstelle für viele seltene Minerale geworden.

27. Oberpfalz

Blick nach Westen in den Tagebau Hagendorf-Süd. Tiefste aufgeschlossene Sohle war die 87-m-Sohle. Darüber sind die im Untertagebergbau aufgeschlossenen und durch späteren Tagebau wieder angefahrenen Sohlen zu erkennen. Foto 1983.

1. Phosphatpegmatit von Hagendorf
2. Kreuzberg in Pleystein
3. Gsteinach bei Pleystein
4. Eisenerzlagerstätten von Auerbach
5. Steinach bei Vohenstrauß
6. Das Nabburg-Wölsendorfer Flußspatrevier
7. Freihung
8. Tanzfleck
9. Phosphatpegmatit Althütte bei Furth i. Wald
10. Schotterbruch bei Windisch-Eschenbach
11. Zinster Kuppe
12. Uranerzgrube Mähring
13. Pegmatitgrube Gertrud bei Menzlhof
14. Himmelleitenbruch bei Roßbach

Für eine Reihe mineralischer Rohstoffe, zu denen neben den Massenprodukten Quarz und Feldspat auch Erze seltener Elemente gehören, bilden die sogenannten Pegmatite weltweit wichtige Lagerstätten. Wesentliches Merkmal der Pegmatite sind die Ausmaße der hier auftretenden Kristalle. So soll in der Sowjetunion ein Steinbruch in einem Amazonit-Einkristall betrieben worden sein oder es in den USA einen Schacht in einem Beryllkristall geben.

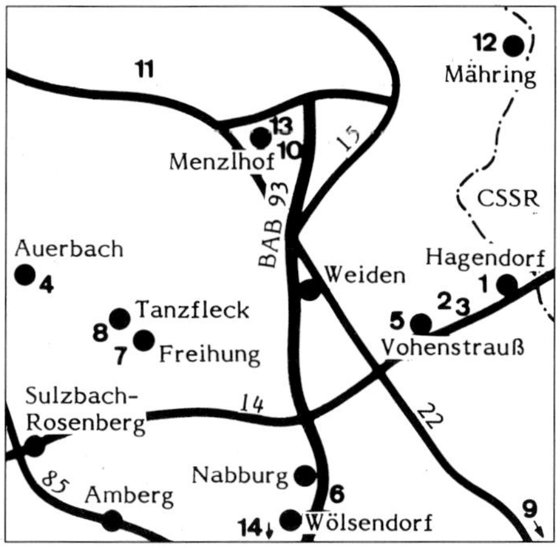

Lagerstättenkundliche Untersuchungen haben gezeigt, daß die meisten Pegmatitvorkommen sogenannte Restphasen granitischer Schmelzen darstellen, in denen sich eine Reihe von Elementen anreichern können, die entweder leicht flüchtig sind (z.B. Fluor oder Zinn) oder die wegen ihrer chemischen Eigenschaften nicht in die Silicate der granitischen Hauptkristallisation eingebaut werden (z.B. Beryllium und Lithium).

Vor ca. 300 Mio. Jahren drangen zum Ende der erdgeschichtlichen Ära des Varistikums an zahlreichen Stellen Mitteleuropas granitische Schmelzen auf, an die z.T. wichtige Lagerstätten geknüpft sind.

Auch die Pegmatite der Oberpfalz, deren wohl einmalige Phosphatparagenese der Wissenschaft noch zahlreiche Rätsel aufgibt, gehören zu diesem Lagerstättentyp.

1. Phosphatpegmatit von Hagendorf

Mengenmäßig machten die Phosphate allerdings nur 0,1% des gesamten Pegmatits aus, wie man in Hagendorf-Süd auf der Grube Cornelia feststellen konnte. Dort schätzte man den Vorrat an Phosphatmineralen auf etwa 2.500 bis 3.000 Tonnen, von denen rund 1.600 Tonnen auf das lithiumhaltige Mineral Triphylin entfielen. Mit dieser Menge war Hagendorf-Süd eine der größten Triphylinlagerstätten der Welt. In den 50er Jahren förderte man über 1.000 Tonnen dieses Minerals.

Ehe im Jahre 1894 beim Wegebau der Pegmatit von Hagendorf-Süd entdeckt wurde, baute man in Hagendorf-Nord schon seit 1860 in einem Tagebau den begehrten Kalifeldspat ab, der der keramischen Industrie in der Oberpfalz als Rohstoff diente. Beide Vorkommen sind also keine Phosphatgruben gewesen, sondern hauptsächlich Feldspatgruben. Ab 1900 gewann die Spatgrube Meixner in Hagendorf-Nord den Feldspat untertage auf verschiedenen Sohlen. Zur Verbesserung der Förderung teufte man 1928 den Johannesschacht ab. Insgesamt wurden 220.000 Tonnen Feldspat gefördert. Als die bauwürdigen Vorräte erschöpft waren, ließ man die Grube im Sommer 1937 voll Wasser laufen.

In Hagendorf-Süd erfolgte der Abbau des Feldspats zunächst im Tagebau, bis man zum Untertagebau überging. In dieser Zeit wechselte die Grube oftmals ihren Besitzer. Als 1964 die Amberger Kaolinwerke/Hirschau den Pegmatit erwarben, setzte eine moderne Abbauphase ein, die durch die Kombination von Tagebau und Untertagebau gekennzeichnet war. Dabei fuhr man von oben die ehemaligen Untertagestrecken und Schächte wieder an. Von 1976 an, als man die unterste Sohle in 76 m Tiefe erreichte, fand der Abbau des Feldspats nun wieder ausschließlich im Tagebau statt. Seit Anfang 1984 ruht der Bergbau in Hagendorf-Süd, nachdem das Vorkommen vollständig ausgebeutet wurde. Es lieferte rund 1 Million Tonnen Kalifeldspat. Inzwischen ist der ehemalige Tagebau voll Wasser gelaufen und bildet so einen kleinen See mit einer enormen Wassertiefe.

Wenn auch die Grube Cornelia in Hagendorf-Süd nicht mehr in Förderung steht, so kann man doch sicher sein, daß der Name Hagendorf wegen der Fülle an Phosphatmineralien, die hier auf engstem Raume vereinigt waren, bei Mineralogen und Sammlern nicht in Vergessenheit gerät.

2. Kreuzberg in Pleystein

Der Kreuzberg ist ein Granitpegmatit, dessen umgebender Feldspatmantel der Erosion zum Opfer gefallen ist. Heute ist nur noch der Kern als Quarzstock erhalten.

Die Mineralparagenese ähnelt der von Hagendorf, wenn sie auch bei weitem nicht so artenreich ist. Im Jahre 1960 löste sich von der Felswand ein riesiger Quarzblock, in dessen Klüften sich besonders schöne Strengit- und Phosphosideritkristalle befanden. Das Vorkommen steht unter Naturschutz.

3. Gsteinach bei Pleystein

In der Waldabteilung Gsteinach, ca. 500 m vom Schullandheim entfernt, liegen Kalksilicat-Brocken im Waldboden. Diese enthalten Drusenräume, die vor allem mit mattorangefarbenen Hessonitkristallen und glasigbraunen Vesuviankristallen (Egeran) gefüllt sind. Weiterhin sind unter UV-Bestrahlung oft Scheelitpartien auszumachen. Seltener ist Epidot, Zoisit und Quarz anzutreffen. Die Fundmöglichkeiten sind durchaus noch als gut zu bezeichnen.

4. Eisenerzlagerstätten von Auerbach

Mit den Gruben Nitzlbuch und Leonie waren die bedeutendsten Eisenerzvorkommen Bayerns aufgeschlossen. Siderit und Brauneisen (Goethit) waren die Erze, durch die die Maxhütte in Rosenberg mit versorgt wurden. Die Grube Leonie wurde 1988 geschlossen.

In der Kreidezeit kam es hier zur Ablagerung der Erze, von denen besonders das Brauneisen von vornherein einen gewissen Phosphorgehalt mitbrachte. So erklärt sich die Entstehung der sekundären Phosphate in den Hohlräumen und Spalten des Erzes. Für das Mineral Weinschenkit ist die Grube Nitzelbuch die Typlokalität, von der es der Mineraloge Laubmann 1922 zum ersten Mal beschrieb. Noch ungeklärt ist, ob der zweite Name für das Mineral "Churchit" Priorität besitzt.

Apatit	Kakoxen	Strengit
Beraunit	Laubmannit	Variscit
Churchit	Phosphosiderit	Vivianit
Crandallit	Rockbridgeit	Wavellit
Dufrenit	Rhodochrosit	

5. Steinach bei Vohenstrauß

Zwischen Vohenstrauß und Leuchtenberg ist am Kontakt der Gneise mit jüngerem Granitgestein eine Fundstelle für Sillimanit aufgeschlossen.

6. Das Nabburg-Wölsendorfer Flußspatrevier

Wölsendorf ist Mittelpunkt eines berühmten Flußspat-Bergbaugebietes zwischen Nabburg und Schwarzenfeld. Die bedeutendsten Gruben waren der Marienschacht östlich von Wölsendorf, der Johannesschacht nördlich von Wölsendorf, die Grube Roland ca. 1 km nördlich Wölsendorf, die Grube Erna 1,5 km nordöstlich von Stulln, die Gruben Erika und Cäcilia3 km nordwestlich von Stulln sowie die Gruben Heißer Stein, Gisela, Hermine und Max.

Erste Erwähnungen dieser Region stammen aus dem 15. Jahrhundert, als Bergbau auf silberhaltigen Bleiglanz umging. Auch im 18. und einigen Jahrzehnten des 19. Jahrhunderts wurden noch die bleiglanzführenden, allerdings nicht mehr stark silberhaltigen Gänge abgebaut.

Akanthit	Chalkosin	Greenockit	Limonit	Posnjakit	Strengit
Albit	Childrenit	Hafniumzirkon	Lipscombit	Pseudolaueit	Stromeyerit
Anorthit	Chrysokoll	Hagendorfit	Ludlamit	Pseudomalachit	Strunzit
Apatit	Columbit	Hämatit	Mackinawit	Pyrit	Switzerit
Arrojadit	Connellit	Hemimorphit	Magnetit	Pyrolusit	Tavorit
Arsenopyrit	Covellin	Heterosit	Malachit	Pyrosmalith	Thuringit
Autunit	Cubanit	Hopeit	Markasit	Pyrrhotin	Torbernit
Barbosalith	Cuprobismutit	Hureaulith	Matulait	Quarz	Triphylin
Bassetit	Cyrilovit	Ilmenit	Messelit	Reddingit	Türkis
Beraunit	Devillin	Jarosit	Meta-Autunit	Rhodochrosit	Uraninit
Bermanit	Digenit	Jungit	Meta-Torbernit	Robertsit	Uranophan
Berthierit	Djurleit	Kakoxen	Mikroklin	Rockbridgeit	Uranpyrochlor
Beryll	Dufrenit	Kassiterit	Mitridatit	Rosasit	Uransamarskit
Biotit	Earlshannonit	Keckit	Molybdänit	Rozenit	Vivianit
Bismit	Emplektit	Kingsmountit	Morinit	Rutil	Wavellit
Bismut, ged.	Eosphorit	Kingsmountit-Mn	Muskovit	Sarkopsid	Whitmoreit
Bismuthinit	Fairfieldit	Kryptomelan	Nontronit	Schapbachit	Wilhelmvierlingit
Brasilianit	Ferrisicklerit	Kryzhanovskit	Pachnolith	Scholzit	Wittichenit
Brochantit	Fluellit	Kupfer, ged.	Parahopeit	Schoonerit	Wolfeit
Calcioferrit-Fe	Fluorit	Landesit	Parascholzit	Schwefel, ged.	Xanthoxenit
Calcit	Frondelit	Langit	Paravauxit	Scorzalith	Xenotim
Carlhintzeit	Galenit	Laueit	Pavonit	Siderit	Zinkrockbridgeit
Chalcedon	Gips	Lehnerit	Perloffit	Silber, ged.	Zirkon
Chalkantit	Goethit	Lepidokrokit	Phosphoferrit	Sphalerit	Zwieselit
Chalkopyrit	Graftonit	Leukophosphit	Phosphophyllit	Stannit	

Die Mineralienübersicht von Hagendorf.

Links. Halde der Grube Leonie, im Hintergrund der Förderturm.

Oben Der alte Förderturm der Flußspatgrube Cäcilia im Wölsendorfer Revier. Foto 1986.

Erst Ende des 19. Jahrhunderts begann man mit dem Bergbau auf Flußspat, der nur kurze Zeit zum Ende des Zweiten Weltkriegs unterbrochen und bis 1988 aufrechterhalten wurde. Zeitweise zählte die Bergbauregion zu den bedeutendsten Flußspatrevieren der Welt. Immerhin trugen zum Beispiel 1953 die Gruben um Wölsendorf mit 140.000 t Flußspatförderung 10% zur Weltförderung bei. Zudem konnte man die Grube Cäcilie zu dieser Zeit als größte Flußspatgrube der Welt bezeichnen.

Zum einen durch die billigere Gewinnung von Flußspat in Ländern wie China als auch durch zu schnelles Ausbeuten der Lagerstätte mußten in Wölsendorf nacheinander viele Gruben geschlossen werden: Roland 1961, Hanns und Johannesschacht 1963, Heißer Stein 1972, Erika und Cäcilie 1973, Marienschacht 1979.

Ausgezeichnete Flußspatstufen in mannigfachen Farbvarietäten, von farblos über grün nach grünlich-blau, schwarzblau, violett, rotviolett, rötlich, gelblich-rot bis zu gelb konnten überall gefunden werden. Die Gruben Marienschacht, Johannesschacht und Roland lieferten zudem die schwarz-violette Varietät "Stinkspat", der beim Zerschlagen einen ozonartigen Geruch verbreitet.

Von den Erzen wurden Clausthalit und andere seltene Selenide beobachtet. Sogar das Element Selen konnte in Spuren festgestellt werden. Als Einschluß im Fluorit ist Cinnabarit identifiziert worden.

Besonderes Interesse fand die Lagerstätte durch die seltenen sekundären Uranmineralien, unter denen sich auch das nach der Fundstelle benannte Uranylhydroxid Wölsendorfit befindet. Diese konnten sich in den Oxidationszonen der Flußspatgänge durch Verwitterung aus primären Uranerzen, hauptsächlich aus Uraninit (Pechblende), aber auch aus Brannerit und Coffinit bilden.

Anglesit	Dolomit	Phosphuranylit
Aragonit	"Fahlerz"	Psilomelan
Autunit	Ferrosilit	Pyrit
Autunit	Fluorit	Pyromorphit
Azurit	Fourmarierit	Quarz
Baryt	Galenit	Rutherfordin
Becquerelit	Gersdorffit	Safflorit
Berzelianit	Gips	Saleeit
Beta-Uranophan	Goethit	Schapachit
Beta-Uranotil	Guanajuatit	Schoepit
Bornit	Hämatit	Selen, ged.
Brannerit	Hemimorphit	Siderit
Bravoit	Hollandit	Sklodowskit
Calcit	Ianthinit	Skutterudit
Cerussit	Johannit	Sphalerit
Chalkopyrit	Kasolit	Torbernit
Chalkosin	Klockmannit	Umangit
Chrysokoll	Lepidokrokit	Uraninit
Cinnabarit	Limonit	Uranocircit
Clausthalit	Linneit	Uranophan
Coffinit	Malachit	Uranopilit
Covellin	Markasit	Wad
Cuprit	Ni-Skutterudit	Wîlsendorfit
Curit	"Paradoxit"	Wulfenit
Dewindtit	Para-Guanajuatit	Zippeit
Digenit	Parsonit	

Rechts. Mineralienübersicht des Wölsendorfer Flußspatreviers.

7. Freihung

Am Südrand des Truppenübungsplatzes Grafenwöhr waren im Gebiet von Freihung sedimentäre Bleierzvorkommen Gegenstand des Bergbaus im 15. und nochmals im 19. Jahrhundert. Probebohrungen im Jahre 1966 zur Erfassung der Bleierzvorräte hatten ein negatives Ergebnis. Das Erz besteht hauptsächlich aus Cerussit, der den Keupersandstein dieser Gegend durchsetzt. Da der Sandstein leicht zerfällt, wird Cerussit frei, der die Klüfte ausfüllte, und kann aufgelesen werden. Begleitminerale, wie Sphalerit, Galenit, Pyrit, Bravoit und Markasit, kommen nur in Spuren vor.

8. Tanzfleck

Die Bleierzgrube Tanzfleck, wenig nördlich von Freihung, zeichnet sich dadurch

Förderturm und Betriebsgebäude der Grube Hermine in Stulln. Foto 1980.

aus, daß bis zu 1 cm große Pyromorphitkristalle in den Klüften des Keupersandsteins zu finden sind. Besonders begehrt waren Stufen, bei denen große grüne Kristalle in Form der Emser Tönnchen die Kluftflächen bedeckten.

9. Phosphatpegmatit Althütte bei Furth i. Wald

Neben den Primärphosphaten Zwieselit und Fluorapatit werden von hier einige interessante Sekundärphosphate beschrieben wie Fluellit, Carbonat-Fluorapatit, Ferrostrunzit, Barbosalith, Mitridatit, Leukophosphit u.a. Bei Furth i. W. liegt auch der lange als verschollen angesehene Fundort Herzogau, wo im pegmatitischen Quarz Andalusit-, Zirkon-, Rauchquarz-, Rutil- und Turmalinkristalle gefunden worden sind.

10.Schotterbruch bei Windischeschenbach

Nördlich von Weiden ist in Windischeschenbach bei der Oberbaumühle ein Steinbruch aufgeschlossen, in dem ein Aplitgang auf Quarzklüften Zeolithe und Epidot führt. Vorkommende Zeolithe sind Stilbit in gut ausgebildeten typischen Kristallen und garbenförmigen Bündeln bis zu 2 cm Größe sowie Laumontit, dessen langprismatische Kristalle 5 mm erreichen und von winzigen Epidotkriställchen begleitet werden. Weitere, aber selten vorkommende Minerale sind: Arsenopyrit, Fluorit, Chalkopyrit, Heulandit, Magnetit, Malachit, Prehnit, Pyrit, Pyrrhotin, Scheelit, Tenorit und Turmalin.

11. Zinster Kuppe

Der Ort Zinst liegt etwa 12 km nordwestlich Erbendorf. Das Gestein der benachbarten Zinster Kuppe gehört zu den tertiären Basalten der Oberpfalz und ist in einem Steinbruch der Fa. Bayrische Hartsteinindustrie A.G. aufgeschlossen. Der Basalt dieses Vorkommens hat den Vorzug, daß Mineralbildungen sowohl auf Klüften als auch in Form von Fremdeinschlüssen erfolgten. Zu letzteren gehört blauer Osumilith, der klare hexagonale Kristalle mit tafeligem bis kurzprismatischem Habitus bildet. Bei den Kluftmineralen ist ein farbloser Hyalit in traubiger Ausbildung hervorzuheben.

Amphibol	Forsterit	Phillipsit
Apatit	Ilmenit	Pyroxen
Aragonit	Leucit	Quarz
Calcit	Magnetit	Sanidin
Cristobalit	Montmorillonit	Titanit
Dolomit	Nephelin	Tridymit

12. Uranerzgrube Mähring

Östlich von Tirschenreuth wurde bei Mähring nahe der Grenze zur CSSR an zwei Stellen Uranerz durch systematische Prospektion festgestellt und auch abgebaut. Durch die Verwitterung der primären Uranerze wie Pechblende, Coffinit und Brannerit entstanden Sekundärbildungen verschiedener Art: Autunit, Bassetit, Liebigit, Phosphuranylit, Sabugalit und Torbernit. Fundmöglichkeiten sollen auf den Halden im Wald beim Schacht Wäldel gegeben sein. Das zweite Vorkommen am Höhenstein-Weg ist eingezäunt. Hier wurden neben den obigen Mineralien auch noch Curit, Ianthinit und Uranophan gefunden.

13. Pegmatitgrube Gertrud bei Menzlhof

Der kleine Untertagebau an der Verbindungsstraße Döltsch-Menzelhof ist durch seine fast schwarzen, relativ großen Mn-haltigen Almandinkristalle bekannt geworden. Auch heute sind noch geringe Fundmöglichkeiten auf den Halden gegeben. Weitere (sporadisch auftretende) Mineralien sind Almandin, Autunit, Calcit, Columbit, Molybdänit, Pyrit, Quarz

14. Himmelleitenbruch bei Roßbach

Dieser Dioritsteinbruch, etwa 40 Kilometer nordöstlich von Regensburg gelegen, ist seit rund 20 Jahren ein interessanter Fundort vor allem für schöne Rauchqaurzkristalle.

Albit	Galenit	Prehnit
Allanit	Hämatit	Pyrit
Apatit	Heulandit	Pyrrhotin
Apophyllit	Hornblende	Rauchquarz
Beryll	Hyalit	Saponit
Biotit	Klinochlor	Sphalerit
Calcit	Laumontit	Stilbit
Chalkopyrit	Magnetit	Titanit
Cordierit	Molybdänit	Turmalin
Epidot	Muskovit	
Fluorit	Orthoklas	

28. Bayerischer Wald

1. Silberberg bei Bodenmais
2. Blötz bei Bodenmais
3. Hühnerkobel bei Zwiesel
4. Hörlberg bei Lohberg
5. Beryllpegmatite bei Tittling
6. Stanzen bei Eck
7. Kalkbruch Wimhof bei Vilshofen a.d. Donau
8. Saunstein bei Schönberg
9. Granit- und Schotterwerk Steinerleinbach bei Röhrnbach
10. Feldspatgrube Hirschengrube am Schwarzeck
11. Fürstenzeche bei Lam
12. Pegmatitaufschlüsse Frath
13. Graphitwerk Kropfmühl
14. Granit-Steinbrüche um Waldkirchen und Hauzenberg

Bodenmais von Süden aus gesehen.

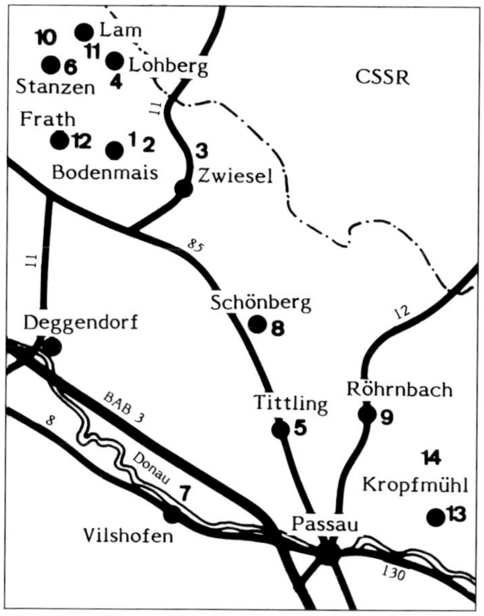

1. Silberberg bei Bodenmais

Der Bergbau am Silberberg bei Bodenmais findet bereits um 1313 in der herzoglichen Urbar-Urkunde seine Erwähnung: "Item das Goltwerch ze Pabenmaizz". Später erfolgte vor allem der Abbau auf Schwefelkies (Pyrit) zur Vitriol-Gewinnung. Die Stillegung erfolgte 1962. Auf den umfangreichen Halden unmittelbar unterhalb der Stollen sind durchaus noch Fundmöglichkeiten gegeben.

Ob je Silber bergmännisch gewonnen wurde, wie der Name der Lagerstätte andeutet, ist unbekannt. Die Haupterze der im Gneis aufsetzenden Gänge, Pyrrhotin und Pyrit, weisen nur ganz unerhebliche Spuren von Silber, Gold und Platin auf. Allenfalls kommt Galenit als Silberträger in Frage, zumal silberhaltiger Matildit mit ihm verwachsen ist. So ließen sich kleine Silberlöckchen im Magnetkies als Sekundärbildungen aus zersetztem Bleiglanz erklären. Bemerkenswert ist von hier auch der Nachweis von einigen sonst bei uns seltenen Mineralen wie Högbomit, Amakinit, Diaspor, Pleonast, Hercynit und in Gneis eingewachsenem Cordierit, während sich das Mineral Kreitonit als der seltene Fe-haltige Gahnit herausstellte.

Hingewiesen werden soll auf das Besucherbergwerk, in dem man einen Stollen auf 600 m Länge befahren kann. Informationen: BHS-Bergwerk Bodenmais, 8373 Bodenmais, Tel. 09924-304.

Bodenmais. Alte Abbaue an der Südseite des Silberbergs, die durch Feuersetzen angelegt wurden.

Almandin	Galenit	Pleonast
Amakinit	Graphit	Pyrit
Andalusit	Hämatit	Pyrrhotin
Andesin	Hercynit	Quarz
Anthophyllit	Hypersthen	Rutil
Apatit	Ilmenit	Sericit
Arsenopyrit	"Kreitonit"	Silber, ged.
Bismut, ged.	Magnetit	Sillimanit
Biotit	Markasit	Skapolith
Chlorit	Molybdänit	Sphalerit
Cordierit	Monazit	Spessartin
Covellin	Muskowit	Valleriit
Diaspor	Orthoklas	
Fluorit	"Pinit"	

2. Blötz bei Bodenmais

Das pegmatitische Quarzvorkommen der Blötz liegt östlich Bodenmais an der Arberstraße in der Waldabteilung "Südliche Plätz". Mitte des 19. Jahrhunderts wurde untertage Quarz gebrochen. Der ca. 80 m lange Hauptstollen sowie ein kurzer Schürfstollen wurden 1850 angelegt. Die Stollenzugänge wurden im Rahmen des Baus der Arbersee-Straße (1951) verschüttet.

Auf den heute noch zugänglichen Halden im Wald sind nach wie vor Funde von schönem Schriftgranit, Granat und mit etwas Glück von Korund möglich.

Albit	Korund	Schriftgranit
Andalusit	Mikroklin	Sphalerit
Apatit	Muskovit	Triphylin
Autunit	"Pinit"	Turmalin
Biotit	Pyrit	Zwieselit
Epidot	Pyrrhotin	
Granat	Quarz	

3. Hühnerkobel bei Zwiesel

Einen aus dem Boden ragenden Quarzfelsen entdeckte der Mannheimer Kupferstecher Johann Georg Wissger 1756 am Hühnerkobel. Daraufhin begann man mit dem Abbau des Felsens, zunächst übertage, ab 1831 auch untertage. Der gewonnene Quarz wurde in der heimischen Glasindustrie verwertet.

Bereits 1877 war man gezwungen, den Betrieb stillzulegen. Zum einen war der Quarzkern nahezu vollständig abgebaut, zum anderen konnte durch den Bau der Eisenbahnlinie Deggendorf-Bayrisch Eisenstein weitaus besserer und auch preiswerterer Quarzsand aus Lausitzer und Rheinischen Braunkohlenrevieren von der ansässigen Glasindustrie verarbeitet werden. 1899 und 1924 schlugen Versuche fehl, den Bergbau am Hühnerkobel noch einmal in Gang zu bringen, indem man Feldspat gewinnen wollte. Der Feldspat war zu sehr durch Mangan- und Eisenoxide verunreinigt. Insgesamt wurden von 1756 bis 1880 ca. 16.000 t Quarz und ca. 200-250 t Feldspat abgebaut.

Die Fundmöglichkeiten sind mittlerweile sehr gering, nachdem jahrzehntelang sowohl Wissenschaftler als auch Mineraliensammler den Hühnerkobel besucht haben und zudem die fündigsten Halden in den vergangenen Jahren zum Wegebau abgefahren wurden.

Alluaudit-Ca	Graftonit	Pyrolusit
Anatas	Heterosit	Pyrrhotin
Apatit	Hühnerkobelit	Quarz
Apatit-Mn	Hureaulith	Robertsit
Arsenopyrit	Kakoxen	Rockbridgeit
Beraunit	Keckit	Spessartin
Bertrandit	Laueit	Sphalerit
Beryll	Limonit	Stewardit
Biotit	Ludlamit	Strengit
Chalkopyrit	Meta-Autunit	Strunzit
Columbit	Mitridatit	Triphylin
Diadochit	Muskovit	Turmalin
Dufrenit	Orthoklas	Uraninit
Eosphorit	Phosphoferrit	Vivianit
Fairfieldit	Phosphosiderit	Whitmoreit
Ferrisicklerit	Pyrit	Zwieselit

4. Hörlberg bei Lohberg

Der Quarzbruch am Hörlberg, auch "Hörndl" oder "Hörndetl"-Bruch bezeichnet, liegt südlich Lohberghütte bei Lam und ist seit mehr als 100 Jahren verrollt und verwachsen.

Das pegmatitische Quarzvorkommen wurde im Sommer 1789 entdeckt und ca. 6 Jahre illegal abgebaut. Nach der wegen Raubbaus erfolgten zwangsweisen Auflassung wurde erst später bis ca. 1838 ein regulärer Quarzabbau für die umliegenden Glashütten begonnen.

Berühmt wurde diese Fundstelle wegen der außergewöhnlich großen flächenreichen Turmalinkristalle (Längen bis 30 cm, Durchmesser bis 10 cm!), die heute noch in vielen Museums- und Institutssammlungen bewundert werden können. Wegen ihrer hervorragenden Flächenausbildung eigneten sie sich zur exakten Vermessung, die G. Rose 1836 vornahm. Dieser erkannte damals auch schon die Erscheinung der Pyroelektrizität bei Turmalinen. C.W. v. Gümbel (1868) bezeichnete den Quarzbruch am Hörlberg als hervorragende Fundstelle in Mitteleuropa.

Vor wenigen Jahren konnte nach intensiver Suche der Haldenbereich wiederentdeckt und mehrere cm-große Turmalinkristalle mit Endflächen, teils als Doppelender ausgebildet, geborgen werden.

Die Mineralien: Albit, Apatit, Biotit, Granat, Muskovit, Orthoklas, Quarz, Triphylin, Turmalin (Schörl), Uraninit und Zwieselit.

5. Beryllpegmatite bei Tittling

Es handelt sich bei diesen Fundstellen um den Steinbruch Krennbruch bei Matzersdorf und die Steinbrüche Kusserbruch und Kerberbruch bei Stützersdorf, in denen Pegmatitgranite aufgeschlossen sind. Zu den seltenen Elementen, die sich in der pegmatitischen Restschmelze anreicherten, weil sie wegen zu kleiner oder zu großer Ionenradien nicht in die bei der Haupterstarrung entstandenen Minerale eingebaut werden konnten, zählen auch Beryllium, Niobium und Tantal. So bildeten sich hier gelbgrüne bis blaugrüne Berylle bis 3 cm dick und 20 cm lang,

Der Kerberbruch bei Tittling.

eingewachsene kastanienbraune Butzen des Helvins und tiefschwarze Samarskitkristalle. Zersetzter Beryll lieferte wahrscheinlich das Ausgangsmaterial für Milarit, Bityit, Bavenit und Bertrandit. Von den übrigen Mineralen seien noch Pumpellyit, Epidot und die Zeolithe Stilbit, Chabasit, Heulandit und Laumontit genannt.

Albit	Goethit	Psilomelan
Allanit	Granat	Pumpellyit
Anatas	Hämatit	Pyrit
Bavenit	Helvin	Pyrochlor
Bertrandit	Heulandit	Pyrrhotin
Beryll	Ilmenit	Quarz
Calcit	Klinochlor	Rutil
Cerussit	Laumontit	Samarskit
Chabasit	Limonit	Smektit
Chalkopyrit	Magnetit	Sphalerit
Chlorit	Malachit	Stilbit
Epidot	Milarit	Titanit
Fluorapatit	Molybdänit	Turmalin
Fluorit	Monazit	Vesuvian
Fluorapophyllit	Orthoklas	Zirkon
Galenit	Powellit	Zoisit
Gilbertit	Prehnit	

6. Stanzen bei Eck

Fast 200 Jahre ist der Quarzbruch auf der "hohen Stanzen" bei Eck, unmittelbar an der Straße Arnbruck-Arrach, bekannt. Der spätere Abbau eines pegmatitischen Gangzugs hat bis heute umfangreiche Halden hinterlassen. Durch den Kontakt des Pegmatits mit einer Marmorlinse ergeben sich die typischen Mineralparagenesen. Bescheidene Fundmöglichkeiten sind immer noch vorhanden.

Albit	Mikroklin	Spessartin
Andalusit	Muskovit	Titanit
Apatit	Phlogopit	Turmalin
Biotit	Pyrit	Vesuvian
Diopsid	Pyrrhotin	Wollastonit
Ilmenit	Quarz	

7. Kalkbruch Wimhof bei Vilshofen a.d. Donau

In der näheren Umgebung von Vilshofen sind mehrere Marmorvorkommen bekannt (Hausbach, Rathsmannsdorf und Wimhof). Wegen seines Mineralienreichtums ist der Aufschluß Wimhof trotz seiner Stillegung vor ca. 50 Jahren erwähnenswert. Biotitgneise, Silicatgesteine und Migmatite umschließen einen Calcit-Dolomit-Kern. Teilweise sind in den geringen Haldenresten noch Fundmöglichkeiten vorhanden.

Albit	Gilbertit	Rutil
Anatas	Graphit	Schörl
Apatit	Hämatit	Serpentin
Beryll	Limonit	Siderit
Biotit	Opal	Sphalerit
Calcit	Orthoklas	Spinell
Chalcedon	Pargasit	Talk
Chondrodit	Pennin	Titanit
Chrysokoll	Phlogopit	Tremolit
Chrysotil	"Pinit"	Vermiculit
Diopsid	Psilomelan	Vesuvian
Forsterit	Pyrit	Wollastonit
Gahnit	Pyrrhotin	Zirkon
Galenit	Quarz	

8. Saunstein bei Schönberg

Knapp 4 km vom "Pfahl" entfernt liegen im sogenannten "Kristallgranit" Mischgesteine aus basischem Material. Hoher Feldspatanteil, Quarz, Biotit sowie Amphibole sind kennzeichnend. Der Schotterbruch der Fa. Thiele G. baut hier in einem mehrstufigen Bruch Gestein zur Schottergewinnung ab.

Durch die Einschaltungen von hellen Aplitgängen im sonst fast schwarz wirkenden Palit erweitert sich die Paragenese erheblich. Hervorzuheben sind die attraktiven Epidotstufen. Fundmöglichkeiten sind vor allem nach kräftigen Regenfällen gegeben.

Adular	Epidot	Pumpellyit
Albit	Fluorit	Pyrit
Amianth	Hämatit	Quarz
Andradit	Heulandit	Schörl
Apatit	Hornblende	Sericit
Aragonit	Klinochlor	Skapolith
Bavenit	Limonit	Stilbit
Beryll	Magnetit	Titanit
Calcit	Malachit	Wollastonit
Chabasit	Molybdänit	Zoisit
Diopsid	Prehnit	

Der Marmor-Steinbruch Wimhof ist bereits vor über 50 Jahren stillgelegt worden. Trotzdem bieten sich noch Fundmöglichkeiten.

9. Granit- und Schotterwerk Steinerleinbach bei Röhrnbach

Das Werk der Fa. Uhrmann OHG betreibt knapp 2 km vom Markt Röhrnbach entfernt einen mehrstufigen Bruch im Porphyrit/Diorit des Appmannsberges. Die sehr wechselhafte Beschaffenheit der Gesteine sowie der permanente Abtransport des gewonnenen Schottermaterials bieten keine optimalen Fundmöglichkeiten. In den vergangenen zehn Jahren konnten allerdings ausgezeichnete Stufen mit Titanmineralien sowie das für den Bayerischen Wald noch unbekannte Scandium-Beryll-Mineral Bazzit gefunden werden (A 89/3).

Mineraliensuchen bei unter Null Grad Celsius: der Steinbruch Saunstein bei Schönberg.

Albit	Gips	Prehnit
Allanit	Granat	Pyrit
Amianth	Halotrichit	Pyrrhotin
Anatas	Hämatit	Quarz
Augit	Heulandit	Rutil
Beryll (Bazzit)	Hornblende	Siderit
Brookit	Klinochlor	Smektit
Calcit	Limonit	Stilbit
Chabasit	Markasit	Talk
Epidot	Monazit	Titanit
Fluorapatit	Muskovit	Vesuvian
Fluorit	Orthoklas	Zoisit

10. Feldspatgrube "Hirschengrube" am Schwarzeck

Das Vorkommen liegt in 1.150 m Höhe nahe dem Gipfel des Schwarzeck (1.238 m) am Kaitersberg-Höhenweg und war lange Zeit Deutschlands höchstgelegener Bergbau.

Ende des vergangenen Jahrhunderts (1895 bis ca. 1900) wurde das pegmatitische Quarzvorkommen kurzzeitig ausgebeutet und wieder aufgelassen. Von 1937 bis 1958 wurde Feldspat untertage gebrochen. Der Abbau erfolgte wegen der exponierten Lage nur in den Sommermonaten. Fundmöglichkeiten für Apatit, Markasit und Schörl sind in geringem Umfang gegeben.

Albit	Korund	Pyrit
Andalusit	Markasit	Quarz
Apatit	Mikroklin	Topas
Biotit	Muskovit	Turmalin
Granat	"Pinit"	

11. Fürstenzeche bei Lam

Der Betrieb dieser Zeche begann am Anfang des 16. Jahrhunderts wahrscheinlich auf Silber, Kupfer und Blei durch Herzog Wilhelm von Bayern, daher der Name Fürstenzeche. Herzog Albert V. befahl zum Leidwesen des zuständigen Bergmeisters gegen Mitte des 16. Jahrhunderts die Einstellung des Bergbaus. Von 1692 bis 1770 ging erneut Bergbau ohne besonderen Erfolg um. Im 20. Jahrhundert wurde Fluorit abgebaut (1928 sowie 1960). Gute Fundmöglichkeiten sind leider nicht mehr gegeben.

Ankerit	Galenit	Pyrargyrit
Azurit	Gips	Pyrit
Baryt	Granat	Pyromorphit
Calcit	Graphit	Pyrrhotin
Cerussit	Hemimorphit	Quarz
Chalkopyrit	Ilmenit	Rutil
Chrysokoll	Kassiterit	Sphalerit
Covellin	Limonit	Stephanit
Cubanit	Linneit	Turmalin
Dyskrasit	Malachit	Ullmannit
Fluorit	Markasit	Valleriit
Freibergit	Polybasit	Wulfenit

12. Pegmatitaufschlüsse Frath

Der Pegmatit bei Frath (5 km WNW Bodenmais in Richtung Arnbruck) wurde durch mehrere Stollen und Tagebaue aufgeschlossen. Im Jahre 1971 wurde der alte große Tagebau (Abbauperiode 1838 bis ca. 1930) kurzzeitig erneut zur Straßenschottergewinnung in Betrieb genommen.

Der westlich des großen Tagebaus gelegene "Kollmer"-Stollen wurde bis 1961 als reiner Quarzabbau betrieben.

Seit der Einrichtung einer Schießanlage Mitte der 80iger Jahre kann der Tagebau leider nicht mehr betreten werden. Er lieferte vor allem große Schörlkristalle, Granat und Torbernit. Geringe Fundmöglichkeiten sind in den oberhalb gelegenen kleinen Aufschlüssen im Wald gegeben.

Albit	Granat	Pyrrhotin
Andalusit	Löllingit	Quarz
Apatit	Mikroklin	Torbernit
Arsenopyrit	Muskovit	Triphylin
Autunit	Orthoklas	Turmalin
Biotit	"Pinit"	Zwieselit
Chalkopyrit	Pyrit	

13. Graphitlagerstätte Kropfmühl

Nördlich von Passau gibt es die einzige abbauwürdige Graphitlagerstätte der Europäischen Gemeinschaft. Graphit ist die hexagonale Modifikation des Kohlenstoffs, die sich auf verschiedene Weise bilden kann. Bei der Entstehung eines so umfangreichen Graphitlagers wie bei Kropfmühl neigt man zu der Auffassung, daß es von sedimentär-organogenem Ursprung ist. Im Zeitabschnitt des Algonkiums haben sich auf dem Meeresboden kohlenstoffhaltige Reste von Lebewesen in großer Menge abgelagert, die dann metamorph zu Graphit verändert wurden.

Interessierte Besucher sollten auf keinen Fall die Besichtigung des Besucherbergwerks Kropfmühl verpassen. Man gelangt mit der Führung auf die 4. Sohle in 42 m Tiefe, wo der Abbau des Graphits, die Arbeitsplätze, Gezähe und Bergbaumaschinen gezeigt werden. Es ist ein Museum angeschlossen, in dem neben Gesteinen und Mineralien auch Bergbaumaschinen und Fertigprodukte aus Graphit ausgestellt sind.
Informationen: Graphitbergwerk Kropfmühl, 8395 Hauzenberg 2, Tel. 08586-2444.

Aktinolith	Gips	Orthoklas
Albit	Graphit	Phlogopit
Almandin	Grossular	Prehnit
Anatas	Halloysit	Pyrit
Andesin	Halotrichit	Pyrrhotin
Andradit	Hessonit	Quarz
Anthophyllit	Heulandit	Rutil
Apatit	Hisingerit	Serpentin
Aragonit	Hornblende	Siderit
Augit	Hyalit	Smektit
Blei, ged.	Kaolinit	Sphalerit
Calcit	Klinochlor	Spinell
Chabasit	Klinohumit	Stilbit
Chalcedon	Klinozoisit	Titanit
Chalkopyrit	Laumontit	Tremolit
Covellin	Limonit	Turmalin
Diopsid	Magnetit	Vermiculit
Dolomit	Markasit	Vesuvian
Epidot	Mejonit	Wollastonit
Forsterit	Melanterit	Zirkon
Gahnit	Nontronit	Zoisit
Galenit	Opal	

14. Granit-Steinbrüche um Waldkirchen und Hauzenberg

Das mit rund 60 km² größte Granitmassiv im Bayerischen Wald rund um die beiden Orte Waldkirchen und Hauzenberg ist durch ca. 80 ältere und neuere Steinbrüche aufgeschlossen. Meist handelt es sich um einen feinkörnigen, mehr hell wirkenden Biotit-Muskovit-Granit mit teilweise in Glimmer umgewandelten Cordierit-Einschlüssen.

Graphitbergwerk Kropfmühl. Rund 65 Bergleute sind derzeit auf der Anlage beschäftigt, um den begehrten Graphit zu fördern. Das Foto zeigt Bergleute, die gerade Schichtende haben. Im Hintergrund der Hedwigschacht.

In den für den Mineraliensucher interessanten Aufschlüssen (z.B. Lindberg bei Waldkirchen oder Eitzing bei Hauzenberg) finden sich vor allem hervorragend ausgebildete Zeolithe (Chabasit, Stilbit, Laumontit, Heulandit) "Uranglimmer" und teilweise mehrfarbige Titanitkristalle.

Die Fundmöglichkeiten sind wechselhaft, im allgemeinen aber durch die hohe Fundstellendichte als relativ gut zu bezeichnen.

29. Oberbayern

1. Kienberg bei Inzell
2. Riedbodeneck bei Mitenwald
3. Höllental bei Garmisch

Historische Poskarte, die Knappenhäuser im Höllental mit der Zugspitze zeigt.

1. Kienberg bei Inzell

Vom Bergbau in Oberbayern ist allgemein wenig bekannt, vielleicht weil ihn in der Höhenlage von 1.200 m keiner vermutet oder weil er auch schon einige Zeit zurückliegt. Die Lagerstätten, zu denen auch das Blei-Zinkerz-Vorkommen am Kienberg zählt, lassen sich von den Allgäuer und Lechtaler Alpen über das Wetterstein- und Karwendelgebirge bis nach Bleiberg in Kärnten und Mies in Jugoslawien verfolgen. Sie ähneln sich in ihrer besonderen Entstehungsweise. In der mittleren Trias entstanden sedimentäre Erzlager, indem sich zunächst durch vorher ausgeschiedene Riffe aus Wettersteinkalk im Meer flache Becken bildeten. In diesen sauerstoffarmen Lagunen lagerten sich marine Blei- und Zinksulfide ab, die durch Schwefelbakterien ausgefällt worden waren. Durch Hebungs- und Verkarstungsvorgänge wie auch durch Verwerfungen während der Alpenauffaltung ergab sich insgesamt der Zustand dieser nesterartig in das Gebirge aufgenommenen Erzlager, die wegen der fehlenden Gangart oft schwer auszumachen waren.

Der Bergbau am Kienberg begann etwa in der Mitte des 17. Jahrhunderts. Die Verhüttung des Bleierzes erfolgte in Schmelz bei Inzell, während man die vielfach zu Galmei umgewandelte Zinkblende nach dem Brennen nach Salzburg an ein Messingwerk verkaufte. Anscheinend verlief der Bergbau wechselhaft; er florierte, wenn man auf reiche Erzanbrüche stieß wie um 1700 im Bereich des Ewigen Ganges, er stockte, wenn das Erz verarmte. Der Wechsel der Landesherren infolge des Spanischen Erbfolgekrieges wirkte sich ebenfalls ungünstig aus. Als in den folgenden Jahrzehnten die Suche nach neuen Erzlagern immer erfolgloser verlief und die Zubußen anwuchsen, stellte der Staat Bayern die Fortführung des Bergbaus 1826 ein.

Für Mineraliensammler soll das Gebiet des Ewigen Ganges am günstigsten sein. Man erreicht es auf dem Wanderweg 18 vom Parkplatz aus, den man rechts der Straße von Inzell nach Ruhpolding kurz nach der Abzweigung Schmelz erblickt. Eine andere Frage ist es, ob man sich den Aufstieg zu den Halden in ca. 1.200 m Höhe zumuten will, da die Mineralbestandsliste nur kurz ist:

Aurichalcit	Dolomit	Hydrozinkit
Calcit	Galenit	Ilsemannit (?)
Cerussit	Greenockit	Smithsonit
Descloizit (?)	Hemimorphit	Sphalerit

2. Riedbodeneck bei Mittenwald

Die erste Erwähnung vom Bergbau im Mittenwälder Gebiet stammt aus dem Jahre 1476. Hier wird von der Entdekkung reicher "Silberadern" berichtet. In der Folgezeit werden immer wieder Bergbautätigkeiten in diesem Gebiet erwähnt, so auch im 16. Jahrhundert vom Galmeiabbau im Karwendel. Bemerkenswert ist auch der Bericht von einem 1620 beginnenden Abbau in der Karwendelwand bei Mittenwald in einer Höhe von 1.310 m ü.NN (!). Ab 1660 setzte eine Blütezeit des Bergbaus am Riedbodeneck ein. So erbaute man auch Bleihütten und Messingschmelzen. Nach einer Unterbrechung durch den Spanischen Erbfolgekrieg setzte man den Bergbaubetrieb fort. Eine neue Betriebsperiode begann 1870. Es wurden Ausbauarbeiten durchgeführt und neue Erzmittel gesucht. Am Riedbodeneck wurde 1871 die Franz-Adolf-Zeche gegründet, 1879 die Gute Hoffnungszeche (1.200 m ü.NN). Es konnten allerdings keine großen Erzmittel mehr gefunden werden, so daß aus finanziellen Gründen die Betriebe rasch geschlossen wurden.

Auf den zahlreichen Bergehalden am Riedbodeneck lassen sich heute noch einige schöne Mineralienfunde tätigen. Die interessantesten Mineralien sind Wulfenit (gelborange bis orangerote, tetragonale Bipyramiden bis 1 mm) und Hemimorphit (farblose, meist tafelige Kristalle bis 1 mm).

Cerussit	Hemimorphit	Smithsonit
Galenit	Hydrozinkit	Sphalerit
Greenockit	Siderit	Wulfenit

3. Höllental bei Garmisch

Die im Mittelalter auf Bleierz bauende Grube wurde während des Ersten Weltkriegs noch einmal in Betrieb genommen, um Molybdänerze zu fördern. Molybdän wurde zu dieser Zeit in der Rüstungsindustrie dringend benötigt. Wegen des früheren Abbaus fand jedoch keine lohnende Förderung mehr statt. Mit dem Erreichen der 9. Tiefbausohle in einer Teufe von 90 m setzte das Molybdänerzmittel vollkommen aus, und das Bergwerk wurde aufgelassen.

Durch das relativ große Molybdänerzvorkommen sind auch ausgezeichnete Wulfenitfunde vom Höllental nicht ungewöhnlich. Es sind Stufen mit bis zu 1 cm großen bipyramidalen oder dünntafeligen Kristallen bekannt geworden.

30. Allgäu

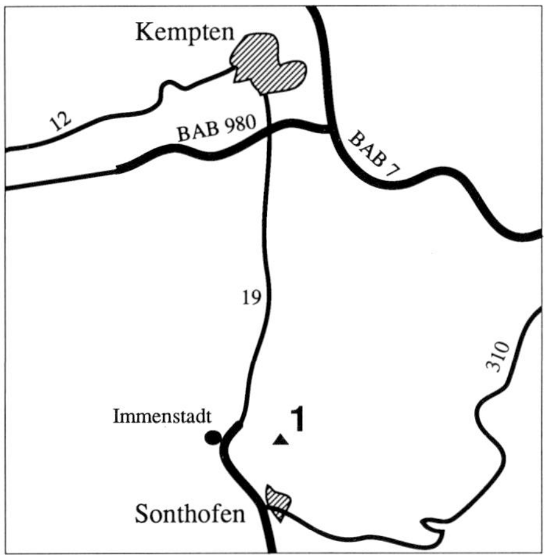

1. Grüntenberg

Der Grüntenzug liegt zwischen Burgberg und Kranzegg im Oberallgäu. Die höchste Erhebung des Bergzuges stellt der 1.750 m hohe Grüntengipfel dar. Am nordwestlichen Rand des Zuges befindet sich ein Steinbruch, in dem Seewerkalke, Brisisandstein und phosphoritreiche Grünsandsteine abgebaut werden.

Das interessanteste Mineral von hier ist Anatas. Er kommt in Form von typischen tetragonalen Pyramiden oder auch spitzpyramidalen Kristallen bis 4 mm Länge auf Quarzklüften vor. Gefärbt ist der Anatas gelb oder blau. Es konnten aber auch gelbe Kristalle mit blauem Kern beobachtet werden.

Calcit, der den Seewerkalk teilweise in bis zu 20 cm dicken Bändern durchzieht, bildet mehrere Zentimeter lange Kristalle, die eine große Trachtenvielfalt aufweisen. Es wurden am häufigsten das Skalenoeder, aber auch Kombinationen des Rhomboeders und des Skalenoeders sowie "Kanonenspat" beobachtet. Erwähnenswert ist auch das Vorkommen von bis zu einem Zentimeter großen wasserklaren Rhomboedern im Brisisandstein, die eine Doppelbrechung (Doppelspat) zeigen. Weiterhin kommen am Grüntengipfel Pyrit, Markasit, Quarz und Strontianit vor.

Mineralien der Bundesrepublik Deutschland

Elemente

Kupfer, Cu, kub.
Metallisch rot, als Primärerz selten, in der Zementations- und Oxidationszone als verzerrte Kristalle, Äste, Drähte, Bleche, oft von Sekundärbildungen wie Malachit, Chrysokoll u. a., überkrustet. Grube Wolf, Herdorf/Siegerl. (EH 80/3); Rheinbreitbach (7); Reichenbach/Odw. (A So. 27); Bad Ems/Lahn (EH 83/2); Rammelsberg/Harz (EH 87/4).

Silber, Ag, kub.
Metallisch silberweiß, kaum deutliche Würfel oder Oktaeder, Bleche, Drähte, Locken, oft angelaufen, dehnbar, auch sekundär aus Ag-haltigen Sulfiden. Wittichen (L 87/7-8); St. Andreasberg (8); Nieder-Beerbach/Odw. (L 85/2).

Gold, Au, kub.
Metallisch goldgelb, als Berggold sehr rar, meist blechförmig, fiedrig, moosartig, kleine Klümpchen (Nuggets), geschmeidig. Goldkronach/Fichtelg. (L 85/10); Eisenberg b. Korbach (EH 87/3); Waschgold aus dem Rhein (A So.7); aus Kiesgruben (A 83/5); Freigold in Sedimenten des Bereichs Badenweiler-Lenzkirch/Schww. (A 85/8-9); Zorge und Lerbach/Harz); Grube Clara, Oberwolfach/Schww.

Elektrum, (Au, Ag), kub.
Silberweiß, winzige blechartige Aggregate. Rammelsberg/Harz (25); Moschellandsberg/Pfalz (A 84/6).

Quecksilber, Hg, orth.
Glänzend zinnweiß, flüssig, fest erst bei -38.9 Grad, als Tröpfchen auf Hg-haltigen Sulfiden. Moschellandsberg (EH 83/3); Grube Clara und Grube Wenzel bei Oberwolfach/Schww. (A 84/11); Bad Grund/Harz (EH 87/1).

Kongsbergit, (Ag,Hg), kub.
Silberglänzend, undeutliche Kristalle, Körner, Graupen, umgeben von Hg-Tröpfchen, sehr selten. Moschellandsberg/Pfalz (N.Jb.Min. 117); Bad Ems/Lahn (EH 83/2).

Paraschachnerit, Ag_3Hg_2, orth.
Silberglänzend, winzige Erzkörner neben Schwazit und Quecksilber, nur erzmikroskopisch erkennbar, extrem selten. Moschellandsberg/Pfalz (A 84/6).

Schachnerit, $Ag_{1,1}Hg_{0,9}$, hex.
Sonst in allem dem Paraschachnerit ähnlich. Moschellandsberg/Pfalz (A 84/6).

Moschellandsbergit, Ag_2Hg_3, kub.
Silberweiß, gerundete oktaedrische Kristalle, selten Würfel, häufiger als die obigen Silberamalgame. Moschellandsberg/Pfalz (EH 83/3); Bad Ems/Lahn (EH 83/2).

Eisen, Fe, kub.
Metallisch grauweiß, klumpenartig im Basalt, im Bruch hakig, magnetisch, mit Rostanflug, sehr selten. Bühl b. Kassel (24); Teichelberg b. Pechbrunn/Opf. (A 88/1).

Ruthenium, Ru, hex.
Winzige silbergraue Plättchen und Körner in einem Waschgoldkonzentrat aus Rheinsand, nur einmal festgestellt. Kiesgrube am Oberrhein nördlich des Kaiserstuhls (A 88/1).

Osmium, Os, hex.
Rutheniridosmin, (Os,Ir,Ru), hex.
Osmiridium, (Ir,Os), kub.
Für die obigen drei Metalle gelten die Angaben unter Ruthenium (A 88/1).

Arsen, As, trig.
Lichtbleigrau, rasch schwarz anlaufend, halbmetallischer Glanz, kaum Kristalle, meist rauhe, kugelig-schalige Massen (Scherbenkobalt). St. Andreasberg/Harz (8); Weiler b. Lahr (38); Wittichen/Schww. (L 87/7-8); Nieder-Beerbach/Odw. (L 85/2).

Stibarsen, SbAs, trig.
Dunkelgrau bis schwarz, umsäumt Arsen, Antimon und Safflorit im Calcit. St. Andreasberg/Harz (8).

Antimon, Sb, trig.
Silbrigweiß, Kristalle nur andeutungsweise, derb, kaum anlaufend, in Paragenese mit Sb-haltigen Erzen und Arsen.

Gediegenes Kupfer von der Grube Wolf, Herdorf/Siegerland. Die Kristalle sind mit Malachit überzogen. Höhe 4 cm.

Grube Wenzel, Oberwolfach/Schww. (38); St. Andreasberg/Harz (8).

Bismut, Bi, trig.
Silberweiß, rötlicher Stich, messinggelb anlaufend, meist eingesprengt mit typischer Streifung. Wittichen/Schww. (L 87/7-8); Mackenheim/Odw. (24); Heppenheim (L 87/2); Bieber/Spessart.

Arsenolamprit, As, orth.
Silberweiß, wenn frisch, schnell nachdunkelnd, nadelförmige, verwachsene Kristalle, biegsam, aufblätternd, selten. Mackenheim/Odw. (L 86/11); Wittichen/Schww. (L 87/7-8).

Graphit, C, hex., trig.
Eisenschwarz bis grau, hoher Glanz, gewöhnlich blättrig, schuppig, eingewachsen, leicht verreibbar. Kropfmühl b. Passau (EH 89/2); Weiler b. Lahr (L 83/12).

Chaoit, C, hex
Schwarz (graphitfarbig), ist als Bestandteil von Graphitgneisen im Krater des Nördlinger Ries, Bayern, festgestellt worden (23).

Schwefel, S, orth.
Gelb bis hellgelb, oft kleine, flächenreiche und glänzende Kristalle in zersetzten Sulfiden, z.B. Bleiglanz, auch derb im Zechsteingips. Grube Victoria, Littfeld/Siegerl.; Aitern/Schww. (38); Hagendorf/Opf. (A 83/7); Weenzen b. Elze (L 84/1).

Selen, Se, trig.
Grauschwärzlich, halbmetallisch, opak, in einer sehr dünnen Kruste einer Uran-Selenid-Paragenese. Wölsendorf/Opf. (32); Lerbach und Zorge/Harz (17a).

Sulfide

Algodonit, Cu_6As, orth., ps. hex.
Metallisch cremeweiß, grau anlaufend, derb. Mechernich/Eifel (24).

Domeykit, Cu_3As, kub.
Zinnweiß, schnell gelb oder bunt anlaufend, mit ged. Kupfer BAB-Anschnitt bei Kastel, Saarland (20a); Grube Kohlenbach bei Eiserfeld/Siegerl.

Kutinait, Cu_2AgAs, kub.
Zinnweiß, derb, eingewachsen. Nieder-Beerbach/Odw. (N.Jb.Min.Mm. 86/11).

Paxit, Cu_2As_3, mon., ps. orth.
Grauweiß, gelblicher Stich, eingewachsene, derbe Aggregate. Nieder-Beerbach/Odw. (N.Jb.Min.Mm. 86/11).

Dyskrasit, Ag_3Sb, orth.
Silberweiß, bräunlich anlaufend, undeutliche Kristalle, ps. hex. Drillinge, oft nur knolliges Derberz, großblättrig bis feinkörnig. Grube Wenzel, Oberwolfach (38); Wieden/Schww. (38); St. Andreasberg/Harz (8).

Stibiopalladinit, Pd_5Sb_2 hex.
Metallisch weiß, mit rosa Farbstich. Meist derb als gerundete Körner und Aggregate, hoher Glanz. Mit Seleniderzen und wenig Gold in Carbonattrümern, die einen Roteisengang (Hämatit) durchsetzen. Grube Brummerjahn bei Zorge/Harz (17a).

Chalkosin, Cu_2S, orth.
Dunkelbleigrau, im Bruch metallisch glänzend, dicktafelige Kristalle in Gruppen, ps. hex. Verwachsungen, häufig nur derb, krustig bei sedimentärer und sekundärer Bildung. Richelsdorf (18); Raidlbach/Odw. (A So. 27); Rheinbreitbach (M 84/4); Grube Silberkaule, Heckhaus/Berg. Land; Grube Floßberg, Bad Lauterberg/Harz (14a).

Digenit, Cu_9S_5, kub.
Blauschwarz, opak, Kristalle nicht bekannt, lamellenartig, rußähnliche Anflüge bei Neubildung aus Cu-Sulfiden. Wittichen (L 87/7-8); Grube Clara, Oberwolfach/Schww. (15).

Djurleit, $Cu_{1,96}S$, mon.
Stahlgrau bis schwarz, metallischer Glanz, dünne Täfelchen mit sechsseitigem Querschnitt, nur röntgenographisch von Chalkosin und Digenit unterscheidbar. Richelsdorf (A 88/3); Grube Clara, Oberwolfach/Schww. (A 84/7).

Spionkopit, $Cu_{39}S_{28}$, hex.
Yarrowit, Cu_9S_8, hex.

Beide wurden als Bestandteile des "blaubleibenden" Covellins bestimmt, nur erzmikroskopisch zu unterscheiden. Richelsdorf (A 88/3); Grube Clara, Oberwolfach/Schww. (A 84/7); Oberschulenberg/Harz (L 86/1).

Geerit, $Cu_{1,6}S$, ps.kub.

Schwarz, opak, dünne Beläge auf Cu-Sulfiden, im Auflicht irisierend, sonst unscheinbar und wohl unbeachtet. Grube Silberkuhle, Eckenhagen/Berg. Land.

Bornit, Cu_5FeS_4, kub.

Tombakfarben, rötlicher Ton, bunt schillernde Anlauffarben, selten würfelige und rauhe Kristalle, derb, butzenförmig eingesprengt. Bad Ems/Lahn (EH 83/2); Wittichen/Schww. (L 87/7-8); Bad Lauterberg/Harz (14a).

Betechtinit, $Cu_{10}(Fe,Pb)S_6$, orth.

Metallisch grau, nachdunkelnd, nadelig-spießige Kristalle in Büscheln, längsgerieft, blauviolette Anlauffarben, derb. Stbr. Waschenbach/Odw. (A 80/4).

Ausgeerzter Roteisensteingang in der ehemaligen Grube Weintraube bei Lerbach im Harz. Von hier stammen viele seltene Selenminerale.

Berzelianit, Cu_2Se, kub.

Metallisch blau, schwarz anlaufend, in geringer Menge erzmikroskopisch festgestellt. Harz: Lerbach und Zorge (17a), St. Andreasberg (8); Wölsendorf/Opf. (32).

Crookesit, $Cu_7(Tl,Ag)Se_4$, mon.

Metallisch graublau, meist derb, feinkörnig in Carbonatgestein, das Roteisenstein (Hämatit) durchsetzt. Seltenes thalliumhaltiges Mineral der Selenidvorkommen im Harz. Grube Weintraube, Lerbach und Grube Brummerjahn bei Zorge (17a).

Umangit, Cu_3Se_2, tet.

Metallisch dunkelviolettrot, unregelmäßig begrenzte, dichte Blättchen, derb. Harz: Clausthal, Lerbach und Zorge (14a), St. Andreasberg (8); Grube Clara, Oberwolfach/Schww. (A 83/1); Wölsendorf/Opf. (32).

Akanthit/Argentit, Ag_2S, mon. bzw kub.

Dunkelbleigrau, frischer Bruch metallglänzend, wird an der Luft schwärzlich, Kristalle haben oft den Habitus des kub. Argentits, paramorphe Umwandlung, Argentit ist erst über 179°C stabil, außer mon. Kristallen häufig derb, blechartig und dendritisch. Grube Wenzel, Oberwolfach/Schww. (38); Ramsbeck/Sauerl. (9); Nieder-Beerbach/Odw. (L 85/2) ; Wittichen/Schww. (L 87/7-8); Horhausen/Ww. (EH 79/2).

Stromeyerit, AgCuS, orth.

Dunkelstahlgrau, derbe, eingewachsene Partien, selten, nur Säume um andere Sulfide. Grube Clara, Oberwolfach (L 85/1); Stbr. Hechtsberg b. Hausach/Schww. (A 74/10).

Eukairit, CuAgSe, orth.

Zinnweiß, gelblicher Stich, läuft bräunlich an, auf ehemaligen Selenerzgängen Lerbach und Zorge, Harz (17a).

Jalpait, Ag_3CuS_2, tet.

Metallisch grauweiß, an der Luft schwarz, schlecht kristallisierte Erzaggregate. Stbr. Hainberg, Mühltal/Odw. (A 78/10).

Naumannit, Ag_2Se, orth.

Erzgrau, langprismatische bis nadelige Kristalle, auch lamellar und derb. Grube Clara, Oberwolfach/Schww. (15); Wölsendorf/Opf. (32); St. Andreasberg/Harz (8).

Orcelit, $Ni_{5-x}As_2$, hex.

Bronzefarben, dünne Erzschnüre in Nickelin. Wolfshagen, Harz (A 82/7-8).

Maucherit, $Ni_{11}As_8$, tet.

Metallisch rötlichgrau, blättrig-stengelige Massen, derb. Wingertsberg, Mühltal/Odw. (A 78/10); Schauinsland/Schww. (A 88/4).

Hauchecornit, $Ni_9(Bi,Sb,As,Te)_2S_8$, tet.

Lichtbronzegelb, dicktafelige Kristalle, derb, selten. Grube Friedrich b. Wissen (M 84/2) und Schutzbach/Siegerl. (23).

Silber, ged., Grube St. Wenzel bei Oberwolfach, Schwarzwald. Höhe der Locken ca. 3 cm.

Oben. Kupfer, ged., in Kristallen. Grube Wolf, Herdorf/Siegerland. Bildbreite 2 cm.

Unten links. Kupfer, ged., auf Limonit. Grube Friedrichssegen, Bad Ems/Lahn. Bildbreite 1,5 cm.

Unten rechts. Silber, ged., blechförmig auf Chrysokoll. Imsbach/Pfalz. Bildbreite 8 mm.

Pentlandit, $(Fe,Ni)_9S_8$, kub.

Bronzefarben, unregelmäßig begrenzte Erzkörner, eingewachsen, öfter in Pyrrhotin. Bad Harzburg/Harz (EH 89/1); Horbach/Schww. (23); Teichelberg/Opf. (A 88/1).

Sphalerit (Zinkblende), ZnS, kub.

Blendeartig braun bis schwarz, auch honiggelb, wenn Fe-arm, gut ausgebildete Kristalle mit tetr. Habitus, gestreift, häufig verzwillingt, daneben derb-spätige Massen und Pseudomorphosen, zahlreiche Vorkommen: Harz: Bad Grund (EH 87/1), Oberschulenberg (L 86/1), Lautenthal; Schauinsland (EH 86/1); Grube Lüderich, Bensberg/Köln; Grube Anxbach, Wiedbachtal; Grube Holzappel, Laurenburg/Lahn; Hagendorf/Opf. (A So. 26); Bad Ems/Lahn (EH 83/2); Meggen, Sauerland -sedimentäre Entstehung- (M 84/3).

Stilleit, ZnSe, kub.

Schwarz, nur erzmikroskopisch nachgewiesen in einer Selenidparagenese. St. Andreasberg/Harz (A 83/4-7).

Metacinnabarit, HgS, kub.

Schwarz, metallglänzend, winzige Kristalle, undeutlich, oft nur derb und pulverig. Moschellandsberg (EH 83/3).

Tiemannit, HgSe, kub.

Dunkelbleigrau, tet. Kriställchen, meist aber nur derbe, feinkörnige Aggregate. Harz: Zorge und Lerbach (17a), Grube Charlotte, Clausthal (23), St. Andreasberg (A 83/4-7); Moschellandsberg/Pfalz (A 84/6).

Chalkopyrit (Kupferkies), $CuFeS_2$, tet.

Messinggelb, bunte Anlauffarben, oft gut ausgebildete tet. Kristalle, Zwillinge, auch verzerrte Individuen, zwickelfüllende derbe Aggregate, eingesprengte Massen, viele Fundorte im Bereich der Cu-Pb-Zn-Vererzungen, verwiesen sei auf die Angaben unter Sphalerit und auf weitere Lagerstätten. Maubach-Mechernich (EH 82/2); Littfeld (EH 5); Grube Füsseberg, Biersdorf/Siegerl. (EH 80/3); Grube Georg, Horhausen/Ww.; Bad Grund/Harz (EH 87/1).

Stannit, Cu_2FeSnS_4, tet.

Stahlgrau, olivfarbener Stich, kleine tet. Kristalle und eingesprengte feinkörnige Massen. Waldsassen (A 81/10).

Kesterit, $Cu_2(Zn,Fe)SnS_{4[E]}$, tet.

Erzgrauweiß, kub. Kriställchen und derb. Waldsassen (A 81/10).

Cernyit, Cu_2CdSnS_4, tet.

Metallisch hellgrau, Kristalle selten, derbe Erzpartikel, eingewachsen. Waldsassen (A 81/10).

Luzonit, Cu_3AsS_4, tet.

Rosastahlgrau, in geringer Menge mit Chalkopyrit verwachsen oder eingesprengte kleine Erzbutzen. Wittichen (L 87/7-8); Grube Clara, Oberwolfach/Schww. (15); Reichenbach/Odw. (L 87/10).

Stibioluzonit, Cu_3SbS_4 tet.

Metallisch violettgrau, rötlicher Stich, eingesprengt, in Paragenese mit Luzonit. Grube Clara, Oberwolfach/Schww. (15).

Hocartit, Ag_2FeSnS_4, tet.

Zinngrau, gelblicher Stich, deutliche Tetraeder, sonst derbe Einschlüsse in den Erzen der Stannit-Gruppe. Waldsassen (A 81/10).

Tennantit, $(Cu,Fe)_{12}As_4S_{13}$, kub.

Stahlgrau bis glänzendschwarz, oft mit fahlgelblichem Stich, Kristalle mit guten Tetraederflächen, Durchkreuzungszwillinge häufig, sonst derb und eingesprengte Massen, Mischkristalle mit Tetraedrit, zahlreiche Vorkommen, von denen nur einige aufgeführt werden können. Mackenheim/Odenwald; Grube Clara, Oberwolfach (15) und Wittichen/Schww. (L 87/7-8).

Tetraedrit, $(Cu,Fe)_{12}Sb_4S_{13}$, kub.

Farblich dem Tennantit sehr ähnlich, im frischen Bruch heller, sonst entsprechende Kristallbildung. Auch auf den gleichen Lagerstätten zu finden wie Tennantit, ergänzt seien Müsen/Siegerl. (EH 5); Ramsbeck/Sauerl. (9); Horhausen/Ww. (EH 2); Bad Grund (EH 87/1) und Clausthal-Zellerfeld/Harz; Grube Aurora b. Dillenburg (35). Weitere Hinweise bei (33).

Freibergit, $(Ag,Cu)_{12}(Sb,As)_4S_{13}$, kub.

Fahlerz mit Ag als Fremdelement. Goldkronach (L 85/10); Rammelsberg/Harz (L 88/6); Grube Fischbacher Werk, Niederfischbach/Siegerl. (A 89/1).

Schwazit, Var. Tetraedrit (Hg), kub.

Hg-haltige Tetraedrit-Varietät. Moschellandsberg/Pfalz (A 84/6).

Annivit, Var. Tetraedrit (Bi), kub.

Bismuthaltige Tetraedritvarietät. Neubulach/Schww. (A 79/7-8).

Lautit, CuAsS, orth.

Stahlgrau bis eisenschwarz, stengelig-nadelige Kristalle, nur klein. Nieder-Beerbach/Odw. (L 85/2); Wittichen (L 87/7-8); Stbr. Hechtsberg b. Hausach/Schww. (A 74/10).

Wurtzit, (Zn,Fe)S, hex. und trig.

Hell- bis dunkelbraun, harziger Glanz, bevorzugt derb, schalig, krustig, seltene Kristalle mit hex. Habitus, prismatisch, gestreift. Iserlohn/Sauerland; Diepenlinchen, Stolberg b. Aachen (23); Rachelshausen/Odw. (L 85/3); Bad Ems/Lahn (EH 83/2).

Greenockit, CdS, hex.
Orangegelb bis braun, hex. Kriställchen oben durch Pyramiden begrenzt, isotyp mit Wurtzit, meist nur gelbe, erdige Beschläge aus zersetzter Cd-reicher Zinkblende, dann nicht selten. Grube Lüderich b. Bensberg/Berg. Land (23); Weiler b. Lahr (38); Kreimbach/Pfalz (A 82/7-8).

Enargit, Cu_3AsS_4, orth.
Stahlgrau, leichter violettbrauner Stich, gestreckte ps. hex. Kristalle, grob gestreift, strahlig-eingewachsen und derb. Grube Clara, Oberwolfach/Schww. (15); St. Andreasberg/Harz (8); Reichenbach/Odw. (L 87/10).

Cubanit, $CuFe_2S_3$, orth.
Metallisch bronzegelb, derb eingelagert in Chalkopyrit, selten Kristalle, in einer Richtung magnetisch. Hagendorf/Opf. (A So. 26); Teichelberg/Opf. (A 88/1); St. Andreasberg/Harz (8); Niederfischbach/Siegerl. (A 89/1).

Tafeliger Bleiglanzkristall von Ramsbeck im Sauerland. Bildbreite 3 cm.

Argentopyrit, $AgFe_2S_3$, orth.
Zinnweiß bis stahlgrau, dunkel anlaufend, kleine ps. hex., prismatische Kristalle, langsäulig, nadelig, Durchkreuzungsdrillinge. St. Andreasberg/Harz (8); Wieden/Schww. (L 88/3).

Sternbergit, $AgFe_2S_3$, orth.
Farblich wie Argentopyrit, auch sonst sehr ähnlich, aber deutliche Spaltbarkeit. St. Andreasberg/Harz (8).

Galenit (Bleiglanz), PbS, kub.
Bleigrau, hoher Glanz, gut ausgebildete Würfel und Oktaeder, derbe, spätige Massen, oft eingewachsen, als "Bleischweif" tafelig-striemig. Wichtigstes Silbererz, da Ag-haltig, sehr häufig. Grube Gonderbach b. Laasphe; Bad Grund/Harz (EH 87/1); Maubach/Eifel (EH 82/2); Meggen/Sauerl. (M 84/3); Schauinsland (EH 86/1); Weiler b. Lahr (38); Grube Mehlbach, Taunus; Salchendorf, Niederfischbach und viele andere Orte. Kommt auch als Pseudomorphosen vor. Berühmt ist z.B. das "Blaubleierz" -Pseudomorphosen von Pyromorphit nach Galenit (und umgekehrt)- von der Grube Kautenbach/Mosel.

Clausthalit, PbSe, kub.
Farblich dem Galenit ähnlich, derb, eingewachsen, nicht häufig. Harz: Grube Brummerjahn/Zorge, Lerbach, Clausthal (23), St. Andreasberg (8); Eisenberg, Korbach; Wölsendorf/Opf. (A So. 26).

Miargyrit, $AgSbS_2$, mon.
Bleigrau, rot durchscheinend, kleine, kurzsäulige, auch spießige Kristalle, eingewachsene Erzpartikel. St. Andreasberg/Harz (8); Hausach (L 85/11), St. Ulrich/Schww. (38).

Matildit (Schapbachit), Tieftemperatur-$AgBiS_2$, kub.
Grauschwärzlich, gleiche Struktur wie Galenit, mit diesem oft verwachsen. Schapbach/Schww. (38); Hagendorf/Opf. (A So. 26).

Bohdanowiczit, $AgBiSe_2$, hex.
Lichtstahlgrau, kleine Einschlüsse in Fluorit und in Naumannit. Grube Clara, Oberwolfach/Schww. (A 83/1).

Cinnabarit (Zinnober), HgS, trig.
Rot, meist klar oder durchscheinend, bläulicher Schiller auf den flächenreichen Kristallen, auf- und eingewachsen, häufiger derb. Pfalz: Moschellandsberg (EH 83/3), Stahlberg (L 83/9), Baumholder (A 62/1); Dreislar/Sauerl. (EH 85/1); Harz: Bad Grund (EH 87/1), Bad Lauterberg (EH 83/4); Siegerland: Grube Mercur/Silberg, Grube Neue Rhonard/Olpe.

Pyrrhotin, FeS, hex.
Tombakfarben, sechsseitige Tafeln, kurzprismatisch, zu Rosetten verwachsen, vielfach aber nur derb, magnetisch. Bodenmais/Bayer. Wald. (A So. 21); Bad Harzburg/Harz (EH 89/1); Ramsbeck/Sauerl. (9); St. Andreasberg/Harz (A 83/4-7); Telgte bei Peine/Nieders.; Kropfmühl/Passau (EH 89/2).

Smythit, $(Fe,Ni)_9S_{11}$, trig.
Bronzefarben, dem Pyrrhotin ähnlich, winzige hex. Täfelchen. Grube Clara, Oberwolfach/Schww. (A 84/7).

Nickelin, NiAs, hex.
Lichtkupferrot, rosafarbener Stich, undeutliche Kristalle, derbe Partien, mit anderen Ni-Sulfiden verwachsen. Wolfsha-

Oben. Gediegenes Silber, dendritisch, von der Grube Sophia, Wittichen/Schwarzwald. Bildhöhe 1,5 cm.

Unten links. Gediegenes Gold. Kleine Kristalle von der Grube Clara, Wolfach/Schwarzwald.

Unten rechts. Quecksilber in kleinen Tröpfchen im Zinnobererz. Potzberg/Pfalz. Bildbreite 1 cm.

gen/Harz (A 82/7-8); Richelsdorf (18); Wittichen/Schww. (L 87/7-8).

Breithauptit, NiSb, hex.
Lichtkupferrot, violetter Stich, dünne Täfelchen und kleine Prismen, derb. St. Andreasberg/Harz (A 83/4-7); Müsen/Siegerl. (EH 81/1).

Freboldit, CoSe, hex.
Eisenschwarz, erzmikroskopisch festgestellt, winzige Partikel zusammen mit Clausthalit. Trogtal, Harz (23).

Millerit, NiS, trig.
Messinggelb, haarig, feinnadelig, strahlige Büschel. Zeche Zollverein, Essen (EH 82/4), Grube Auguste-Victoria, Marl-Hüls; Ramsbeck/Sauerl. (9); Siegerland: Grube Friedrich b. Wissen (M 84/2), Grube Pfannenberger Einigkeit b. Salchendorf, Grube Victoria b. Littfeld. (EH 81/1); Nanzenbach, Dillenburg (35); St. Andreasberg/Harz (8); Urberg, St. Blasien/Schww. (EH 83/1); Wurlitz, Bayern (L 83/11).

Covellin, CuS, hex.
Metallisch schwarzblau, sechsseitige Täfelchen, oft nur dünner Belag auf Cu-haltigen Erzen, häufig, bei Benetzung violettrot. Grube Clara, Oberwolfach/Schww. (15); Oberschulenberg/Harz (L 86/1); Bad Ems/Lahn (EH 83/2).

Klockmannit, CuSe, hex.
Schwarz, matt, bisher nur derb, mikroskopisch kleine Partien neben anderen Seleniderzen. Zorge und Lerbach/Harz (17a); Menzenschwand (A 83/1) und (3).

Idait, Cu_3FeS_4O, hex.
Messing- bis tombakfarben, dem Bornit ähnlich, feinnadelige und dichte Aggregate in Cu-Sulfiden. Wittichen/Schww. (L 87/7-8); Stbr. Wingertsberg, Mühltal/Odw. (A 78/10); Teichelberg/Opf. (A 88/1).

Valleriit, $4(Fe,Cu)S \cdot 3(Mg,Al)(OH)_2$, hex.
Grauschwarz, graphitähnlich, bisher kaum Kristalle, feinstkörnig, weich. Bad Ems/Lahn (EH 83/2); Hagendorf/Opf. (A So. 26); Waldsassen (L 85/9).

Mackinawit, $(Fe,Ni)_9S_8$, tet.
Farblich wie Valleriit, feinste Blättchen und Flitter, erzmikroskopisch bestimmt. Rammelsberg/Harz (EH 87/4).

Linneit, Co_3S_4, kub.
Metallisch weiß, rötlichgelber Stich, okt. Kristalle, größere dunkel angelaufen und durch Umwandlung mit Rissen, oft Zwillingsbildung. Grube Georg, Horhausen/Ww. (EH 2); Siegerland: Gruben Stahlberg und Schwabengrube/Müsen, Gruben Victoria und Heinrichssegen/Littfeld (EH 81/1); Moschellandsberg/Pfalz (A 84/6).

Polydymit, $NiNi_2S_4$, kub.
Silberweiß, würfelige und okt. Kristalle. Schutzbach (A 83/8-9), Grube Kohlenbach b. Eiserfeld/Siegerl.; Grube Clara, Oberwolfach/Schww. (A 80/11).

Violarit, Ni_2FeS_4, kub.
Silbergrau, Kristalle wie beim Polydymit. Horbach b. St. Blasien (38); Moschellandsberg/Pfalz (A 84/6); Horhausen/Ww. (EH 2).

Siegenit, $(Ni,Co)_3S_4$, kub.
Metallisch weiß, dem Linneit ähnlich wie auch hinsichtlich des Vorkommens. Littfeld und Müsen/Siegerl. (EH 5).

Carrollit, $Cu(Co,Ni)_2S_4$, kub.
Dunkelstahlgrau, frisch angebrochen mit lebhaftem Metallglanz, unregelmäßig verwachsene kleine Oktaeder, meist derb in Quarz oder Siderit, dann leicht mit Gersdorffit und Cobaltin zu verwechseln; das seltene Mineral der Linneitgruppe wurde bei uns erst einmal von der ehemaligen Grube Kohlenbach bei Eiserfeld beschrieben, und zwar als "Sychnodymit" von Laspeyres 1893 (21a).

Bornhardtit, Co_3Se_4, kub.
Metallisch rosaweiß, erzmikroskopisch nachgewiesen mit anderen Seleniden wie Clausthalit, Freboldit, Hastit, Trogtalit. Trogtal, Harz (23).

Antimonit (Stibnit), Sb_2S_3, orth.
Dunkelbleigrau, langprismatische, spießige Kristalle, metallglänzend, oft bunt angelaufen, schöne Kristallgruppen, typisch die wellige Verbiegung der gestreiften Kristalle. Casparizeche b. Arnsberg/Sauerl. (L 89/6); Grube Bautenberg b. Wilden/Siegerl. (M 84/2); St. Andreasberg/Harz (8); Sulzburg/Schww. (38); Goldkronach/Fichtelg. (L 85/10).

Metastibnit, Sb_2S_3, amorph.
Rot, Beläge auf Antimonit, derbe Partien, pseudom. nach Antimonitkristallen. Wiesloch b. Heidelberg (L 85/12); St. Ulrich (38) und Münstertal/Schww. (L 87/5); Casparizeche b. Arnsberg/Sauerl. (L 89/6).

Kermesit, Sb_2S_2O, trik., ps. mon.
Kirschrot, blendeartiger Glanz, büschelig verwachsene Nadeln, oft auf Antimonit aufsitzend, Oxidationsprodukt Sb-haltiger Sulfide. St. Andreasberg/Harz (8); Wiesloch b. Heidelberg (L 85/12); Casparizeche b. Arnsberg/Sauerl. (L 89/6); Goldkronach/Fichtelg. (L 85/10).

Bismuthinit, Bi_2S_3, orth.
Lichtbleigrau, breit- bis feinnadelige Kristalle, büschelig-strahlig, schillernde Anlauffarben. Wittichen/Schww. (38); Mackenheim/Odw. (A 73/12); Hagendorf/Opf. (A So. 26).

Oben links. Eisen, ged., in Basalt. Bühl bei Kassel. Höhe des Stücks 9 cm.

Unten links. Gediegen Antimon. Kleine Kristallaggregate von St. Andreasberg/Harz. Bildbreite 3,5 cm.

Oben rechts. Moschellandsbergitkristall auf Zinnobererz. Landsberg/Pfalz. Größe des Kristalls 5 mm.

Unten rechts. Gediegen Arsen in Form des Scherbenkobalts. Auf den blasigen Kugeln sitzen Pyrargyritkristalle. Grube Samson, St. Andreasberg/Harz. Höhe der Stufe 6 cm.

Oben links. Hauchecornitkristalle mit Millerit von der Grube Friedrich, Wissen/Siegerland. Die Kristalle sind etwa 3 mm groß.

Oben rechts. Grüne Zinkblende (Sphalerit) auf Prehnit vom Steinbruch Hartenrod bei Oberscheld/Dillenburg. Bildbreite 2,2 cm.

Unten. Zinkblende (Sphalerit) in der Farbvarietät Rubinblende auf Siderit von der Grube Georg, Horhausen. Die Bildbreite beträgt 2 cm.

Oben. Ein 2 cm breiter Kupferkieskristall (Chalkopyrit) von der Grube Georg, Horhausen.

Unten links. Tiemannitkristall (Größe 4 mm) von der Grube Charlotte, Clausthal-Zellerfeld/Harz.

Unten rechts. Typische Stufe von der Grube Eupel bei Niederhövels/Siegerland mit Kupferkies (Chalkopyrit) und Dolomit auf Quarz. Höhe 8 cm.

Oben links. Bunt angelaufener Kupferkieskristall (Chalkopyrit) auf Siderit von der 850-m-Sohle der Grube Georg, Horhausen/Westerwald. Bildbreite 3,2 cm.

Unten links. Tennantitkristall (Kantenlänge 1 cm) von Mackenheim, Odenwald.

Oben rechts. Ein 1,5 cm großer Tetraedritkristall, der teilweise mit Kupferkies überzogen ist. Grube Zilla, Clausthal-Zellerfeld/Harz.

Unten rechts. Gut ausgebildeter Greenockitkristall (Höhe ca. 5 mm) von Kreimbach, Pfalz.

Tetraedritkristalle auf Siderit von der Grube Georg, Horhausen/ Westerwald. Die Kristalle sind etwa 1 cm groß.

Guanajuatit, Bi_2Se_3, orth.

Lichtbleigrau, Kristallbildung wie beim Bismuthinit, erzmikroskopisch bestimmt. Grube Clara, Oberwolfach/Schww. (A 83/1); St. Andreasberg/Harz (A 83/4-7).

Paraguanajuatit, $Bi_2(Se,S)_3$, trig.

Farblich wie der Guanajuatit, mit dem Dimorphie besteht, winzige Mengen in einer Selenidparagenese. Wölsendorf/Opf. (A So. 26).

Rucklidgeit, $(Bi,Pb)_3Te_4$, trig.

Lichtbleigrau, matt, weich, festgestellt im Material des Radau-Oker-Stollens, Harz. Erstes Te-Mineral in der BRD (EH 88/2).

Pyrit, FeS_2, kub.

Metallisch gelb bis goldgelb, bunt anlaufend, ideal ausgebildete Würfel mit charakteristischer Streifung, viele Formen des Oktaeders, verzwillingt, "Eisernes Kreuz" aus sich durchdringenden Pentagondodekaedern, derb in sogenannten Kieslagern, häufigstes Erzmineral, örtlich mit Au-Gehalten. Sehr viele Fundorte, z.B. Bad Grund/Harz (EH 87/1); Meggen/Sauerl. (M 84/3); Waldsassen (L 85/9); Vlotho, Weserbergland (A 62/2).

Cattierit, CoS_2, kub.

Stahlgrau, feinkörnige, krustige Aggregate von geringer Größe. Richelsdorf (A 84/1-4); Imsbach/Pfalz (L 84/5).

Vaesit, NiS_2, kub.

Lichtstahlgrau, saumartig um andere Erze, feinkörnig. Grube Clara, Oberwolfach/Schww. (A 80/11); Richelsdorf (A 84/1-4).

Bravoit, $(Ni,Fe)S_2$, kub.

Farbe wie Pyrit, bräunlicher Stich, vorwiegend Pentagondodekaeder, mit Pyrit verwachsen, derb. Maubach/Eifel (EH 82/2); Horbach b. St. Blasien (38).

Trogtalit, $CoSe_2$, kub.

Metallisch rosagrau, feinkörnig in geringer Menge, nur erzmikroskopisch. Trogtal/Harz (A 60/2).

Penroseit, $(Ni,Co,Cu)Se_2$, orth.

Metallisch weiß, annähernd wie Arsenopyrit, kleine Rhombendodekaeder auf Siderit, geringe Anteile von S, bisher nur von zwei Fundstellen bekannt: Pacajake, Bolivien; Kuusamo, Finnland, sehr seltenes Selenid. Grube Fischbacher Werk b. Niederfischbach/Siegerl. (A 89/1).

Sperrylit, $PtAs_2$, kub.

Zinnweiß, hoher Glanz, winzige Körner mit nur mikroskopisch erkennbaren Kristallflächen. Waschgoldkonzentrat aus einer oberrheinischen Kiesgrube nördlich des Kaiserstuhls (A 88/1).

Cobaltin, CoAsS, orth.

Silberweiß, rötlicher Stich, an der Luft grau, ps.-kub. Kristalle mit Streifung, pyritähnlich. Richelsdorf (18); Imsbach/Pfalz (M 84/2); Siegerland: Grube Grüner Löwe/Gosenbach, Grube Philippshoffnung/Siegen (21a).

Gersdorffit, NiAsS, kub.

Silbergrau, leicht matt anlaufend, auf Halden mit Überzug von grünlichem Annabergit oder Morenosit, Kristalle auf- und eingewachsen, häufig nur derb. Grube Großfürstin Alexandra, Goslar (17a) und Steinbruch Am Heimberg, Wolfshagen/Harz (A 82/7-8); Ramsbeck/Sauerl. (9); Wittichen/Schww. (L 87/7-8); auch im Siegerland: Müsen, Niederschelden; Freudenzeche bei Burbach; Bad Ems/Lahn (EH 83/2).

Ullmannit, NiSbS, ps.-kub.

Silbergrau, Kristalle mit gestreiften Würfelflächen, derb, spätige Struktur. Ramsbeck/Sauerl. (9); St. Andreasberg/Harz (L 86/3); Siegerland: Grube Landeskrone/Wilgersdorf, Grube Petersbach/Eichelhardt, Grube Friedrich/Wissen (Bi-haltig = "Kallilith"- M 84/3).

Markasit, FeS_2 orth.

Metallisch messinggelb-grünlich, Kristalle subparallel verwachsen, kammförmig, speerspitzenartig verzwillingt, auch grobstrahlig und derb, rundliche, parkettierte Konkretionen aus Sedimenten sind meistens Pyrit ("Melnikovit"), häufig. Bad Grund/Harz (EH 87/1); Niederhövels/Siegerl.; Wiesloch b. Heidelberg (L 85/12); Bad Ems/Lahn (EH 83/2); Zeche Friedrich der Große, Herne/Ruhrg.; Diepenlinchen b. Stolberg/Aachen; Grube Christiane, Adorf; Ramsbeck/Sauerl. (9); Höver/Hannover; Lengerich/Osnabrück (EH 88/3).

Ferroselit, $FeSe_2$, orth.

Eisengrau bis schwarz, isotyp mit Markasit, nur erzmikroskopisch bestimmt. Wölsendorf/Opf. (32).

Hastit, $CoSe_2$, orth.

Metallisch rosagrau, feinkörnig mit anderen Seleniden, an Substanz gering. Trogtal/Harz (A 60/2).

Arsenopyrit (Arsenkies), FeAsS, mon., ps.-orth.

Metallisch weiß, gelblicher Stich, lichtgrau an der Luft, gestreckte oder kurzsäulige Kristalle mit Streifung, Zwillinge, sternförmige Drillinge, derb, strahlig. Waldsassen (L 85/9); St. Andreasberg/Harz (8); Ramsbeck/Sauerl. (9); Grube Clara, Oberwolfach/Schww. (15).

Glaukodot, (Co,Fe)AsS, orth., ps.-kub.

Zinnweiß, gelb anlaufend, kleine prismatische Kristalle, erzmikrosk. nachgewiesen. Stbr. Hechtsberg b. Hausach/Schww. (A 74/10), Niederfischbach/Siegerl. (A 89/1).

Oben links. Zahnradartige, geriefte Argentopyritkristalle von St. Andreasberg/Harz. Bildhöhe 1,2 cm.

Oben rechts. Blaubleierz, die Pseudomorphose von Bleiglanz nach Pyromorphit von der berühmten Grube Kautenbach, Bernkastel/Mosel. Höhe der Stufe 4 cm.

Unten. Etwa 1,5 cm große Bleiglanzkristalle (Galenit) mit Kupferkies auf Quarz von der Grube Bautenberg bei Wilden/Siegerland.

Oben links. Miargyritkristall, Höhe 6 mm, von St. Andreasberg/Harz.

Unten links. Milleritnadeln in pinselförmiger Anordnung von der Grube Pfannenberger Einigkeit bei Salchendorf/Siegerland. Höhe des Büschels 1 cm.

Oben rechts. Tafelige Pyrrhotinkristalle von der Eisenerzgrube Peine I+II bei Peine/Niedersachsen. Bildhöhe 1,5 cm.

Unten rechts. Zinnoberkristalle (Cinnabarit) mit Kupferkies auf Baryt von Dreislar/Sauerland. Höhe des Aggregats 3 mm.

Oben links. Ein 5 mm großer Linneitkristall, der durch Umwandlung Risse bekommen hat. Fundort ist die Grube Jungfer bei Müsen/Siegerland.

Unten links. Pyritkristall, der durch Wachstumsstörungen eigenartig kristallisierte. Höhe 1,2 cm. Fundort ist Ramsbeck/Sauerland.

Oben rechts. Bis 1 cm lange Antimonitkristalle von der Casparizeche, Arnsberg/Sauerland.

Unten rechts. Würfelige Pyritkristalle auf Calcit vom Steinbruch Artenberg im Kinzigtal/Schwarzwald. Höhe 3,5 cm.

Oben links. Skutterudit in "aufgeplatzten" Aggregaten auf Quarz vom Kurfürstenrücken bei Richelsdorf (Fund von 1899). Bildbreite etwa 4 cm.

Unten links. Ein 1 cm großer Bravoitkristall in Kupferkies von Maubach, Eifel.

Oben rechts. Prismatische Pyrargyritkristalle bis 1,4 cm Länge von der Grube Samson, St. Andreasberg/Harz.

Unten rechts. Ullmannitkristalle in Siderit von der Grube Stahlberg bei Littfeld/Siegerland. Bildbreite ca. 1 cm.

Alloklas, (Co,Fe)AsS, mon.

Lichtgrau, Stich nach rosa, winzige prismatische Kristalle, rhombischer Querschnitt wie beim Arsenopyrit, meist eingewachsen. Wittichen/Schww. (L 87/7-8).

Gudmundit, FeSbS, mon.

Metallisch weißgrau, in der Ausbildung wie Arsenopyrit, nur erzmikroskopisch sichtbar, kleine Mengen. Waldsassen (L 85/9); Rammelsberg/Harz (L 88/6).

Löllingit, $FeAs_2$, orth.

Silberweiß, grau anlaufend, kleine prismatische, nadelartige Kristalle, daneben derb und eingesprengt. St. Andreasberg/Harz (8); Bad Harzburg/Harz (EH 89/1); Nieder-Beerbach/Odw. (L 85/2).

Safflorit, $CoAs_2$, orth.

Lichtstahlgrau, dünne prismatische Kristalle, rhombischer Querschnitt, zu Drillingen vereinigt wie Sternchen, feinnadelig-strahlig und derb, Säume um Bismut und Antimon. Wittichen/Schww. (L 87/7-8); Richelsdorf (18); St. Andre-asberg/Harz (8); Nieder-Ramstadt/Odw. (A So. 27).

Klinosafflorit, $(Co,Fe,Ni)As_2$, mon.

Farblich wie Safflorit, nur in geringen feinkristallinen Mengen bekannt. Richelsdorf (A 86/7).

Rammelsbergit, $NiAs_2$, orth.

Zinnweiß, undeutliche Kristalle, derbe Massen. St. Andreasberg/Harz (8); Grube Clara, Oberwolfach (15); Wittichen/Schww. (L 87/7-8); Müsen/Siegerl. (EH 81/1); Auerbach/Odw. (A So. 27).

Pararammelsbergit, $NiAs_2$, orth.

Hellzinnweiß, rasch nachdunkelnd, Kristalle äußerst selten, mit Nickelin verwachsen. Wolfshagen/Harz (A 82/7-8); Richelsdorf (A 84/1-4).

Molybdänit, MoS_2, hex.

Bleigrau mit eigentümlich blauem Glanz, Kristalle schlecht ausgebildet, krummblättrige, schuppige Plättchen, elastisch, leicht verreibbar. Mackenheim/Odw. (A 73/12); Hagendorf/Opf. (A So. 26); Bad Harzburg/Harz (EH 89/1).

Skutterudit, $CoAs_{2-3}$, kub.

Lichtstahlgrau, an der Luft dunkelgrau, in Würfeln und Oktaedern, Verwachsungen, parkettiert, vielfach nur derbe Einsprengungen, zersetzt grauschwarz mit Erythrinkrusten. Wittichen/Schww. (38); Richelsdorf (18); Imsbach/Pfalz (M 84/2); St. Andreasberg/Harz (8).

Ni-Skutterudit (Chloanthit), $NiAs_{2-3}$, kub.

Zinnweiß nach grau, neben einfachen kub. Formen auch Kombinationen wie Rhombendodekaeder und Pentagondodekaeder, grüner Annabergitbelag. St. Andreasberg/Harz (8); Nieder-Ramstadt/Odw. (A So. 27).

Proustit, Ag_3AsS_3, trig.

Zinnoberrot und dunkler, diamantglänzend, durchscheinend, oft gute langprismatische Kristalle, auch derb und eingewachsen. St. Andreasberg/Harz (8); Schwarzwald: Wittichen (38), Urberg (EH 83/1), Wieden (38).

Pyrargyrit, Ag_3SbS_3, trig.

Dunkelkirschrot, wenig durchscheinend, Kristalle wie beim Proustit, oft flächenreicher, derb. St. Andreasberg/Harz (8); Schwarzwald: Barberast b. Haslach (38), Grube Wenzel, Oberwolfach (38); Grube Gonderbach b. Laasphe; Littfeld/Siegerl. (EH 81/1).

Xanthokon, Ag_3AsS_3, mon.

Orangegelb bis scharlachrot, kleine tafelige Kristalle, undeutliche Aggregate. St. Andreasberg/Harz (8); Wittichen (L 87/7-8); Urberg/Schww. (EH 83/1).

Pyrostilpnit, Ag_3SbS_3, mon.

Orange- bis bräunlichrot, tafelig-nadelige Kristalle, längsgestreift, rosettenartig. Grube Wenzel, Oberwolfach (38); Hausach (38)/Schww.; St. Andreasberg/Harz (8); Niederfischbach/Siegerl. (A 89/1).

Samsonit, $Ag_4MnSb_2S_6$, mon.

Grauschwarz, rot durchscheinend in Splittern, gestreckte Prismen, gestreift. Bisher weltweit einziges Vorkommen auf der Grube Samson, St. Andreasberg/Harz (8).

Chalkostibit, $CuSbS_2$, orth.

Stahlgrau bis schwarz, prismatische und tafelige Kristalle, derb. Waldsassen (L 85/9); Moschellandsberg/Pfalz (A 84/6); Casparizeche b. Arnsberg/Sauerl. (L 89/6).

Emplektit, $CuBiS_2$, orth.

Stahlgrau, gelblicher Stich, längsgestreifte, langprismatische Kristalle, meist als eingewachsene Nadeln, Verdrängung durch grüngelblichen Bismutit. Grube Käfersteige, Pforzheim (L 84/1); Neubulach und Wittichen/Schww. (L 87/7-8); Schutzbach/Siegerl. (A 83/8-9); Mackenheim/Odw. (A 78/10).

Cuprobismutit, $Cu_{10}Bi_{12}S_{23}$, mon.

Stahlgrau, winzige nadel- bis haarförmige Kristalle. Grube Clara, Oberwolfach/Schww. (L 85/1); Arnsberg/Sauerl. (23).

Wittichenit, Cu_3BiS_3, orth.

Dunkelbleigrau, undeutliche tafelige Kristallaggregate, fast immer eingewachsen, Verwachsungen mit Emplektit, Bismut und Fahlerz, mit letzterem leicht zu verwechseln. Wittichen (38); Lehengericht/Schww. (L 87/7-8); Heppenheim (L 87/2); Schutzbach/Siegerl. (A 83/8-9).

Oben. Emplektit in langnadelingen Kristallen von Mackenheim, Odenwald. Bildbreite 2 cm.

Unten links. Stephanitkristall mit einem Durchmesser von 1 cm von Ramsbeck, Sauerland.

Unten rechts. Polybasit in gut ausgebildeten, hexagonalen Täfelchen von Ramsbeck, Sauerland. Bildbreite 8 mm.

Prächtiger, etwa 2 cm großer Bournonitkristall auf Siderit von der Grube Georg, Horhausen/Westerwald.

Oben links. Aikinit in paralleler Verwachsung mit Betechtinit. Fundort ist Waschenbach, Odenwald. Die Kristalle sind etwa 2 mm groß.

Unten links. Plagionit in kugeligen Aggregaten mit Kupferkies auf Bleiglanz. Grube Pfannenberger Einigkeit bei Salchendorf/Siegerland. Bildbreite 1,5 cm.

Oben rechts. Ein 1 cm langer Bournonitkristall, der zahnradförmig ausgebildet ist. Grube Apollo bei Raubach/Westerwald.

Unten rechts. Große Rarität: Samsonitkristall von der Grube Samson, St. Andreasberg. Länge des Kristalls 1 cm.

Oben. Ein 1,2 cm großer Pearceitkristall mit Fluorit, der 1988 auf der Halde der Grube Clara, Oberwolfach, gefunden wurde.

Berthierit, $FeSb_2S_4$, orth.
Dunkelstahlgrau, auffällig bunt anlaufend, gestreckte nadelige Kristalle, vereinigt zu Büscheln, in Drusen strahlig aufgewachsen, auch eingewachsen. St. Ulrich/Schww. (38); Münstergrund/Schww. (L 87/12); St. Andreasberg/Harz (A 83/4-7).

Smithit, $AgAsS_2$, mon.
Scharlachrot, sehr kleine flächenreiche Kristalle mit hohem Glanz, aber nur winzige Mengen. Wiesloch b. Heidelberg (L 85/12).

Trechmannit, $AgAsS_2$, trig.
Scharlachrot, bei Belag von Akanthit nur dunkelrot durchscheinend, Diamantglanz, dünntafelige Kristalle, hex. Habitus. Nieder-Beerbach/Odw. (L 86/10).

Pavonit, $(Ag,Cu)(Bi,Pb)_3S_5$, mon.
Bleigrau, Körner eingewachsen in Fluorit, Kristalle nur andeutungsweise, erzmikroskopisch bestimmt. Grube Clara, Oberwolfach/Schww. (15).

Stephanit, Ag_5SbS_4, orth.
Bleigrau bis eisenschwarz, gut ausgebildete prismatische, dicktafelige Kristalle, verzwillingt und in Gruppen. St. Andreasberg/Harz (8); Grube Wenzel, Oberwolfach/Schww. (38); Ramsbeck/Sauerl. (EH 81/2).

Polybasit, $(Ag,Cu)_{16}Sb_2S_{11}$, mon., ps.-hex.
Eisenschwarz, kirschrot durchscheinend, sechsseitige Täfelchen mit typischer Dreiecksstreifung. St. Andreasberg/Harz (8); Grube Clara, Oberwolfach/Schww. (15); Bad Grund/Harz (EH 87/1); Ramsbeck/Sauerl. (EH 81/6).

Arsenpolybasit, $(Ag,Cu)_{16}(As,Sb)_2S_{11}$, mon.
Rot, durchscheinend, kleine tafelige Kristalle, Andeutung ps.-hex. Ausbildung, dreiecksgestreift. Wittichen/Schww. (L 87/7-8).

Pearceit, $Ag_{16}As_2S_{11}$, mon.
Bräunlichrot nach schwarz, plattige Aggregate mit Arsenpolybasit. Wittichen (L 87/7-8); Grube Clara, Oberwolfach/Schww. (A 84/7).

Antimonpearceit, $(Ag,Cu)_{16}(Sb,As)_2S_{11}$, mon.
Bleigrau bis schwarz, tafelige Kristalle mit sechsseitigem Umriß, auch eingesprengt. Grube Clara, Oberwolfach/Schww. (A 84/7).

Imiterit, Ag_2HgS_2, mon.
Stahlgrau, Stich ins Violette, kleine tafelige Kristalle in undeutlicher Ausbildung, sehr selten. Ramsbeck/Sauerl. (9).

Livingstonit, $HgSb_4S_7$, mon.
Schwarz, rot durchscheinend, blättrige und feinkörnige Aggregate. Moschellandsberg/Pfalz (A 84/6); Wiesloch b. Heidelberg (L 85/12).

Seligmannit, $PbCuAsS_3$, orth.
Bleigrau bis schwarz, winzige Kristalle mit Andeutung ps.-hex. Formen. Wiesloch b. Heidelberg (L 85/12).

Bournonit, $PbCuSbS_3$, orth.
Stahlgrau bis eisenschwarz, gute ps.-tet. Kristalle, auch dicktafelig, verzwillingt als "Rädelerz". Westerwald: Grube Georg/Horhausen, Grube Silberwiese/Oberlahr (EH 79/2), Grube Apollo/Raubach (EH 86/3); St. Andreasberg/Harz (L 86/3); Ramsbeck/Sauerl. (9); Hausach (38).

Mückeit, ein neues Mineral von der Grube Grüne Au bei Schutzbach. Der 3 mm große Kristall kommt zusammen mit Millerit vor.

Lapieit, $CuNiSbS_3$, orth.
Metallisch grau, opak, deutlich spaltbar. Chemisch das Ni-Analogon zu Bournonit, strukturell aber verschieden. Typlokalität ist der Lapie River, Yukon Territory/Kanada. Einziger Fundort in der BRD ist bisher die Grube Grüne Au bei Schutzbach/Siegerl., wo das Mineral zusammen mit Mükkeit vorkommt (N.Jb.Min.Mh. 89/5).

Mückeit, $CuNiBiS_3$, orth.
Neues Mineral von der Halde der Grube Grüne Au bei Schutzbach/Siegerland. Hellgrau mit einem orange-gelbem Stich, Metallglanz, Kristalle sind tafelig und haben eine gute Spaltbarkeit. Begleitminerale sind Lapieit, Millerit u.a. Grube Grüne Au, Schutzbach/Siegerland (N.Jb.Min.Mh. 89/5).

Aikinit, $PbCuBiS_3$, orth.

Hellsilbergrau, aber anlaufend, undeutliche nadelartige Kristalle, längsgefurcht, miteinander verwachsen. Wittichen/Schww. (L 87/7-8); Heppenheim (L 87/2); Grube Concordia, Niederfischbach/Siegerl. (EH 88/4).

Berryit, $Pb_2(Cu,Ag)_3Bi_5S_{11}$,

Stahlgrau, schwarz anlaufend, in einer Quarzdruse sind bis 0,5 mm große Nädelchen aufgewachsen, bei entsprechender Vergrößerung erkennt man langprismatische Kristalle, Begleiter sind Aikinit und Chalkopyrit, bisher bei uns unbekannt, auch sonst selten. Grube Daniel im Dehs (Töss) bei Bad Rippoldsau (L 89/5).

Gladit (Rezbanyit), $PbCuBi_5S_9$, orth.

Weißgrau, prismatisch-breitstengelige Aggregate, hochglänzend. Heppenheim (L 87/2), Niederfischbach/Siegerl. (A 98/1).

Hutchinsonit, $(Pb,Tl)_2As_5S_9$, orth.

Kirschrot, durchscheinend, stark glänzend, strahlige Nadelbüschel in Schalenblende, auch Pseudomorphosen. Wiesloch b. Heidelberg (L 85/12).

Fizelyit, $Pb_5Ag_2Sb_8S_{18}$, mon.

Bleigrau, feinkörnig mit Bournonit verwachsen, feinnadelige Kriställchen. Hausach (38); St. Andreasberg/Harz (L 89/7-8).

Andorit, $PbAgSb_3S_6$, orth.

Dunkelstahlgrau, kleine flächenreiche Kristalle, stark gestreift. Hausach (L 85/11).

Diaphorit, $Pb_2Ag_3Sb_3S_8$, mon.

Stahlgrau bis schwarz, deutlich gestreifte, langprismatische Kristalle. St. Andreasberg, (A 83/4-7).

Veenit, $Pb_2(Sb,As)_2S_5$, orth.

Stahlgrau, feinkörnige Erzaggregate. Ahrbrück/Eifel (A 78/10).

Jordanit, $Pb_{28}As_{12}S_{46}$, mon.

Dunkelbleigrau, ps.-hex. Kristalle, gestreift und verzwillingt, nierige, derbe Partien. Wiesloch b. Heidelberg (L 85/12); Waldsassen (L 85/9).

Geokronit, Pb_5SbAsS_8, mon.

Lichtbleigrau, dem Jordanit ähnliche ps.-hex. Kristalle, Einschlüsse in Fluorit, rechteckige und tropfenförmige Aggregate. Waldsassen (L 85/9); Grube Clara, Oberwolfach/Schww. (15).

Gratonit, $Pb_9As_4S_{15}$, trig.

Dunkelbleigrau, prismatische, turmalinähnliche Kristallformen, flächenreich, auch feine Nadeln in zepterartig verdickten Büscheln. Wiesloch b. Heidelberg (L 85/12).

Zinckenit, $Pb_6Sb_{14}S_{27}$, hex.

Bleigrau, spießige, stark längsgestreifte Kristalle, strahligbüschelig. Hausach (38); Sulzburg/Schww. (38); Goldkronach/Fichtelg. (L 85/10); Casparizeche b. Arnsberg/Sauerl. (L 89/6).

Plagionit, $Pb_5Sb_8S_{17}$, mon.

Eisenschwarz, kleine gestreifte Täfelchen, feinkörnig, eingewachsen. Goldkronach/Fichtelg. (L 85/10); Münstertal/Schww. (L 87/5); Ramsbeck/Sauerl. (A 85/5-7 und 10); Casparizeche b. Arnsberg/Sauerl. (L 89/6); Grube Pfannenberger Einigkeit, Salchendorf/Siegerl.

Heteromorphit, $Pb_7Sb_8S_{19}$, mon.

Eisenschwarz, feine, gestreckte tafelige und nadelige Kristalle. Casparizeche b. Arnsberg/Sauerl. (23); Goldkronach/Fichtelg. (L 85/10).

Semseyit, $Pb_9Sb_8S_{21}$, mon.

Bleigrau bis schwarz, isometrische oder unregelmäßige Kristallbildung, selten deutliche Kristalle, Aggregate in Quarz eingewachsen. Hausach (38); Wiesloch b. Heidelberg (L 85/12); Casparizeche b. Arnsberg/Sauerl. (L 89/6).

Jamesonit, $Pb_4FeSb_6S_{14}$, mon.

Bleigrau, feinste nadelig-spießige Kristalle, Büschel mit Seidenglanz, auch wirr verwachsen und eingewachsen, bräunlicher Schimmer durch Verwitterung. Münstertal (L 87/5); St. Andreasberg/Harz (8); Waldsassen (L 85/9); Casparizeche b. Arnsberg/Sauerl. (L 89/6).

Boulangerit, $Pb_5Sb_4S_{11}$, mon.

Bleigrau, feinfaserige, wirrstrahlige Massen, selten eingewachsene Kristalle als dünne, prismatische Nadeln, in verfilzter Ausbildung mit Seidenschimmer leicht mit Jamesonit zu verwechseln. Sulzburg (38); Hausach/Schww. (L 85/11); Westerwald: Grube Apollo/Raubach, Grube Georg/Horhausen (EH 79/2); besonders reichlich in Ramsbeck/Sauerl. (EH 81/6).

Falkmanit, $Pb_5Sb_4S_{11}$, mon.

Silbergrau, dichte, feinnadelige Massen, wird als selbständiges Mineral gegenüber Boulangerit angezweifelt. Waldsassen (L 85/9).

Meneghinit, $Pb_{13}CuSb_7S_{24}$, orth.

Bleigrau, langprismatische, schilfartig gestreifte Kristalle, dem Antimonit ähnlich, auch derb. Wiesloch b. Heidelberg (L 85/12); Goldkronach/Fichtelg. (L 85/10).

Galenobismutit, $PbBi_2S_4$, orth.

Silberweiß, Kristalle selten, strahlig-derbe Aggregate. Wilgersdorf/Siegerl. (EH 85/4); Rammelsberg/Harz (EH 87/4).

Oben links. Nadeliger Berryitkristall (Länge 1,5 mm) von der Grube Daniel, Bad Rippoldsau/Schwarzwald.

Unten links. Sylvinkristalle vom Kalibergwerk Bergmannstrost bei Lehrte/Hannover. Höhe ca. 3 cm.

Oben rechts. Boulangerit in nadeligen Kristallen mit Calcit von Ramsbeck/Sauerland. Bildbreite 5 cm.

Unten rechts. Steinsalzkristalle (Halit) vom Schacht Konrad bei Salzgitter-Bleckenstedt. Höhe ca. 3,5 cm.

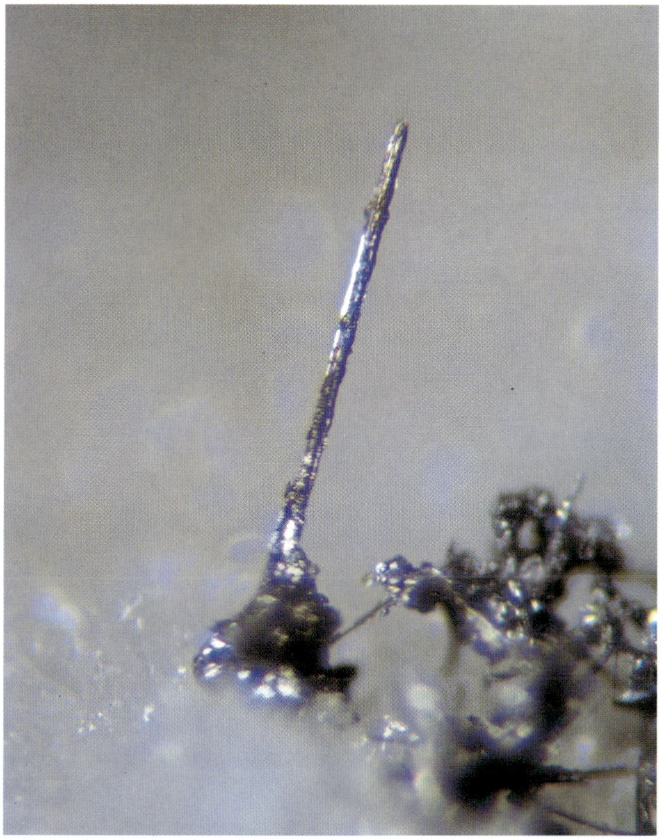

Cosalit, $Pb_2Bi_2S_5$, orth.
Hellbleigrau bis silberweiß, dünne prismatische Kristalle, längsgestreift. Mackenheim/Odw. (A73/12); Grube Georg b. Horhausen/Ww. (EH 79/2).

Kobellit, $Pb_5(Bi,Sb)_8S_{17}$, orth.
Bleigrau, nur körnig-derbe Aggregate. Rammelsberg/Harz (EH 87/4); Grube Georg b. Horhausen (EH 79/2).

Heyrovskyit, $Pb_6Bi_2S_9$, orth.
Bleigrau, dünne nadelige Kristalle, eingewachsen. Grube Clara, Oberwolfach/Schww. (A 84/7).

Wittit, $Pb_9Bi_{12}(S,Se)_{27}$, mon.
Silbergrau, winzige nadelige Kristalle in einer Quarzdruse, röntgenographisch bestimmt. Urberg b. St. Blasien/Schww. (L 84/1).

Realgar, AsS, mon.
Rot bis orangerot, kleine prismatische Kristalle, flächenreich, aber selten, oft krustig, anflugartig. Wittichen/Schww. (L 87/7-8); Weiler b. Lahr (38); Nieder-Beerbach/Odw. (L 85/2); bis 2 cm große Kristalle aus dem Rollenbergtunnel bei Bruchsal (EH 89/1).

Pararealgar, AsS, mon.
Gelb bis orangegelb, nur körnerartige, krustige Aggregate. Wittichen/Schww. (L 87/11).

Alacranit, As_8S_9, mon.
Gelbbraun bis orangebraun, glasglänzende, durchscheinende Krusten. Wittichen/Schww. (L 87/11).

Auripigment, As_2S_3, mon.
Gelb, langprismatische Kristalle, verwachsen, meist undeutlich und schüppchenförmig. Wittichen/Schww. (L 87/11); Wiesloch b. Heidelberg (L 85/12); Rollenbergtunnel b. Bruchsal (EH 89/1).

Riesige Abraumhalden zeugen schon von weitem vom Bergbau auf Kali- und Steinsalz. Zu sehen ist das Kaliwerk Niedersachsen, Schachtanlage Wahtlingen.

Halogenide

Halit (Steinsalz), NaCl, kub.
Farblos, durch Beimengungen verschieden gefärbt, blau und violett durch Strahlung, gut ausgebildete Würfel in hübschen Gruppen, Spaltstücke und derb, häufig in den Salzlagerstätten aller geologischen Formationen. Viele Fundorte, z.B. Berchtesgaden; Kaliwerk Niedersachsen, Wathlingen-Hänigsen b. Celle (16); Neuhof-Ellers b. Fulda (17); Buggingen, Oberrhein (22).

Sylvin, KCl, kub.
Farblos und gefärbt, mit Halit isotyp, würfelige Kristalle und derb, hygroskopisch, wenn mit MgCl verwachsen, häufig in allen Kalisalzbergwerken, Fundorte wie unter Halit.

Chlorargyrit, AgCl, kub.
Farblos, wenn rein, oft gelbgrau, diamantglänzend, kleine würfelige und okt. Kristalle, auch krustig, schneidbar. St. Andreasberg/Harz (8); Grube Clara, Oberwolfach/Schww. (L 84/6).

Bromargyrit, AgBr, kub.
Gelblich bis olivgrün, ölglänzend, Kristallbildung wie beim Chlorargyrit, Mischkristalle mit diesem. Dernbach/Ww. (A So. 30); Bad Ems/Lahn (EH 83/2).

Iodobromit, Ag(Cl,Br,I),
wird in kleinen schwefelgelben Kristallen von der Grube Schöne Aussicht/Dernbach erwähnt (23).

Embolit, Ag(Br,Cl), kub.
Gelb bis grünlich, wachsglänzend, undeutliche kub. Kristalle, gewöhnlich nur krustig. Nach Fleischers "Glossary" entweder Br-haltiger Chlorargyrit oder Cl-haltiger Bromargyrit. Bad Ems/Lahn (EH 83/3).

Iodargyrit, AgI, hex.
Zitronengelb bis graugelb, Kristalle wurtzitähnlich oder dünne Plättchen, derb, krustig, im Anschnitt fettglänzend. Dernbach/Ww. (A So. 30); Reichenbach/Odw. (A So. 27).

Kalomel, Hg_2Cl_2, tet.
Grauweiß bis graubräunlich, trüb, verzerrte und gerundete tet. Kristalle, fluoresz. orangerot im lw. UV-Licht. Moschellandsberg/Pfalz (EH 83/2).

Kuzminit, $Hg_2(Cl,Br)_2$, tet.
Grauweiß bis braunschwarz, wachsglänzende Krusten und Zapfen, selten kurzprismatische Kriställchen. Moschellandsberg/Pfalz (Zweitfundort nach der Typlokalität Kadyrel in Sibirien - (11a).

Moschelit, Hg_2I_2, tet.
Zitronengelb, bis 0,5 mm große Plättchen und dünne Krusten auf Quecksilber. Lichtempfindlich. Erstfundort ist Moschellandsberg/Pfalz (11a). Winzige tomatenrote Kriställchen und Beläge in Paragenese mit dem gelben Moschelit werden für

Coccinit, HgI_2, tet.
gehalten (A 86/1).

Salmiak, NH_4Cl, kub.
Farblos, auch gefärbt, kleine gerundete Kristalle, nierig, mehlig, Ausblühungen auf brennenden Kohlehalden und in ausgebrannten Flözen. Oberhausen (A 83/4).

Der Förderturm des Schachts Konrad bei Salzgitter-Bleckenstedt. Aus dieser Eisenerzgrube stammen die wohl schönsten Coelestinkristalle der Bundesrepublik Deutschland.

Sellait, MgF_2, tet.
Farblos bis weiß, tet. Prismen mit Dipyramiden als kantige Nadeln, in Fluorit eingewachsene radialstrahlige Massen. Emmelberg b. Üdersdorf/Eifel (13); Grube Clara, Oberwolfach/Schww. (38).

Fluorit (Flußspat), CaF_2, kub.
Farblos, vielfach gefärbt, durch Strahlung tiefviolett ("Stinkspat"), oft in sehr schönen Würfeln und Oktaedern mit Formen bis zum Hexakisoktaeder. Wölsendorf/Opf. (A So. 26); Grube Clara, Oberwolfach/Schww. (15); Wurmbergsteinbruch, Braunlage und Bad Lauterberg (EH 83/4 u. 14a) und St. Andreasberg/Harz (8); Lieth b. Elmshorn (L 87/2).

Gut ausgebildete würfelige Fluoritkristalle von der Grube Clara, Oberwolfach/Schwarzwald. Bildhöhe 6 cm.

Oben links. Kalomel in honigfarbenen Kristallen von Potzberg, Pfalz. Bildbreite 1 cm.

Oben rechts. Treppenförmig kristallisierter Fluorit vom Steinbruch Artenberg im Kinzigtal/Schwarzwald. Höhe 1 cm.

Unten. Violetter Fluoritkristall vom Wurmberg-Steinbruch bei Braunlage/Harz. Breite des Kristalls 8 mm.

Fluocerit-(Ce), (Ce,La)F_3 hex.
Weiß, perlglänzend, kleine Täfelchen, nierige Krusten. Grube Clara, Oberwolfach/Schww. (15).

Bischofit, $MgCl_2 \cdot 6H_2O$, mon.
Weiß, ps.-hex. Kristalle oder körnige Aggregate, stark hygroskopisch, mit Carnallit in vielen Salzlagerstätten. Kaliwerk Niedersachsen, Wathlingen-Hänigsen/Celle (16); Vienenburg (23).

Rokühnit, $FeCl_2 \cdot 2H_2O$, mon.
Lindgrün bis hellbraun, winzige plättchenförmige Kriställchen, verwachsen mit Carnallit, Rinneit, wenig beständig. Bad Salzdetfurth (N. Jb. Min. Mh. 80/3); Sarstedt b. Hannover (A 87/4).

Kryptohalit, $(NH_4)_2SiF_6$, kub.
Farblos bis weiß, lockere Krusten aus undeutlichen, mikr. kleinen Kristallen, auf Fluorit aufsitzend. Grube Clara, Oberwolfach/Schww. (L 84/6).

Bararit, $(NH_4)_2SiF_6$, hex.
Farblos, dimorph mit Kryptohalit, dem winzige sechsseitige Täfelchen aufsitzen. Grube Clara, Oberwolfach/Schww. (L 84/6).

Rinneit, $K_3NaFe^{2+}Cl_6$, trig.
Farblos, nur derb bekannt in Kalisalzlagerstätten. Bad Salzdetfurth (16); Kaliwerk Niedersachsen, Wathlingen-Hänigsen/Celle (16).

Pachnolith, $NaCaAlF_6 \cdot H_2O$, mon.
Farblos, plättchenförmige Prismen, sich durchdringend, auf zersetztem Rockbridgeit aufgewachsen. Hagendorf/Opf. (L 81/7-8).

Carlhintzeit, $Ca_2AlF_7 \cdot H_2O$, trik.
Farblos, gestreckte prismatische Kristalle, auch plättchenförmig als Rosetten ausgebildet. Hagendorf/Opf. (L 81/7-8).

Carnallit, $KMgCl_3 \cdot 6H_2O$, orth.
Farblos, oft rot durch Hämatitschüppchen, Kristalle mit ps.-hex. Habitus, jedoch selten, meist grobkörnig in Schichten, zerfließlich, lagerartig in vielen Kalisalzbergwerken. Fundorte wie beim Halit.

Koenenit, $Na_4Mg_9Al_4Cl_{12}(OH)_{22}$, trig.
Rot bis braun, carnallitähnlich, derb in Schichten, rhomboedrisch spaltbar. Sarstedt (23) und Lehrte (A So. 13) bei Hannover.

Tachyhydrit, $CaMg_2Cl_6 \cdot 12H_2O$, trig.
Wachsgelb, bildet knollige Ausfüllungen im Salzgestein der Kalisalzlager, sekundäre Entstehung, leicht zerfließend. Vienenburg/Harz (23).

Tschuchrowit (Ce), $Ca_3(Ce,Y)Al_2(SO_4)F_{13} \cdot 10H_2O$, kub.
Weiß, durchscheinend, kleine Würfel mit Oktaederflächen, selten. Grube Clara, Oberwolfach/Schww. (15).

Atacamit, $Cu_2Cl(OH)_3$, orth.
Dunkelgrün, glasglänzend, prismatische Kriställchen, häufiger sind undeutliche Formen und Krusten. Zeche Christian Levin, Essen (EH 82/4); Grube Clara, Oberwolfach/Schww. (L 89/5).

Paratacamit, $Cu_2(OH)_3Cl$, trig.
Grasgrün, anflugartig auf einem Bleiglanzkristall in Quarz. Konnte nur röntgenografisch identifiziert werden. Grube Michael im Weiler b. Lahr/Schww. (L 89/5).

Calumetit, $Cu(OH,Cl)_2 \cdot 2H_2O$, orth.
Azur- bis hellblau, Kügelchen aus radialstrahligen Fasern, z.T. aufgeplatzt, zusammen mit Hydrozinkit auf Chalkopyrit oder Siderit, röntgenographisch bestimmt, nur von wenigen Fundorten bekannt (Typlokalität: Calumet, Michigan, USA). Grube Fischbacher Werk, Niederfischbach, Siegerl. (A 89/2).

Connellit, $Cu_{19}Cl_4(SO_4)(OH)_{32} \cdot 3H_2O$, hex.
Intensiv blau, kleine Halbkugeln aus feinen Nädelchen. Grube Clara, Oberwolfach/Schww. (15); Hagendorf/Opf. (L 81/7-8); Rheinbreitbach (M 84/4).

Zirklerit, $(Fe^{2+},Mg)_9Al_4Cl_{18}(OH)_{12} \cdot 14H_2O$ (?) trig,
Farblos bis weiß, winzige tafelige Kriställchen in unscheinbaren Krusten. Kaliwerk Adolfsglück b. Hannover (23).

Terlinguait, Hg_2ClO, mon.
Gelb bis braun, flächenreiche, diamantglänzende Kristalle, am genannten Fundort nur undeutlich, fluoresz. gelb im kurzwelligen UV-Licht. Moschellandsberg/Pfalz (A 84/6).

Corderoit, $Hg_3S_2Cl_2$, kub.
Tiefrotbraun, kleine Rhombendodekaeder, auch zapfenförmige Aggregate, lichtempfindlich. Königsberg b. Wolfstein/Pfalz (A 87/5).

Eglestonit, $Hg_6Cl_3O_2H$, kub.
Gelb, durch Sonnenlicht schokoladenbraun, kleine gerundete Kristalle, pulverige Beläge, fluoresz. himbeerrot im langwelligen UV-Licht. Moschellandsberg/Pfalz (A 84/6).

Perroudit, $Hg_5Ag_4S_5(I,Br,Cl)_4$, orth.
Ziegelrot, winzige prismatische Kristalle, längsgestreift, in strahligen Büscheln. Bad Ems/Lahn; Dernbach/Ww. (A 88/3).

Laurionit, PbCl(OH), orth.

Farblos, manchmal trübweiß, gestreckte Kristalle, tafelig entwickelt, mit umgekehrter V-förmiger Streifung. Zeche Christian Levin, Essen (EH 82/4).

Cotunnit, $PbCl_2$, orth.

Farblos bis weiß, nadelig-pyramidale Nädelchen, auch krustig, in orientierter Verwachsung mit Galenit. Zeche Christian Levin, Essen (EH 82/4); Richelsdorf (A 84/3).

Matlockit, PbFCl, tet.

Gelblich, winzige Täfelchen auf Bleiglanz in Spaltrissen. Zeche Christian Levin, Essen (EH 82/4).

Bismoclit, BiOCl, tet.

Farblos, kleine quadratische Täfelchen auf Bismuterz. Bisher nur von Wittichen/Schww. bekannt (L 87/7-8).

Nadorit, $PbSbO_2Cl$, orth.

Farblos bis gelblich, ps.-hex. tafelige Kristalle, auch in nierigen Krusten, stark glänzend. Puderbach/Ww. (A 86/7).

Percylith, $PbCuCl_2(OH)_2$, kub.

Lasur- bis himmelblau, in kleinen würfeligen Kristallen und hellblauen Krusten ausgebildet, in Paragenese mit anderen Oxyhalogeniden wie Cumengeit und Diaboleit, daher schwer erkennbar, wissenschaftlich anscheinend noch nicht vollständig gesichert, was aus einer Bemerkung M. Fleischers im "Glossary of Mineral Species" (1986) hervorgeht, "(a dubious mineral)". Zeche Christian Levin, Essen (EH 82/4).

Cumengeit, $Pb_4Cu_4Cl_8(OH)_8 \cdot H_2O$, tet.

Indigoblau, tet. Dipyramiden, sternartig verwachsen, auch Pseudowürfel. Zeche Christian Levin, Essen (EH 82/4).

Diaboleit, $Pb_2CuCl_2(OH)_4$, tet.

Blau, schwer zu erkennende tet.-hemimorph ausgebildete Kristalle. Zeche Christian Levin, Essen (EH 82/4).

Oxide, Hydroxide Arsenite und Sulfite

Cuprit, Cu_2O, kub.

Rot, gut ausgebildete Würfel und Oktaeder, blendeartiger Glanz, von grünen Oxidationsmineralien überzogen, nadelig als Chalkotrichit, pseudom. und derb, häufig. Grube Clara, Oberwolfach/Schww. (15); Rheinbreitbach (M 84/4); Siegerland: viele Gruben, z.B. Wolf/Herdorf (EH 3), Käusersteimel/Kausen.

Periklas, MgO, kub.

Farblos, durch Fremdbestandteile gefärbt, kleine Oktaeder und eingewachsene Körner. Bellerberg/Eifel (13); Bad Harzburg/Harz (EH 89/1).

Tenorit, CuO, mon.

Schwarz, dünnblättrige Tafeln, auch derb und erdig, dann wenig typisch. Neubulach/Schww. (38); Nickenich/Eifel (13); Waldsassen (L 85/9).

Delafossit, $CuFeO_2$, trig.

Schwarz, Sphärolithe in blättrig-nadeligen Kristallen, blendeartiger Glanz. Grube Clara, Oberwolfach/Schww. (15); Waldsassen (L 85/9); Niederschelden/Siegerl. (L 87/12).

Lithargit, PbO, tet.

Rot, kleintafelig, meist krustig, Gemenge mit Massicotit. Schapbach (L 85/11), Urberg b. St. Blasien (L 85/11) und Badenweiler/Schww. (EH 88/2).

Massicotit, PbO, orth.

Braungelb, feinschuppige Aggregate, erdig, pulverig. Badenweiler/Schww. (EH 88/2).

Brownmillerit, $Ca_2(Al,Fe)_2O_5$, orth.

Rotbraun, schwärzlich, sehr kleine Täfelchen als Säume in Xenolithen. Bellerberg/Eifel (13).

Srebrodolskit, $Ca_2Fe_2O_5$, orth.

Dunkelrotbraun, feinkristallin, mit Brownmillerit in Xenolithen. Bellerberg/Eifel (13).

Mayenit, $Ca_{12}Al_{14}O_{33}$, kub.

Farblos, blaßgelb, winzige eingewachsene Körner in Xenolithen. Bellerberg/Eifel (13).

Spinell, $MgAl_2O_4$, kub.

Farblos, verschiedenfarbig, überwiegend als eingewachsene Oktaeder und Rhombendodekaeder. Bad Harzburg/Harz (EH 89/1); Bellerberg/Eifel (13); Kropfmühl b. Passau (EH 89/2).

Oben links. Fluorit in pilzförmiger Ausbildung vom Bellerberg, Ettringen/Eifel. Bildhöhe 6 mm.

Unten links. Chalkotrichit, die nadelige Varietät des Cuprits, von der Grube St. Nikolaus bei Dillenburg. Bildbreite 5 mm.

Oben rechts. Ein 1,5 cm langer Bischoffitkristall vom Kaliwerk Neuhof-Ellers bei Fulda.

Unten rechts. Cuprit, oktaedrisch ausgebildet. Der 7 mm große Kristall sitzt auf Limonit und stammt von der Grube Wolf, Herdorf/Siegerland.

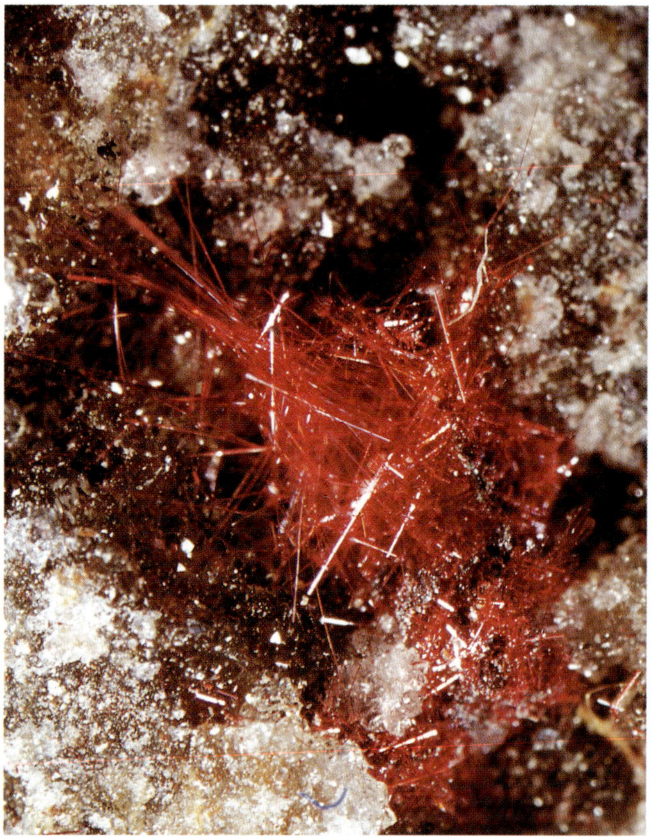

Oben links. Gelblicher Mayenitkristall vom Bellerberg, Ettringen/Eifel. Die Bildhöhe beträgt 2 mm.

Unten links. Braunitkristalle mit Hornblendenadeln vom Bellerberg bei Ettringen/Eifel. Bildhöhe 2 mm.

Oben rechts. Hausmannitkristalle von der Grube Bollenbach bei Herdorf/Siegerland. Höhe der Stufe 4,5 cm.

Unten rechts. Korundkristall vom Emmelberg bei Üdersdorf/Eifel. Bildbreite 2 mm.

Als Varietäten des Spinells seien erwähnt: Pleonast (Fe), schwarz, in Splittern dunkelgrün, Waldsassen (A 80/9); Picotit, (Cr), schwarzgrün, Limberg, Kaiserstuhl (A 88/2) und Teichelberg/Opf. (A 88/1).

Hercynit, $FeAl_2O_4$, kub.
Schwarz, Eisenspinell, in Xenolithen. Mendig/Eifel (13).

Gahnit, $ZnAl_2O_4$, kub.
Bläulichgrün, Zinkspinell, Oktaeder und gerundete Körner. Bodenmais/Bayer. Wald. (A So. 21).

Magnesioferrit, $MgFe_2^{3+}O_4$, kub.
Schwarz, Ferritspinell, kleine, glänzende Oktaeder. Schelingen, Kaiserstuhl (10).

Magnetit, $Fe^{2+}Fe_2^{3+}O_4$, kub.
Schwarz, okt. Kristalle und kombinierte Formen, aufgewachsen gut ausgebildet, eingewachsen als derbe Partien, häufig, aber als Eisenerz kaum abbauwürdig. Auerbach/Odw. (A So. 27); Üdersdorf/Eifel (13); Erbendorf, Bayern (L 87/11).

Jakobsit, $(Mn^{2+},Fe^{2+},Mg)(Fe^{3+},Mn^{3+})_2O_4$, kub.
Eisenschwarz, kleine Oktaeder körnerartig abgerundet. Mendig/Eifel (13).

Franklinit, $(Zn,Mn^{2+},Fe^{2+})(Fe^{3+},Mn^{3+})_2O_4$, kub.
Schwarz, glänzend, gerundete Oktaederchen, eingewachsen, derb. Eibach/Siegerl. (27).

Chromit, $(Cr,Fe,Al)_2(Fe,Mg)O_4$, kub.
Schwarz, spinellartige Kristalle, als Körner eingesprengt. Teichelberg b. Pechbrunn/Opf. (A 88/1).

Hausmannit, $Mn^{2+}Mn_2^{3+}O_4$, tet.
Schwarz, Kristalle mit pyramidalem Habitus, auch lamellar, spätig, derb. Eiserfeld/Siegerl.; Eisenbach/Schww. (38).

Mennige (Minium), $Pb^{2+}Pb^{4+}O_4$, tet.
Fahlrot, derb und pseudom. nach Galenit und Cerussit, auffällig auf Halden mit Abbau durch Feuersetzen. Oberschulenberg/Harz (L 86/1); Badenweiler/Schww. (EH 88/2); Bönkhausen/Sauerl. (A 83/11).

Claudetit, As_2O_3, mon.
Farblos bis weiß, gipsähnliche, gestreckte Täfelchen. Sehr klein in Paragenese mit Arsenolith. Grube Samson, St. Andreasberg/Harz (L 89/7-8).

Valentinit, Sb_2O_3, orth.
Weiß, gelblichgrau, meist strahlig in Büscheln, pseudom. nach Antimonit und Kermesit. Horhausen (EH 79/2); Hausach (38); St. Andreasberg/Harz (8); Goldkronach (L 85/10); Ramsbeck/Sauerl. (L 87/1); Casparizeche b. Arnsberg/Sauerl. (L 89/6).

Arsenolith, As_2O_3, kub.
Weiß, winzige Oktaeder und anflugartig auf Arseniden. Wittichen/Schww. (L 87/7-8); St. Andreasberg/Harz (8); Richelsdorf (A 84/2).

Senarmontit, Sb_2O_3, kub.
Grauweiß, kleine okt. Kristalle auf zersetztem Antimonit. St. Ulrich/Schww. (38); Casparizeche b. Arnsberg/Sauerl. (L 89/6).

Bismit, Bi_2O_3, mon.
Gelb, gelbgrau, meist anflugartig auf zersetzten Wismuterzen, feinkristallin um Kerne von Wismut. Wittichen/Schww. (L 87/7-8).

Russelit, Bi_2WO_6, tet.
Weiß, gelblich, Pusteln aus undeutlichen Blättchen, aufgewachsen auf Quarz. Grube Clara, Oberwolfach/Schww. (L 85/1).

Roter Glaskopf von der Grube Christiane bei Adorf. Die Breite der Stufe beträgt ca. 4 cm.

Bixbyit, $(Mn,Fe)_2O_3$, kub.
Schwarz, würfelige und dodekaedrische Kristalle, glänzend, in Hohlräumen von Xenolithen. Bellerberg/Eifel (13).

Braunit, $Mn^{2+}Mn^{3+}_6SiO_{12}$, tet.
Schwarz, dipyramidale Kristalle, auch dicktafelig, verzerrt, schwierige Unterscheidung vom Bixbyit. Bellerberg/Eifel (13).

Korund, Al_2O_3, trig.
Farblos, verschieden gefärbt, sechsseitige Tafeln, prisma-

tisch gestreckt mit spitzer Pyramide. Bellerberg/Eifel (13); Bodenmais/Bayer. Wald. (L 83/11).

Hämatit, a-Fe_2O_3, trig.

Schwarz, rot durchscheinend in dünnen Blättchen, flächenreiche tafelige Kristalle, rosettenartige Gruppen (Eisenrosen), derb als Eisenglanz und roter Glaskopf, sehr häufig. Eisenbach/Schww. (38); Bad Lauterberg/Harz (EH 83/4; 14a).

Karelianit, V_2O_3, trig.

Dunkelgraugrün, als eingewachsene schwarze Nadeln und bis zu 5 mm große Sonnen in Calcit. Radialstrahlig mit einem Ca-V-Silikat und einem K-Al-Silikat (beide noch unbekannt) in einem Komplexerz des Ernst-Gangs auf der Grube Roter Bär, St. Andreasberg/Harz (L 89/7-8).

Ilmenit, $FeTiO_3$, trig.

Schwarz, leicht violetter Stich, dünn- und dicktafelige Kristalle, verwachsen wie Eisenrosen, derb. Tittling, Bayer. Wald (A So. 21); Waldsassen (L 85/9); Bellerberg/Eifel (13); Niederofleiden/Vogelsb.

Pyrophanit, $MnTiO_3$, trig.

Rotbraun bis schwarz, hämatitähnliche Täfelchen, röntgenographisch in Mn-reichen Xenoliten nachgewiesen. Mendig/Eifel (13).

Högbomit, $(Mg,Fe)_2(Al,Ti)_5O_{10}$, trig.

Schwarz, ilmenitähnliche Tafeln, meist eingewachsen. Bodenmais/Bayer. Wald. (L 77/9).

Freudenbergit, $Na_2(Ti,Fe)_8O_{16}$, hex.

Braunschwarz, durchscheinend, kleine ps.-hex. Kristalle, gerundete Plättchen. Katzenbuckel/Odw. (23).

Perowskit, $CaTiO_3$, orth., ps.-kub.

Schwarz, rötlichbraun durchscheinend, würflige und okt. Kristalle, skelettartig fortwachsend. Eifel: Üdersdorf und Weihersbach b. Daun, Hannebach, Herchenberg (13); Badberg, Kaiserstuhl -"Dysanalyt", Ce- und Nb-haltiger Perowskit- (L 78/3).

Stibiconit, $SbSb_2O_6(OH)$, kub.

Weiß, gelblich, meist nur erdig-krustig auf Antimonerzen. Goldkronach/Fichtelg. (L 85/10); Ramsbeck (A 88/3) und Casparizeche b. Arnsberg/Sauerl. (L 89/6); Grube Clara, Oberwolfach/Schww. (15).

Bismutostibiconit, $Bi(Sb^{5+},Fe^{3+})_2O_7$, kub.

Gelb bis braun, unscheinbare Krusten im Bereich zersetzter Bismuterze, teils homogen, teils im Gemenge mit Beyerit, Atelestit und Preisingerit. Schwarzwald: Neubulach (A 79/7-8); Grube Clara, Oberwolfach (15); Hinterohlsbach b. Gengenbach (L 85/11).

Partzit, $Cu_2Sb_2(O,OH)_7$, kub.

Gelblich bis hellgrün, schuppig-blättrige Aggregate, wenig auffällig. Imsbach/Pfalz (M 84/2); Grube Clara, Oberwolfach/Schww. (L 85/1); Puderbach/Ww. (L 84/9).

Bindheimit, $Pb_2Sb_2O_6(O,OH)$, kub.

Gelblich bis braun, nur erdige Krusten und Anflüge in der Nähe Pb- und Sb-haltiger Erze. Hausach/Schww. (38); Horhausen/Ww. (EH 79/2); Ramsbeck/Sauerl. (A 85/7).

Romeit, $(Ca,Fe,Mn,Na)_2(Sb,Ti)_2O_6(O,OH,F)$, kub.

Gelblich bis rehbraun, nierig aufgewachsen auf Fluorit und Baryt, Kristallformen auch mikroskopisch nur andeutungsweise in den Pusteln erkennbar. Grube Clara, Oberwolfach/Schww. (15).

Rankachit, $(CaO)_{0,5}(FeO)_{0,5}V_2O_5 \cdot 4WO_3 \cdot 6H_2O$, orth.

Dunkelbraun bis braungelb, langprismatische Kriställchen in radialstrahliger Anordnung. Grube Clara, Oberwolfach/Schww. (L 85/1).

Cyanophyllit, $Cu_5Al_2Sb_3O_{12}(OH) \cdot 12H_2O$, orth.

Grünblau, winzige tafelige Kristalle in Sphärolithen, krustig. Grube Clara, Oberwolfach/Schww. (15); Niederfischbach/Siegerl. (A 89/2).

Cualstibit, $Cu_6Al_3Sb_3O_{18} \cdot 16H_2O$, trig.

Bläulichgrün, klare säulige Kriställchen, einzeln oder subparallel aufgewachsen, auch radialstrahlig und derb. Grube Clara, Oberwolfach/Schww. (L 85/1).

Pyrochlor, $(Na,Ca)_2Nb_2O_6(OH,F)$, kub.

Gelb bis dunkelrotbraun, kleine Oktaeder, abgestumpft, in Vulkangestein. Laacher-See-Gebiet sowie Emmelberg b. Üdersdorf/Eifel (13); Schelingen, Kaiserstuhl ("Koppit" - L 78/3).

Uranpyrochlor, $(U,Ca,Ce)_2(Nb,Ta)_2O_6(OH,F)$, kub.

Eigenschaften wie beim Pyrochlor, aber radioaktiv durch den U-Gehalt. Hagendorf/Opf. (A 87/1).

Pseudobrookit, $FeTiO_5$, orth.

Braungelb über rot bis schwarz, gestreckte Prismen, flächenreiche Täfelchen, abgestumpft, zugespitzt. Bellerberg/Eifel (13).

Calciobetafit, $Ca_2(Nb,Ti)_2(O,OH)_7$, kub.

Schwarz, dunkelrot durchscheinend, winzige Oktaeder in Sanidinit. Mendig/Eifel (13).

Oben. Skelettförmig angeordnete Perowskitkristalle von Üdersdorf/Eifel. Bildbreite 4 mm.

Unten links. Blauer Korundkristall vom Bellerberg, Ettringen/Eifel. Bildhöhe 4 mm.

Unten rechts. Bräunlicher Korundkristall von den Wannenköpfen, Eifel. Bildhöhe 2 mm.

Bergkristalle mit eingewachsenen Hämatitkristallen von der Grube Pfannenberger Einigkeit, Salchendorf/Siegerland. Höhe der Gruppe ca. 4 cm.

Quarz, SiO_2, trig.
Farblos, durch Fremdbestandteile gefärbt und getrübt, idiomorph als "gemeiner" Quarz, flächenreicher Bergkristall nach den entsprechenden Wachstumsgesetzen und feinkristalliner Chalcedon, häufigstes Mineral, die angegebenen Fundorte stehen für viele. Suttrop/Sauerland -"gemeiner" Quarz, hex. Doppelender, modellhaft- (A So. 29); Huneberg, Harz und Gebiet bei Werlau-Wellmich, St. Goar -Bergkristall- (EH 87/3); Bischofsmais, Bayer. Wald -Rechts- und Linksquarz- (A 76/5); Andreasbachtal, Harz -Rauchquarz- (A 78/6); Göpfersgrün/Fichtelg. -Sternquarz, daneben Pseudomorphosen von Speckstein nach Quarz- (L 81/11); Usingen/Taunus und Stromberg/Hunsrück -Kappenquarz-; Freisen/Pfalz -Amethyst- (28); Idar-Oberstein, -Achat (Chalcedon)- (M 83/1); Waldhambach -Achat- (L 86/4).

Tridymit, SiO_2, orth., hex.
Farblos, dünne sechsseitige Täfelchen, Drillinge und sternförmige Skelettkristalle. Drachenfels, Siebengebirge/Bonn; Bellerberg/Eifel (13).

Cristobalit, SiO_2, tet.
Trübweiß, kleine Oktaeder und gerundete Aggregate in Xenolithen. Emmelberg b. Üdersdorf/Eifel (13).

Coesit, SiO_2, mon.
Farblos, flache Prismen, am Fundort durch Meteoreinschlag entstanden. Nördlinger Ries (A So. 24).

Stishovit, SiO_2, tet.
Farblos, prismatische Kristalle, kommt zusammen mit Coesit vor. Nördlinger Ries (A So. 24).

Opal, $SiO_2 \cdot nH_2O$, amorph.
Farblos, gefärbt, milchig, gelförmige Entstehung, nierig, traubig, lagenartig wie Chalcedon, opalisierend. Sasbach, Kaiserstuhl -Hyalit- (L 78/3); Oberkainsbach/Odw. -Hydrophan- (A 75/7-8); Meenser Steinberg b. Göttingen -Chloropal- (A So. 28).

Rutil, TiO_2, tet.
Braungelb bis dunkelrot und schwarz, prismatische Kristalle bis zu feinen Nadeln, knieförmige Zwillinge, Viellinge, gitterförmig als Sagenit. Ettringen/Eifel (13); Teichelberg/Opf. (A 88/1); Herzogau b. Waldmünchen (L 84/12).

Kassiterit, SnO_2, tet.
Schwarzbraun, durchscheinend, blendeartiger Glanz, kurzsäulige Dipyramiden, aufgewachsen, Kniezwillinge als "Visiergraupen", abgerollte Körner als "Seifenzinn", auch langnadelig, eingewachsen und derb. Fuchsbau/Fichtelg. (L 85/7-8); Waldsassen (A 81/10); Hornberg/Schww. (38); Steinbistunnel b. Triberg/Schww.

Plattnerit, PbO_2, tet.
Schwarz bis bräunlich, Aggregate aus feinnadeligen Kristallen, auch faserig und derb, die zur Bildung erforderlichen stark oxidierenden Bedingungen haben ihre Ursache wahrscheinlich im mittelalterlichen Feuersetzen gehabt. Grube Churfürst Ernst, Bönkhausen/Sauerl. (L 89/2).

Tapiolit, $Fe^{2+}(Ta,Nb)_2O_6$, tet.
Schwarz, Bestandteil polykristalliner Einsprenglinge im Zinngranit, röntgenographisch mit Kassiterit, Rutil und Wolframit bestimmt. Rudolfstein/Fichtelg. (A 85/11).

Tripuhyit, $FeSb_2O_6$, tet.
Gelbbraun, bronzebraun, strahlige Nadeln und Fasern, büschelig, erdige Krusten. Grube Clara, Oberwolfach/Schww. (15).

Pyrolusit, MnO_2, tet.
Erzgrau bis schwarz, gut kristallisierte Nadeln in Büscheln und Gruppen, häufig derbe kristalline Massen als Braunstein, stark färbend. Auch pseudom. nach Manganit. Gremmelsbach/Schww. (38); Herdorf/Siegerl. (EH 3); Grube Eisenkaute bei Bad Marienberg/Ww.; Großenlinden b. Gießen (23); Waldalgesheim, Bingen.

Eine 15 cm hohe Bergkristallgruppe aus dem Bergbaugebiet von Werlau-Wellmich am Rhein.

Kryptomelan, $K(Mn^{4+},Mn^{2+})_8O_{16}$, mon., ps.-tet.
Braun bis schwarz, feinnadelig, derb in nierigen Krusten und als Dendriten. Eisenbach/Schww. (38); Grube Clara, Oberwolfach/Schww. (L 88/3); Hagendorf/Opf. (L 81/7-8).

Romanechit, $BaMn^{2+}Mn_8{}^{4+}O_{16}(OH)_4$, mon.

Schwarz, meist derb als schwarzer Glaskopf mit radialstrahliger Struktur und in Form erdiger Krusten, selten auch nadelige Kristalle. 1982 erklärte die IMA den Namen Romanechit als verbindlich und ersetzte damit die Bezeichnung Psilomelan, die vorher für alle Hartmanganerze galt. Grube Clara, Oberwolfach (L 85/1); Rappenloch b. Eisenbach/Schww. (L 89/1); Waldalgesheim bei Bingen.

Hollandit, $Ba(Mn^{4+},Mn^{2+})_8O_{16}$, mon., ps.-tet.

Schwarz, kleine säulige Kristalle, derbe nierige Krusten. Grube Clara, Oberwolfach/Schww. (L 85/1); Ober-Rosbach, Hessen (M 84/2); Grube Franz-Ida, Allendorf/Sauerl.

Coronadit, $Pb(Mn^{4+},Mn^{2+})_8O_{16}$, tet.

Schwarz, grobnadelig, strahlig, nierige, traubige Krusten. Bad Ems/Lahn (EH 83/2).

Cesarolith, $PbH_2Mn_3O_8$, Kristallsystem noch unbekannt.

Schwarz, lockere Krusten auf Quarz. Grube Clara, Oberwolfach/Schww. (L 88/3).

Todorokit, $(Mn^{2+},Ca,Mg)Mn_3{}^{4+}O_7 \cdot H_2O$, mon.

Schwarzbraun, silbriger Schimmer, lockere, blättrige Massen. Oberschulenberg/Harz (L 86/1); Grube Clara, Oberwolfach/Schww. (L 85/1); Hartkoppe b. Aschaffenburg (A 87/10).

Asbolan, $(Co,Ni)(Mn,O_2)_2 \cdot nH_2O$, hex.

Schwarz, rußartige, erdige Krusten. Wittichen/Schww. (L 87/7-8).

Ramsdellit, MnO_2, orth.

Schwärzlich-silbergrau, kleine rhombische Pyramiden, subparallel verwachsen, auch nur undeutlich blättrig, derb. Bülten-Adenstedt b. Peine/Hannover (EH 80/4); Grube Clara, Oberwolfach/Schww. (L 88/3).

Nsutit, $Mn_x{}^{2+}Mn_{1-x}{}^{4+}O_{2-2x}(OH)_{2x}$, hex.

Metallisch silbrig-schwarz, mit Groutit und Ramsdellit in kleiner Menge nachgewiesen. Bülten-Adenstedt b. Peine/Hannover (EH 80/4).

Birnessit, $(Na,Ca)Mn_7O_4 \cdot 3H_2O$, orth.

Schwarz, wadähnliche, nierige Krusten mit stumpfem Glanz. Grube Clara, Oberwolfach/Schww. (L 85); Kunkskopf/Eifel (13).

Rancieit, $(Ca,Mn^{2+})Mn_4{}^{4+}O_9 \cdot 3H_2O$, hex.

Braunschwarz, silbrig wie Todorokit, weiche, lagenartige Massen auf Siderit. Winterberg b. Bad Grund/Harz (A 77/10).

Anatas, TiO_2, tet.

Schwarzblau, auch hellbraun, glänzend, meist spitze dipyramidale Kristalle. Epprechtstein/Fichtelg. (L 83/11); Feilitzsch b. Hof (L 87/3); Reimerath/Eifel (13).

Brookit, TiO_2, orth.

Gelblichbraun, rotbraun, tafelige, feingestreifte Kristalle, durchscheinend. Feilitzsch b. Hof (L 87/3); Vilshofen (L 82/2); Lichtenberg, Frankenwald (L 82/2).

Wolframit, $(Fe^{2+},Mn)WO_4$, mon.

Braunrot bis schwarz, Mischkristalle aus Ferberit und Hübnerit, langprismatisch, meist eingewachsen. Roßgrabeneck/Schww. (38).

Ferberit, $FeWO_4$, mon.

Schwarz, nadelig-säulige Kristalle, ein- und aufgewachsen. Wieden (A 71/3) und Grube Clara, Oberwolfach/Schww. (15).

Hübnerit, $MnWO_4$, mon.

Rotbraun, kristallisiert kleintafelig, blättchenartig. Grube Clara, Oberwolfach/Schww. (15).

Raspit, $PbWO_4$, mon.

Orangebräunlich, durchscheinend, tafelige Kristalle mit dachförmiger Endbegrenzung. Grube Clara, Oberwolfach/Schww., (15).

Ferrocolumbit, $FeNb_2O_6$, orth.

Schwarz, pechartiger Glanz, tafelig und prismatisch gestreckt, stets eingewachsen. Hagendorf/Opf. (L 81/7-8); Hühnerkobel/Bayer. Wald (A 61/11).

Samarskit, $(Y,Ce,U,Ca,Pb)(Nb,Ta,Ti,Sn)_2O_6$, mon.

Tiefschwarz, pechglänzend, undeutliche tafelige Kristalle, eingesprengte Butzen. Tittling/Bayer. Wald (L 78/2); Hagendorf/Opf. -Uransamarskit- (A 87/1).

Polymignit, $(Ca,Fe,Y,Th)(Nb,Ti,Ta,Zr)O_4$, orth.

Rotbraun, durchscheinend, glänzende Nadeln in Büscheln. Laacher See/Eifel (13).

Brannerit, $(U,Ca,Y,Ce)(Ti,Fe)_2O_6$, mon.

Schwarz, gelblichbraun durchscheinend, nadelig, stengelig, eingewachsen. Wölsendorf/Opf. (A So. 26).

Fergusonit-(Y), $YNbO_4$, tet.

Bräunlich nach olivgrün, kleine Dipyramiden, auch als

Oben. Tridymitkristalle vom Bellerberg, Ettringen/Eifel. Die Bildbreite beträgt 5 mm.

Unten links. Dünntafelige Ilmenitkristalle von Niederofleiden/Vogelsberg. Bildhöhe 1 cm.

Unten rechts. Hämatitkristalle von Nickenich/Eifel. Bildbreite 2,5 cm.

Oben links. Irisierender Pseudobrookitkristall vom Emmelberg bei Üdersdorf. Länge des Kristalls 2 mm.

Unten links. Zepter-Rauchquarz, Höhe ca. 1,5 cm, von Nehden im Sauerland.

Oben rechts. Bergkristalle mit Phantombildung (Einschlüsse von Chlorit). Länge der Kristalle 4,5 cm. Grube Wernsberger Erbstollen, Brachbach/Siegerland.

Unten rechts. Bergkristalle von Uffeln, Osnabrück. Die Kristalle sind bis 3 cm lang.

Oben. Ein 7 mm langer, flachtafeliger Brookitkristall von Feilitzsch bei Hof.

Unten links. Ramsdellitkristalle von der Grube Bülten-Adenstedt bei Peine. Bildbreite ca. 2 cm.

Unten rechts. Ein 4 mm großer Anatas mit Bergkristall von Feilitzsch bei Hof.

Unten links. Chalcedon mit Calcit (oben und unten) von der Grube Bülten-Adenstedt bei Peine. Bildbreite 8 cm.

Unten rechts. Rutilkristall (Länge ca. 2 mm) von den Wannenköpfen, Eifel.

Oben. Achate, zwei Hälften, aus der Pfalz

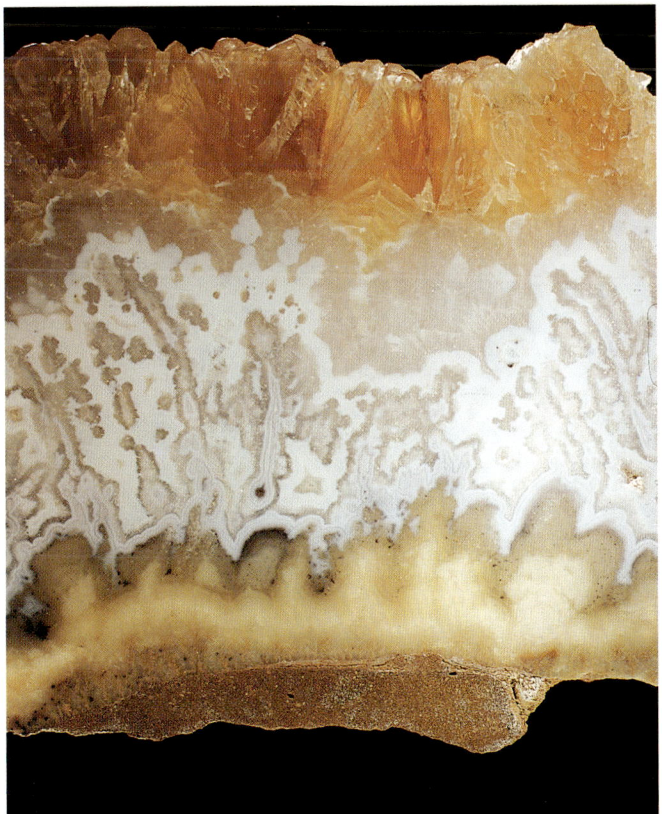

Die Grube Eisenkaute bei Marienberg im Westerwald hat viele schöne Manganerze geliefert. Vor allem Pyrolusit kam in vielen Variationen vor, wie z. B. in dieser haarigen, büschelförmigen Ausbildung. Höhe ca. 2,5 cm.

Aggregate mit gerundeten Kanten. Laacher See/Eifel (13).

Cervantit, $Sb^{3+}Sb^{5+}O_4$, orth.
Ockergelb bis braun, Pusteln aus nadelig-blättrigen Aggregaten, krustig auf Sb-haltigen Erzen. Grube Clara, Oberwolfach/Schww. (L 85/1); Münstertal (L 87/5); Horhausen/Ww. (EH 79/2); Arnsberg/Sauerl. (L 89/6).

Baddeleyit, ZrO_2, mon.
Gelb, flachprismatische Kristalle, verzwillingt. Krufter Ofen/Eifel (13).

Uraninit, UO_2, kub.
Schwarz, Würfel und Oktaeder, nierig, kugelig mit hohem Glanz als "Mausaugen", stark radioaktiv. Menzenschwand (L 79/7-8); Wittichen/Schww. (L 87/7-8); Wölsendorf/Opf. (L 79/7-8); Hagendorf/Opf. (L 81/7-8).

Cerianit, $(Ce,Th)O_2$, kub.
Graugelb, in geringer Menge als Kruste um Monazitkristalle. Bellerberg/Eifel (13).

Meymacit, $WO_3 \cdot 2H_2O$, amorph.
Gelblich, krustig, erdig auf zersetztem Scheelit. Grube Clara, Oberwolfach/Schww. (15).

Hydrotungstit, $H_2WO_4 \cdot H_2O$, mon.
Grünlichgelb, winzige tafelige Kristalle, mit Scheelit vergesellschaftet. Grube Clara, Oberwolfach/Schww. (15).

Phyllotungstit,
$CaFe_3H(WO_4)_6 \cdot 10H_2O$, orth.
Gelb bis hellbraun, schuppig-blättrige Aggregate, krustenförmig auf Quarz, auch büschelförmig. Ähnlich ausgebildet sind vom genannten Fundort Russellit, Hydrotungstit, Ferritungstit, nur röntgenographisch zu identifizieren. Grube Clara, Oberwolfach/Schww. (L 85/1).

Ilsemannit, $Mo_3O_8 \cdot nH_2O$ (?), amorph.
Blauschwärzlich, erdige Massen. Kienberg b. Inzell (29).

Schachowit, $Hg_4Sb(OH)_3O_3$, mon.
Gelb bis olivgrün, dünne und transparente Täfelchen, hochglänzend, Verfärbung im Sonnenlicht von gelb über grün nach olivgrün. Moschellandsberg (EH 83/3) und Stahlberg/Pfalz (A 87/3).

Gibbsit, $Al(OH)_3$, mon.
Farblos bis weiß, feinfaserig, warzige Krusten. Katzenbuckel/Odw. (A 77/2); Freudenstadt (L 85/1); Bad Ems/Lahn (EH 83/2).

Nordstrandit, $Al(OH)_3$, trik.
Weiß bis hellgrau, feine Fasern in halbkugeligen Aggregaten, Bestandteil von Xenolithen. Bellerberg/Eifel (13).

Lithiophorit,
$(Al,Li)Mn^{4+}O_2(OH)_2$, hex., mon.
Schwarzbraun, in nierigen Aggregaten. Fuchsbau/Fichtelg. (L 85/7-8).

Brucit, $Mg(OH)_2$, trig.
Farblos, gelblich bis grünlich, dicht verwachsene Blättchen als Kluftfüllung in Xenolithen, auch Oktaeder, pseudom. nach Periklas. Arensberg/Eifel (13); Bad Harzburg/Harz (EH 89/1).

Portlandit, $Ca(OH)_2$, hex.
Farblos bis weiß, parallel geschichtete Blättchen, dicht, brucitähnlich. Bellerberg/Eifel (13).

Amakinit, $(Fe,Mg)(OH)_2$, trig.
Blaßgrünlich bis farblos, dichte blättchenartige Massen, äußerlich von einer braunen Limonitschicht umgeben. Bodenmais/Bayer. Wald (L. 77/9).

Goethit, FeO(OH), orth.
Schwarzbraun bis gelb, prismatische, längsgestreifte Kristalle, nadelig-strahlig, dichte faserige Massen mit Seidenglanz, glaskopfartig, samtartige Rasen, oft pseudom. nach anderen Fe-Mineralien wie Pyrit und Siderit, zersetzt als Limonit. Viele Fundorte, z.B. Eiserfeld, Littfeld/Siegerl. (EH 5); Freisen/Pfalz (L 79/4); Grube Clara, Oberwolfach/Schww. (15); Bad Grund/Harz (EH 87/1); Nieder-Ramstadt/Odw. (L 80/7-8).

Lepidokrokit, FeO(OH), orth.
Rubinrot, durchscheinend, dünne Täfelchen in Rosetten, glaskopfartig und derb, leicht mit roten Blättchen des sek. Hämatits zu verwechseln, nicht so häufig wie Goethit. Eiserfeld/Siegerl.; Ober-Rosbach/Hessen (M 84/2).

Groutit, MnO(OH), orth.
Schwarz, glasglänzend, tafelige und meißelförmig zugespitzte Kristalle in Erzschalengeröllen, mit Manganit verwachsen. Gute Kristalle von Bülten-Adenstedt b. Peine/Hannover (EH 80/4); derb von Hammereisenbach/Schww. (24).

Akaganeit, FeO(OH,Cl), tet.
Schwarzbraun, kurzsäulige Kristalle, im Querschnitt quadratisch, auch spindelförmig ausgebildet, ps.-hex. Viellinge auf Goethit. Grube Clara, Oberwolfach/Schww. (A 82/10).

Ferrihydrit, $Fe_{10}O_{15} \cdot 9H_2O$, hex.
Tiefbraun bis schwarz, pustelförmig auf Arsenocrandallit und pseudom. nach Skorodit. Grube Clara, Oberwolfach/Schww. (A 82/10).

Manganit, MnO(OH), mon.
Braunschwarz, langprismatisch mit starker Streifung, kurzprismatische Kristalle flächenreich und verzwillingt, auch strahlig,

derb. Bülten-Adenstedt b. Peine/Hannover (EH 80/4); Greimerath b. Wittlich (L 84/1); Hartkoppe b. Aschaffenburg (A 87/10).

Heterogenit, $Co^{3+}O(OH)$, trig., hex.
Schwarz, kristalline Krusten, erdige Massen. Richelsdorf (18); Wittichen/Schww. -Heubachit- (L 87/7-8); Velbert b. Essen (L 88/1).

Chalkophanit, $(Zn,Fe,Mn)Mn_3{}^{4+}O_7 \cdot 3H_2O$, trik.
Bräunlichschwarz, ps.-hex. Blättchen auf Brauneisen. Ramsbeck/Sauerl. (9); Stemmer Berg b. Hannover (L 84/1).

Hydrocalumit, $Ca_2Al(OH)_7 \cdot 3H_2O$, mon.
Farblos, dünne ps-hex. Täfelchen und kurzprismatische Kriställchen mit feiner Streifung, verzwillingt. Arensberg und Ettringen/Eifel -in Xenolithen- (13).

Ianthinit, $UO_2 \cdot 5UO_3 \cdot 10H_2O$, orth.
Schwarzviolett, undeutliche radialstrahlige Aggregate. Wölsendorf/Opf. (L 79/7-8); Menzenschwand/Schww. (38).

Schoepit, $UO_3 \cdot 1\text{-}2H_2O$, orth.
Gelb, tafelig und als kristalline Krusten. Wölsendorf, Menzenschwand (beide L 79/7-8); Müllenbach b. Baden-Baden (A 77/5).

Becquerelit, $Ca(UO_2)_6O_4(OH)_6 \cdot 8H_2O$, orth.
Braungelb, dünntafelig, kristalline Aggregate. Wölsendorf/Opf. (L 79/7-8).

Billietit, $Ba(UO_2)_6O_4(OH)_6 \cdot 8H_2O$, orth.
Orangegelb, gut kristallisierte sechsseitige Täfelchen, oft verzwillingt. Menzenschwand (38); Wittichen/Schww. (L 87/7-8).

Fourmarierit, $PbU_4O_{13} \cdot 4H_2O$, orth.
Rot, undeutliche tafelige Aggregate, krustig. Wölsendorf/Opf. (A So. 26).

Vandendriesscheit, $PbU_7O_{22} \cdot 12H_2O$, orth.
Orangegelb bis bräunlich, schuppig, krustig. Menzenschwand (L 79/7-8); Wittichen/Schww. (L 87/7-8).

Curit, $Pb_2U_5O_{17} \cdot 4H_2O$, orth.
Braungelb bis rot, kleine Nadeln, faserige Büschel, krustig. Wölsendorf/Opf., Menzenschwand/Schww. (beide L 79/7-8).

Wölsendorfit, $(Pb,Ca)U_2O_7 \cdot 2H_2O$, orth.
Orangerot, radialstrahlige Aggregate, derbe Massen. Fundorte wie Curit; Wittichen/Schww. (L 87/7-8).

Studtit, $UO_4 \cdot 4H_2O$, mon.
Gelb, nadelig-faserige Krusten. Menzenschwand/Schww. (L 79/7-8).

Scotlandit, $PbSO_3$, mon.
Gelbbräunlich bis rotbraun, vielleicht durch feinste Einschlüsse gefärbt, durchscheinend, im Bruch stark glänzend, kleine, miteinander verwachsene Kristalle, meißelförmig und zapfenartig ausgebildet, auch derb in zersetztem Galenit, als Begleitminerale wurden Anglesit und Lanarkit beobachtet. Scotlandit ist das erste bekannte Sulfit von natürlicher Herkunft; mit dem Hannebachit gibt es erst zwei Vertreter dieser Kristallklasse. Das seltene Mineral wurde bisher in Leadhills, Schottland, und in der Argentolle Mine, Saint-Prix, Frankreich, gefunden, jetzt kommt die Halde am Altemannfelsen in Badenweiler als dritter Fundort dazu (Der Erzgräber Nr. 89/2).

Hannebachit, $2CaSO_3 \cdot H_2O$ orth.
Farblos, dünntafelige, stark gestreckte Kristalle, rechtwinkliger Umriß, auch abgestumpfte Winkel und zugespitzt, büschelig gruppiert. Kalem (L 88/2) und Hannebacher Ley/Eifel (13).

Oben links. Polymignitkristalle vom Krufter Ofen, Eifel. Bildhöhe ca. 1,5 mm.

Unten links. Sehr gut ausgebildete Groutitkristalle von der Grube Bülten-Adenstedt bei Peine. Sie lieferte die bisher schönsten Kristalle dieses Minerals. Bildbreite ca. 1,8 cm.

Oben rechts. Lepidokrokit in Form kleiner Kügelchen auf Quarzkristallen von der Grube Eisenzecher Zug bei Eisern/Siegerland. Die Kugeln haben einen Durchmesser von 3 mm.

Unten rechts. Schakowitkristalle (gelb) vom Lazarusstollen, Landsberg/Pfalz. Höhe ca. 2 mm.

Calcitkristalle von der Grube Lindenberg bei Münster/Taunus, auf denen Pyritkristalle orientiert aufgewachsen sind. Bildhöhe ca. 2,5 cm.

Oben links. Hydrocalumitkristalle vom Bellerberg, Ettringen/Eifel. Bildhöhe 3 mm.

Oben rechts. Ein ca. 1,5 mm großer Portlanditkristall vom Bellerberg, Ettringen/Eifel.

Unten. Calcitkristall (Durchmesser 3,3 cm) aus dem Gabbro-Steinbruch bei Bad Harzburg.

Nitrate, Carbonate, Borate

Gerhardtit, $Cu_2(NO_3)(OH)_3$, orth.
Apfelgrün, nadelige Kristalle, wollig verfilzt. Ramsbeck/ Sauerl. (A 85/7); Grube Marie b. Wilnsdorf/Siegerland; Grube Schöne Aussicht b. Burbach/Siegerl. (EH 89/1).

Nitrokalit, $Ba(NO_3)_2$, orth.
Farblos bis weiß, körnige Krusten. Homburg am Main -eine Mineralstufe von diesem Fundort befindet sich im Naturhistorischen Museum Wien- (L 87/11).

Calcit, $CaCO_3$, trig.
Farblos, auch verschieden gefärbt, hervorragend kristallisiert in den bekannten Formen des Rhomboeders und Skalenoeders, meist aufgewachsen, Zwillingsformen, Spaltstücke als Doppelspat, stalaktitisch, zapfenförmig und derbe spätige Massen. Unzählige Fundstellen, z.B.: Idar-Oberstein; Holzen/Sauerland; Hohenlimburg/Hagen; St. Andreasberg/Harz (8); Kropfmühl, Bayer. Wald (M 84/4); Auerbach/Odw. (23); Artenberg/Schww. (38); Urberg b. St. Blasien/Schww. (EH 83/1).

Vaterit, $CaCO_3$, hex.
Weiß, selten Kristallrasen aus feinsten Nadeln, sonst nur mikroskopisch erkennbare Einschlüsse in Ca-reichen Xenolithen. Bellerberg/Eifel (13).

Siderit, $FeCO_3$, trig.
Gelblichweiß, zersetzt braun, typisch rhomboedrische Kristalle, sattelförmig gekrümmt, spätig-derb, Haupterz der Siegerländer Gruben. Müsen/Siegerl. (EH 81/5); Horhausen/Ww. (EH 2); Farmsen b. Hildesheim (A So. 14); Bad Grund/Harz (EH 87/1).

Rhodochrosit, $MnCO_3$, trig.
Rosenrot, kleine rhombische und skalenoedrische Kristalle, meist aus Subindividuen aufgebaute Großkristalle, zapfen- und keulenförmig in prächtigen Gruppen, häufiger nur in spätigen Massen, trauben- und himbeerförmige Krusten. Grube Wolf, Herdorf/Siegerl. (EH 80/3); Waldalgesheim/Rhein (L79/10); Oberneisen/Lahn (EH 87/1); Lindener Mark b. Gießen; Bockenrodt/Odenwald.

Smithsonit, $ZnCO_3$, trig.
Farblos, verschieden gefärbt, undeutliche skalenoedrische Kristalle wie Reiskörner, nierige Krusten, schalig gebändert. Oberschulenberg/Harz (L 86/1); Kienberg b. Inzell (L 84/1); Velbert b. Essen (L 88/1); Mechernich/Eifel; Rammelsberg b. Goslar/Harz (EH 88/1).

Sphärocobaltit, $CoCO_3$, trig.
Pfirsichblütenrot, außen schwärzlich, radialstrahlige Kugeln, nierige Krusten. Richelsdorf (18).

Gaspeit, $(Ni,Mg,Fe)CO_3$, trig.
Hellolivgrün, röntgenographisch als kleine xenomorphe Körner bestimmt. Richelsdorf (A 84/2).

Otavit, $CdCO_3$, trig.
Weiß, Pusteln und Schüppchen mit Perlmuttglanz. Wülfrath, Niederbergischer Bezirk (L 88/1).

Dolomit, $CaMg(CO_3)_2$, trig.
Farblos, weiß bis bräunlich, als Kristalle nur Rhomboeder, oft sattelförmig gebogen, derb sehr häufig und Lagerstätten bildend. Wülfrath, Niederbergischer Bezirk; Grube Eupel, Niederhövels/Siegerl.; Schauinsland/Schww. (38); Kusel/Pfalz (28); Zeche Zollverein, Essen.

Ankerit, $Ca(Fe^{2+},Mg,Mn)(CO_3)_2$, trig.
Braun, dolomitähnlich, Rhomboeder aus Subindividuen aufgebaut, derb. Niederhövels/Siegerl. (27); Wittichen/Schww. (L 87/7-8); Werlau-Wellmich b. St. Goar (EH 87/3).

Kutnahorit, $Ca(Mn,Mg,Fe)(CO_3)_2$, trig.
Weiß bis rosarot, langstengelige Kristalle bis 4 cm, strahlig und faserig, nierige Massen. Bülten-Adenstedt b. Peine/Hannover (EH 80/4).

Huntit, $CaMg_3(CO_3)_4$, trig.
Cremeweiß, bis 5 mm dicke Krusten, mit Aragonit und Dolomit in einer Kluft des Serpentinbruchs am Haidberg bei Zell/Fichtelg., einziger bisher bekannter Fundort in der Bundesrepublik (A. 76/3).

Aragonit, $CaCO_3$, orth.
Farblos, gestreckte rhomboedrische Kristalle, meißelartig oder spießig endend, strahlige Büschel, durch Zwillingsbildung ps.-hex., stalaktitisch als Eisenblüte, faserige Krusten, kugelig-nierig. Viele Fundstellen. Leilenkof, Brohltal/Eifel; Velbert b. Essen; Roth/Ww.; Vogelsberg (L 80/9); Sasbach/ Kaiserstuhl (10).

Strontianit, $SrCO_3$, orth.
Farblos, grau, gelblich, im Bruch fettartig glänzend, gestreckte prismatische Kristalle, stengelig, strahlig-büschelig, auch derb. Ascheberg und Ahlen, Münsterland (EH 86/4); Clausthal-Zellerfeld, Bad Grund/Harz (EH 87/1).

Witherit, $BaCO_3$, orth.
Farblos, stets Durchdringungsdrillinge, quarzähnliche Dipyramiden, sonst derb mit blättrig-faseriger Struktur. Wildemann (L 78/11) und St. Andreasberg/Harz (L 87/5); Richelsdorf (A 84/4).

Oben links. Die Grube Falkenstein bei Oberscheld/Dillenburg ist bekannt als Fundort für schöne Calcitkristalle. Der abgebildete Calcit ist 1,4 cm breit.

Unten links. Sideritkristalle in typisch gebogener Form von der Grube Pfannenberger Einigkeit, Salchendorf/Siegerland. Höhe 4 cm.

Oben rechts. Wasserklare, bis 1,2 cm lange Calcitkristalle von der Grube Gottesehre bei Urberg, St. Blasien/Schwarzwald.

Unten rechts. Rhodochrositkristalle auf Limonit von der Grube Rothenberg bei Oberneisen, Diez/Lahn. Die Bildbreite beträgt 3,5 cm.

Oben. Rhodochrosit in schönen "Himbeeren" von der Grube Wolf, Herdorf/Siegerland. Bildbreite 2 cm.

Unten links. Rhodochrosit in schaligen Krusten mit Pyrolusit von der Grube Schloßberg bei Geisenheim/Rhein. Breite 7 cm.

Unten rechts. Rhodochrosit in linsenartigen Kristallen von Bockenrod im Odenwald. Die Bildbreite beträgt 3 cm.

Oben links. Rhodochrosit in himbeerartigen Kristallen von Oberneisen, Diez/Lahn. Bildbreite 2,5 cm.

Unten links. Extrem dünntafelige, durchsichtige Rhodochrositkristalle von der Grube Leonie bei Auerbach/Oberpfalz. Länge des Kristalls ca. 7 mm.

Oben rechts. Rhodochrosit in nieriger Form von der Grube Amalienshöhe, Waldalgesheim/Rhein. Breite ca. 8 cm.

Unten rechts. Aragonit in bis zu 5 mm langen Kristallen. Leilenkopf bei Niederlützingen/Eifel.

Oben. Dolomitkristalle auf Quarz von der Grube Gute Hoffnung bei Werlau, St. Goar/Rhein. Breite der Stufe 5 cm.

Unten links. Kutnahorit in langstengeligen Aggregaten. Grube Bülten-Adenstedt, Peine. Höhe ca. 3 cm.

Unten rechts. Strontianit in ungewöhnlich dickprismatischen Kristallen (historischer Fund) von der Grube Mathilde bei Ascheberg/Münsterland. Bildbreite ca. 6,5 cm.

Cerussit, $CaPbCO_3$, orth.
Farblos, schwärzlich durch Bleiglanzteilchen, prismatisch-tafelige Kristalle mit charakteristischer Streifung, große Formenvielfalt, verzwillingt, derb, häufig in allen Bleiglanzlagerstätten. Oberschulenberg/Harz (L 86/1); Bad Ems/Lahn (EH 83/2); Schauinsland/Schww. (EH 86/1); Bleialf b. Prüm (L 77/6); Maubach-Mechernich/Eifel (EH 82/1); Ibbenbüren (EH 88/2).

Azurit, $Cu_3(CO_3)_2(OH)_2$, mon.
Blau, gut ausgebildete, kurzsäulige Kristalle, nach der Querachse gestreckt, flächenreich, auch strahlig, traubig, derb, wird von Malachit verdrängt. Verwechslung mit Linarit möglich. Viele Fundorte, z.B. Altenmittlau/Spessart (EH 88/1); Neubulach/Schww. (38); Oberschulenberg/Harz (L 86/1).

Malachit, $Cu_2(CO_3)(OH)_2$, mon.
Smaragdgrün, selten gute Kristalle, meist nadelig, haarförmig, in Büscheln und Rasen, pustelig, nierig-derb, häufig auf Cu-Lagerstätten. Siegerland: z.B. Grube Friedrich b. Wissen, Grube Käusersteimel, Kausen; Rheinbreitbach (M 84/4); Oberschulenberg/Harz (L 86/1); Altenmittlau/Spessart (EH 88/1).

Rosasit, $(Cu,Zn)_2(CO_3)(OH)_2$, mon.
Bläulichgrün, nierig-kugelige Aggregate mit nadeliger Struktur. Ramsbeck/Sauerl. (A 85/7); Grube Clara, Oberwolfach/Schww. (15); Velbert b. Essen (L 88/1).

Hydrozinkit, $Zn_5(CO_3)_2(OH)_6$, mon.
Weiß, faserige Krusten, pulvrige Ausblühungen, selten winzige Täfelchen, fluoresz. bläulichweiß im kurzw. UV-Licht. Oberschulenberg/Harz (L 86/1); Schauinsland/Schww. (L 87/5); Ramsbeck/Sauerl. (EH 81/6).

Aurichalcit, $(Zn,Cu)_5(CO_3)_2(OH)_6$, orth.
Lichtblaugrün, perlmuttartiger Glanz, dünne Täfelchen und Fasern als Rosetten und Krusten. Schauinsland/Schww. (L 84/9); Oberschulenberg/Harz (L 86/1); Maubach/Eifel (L 79/5); sehr schön vom Steinbruch Rohdenhaus, Wülfrath/Niederberg. Bezirk.

Brenkit, $Ca_2(CO_3)F_2$, orth.
Farblos, flachprismatische, gestreckte Kristalle, radialstrahlig verwachsen, Spitzen ragen aus den kugelförmigen Aggregaten heraus. Brenk/Eifel (13).

Bastnäsit-(Ce), $(Ce,La)(CO_3)F$, hex.
Ockerbraun bis rotbraun, sechsseitige dünne Täfelchen, undeutliche Plättchen und Krusten. Grube Clara, Oberwolfach (15) und Grube Silberbrünnle b. Gengenbach/Schww. (A 82/12).

Bastnäsit-(Y), $(Y,Ce)(CO_3)F$, hex.
Farblos, als sehr winzige in Calcit eingewachsene würfeige Kristalle röntgenographisch bestimmt. Bad Grund/Harz (EH 87/1).

Synchisit-(Ce), $Ca(Ce,La)(CO_3)_2F$, orth., ps.-hex.
Gelb bis gelbbräunlich, mikroskopisch kleine Täfelchen von hex. Form, eingewachsen in Quarz. Wittichen (L 87/7-8); Grube Clara, Oberwolfach/Schww. (15).

Synchisit-(Y), $Ca(Y,Ce)(CO_3)_2F$, orth., ps.-hex.
Weiß, extrem winzige Kristalle in Calcit. Bad Grund/Harz (EH 87/1).

Hydrocerussit, $Pb_3(CO_3)_2(OH)_2$, trig.
Farblos, weiß, sechsseitige Tafeln, dünne Plättchen und Pseudomorphosen nach Cerussit. Schauinsland/Schww. (L 84/9); Oberschulenberg/Harz (L 86/1); Rheinbreitbach (M 84/4); Badenweiler/Schww. (EH 88/2).

Phosgenit, $Pb_2(CO_3)Cl_2$, tet.
Farblos, gelblich, grau, kurzsäulig, flächenreich, stark glänzend, auch nur tafelige Blättchen. Zeche Christian Levin, Essen (EH 82/4); Puderbach/Ww. (L 84/9).

Bismutit, $Bi_2(CO_3)O_2$, tet.
Weißgelblich bis grünlich, Pusteln aus blättrig-tafeligen Kristallen, erdige Krusten, pseudom. nach Emplektit. Schwarzwald: Wittichen (L 87/7-8); Neubulach (A 79/7-8); Freudenstadt (A 69/3).

Beyerit, $(Ca,Pb)Bi_2(CO_3)_2O_2$, tet.
Gelbgrau, dünne Plättchen, rosettenförmig angeordnet, schuppige Aggregate. Wittichen/Schww. (L 87/7-8).

Monohydrocalcit, $CaCO_3 \cdot H_2O$, mon.
Farblos, grauweiß, nierig-kugelig auf sinterartigen Krusten. Richelsdorf (A 84/2); Wittichen (L 87/7-8) und Grube Clara, Oberwolfach/Schww. (L 88/3).

Chalkonatronit, $Na_2Cu[CO_3]_2 \cdot 3H_2O$, mon.
Hellblau, blättchenartige Kristalle, manchmal gefiedert, auch krustig. Ramsbeck/Sauerl. (A 85/7); Richelsdorf (A 84/2); Oberschulenberg/Harz (L 86/1).

Clarait, $(Cu,Zn)_3(CO_3)(OH)_4 \cdot 4H_2O$, trik.
Türkisfarben, dunkelgrün, blau, rhomboedrische Kristalle, subparallel verwachsen, auch pustelig. Grube Clara, Oberwolfach/Schww. (15).

Hydromagnesit, $Mg_5(CO_3)_4(OH)_2 \cdot 4H_2O$, mon.
Farblos, winzige prismatische Kristalle als Nadeln, die millimeterstarke Schichten bilden, radialstrahlig. Arensberg/Eifel (13).

Etwa 3 cm lange Strontianitkristalle aus einem Kalksteinbruch bei Beckum/Westfalen.

Oben. Strontianitbüschelchen, die aus eine Calcitkluft herausragen. Die Bildbreite beträgt 8 cm, der Fundort ist die Halde der Grube Alwine bei Ahlen/Münsterland.

Unten links. Cerussitkristalle, etwa 1 cm lang, von der Grube Neue Hoffnung bei Wilgersdorf/Siegerland.

Unten rechts. Von der Grube Jeanette bei Kransberg/Taunus stammt dieser 7 mm hohe Cerussitkristall.

Artinit, $Mg_2(CO_3)(OH)_2 \cdot 3H_2$, mon.
Farblos, weiß, prismatische Nadeln in mehr stengeliger Form, sonst wie Hydromagnesit. Arensberg/Eifel (13).

Zaratit, $Ni_3(CO_3)(OH)_4 \cdot 4H_2O$, kub.
Smaragdgrün, erdige Krusten. Schauinsland/Schww. (L 84/9); Velbert b. Essen (L 88/1).

Hydrotalkit, $Mg_6Al_2(CO_3)(OH)_{16} \cdot 4H_2O$, trig.
Grau, als Füllung feinster Klüfte im Gestein, einmal als kugelige Aggregate. Kalem/Eifel (13).

Alumohydrocalcit, $CaAl_2(CO_3)_2(OH)_4 \cdot 3H_2O$, trik.
Weiß, pustelförmige Aggregate aus feinen radialstrahligen Nadeln. Kalem/Eifel (13).

Calcioankylit, $(Ca,Sr)Ce(CO_3)_2(OH) \cdot H_2O$,
Gelb bis grünlich, wenn frisch, sehr kleine Kristalle mit undeutlich oktaedrischem Habitus in derben Quarz- und Calcitpartien, die Hohlräume des Gesteins ausfüllen. Einziger bekannter Fundort ist der Steinbruch am Hellerberg bei Freisen/Saarland (20a).

Takowit, $Ni_6Al_2(OH)_{16}(CO_3,OH) \cdot 4H_2O$, trig.
Blaugrünlich, schuppige Krusten, nur mikroskopisch sichtbare sechsseitige Täfelchen, oft verzerrt. Grube Clara, Oberwolfach (L 85/1); Urberg b. St. Blasien/Schww.

Dundasit, $PbAl_2(CO_3)_2(OH)_4 \cdot H_2O$, orth.
Farblos, weiß, radialstrahlige Nadeln in kugeliger Form, igelartig. Oberschulenberg/Harz (L 86/1); Bad Ems/Lahn (EH 83/2); Ramsbeck/Sauerl. (9).

Rapidcreekit, $Ca_2(SO_4)(CO_3) \cdot 4H_2O$, orth.
Farblos bis gelblich, sehr kleine rechteckige Täfelchen, auch lattenförmig gestreckt und in radialstrahligen Büscheln, Bestandteil sinterartiger Krusten, mit Gips und Hörnesit verwachsen, extrem selten. Grube Johann am Burgfelsen, Wittichen/Schww. -neben dem Vorkommen von Rapid Creek, Kanada, weltweit erst der zweite Fundort- (A 89/1).

Rutherfordin, $(UO_2)CO_3$, orth.
Blaßgelb, kleine nadelig-blättrige Kristalle, radialstrahlige flache Rosetten. Menzenschwand (L 79/7-8); Wittichen/Schww. (38).

Sharpit, $(UO_2)CO_3 \cdot H_2O)$, orth.
Lichtgelb, kleine nadelig-faserige Aggregate, fluoresz. schwachgrün. Ellweiler/Pfalz (L 79/7-8).

Joliotit, $UO_2CO_3{\cdot}nH_2O$ (?), orth.
Zitronengelb, tafelig-blättrige Kriställchen, zu kleinen Sphärolithen geordnet, auf Baryt und Limonit, fluoresz. schwach grünlichgelb. Menzenschwand/Schww. (L 79/7-8).

Liebigit, $Ca_2(UO_2)(CO_3)_3 \cdot 11H_2O$, orth.
Gelb, nierenförmige Krusten, mikroskopisch wahrnehmbare tafelige Kristalle, subparallel verwachsen, fluoresz. kräftig grün. Müllenbach b. Baden-Baden (A 77/5).

Schroeckingerit, $NaCa_3(UO_2)(CO_3)_3(SO_4)F \cdot 10H_2O$, trik.
Gelb, pustelförmig, krustig, bei stärkerer Vergrößerung sind sechsseitige Täfelchen erkennbar, fluoresz. gelbgrün. Wittichen/Schww. (L 87/7-8).

Widenmannit, $Pb_2(UO_2)(CO_3)_3$, orth.
Hellgelb, dünntafelige Kristalle, auch in Büscheln, seidenglänzend, extrem selten, erst einmal gefunden. Weiler b. Lahr (L 83/12).

Tetraedrische Boracitkristalle von der Grube Friedrichshall bei Lehrte bei Hannover. Die Kristalle sind etwa 4 mm groß.

Borate

Jeremejewit, $Al_6B_5O_{15}(OH)_3$, hex.
Blau, gestreckte Kristalle, verschiedene prismatische Trachten, z.T. büschelig verwachsen. Bisher drei Fundorte in der Eifel: Emmelberg b. Üdersdorf (13), Wannenköpfe und Drees/Daun.

Lüneburgit, $Mg_3B_2(PO_4)_2(OH)6 \cdot 5H_2O$, mon.
Weiß, knollige Massen aus feinsten Nadeln. Lüneburg (6).

Fabianit, $CaB_3O_5(OH)$, mon.
Farblos, kleine Kristalle im Material einer Salzbohrung. Rehden b. Diepholz (23).

Hilgardit, $2B_5O_9Cl \cdot H_2O$, trik.
Farblos, Sr-haltiges Mineral vom angegebenen Fundort, "Strontiohilgardit". Reyershausen b. Göttingen (23).

Heidornit, $Na_2Ca_3B_5O_8(SO_4)_2Cl(OH)_2$, mon.
Farblos, gestreckte, zugespitzte pyramidale Kristalle, auch wasserklare Spaltstücke aus einer Bohrung bei Frenswegen/Nordhorn. (23).

Boracit, $Mg_3B_7O_{13}Cl$, orth.
Farblos, bläulich, grünlich, eingewachsene Kristalle, typische kub. Formen wie Würfel, Tetraeder, Dodekaeder, oft scharfkantig ausgebildet, auch dichte, knollige Aggregate, Hoch- und Tiefboracit. Sigmundshall, Lehrte; Kalkberg b. Lüneburg (6); Bad Segeberg (A 87/4).

Ericait, $(Fe^{2+},Mg,Mn)_3B_7O_{13}Cl$, orth.
Rotviolett, Kristalle mit klein entwickelten Flächen des Würfels und Rhombendodekaeders. Wathlingen-Hänigsen (A 87/4); Reyershausen b. Göttingen (A 87/4).

Sulfate, Chromate, Molybdate, Wolframate

Langbeinit, $K_2Mg_2(SO_4)_3$, kub.
Farblos, derb-kristallin in Nestern der Schichten von Kalisalzlagern. Neuhof-Ellers b. Fulda (17) und Hattorff, b. Philippsthal/Hessen.

Thenardit, $NaMg_3AlSi_3O_{10}(F,OH)_2$, orth.
Farblos, weiß, erdige Massen in Auslaugungshohlräumen des Steinsalzes. Lüneburg (6).

Mascagnin, $(NH_4)_2SO_4$, orth.
Weiß, pustelförmige Aggregate mit undeutlich ausgebildeten Blättchen, locker, erdig. Grube Clara, Oberwolfach/Schww. (L 88/3).

Aphtitalit (Glaserit), $(K,Na)_3Na(SO_4)_2$, trig.
Weiß, auch gefärbt, dicktafelige Kristalle, meist kristalline Massen in Salzlagerstätten. Neuhof-Ellers b. Fulda (17); Douglashall b. Hannover (23).

Kalistrontit, $K_2Sr(SO_4)_2$, trig.
Farblos, weiß, trübe tafelig-rhomboedrische Kristalle. Lüneburg (6).

Glauberit, $Na_2Ca(SO_4)_2$, mon.
Farblos, grau, meist nur kristallin als Bestandteil in Schichten der Kalisalzlager, auch mehlige Rinden, vom angegebenen Fundort als erdige Krusten auf Melanterit. Rammelsberg/Harz (EH 87/4).

Anhydrit, $CaSO_4$, orth.
Farblos bis trübweiß, bläulich, rötlich, gute würflige oder prismatische Kristalle selten, meist alabasterartig dicht, häufig in Wechsellagerung mit Steinsalz in vielen Zechsteinablagerungen. Lüneburg (6); Richelsdorf (A 84/1); Clausthal/Harz (23), Schacht "Konrad", Salzgitter.

Coelestin, $SrSO_4$, orth.
Farblos, oft blau, gut ausgebildete prismatische und tafelige Kristalle, aufgewachsen und in Drusen, schöne Gruppen, auch faserig (Fasercoelestin). Helgoland (30); Obergembeck/Westf. (L 79/7-8); Wöltjebuche/Deister (L 84/1); Schacht "Konrad", Salzgitter; Bad Lauterberg/Harz (14a); Jühnde b. Göttingen; Bad Grund/Harz (EH 87/1).

Baryt, $BaSO_4$, orth.
Farblos, weiß, oft gefärbt, schöne Kristalle, tafelig, meißelför-

Oben. Nadelige Cerussite sitzen in einer Malachitdruse, die im letzten Jahrhundert in Clausthal-Zellerfeld gefunden wurde. Die Bildbreite beträgt 8 cm.

Unten links. Eine kleine Azuritrose, gebildet aus vielen kleinen Einzelkristallen, von der Grube Clara, Oberwolfach/Schwarzwald. Durchmesser 5 mm.

Unten rechts. Malachit in hübschen, kugeligen Aggregaten, denen Olivenitkriställchen aufsitzen. Höhe 9 mm. Grube Clara, Oberwolfach/Schwarzwald.

Oben. Dünnadelige Malachitkristalle bis 1 cm Länge von der Grube Friedrich bei Wissen/Siegerland.

Unten links. Etwa 1,5 cm lange Malachitkristalle mit Cerussit von der Grube Neue Hoffnung, Wilgersdorf/Siegerland.

Unten rechts. Aurichalcitkristalle, zu Rosetten angeordnet, vom Steinbruch Rohdenhaus bei Wülfrath/Bergisches Land.

mig, vielfältig in Tracht und Habitus, kammartige Aggregate, faserig, derb. Zahlr. Lagerstätten bildend: Dreislar/Sauerl. (EH 85/1); Meggen/Lenne (M 84/3); Grube Clara, Oberwolfach/Schww. (38); Oberkainsbach/Odw. (L 80/7-8); Bad Lauterberg (EH 83/4) und Bad Grund/Harz (EH 87/1); Grube Clarashall b. Baumholder/Pfalz (28).

Anglesit, $PbSO_4$, orth.
Farblos, Kristalle meist gut ausgebildet, prismatisch, tafelig, dipyramidal, derb, pseudom. nach Bleiglanz. Viele Fundorte im Siegerland, z.B. Gruben Victoria und Brüche b. Littfeld; (EH 81/5); Badenweiler/Schww. (EH 88/2); Puderbach/Ww. (L 84/9); Oberschulenberg/Harz (L 86/1).

Antlerit, $Cu_3(SO_4)(OH)_4$, orth.
Grün bis blaugrün, kleine tafelige oder prismatische Kristalle, glasglänzend. Rammelsberg/Harz (EH 87/4); Grube Clara, Oberwolfach/Schww. (15); Rheinbreitbach (M 84/4).

Brochantit, $Cu_4(SO_4)(OH)_6$, mon.
Grün, ps.-orth. Kristalle, tafelig und lattenförmig gestreckt, Streifung, nierig-faserig. Grube Clara, Oberwolfach/Schww. (15); Ramsbeck/Sauerl. (EH 81/6); Velbert b. Essen (L 88/1); Grube Henriette, Siebertal/Harz (L 78/10).

Linarit, $PbCu(SO_4)(OH)_2$, mon.
Lasurblau, kleine gestreckte Kristalle, flächenreich, starker Glasglanz. Littfeld/Siegerl.; Oberschulenberg/Harz (L 86/1); Badenweiler/Schww. (EH 88/2); Bad Ems/Lahn (L 84/2).

Elyit, $Pb_4Cu(SO_4)(OH)_8$, mon.
Auffällig violett, winzige Kristalle, tafelig-gestreckt, feinfaserige Rasen. Oberschulenberg/Harz (L 86/1); Bönkhausen/Sauerl. (A 83/11); Badenweiler/Schww. (EH 88/2).

Caledonit, $Pb_5Cu_2(CO_3)(SO_4)_3(OH)_6$, orth.
Grünblau, kleine gestreckte Prismen in nadeligen Büscheln, Fundorte wie bei Elyit, dazu Grube Marie b. Wilnsdorf/Siegerl.; Grube Clara, Oberwolfach/Schww. (L 85/1); Ramsbeck/Sauerl. (9).

Chenit, $Pb_4Cu(SO_4)_2(OH)_6$, trik.
Himmelblau bis blau, farblich an Caledonit erinnernd, aber deutlich durch die trikl. Kristallform unterscheidbar, stärker entwickelte, prismatisch-gestreckte Kristalle, oft mit Harzglanz. Halde am Altemann-Felsen, Badenweiler; Freiamt b. Freiburg/Schww. (Der Erzgräber 89/2).

Leadhillit, $Pb_4(SO_4)(CO_3)_2(OH)_2$, mon.
Farblos, ps.-hex. Tafeln mit Perlmuttglanz, oft hintereinander gestellt und in Rosetten. Velbert b. Essen(L 88/1); Oberschulenberg/Harz (L 86/1); Ramsbeck/Sauerl. (A 85/7); Werlau-Wellmich b. St. Goar (EH 87/3).

Susannit, $Pb_4(SO_4)(CO_3)_2(OH)_2$, trig.
Farblos, weiß, trüb, sechsseitige tafelige Formen, sehr klein. Ramsbeck/Sauerl. (9); Rheinbreitbach (M 84/4); Wilnsdorf/Siegerl. (L 87/1); Grube Churfürst Ernst, Bönkhausen/Sauerl. (L 89/2).

Macphersonit, $Pb_4(SO_4)(CO_3)_2(OH)_2$, orth.
Farblos, leicht bräunlich getönt, ps.-hex. tafelige Kristalle, oft verwachsen, fluoresz. kräftig gelb. Ist trimorph mit Leadhillit und Susannit, kann leicht mit ps.-hex. Leadhillit verwechselt werden und war bisher nur von drei Fundstellen Europas bekannt: Leadhills in Schottland (Typlokalität), Argentolle Mine in Frankreich, Laurion in Griechenland. Grube Churfürst Ernst, Bönkhausen/Sauerl. (L 89/2).

Jarosit, $KFe^{3+}_3(SO_4)_2(OH)_6$, trig.
Ockergelb bis schwarzbraun, kaum Kristalle, schuppige Aggregate, erdige Beläge, weit verbreitet, wird oft für Limonit gehalten. Wallerfangen b. Saarlouis (28); Rammelsberg/Harz (L 88/6); Grube Clara, Oberwolfach/Schww. (15).

Natrojarosit, $NaFe_3{}^{3+}(SO_4)_{24}(OH)6$, trig.
Gelbbraun, kleinste Kriställchen als glitzerndes Pulver. Mendig/Eifel (13); Waldstein/Fichtelg. (L 87/7-8); Niederschelden/Siegerl. (L 87/12).

Plumbojarosit, $PbFe_6{}^{3+}(SO_4)_4(OH)_{12}$, trig.
Dunkelbraun, kleine tafelige Kristalle und kristalline Krusten. Oberschulenberg/Harz (L 86/1); Velbert b. Essen (L 88/1).

Anglesitkristall mit einer Breite von 1 cm von der Grube Victoria bei Littfeld/Siegerland.

Hydroniumjarosit (Karphosiderit), $H_3OFe_3(SO_4)_2(OH)_6$, trig.
Braungelb, warzig-krustige Aggregate neben zersetztem Pyrit und Antimonit auf Kieselschiefer, pseudom. n. Jamesonit. Casparizeche b. Arnsberg/Sauerl. (L 89/6).

Ammoniumjarosit, $(NH_4)Fe_3(SO_4)_2(OH)_6$, trig.
Gelb bis braun, sehr feinkörnige Kruste, röntgenographisch bestimmt. Grube Clara, Oberwolfach/Schww. (L 88/3).

Osarizawait, $PbCuAl_2(SO_4)_2(OH)_6$, trig.
Grünlichgelb, kugelig-nierige Aggregate, pulverförmig. Niederschelden/Siegerl. (L 87/12); St. Andreasberg/Harz (A 84/6).

Beaverit, $PbCuAl_2(SO_4)_2(OH)_6$, trig.
Gelbgrünlich, äußerst kleine Kristallaggregate bilden Tröpfchen und Nieren. Oberschulenberg/Harz (L 81/5).

Beudantit, $PbFe_3(AsO_4)(SO_4)(OH)_6$, trig.
Gelbbraun bis schwarz, vielfältige Formen, ps.-würfelig, rhomboedrisch, tafelig, zu unterscheiden ist eine sulfatfreie Modifikation. Reichenbach/Odw. (L 79/3); Gruben Louise b. Horhausen (EH 2) und Schöne Aussicht b. Dernbach/Ww. (L 84/9); Grube Clara, Oberwolfach -sulfatfrei- (15); Grube Silberbrünnle b. Gengenbach/Schww. -sulfatfrei- (L 88/4).

Corkit, $PbFe_3(PO_4)(SO_4)(OH)_6$, trig.
Gelb bis grünlich, spitzrhomboedrische Kristalle, auch nierig-krustig. Grube Louise b. Horhausen und Grube Schöne Aussicht b. Dernbach/Ww. (A So. 30); Bad Ems/Lahn (EH 83/2).

Hinsdalit, $(Pb,Sr)Al_3(PO_4)(SO_4)(OH)_6$, trig.
Farblos, grauweiß, rhomboedrische Kristalle, in Hohlräumen miteinander verwachsen. Perimorphosen nach Pyromorphit bildend. Grube Schöne Aussicht b. Dernbach/Ww. (A So. 30); Bad Ems/Lahn (L 84/2); Reichenbach/Odw. (L 87/10).

Hidalgoit, $PbAl_3(SO_4)(AsO_4)(OH)_6$, trig.
Weiß, gefärbt, krustig, erdig, Perimorphosen nach Pyromorphit. Bad Ems/Lahn (L 84/2); Velbert b. Essen (L 88/1).

Weilerit, $BaAl_3(AsO_4)(SO_4)(OH)_6$, trig.
Weiß, gelblich, winzige würfelähnliche Rhomboeder in Krusten, sechsseitige Täfelchen in kugeligen Gruppen, -sulfatfrei- Schwarzwald: Weiler b. Lahr (A 81/9); Grube Clara, Oberwolfach (15); Freudenstadt (38).

Kemmlitzit, $(Sr,Ce)Al_3(AsO_4)(SO_4)(OH)_6$
Weiß, erdig, mit Kaolinit auf Hämatit, nur röntgenographisch unterscheidbar. Grube Louise, Greimerath/Saarl. (20a).

Caracolit, $Na_3Pb_2(SO_4)_3Cl$, mon., ps.hex.
Farblos, plättchenförmige Kriställchen auf Bleiglanz, selten in dipyramidaler Ausbildung. Zeche Christian Levin, Essen (23); Zeche Auguste-Victoria, Marl-Hüls.

Lanarkit, $Pb_2(SO_4)O$, mon.
Gelblichweiß, grau, grünlich, prismatisch-stengelige Kristalle, nadelige Büschel. Badenweiler/Schww. (EH 88/2); Oberschulenberg/Harz (L 86/1); Velbert b. Essen (L 88/1).

Kieserit, $MgSO_4 \cdot H_2O$, mon.
Farblos, trübweiß, feinkörnige Massen in Wechsellage mit Steinsalz, kommt in vielen Kalisalzbergwerken vor. Wathlingen-Hänigsen (16); Neuhof-Ellers b. Fulda (17); Grube Hattorf b. Philippsthal/Hessen.

Szomolnokit, $Fe^{2+}SO_4 \cdot H_2O$, mon.
Weißlich, gelb, erdige Krusten, feinste Ausblühungen auf Pyrit oder Markasit. Weiler b. Lahr (A 81/9); Grube Clara, Oberwolfach/Schww. (15); Recklinghausen/Ruhrg. (EH 87/2).

Gunningit, $(Zn,Mn)SO_4 \cdot H_2O$, mon.
Weiß, pulvrige Beläge, warzige Krusten auf Pyrit. Rammelsberg/Harz (L 88/6); Velbert b. Essen (L 88/1).

Rozenit, $Fe^{2+}SO_4 \cdot 4H_2O$, mon.
Farblos, glasig-weiß, faserig, undeutliche Kristalle, teilweise angelöst. Rammelsberg/Harz (EH 87/4); Ramsbeck/Sauerl. (A 86/7); Hagendorf/Opf. (L 81/7-8); Recklinghausen/Ruhrg.

Boyleit, $(Zn,Mg)SO_4 \cdot 4H_2O$, mon.
Weiß, feinkristalline Krusten. Krobbach, Münstertal/Schww. (38).

Chalkanthit, $CuSO_4 \cdot 5H_2O$, trik.
Blau, Kristalle selten, feinkristalline Aggregate, durchscheinend, krustige Überzüge, auf Halden wenig beständig. Rammelsberg/Harz (EH 87/4); Grube Clara, Oberwolfach/Schww. (15); Wilnsdorf/Siegerl. (L 87/1).

Siderotil, $Fe^{2+}SO_4 \cdot 5H_2O$, trik.
Farblos bis grün-grau, wurmartig gekrümmte Aggregate, durchscheinend, krustige Ausblühungen. Grube Clara, Oberwolfach/Schww. (15); Velbert b. Essen (L 88/1); Bad Grund/Harz.

Bianchit, $(Zn,Fe)SO_4 \cdot 6H_2O$, mon.
Weiß, gelblich, wollig verfilzte Nädelchen, seidig glänzend. Rammelsberg/Harz (EH 87/4).

Moorhouseit, $(Co,Ni,Mn)SO_4 \cdot 6H_2O$, mon.
Rosa, widderhornartig gekrümmte Gebilde, faserig. Wittichen/Schww. (L 87/7-8).

Nickelhexahydrit, $(Ni,Mg,Fe)(SO_4)\cdot 6H_2O$, mon.
Blaugrün, gestreckte Kristalle, undeutlich verbacken, angelöst, krustig. Wolfshagen/Harz (A 83/3); Richelsdorf.

Prächtige Rosasitkugeln aus dem Steinbruch Rohdenhaus bei Wülfrath/Bergisches Land. Diese Stufe dürfte die beste ihrer Art in der Bundesrepublik Deutschland sein. Die Bildbreite beträgt 2,3 cm.

Oben links. Jeremejewitkristalle, etwa 0,6 mm groß, von den Wannenköpfen/Eifel.

Unten links. Ericaitkristalle in Anhydrit vom Kaliwerk Niedersachsen, Wathlingen/Celle. Bildbreite ca. 5 cm.

Oben rechts. Boracitkristall (Kantenlänge 1 cm) in Anhydrit vom Kaliwerk Niedersachsen bei Wathlingen/Celle.

Unten rechts. Anhydritkristalle sind in der Bundesrepublik sehr selten - obwohl das Mineral Lagerstätten bildet. Die etwa 1,5 cm langen Kristalle stammen vom Kaliwerk Niedersachsen bei Wathlingen/Celle.

Retgersit, $NiSO_4 \cdot 6H_2O$, tet.
Blaugrünlich, faserige Krusten, korkenzieherförmige Aggregate, Rammelsberg/Harz (L 88/6); Richelsdorf (A 84/2); Ramsbeck/Sauerl. (A 86/7).

Melanterit, $FeSO_4 \cdot 7H_2O$, mon.
Grünlich, glasige Krusten, undeutliche Kristalle in nadelig-haariger Ausbildung, stalaktitisch. Rammelsberg/Harz (L 88/6); Maubach/Eifel (EH 82/2); Velbert b. Essen (L 88/1); Grube Dr. Geier, Waldalgesheim/Bingen.

Bieberit, $CoSO_4 \cdot 7H_2O$, mon.
Himbeerrot, fleischfarben, krustenförmige Ausblühung. Wittichen/Schww. (L 87/7-8); Bieber, Hessen (23); Maubach/Eifel (EH 82/2).

Epsomit, $MgSO_4 \cdot 7H_2O$, orth.
Farblos, weiß, neben faserigen Krusten auch deutliche prismatische Kristalle. Rammelsberg/Harz (L 88/6); Grube Dr. Geier, Waldalgesheim/Bingen.

Morenosit, $NiSO_4 \cdot 7H_2O$, orth.
Gelbgrün, Krusten und Ausblühungen auf Ni-haltigen Erzen. Richelsdorf (A 84/2); Horbach b. St. Blasien/Schww. (10); Rammelsberg/Harz (L 88/6); Ramsbeck/Sauerl. (9); Bad Ems/Lahn (EH 83/2).

Goslarit, $ZnSO_4 \cdot 7H_2O$, orth.
Weiß, gelblich, faserige Krusten, teilweise radialstrahlig, nierig-traubig, bei Wasserverlust körnig, pulverig. Rammelsberg/Harz (EH 87/4).

Rhomboklas, $HFe^{3+}(SO_4)_2 \cdot 4H_2O$, orth.
Farblos, weiß, dünntafelige Kristalle auf korrodiertem Markasit, selten, sonst pulverige Ausblühungen. Grube Clara, Oberwolfach/Schww. (15); Richelsdorf (A 88/3).

Alunogen, $Al_2(SO_4)_3 \cdot 18H_2O$, trik.
Weiß, gelblich, kleine tafelige Kristalle mit ps.-hex. Habitus, in Krusten nierig-traubig, auf Steinkohleklüften. Zeche Christian Levin, Essen (EH 82/4).

Coquimbit, $Fe_2(SO_4)_3 \cdot 9H_2O$, trig.
Farblos, auch gefärbt, meist feinkörnige Aggregate. Grube Clara, Oberwolfach/Schww. (L 88/3).

Kornelit, $Fe_2^{3+}(SO_4)_3 \cdot 7H_2O$, mon.
Hellviolett, kristalline Krusten. Grube Clara, Oberwolfach/Schww. (L 88/3).

Roemerit, $Fe^{2+}Fe_2^{3+}(SO_4)_4 \cdot 14H_2O$, trik.
Rostbraun, dünntafelige Kristalle und körnige Aggregate. Rammelsberg/Harz (EH 87/4); Grube Clara, Oberwolfach/Schww. (L 88/3); Velbert b. Essen (L 88/1).

Pickeringit, $MgAl_2(SO_4)_4 \cdot 22H_2O$, mon.
Weiß, feinnadelige Kristalle, dünne Fasern mit Seidenglanz, am Fundort Begleiter des Szomolnokits. Zeche Julia, Recklinghausen (heute Zeche Ewald, Baufeld Recklinghausen) (EH 88/1).

Halotrichit, $Fe^{2+}Al_2(SO_4)_4 \cdot 22H_2O$, mon.
Grauweiß, haarförmig, dichtfaserige Büschel auf zersetzten Sulfiden. Rammelsberg/Harz (EH 87/4); Weiler b. Lahr (A 81/9); Grube Clara, Oberwolfach/Schww. (15).

Mendozit, $NaAl(SO_4)_2 \cdot 11H_2O$, mon.
Weiß, faserige Aggregate in Form von Ausblühungen, seidenglänzend wie Halotrichit, ein weltweit seltenes Sulfat, bei uns nur vom angegebenen Fundort bekannt: Zeche Julia, Recklinghausen.

Tschermigit (Ammoniakalaun), $(NH_4)Al(SO_4)_2 \cdot 12H_2O$, kub.
Farblos bis grauweiß, faserig-stengelige Aggregate auf Klüften der Braunkohle. Weenzen b. Alfeld (A So. 14); Wackersdorf, Bayern (23).

Voltait, $K_2Fe_5^{2+}Fe_4^{3+}(SO_4)_{12} \cdot 18H_2O$ St, kub.
Olivgrün, würfelige und okt. Kristalle, selten, meist kantendurchscheinende Krusten. Rammelsberg/Harz (L 88/6); Waldsassen (23); Grube Clara, Oberwolfach/Schww. (L 88/3).

Metavoltin, $K_2Na_6Fe^{2+}Fe_6^{3+}(SO_4)_{12}O_2$, hex.
Ockergelb, undeutl. ausgebildete Täfelchen, pustelig. Richelsdorf (A 84/2); Zeche Christian Levin, Essen (EH 82/4).

Tamarugit, $NaAl(SO_4)_2 \cdot 6H_2O$, mon.
Farblos bis weiß, Krusten aus tafelig gestreckten Kristallen, dicht, mit Gips und Melanterit auf Kohle unweit zersetzter Pyritmassen, selten. Ehemalige Zeche Julia, Herne.

Ferrinatrit, $Na_3Fe(SO_4)_3 \cdot 3H_2O$, trig.
Grauweiß, radialstrahlig aufgebaute Kügelchen neben Pyrit und Calcit. Ramsbeck/Sauerl. (A 88/3).

Löweit, $Na_{12}Mg_7(SO_4)_{13} \cdot 15H_2O$, trig.
Orangegelb bis fleischrot, selten in Salzlagern der Zechsteinformation als derbe Einlagerungen. Neuhof-Ellers (17).

Leonit, $K_2Mg(SO_4)_2 \cdot 4H_2O$, mon.
Farblos, beigefarben, schöne langtafelige Kristalle auf Steinsalz. Neuhof-Ellers b. Fulda (17).

Pikromerit (Schönit), $K_2Mg(SO_4)_2 \cdot 6H_2O$, mon.
Farblos, schneeweiß, bildet sich wie Löweit und Leonit sekundär bei der Umwandlung K- und Mg-haltiger Zechsteinsalze, derb, rindenartig auf Salzkristallen. Neuhof-Ellers b. Fulda (17).

Mohrit, $(NH_4)_2Fe^{2+}(SO_4)_2 \cdot 6H_2O$, mon.
Gelblich bis fahlgrün, keine Kristallbildung, lockere Krusten auf zersetztem Pyrit. Grube Clara, Oberwolfach/Schww. (L 88/3).

Polyhalit, $K_2Ca_2Mg(SO_4)_4 \cdot 2H_2O$, trik.
Himmelblau, bräunlichrot durch Eisenoxideinschlüsse, derbfaserige Massen als Bestandteil der Kalisalzvorkommen, langgestreckte Kristalle selten, matter Fettglanz. Neuhof-Ellers b. Fulda (A 81/2) und Hattorf b Philippsthal/HEssen.

Hydroglauberit, $Na_4Ca(SO_4)_3 \cdot 2H_2O$, mon.
Farblos bis weiß, Büschel und Rasen aus kleinen Kristallnadeln auf Schichtfugen und in Hohlräumen des Anhydrits. Lüneburg (6).

Syngenit, $K_2Ca(SO_4)_2 \cdot H_2O$, mon.
Farblos, langtafelige Kristalle, dünn, scheidet bei der Auflösung in heißem Wasser Gips ab. Lüneburg (6).

Koktait, $(NH_4)_2Ca(SO_4)_2 \cdot H_2O$, mon.
Weiß, unscheinbare krümelige Aggregate auf Braunkohle. Bornhausen b. Seesen, Harz (U.).

Mirabilit, $Na_2SO_4 \cdot 10H_2O$, mon.
Farblos, durchsichtig, langnadelige Kristalle, Faserkrusten, mehlartige Ausblühungen. Beienrode/Wolfsburg; Grube Mathias, Ihn b. Hemmersdorf, Saarland (28).

Gips, $CaSO_4 \cdot 2H_2O$, mon.
Farblos, gut ausgebildete tafelige und prismatische Kristalle, einzeln oder in rosettenartigen Gruppen aufgewachsen, häufig Zwillingsbildung (Schwalbenschwanz), nach einer Richtung typischer Seidenglanz und faseriger Bruch, in Blättchen spaltbar (Marienglas), derbe faserige Massen (Fasergips), dichtkristallin (Alabaster), überaus zahlreiche Vorkommen als Bestandteil der Salzlagerstätten, als Verwitterungsbildung auf Erzlagerstätten und als Ausscheidung in Kalk- oder Tonlagern. Lüneburg (6); Osterode/Harz (A So. 28); Borken/Kassel; Meggen/Sauerl. (M 84/3).

Bassanit, $2CaSO_4 \cdot H_2O$, mon., ps.-hex.
Weiß, ein natürliches Halbhydrat von Gips als Fäserchen. Stolberg/Rhld.

Wattevillit, $Na_2Ca(SO_4)_2 \cdot 4H_2O$, mon.
Weiß, unscheinbare feinkristalline Krusten. Bauersburg b. Bischofsheim/Unterfranken.

Langit, $Cu_4(SO_4)(OH)_6 \cdot 2H_2O$, mon.
Grünlichblau, sehr unterschiedliche Formen, gestreckte Täfelchen, ps.-hex. nach Art der Aragonitdrillinge, einfache ps.-tet. Formen und derb, vielfach im Bereich von Erzgängen mit Cu-haltigen Sulfiden und in Cu-haltigen Schlacken. Oberschulenberg/Harz (L 86/1); Rheinbreitbach (M 84/4); Imsbach/Pfalz (M 84/2).

Wroewolfeit, $Cu_4(SO_4)(OH)$, mon.
Grünlichblau, ähnliche Ausbildung wie Langit, Unterscheidung schwierig, sicher nur röntgenographisch. Grube Clara, Oberwolfach/Schww. (L 84/6); Oberschulenberg/Harz (L 86/1); Schönegründ im Murgtal/Schww. (L 85/11).

Posnjakit, $Cu_4(SO_4)(OH)_6 \cdot H_2O$, mon.
Blau, blättchenartige Kristalle, oft in subparalleler Verwachsung, daneben ps.-hex. und dreieckig-prismatische Formen mit schiefen Winkeln. Wilnsdorf/Siegerl. (L 87/1); Ramsbeck/Sauerl. (9); St. Andreasberg/Harz (8).

Ktenasit, $(Cu,Zn)_5(SO_4)_2(OH)_6 \cdot 6H_2O$, mon.
Blaugrün, dünntafelige ps.-tet. Kristalle, durchscheinend, oft parallelgeschichtet. Velbert b. Essen (L 88/1); Rammelsberg/Harz (A 86/7); Ramsbeck/Sauerl. (9).

Namuwit, $(Zn,Cu)_4SO_4(OH)_6 \cdot 4H_2O$, trig.
Hellgrünblau, ps.-hex. Täfelchen, rosettenförmig verwachsen. Rheinbreitbach (M 84/4); Bad Ems/Lahn (EH 83/2); Ramsbeck/Sauerl. (9).

Khademit (Rostit), $Al(SO_4)(OH) \cdot 5H_2O$, orth.
Farblos, weiß, warzenartige Aggregate und feinkristalline Partien auf Quarz. Rammelsberg/Harz (EH 88/1).

Der Rammelsberg bei Goslar ist bei Mineralogen berühmt für seine Vitriole. Sie bildeten sich vor allem im Rathstiefsten Stollen, der im 12. Jahrhundert aufgefahren wurde.

Woodwardit, $Cu_4Al_2(CO_3,SO_4)(OH)_{12} \cdot 2\text{-}4H_2O$ (?), Kristallklasse ungeklärt.
Helltürkisfarben, kleine Pusteln auf Quarz und Kupferkies, das Mineral ist noch nicht genau bestimmt. Velbert b. Essen (L 88/1).

Oben links. Farblose, klare, etwa 4 cm lange Coelestinkristalle von der Eisenerzgrube Schacht Konrad bei Salzgitter-Bleckenstedt. Von hier kommen die schönsten Coelestine der Bundesrepublik. Die Kristalle werden bis 18 cm lang.

Unten links. Baryt in Form des Meißelspats von der Grube Clara, Oberwolfach/Schwarzwald. Bildhöhe 5 cm.

Oben rechts. Leicht rötlich-braune Barytkugeln mit aufsitzendem Kupferkies, der von Malachit überzogen ist, von der Grube Christiane bei Adorf/Korbach. Die Stufe ist 5 cm hoch.

Unten rechts. Dünntafelige Barytkristalle, angeordnet zu einer Barytrose. Fundort ist die Grube Meggen/Lennestadt. Die Bildbreite beträgt 3 cm.

Oben links. Zwei Anglesitkristalle auf Limonit von der Grube Friedrich bei Wissen/Siegerland. Die Kristalle haben eine Kantenlänge von 3 mm.

Oben rechts. Elyitnädelchen, etwa 1 mm lang, von der Grube Churfürst Ernst bei Bönkhausen/Sauerland.

Unten. Brochantit in smaragdgrünen Nädelchen zusammen mit Agardit von der Grube Wolkenhügel, Bad Lauterberg/Harz. Die Bildbreite beträgt 5 mm.

Chalkoalumit, $CuAl_4(SO_4)(OH)_{12}.3H_2O$, mon.
Türkis- bis taubenblau, sehr dünne Blättchen, rosettenartig angeordnet mit lockerem Gefüge, wachsglänzend. In Schlakken auch nierige Aggregate aus Leisten und Fasern. Weltweit selten. Halde der Grube Glücksrad, Oberschulenberg (A 89/2).

Spangolith, $Cu_6Al(SO_4)(OH)_{12}Cl \cdot 3H_2O$, trig.
Blaugrün, sechsseitig erscheinende tafelige Kristalle, meist zu Rosetten verwachsen, auch in Pusteln. Vergesellschaftet mit Anglesit, Linarit und Hydrozinkit. Grube Fischbacher Werk, Niederfischbach/Siegerl. (A 89/2).

Cyanotrichit, $Cu_4Al_2(CO_3,SO_4)(OH)_{12} \cdot 2H_2O$, orth.
Hellblau, kleine Fasern als dünner Belag. Grube Clara, Oberwolfach/Schww. (15); Oberschulenberg/Harz (A 89/2).

Botryogen, $MgFe^{3+}(SO_4)_2(OH) \cdot 7H_2O$, mon.
Gelb bis orangerot, kleine kurzsäulige Kristalle, traubig gruppiert und auf anderen Sulfaten des "Alten Mannes" aufgewachsen. Rammelsberg/Harz (L 88/6).

Ramsbeckit, $(Cu,Zn)_7(SO_4)_2(OH)_{10} \cdot 5H_2O$, mon.
Blaugrün, brochantitähnlich gefärbt, aber stärkerer Glanz, meist gut ausgebildete ps.-orth. Kristalle in Rautenform, dicktafelig und parkettiert verwachsen, derbe Krusten. Mittlerweile viele Fundstellen, z.B. Ramsbeck/Sauerl. (9); Oberschulenberg/Harz (L 86/1); Grube Marie b. Wilnsdorf/Siegerl.

Copiapit, $Fe^{2+}Fe_4^{3+}(SO_4)_6(OH)_2 \cdot 20H_2O$, trik.
Gelb, pulvrige Beläge und kristalline Krusten auf Fe-haltigen Sulfiderzen. Rammelsberg/Harz (L 88/6); Grube Clara, Oberwolfach/Schww. (15); Bad Ems/Lahn (EH 83/2).

Ferricopiapit, $Fe_5^{3+}(SO_4)_6O(OH) \cdot 20H_2O$, trik.
Zitronengelb, pustelige Aggregate. Ramsbeck/Sauerl. (A 88/3).

Kainit, $MgSO_4 \cdot KCl \cdot 3H_2O$, mon.
Farblos, durch Beimengungen gefärbt, Kristalle mit dicktafeligem Habitus manchmal in Drusen des hauptsächlich als feinkörnige Massen auftretenden Minerals, mit Carnallit und Halit verwachsen, reichlich in den Kalisalzbergwerken. Wathlingen-Hänigsen b. Celle (16).

Devillin, $CaCu_4(SO_4)_2(OH)_6 \cdot 3H_2O$, mon.
Bläulichgrün, sehr dünne tafelige Blättchen mit Perlmutterglanz, büschelig verwachsen, auch feinnadelig und wollig verfilzt, dann seidenglänzend. Imsbach (M 84/2); Bad Ems/Lahn (EH 83/2); Oberschulenberg/Harz (L 86/1).

Serpierit, $Ca(Cu,Zn)_4(SO_4)_2(OH)_6 \cdot 3H_2O$, mon.
Blau, dünne langtafelige bis nadelige Kristalle, strahligbüschelig aggregiert. Grube Friedrichssegen/Bad Ems; Ramsbeck/Sauerl. (L 84/4); Richelsdorf (A 84/2); Wilnsdorf/Siegerl. (L 87/1).

Schulenbergit, $(Cu,Zn)_7(SO_4,CO_3)_2(OH)_{10} \cdot 3H_2O$, trig.
Lichtgrünblau, rosettenförmige Aggregate aus hex. Tafeln, oft gebogen und mit Perlmuttglanz. Ramsbeck/Sauerl. (9); Oberschulenberg/Harz (L 86/1); Rheinbreitbach (M 84/4); Bad Ems/Lahn (EH 83/2).

Lautenthalit, $PbCu_4(SO_4)_2(OH)_6 \cdot 3H_2O$, mon.
Blaugrün, dünntafelige Kristalle, ktenasitähnlich, parallel verwachsen, auf Anglesit in Drusen von Bleiglanz, der vielleicht ein Verhüttungsrelikt darstellt. Silberhütte in Lautenthal/Harz.

Ettringit, $Ca_6Al_2(SO_4)_3(OH)_{12} \cdot 26H_2O$, hex.
Farblos, weiß, feine seidenglänzende Prismen und Nädelchen, parallel verwachsen oder als radialstrahlige Büschel. Schellkopf und Bellerberg/Eifel (13).

Sideronatrit, $Na_2Fe^{3+}(SO_4)_2(OH) \cdot 3H_2O$, orth.
Gelb, radialstrahlige Aggregate aus faserigen bis tafeligen Kristallen auf Steinkohle und Pyrit. Recklinghausen/Ruhrgeb. (L 80/4).

Johannit, $Cu(UO_2)_2(SO_4)_2(OH)_2 \cdot 8H_2O$, trik.
Grasgrün, kleine prismatisch erscheinende Kristalle und Beläge. Menzenschwand/Schww., Wölsendorf/Opf., beide (L 79/7-8).

Zippeit, $Mg_2(UO_2)_6(SO_4)_3(OH)_{10} \cdot 16H_2O$, orth.
Gelb, rosettenartig und fächerförmig ausgebildete Aggregate aus nadelig-faserigen Kriställchen. Fundorte wie unter Johannit (L 79/7-8).

Uranopilit, $(UO_2)_6(SO_4)(OH)_{10} \cdot 12H_2O$, mon.
Zitronengelb, erdige bis faserige Krusten, fluoresz. kräftig gelbgrün im UV-Licht. Menzenschwand/Schww. (38); Wölsendorf/Opf. (L 79/7-8).

Meta-Uranopilit, $(UO_2)_6(SO_4)(OH)_{10} \cdot 5H_2O$, mon.
Bis auf den Kristallwassergehalt dem Uranopilit in allen Eigenschaften gleich. Menzenschwand/Schww.

Oben links. Chenit in typischen Kristallen von der Altemannfelsen-Halde, Badenweiler. Bildbreite 3 mm.

Unten links. Corkitkristalle von der Grube Louise bei Horhausen/Westerwald. Die Bildbreite beträgt 3 mm.

Oben rechts. Beudantitkristalle von der Grube Schöne Aussicht bei Dernbach/Westerwald. Bildbreite 1,5 cm.

Unten rechts. Goslarit als weißer Überzug auf Limonit vom Rammelsberg, Goslar/Harz. Bildbreite 4 cm.

Ein besonders schön ausgebildeter Gipskristall von Meggen/ Lennestadt. Er ist 3 cm hoch.

Oben links. Flachtafeliger, etwa 2,5 cm langer Leonitkristall von der Grube Neuhof-Ellers bei Fulda.

Unten links. Langitkristalle von der Halde der ehemaligen Grube Breimehl bei Brachbach/Siegerland. Bildbreite 2 mm.

Oben rechts. Nadelige Gipskriställchen bis 1 cm lang von Meggen/Lennestadt.

Unten rechts. Linaritkriställchen, die auf der Halde der Grube Alte Mahlscheid bei Herdorf/Siegerland gefunden wurden. Linarit ist leicht mit Azurit zu verwechseln. Bildhöhe 3 mm.

Oben links. Hellbläuliche Khademitkügelchen vom Rammelsberg bei Goslar/Harz. Bildbreite 4 mm.

Unten links. Sideronatrit in kräftig gelben Kristallpusteln auf Pyrit von der Zeche Julia in Recklinghausen/Ruhrgebiet. Die Bildbreite beträgt 3 mm.

Oben rechts. Ettringitkristalle (Länge 2 mm) vom Bellerberg, Ettringen/Eifel.

Unten rechts. Flachtafeliger Wulfenitkristall (Breite 5 mm) von der Grube Fürstenfreude bei Badenweiler.

Oben links. Rhabdophan in kleinen Kügelchen auf Quarz von Waldstein/Fichtelgebirge. Die Bildbreite beträgt 2 mm.

Oben rechts. Wagneritkristall (1 mm) von Nickenich/Eifel.

Vauquelinit, $Pb_2Cu(CrO_4)(PO_4)(OH)$, mon.
Zeisiggrün, undeutliche tafelig-blättrige Kristalle, durchscheinend, mit schwarzem Überzug von Descloizit. Reichenbach/Odw. (L 87/10).

Powellit, $CaMoO_4$, tet.
Gelblich, kleine dipyramidale Kristalle, auch derb im Quarz alsfeine Teilchen, fluoresz. kräftig hellgelb im kurzwelligen UV-Licht. Hochstädten/Odw. (L 80/7-8); Malsburg b. Kandern/Schww. (A81/9).

Scheelit, $CaWO_4$, tet.
Grauweiß bis graugelb, dipyramidale Kristalle, seltener tafelige Ergänzungszwillinge mit Fiederstreifung. Fluoresziert je nach dem Mo-Gehalt von blauweiß über gelb nach orange. Roßgrabeneck b. Nordrach/Schww. (38); Hohe Waid b. Schriesheim/Odw. (L 80/7-8); Göpfersgrün/Fichtelg. (L 85/9); Grube Clara, Oberwolfach/Schww. (15).

Stolzit, $PbWO_4$, tet.
Farblos, gelb bis orangegelb, kleine Kristalle mit tafeligem und pyramidalem Habitus. Schwarzwald: Münstertal (L 87/5); Grube Clara, Oberwolfach (15); Gelbach bei Schapbach (L 85/11).

Wulfenit, $PbMoO_4$, tet.
Grauweiß, wachsgelb, orangegelb, gut ausgebildete tafelige Kristalle, fast immer aufgewachsen. Badenweiler (EH 88/2) und Weiler b. Lahr/Schww. (38a); Imsbach/Pfalz (L 84/5); Maubach/Eifel (EH 82/2).

Ferritungstit, $Ca_2Fe^{2+}Fe^{3+}(WO_4)_3 \cdot 9H_2O$, kub.
Gelblich bis bräunlich, unterschiedliche Ausbildung am genannten Fundort, durchsichtige bis durchscheinende, aber undeutliche Kristalle als Krusten auf Quarz und rosettenartige Aggregate aus schuppigen Kristalliten, die manchmal als sechsseitige Täfelchen entwickelt sind. Grube Clara, Oberwolfach/Schww. (L 85/1).

Cuprotungstit, $Cu_2(WO_4)(OH)_2$, tet.
Grasgrün, büschelförmige Aggregate, erwiesen sich bei REM-Aufnahmen als spitzrhombische Kristalle. Grube Clara, Oberwolfach/Schww. (15).

Uranotungstit, $(Fe,Ba,Pb)(UO_2)_2(WO_4)(OH)_4 \cdot 12H_2O$, orth.
Gelb, schuppige und pustelförmige Aggregate. Menzenschwand und Grube Clara, Oberwolfach/Schww. (beide L 85/1).

Phosphate, Arsenate, Vanadate

Berlinit, $AlPO_4$, trig.
Farblos, kristalliner Einschluß, nähere Angaben zum genannten Vorkommen fehlen, Veröffentlichung in Vorbereitung. Triebendorf/Opf. (A 88/1).

Triphylin, $LiFe^{2+}(PO_4)$, orth.
Grünlichgrau bis lachsfarben, meist derb, stengelig-dicht, fettglänzend, in Phosphatpegmatiten, Hagendorf (L 81/7-8); Hühnerkobel (L 80/1); Pleystein/Opf. (A So. 26).

Ferrisicklerit, $Li(Fe^{3+},Mn^{2+})PO_4$, orth.
Dunkelbraun, Ausbildung wie Triphylin, umsäumt diesen als Umwandlungsprodukt. Hagendorf/Opf. (L 81/7-8); Hühnerkobel (L 80/1).

Heterosit, $Fe^{3+}PO_4$, orth.
Braun nach violett, entsteht ebenfalls aus Triphylin, daher analog ausgebildet, umgibt oft mit Ferrisicklerit frischen Triphylin, Fundorte wie dort.

Graftonit, $(Fe,Mn,Ca)_3(PO_4)_2$, mon.
Lachsfarben, mit Triphylin blättrig verwachsen. Hühnerkobel (L80/1); Hagendorf/Opf. (A 83/7).

Sarkopsid, $(Fe^{2+},Mn,Mg)_3(PO_4)_2$, mon.
Lachsrot nach graublau, massig neben Triphylin, Hagendorf/Opf. (L 83/7).

Hagendorfit, $(Na,Ca)Mn(Fe^{2+},Fe^{3+},Mg)_2(PO_4)_3$, mon.
Grün bis schwarzgrün, derb, grobspätige Massen. Hagendorf/Opf. (A So.26); Hühnerkobel -Hühnerkobelit- (L 80/1).

Alluaudit, $NaCaFe^{+2}(Mn,Fe^{+2},Fe^{+3},Mg)_2(PO_4)_3$, mon.
Ein Ca-Alluaudit, entstanden aus "Hühnerkobelit", also aus Hagendorfit, wird 1971 von H. Strunz als röntgenographisch nachgewiesen erwähnt. Hühnerkobel (A So. 21).

Arrojadit, $Na_2(Fe,Mn)_5(PO_4)_4$, mon.
Fleckig hell- bis dunkelgrün, durchsetzt in zentimeterbreiten Adern den Wolfeit des angegebenen Fundortes. Hagendorf/Opf. (A So.26).

Weilit, $CaHAsO_4$, trik.
Weiß, undeutlich ps.-tet. ausgebildete Täfelchen, kugelig angeordnet, auch als Krusten und pseudom. nach Pharmakolith, vielleicht durch Entwässerung in trockenen Räumen entstanden. Wittichen/Schww. (L 87/7-8); Richelsdorf (A 84/3).

Schultenit, $PbHAsO_4$, mon.
Farblos, weiß, aufgewachsene langprismatische Kristalle, kleine Nadeln mit Seidenglanz und krustig. Schramberg (A 80/4); Weiler b. Lahr/Schww. (A 81/9); St. Andreasberg/Harz (L 86/3).

Xenotim-(Y), YPO_4, tet.
Farblos, gelblich und anders gefärbt, winzige bipyramidale Kristalle, weißliche Krusten. Wittichen (L 87/7-8); Grube Clara, Oberwolfach/Schww. (15); Hagendorf/Opf. (L 81/7-8).

Monazit-(Ce), $(Ce,La,Nd,Th)PO_4$, mon.
Hellgelb, grau bis grün, prismatisch begrenzte schmale Täfelchen, auch untypisch als sehr feine Nadeln und pseudom. nach einem hex. Mineral. Laacher See und Bellerberg/Eifel (13); Grube Clara, Oberwolfach (A 87/11); Grube Silberbrünnle b. Gengenbach/Schww. (L 88/4).

Rooseveltit, $BiAsO_4$, mon.
Gelblich, nadelig als Pseudomorphosen nach Bismuthinit in Quarz- und Barytdrusen. Schramberg (A 80/4); Ödsbach b. Oberkirch (L 84/1); Wittichen/Schww. (L 87/7-8).

Rhabdophan-(Ce), $(Ce,La)PO_4 \cdot H_2O$, hex.
Weiß, cremefarben, säulige Nädelchen sitzen auf Quarz, Brauneisen oder der sonstigen Gangmasse, auch auf Fahlerz und Kupferkies, daneben radialstrahlige Rosetten, Büschel und Garben, hervorstehende Einzelkristalle zeigen das hex. Prisma. Grube Clara, Oberwolfach/Schww. (15); Waldstein/Fichtelg. (L 87/7-8); Krufter Ofen/Eifel (13).

Rhabdophan-(Nd), $(Nd,Ce,La)PO_4 \cdot H_2O$, hex.
Äußerlich nicht vom Rhabdophan-(Ce) zu unterscheiden, da sich die geringe Vormacht des SE-Elements Nd nicht auf die Eigenschaften auswirkt. Grube Clara, Oberwolfach (A 87/11); Grube Silberbrünnle b. Gengenbach/Schww.

Klinobisvanit, $BiVO_4$, mon.
Gelb, tafelige Kristalle und pulverige Beläge auf verkieseltem Baryt. Reichenbach/Odw. (L 87/10).

Pucherit, $BiVO_4$, orth.
Braun, kleine aufgewachsene Kristalle, tafelig und säulig ausgebildet, flächenreich. Reichenbach/Odw. (L 87/10).

Chervetit, $Pb_2V_2O_7$, mon.
Farblos, lichtgrau bis braun. Bildet in St. Andreasberg/Harz

Oben links. Olivenitkristall von der Halde der ehemaligen Grube Breimehl bei Brachbach/Siegerland. Der Kristall ist 3 mm groß.

Unten links. Olivgrüne Laubmannitnädelchen mit Eleonorit von der Grube Rotläufchen bei Waldgirmes/Wetzlar. Bildbreite 1,5 cm.

Oben rechts. Gut ausgebildeter, etwa 5 mm langer Olivenitkristall von der Grube Clara bei Oberwolfach/Schwarzwald.

Unten rechts. Adamin in dunkelgrünen Kristallaggregaten auf Cornwallit von der Grube Clara bei Oberwolfach/Schwarzwald. Bildbreite 2 cm.

Oben links. Pseudomalachitkristalle auf Quarz von der Grube Virneberg bei Rheinbreitbach. Bildbreite 4 cm.

Unten links. Klinoklaskristalle mit kleinen Cornwallitkügelchen auf Fluorit von der Grube Clara bei Oberwolfach/Schwarzwald. Bildhöhe 1,2 cm.

Oben rechts. Cornwallitkügelchen auf Chrysokoll von der Grube Katharina I bei Imsbach/Pfalz. Bildbreite 1,2 cm.

Unten rechts. Duftitkristalle auf Quarz von der Grube Clemenslust bei Rheinbreitbach. Bildbreite 6 mm.

Oben links. Ein ca. 1 mm langer Calciovolborthitkristall vom Sattelberg, Nickenich/Eifel.

Unten links. Besonders gut ausgebildeter Goyazitkristall von 1,2 cm Höhe. Fundort ist Epprechtstein/Fichtelgebirge.

Oben rechts. Heyit in gelblichen, blättrigen Aggregaten von Hohenstein bei Reichenbach/Odenwald. Bildbreite 6mm.

Unten rechts. Apatitkristalle (Länge ca. 2 mm) vom Laacher See-Gebiet.

tafelig gestreckte Kristalle bis 0,8 mm Länge, die parallel verwachsen sind, auch gefächert. Sehr selten, erst der zweite Nachweis des Minerals (L 89/7-8).

Herderit, $CaBe(PO_4)F$, mon.
Farblos, lichtgelb, gestreckte prismatische Kristalle mit Glasglanz, durchscheinend, nur in Pegmatiten des Fichtelgebirges: Epprechtstein, Fuchsbau, Stbr. Zufuhrt b. Tröstau (L 85/7-8).

Tavorit, $LiFe^{3+}(PO_4)(OH)$, trik.
Grüngelb, feinkörnige Massen, eingesprengt in Triphylin und Rockbridgeit. Hagendorf/Opf. (A So. 26).

Zwieselit, $(Fe^{2+},Mn)_2(PO_4)F$, mon.
Kastanienbraun, meist derb als grobkörnige, spaltbare Massen in Feldspat. Zwiesel, Bayer. Wald (A 74/11); Hagendorf/Opf. (A So. 26); Althütte b. Furth i. Wald (L 85/4).

Wagnerit, $(Mg,Fe)_2(PO_4)F$, mon.
Gelbbraun, tafelig gestreckte Kristalle und krustenförmige Beläge. Nickenicher Sattel und Bellerberg/Eifel (13).

Wolfeit, $(Fe^{2+},Mn)_2(PO_4)(OH)$, mon.
Rötlich bis bräunlich, stets derbe Massen in Triphylin mit typischer Längsstreifung. Hagendorf und Pleystein/Opf. (beide A So. 26).

Libethenit, $Cu_2(PO_4)(OH)$, orth.
Schwärzlichgrün, blaugrün, ps.-okt. Kriställchen und nierige Krusten. Hagendorf/Opf. (L 81/7-8); Reichenbach/Odw. (L 87/10); Düppenweiler b. Saarlouis (28).

Olivenit, $Cu_2(AsO_4)(OH)$, orth.
Olivgrün, gut entwickelte tafelig-prismatische Kristalle, nadelig und faserig mit Seidenglanz, dann fast weiß. Grube Clara, Oberwolfach/Schww. (15); Imsbach/Pfalz (M 84/2); Reichenbach/Odw. (L87/10).

Adamin, $Zn_2(AsO_4)(OH)$, orth.
Farblos bis grün, wenn stark Cu-haltig Cuproadamin, deutlich prismatisch ausgebildete, auch okt.-ähnliche Kristalle, kugelige Aggregate mit strahliger Struktur, Krusten, fluoresz. kaltgrünlich. Weiler b. Lahr (38); Richelsdorf (A 82/4); Oberschulenberg/Harz (L 86/1).

Scorzalith, $(Fe^{2+},Mg)Al_2(PO_4)_2(OH)_2$, mon.
Tiefblau, nur als mm-große Einschlüsse in Triphylin, innig mit diesem verwachsen. Hagendorf/Opf. (A 87/1).

Lipscombit, $(Fe^{2+},Mn)Fe_2{}^{3+}(PO_4)_2(OH)_2$, tet.
Olivgrün bis schwarz, am genannten Fundort braungelb, sehr kleine, durchsichtige Nadeln in radialstrahliger Anordnung. Hagendorf/Opf. (A 83/7).

Barbosalith, $Fe^{2+}Fe_2{}^{3+}(PO_4)_2(OH)_2$, mon.
Tiefblaugrün bis schwarz, als fast opakes Mineral in Zwieselit und Glimmer eingewachsen. Hagendorf/Opf. (A So. 26); Althütte b. Furth i. Wald (L 85/4).

Hentschelit, $CuFe_2(PO_4)_2(OH)_2$, mon.
Lichtblaugrün, kleine spitzpyramidale Kristalle und derb eingewachsen mit starkem Glasglanz. Reichenbach/Odw. (Am. Min., Vol. 72).

Rockbridgeit, $(Fe^{2+},Mn)Fe_4{}^{3+}(PO_4)_3(OH)_5$, orth.
Tiefgrün bis schwarz, gestreckte prismatische Kristalle, radialstrahlige Sphärolithe und Massen. Grube Leonie, Auerbach und Hagendorf/Opf. (A So. 26); Pleystein (A 60/12); Waldgirmes (EH 82/3).

Frondelit, $Mn^{2+}Fe_4{}^{3+}(PO_4)_3(OH)_5$, orth.
Braun, das Mn-reiche Analogon zum Rockbridgeit, traubige Massen und Knollen mit feinnadeliger Struktur. Pleystein (A 60/12); Hagendorf/Opf. (A So. 26). - In der Literatur wird von Hagendorf Zn-Rockbridgeit, von Waldgirmes Mn-Rockbridgeit erwähnt, beide gelten bisher nicht als selbständige Minerale.

Laubmannit, $Fe_3{}^{2+}Fe_6{}^{3+}(PO_4)_4(OH)_{12}$, orth.
Graugrün bis braun, nadelige Kriställchen von unterschiedlicher Länge in Rosetten und Büscheln. Waldgirmes (EH 82/3); Auerbach/Opf. (L 83/3).

Pseudomalachit, $Cu_5(PO_4)_2(OH)_4 \cdot H_2O$, mon.
Dunkelgrün, blaugrün, neben seltenen tafelig-prismatischen Kristallen vorwiegend nierige Aggregate aus verwachsenen Täfelchen mit Glasglanz und radialfaserig-schalige Halbkugeln. Grube Silberbrünnle b. Gengenbach (L 88/4); Rheinbreitbach (M 84/4); Reichenbach/Odw. (L 87/10).

Reichenbachit, $Cu_5(PO_4)_2(OH)_4$, mon.
Schwärzlichgrün, kleine spitzpyramidale Kristalle auf Pseudomalachit. Reichenbach/Odw. (L 87/10).

Cornwallit, $Cu_5(AsO_4)_2(OH)_4 \cdot H_2O$, mon.
Dunkelgrün, selten kleintafelige Kristalle mit fast rechteckigem Querschnitt, glasige Pusteln und nierige Krusten, ähnlicher Malachit hat meist eine samtartige Oberfläche. Grube Clara, Oberwolfach/Schww. (15); Freudenstadt (38); Reichenbach/Odw. (87/10); Puderbach/Ww. (L 84/9); Imsbach/Pfalz (M 84/2.

Cornubit, $Cu_5(AsO_4)_2(OH)_4$, trik.
Blaßgrün bis grün, Kristalle extrem selten und erst einmal bei Reichenbach/Odw. gefunden, sonst dem Cornwallit im Auftreten ähnlich, sicher nur röntgenographisch zu unterscheiden. Grube Clara, Oberwolfach/Schww. (15); Reichen-

Oben links. Ein 2 cm langer Pyromorphitkristall (Grünbleierz) in Form des Emser Tönnchens. Grube Friedrichssegen, Bad Ems/Lahn.

Oben rechts. Braunbleierz (Pyromorphit) auf Limonit von der Grube Neue Hoffnung, Wilgersdorf/Siegerland. Die Kristalle haben eine Länge von 1 cm.

Unten. Pyromorphitkristalle als Grünbleierz von der Grube Rosenberg bei Braubach/Lahn. Bildbreite 8 cm.

Oben links. Pyromorphitkristalle als sogenannter Blumenkohl-Pyromorphit von der Grube Rosenberg bei Braubach/Lahn. Bildbreite 2 cm.

Unten links. Pyromorphitkristalle als Braunbleierz von der Grube Friedrichssegen, Bad Ems/Lahn. An den Enden der Kristalle ist der typische Zonarbau (helle Köpfe) erkennbar. Bildbreite 4 cm.

Oben rechts. Gut ausgebildete Pyromorphitkristalle von der Grube Rosenberg bei Braubach/Rhein. Die Kristalle sind ca. 1 cm groß.

Unten rechts. Pyromorphit als Grünbleierz von der Grube Emilie II bei Altweilnau/Taunus. Bildbreite 1,5 cm.

Mimetesit in schönen Kügelchen auf Baryt von Badenweiler/Schwarzwald. Breite der Stufe 6,5 cm.

bach/Odw. (L 87/10); Niederschelden/Siegerl. (L 87/12).

Cornetit, $Cu_3(PO_4)(OH)_3$, orth.
Grünlichblau, feinkrustige Überzüge auf korrodierten Bleiglanzstücken, in inniger Verwachsung mit Chrysokoll und Brochantit. Schauinsland/Schww. (EH 86/1).

Austinit, $CaZn(AsO_4)(OH)$, orth.
Farblos, radialstrahlige Sphärolithe, durchscheinend, nierige Krusten auf Quarz, wenig auffällig, wohl das einzige Vorkommen in der Bundesrepublik. Weiler bei Lahr/Schww. (L 89/5).

Klinoklas, $Cu_3(AsO_4)(OH)_3$, mon.
Tiefblaugrün, deutliche tafelig-gestreckte Kristalle und aufgewachsene Krusten als strahlige Rosetten, besonders schön auf schwarzem Manganogel. Grube Clara, Oberwolfach/Schww. (15); Freudenstadt (L 85/11); Reichenbach/Odw. (L 87/10).

Adelit, $CaMg(AsO_4)(OH)$, orth.
Gelblichgrau, weißlich, rosettenartig angeordnete Blättchen auf zersetztem Arsen, seidenglänzend. St. Andreasberg/Harz (8).

Konichalcit, $CaCu(AsO_4)(OH)$, orth.
Grasgrün, kugelige und rosettenförmige Aggregate mit radialstrahliger Struktur. Neubulach/Schww. (38); Nieder-Beerbach/Odw. (L 86/10); Richelsdorf (A 84/2), Altenmittlau/Spessart (EH 88/1).

Duftit, $PbCu(AsO_4)(OH)$, orth.
Grün mit Farbabweichungen, okt.-ähnliche und langprismatische Kristalle, ferner blättchenförmige und zu Büscheln gruppierte Aggregate. Grube Clara, Oberwolfach/Schww. (15); Imsbach/Pfalz (M 84/2); Reichenbach/Odw. (L 87/10); Altenmittlau/Spessart (EH 88/1); Rheinbreitbach (M 84/4).

Calciovolborthit, $CaCu(VO_4)(OH)$, orth.
Gelbgrün, undeutliche prismatische Kristalle, vorwiegend kugelig-traubige Aggregate und Krusten. Sattelberg b. Nikkenich/Eifel (13); Barbis b. Bad Lauterberg (A So. 17).

Descloizit, $PbZn(VO_4)(OH)$, orth.
Orangegelb über braun bis schwarz, selten Kristalle, kugelige Massen und nierige Überzüge mit radialstrahligem Aufbau, im Bruch seidig glänzend. Schauinsland/Schww. (EH 86/1); Reichenbach/Odw. (L 87/12).; Breitenberg b. Erlenbach/Pfalz (28).

Mottramit, $PbCu(VO_4)(OH)$, orth.
Olivgrün bis schwarzgrün, Kristalle wenig bekannt, traubige

Oben links. Mimetesitkristalle von der Grube Katharina I bei Imsbach. Bildhöhe 2 mm.

Oben rechts. Mimetesitkriställchen auf Quarz von der Grube Gottesehre bei Urberg, St. Blasien/Schwarzwald. Bildbreite 2 cm.

Unten links. Hureaulithkristalle von Hagendorf/Oberpfalz. Höhe 1,3 cm.

Unten rechts. Volborthitkügelchen von Nickenich/Eifel. Bildbreite 2 mm.

Oben links. Reddingitkristall (Breite 2 mm) von Hagendorf/Oberpfalz

Unten links. Strengitkügelchen mit Eleonorit und Kakoxen von der Grube David bei Warstein/Sauerland. Bildbreite 4 mm.

Oben rechts. Phosphosideritkristalle von der Grube Leonie, Auerbach/Oberpfalz. Die Kristalle sind etwa 1 mm lang.

Unten rechts. Strengitkristalle von Hagendorf/Oberpfalz. Bildbreite 7 mm.

Oben links. Skoroditkristalle als sternförmiges Aggregat auf Fluorit von der Grube Clara bei Oberwolfach/Schwarzwald. Breite des Aggregats 5 mm.

Unten links. Transparente Vivianitkristalle von Hagendorf/Oberpfalz. Bildbreite 5 mm.

Oben rechts. Switzeritkristalle von Hagendorf/Oberpfalz. Bildbreite 6 mm.

Unten rechts. Grünliche Vivianitkristalle (Länge bis 6 mm) aus der Tongrube Heuchelheim, Wetterau/Hessen.

Krusten mit faseriger Struktur, gebändert, körnig, dicht. Grube Clara, Oberwolfach/Schww. (15); Velbert b. Essen (L 88/1); Reichenbach/Odw. (L 87/10); Grube Silberbrünnle b. Gengenbach (L 85/11).

Arsendescloizit, $PbZn(AsO_4)(OH)$, orth.
Grauweißlich, feine Nädelchen, glasglänzend, als Rasen und in radialstrahligen Aggregaten mit Mimetesit auf Quarz. Weiler b. Lahr -nach Tsumeb, Namibia, die zweite Fundstelle- (L 85/11).

Brasilianit, $NaAl_3(PO_4)_2(OH)_4$, mon.
Schwefel- bis fahlgelb, kurzprismatische Kristalle mit Streifung, flächenreich, auch gestreckt, daneben kugelige Aggregate aus radialstrahligen Nädelchen, selten, nur von zwei weiteren Lokalitäten (Brasilien, USA) bekannt. Hagendorf/Opf. (A 87/1).

Karminit, $PbFe_2^{3+}(AsO_4)_2(OH)_2$, orth.
Karmin- bis ziegelrot, feine Nadeln in Büscheln, klar, glasglänzend, auch krustig-faserig. Horhausen/Ww. (EH 79/2); Reichenbach/Odw. (L 80/7-8); Grube Silberbrünnle b. Gengenbach (L 88/4).

Perloffit, $Ba(Mn,Fe)_2^{2+}Fe_2^{3+}(PO_4)_3(OH)_3$, mon.
Grün bis schwarzgrün, speerartig ausgebildete und dünntafelige, etwas gestreckte Kristalle, glasglänzend und flaschengrün durchscheinend. Hagendorf/Opf. (A 87/1).

Bayldonit, $PbCu_3(AsO_4)_2(OH)_2$, mon.
Hellgrasgrün und dunkler, neigt wenig zu idiomorpher Ausbildung, krustig, pustelig, pulverig, neuerdings von mehreren Fundorten benannt, aber nirgends reichlich. Grube Clara, Oberwolfach/Schww. (15); Reichenbach/Odw. (L 87/10), Velbert b. Essen (L 88/1); Münstertal/Schww. L 87/5); Imsbach/Pfalz (M 84/2).

Vesignieit, $BaCu_3(VO_4)_2(OH)_2$, mon.
Gelbgrün, olivgrün, undeutliche, krustig-strahlige Aggregate und Anflüge. Barbis b. Bad Lauterberg (14a); Baumholder/Pfalz (A 81/11); Murrhardt, Schwäb. Wald (A 79/11).

Heyit, $Pb_5Fe_2(VO_4)_2O_4$, mon.
Weißlichgelb bis orangegelb, undeutliche ps.-hex. Täfelchen, krustig. Hohenstein b. Reichenbach/Odw. (A So 2).

Tsumebit, $Pb_2Cu(PO_4)(SO_4)(OH)$, mon.
Nach Fundorten verschieden gefärbt, kleine dicktafelige, verwachsene und verzwillingte Kristalle und feinkörnige Krusten. Altenmittlau/Spessart -hellbraunoliv- (EH 88/1); Niederfischfbach/Siegerl. (A 89/2); Grube Clara, Oberwolfach/Schww. -gelb bis grünlich -sulfatfreie Varietät- (L 88/3).

Crandallit, $CaAl_3(PO_4)_2(OH)_5 \cdot H_2O$, trig.
Farblos, weiß, kleine trig. Prismen mit dreieckiger Endfläche und tafelige Kristalle, parallelverwachsen und kugelig ausgebildet, Pusteln mit blättrigen Kristalliten. Grube Leonie b. Auerbach/Opf. (L 83/3); Grube Clara, Oberwolfach/Schww. (L 85/1); Warstein/Sauerl. (EH 87/3); Waldgirmes b. Wetzlar (EH 82/3); Neubulach/Schww. (A 79/7-8).

Arsenocrandallit, $CaAl_3H(AsO_4)_2(OH)_6$, trig.
Gelblich, Krusten als dachziegelartig verwachsene Kristalle mit dreieckig geformten Flächen, winzig. Grube Clara, Oberwolfach (L 85/1); Neubulach/Schww. (A 79/7-8).

Goyazit, $SrAl_3(PO_4)_2(OH)_5 \cdot H_2O$, trig.
Farblos, gelb, gut ausgebildete sechsseitige Kristalle, lose in Drusen oder aufgewachsen auf Rauchquarz, am zweitgenannten Fundort in Pusteln mit blättriger Struktur. Fuchsbau/Fichtelg. (L 85/7-8); Grube Clara, Oberwolfach/Schww. (L 85/1).

Arsenogoyazit, $SrAl_3H(AsO_4)_2(OH)_6$, trig.
Weiß, gelblich, blaßgrün bis graugrün, selten tafelig ausgebildete Kristalle mit sechsseitiger Basis, meist nur Flächenandeutungen an der Oberfläche nieriger Krusten. Grube Clara, Oberwolfach/Schww. -bisher nur von hier bekannt- (L 85/1).

Gorceixit, $BaAl_3(PO_4)_2(OH)_5 \cdot H_2O$, trig.
Weiß, himmelblau, pustelige Krusten ohne erkennbare Kristallformen, Cu als blaufärbender Anteil. Freudenstadt (L 85/11); Grube Clara, Oberwolfach/Schww. (L 88/3).

Philipsbornit, $PbAl_3H(AsO_4)_2(OH)_6$, trig.
Farblos, winzige rhomboedrische Kristalle, gut durchsichtig. Grube Clara, Oberwolfach/Schww. (L 88/3); Weiler b. Lahr (L 89/5).

Plumbogummit, $PbAl_3(PO_4)_2(OH)_5 \cdot H_2O$, trig.
Weiß, bläulichweiß durch geringen Cu-Gehalt, feinkristallin als nierige Kruste, nur mikroskopisch sichtbare bipyramidale Kristalle. Badenweiler (EH 88/2) und Grube Clara, Oberwolfach/Schww. (L 84/6); Oberschulenberg/Harz (L 81/5).

Florencit-(Ce), $(Ce,La)Al_3(PO_4)_2(OH)_6$, trig.
Weißlich, lichtbräunlich, bei starker Vergrößerung erkennbare ps.-würfelige Kristalle mit Rhomboederflächen, sonst feinkörnige Aggregate. Grube Clara, Oberwolfach/Schww. (L 85/1).

Dussertit, $BaFe_3(AsO_4)_2(OH)_5$, trig.
Gelb, grünbräunlich, unauffällige kristalline Krusten, mikroskopisch kleine Aggregate, würfelähnlich, in Wirklichkeit rhomboedrisch. Wittichen (L 87/7-8); Grube Clara, Ober-

Oben links. Vivianitkristalle bis 4 cm Länge - eine der Stufen mit den größten Vivianitkristallen der Bundesrepublik. Grube Leonie, Auerbach/Oberpfalz.

Unten links. Erythrinkristalle von Auerbach/Bergstraße. Bildbreite 7 mm.

Oben rechts. Annabergit in Form feiner Nädelchen bis 2 mm Länge von der Grube Gottesehre bei Urberg/Schwarzwald.

Unten rechts. Scholzitkristalle von Hagendorf-Süd. Die Bildbreite beträgt 9 mm.

Oben. Pharmakolithkristalle von der Grube Anton bei Wieden/Schwarzwald. Bildbreite 2 cm.

Unten links. Churchit (Weinschenkit) in nadeligen Kristallen von der Grube Leonie, Auerbach/Oberpfalz. Bildbreite 5 mm.

Unten rechts. Ferristrunzitkristalle bis 3 mm Länge von Aprath bei Wuppertal.

wolfach/Schww. (15); Borstein b. Reichenbach/Odw. (A 88/3).

Apatit (Fluorapatit), $Ca_5(PO_4)_3F$, hex.
Farblos, durch Beimengungen vielfach gefärbt, in gut ausgebildeten Kristallen mit kurz- bis langsäuligem Habitus, auch dipyramidal entwickelt, dicktafelig und flächenreich, nadelig, strahlig, derb, traubig, chalcedonartig. Epprechtstein/ Fichtelg. (L 85/7-8); Stbr. Zufuhrt b. Tröstau (L 85/7-8); Katzenbuckel/Odw. (L 80/7-8); Grube Gute Hoffnung, Werlau/Rhein (EH 87/3); Mendig/Eifel (13); Pente bei Osnabrück (15b).

Hydroxylapatit, $Ca_5(PO_4)_3(OH)$, hex.
Farblich und strukturell dem Fluorapatit ähnlich, aber ohne oder mit wenig F-Gehalt. Rheinbreitbach (M 84/4); Neheim-Hüsten (L 86/10); Reichenbach/Odw. (L 87/10).

Carbonat-Fluorapatit (Francolith, Staffelit), $Ca_5(PO_4,CO_3)_3F$, hex.
Gelblich, grau, feinkristallin, nierig, knollig. Staffel b. Limburg/Lahn (23); Althütte b. Furth i. Wald (L 85/4).

Fluorellestadit, $Ca_5(SiO_4,PO_4,SO_4)_3(F,OH,Cl)$, hex.
Grün, blaugrün, feinverwachsen in Gesteinspartien Ca-reicher Xenolithe, selten eingewachsene Prismen. Bellerberg/Eifel (13).

Svabit, $Ca_5(AsO_4)_3F$, hex.
Weiß, erdige, amorph anmutende Krusten, äußerst fein kristallisiert, ein seltener Arsenat-Fluorapatit, bisher nur von Franklin, USA, und aus Skandinavien bekannt. Grube Clara, Oberwolfach/Schww. (L 88/3).

Pyromorphit, $Pb_5(PO_4)_3Cl$, hex.
Farblos, wachsgelb, grün, braun, schöne prismatische Kristalle, oft tonnenförmig gekrümmt, nadelig, nierig-traubige Krusten. Wilnsdorf/Siegerl. (EH 85/4); Braubach und Bad Ems/Lahn (EH 83/2); Schauinsland (EH 86/1) und Badenweiler/Schww. (EH 88/2); Krandorf/Opf. (A So. 16); Grube Jeanette b. Kransberg und Grube Vereinigung b. Eisenbach/Taunus; Clausthal-Zellerfeld/Harz.

Mimetesit, $Pb_5(AsO_4)_3Cl$, mon., ps.-hex.
Farblos, weißlich, grau, unterschiedlich gelb bis orange, Kristallformen wie beim Pyromorphit, Mischkristalle ("Kampylit"), neigt zur langprismatischen und spitzpyramidalen Ausbildung, linsenförmig, rasenartig als extrem feine Nädelchen. Badenweiler (EH 88/2) und Weiler b. Lahr/Schww. (A 79/ 7-8); Altenmittlau/Spessart (EH 88/1); Horhausen/Ww. (EH 79/2); Nothweiler/Pfalz (A 86/4).

Vanadinit, $Pb_5(VO_4)_3Cl$, hex.
Gelb bis orangerot, sechsseitige Prismen, kurzsäulig, auch spitzpyramidal, nierig-derb. Reichenbach/Odw. (A So. 27); Velbert b. Essen (L 88/1); St. Andreasberg/Harz (L 89/7-8).

Atelestit, $Bi_8(AsO_4)_3O_5(OH)_5$, mon.
Gelb, grünlich bei Cu-Anteil, gestreckte spießige Kristalle, igelartig verwachsen, öfter Pusteln, im Bruch harz- bis diamantartiger Glanz. Wittichen/Schww. (L 87/7-8); Neubulach/Schww. (A 79/7-8).

Preisingerit, $Bi_3(AsO_4)_2O(OH)$, trik.
Gelbgrau, strohfarbig, deutlich ausgebildete Kristalle fehlen, Pseudomorphosen nach Emplektit oder Bismuthinit als prismatisch-nadelige Aggregate mit mattem Glanz, büschelig verwachsen. Wittichen (L 87/7-8); Ödsbach b. Oberkirch/ Schww. (L 84/1).

Dreyerit, $BiVO_4$, tet.
Gelborange bis gelbbraun, winzige dünntafelige Kristalle, eingewachsen in einem rhyolitischen Aschentuff. Hirschhorn b. Kaiserslautern (N.Jb.Min.Mh. 81/4).

Theisit, $Cu_5Zn_5(As,Sb)_2O_8(OH)_{14}$, orth.
Lichtblaugrün, vorwiegend als Pusteln und blättrige Büschel, nur einmal als winzige Kristalle mit Dreiecksflächen festgestellt. Grube Clara, Oberwolfach/Schww. (L 85/1); Richelsdorf (A 84/2); Oberschulenberg/Harz (86/7).

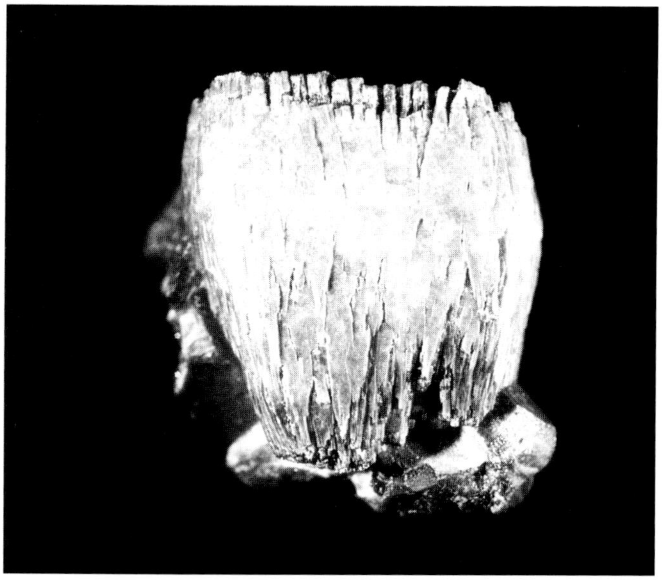

Emser Tönnchen von der Grube Pfingstwiese in Bad Ems/Lahn. Der Kristall hat eine Höhe von 1 cm.

Hureaulith, $(Mn,Fe)_5H_2(PO_4)_4 \cdot 4H_2O$, mon.
Rötlichgelb, rosa, in Drusen gut ausgebildete monoklin-prismatische Tafeln, einzeln und zu Rosetten gruppiert. Hagendorf/Opf. (A So. 26).

Koritnigit, $Zn(AsO_3)(OH) \cdot H_2O$, trik.
Weiß, wirrstrahlig entwickelte Aggregate auf Spaltrissen des Kupferschiefers. Richelsdorf (A 88/3).

Kobaltkoritnigit, $(Co,Zn)(AsO_3)(OH) \cdot H_2O$, trik.
Rosarot mit Stich nach purpurrot, Pusteln aus mikroskopisch kleinen Nadeln, leicht mit ähnlich ausgebidetem Erythrin zu verwechseln. Wittichen/Schww. (L 87/11); Richelsdorf (A 84/2); Niederfischbach/Siegerl. (A 89/2).

Volborthit, $Cu_3(VO_4)_2 \cdot 3H_2O$, mon.
Auffällig gelbgrün, derb, kugelige Krusten aus feinen, eng verwachsenen Blättchen. Üdersdorf und Sattelberg b. Nickenich/Eifel (13).

Phosphoferrit, $(Fe^{2+},Mn)_3(PO_4)_2 \cdot 3H_2O$, orth.
Olivgrün bis braun, in gut ausgebildeten Kristallen eines isometrischen Typs und eines planaren Typs mit elf Kombinationsformen, derbe Massen in Verwachsung mit Ludlamit und Vivianit. Hagendorf/Opf. (A So. 26); Hühnerkobel (L 80/1).

Kryzhanovskit, $MnFe_2(PO_4)_2(OH)_2 \cdot H_2O$, orth.
Tiefbraun, Umbildung aus Phosphoferrit, diesem in derber Form ziemlich ähnlich. Hagendorf/Opf. (L 81/7-8).

Reddingit, $Mn_3(PO_4)_2 \cdot 3H_2O$, orth.
Fast farblos, gelblich bis rötlich, Kristallformen wie beim Phosphoferrit, aus dem er hervorgeht, meist nur kristalline Krusten. Hagendorf/Opf. (A So. 26).

Landesit, $(Mn,Mg)_9Fe_3^{3+}(PO_4)_8(OH)_3 \cdot 9H_2O$, orth.
Rotbraun, durch Weiteroxidation aus Reddingit entstanden, entwickelt selten Kristalle, derb. Hagendorf/Opf. (L 81/7-8).

Metavariscit, $AlPO_4 \cdot 2H_2O$, mon.
Hellolivgrün, kleine kugelige Aggregate, undeutlich zu erkennende mon. Struktur, ein selten vorkommendes Al-Phosphat. Oberschulenberg/Harz (A 84/6).

Phosphosiderit, $Fe^{3+}PO_4 \cdot 2H_2O$, mon.
Pfirsichblütenrot, sehr schöne Kristalle mit prismatischem oder tafeligem Habitus und Vielfalt der Trachten, häufig parallel verwachsen, gerundete Flächen der Endungen. Grube Kalterborn, Eiserfeld/Siegerl. -Typlokalität 1890- (23); Pleystein/Opf. (A So. 26); Hagendorf/Opf. (L 81/7-8); Althütte b. Furth i. Wald (L 85/4).

Variscit, $AlPO_4 \cdot 2H_2O$, orth.
Farblos, grünlich, rhombische Einzelkristalle und gestreckte Prismen, zu Garben verwachsen, in Rosetten und radialstrahligen Kugeln mit parkettierter Oberfläche, auch nierig-warzig und opalähnlich. Waldgirmes (EH 82/3); Auerbach/Opf. (L 83/3); Stockum b. Sundern, Sauerl. (A 80/3).

Strengit, $Fe^{3+}PO_4 \cdot 2H_2O$, orth.
Violettrosa bis fliederfarben, isometrische und tafelige Kristalle mit zahlreichen Flächenkombinationen, mehr oder weniger gestreckt, zu Rosetten verwachsen, wie Phosphosiderit erstmals von einer Eisenerzlagerstätte beschrieben - Grube Eleonore b. Gießen 1877. Pleystein (A 60/12); Hagendorf/Opf. (L 81/7-8); Warstein/Sauerl. (EH 87/3); Waldgirmes (EH 82/3); Arnsberg/Sauerl.; Aprath, Wuppertal (EH 88/4).

Mansfieldit, $Al(AsO_4) \cdot 2H_2O$, orth.
Weiß, blaßgrün bis türkisblau, kleine dicktafelige Kristalle, meist nierig-kugelige Krusten mit radialstrahligem Aufbau. Neubulach/Schww. (A 79/7-8); Puderbach/Ww. (L 84/9).

Skorodit, $Fe^{3+}AsO_4 \cdot 2H_2O$, orth.
Grün, bläulich, weiß, farblos, strengitähnliche Kristallformen, rhombisch-gestreckt, manchmal sehr schön ausgebildet, daneben igelartige und nierig-kugelige Aggregate. Grube Clara, Oberwolfach/Schww. (15); Grube Schöne Aussicht, Dernbach/Ww.; St. Andreasberg/Harz (L 86/3); Grube Hollertszug b. Herdorf/Siegerl. (21a).

Ludlamit, $(Fe,Mg,Mn)_3(PO_4)_2 \cdot 4H_2O$, mon.
Grün, deutliche prismatische Kristalle, auf Spaltflächen Perlmuttglanz, 1925 als vermeintlich neues Mineral "Lehnerit" genannt, nach der Diskreditierung wurde der Name jetzt für ein neues Uranylphosphat wieder anerkannt. Hagendorf/Opf. (A So. 26).

Switzerit, $(Mn^{2+},Fe)_3(PO_4)_2 \cdot 4H_2O$, mon.
Farblos, gestreckte plattige Kristalle, gut spaltbar, als Neubildung im Rockbridgeit. Hagendorf/Opf. (A 78/7-8).

Phosphophyllit, $Zn_2(Fe^{2+},Mn)(PO_4)_2 \cdot 4H_2O$, mon.
Farblos, blaugrün, prismatische Kristalle mit großer Formenvielfalt, häufig spitz zulaufend und gestreckt, gute Spaltbarkeit, kennzeichnender Perlmuttglanz. Hagendorf/Opf. (A So. 26).

Hopeit, $Zn_3(PO_4)_2 \cdot 4H_2O$, orth.
Farblos, grauweiß, säulige Kristalle, kurz und gestreckt, auch mit ps.-hex. Habitus, zu Rosetten aggregiert. Hagendorf/Opf. (A So. 26); Bad Ems/Lahn (EH 83/2); Oberschulenberg/Harz (L 81/10).

Parahopeit, $Zn_3(PO_4)_2 \cdot 4H_2O$, trik.
Farblos, gelblich, meist nadelig ausgebildet, rosettenartig, büschelig als Pseudomorphosen des Rockbridgeits, kugelige Aggregate und krustig. Hagendorf/Opf. (A 87/1); Oberschulenberg/Harz (L 81/10); Richelsdorf (A 84/4).

Oben links. Laueitkristall von Hagendorf/Oberpfalz. Bildbreite etwa 4 mm.

Unten links. Zwei Fluellitkristalle von Hagendorf/Oberpfalz. Die Bildbreite beträgt etwa 6 mm.

Oben rechts. Kleine Kristallbällchen von Kakoxen. Grube Leonie, Auerbach/Oberpfalz. Bildbreite 5 mm.

Unten rechts. Honiggelbe Stewartitkristalle auf Rockbridgeit von Hagendorf/Oberpfalz. Bildbreite 7 mm.

Ausschnitt aus einer Stufe, die einen Querschnitt durch die Phosphatmineralien von Hagendorf zeigt: Die braunen Kristalle links sind Keckit, strohgelbe Strunzitnadeln befinden sich unten. Die grünen kugeligen Gebilde sind Beraunit, und bei den honigbraunen warzenartigen Aggregaten in der Bildmitte rechts handelt es sich um Whitmoreit. Die Matrix ist Rockbridgeit.

Vivianit, $Fe_3^{2+}(PO_4)_2 \cdot 8H_2O$, mon.

Grün, blau bis lederbraun, im frischen Zustand farblos, wenn gut ausgebildet, in typisch monoklin-prismatischen Kristallen, gipsähnlich, meist strahlig in Rosetten und Büscheln, erdig. Heuchelheim und Wölfersheim/Wetterau; Hagendorf/Opf. (A So. 26); Waldsassen (L 87/9); Auerbach/Opf. (L 83/3); hübsche Kristallrosetten auch in eisenzeitlichen Schlacken von Joldelund, Nordfriesland.

Hörnesit, $(Mn,Mg)_3(AsO_4)_2 \cdot 8H_2O$, mon.

Farblos, weiß, langprismatische Plättchen in radialstrahligen Büscheln, größere Kristalle zeigen die für die Vivianitreihe typische mon. Form. Richelsdorf (A 84/2); St. Andreasberg/Harz (8); Wilnsdorf/Siegerl. (L 87/1); Ramsbeck/Sauerl. (9).

Parasymplesit, $Fe^{2+}_3(AsO_4)_2 \cdot 8H_2O$, mon.

Graugrünblau, schmale tafelige Kriställchen in radialstrahliger Anordnung, nadelig-büschelig. Wittichen/Schww. (38); Weiler b. Lahr (A 79/7-8); Ramsbeck/Sauerl. (9); Richelsdorf (L 86/9).

Ferrisymplesit, $Fe_3(AsO_4)_2(OH)_3 \cdot 5H_2O$, mon.

Braun, der Kristallform dem Parasymplesit ähnlich, durch Weiteroxidierung aus diesem gebildet. Neubulach/Schww. (A 79/7-8).

Erythrin, $Co_3(AsO_4)_2 \cdot 8H_2O$, mon.

Rot bis pfirsichblütenrot, sehr hübsch in Gruppen gut ausgebildeter prismatisch-tafeliger Kristalle, vielfach nadelig, zu Rosetten, Büscheln, Pusteln mit rauher Oberfläche aggregiert und derb in faserigen Krusten. Richelsdorf (A 84/2); Imsbach/Pfalz (M 84/2); Wittichen (L 87/7-8); Urberg b. St. Blasien (EH 83/1); Grube Buntekuh b. Niederschelden/Siegerl; Bieber/Spessart.

Annabergit, $Ni_3(AsO_4)_2 \cdot 8H_2O$, mon.

Apfelgrün bis graugrün, selten ausgebildete Kristalle, andeutungsweise erkennt man die mon.-prismatische Form des zur Vivianit-Reihe gehörenden Minerales, strahlige Büschel, pustelartige Aggregate, derbe Beläge, meist auf verwitterten Ni-Sulfiden aufgewachsen. Richelsdorf (A 84/2); Ramsbeck/Sauerl. (9); Wittichen/Schww. (L 87/7-8).

Köttigit, $Zn_3(AsO_4) \cdot 8H_2O$, mon.

Farblos, weiß, durch Co-Beimengung rosa, dünntafelig entwickelte Kristalle mit gipsähnlichem Habitus, oft in Rosetten. Weiler b. Lahr (A 79/7-8); Schauinsland/Schww. (L 84/9); St. Andreasberg/Harz (8); Richelsdorf (A 84/2).

Rößlerit, $MgHAsO_4 \cdot 7H_2O$, mon.

Farblos, rosa, wenig typisch ausgebildet, beobachtet wurden ps.-hex. Formen, durchweg unscharfe Kristallaggregate, Fasern, Krusten. Richelsdorf (A 84/3); ein 1885 erwähntes Vorkommen in Wittichen/Schww. als lockenförmige Gebilde konnte bisher nicht bestätigt werden (L 87/7-8); St. Andreasberg/Harz (8).

Brassit, $MgHAsO_4 \cdot 4H_2O$, orth.

Weiß, grau, soll neben Krusten auch tafelige und vollkommen spaltbare Kristallaggregate ausbilden, entsteht durch spontane Entwässerung des Rößlerits, am angegebenen Fundort im Gemenge mit rosa Rößlerit ohne deutliche Formen. Richelsdorf (A 84/3).

Scholzit, $CaZn_2(PO_4)_2 \cdot 2H_2O$, orth.

Farblos, weiß, rasenartig auftretende rhombische Kristalle, dicktafelig, manchmal mit Parascholzit verwachsen, dann schwer von diesem zu unterscheiden, auch krustig, kugelig und feinkristallin. Hagendorf/Opf. (A So. 26); Rammelsberg/Harz (EH 87/4).

Parascholzit, $CaZn_2(PO_4)_2 \cdot 2H_2O$, mon.

Farblos, weiß, plattige, manchmal gestreckte Kristalle, verzwillingt und mit Scholzit parallel verwachsen, zur sicheren Erkennung ein Röntgendiagramm erforderlich. Hagendorf/Opf. (A 83/7).

Messelit, $Ca_2(Fe^{2+},Mn)(PO_4)_2 \cdot 2H_2O$, trik.

Farblos bis bräunlich, kleine nadelige Sphärolithe in kohliger Substanz, unterschiedlich davon als wollastonitartige Massen mit gedrungenen Kristallen in Drusen am zweitgenannten Fundort. Grube Prinz von Hessen, Messel b. Darmstadt (A 78/7-8); Hagendorf/Opf. (L 81/7-8).

Scholzitkristalle bis bis 8 mm Länge von Hagendorf/Oberpfalz.

Fairfieldit, $Ca_2(Mn,Fe)(PO_4)_2 \cdot 2H_2O$, trik.

Farblos, gelblich, fächerartig angeordnete Plättchen, am Rande ausfasernd. Hagendorf/Opf. (L 81/7-8); Hühnerkobel (L 80/1).

Talmessit, $Ca_2Mg(AsO_4)_2 \cdot 2H_2O$, trik.
Farblos, durch beigemengtes Co hellrosa, durch Ni grünlich, aus ps.-rhombischen Blättchen zusammengesetzte Kugeln, pustelige Krusten, erst wenige Male gefunden. Richelsdorf (A 84/2).

Roselith-(Beta), $Ca_2(Co,Mg)(AsO_4)_2 \cdot 2H_2O$, trik.
Rosenrot bis bräunlich, undeutlich entwickelte Kristalle in kugeligen Aggregaten. Richelsdorf (A 84/2); Velbert b. Essen (L 88/1); Nieder-Beerbach/Odw. (L 86/10).

Roselith-(Alpha), $Ca_2(Co,Mg)(AsO_4)_2 \cdot 2H_2O$, mon.
Rosenrot, blaßrosa, meist schlecht ausgebildete Kristalle, wenig kennzeichnend, z.B. linsenförmig, teilweise büschelig, faserig. Richelsdorf (A 84/2); vielleicht gehört auch der erst einmal im Wittichener Revier gefundene Roselith hierher, z.T. pseudom. nach Guerinit (L 87/7-8).

Anapait, $Ca_2Fe(PO_4)_2 \cdot 2H_2O$, trik.
Farblos, gelbgrün, messelitähnliche Aggregate in verkieselter Braunkohle, sternförmig auf Tonschiefer, Konkretionen aus Tonschiefern mit zonarem Bau, außen mit nadeliger Schicht, innen dichter mit gut ausgebildeten Kriställchen auf Schwundrissen. Grube Messel b. Darmstadt (A 78/7-8); Dörner Graben b. Sondheim v.d. Rhön (A 82/3).

Kaatialait, $FeAs_3O_9 \cdot 6H_2O$, mon.
Blaßgrau bis gelb, weiß, erdig wirkende Pusteln aus feinstkörnigen Partikeln, vermutlich ein Verwitterungsprodukt von Arseniderzen. Wittichen/Schww. (L 87/11); Nieder-Beerbach/Odw.

Struvit, $(NH_4)MgPO_4 \cdot 6H_2O$, orth.
Gelb bis hellbraun, in z.T. großen, gut ausgebildeten Kristallen der rhombisch-pyramidalen Klasse. Soll entstanden sein im Moorboden unter alten Exkrementablagerungen, z.B. in Hamburg und Braunschweig (23).

Haidingerit, $CaHAsO_4 \cdot H_2O$, orth.
Farblos, Kristalle in wenig deutlicher Ausbildung neben Erythrin (Rosafärbung), Pharmakolith und Pikropharmakolith, sehr selten. Richelsdorf (A 84/3); in Wittichen/Schww. als natürliche Bildung fraglich, vielleicht erst im Sammlungsraum durch Entwässerung von Pharmakolith entstanden (L 87/7-8).

Irhtemit, $Ca_4MgH_2(AsO_4)_4 \cdot 4H_2O$, mon.
Farblos, weiß, rosa, sphärolithische Kugeln mit stark glänzender Oberfläche, nadelige Innenstruktur, sonst nur von Marokko bekannt. Selten. Richelsdorf (A 86/7).

Camgasit, $CaMg(AsO_4)(OH) \cdot 5H_2O$, mon.
Farblos, kleine säulige Kristalle, aufgewachsen auf Monohydrocalcit, zum Teil als garbenförmige Aggregate, Bestandteil sinterartiger Krusten einer kobalt- und uranerzführenden Mineralisation, die auch Calcit, Gips, Novacekit, Erythrin, Hörnesit, Schröckingerit und arsenhaltigen Rapidcreekit enthält. Wie letzterer wurde der Camgasit -der Name setzt sich aus den Abkürzungen für die hauptsächlichen Elemente zusammen- schon 1966 von K. Walenta als Fund aus dem unteren Stollen der Grube Johann am Burgfelsen/Wittichen vorläufig beschrieben; eine genaue Darstellung ist inzwischen erfolgt (A 89/6).

Sainfeldit, $H_2Ca_5(AsO_4)_4 \cdot 4H_2O$, mon.
Farblos, rosa, Rosetten aus dünntafelig-gestreckten Kristallen, am Ende spitz zulaufend, mit anderen Ca-Mg-Arsenaten und Erythrin vergesellschaftet. Wittichen/Schww. (L 87/7-8); Richelsdorf (A 84/3).

Vladimirit, $Ca_2Cu(UO_2)(CO_3)_4 \cdot 6H_2O$ (?), mon.
Farblos, winzige blättchenartige Kristalle in igelförmiger Anordnung, extrem selten. Richelsdorf (A 84/3).

Machatschkiit, trig. $(Ca,Na)_6(AsO_4)(AsO_3OH)_3(PO_4,SO_4) \cdot 15H_2O$,
Farblos, weißlich, ein Ca-Arsenat, das in wechselnder Menge Sulfat- und Phosphatanteile enthält, eigentlich zwei Minerale in einem, je nach dem Übergewicht des einen oder des anderen Anteils. Etwa 2 mm große rhomboedrische Kristalle, mitunter subparallel verwachsen, Calcitrhomboedern ähnlich, aber ohne Spaltbarkeit. Bisher erst einmal in der Grube Anton, Heubachtal, gefunden. Wittichen/Schww. (L 87/7-8).

Rauenthalit, $Ca_3(AsO_4)_2 \cdot 10H_2O$, trik.
Farblos, langprismatisch-nadelige Kristalle als strahlige Büschel auf Granit, auch nadelig-faserig aufgebaute, rosafarbene Pusteln, außerordentlich selten auf den genannten Fundorten. Wittichen/Schww. (L 87/7-8); Richelsdorf (A 84/3); St. Andreasberg/Harz (L 86/3).

Brushit, $CaHPO_4 \cdot 2H_2O$,
Gelblichweiß, krümelig-faserige Massen als Neubildung aus zersetzten Knochenresten. Stollen des Nahtenkellers bei Wallerfangen, Saarland (20a).

Pharmakolith, $CaH(AsO_4) \cdot 2H_2O$, mon.
Farblos bis bräunlich, tafelig-gestreckte Kristalle, gipsähnlich, zu Rosetten und Büscheln vereinigt, mit Gips orientiert verwachsen, manchmal glasig-trüb. Fundorte wie beim Rauenthalit.

Pikropharmakolith, $H_2Ca_4Mg(AsO_4)_4 \cdot 11H_2O$, trik.
Weiß, auffällige nadelige Bällchen, aus feinsten langprismatischen Kristallen zusammengesetzt, seidiger Glanz, durch Co rosa getönt, sehr hübsche Gruppen. Fundorte wie vorher.

Oben links. Kleine Lavendulankügelchen auf Chrysokoll von der Grube Eisenberg bei Velbert/Bergisches Land. Bildbreite 3,5 mm.

Unten links. Epitaktische Verwachsung von Keckit auf Phosphophyllit von Hagendorf-Süd/Oberpfalz. Die Bildbreite beträgt 5 mm.

Oben rechts. Grünliche Wavellitkrusten von Stockum, Sorpe/Sauerland. Die Stufe ist 2,2 cm hoch.

Unten rechts. Bis 3 mm große Ba-Pharmakosideritkristalle von der Grube Clara, Oberwolfach/Schwarzwald.

Oben links. Mitridatit in wurmförmigen Aggregaten mit Rockbridgeit von Hagendorf-Süd, Oberpfalz. Die Bildbreite beträgt 6 mm.

Unten links. Sabugalitkristalle von der ehemaligen Uranerzgrube Christa bei Großschloppen/Fichtelgebirge. Bildhöhe 10 mm.

Oben rechts. Sphärolithischer Kidwellit auf Limonit von der Grube Rotläufchen bei Waldgirmes/Wetzlar. Bildbreite 1,5 cm.

Unten rechts. Ein ca. 1,5 mm breiter Torbernitkristall von Zufurt/Fichtelgebirge.

Guerinit, $Ca_5H_2(AsO_4)_4 \cdot 9H_2O$, mon.

Farblos bis weiß, subparallel verwachsene tafelige Kristalle, gut erkennbar an dem perlmuttartigen Schimmer auf den Tafelflächen wie auch an einer zweifachen Spaltbarkeit, so daß die Blättchen beim Berühren mit einer Nadel in unzählige Partikelchen zerfallen. Neben Wittichen und Richelsdorf neuerdings auch die Grube Clara, Oberwolfach/Schww., als Fundort (L 87/7-8)

Ferrarisit, $Ca_5H_2(AsO_4)_4 \cdot 9H_2O$, trikl.

Farblos, hellviolett durch Co-Anteil. Flachtafelige Kristalle, längsgestreift, mitunter in Pikropharmakolith eingewachsen. Richelsdorf (A 84/3); Grube Anton, Wittichen/Schww. (L 87/7-8).

Phaunoxit, $Ca_3(AsO_4)_2 \cdot 11H_2O$, trikl.

Farblos, dem Rauenthalit ähnliche Büschel aus nadelig-gestreckten Kristallen, mikroskopisch ist ein rautenförmiger Querschnitt der Nadeln zu erkennen. Das seltene Mineral ist nur noch von der Gabe-Gottes-Mine in Markirch, Frankreich, bekannt. Richelsdorf (A 84/3).

Churchit-(Y) (Weinschenkit), $YPO_4 \cdot 2H_2O$, mon.

Farblos, weiß, nur mm-lange Nadeln als Büschel, daneben feinste Filze, die Brauneisen überziehen, isotyp mit Gips, bei entsprechender Vergrößerung sind die kristallographischen Ähnlichkeiten erkennbar. Grube Nitzelbuch -Typlokalität 1922- und Grube Leonie b. Auerbach/Opf. (L 83/3); Reichenbach/Odw. (L 87/10).

Churchit-(Dy), $(Dy,Sm,Gd,Nd,Y)PO_4 \cdot 2H_2O$, mon.

Weiß, radialstrahlig angeordnete nadelige Kriställchen, die Rosetten auf bräunlich verfärbtem Quarz haben deutlichen Seidenglanz, in Paragenese mit Metatorbernit, Größe der Aggregate maximal 0,5 mm. Menzenschwand/Schww. (L 89/9).

Tsumcorit, $PbZnFe^{2+}(AsO_4)_2 \cdot H_2O$, mon.

Farblos, gelbbraun, kleine tafelige Kristalle, feinkristalline Krusten und Pseudomorphosen nach Mimetesit, kaum Ähnlichkeit mit dem bekannten Tsumcorit von Tsumeb, Namibia. Weiler b. Lahr (A 76/11); Grube Clara, Oberwolfach/Schww. (L 88/3).

Brackebuschit, $Pb_2(Mn,Fe)(VO_4)_2 \cdot H_2O$,

Braunrot bis schwarz, kleine tafelig-gestreckte Kristalle, manchmal undeutlich ausgebildet, wahrscheinlich ein Umwandlungsprodukt eines unbestimmten Pb-Mn-Vanadats. Krettnich, Saarland (20a).

Arsenbrackebuschit, $Pb_2(Zn,Fe)(AsO_4)_2(OH) \cdot H_2O$, mon.

Gelb-grünlich, nur krustig ohne erkennbare Kristallformen, z.T. nierig-schaliger Bau, sehr selten, sonst nur von Tsumeb, Namibia, bekannt. Grube Clara, Oberwolfach/Schww. (15); ungeklärt ist noch ein vermeintlicher Fund von Reichenbach/Odw. (L 87/1).

Strashimirit, $Cu_8(AsO_4)_4(OH)_4 \cdot 5H_2O$, mon.

Hellolivgrün, blaßgrün, rundliche Aggregate aus radialstrahligen Nädelchen, auch blättrig-schuppige Kristallrasen, schwer zu identifizieren. Grube Clara, Oberwolfach/Schww. (15); Reichenbach/Odw. (L 87/10); Freudenstadt (38); Richelsdorf (A 84/2).

Arthurit, mon, $Cu_2Fe_2^{3+}(AsO_4,PO_4,SO_4)_2(O,OH)_2 \cdot 4H_2O$

Grasgrün, gelbgrün, kleine, aber gut ausgebildete langsäulige Kristalle, annähernd dreieckiger Querschnitt, zu Büscheln gruppiert, pseudom. nach Olivenit, selten, bisher nur von der Grube Clara, Oberwolfach/Schww. bekannt (15).

Legrandit, $Zn_2(AsO_4)(OH) \cdot H_2O$, mon.

Hellgelb, kugelige Aggregate, fettglänzend, ohne deutliche Kristallformen. Wilnsdorf/Siegerl. (L 87/1).

Schoonerit, $ZnMn^{2+}Fe^{2+}_2(OH)_2(H_2O)_7(PO_4)_3$, orth.

Frisch grün, oxidiert braun bis bronzefarben, dünntafelig-gestreckte Kristalle, glimmerartig. Hagendorf/Opf. (A 78/7-8).

Die Ferristrunzitfundstelle bei Aprath/Wuppertal im Jahr 1988.

Whitmoreit, $Fe^{2+}Fe_2^{3+}(PO_4)_2(OH)_2 \cdot 4H_2O$, mon.

Braun bis grünlichbraun, fächer- bis büschelartig aggregierte Nadeln, kugelige Ausbildungen mit herausragenden gestreckten Kristallen, igelförmig. Hagendorf/Opf. (A 78/7-8); Hühnerkobel (L 80/1).

Bermanit, $Mn^{2+}Mn_2^{3+}(PO_4)_2(OH)_2 \cdot 4H_2O$, mon.

Rotbraun, tafelige Kristalle und gerundete Aggregate mit Fettglanz, Neubildungen aus Rockbridgeit. Hagendorf/Opf. (A 77/7-8).

Strunzit, $Mn^{2+}Fe_2^{3+}(PO_4)_2(OH)_2 \cdot 8H_2O$, trik., ps.-mon.

Strohfarben, langgestreckte Kristalle in faserigen Büscheln, auch als kurznadelige samtartige Überzüge auf Rockbridgeit, dann mehr grünlich. Hagendorf/Opf. (A So. 26); Hühnerkobel (L 80/1); Arnsberg, Sauerl. (A 88/4).

Ferrostrunzit, $Fe^{2+}Fe_2^{3+}(PO_4)_2(OH)_2 \cdot 6H_2O$, trik.

Strohgelb bis braun, als Rasen winziger Fasern in schmalen Spalten des Pegmatitgesteins. Althütte, Furth i. Wald (L 85/4).

Ferristrunzit, $Fe^{2+}{}_2Fe_2^{3+}(PO_4)_2(OH)_2 \cdot 6H_2O$, trik.

Hellbräunlich, durchscheinend bis trüb, kleinnadelige Rosetten und Rasen in einer Kieselschieferschicht, dabei Beraunit. BAB-Baustelle b. Arnsberg/Sauerl. (A 88/4); Aprath b. Wuppertal (EH 88/4).

Wilhelmvierlingit, $CaMn^{2+}Fe^{3+}(PO_4)_2(OH) \cdot 2H_2O$, orth.

Fahlgelb bis bräunlichgelb, sehr kleine gestreckte Kristalle in Gruppen, meist trüb und undurchsichtig, gegenüber dem ähnlichen Keckit von besserer Spaltbarkeit, bisher nur von Hagendorf bekannt, selten (A 83/7).

Paravauxit, $Fe^{2+}Al_2(PO_4)_2(OH)_2 \cdot 8H_2O$, trik.

Farblos bis hellgrünlichgelb, subparallel oder radial entwickelte Aggregate plattig-gestreckter Kristalle, an sich klare Kristalle sind manchmal von einer feinen Verwitterungskruste umgeben, das seltene Mineral ist nur noch aus Bolivien beschrieben worden. Hagendorf/Opf. (A 80/3).

Laueit, $Mn^{2+}Fe_2^{3+}(PO_4)_2(OH)_2 \cdot 8H_2O$, trik.

Honigbraun, gut ausgebildete Kristalle von triklin-pinakoidaler Symmetrie, typische Schrägendungen der oft subparallel verwachsenen Täfelchen, meist in zersetztem Rockbridgeit. Hagendorf/Opf. (A So. 26); Hühnerkobel (L 80/1).

Uschkowit, $MgFe_2^{3+}(PO_4)_2(OH)_2 \cdot 8H_2O$, trik.

Gelb bis orange, das Mg-Analogon des Laueits und diesem in den sonstigen Eigenschaften ähnlich, soll nach einer Veröffentlichung von P. J. Dunn 1985 im Min. Rec. 16, USA, auch in Hagendorf vorkommen, jedoch fraglich wegen des geringen Mg-Gehalts des dortigen Pegmatits. (A 87/1).

Pseudolaueit, $Mn^{2+}Fe_2^{3+}(PO_4)_2(OH)_2 \cdot 7\text{-}8H_2O$, mon.

Orangegelb, kurzprismatische bis dicktafelige Kristalle, mit Stewartit verwachsen, auch krustenförmig. Hagendorf/Opf. (A So. 26).

Stewartit, $Mn^{2+}Fe_2^{3+}(PO_4)_2(OH)_2 \cdot 8H_2O$, trik.

Bräunlichgelb bis grünlichgelb, sehr dünntafelige ps.-mon. Kristalle, zu Büscheln verwachsen, auch kugelig. Hagendorf/Opf. (A So. 26); Hühnerkobel (L 80/1).

Kakoxen, $Fe_9^{3+}(PO_4)_4(OH)_{15} \cdot 18H_2O$, hex.

Goldgelb bis honiggelb, kurznadelige Sphärolithe mit schönem Seidenglanz, durchscheinende Kügelchen und hantelförmige Garben. Waldgirmes (EH 82/3); Hagendorf/Opf. (A So. 26); Warstein/Sauerl. (EH 87/2); Grube Clara, Oberwolfach/Schww. (15); Aprath b. Wuppertal (EH 88/4).

Beraunit, $Fe^{2+}Fe^{3+}{}_5(PO_4)_4(OH)_5 \cdot 4H_2O$, mon.

Grün, grüngolden, gelborange, rot, abhängig vom Oxidationsgrad des Eisens, schöne Rosetten aus tafelig-nadeligen Kristallen, fächerartig vereinigte feinfaserige Aggregate mit Seidenglanz, die Bezeichnung Oxiberaunit für den rotbraunen "Eleonorit" scheint sich nicht durchgesetzt zu haben. Waldgirmes (EH 82/3); Hagendorf/Opf. (A So. 26); Warstein, Sauerl. (L 87/5); Auerbach/Opf. (L 83/3).

Dufrenit, $Fe^{2+}Fe_4^{3+}(PO_4)_3(OH)_5 \cdot 2H_2O$, mon.

Schwarz, schwärzlichgrün, dem Rockbridgeit ähnliche Kristalle mit spitzwinkliger Endbegrenzung, idiomorph und zu Sphärolithen gebündelt, Zwillinge in Form von Wäscheklammern und Berührungszwillinge, Verwachsungen. Waldgirmes (EH 82/3); Auerbach/Opf. (L 83/3); Hagendorf/Opf. (L 81/7-8), Grube Clara, Oberwolfach/Schww. (L 88/3).

Pitticit, amorph, $Fe_2^{3+}(AsO_4)(SO_4)(OH) \cdot nH_2O$ und Yukonit, $Ca_3Fe_7^{3+}(AsO_4)_6(OH)_9 \cdot 18H_2O$ (?), amorph.

Zwei Eisenarsenate, die als rotbraune bis gelbgraue derbe Krusten vorkommen, erdig und durchscheinend, nach den Kationen unterschiedlich zusammengesetzt; so könnte man die beigefarbenen Ca-haltigen Krusten der Grube Anton, Heubachtal im Wittichener Revier, als Yukonit ansehen (L 87/7-8).

Matulait, $CaAl_{18}(PO_4)_{12}(OH)_{20} \cdot 28H_2O$, mon.

Farblos, Sphärolithe aus feinen Blättchen, z.T. aus Hohlkugeln bestehend, kleine Blattrosetten, deren perlmuttglänzende Blättchen andeutungsweise ps.-hex. Habitus zeigen.

Oben links. Dünntafelige, fast transparente Autunitkristalle von Hagendorf-Süd, Oberpfalz. Bildbreite 6 mm.

Unten links. Novacekitkristalle von Wittichen/Schwarzwald. Bildbreite 6 mm.

Oben rechts. Uranocircit in typisch tafeligen, schichtartigen Kristallen von der Uranerzlagerstätte Menzenschwand/Schwarzwald. Bildhöhe 6 mm.

Unten rechts. Sehr schön ausgebildete Heinrichitkristalle von Wittichen/Schwarzwald. Bildhöhe 7 mm.

Oben links. Selten in der Bundesrepublik: Walpurginkristalle. Sie stammen von Wittichen/Schwarzwald. Bildhöhe 4 mm.

Unten links. Fayalitkristall vom Nickenicher Sattelberg/Eifel. Die Bildhöhe beträgt 2 mm.

Oben rechts. Tephroitkristall von Mendig/Eifel. Bildbreite 2 mm.

Unten rechts. Fayalitkristall vom Emmelberg, Üdersdorf/Eifel. Bildhöhe 2 mm.

Hagendorf/Opf. (A 89/5); Waldgirmes (EH 82/3); Warstein/Sauerl. (EH 87/2).

Jungit, $Ca_2Zn_4Fe^{3+}{}_8(PO_4)_9(OH)_9 \cdot 16H_2O$, orth.

Gelb, grünlichgelb, glimmerartige dünntafelige Kristalle in Rosetten und Büscheln, die wie gestapelt erscheinenden Blättchen sind oft verbogen, das Mineral ist bisher nur in Hagendorf gefunden worden, extrem selten (A 80/2).

Fluellit, $Al_2(PO_4)F_2(OH) \cdot 7H_2O$, orth.

Farblos, kleine dipyramidale Kriställchen, gut ausgebildet, wurde lange als "Pleysteinit" und "Kreuzbergit" für ein Halogenid gehalten. Pleystein (A So. 26); Hagendorf/Opf. (L 81/7-8); Althütte b. Furth i. Wald (L 85/4).

Wavellit, $Al_3(PO_4)_2(OH)_3 \cdot 5H_2O$, orth.

Farblos, grau, gelblich, meist als Rosetten nadeliger Kristalle, gut ausgebildete Endflächen mit typischem spitzovalem Querschnitt, daneben halbkugelige, nierig-strahlige Gebilde. Grube David, Warstein (EH 87/2), Altenhellefeld und Apricke/Sauerl.; Dünsberg/Gießen; Grube Rotläufchen, Waldgirmes/Wetzlar (EH 82/3); Auerbach (L 83/3); Hagendorf/Opf. (A 80/3).

Earlshannonit, $MnFe^{3+}{}_2(PO_4)_2(OH)_2 \cdot 4H_2O$, mon.

Rotbraun, das Mn-Analogon des Whitmoreits, radialstrahlig angeordnete Kristallaggregate, Hagendorf ist der zweite Fundpunkt. (A 87/1).

Morinit, $Na_2Ca_4Al_4(PO_4)_4(F,OH)_{10} \cdot 3H_2O$, mon.

Blaßgelblich, nierig-stalaktitisch ausgebildet, gestreckte und hornartig gebogene Aggregate, Einzelkristalle nur elektronenmikroskopisch als diskusartige Gebilde sichtbar zu machen. Hagendorf/Opf. (A 83/7).

Phosphofibrit, $KCuFe_{15}{}^{3+}(PO_4)_{12}(OH)_{12} \cdot 12H_2O$, orth.

Gelb bis gelbgrünlich, winzige prismatisch-tafelig ausgebildete Kristalle mit Glasglanz, nur mikroskopisch erkennbar, makroskopisch radialfaserige Aggregate. Die Grube Clara, Oberwolfach/Schww., ist bisher einziger Fundort (15).

Childrenit, $FeAl(PO_4)(OH)_2 \cdot H_2O$, mon.

Farblos, leicht bläulich oder grünlich getönt, Kristallrasen auf Quarz bestehen aus langnadeligen Rosetten, in Miarolen von derbem Pyrit sind dünnplattig-gestreckte Kristalle aufgewachsen, reichlicher als "Childro-Eosphorit", Mischkristall der Childrenit-Eosphorit-Reihe. Hagendorf/Opf. (A 83/7).

Eosphorit, $MnAl(PO_4)(OH)_2 \cdot H_2O$, mon.

Farblos, blaßrot, orangegelb, zitronengelb, im zersetzten Rockbridgeit als Kügelchen aus stengeligen, radialstrahlig zusammengesetzten Kristallen, reiner Eosphorit ist in Hagendorf selten (A 83/7).

Türkis, $CuAl_6(PO_4)_4(OH)_8 \cdot 5H_2O$, trik.

Blau, grünlich, in geringer Menge als sehr feinkörnige nierige Aggregate, kaum vergleichbar mit dem bekannten Schmuckstein. Hagendorf/Opf. (L 81/7-8); Grube Laubach bei Laufdorf/Wetzlar.

Faustit, $(Zn,Cu)Al_6(PO_4)_4(OH)_8 \cdot 5H_2O$, trik.

Apfelgrün, kleine kugelige Aggregate, mit Cu-Anteil für Zn, sonst noch nicht in der Bundesrepublik bekannt. Rheinbreitbach (M 84/4).

Coeruleolaktit, $(Ca,Cu)Al_6(PO_4)_4(OH) \cdot 4\text{-}5H_2O$, trik.

Blaßgrün, milchigblau, in Krusten als nierig-kugelige Aggregate, bei starker Vergrößerung lassen sich spitze Enden der für die Türkis-Reihe typischen Kristalle erkennen, das Mineral ist insgesamt selten und tritt nur in kleinen Mengen auf. Rindsberg b. Nassau, Hessen (23); Waldgirmes (EH 82/3); Warstein/Sauerl. (L 87/5).

Chalkosiderit, $CuFe_6{}^{3+}(PO_4)_4(OH)_8 \cdot 4H_2O$, trik.

Grün, kurzprismatische Kriställchen , subparallel verwachsen zu ps.-rhombischen Aggregaten, auch garbenförmig, in Hohlräumen von zersetztem Rockbridgeit. Hagendorf/Opf. (L 81/7-8); Grube Hollertszug b. Herdorf/Siegerl. (21a).

Chenevixit, $Cu_2Fe_2(AsO_4)_2(OH)_4 \cdot H_2O$(?), mon.

Grün, gelb, gelbbraun, unscheinbare Krusten und kugelige Aggregate mit kaum erkennbarem radialstrahligem Bau, meist sehr feinkörnig, erdig. Grube Silberbrünnle b. Gengenbach (L 85/11); Grube Clara, Oberwolfach/Schww. (15); Reichenbach/Odw. (L 87/10);

Delvauxit, amorph $CaFe_4(PO_4,SO_4)_2(OH)_8 \cdot 4\text{-}6H_2O$ (?),

Kastanienbraun, gelartige Konkretionen und Krusten mit nieriger Oberfläche, dicht, mit Trockenrissen infolge Wasserverlusts. Das Mineral kam mit Kakoxen in Klüften des Brauneisensteins der Grube Käusersteimel b. Kausen/Siegerland vor (21a).

Parnauit, $Cu_9(AsO_4)_2(SO_4)(OH)_{10} \cdot 7H_2O$, orth.

Grünblau, tafelige Kristalle mit rechteckigem Querschnitt, meist verwachsen, langprismatisch zu Spitzen ausgezogen, rosettenartig und fächerförmig, häufig nur krustig. Schwarzwald: Grube Clara, Oberwolfach (15); Wittichen (L 87/7-8); Neubulach (A 81/4).

Oben links. Melanitkristall von Oberbergen/Kaiserstuhl. Der Kristall hat einen Durchmesser von 8 mm.

Oben rechts. Eine ungewöhnliche Paragenese: Topazolithkristalle mit Millerit von Wurlitz/Fichtelgebirge. Die Bildhöhe beträgt 1,7 cm.

Unten. Einer der schönsten und größten Zirkonkristalle (Breite 9 mm) von Niedermendig, Laacher See/Eifel.

Chalkophyllit, $Cu_{18}Al_2(AsO_4)_3(SO_4)_3(OH)_{27} \cdot 33H_2O$, trig.

Spangrün bis bläulich, dünntafelige ps.-hex. Kristalle, durchsichtig, perlmutterglänzend, auch nur undeutliche blättrige Aggregate. Richelsdorf (A 84/2); Rheinbreitbach (M 84/4); Grube Wenzel, Oberwolfach/Schww. (15); Niederschelden/Siegerl. (L 87/12).

Lavendulan, $NaCaCu_5(AsO_4)_4Cl \cdot 5H_2O$, orth.

Blau bis hellblau, grünlichblau, kleine Sphärolithe aus blättrig-tafeligen Kristallen, auf der Tafelfläche perlmutterglänzend, auch nierig in Krusten. Wittichen/Schww. (L 87/7-8); Velbert b. Essen (L 88/1); St. Andreasberg/Harz (L 86/3).

Montgomeryit, $Ca_4MgAl_4(PO_4)_6(OH)_4 \cdot 12H_2O$, mon.

Farblos, gelblich, subparallel und rosettenartig verwachsene Kristalle, flachprismatisch-linealförmiger Habitus. Hühnerkobel/Bayer. Wald -anscheinend das einzige Vorkommen in der Bundesrepublik - (A 80/2).

Calcioferrit, $Ca_2Fe_2^{3+}(PO_4)_3(OH) \cdot 7H_2O$, mon.

Gelbgrün bis lichtgelb, tafelig-gestreckte Kristalle, glasglänzend, manchmal büschelartig verwachsen, war bei uns lange Zeit nur von einem mit Battenberg, Rheinpfalz, bezeichneten Fundort bekannt (23), jetzt ist es von Hagendorf als nahezu Mg-freier Calcioferrit beschrieben worden (A 87/1).

Philipsburgit, $(Cu,Zn)_6(AsO_4,PO_4)_2(OH)_6 \cdot H_2O$ mon.

Hellgrün bis schwärzlichgrün, durchscheinende nierige Krusten auf Quarz, im Bruch erkennbarer radiahlstrahliger oder konzentrisch-schaliger Bau, winzige herausragende Einzelkristalle auf der kugeligen Oberfläche, weiterhin lockere Gebilde aus tafelig-gestreckten Kristalliten, prismatisch-faserig erscheinend, extrem selten, bisher bei uns nur von Neubulach/Schww. bekannt (L 86/3).

Bulachit, $Al_2(AsO_4)(OH)_3 \cdot 3H_2O$, orth.

Weiß bis blaßgrün, unauffällige Krusten aus radialstrahligen flachnadeligen Kristallen geringer Größe, die Aggregate wirken faserig und zeigen Seidenglanz, makroskopisch kaum zu erkennen, selten. Neubulach/Schww. -Typlokalität- (A 83/11); Richelsdorf (A 84/3).

Xanthoxenit, $Ca_4Fe^{3+}_2(PO_4)_4(OH)_2 \cdot 3H_2O$, mon.

Gelblichbraun, in Hagendorf wird es als Pseudomorphose nach Messelit beschrieben, langnadelig, plattig, verfilzt wie der Messelit, mit dem er immer vergesellschaftet ist (A 80/3).

Kingsmountit, mon. $(Ca,Mn^{2+})_4(Fe^{2+},Mn^{2+})Al_4(PO_4)_6(OH)_4 \cdot 12H_2O$

Weiß bis schwachgelb, feinschuppige kugelige Kristallaggregate mit winzigen gestreckten Einzelkristallen, undurchsichtig, perlmutterglänzend, mit wechselndem Fe- und Mn-Gehalt. Von Hagendorf wird daher auch ein Kingsmountit-Mn erwähnt. Hagendorf/Opf. (A 87/1).

Keckit, mon. $(Ca,Mg)(Mn,Zn)_2Fe^{3+}_3(PO_4)_4(OH)_3 \cdot 2H_2O$

Braun, graubraun, ockerfarben, gipsartige gestreckte Kriställchen, büschelig angeordnet, wurde früher als Jahnsit angesehen, zu geringer Mg-Gehalt. Hagendorf/Opf. (A 78/7-8); Hühnerkobel (L 80/1).

Leukophosphit, mon. $KFe_2^{3+}(PO_4)_2(OH) \cdot 2H_2O$

Farblos, hellgelb, kleine ps.-orth. Kriställchen in Rockbridgeit, daneben aus solchen Individuen mosaikartig zusammengesetzte Kügelchen, durchsichtig oder getrübt, auf Rockbridgeit aufgewachsen. Hagendorf/Opf. (A 77/8-9); Althütte b. Furth i. Wald (L 85/4).

Arsenobismit, $Bi_2(AsO_4)(OH)_3$, kub.

Gelbgrün bis olivgrün, nierig-kugelige Massen, schwach durchscheinend, rauhe Oberfläche aus extrem winzigen Kristallspitzen, nur durch REM-Aufnahmen sichtbar zu machen, bisher bei uns nur von Richelsdorf bekannt, vielleicht weiter verbreitet, da sehr unscheinbar im Auftreten (A 85/10).

Pharmakosiderit, $KFe_4(AsO_4)_3(OH)_4 \cdot 6\text{-}7H_2O$, kub.

Grün, gelb, rotbraun, würfelige Kristalle, auch tetraederähnliche Formen, selten, häufiger ist der Ba-Pharmakosiderit, mit dem er vielfach verwechselt wird. Grube Schöne Aussicht b. Dernbach und Grube Louise b. Horhausen/Ww. (EH 79/2); Imsbach/Pfalz (M 84/2); Rudolfstein/Fichtelg. (L 85/7-8).

Barium-Pharmakosiderit, $BaFe_4^{3+}(OH)_4[(AsO_4)_3 \cdot nH_2O$, tet.

Grünlich, braungelb, rotbraun, tet. Kristalle selten, meist ps.-kub. Würfel, manchmal in Krusten die Gangarten überziehend. Grube Clara, Oberwolfach (15); Wittichen/Schww. (L 87/7-8); Reichenbach/Odw. (L 87/10).

Ba-Al-Pharmakosiderit, $BaAl_4(As0_4)_3(OH)_5 \cdot 5H_2O$, tet.

Farblos, hellgelb, kleine ps.-kub. Würfel, Neigung zu subparalleler Verwachsung, Mischkristalle, da auch Fe-Anteile festgestellt wurden, selten. Weiler b. Lahr (A 81/9).

Mitridatit, $Ca_3Fe_4^{3+}(PO_4)_4(OH)_6 \cdot 3H_2O$, mon.

Olivgrün, grüngrau, gelblich, ockerfarben, fast nur erdige Massen und Kluftbeläge, olivbraune Warzen auf Scholzit. Hagendorf/Opf. (A So. 26); Hühnerkobel (A 80/2); Althütte b. Furth i. Wald (L 85/4).

Robertsit, $Ca_3Mn_4^{3+}(PO_4)_4(OH)_6 \cdot 3H_2O$, mon.
Dunkelrotbraun, kleine Kügelchen und Pusteln auf Überzügen von Mitridatit, mit dem das Mineral isotyp ist, selten in Hagendorf/Opf. (A 78/7-8).

Arseniosiderit, $Ca_3Fe_4(AsO_4)_4(OH)_6 \cdot 3H_2O$, mon.
Hell- bis dunkelbraun, erdige bis schuppige Krusten, selten Andeutungen von Kristallen in Form dichter Blättchen, die strahlig angeordnet sind und goldfarbig schillern. Wittichen/Schww. (L 87/7-8); Nieder-Beerbach/Odw. (L 86/10); St. Andreasberg/Harz (A 83/7).

Cyrilovit, $NaFe_3(PO_4)_2(OH)_4 \cdot 2H_2O$, tet.
Hellgelb, gelb, sehr kleine dipyramidale Kriställchen zusammen mit Keckit, Strunzit, Chalkosiderit und Türkis, Neubildung aus Rockbridgeit, öfter nur kugelige Aggregate. Hagendorf/Opf. (L 81/7-8); Alter Kastl-Bruch b. Leupoldsdorf/Fichtelg. (L 87/7-8).

Mixit, $BiCu_6(AsO_4)_3(OH)_6 \cdot 3H_2O$, hex.
Grün, in gut ausgebildeten nadeligen Kristallen, sehr dünn, malachitähnlich als radialstrahlig-büschelige Aggregate, außerdem derb und krustig, häufige Neubildung aus zersetzten Kupferbismuterzen wie Emplektit, Wittichenit, Bismuthinit, daher mehrere Vorkommen im Schwarzwald: Wittichen (L 87/7-8); Neubulach (A 79/7-8); Freudenstadt (38); Reichenbach/Odw. (L 87/10).

Agardit-(SE), (Chlorotil), $(SE)Cu_6(AsO_4)_3(OH)_6 \cdot 3H_2O$, hex.
Gras- bis gelbgrün, mit Mixit strukturell verwandt, enthält statt des Bismuts Seltene Erden, wegen der gleichartigen Ausbildung Gefahr der Verwechslung, besonders bei gleichzeitigem Auftreten, bei kurzprismatischen Nadeln ist ein hex. Querschnitt manchmal erkennbar. Je nach dem vorherrschenden SE-Element lassen sich röntgenographisch unterscheiden:

Agardit-(Ce)
Grube Clara, Oberwolfach (15); Grube Neues Jahr, Freudenstadt (38); Neubulach/Schww. (A 79/7-8).

Agardit-(Dy)
Grube Anton, Heubachtal, Wittichener Revier (L 87/7-8).

Agardit-(La)
Grube Fünf Bücher Mosis, St. Andreasberg/Harz (L 86/3).

Agardit-(Nd)
Grube Silberbrünnle b. Gengenbach (L 88/4); Grube Johann am Burgfelsen, Wittichen/Schww. (L 87/7-8); Töss b. Bad Rippoldsau (A 81/5).

Agardit-(Y) - eigentlicher Agardit
Grube Sophia, Wittichen/Schww. (L 87/7-8); Imsbach/Pfalz (M 84/2).

Goudeyit, $Cu_6Al(AsO_4)_3(OH)_6 \cdot 3H_2O$, hex.
Hellolivgrün, feine Nadeln in igelförmigen Büscheln, agarditähnliche Ausbildung, der angegebene Fundort stellt das zweite Vorkommen dieses seltenen Minerals dar. Rheinbreitbach (M 84/4).

Richelsdorfit, $Ca_2Cu_5SbCl(OH)_6(AsO_4)_4 \cdot 6H_2O$, mon.
Himmelblau bis grünlichblau, ps.-tet. entwickelte Täfelchen zu Kügelchen aggregiert, verzwillingt, in rasenartigen nierigen Krusten. Richelsdorf (A 84/2); Ramsbeck/Sauerl. (9); Niederschelden/Siegerl. (L 87/12); Reichenbach/Odw. (L 87/10); St. Andreasberg/Harz (8).

Tirolit, $CaCu_5(AsO_4)_2(CO_3)(OH)_4 \cdot 6H_2O$, orth.
Blaugrün, blättrige Kristalle, dicht verwachsen und radialstrahlig aufgebaut, deutlicher Perlmutterglanz auf den Tafelflächen, daher unschwer zu erkennen. Neubulach/Schww. (A 79/7-8); Grube Henriette, Siebertal, Harz (L 78/10); Nieder-Beerbach/Odw. (L 86/10); Richelsdorf (A 84/2); Maubach (EH 82/2).

Klinotirolit, $Ca_2Cu_9(As,S)O_4(O,OH)_{10} \cdot 10H_2O$, mon.
Smaragdgrün, kugelige Aggregate, die aus lamellenartigen Blättchen aufgebaut sind, das Mineral ist für die Bundesrepublik neu. Richelsdorf (A 84/2).

Kidwellit, $NaFe_9^{3+}(PO_4)_6 \cdot (OH)_{10} \cdot 5H_2O$, mon.
Lindgrün, gelblich, grünweiß, grauweiß, feinnadelige Kristalle in sphärolitischen Büscheln und als pelzartiger Rasen auf Rockbridgeit oder stalaktitischem Brauneisen, seltenes Eisenphosphat. Waldgirmes (EH 82/3); Warstein/Sauerl. (L 87/5).

Oben links. Ungewöhnliche Ausbildung: Zirkon in blumenförmigen Aggregaten vom Ettringen Bellerberg/Eifel. Die Bildhöhe beträgt 1,8 mm.

Unten links. Ein 1 mm großer Thoritkristall von Mendig/Eifel.

Oben rechts. Etwa 2 mm groß ist dieser Zirkonkristall, der auf der Graphitlagerstätte Kropfmühl bei Passau/Bayerischer Wald gefunden wurde.

Unten rechts. Euklas vom Waldstein/Fichtelgebirge. Der Kristall hat eine Länge von 2 mm.

Oben links. Mullit in schönen zartlila Aggregaten vom Bellerberg bei Ettringen/Eifel. Bildhöhe 1,4 cm.

Unten links. Afwillitkristalle vom Bellerberg bei Ettringen/Eifel. Die Bildbreite beträgt 2 mm.

Oben rechts. Feinfaserige Mullitkristalle als weißes Büschelchen zusammen mit nadeligen Topaskristallen (rechts). Fundort ist der Sattelberg bei Nickenich/Eifel. Bildbreite 3 mm.

Unten rechts. Datholithkristalle von St. Andrasberg/Harz. Höhe der Kristalle 1,2 cm.

Uranyl-Phosphate, -Arsenate und -Vanadate.

Sabugalit, $HAl(UO_2)_4(PO_4)_4 \cdot 16H_2O$, mon., ps.-tet.

Hellgelb, gelb, kristallisiert in tet. erscheinenden Täfelchen, fluoresz. gelbgrün. Grube Christa, Großschloppen/Fichtelgeb.; Lengenfeld/Opf. (A So. 26).

Saleeit, $Mg(UO_2)_2(PO_4)_2 \cdot 10H_2O$, mon., ps.-tet.

Zitronengelb, gelb, dünntafelige Kristalle, fluoresz. schwach grüngelb, vielleicht abgeschwächt durch As-Gehalt, Mischkristallbildung . Menzenschwand (L 79/7-8); Großschloppen/Fichtelg.; Johannesschacht, Wölsendorf/Opf. (L 79/7-8).

Bassetit, $Fe(UO_2)_2(PO_4)_2 \cdot 8H_2O$, mon.

Gelb, gelblichbraun, tafelige Kristalle, parallel verwachsene und mosaikartig versetzte Plättchen, auch krustig, keine Fluoreszenz. Hagendorf/Opf. (A 80/3); Grube Heißer Stein, Wölsendorf/Opf. (L 79/7-8).

Lehnerit, $Na_2(Si,Al,Be)_7(O,OH,F)_{14}$, mon.

Bronzefarbengelb bis gelb, getrübt, in Paketform geschichtete Plättchen, gute Spaltbarkeit, fluoresz. nicht, isotyp mit Bassetit, ein neues Uranylphosphat von Hagendorf mit dem Namen eines 1925 diskreditierten Minerals, das sich als Ludlamit herausgestellt hatte (A 88/4).

Torbernit, $Cu(UO_2)_2(PO_4)_2 \cdot 8\text{-}12H_2O$, tet. Meta-Torbernit, $Cu(UO_2)_2(PO_4)_2 \cdot 8H_2O$, tet.

Smaragdgrün, dünne viereckige Täfelchen und pyramidale Kristalle, keine Fluoreszenz, beide Minerale unterscheiden sich nur im Wassergehalt, die Metaform ist wasserärmer, oft sind auch die Fundorte gleich, so daß eine gemeinsame Beschreibung dieser Uranglimmer im eigentlichen Sinn gerechtfertigt erscheint. Menzenschwand (38); Marienschacht, Wölsendorf/Opf. (L 79/7-8); Fuchsbau/Fichtelg. (L 85/7-8); Hagendorf/Opf. (L 82/6).

Autunit, $Ca(UO_2)_2(PO_4)_2 \cdot 10\text{-}12H_2O$, tet. Meta-Autunit, $Ca(UO_2)_2(PO_4)_2 \cdot 2\text{-}6H_2O$, tet.

Gelb mit Stich nach grün, gut ausgebildete dünntafelige Blättchen, einzeln oder büschelig verwachsen, fluoresz. kräftig grüngelb. Johannesschacht, Wölsendorf/Opf. (L 79/7-8); Epprechtstein/Fichtelg. (L 85/7-8); Menzenschwand (38), Grube Clara, Oberwolfach/Schww. (15).

Uranocircit, $Ba(UO_2)_2(PO_4)_2 \cdot 12H_2O$, tet. Meta-Uranocircit, $Ba(UO_2)_2(PO_4)_2 \cdot 8H_2O$, tet.

Zeisiggrüngelb, tafelige, selten bipyramidale Kristalle, starke grüngelbe Fluoreszenz, in Menzenschwand und Wölsendorf die häufigsten Uranglimmer (Literaturangaben wie oben).

Uranospathit, $Al(UO_2)_4(PO_4)_4 \cdot 40H_2O$, tet.

Eine wasserärmere Phase ist nicht bekannt. Gelb, dünntafelige Kristalle, meißelförmig abgeschrägte Begrenzung, selten, fluoresz. grünlich, nur schwach. Menzenschwand (38).

Novacekit, $Mg(UO_2)_2(AsO_4)_2 \cdot 12H_2O$, tet. Meta-Novacekit, $Mg(UO_2)_2(AsO_4)_2 \cdot 4\text{-}8H_2O$, tet.

Hellgelb bis gelb, strohgelb, dünntafelige Kristalle mit rechteckiger oder quadratischer Begrenzung, auch Abweichungen von der tet. Form, unterschiedliche Ausbildung der seitlichen Begrenzungsflächen und Längenwachstum bedingen "abgeschnittene" Ecken, matter Wachsglanz auf den Tafelflächen, fluoresz. nicht, nur ausnahmsweise bei Ca-Gehalt, in krustiger Form schwer zu identifizieren, vor allem bei grünlicher Einfärbung durch Cu-Anteil. Wittichen/Schww. (38); Müllenbach b. Baden-Baden (A 77/5); Ellweiler/Pfalz (L 79/7-8).

Kahlerit, $Fe^{2+}(UO_2)_2(AsO_4)_2 \cdot 10\text{-}12H_2O$, tet., Meta-Kahlerit, $Fe^{2+}(UO_2)_2(AsO_4)_2 \cdot 8H_2O$, tet.

Gelb, grünlich bei Cu-Gehalt, nur unscharf ausgebildete tet. Täfelchen, Krusten aus schuppig-blättrigen Aggregaten, abgestumpfte Ecken, keine Fluoreszenz, sehr selten. Grube Sophia, Wittichen/Schww. (38); Menzenschwand (L 79/7-8); Ellweiler/Pfalz (28).

Kirchheimerit, (nur künstlich bekannt), tet. Meta-Kirchheimerit, $Co(UO_2)_2(AsO_4)_2 \cdot 8H_2O$, tet.

Blaßrosa, wie Kahlerit in Krusten mit schuppigen Aggregaten, die annähernd quadratische Form und ebenfalls abgestumpfte Ecken haben, stets auf oder in zersetzter Pechblende, noch seltener als Kahlerit, wurde erst einmal in der Grube Sophia, Wittichen/Schww., festgestellt, und zwar in der Metaform, dürfte aber in der wasserreicheren Ausbildung entstanden sein, keine Fluoreszenz (L 87/7-8).

Arsenuranospathit, $HAl(UO_2)_2(AsO_4)_2 \cdot 40H_2O$, tet.

Eine wasserärmere Metaform ist nicht bekannt. Hellgelb bis weißlich, schuppige Aggregate als mikroskopisch kleine rechteckige oder gestreckte Täfelchen, selten, weicht durch einen höheren Wassergehalt -wie auch der Uranospathit- von den anderen Uranglimmern ab. Menzenschwand (38); Wittichen/Schww. (L 87/7-8).

Zeunerit, $Cu(UO_2)_2(AsO_4)_2 \cdot 10\text{-}16H_2O$, tet.
Meta-Zeunerit, $Cu(UO2)_2(AsO_4)_2 \cdot 8H_2O$, tet.

Grün, bildet oft scharf geformte tafelige Kristalle aus, mehr oder minder quadratisch, torbernitähnlich, fluoresz. nicht, reichlicher als die drei vorhergehenden Uranglimmer. Wittichen/Schww. (L 87/7-8); Menzenschwand (38); Ellweiler/Pfalz (28); Imsbach/Pfalz (L 84/5).

Uranospinit, $Ca(UO_2)_2(AsO_4)_2 \cdot 10H_2O$, tet.
Meta-Uranospinit,
$Ca(UO_2)_2(AsO_4)_2 \cdot 8H_2O$, tet.

Hellgelb bis weißlich, selten gute tafelige Kriställchen, wenn vorhanden, dann oft gestreckt und an den Kristallenden gipsähnlich ausgebildet, meist als Krusten aus schuppigen Aggregaten oder feinkörnig, fluoresz. gelbgrün. Wittichen/Schww. (L 87/7-8); Ellweiler/Pfalz (L 87/7-8).

Natrium-Uranospinit,
$(Na_2,Ca)(UO_2)_2(AsO_4)_2 \cdot 5H_2O$, tet.

Lichtgelbgrün bis fast farblos, leistenförmige Kristallaggregate, das seltene Mineral erhielt zunächst den Namen Ellweilerit, der aber nicht anerkannt wurde. Bühlkopf b. Ellweiler/Pfalz (L 79/7-8).

Uranophankristalle bis 1,3 cm Länge von der Uranerzlagerstätte Menzenschwand im Krunkelbachtal/Schwarzwald.

Heinrichit, $Ba(UO_2)_2(AsO_4)_2 \cdot 10\text{-}12H_2O$, tet.
Meta-Heinrichit,
$Ba(UO_2)_2(AsO_4)_2 \cdot 8H_2O$, tet.

Gelb, grünlichgelb durch Cu-Gehalt, dünntafelige, oft gut ausgebildete Kristalle in der bei Uranglimmern bekannten Form, auch Abweichungen in der Art orth. oder mon. Kristallbildung wie beim Novacekit, fluoresz. kräftig gelbgrün, ähnlich häufig wie der Zeunerit. Wittichen/Schww. (38); Weiler b. Lahr (L 83/12); Menzenschwand (L 79/7-8); Ellweiler/Pfalz (L 79/7-8).

Chernikovit, $(H_3O_2)_2(UO_2)(PO_4)_6 \cdot 2H_2O$

Gelb, blaßgelb, glimmerartige, gestreckte Blättchen mit Glasglanz, intensiv gelbgrün fluoreszierend. Das für Hagendorf/Opf. und die gesamte Bundesrepublik neue Mineral der Meta-Autunit-Gruppe unterscheidet sich aber von der obigen Beschreibung dadurch, daß es in Pseudomorphosen nach Uraninitkristallen auftritt, die im langstrahligen Ferrocolumbit des Pegmatits eingewachsen sind. Der Name ehrt den Erstbeschreiber Chernikov, der das bis dahin nur als Kunstprodukt bekannte Mineral (Hydrogen-Autunit) an einem unbekannten Ort der Sowjetunion als natürliche Bildung erkannte (1958). Ein zweites Vorkommen gibt es bei Sao Paulo/Brasilien (A 89/5).

Phosphuranylit,
$Ca(UO_2)_3(PO_4)_2(OH)_2 \cdot 6H_2O$, orth.

Gelb, Krusten aus undeutlichen Täfelchen, erdig und wenig typisch, ohne Fluoreszenz. Wölsendorf/Opf. (L 79/7-8); Müllenbach b. Baden-Baden (A 77/5); Mähring/Opf. (A 66/11).

Arsenuranylit,
$Ca(UO_2)_4(AsO_4)_2(OH)_4 \cdot 6H_2O$, orth.

Orangegelb, nur erdige Krusten ohne bestimmbare Formen, fluoresz. schwach gelb. Menzenschwand/Schww. (L 79/7-8).

Bergenit,
$Ba(UO_2)_4(PO_4)_2(OH)_4 \cdot 8H_2O$, mon.

Gelb, tafelige Kristalle mit rechteckigem Querschnitt, oft zu Büscheln vereinigt und verwachsen, fluoresz. schwach orange. Menzenschwand/Schww. (38)

Dewindtit, $Pb(UO_2)_2(PO_4)_2 \cdot 3H_2O$, orth.

Kanariengelb, wird vom Fundort nur als krustiges Mineral beschrieben, nur schwache Fluoreszenz. Johannesschacht, Wölsendorf/Opf. (L 79/7-8).

Parsonsit, $Pb_2(UO_2)(PO_4)_2 \cdot 2H_2O$, trik.

Gelbbraun, kommt in leicht gestreckten gipsartigen Täfelchen vor, einzeln oder zu Garben vereinigt, auch nur krustig, zeigt keine Fluoreszenz. Johannesschacht, Wölsendorf/Opf. (L 79/7-8).

Hallimondit, $Pb_2(UO_2)(AsO_4)_2$, trik.

Gelb, kleine, z.T. gut ausgebildete tafelige Kristalle, mehr oder minder gestreckt, zu Gruppen und Büscheln aggregiert, keine Fluoreszenz. Weiler bei Lahr -von dort 1961 erstmals als neue Mineralart beschrieben- (38); Ellweiler/Pfalz (L 79/7-8).

Oben. Schönes Aggregat mit Uranophankristallen von der ehemaligen Uranerzgrube Christa, Großschloppen/Fichtelgebirge. Die Bildbreite beträgt 4 mm.

Unten links. Melilithkristalle (orange) mit Apatitnadeln von Üdersdorf/Eifel. Bildbreite 8 mm.

Unten rechts. Bertrandit-Zwilling (Höhe 2 mm) vom Epprechtstein/Fichtelgebirge.

Oben links. Hemimorphitkristalle in Barytdruse von der Grube Gottesehre bei Urberg, St. Blasien/Schwarzwald. Länge der Kristalle 1,3 cm.

Oben rechts. Hemimorphit in Form eines himmelblauen Kügelchens, das auf Baryt sitzt. Durchmesser der Kugel 8 mm. Fundort ist die Grube Gottesehre bei Urberg, St. Blasien/Schwarzwald.

Unten. Bis ca. 4 mm große Cuspidinkristalle vom Ettringer Bellerberg/Eifel.

Hügelit, $Pb_2(UO_2)_3(AsO_4)_2(OH)_4 \cdot 3H_2O$, mon.

Orangegelb bis braun, sehr kleine tafelig-gestreckte Kristalle, fast nadelartig, in den Hohlräumen einer Hornsteinbreccie frei aufgewachsen, in Büschelchen und feinkristallinen Krusten, Begleitminerale waren auf wenigen älteren Funden Hallimondit, Widenmannit, Zeunerit, Mimetesit und Cerussit, auf einer später gefundenen Stufe kamen Kupfer, Cuprit, Schultenit, Adamin und Heinrichit dazu, keine Fluoreszenz. Ein äußerst seltenes Mineral, das bisher nur von einem einzigen Fundort bekannt geworden ist. Grube Michael im Weiler b. Lahr (38).

Walpurgin, $(BiO)_4(UO_2)(AsO_4)_2 \cdot 2H_2O$, trik.

Hellwachsgelb, gelb, honiggelb, gut ausgebildete langprismatische Kristalle, durch Zwillingsbildung ergeben sich typische ps.-mon. Formen mit gipsähnlicher Schrägbegrenzung, Einzelkristalle und hübsche Gruppen, auch radialstrahlige Anordnung, das nicht sehr häufige Mineral zeigt keine Fluoreszenz, neben dem Originalfundort Grube Weißer Hirsch b. Schneeberg, Erzgebirge, ist die Schmiedestollenhalde in Wittichen das einzige bedeutsame Vorkommen des Walpurgins (L 87/7-8); Nußbach b. Triberg/Schww. (A 80/4).

Meta-Tujamunit, $Ca(UO_2)_2(VO_4)_2 \cdot 3\text{-}5H_2O$, orth.

Gelb, erdig ausgebildete Krusten auf Granit, bei entsprechender Vergrößerung zeigen sich blättchenartige Kriställchen, tafelig mit rechteckigem Querschnitt, subparallel verwachsen und in radialstrahliger Zusammensetzung. Nußbach b. Triberg/Schww. (A 80/4).

Francevillit, $Ba(UO_2)_2(VO_4)_2 \cdot 5H_2O$, orth.

Gelbbräunlich, tafelige Kristalle, kugelig verwachsen, dichte Krusten, erdig, fluoresz. nicht. Das in der Uranlagerstätte Franceville, Gabun, häufig vorkommende Ba-haltige Uranylvanadat wurde in der Bundesrepublik an zwei Stellen in geringer Menge gefunden. Donnersberg b. Imsbach/Pfalz (A 70/6); Nußbach b. Triberg/Schww. (A 80/4).

Silicate

Neosilicate

Phenakit, Be_2SiO_4, trig.

Farblos, grünlich durch eingelagerte Glimmerschüppchen, hervorragend ausgebildete langprismatische Kristalle, deutliche Längsstreifung auf den Prismenflächen, meist auf Quarz in Granitklüften. Stbr. Zufuhrt b. Tröstau/Fichtelg. (L 85/7-8).

Forsterit, Mg_2SiO_4, orth.

Farblos, lichtgelbgrün, olivgrün, dieses erste Mineral der Olivin-Gruppe tritt in prismatischen und tafeligen Formen auf, als Einsprenglinge in Vulkaniten (Olivinknollen), aufgewachsen in Blasenräumen des Basalts, in Auswürflingen (Olivinbomben), lose in Tuffen, seltener in silikatischen Xenolithen und als Einschlüsse im Gabbro-Marmor. Eifel: Kunkskopf, Nickenicher Sattel, Römerberg, Emmelberg/Eifel (13); Bad Harzburg/Harz (EH 89/1).

Fayalit, Fe_2SiO_4, orth.

Olivbraun, braunrot bis fast schwarz, ein weiteres Mineral der Olivin-Gruppe mit ähnlichen Kristallformen, nur einfacher, z.B. durch ein größer entwickeltes sechsseitiges Pinakoid, Fundorte wie beim Forsterit.

Tephroit, Mn_2SiO_4, orth.

Braun, rotbraun, rot, tritt in sanidinreichen Auswürflingen des Laacher Seegebiets auf. Die Kristalle zeigen oft nur Andeutungen der Flächen tafeliger oder prismatischer Kristalle der Olivin-Gruppe. Krufter Ofen/Eifel (13).

Monticellit, $CaMgSiO_4$, orth.

Farblos, weiß, grau, in Ca-reichen Xenolithen kommen vereinzelt eingewachsene Kristalle vor, die einen isometrischen bis kurzprismatischen Habitus besitzen, im Bruch heben sich die glatten Kristallflächen deutlich vom rauhen Gestein ab, selten. Bellerberg/Eifel (13).

Larnit, $\beta\text{-}Ca_2SiO_4$, mon.

Farblos, weiß, stets eingewachsene und mikroskopisch kleine Bestandteile Ca-reicher Xenolithe, makroskopisch nicht von ähnlich aussehenden Begleitern wie Spurrit und Combeit zu unterscheiden, falls diese nicht monomineralisch ausgebildet sind. Bellerberg (13) und Emmelberg b. Üdersdorf/Eifel (L 86/12).

Granat-Gruppe

Von den 14 Gliedern dieser Gruppe, die chemisch und strukturell verwandt sind und sich in einer allgemeinen Formel darstellen lassen, wurden die folgenden in der Bundesrepublik gefunden:

Almandin, $Fe_3Al_2(SiO_4)_3$, kub.

Rot, braun bis fast schwarz, in Gneis eingewachsene Kristalle, oft rissig, trüb, selten modellhafte Rhombendodekaeder, auch als Bestandteil von Auswürflingen und Vulkaniten der Eifel. Silberberg b. Bodenmais/Bayer. Wald. (L 77/9); Steinach, Oberpfälzer Wald (A So. 26); Bellerberg/Eifel (13); Auerbach/Bergstr (A.So. 27).

Spessartin, $Mn_3Al_2(SiO_4)_3$, kub.

Gelb bis rotbraun, meistens Ikositetraeder in Granit, Pegmatit und Mn-reichen metamorphen Gesteinen, auch in Mn-führenden vulkanischen Auswürflingen. Goldbach b. Aschaffenburg/Spessart (23); Zwiesel/Bayer. Wald (A 81/2); Laacher Seegebiet/Eifel (13).

Grossular, $Ca_3Al_2(SiO_4)_3$, kub.

Farblos, hellgrün, bernsteingelb, als Hessonit rot, in marmorartigen Gesteinen (Kalksilikathornfels), oft gut ausgebildet, Mischkristalle mit Andradit. Hochstädten/Odw.; Hohe Waid b. Schriesheim/Odw. (L 80/7-8); Bad Harzburg/Harz (EH 89/1); Gsteinach bei Pleystein/Opf. (A So. 26).

Andradit, $Ca_3Fe_2^{3+}(SiO_4)_3$, kub.

Grün, braun bis schwarz (Melanit), vorwiegend in Kombinationen von Rhombendodekaeder und Deltoidikositetraeder, meist gut kristallisiert. St. Andreasberg/Harz (8) und Wurlitz/Fichtelg. (Topazolith) (A So. 8); Huneberg b. Altenau/Harz (EH 87/3); Oberrottweil, Kaiserstuhl (Melanit) (A 88/2); Eifel: Emmelberg, Herchenberg, Leilenkopf, Perler Kopf, Bellerberg (13).

Schorlomit, $Ca_3(Fe,Ti)_2(Si,Ti)_3O_{12}$, kub.

Schwarz, ein durch Ti-Gehalt besonders dunkler Granat, kam im Stbr. Bärenstein vor, der in dem großen Gabbrosteinbruch im Radautal, Harz, aufgegangen ist. Bad Harzburg/Harz (EH 89/1).

Zirkon, $ZrSiO_4$, tet.

Farblos, grau, rosa, gelb, braunrot, braun, oft eingewachsene, seltener aufgewachsene Kristalle mit prismatischem oder dipyramidalem Habitus, auch granatähnlich. Waldstein/Fichtelg. (L 87/11); Hagendorf/Opf. (A So. 26); Mendig/Eifel -Hyazinth- (L 78/3); Bellerberg/Eifel (13).

Thorit, $ThSiO_4$, tet.

Grün, einfache Prismen, zirkonähnlich, durchsichtig, klein, in subvulkanischen Auswürflingen. Mendig/Eifel (13).

Coffinit, $U(SiO_4)_{1-x}(OH)_{4x}$, tet.

Schwärzlichgrau, undeutliche eingewachsene Kristalle mit tet. Querschnitt, pechblendeähnliche Aggregate, nierig-traubig, dünne Beläge auf Klüften, oft mit Pechblende verwachsen. Johannesschacht, Wölsendorf/Opf. (A 61/12); Nieder-Ramstadt/Odw. (L 80/7-8); Lehengericht b. Schiltach/Schww. (L 87/7-8).

Eulytin, $Bi_4(SiO_4)_3$, kub.

Farblos, weingelb, orange, rötlichbraun, oft ausgezeichnete tetraedrische Kristallbildungen, diamantglänzend, daneben radialstrahlig-kugelige Aggregate und durchscheinende Pusteln gleich grünen Tröpfchen. Wittichen (L 87/7-8); Schönegründ i. Murgtal/Schww. (L 85/11).

Neso-Subsilicate

Euklas, $BeAlSiO_4(OH)$, mon.

Farblos, lichtgrün, meist gut ausgebildete prismatische Kristalle, nach der Vertikalachse gestreckt und mit starker Streifung auf den Prismenzonen. Stbr. Zufuhrt b. Tröstau, Epprechtstein, Waldstein, alle im Fichtelg. (L 85/7-8).

Sillimanit, Al_2SiO_5, orth.

Gelblichgrau, stengelige, faserige und verfilzte Aggregate, durchscheinend, seidig glänzend in feinstrahliger Ausbildung. Steinach b. Leuchtenberg/Opf. (A So. 26); Silberberg b. Bodenmais/Bayer. Wald. (L 77/9); Emmelberg b. Üdersdorf/Eifel (L 86/12); Teichelberg/Opf. (A 88/1).

Andalusit, Al_2SiO_5, orth.

Rötlichgrau, blaßrot, kurz- bis langprismatische Kristalle, dicksäulig mit fast quadratischem Querschnitt, oft eingewachsen, äußerlich in feinschuppigen Muskovit umgewandelt, dann gelbsilbrig wirkend, als Chiastolith mit eingewachsener Pigmentierung, die als Kreuz sichtbar gemacht werden kann. Schwarzeck b. Lam, Bayer. Wald (L 85/4); Blötz b. Bodenmais (A 68/9); Gefrees b. Bayreuth (Chiastolith als Lesesteinen auf Feldern) (L 85/10); Eifel: Kyller Kopf, Gleeser Felder (13).

Kyanit (Cyanit, Disthen), Al_2SiO_5, trik.

Blau, ungleichmäßig gefärbt, weißfleckig, eingewachsene breitstengelige Kristallaggregate, auch linealartig, im Bruch faserig, mit den beiden vorhergehenden Mineralen chemisch gleich, in der Bundesrepublik äußerst selten anzutreffen, meist nur als Gesteinskomponente, so in xenolithischen Auswürflingen der Eifel (13); im Nebengestein der Gr. Bayerland, Waldsassen (L 85/9); als umgewandelter Andalusit von Blötz b. Bodenmais/Bayer. Wald. (L 80/1).

Mullit, $Al_6Si_2O_{13}$, orth.

Farblos, weiß, rotbraun, lila, zu Büscheln formierte haardünne Nadeln, seltener sind dickere prismatische Kristalle, die mitunter pinselförmig erscheinen durch weitergewachsene feinste Nädelchen auf den Endungen. Eifel: Bellerberg,

Oben. Wunderbar ausgebildete Barytolamprophyllitkristalle von Üdersdorf/Eifel. Die Bildbreite beträgt ca. 5 mm.

Unten links. Låvenit von Mendig/Eifel. Die Kristalle sind bis 0,8 mm lang.

Unten rechts. Fresnoitkristall (gelb) von Üdersdorf/Eifel. Bildhöhe 2,3 mm.

Oben links. Epidotkristalle - nicht von der Knappenwand, sondern von Weißenstadt im Fichtelgebirge. Die Kristalle haben eine Länge von 2 mm.

Unten links. Jennit in feinfaserigen, pilzförmigen Aggregaten vom Bellerberg bei Ettringen/Eifel. Bildhöhe 6 mm.

Oben rechts. Pumpellyitkügelchen von dunkelgrüner Farbe vom Steinbruch Rauschermühle bei Niederkirchen/Pfalz. Die Bildbreite beträgt etwa 1,6 cm.

Unten rechts. Cordieritkristalle vom Bellerberg bei Ettringen/Eifel. Bildhöhe 3 mm.

Emmelberg, Nickenicher Sattel (13); Teichelberg/Opf. (A 88/1).

Staurolith, $(Fe,Mg,Zn)_2Al_9Si_4O_{23}(OH)$, mon., ps.-orth.

Rötlichbraun, schwärzlichbraun, kurz- bis langprismatische Kristalle, dickstengelig, meist eingewachsen, bei Verwitterung des Gesteins herauslösbar, Durchdringungszwillinge in Form der bekannten Kreuze (Staurolith = Kreuzstein), bei uns ebenso rar wie der Kyanit, mit dem er orientiert verwachsen sein kann. Kleinostheim b. Aschaffenburg (L 85/2); Gr. Bayerland, Waldsassen (L 85/9); Laacher Seegebiet (13).

Topas, $Al_2SiO_4(F,OH)_2$, orth.

Farblos, weingelb, meerblau, meist gut ausgebildete langprismatische Kristalle mit einfacher bis kombiniert-pyramidaler Flächenbegrenzung, durchsichtig oder durchscheinend, glasglänzend, als Pyknit stengelig-derb. Fuchsbau, Epprechtstein, Rudolfstein und andere Fundorte des Fichtelgebirges (L 85/7-8); Eifel: Bellerberg, Emmelberg, Nickenicher Sattel, Dachsbusch (13).

Chondrodit, $(Mg,Fe)_5(SiO_4)_2(OH,F)_2$, mon.

Gelblichweiß, zitronengelb, bräunlich, kleine flächenreiche Kristalle, rundliche Körner, als Fundorte dieses seltenen Minerals werden Wunsiedel und Kropfmühl b. Passau genannt (EH 89/2), ferner wird es in der Mineralliste des Gabbrostbr. b. Bad Harzburg aufgeführt (EH 89/1).

Klinohumit, $(Mg,Fe)_9(SiO_4)_4(F,OH)_2$, mon.

Licht- bis braungelb, dem Chondrodit ähnlich, gerundete Körner, selten, wird nur einmal in der bearbeiteten Literatur erwähnt. Kropfmühl b. Passau (EH 89/2).

Bismutoferrit, $BiFe_2(SiO_4)_2(OH)$, mon.

Gelb bis zitronengelb, erdige Krusten aus feinkristallinen Aggregaten, ohne erkennbare Kristallformen, nicht allzu selten an der zitierten Fundstelle, aber schwer von ähnlichen krustigen Bildungen zu unterscheiden. Schmiedestollenhalde, Wittichen/Schww. (L 87/7-8).

Titanit, $CaTiSiO_5$, mon.

Farblos, gelb, grünlich, meistens rotbraun, braun, Kristalle mit sehr verschiedenem Habitus, von kurzprismatischen über prismatische und langprismatische bis zu nadeligen Formen, eingewachsene Kristalle können flachprismatisch und briefkuvertförmig ausgebildet sein (Grothit), starker Glanz. Schweinheim b. Aschaffenburg/Spessart (A 61/3); Pfaffenreuth/Opf. (64/3); Katzenbuckel/Odw. 1/7-8); Eifel: Emmelberg, Bellerberg, Laacher See (13); Kropfmühl b. Passau (EH 89/2).

Reinhardbraunsit, $Ca_5(SiO_4)_2(OH,F)_2$, mon.

Hellrot, braunrot, braun, auch hellblau (Emmelberg b. Üdersdorf), in Ca-reichen Xenolithen eingewachsene klare Körner. Bellerberg und Emmelberg b. Üdersdorf/Eifel (13).

Jasmundit, $Ca_{11}(SiO_4)_4O_2S$, tet.

Dunkelbraun, grünbraun, eingewachsene Kristalle mitunter mit tet. Formen auf der Bruchfläche sichtbar, sonst körnerartige Aggregate, bedeutsam als ein seltenes Silicat mit sulfidischem Schwefel. Bellerberg/Eifel (13).

Afwillit, $Ca_3Si_2O_4(OH)_6$, mon.

Farblos, weiß, in Blasenräumen aufgewachsene Kristalle erscheinen tafelig-gestreckt, oft sternförmig verwachsen, parallele Streifung, auch eingewachsen. Bellerberg und Emmelberg b. Üdersdorf/Eifel (13); Zeilberg b. Maroldsweisach (L 87/4).

Thaumasit, $Ca_3(CO_3)(SO_4)Si(OH) \cdot 12H_2O$, hex.

Weiß, feinnadelige Kristalle, parallel verwachsen oder büschelig verfilzt, seltener in dichten zuckerkörnigen Massen, Mischkristalle mit Ettringit. Bellerberg, Emmelberg b. Üdersdorf u. a. Fundorte in der Eifel (13); Zeilberg b. Maroldsweisach (A 82/9).

Strätlingit, $Ca_2Al_2SiO_7 \cdot 8H_2O$, trig.

Farblos, hellgrün, kleine sechsseitige Täfelchen, parallel oder rosettenartig verwachsen, wenn idiomorph in Hohlräumen ausgebildet, ziemlich selten. Bellerberg, Emmelberg b. Üdersdorf und Rothenberg/Eifel (13).

Datolith, $CaBSiO_4(OH)$, mon.

Farblos, weißlich, gelb, in Drusen aufgewachsene Kristalle, oft gut entwickelt, kurzprismatisch, seltener dicktafelig, derb, dicht, feinfaserig. Clausthal (A 67/9) und Wäschegrund bei St. Andreasberg/Harz (8); Rauschermühle b. Niederkirchen/Pfalz (28); Herbornseelbach b. Dillenburg (27).

Gadolinit-(SE), $(Y,Ce,La,Nd)_2Fe^{2+}Be_2Si_2O_{10}$, mon.

Schwarz, kantendurchscheinend grün bis braun, prismatische Kristalle, meist eingewachsen, selten gut ausgebildet. Als große Seltenheit vom Gabbrosteinbruch im Radautal b. Bad Harzburg beschrieben (EH 89/1).

Dumortierit, $Al_7(BO_3)(SiO_4)_3O_3$, orth.

Blauviolett, dünne faserige oder strahlige Aggregate, z.B. als Einschlüsse der Gneise im Pegmatitgebiet von Pleystein - Hagendorf, Stbr. Böhmischbruck b. Vohenstrauß (A So. 26). Das für unser Gebiet ungewöhnliche Mineral wird auch als Schwarzwaldmineral (38) und vom Kyller Kopf/Eifel, ohne nähere Angaben erwähnt (28).

Grandidierit, $(Mg,Fe)Al_3(BO_4)(SiO_4)O$, orth.

Blaugrün, sehr dünne Blättchen, langgestreckt mit zugespitzten Enden, büschelig verwachsen, eines der seltensten Minerale der Eifel. Nickenicher Sattel (13).

Howlith, $Ca_2B_5SiO_9(OH)_5$, mon.
Weiß, kreideartige, knollige Aggregate aus verfilzten Schüppchen, in Steinsalz eingebettet, mit Fabianit aus einer Salzbohrung. Rehden b. Diepholz (23).

Sklodowskit, $Mg(UO_2)_2Si_2O_7 \cdot 6H_2O$, mon.
Lichtgelb, winzige Nädelchen, fluoresz. schwach grünlichbraun, selten. Wölsendorf/Opf. (L 79/7-8); Ellweiler/Pfalz (L 79/7-8).

Cuprosklodowskit, $Cu(UO_2)_2Si_2O_7 \cdot 6H_2O$, trik.
Grasgrün, feinnadelige Büschel in Barytdrusen und dichtfaserig aufgewachsene Aggregate, keine Fluoreszenz. Menzenschwand (38).

Uranophan, $(H_3O)_2Ca(UO_2)_2(Si_4)_2 \cdot 3H_2O$, mon.
Sattgelb bis weißlichgelb, nadelige Kristalle in radialstrahliger Anordnung, oft hübsche Büschel, auch als Pusteln und in filzigen Krusten, das häufigste Uranylsilikat, fluoresz. nicht. Menzenschwand/Schww. (38); Wölsendorf/Opf. (A So. 26); Ellweiler/Pfalz (L 79/7-8).

Beta-Uranophan, $(H_3O)_2Ca(UO_2)_2(SIO_4)_2 \cdot 3H_2O$, mon.
Gelb, grünstichig, dem Uranophan sehr ähnlich, nur im Kristallgitter verschieden und nicht so häufig, fluoresz. schwach im langwelligen UV-Licht, Fundorte wie oben, Ellweiler ausgenommen.

Boltwoodit, $K_2(UO_2)_2(SiO_3)_2(OH)_2 \cdot 5H_2O$, mon.
Gelb bis fahlgelb, mm-große nadelige Kristalle in radialstrahligen Aggregaten, oft auf Uranophan aufgewachsen als jüngere Bildung, selten, sehr schwache dunkelgrüne Fluoreszenz. Ellweiler/Pfalz (L 79/7-8).

Kasolit, $Pb(UO_2)SiO_4 \cdot H_2O$, mon.
Ockergelb, braungelb, kleine gestreckt-tafelige Kristalle, nadelige Büschel und Rosetten, derb-krustig, ohne Fluoreszenz. Menzenschwand (38); Wölsendorf/Opf. (A So. 26); Weiler b. Lahr (38).

Uranosilit, $U^{6+}Si_7O_{17}$, orth.
Blaßgelb bis weißlich, winzige faserartige Kristalle, stets mit Uranophan und Studtit verwachsen, mit dem bloßen Auge nicht von diesen zu unterscheiden, zeigt keine Fluoreszenz, selten. Menzenschwand/Schww. (N.Jb.Min.Mh. 83/6).

Weeksit, $K_2(UO_2)_2Si_6O_{15} \cdot 4H_2O$, orth.
Gelb, radialstrahlige Aggregate, oft nur krustig. Menzenschwand/Schww.

Soddyit, $(UO_2)_2SiO_4 \cdot 2H_2O$, orth.
Gelb, dipyramidale Kristalle und derb.

Auch diese beiden Uranylsilicate werden in der Mineralliste von Menzenschwand aufgeführt, jedoch ohne weitere Angaben (38).

Sorosilicate

Gehlenit, $Ca_2Al_2SiO_7$, tet.
Hellgelb, kurzsäulige Kristalle, quaderförmig oder würfelähnlich, durchsichtig, in Hohlräumen von Xenolithen. Bellerberg/Eifel (13); Bad Harzburg/Harz (EH 89/1).

Melilith, $(Na,Ca)_2(Mg,Al)(Si,Al)_2O_7$, tet.
Farblos, gelblich, in gealtertem Zustand braun bis rotbraun, kurz- bis langsäulige Kristalle, auch mit tafeligem und dipyramidalem Habitus, durch feines Treppenwachstum mit gerundeten Flächen, in Blasenräumen basaltischer Lava. Emmelberg b. Üdersdorf u.a. Fundorte der Eifel (13); Höwenegg im Hegau (A 74/12).

Barysilit, $Pb_8Mn(Si_2O_7)_3$, trig.
Silbrig-trüb, extrem dünntafelige Aggregate, leicht gekrümmt, perlmutterglänzend, in Blasenräumen angeschmolzenen Pb- und Mn-haltigen Gesteins, vergesellschaftet mit anderen Vertretern einer typischen Paragenese wie Caledonit, Elyit, Hydrocerussit, die wahrscheinlich auf das frühere Feuersetzen zurückgeht, das seltene Mineral war bisher nur aus Långban, Schweden, und Franklin, USA, bekannt. Oberschulenberg/Harz (A 87/10).

Bertrandit, $Be_4Si_2O_7(OH)_2$, orth.
Farblos bis lichtgelb, tafelig ausgebildete, nur kleine wasserklare Kristalle, linsenförmig durch Hemimorphie, herzförmige Zwillinge, insgesamt selten an wenigen Fundstellen des Fichtelgebirges wie Epprechtstein, Zufuhrt b. Tröstau (L 85/7-8); Tittling/Bayer. Wald (L 78/2).

Hemimorphit, $Zn_4Si_2O_7(OH)_2 \cdot H_2O$, orth.
Farblos, meist kleine tafelig oder kurzprismatisch ausgebildete Kristalle, an den Enden durch Hemimorphie ungleichmäßig entwickelt, häufig in fächerartiger und kugelig-nieriger Form auftretend, derb als Galmeierz, in fast allen Zinkerzlagerstätten anzutreffen. Altenberg b. Aachen (23); Urberg b. St. Blasien (EH 83/1); Schauinsland/Schww. (EH 86/1); Mechernich/Eifel (EH 82/2); Ramsbeck/Sauerl (9).

Ferroaxinit, $Ca_2Fe^{2+}Al_2BSi_4O_{15}(OH)$, trik.
Nelkenbraun und ähnlich gefärbt, linsenförmig-tafelig ausgebildete Kristalle mit scharfen Kanten, durchscheinend bis trüb. St. Andreasberg (8) und Okertalsperre/Harz (Bereich der Nachsperre; A 86/12); Auerbach/Bergstr. (A So. 27).

Manganaxinit, $Ca_2MnAl_2BSi_4O_{15}(OH)$, trik.
Grauviolett und ähnliche Farben, trik. Kristallformen wie beim

Oben. Cordieritkristalle vom Bellerberg bei Ettringen/Eifel. Bildbreite 5 mm

Unten links. Milaritkristalle bis 2 mm groß vom Kerberbruch bei Tittling/Bayerischer Wald.

Unten rechts. Chrysokoll in kugeligen Aggregaten auf Baryt vom Bertastollen im Siebertal/Harz. Bildbreite 1,7 cm.

Ferroaxinit, wird in der Mineralliste des Gabbrosteinbruchs im Radautal aufgeführt. Bad Harzburg/Harz (EH 89/1).

Cuspidin, $Ca_4Si_2O_7(F,OH)_2$ mon.

Farblos, weiß, selten als kleine tafelig-gestreckte Kriställchen in Ca-reichen Xenolithen, erkennbar an den vorherrschenden Pinakoidflächen der prismatischen Kristalle. Bellerberg/Eifel (13).

Ilvait, $CaFe_2^{2+}Fe^{3+}(SiO_4)_2(OH)$

Dunkelgrün bis schwarz, prismatische, oft flächenreich ausgebildete Kristalle, auch langsäulig und nadelig-strahlig. Huttal b. Clausthal/Harz (A 67/9); Herbornseelbach b. Dillenburg (L 87/4).

Wöhlerit, $NaCa_2(Zr,Nb)Si_2O_8(O,OH,F)$, mon.

Fast farblos bis gelb, flachprismatisch-tafelige Kristalle, als Zwillinge mit orth. Habitus, oft mit Lavenit orientiert verwachsen, kleinere Wöhlerittäfelchen ragen wie Fähnchen seitlich heraus, sehr selten in Subvulkaniten des Laacher Seegebiets (13); Dachsbusch, Eifel (L 89/1).

Låvenit, $(Na,Ca)_3ZrSi_2O_7(O,OH,F)_2$, mon.

Braun, hellbraun, gestreckte Prismen mit undeutlichen Endbegrenzungen, bei Verwachsung mit größeren Wöhleritkristallen als feine Nadeln aufsitzend. Mendig, Laacher See (13); Dachsbusch, Eifel (L 89/1).

Hjortdahlit, $(Ca,Na)_3ZrSi_2O_7(O,OH,F)_2$, trik.

Blaßgelb, klar, flachprismatische Kristalle mit rechten Winkeln, divergentstrahlig gruppiert, eng mit Lavenit und Wöhlerit verwandt, daher schwer zu bestimmen, Kristalle nur bis zu 1 mm lang. Mendig, Laacher See (13).

Barytolamprophyllit, mon. $(Na,K)_2(Ba,Ca,Sr)_2(Ti,Fe)_3(SiO_4)_4(O,OH)_2$

Braun, dunkelbraun, winzige flachprismatische bis tafelige Kriställchen mit rechteckigem Umriß, aufgewachsen in Hohlräumen der Lava. Üdersdorf, Kahlenberg, beide in der Vulkaneifel (13).

Fresnoit, $Ba_2TiSi_2O_8$, tet.

Gelblich, kleine Kristalle in Hohlräumen der Lava. Löhley b. Üdersdorf/Eifel (U.).

Tscheffkinit, $(Ca,Ce,Th)_4(Fe^{2+},Mg)_2(Ti,Fe^{3+})_3Si_4O_{22}$, mon.

Schwarz, glänzend, undurchsichtig, gestreckte Prismen, neben vorherrschendem Pinakoid viele schmale Flächen des Prismas, mitunter auf Pyroxenkristallen aufgewachsen, selten in Sanidinitauswürflingen des Laacher Seegebiets (13).

Epidot, $Ca_2(Al,Fe)_3Si_3O_{12}(OH)$, mon.

Dunkelgrün bis gelbgrün, pistaziengrün, braunrot bei Mn-Gehalt, besonders gut ausgebildete, flächenreiche prismatische Kristalle, zu Gruppen vereinigt, auch stengelig, nadelig und büschelig verwachsen, an die Schönheit alpiner Epidotkristalle reichen unsere selten heran. Stbr. Huneberg b. Altenau (EH 87/3) und Wurmberg b. Braunlage/Harz; Tittling/Bayer. Wald (L 78/2); Hohe Waid b. Schriesheim/ Odw. (L 80/7-8); Acherwiese/Fichtelg. (L 84/2);

Klinozoisit, $Ca_2Al_3Si_3O_{12}(OH)$, mon.

Gelbgrau, grüngrau, dem Epidot strukturell ähnlich, mit ihm vergesellschaftet, selten in guten Kristallen, stengelig-nadelige Aggregate, derb. Stbr. Kreimbach b. Kaiserslautern (A 86/12); Bad Harzburg/Harz (EH 89/1); Acherwiese/ Fichtelg. (L 84/2).

Allanit-(Ce), $(Ce,Ca,Y)_2(Al,Fe)_3(SiO_4)_3(OH)$, mon.

Schwarz, in Splittern braun durchscheinend, tafelig-prismatische Kristalle, auch nur stengelig und derb eingewachsen. Laacher Seegebiet und andere Fundorte in der Eifel (13); Auerbach/Bergstr. (A So. 27); Tittling, Bayer. Wald (L 78/ 2) Bad Harzburg/Harz (EH 89/1); Stbr. b. Kupferberg/ Frankenwald (L 89/2).

Zoisit, $Ca_2Al_3(Si_3O_{12})(OH)$, orth.

Gelbgrau, braungrau, mit Mn-Gehalt rötlich, oft trüb, Kristalle selten, meist eingewachsen und gestreckt mit undeutlichen Begrenzungen, derb als breitstengelige oder faserige Massen. Stbr. Waschenbach b. Nieder-Beerbach/Odw. (L 80/ 7 8); Auerbach/Bergstr. (A So. 27); Kalkofen b. Furth i. Wald (L 85/6).

Pumpellyit, mon. $Ca_2(Mn^{2+},Mg)(Al,Mn^{3+},Fe)_2(SiO_4)(Si_2O_7)$,

Blaugrün, langprismatische Kristalle, tafelig-nadelig, zu Garben und radialstrahligen Halbkugeln angeordnet, kommt in drei Modifikationen vor: Pumpellyit-(Fe), -(Mg), -(Mn), bei den angegebenen Vorkommen fehlen jedoch nähere Angaben. Rauschermühle b. Niederkirchen/Pfalz (EH 87/1); Stbr. Kreimbach b. Kaiserslautern (A 86/12); Herbornseelbach b. Dillenburg (27); Tittling/Bayer. Wald (L 78/2).

Julgoldit-(Fe), mon. $Ca_2Fe^{3+}(Fe^{3+},Al)_2(SiO_4)(Si_2O_7)(OH)_2 \cdot H_2O$,

Grünschwarz bis schwarz, langprismatische Kriställchen, blättchenartige, rundlich-krustige Aggregate. Stbr. Kreimbach b. Kaiserslautern (A 86/12); Rauschermühle b. Niederkirchen/Pfalz (EH 87/1).

Vesuvian, $Ca_{10}Mg_2Al_4(SiO_4)_5(Si_2O_7)_2$, tet.

Braun, schwarzbraun, grün-gelb, die kurz- und dicksäuligen Kristalle sind oft gut entwickelt, seltener sind langsäulige und dipyramidale Prismen, ein bei uns insgesamt selten vorkommendes Mineral. Auerbach/Bergstr. (A So. 27); Kalkofen/ Bayer. Wald (L 85/6); Gsteinach b. Pleystein/Opf. (A So. 26); Braunlage/Harz; Göpfersgrün/Fichtelg. (23).

Jennit, $Ca_9H_2Si_6O_{18}(OH)_8 \cdot 6H_2O$, trik.
Farblos, feinste Nadeln, oft eng verwachsen und filzig, Hohlräume in Xenolithen auskleidend, extrem selten. Bellerberg/Eifel (13).

Makatit, $Na_2Si_4O_8(OH)_2 \cdot 4H_2O$, orth.
Weiß, blättrig-schuppige Aggregate, undeutliche langprismatische Kristalle, die teilweise radialstrahlig angeordnet sind, mit Mountainit verwachsen in Hohlräumen des Nephelinitgesteins. Höwenegg im Hegau (A 81/4).

Cyclosilicate

Cyclowollastonit, $CaSiO_3$, trik.
Farblos, unregelmäßig geformte Kristallkörner, entsteht bei starker Erhitzung aus Wollastonit, bisher nur bekannt von den Halden des Graphitabbaus in Kropfmühl/Passau (EH 89/2).

Beryll, $Be_3Al_2Si_6O_{18}$, hex.
Farblos, als Gemeiner Beryll gelblich, grünlich, grauweißlich, durchscheinend und trübe, lange hex. Prismen, ein- und aufgewachsen, modellartig scharfe und gerundete Kristalle, oft vertikal gerieft, keine ausgesprochenen Edelberylle wie Smaragd, Aquamarin und Morganit. Tittling, Bayer. Wald (L 78/2); Hühnerkobel b. Zwiesel (L 78/4); Fuchsbau/Fichtelg. (L 85/7-8); Hagendorf/Opf. (A So. 26); Auerbach/Bergstr. (A So. 27).

Bazzit, $Be_3(Sc,Al)_2Si_6O_{18}$, hex.
Bläulich, gestreckte prismatische Kristalle mit hex. Umriß, in Drusen aufgewachsen bis 8 mm Länge, selten mit Begrenzungen, deutliche Bruchstellen; das Sc-Analogon zum Beryll wurde für die Bundesrepublik erst einmal vom Grandior Bruch Steinerleinbach bei Röhrnbach nördlich von Passau beschrieben (A 89/3).

Cordierit, $Mg_2Al_4Si_5O_{18}$, orth.
Farblos, grau, gelb, blau, braun, braunrot, einfache kurzsäulige Prismen mit ps.-hex. Querschnitt, durch Abstumpfung der Kanten in der Prismenzone entsteht ein zwölfeckiger Umriß, eigentlich Durchkreuzungsdrillinge, auch derb, körnig-eingewachsen. Bellerberg/Eifel (13); Silberberg b. Bodenmais/Bayer. Wald. (L 77/9); Blaue Kuppe b. Eschwege (A 86/11).

Combeit, $Na_4Ca_3Si_6O_{16}(OH,F)_2$, trig.
Farblos, weiß, keine hex. Prismen erkennbar, in denen das Mineral sonst kristallisiert, nur feinkristalline Körner, stets eingewachsen, wegen der Paragenese mit dem ganz ähnlichen Larnit und Spurrit ist das äußerst seltene Mineral makroskopisch schwer erkennbar. Bellerberg/Eifel (13).

Turmalin, $WX_3Y_6(BO_3)_3Si_6O_{18}(OH)_4$, trig.
Lediglich eine Gruppenbezeichnung für neun Borsilicate, die chemisch einer allgemeinen Formel entsprechen. Die drei folgenden kommen in der Bundesrepublik vor:

Schörl, $NaFe_3^{2+}Al_6(BO_3)_3Si_6O_{18}(OH)_4$, trig.
Schwarz, langgestreckte und gestreifte Kristalle, oft geknickt oder gebrochen, ein- und aufgewachsen, Neigung zu radialstrahliger Ausbildung (Turmalinsonnen), das häufigste Turmalinmineral. Sonnenberg b. St. Andreasberg/Harz (8); Waldstein und viele andere Fundorte im Fichtelgebirge (L 85/7-8); Roßgrabeneck b. Nordrach/Schww. (38); Ober-Kainsbach/Odw. (L 80/7-8); Blötz b. Bodenmais und zahlreiche Stellen zwischen Zwiesel und Kötzting im Bayer. Wald (L 79/1).

Elbait, $Na(Li,Al)_3Al_6(BO_3)_3Si_6O_{18}(OH)_4$, trig.
Farblos, rosa, auch grün, Kristallformen wie unter Schörl, vom Epprechtstein/Fichtelg. ist ein grüner Turmalinkristall bekannt geworden, bei dem es sich um die Farbvarietät Verdelith des Elbaits handeln könnte (L 85/7-8).

Dravit, $NaMg_3Al_6(BO_3)_3Si_6O_{18}(OH)_4$, trig.
Braun, braungelb, im allgemeinen kleiner ausgebildet. Hochbruck b. Bischofsmais, Bayer. Wald (A 76/10); Bad Harzburg/Harz (EH 89/1).

Chrysokoll, $(Cu,Al)_2H_2Si_2O_5(OH)_4 \cdot nH_2O$, mon.
Blaugrün bis blau, auch grünlich, äußerst selten angedeutete mon. Kristallformen, meist derbe traubig-nierige Massen, auch stalaktitische Formen, durchscheinend oder opak mit Trockenrissen, viele Vorkommen in der Oxidationszone von Kupfererzlagerstätten. Insel Helgoland; Imsbach/Pfalz (M 84/2); Grube Silberbrünnle b. Gengenbach/Schww. (L 88/4); Reichenbach/Odw. (L 80/7-8); Grube Bertha, Siebertal/Harz.

Milarit, $K_2Ca_4Be_4Al_2Si_{24}O_{60} \cdot H_2O$, hex.
Farblos bis weiß, grünlich durch eingewachsene Chloritschüppchen, sechsseitige Prismen mit pyramidalen Endflächen, auch parallelverwachsene dünne Nadeln, bisher nur einmal von einer Fundstelle in der Bundesrepublik beschrieben. Tittling/Bayer. Wald (L 78/2).

Roedderit, $(Na,K)_2(Mg,Fe)_5Si_{12}O_{30}$, hex.
Farblos, blaßgelb, gelb, seltener grünlich und bläulich, dicktafelige bis kurzprismatische Kristalle, das seltene und sonst nur von Meteoriten bekannte Mineral findet sich aufgewachsen in Höhlungen silicatischer Xenolithe des Bellerbergs und Nickenicher Sattels/Eifel (13).

Eifelit, $KNa_2Mg_4Si_{12}O_{30}$, hex.
Farblos, gelblicher oder grünlicher Stich, klar, Kristalle glei-

Oben links. Roedderitkristall (Höhe 1 mm) mit Einschlüssen vom Emmelberg bei Üdersdorf/Eifel.

Unten links. Osumilithkristall vom Bellerberg bei Ettringen/Eifel. Der Kristall hat eine Höhe von 3 mm.

Oben rechts. Ein 2 mm großer Osumilithkristall vom Lavabruch Meurin, Nickenich/Eifel.

Unten rechts. Enstatitkristall, Länge ca. 1,5 mm, vom Emmelberg, Üdersdorf/Eifel.

chen dem Roedderit, eine sichere Unterscheidung ist nur durch eine chemische Analyse möglich, allein aus einer Probe des Bellerbergs/Eifel, bekannt (13).

Osumilith, $(K,Na)(Fe^{2+},Mg)_2(Al,Fe)_3(Si,Al)_{12}O_{30}$, hex.

Blau, kleine hex. Prismen mit tafeligem bis kurzsäuligem Habitus, cordieritähnlich, ausnahmsweise entstehen dünne Täfelchen mit achtzehneckigem Umriß. Eifel: Bellerberg, Emmelberg, Nickenicher Sattel, Herchenberg u.a. (13); Zinster Kuppe b. Kemnath/Opf. (L 80/3); Blaue Kuppe b. Eschwege (A 86/11).

Inosilicate

Diopsid, $CaMgSi_2O_6$, mon.

Farblos, grau, lichtgrün bis flaschengrün, säulig-stengelige Kristalle mit rechtwinkligem Querschnitt, durch Zwillingsstruktur blättrige Ausbildung bedingt, auch Ausfaserung der Kristallenden. Hohe Waid b. Schriesheim/Odw. (L 80/7-8); Bad Harzburg/Harz (EH 89/1); Teichelberg/Opf. (A 88/1); Kalkofen b. Furth i. Wald (L 85/6); Auerbach/Bergstr (A.So. 27).

Die Schörlfundstelle am Sonnenberg bei St. Andreasberg/Harz.

Hedenbergit, $CaFeSi_2O_6$, mon.

Schwarz, schwärzlichgrün, dem Diopsid ähnliche Kristalle mit fast quadratischem Querschnitt. Auerbach/Bergstr. (A So. 27).

Augit, $(Ca,Na)(Mg,Fe,Al,Ti)(Si,Al)_2O_6$, mon.

Schwarz, modellhaft ausgebildete prismatische Kristalle mit achtseitigem Umriß der Pinakoidflächen. Daun/Eifel (A 67/7-8); Teichelberg/Opf., Bad Harzburg/Harz (EH 89/1).

Fassait, $Ca(Mg,Fe^{3+},Al)(Si,Al)_2O_6$, mon.

Farblos, weiß, lichtgrün, nadelige Kriställchen auf Hedenbergit (?) epitaktisch aufgewachsen. Stbr. Kreimbach b. Kaiserslautern (A 86/12).

Omphacit, mon.

Hellgraugrün, diopsidähnliche verwachsene Aggregate, Mischkristallbildung aus Augit, Jadeit und Akmit infolge sehr hohen Drucks. Silberbach/Fichtelg. (A So. 8).

Akmit, $NaFeSi_2O_6$, mon.

Schwärzlichgrün, rötlichbraun bis bräunlichschwarz, neben der typischen augitähnlichen Ausbildung auch linealförmig gestreckte Kristalle, teilweise mit spitzer Endbegrenzung, feine Fasern und blättrige Aggregate. Teichelberg/Opf. (A 88/1); Katzenbuckel/Odw. (10); Eifel (13).

Enstatit, $Mg_2Si_2O_6$, orth.

Grauweiß, gelblich, gelbbraun, grünlich, prismatische Kristalle mit säuligem Habitus, in kleinen Hohlräumen als dünne Nadeln, sonst meist derb. Teichelberg/Opf. (A 88/1); Emmelberg b. Üdersdorf/Eifel (L 86/12); Bad Harzburg -Bronzit- (EH 89/1).

Hypersthen, $(Mg,Fe)_2Si_2O_6$, orth.

Schwarz, grünlich, bräunlich, mitunter kupferrot schillernd wie Bronzit durch Einlagerung feinster Ilmenitpartikelchen, große undeutlich ausgebildete Kristalle, kleine flächenreiche Prismen in vulkanischen Auswürflingen, meist derb, körnig-blättrig. Bad Harzburg/Harz (EH 89/1); Laacher Seegebiet (13); Silberberg b. Bodenmais/Bayer. Wald. (L 77/9).

Shattuckit, $Cu_5(SiO_3)_4(OH)_2$, orth.

Grünblau, bildet prismatische Kristalle, am angegebenen Fundort aber nur faserig bis dicht mit Chrysokoll im Sandstein. Helgoland (30).

Aktinolith, $Ca_2(Mg,Fe)_5Si_8O_{22}(OH)_2$, mon.

Dunkelgrün, langsäulige Kristalle, stengelige und wirrstrahlige Aggregate, meist eingewachsen, als Nephrit dichtfaserig-zäh. Auerbach/Bergstr. (A So. 27); Hochbruck b. Bischofsmais, Bayer. Wald (A 76/10); in Metasomatit-Auswürflingen der Eifel (13); Bad Harzburg -Nephrit- (A 67/4).

Tremolit, $Ca_2Mg_5Si_8O_{22}(OH)_2$, mon.

Weißlichgrau, grünlich, lange linealartige Stengel, strahlige wollastonitähnliche Aggregate. Bad Harzburg/Harz (EH 89/1); Auerbach/Bergstr. (A So. 27).

Barroisit (Hornblende), $NaCa(Mg,Fe^{2+})_3Al_2(Si_7Al)O_{22}(OH)_2$, mon.,

Schwarz, ein- und aufgewachsene kurzsäulige Kristalle mit sechsseitigem Umriß, flächenarm, häufig auch derb, stengelig-faserig. Auerbach/Bergstr. (A So. 27); Ranstadt, Rhön (L 79/6); Radersberg b. Heyroth/Eifel (A 79/3).

Pargasit, $NaCa_2(Fe^{2+},Mg)_4Al(Si_6Al_2)O_{22}(OH)_2$, mon.

Lauchgrün, sonst dem Barroisit ähnlich. Auerbach/Bergstr. (A So. 27).

Ferrohornblende (Barkevikit), $Ca_2(Fe^{2+},Mg)_4Al(Si_7Al)O_{22}(OH,F)_2$, mon.

Tiefschwarz, stengelige Aggregate. Auerbach/Bergstr. (A So. 27).

Arfvedsonit, $Na_{2\text{-}3}(Fe,Mg,Al)_5Si_8O_{22}(OH,F)_2$, mon.

Blauschwarz, vom zitierten Fundort als ungewöhnlich weißliche Aggregate beschrieben, nadelig-verfilzt. Bad Harzburg/Harz (EH 89/1).

Ferrikatophorit, $Na2Ca(Fe^{2+},Mg)_4Fe^{3+}Si_7AlO_{22}(OH)_2$, mon.

Schwarz, stengelig-faserige Aggegate. Teichelberg b. Pechbrunn/Opf. (A 88/1)

Hastingsit, $NaCa_2(Fe,Mg,Al)_5(Al_2Si_6)O_{22}(OH)_2$, mon.

Graugelb, braunschwarz, feinnadelige Aggregate. Auerbach/Bergstr. (A So. 27).

Tschermakit, $Ca_2Mg_3(Al,Fe)_2(Al_2Si_6)O_{22}(OH,F)_2$, mon.

Schwarzgrünlich, dichtfaserige Massen. Auerbach/Bergstr. (A So. 27).

Anthophyllit, $(Mg,Fe)_7Si_8O_{22}(OH)_2$, orth.

Graugelb, bräunlich, stengelige Kristalle, meist eingewachsene Aggregate aus parallel oder radial angeordneten Fasern, perlmutterartig schillernd. Silberberg b. Bodenmais/Bayer. Wald. (L 77/9).

Gedrit, $(Mg,Fe,Al)_7(Al,Si)_8O_{22}(OH)_2$, orth.

Lichtbraun bis grünlich, blättrige Aggregate. Bad Harzburg/Harz (23).

Rhönit, $Ca_2(Mg,Ti,Al,Fe)_6(Si,Al)_6O_{20}$, trik.

Dunkelrot, prismatische Kriställchen, meist in der Form spitzwinkliger Durchkreuzungszwillinge, typische Keulenform, aufgewachsen in Blasenräumen vulkanischer Schlacken, seltener in Xenolithen. Kunkskopf, Nickenicher Sattel, Bellerberg u. a./Eifel (13).

Wollastonit, $CaSiO_3$, trik.

Weiß oder leicht gefärbt, selten gute Kristalle, breit- oder schmalstengelige Massen, oft auch feinfaserig. Auerbach/Bergstr. -große Kristalle- (A 50/1); Bellerberg und Emmelberg/Eifel (13); Bad Harzburg/Harz (EH 89/1); Kalkofen b. Furth i. Wald (L 85/6).

Bustamit, $(Mn,Ca)_3Si_3O_9$, trik.

Lichtrosa, olivbraun gefärbte eingewachsene Körner in einem vulkanischen Auswürfling, nur in geringer Menge gefunden im Laacher Seegebiet/Eifel (13).

Pektolith, $NaCa_2Si_3O_8(OH)$, trik.

Weiß, feinnadelige dichte Massen, radialstrahlige Kugeln mit aufsitzenden tafeligen Kriställchen. Rauschermühle b. Niederkirchen/Pfalz -es handelt sich um Pektolit-M2abc- (EH 87/1); Stbr. Kreimbach b. Kaiserslautern (A 86/12); Herbornseelbach b. Dillenburg (27).

Tobermorit, $Ca_5Si_6O_{16}(OH)_2 \cdot 4H_2O$, orth.

Weiß, rhombisch-nadelige Kristalle, oft nur in feinkörnigen radialstrahligen Aggregaten. Basaltbruch Zeilberg b. Maroldsweisach (A 77/4); Höwenegg i. Hegau (A 74/12); Arensberg/Eifel (13).

Okenit, $Ca_{10}Si_{18}O_{46} \cdot 18H_2O$, trik.

Weiß, feinfaserige dichte Aggregate. Teichelberg/Opf. (A 88/1); Basaltbruch Zeilberg b. Maroldsweisach (A 82/9); Bramburg b. Adelebsen (A So. 28).

Scawtit, $Ca_7Si_6(CO_3)O_{18} \cdot 2H_2O$, mon.

Farblos, winzige verwachsene Täfelchen in Hohlräumen eines Kalksteineinschlusses, bisher einziges Vorkommen in der Bundesrepublik, neuntes weltweit. Basaltbruch Zeilberg b. Maroldsweisach (L 87/2).

Tacharanit, $Ca_{12}Al_2Si_{18}O_{51} \cdot 18H_2O$, mon.

Weiß, extrem feinfaserige Aggregate, in kreidigen bis opalartigen Einschlüssen im Basalt. Bramburg b. Adelebsen (A So. 28); mit Tobermorit verwachsen als Mandelfüllung im Basalt vom Burgkopf/Eifel (13).

Batisit, $Na_2BaTi_2Si_4O_{14}$, orth.

Braun, gestreckte prismatische Kristalle, tafelig erscheinend durch das verbreiterte Pinakoid, zu subparallelen oder divergierenden Gruppen verwachsen. Üdersdorf/Eifel (13).

Rhodonit, $(Mn,Fe,Ca,Mg)SiO_3$, trik.

Rot, als gelbe, gelbbraune und rotbraune Kriställchen in Auswürflingen des Laacher Seegebiets, tafelig bis prismatisch und von geringer Größe, Bestandteil eines besonders Mn-reichen Sanidinits (13); Bad Harzburg/Harz (EH 89/1).

Oben links. Batisitkristalle (Länge ca. 2 mm) von Üdersdorf/Eifel.

Unten links. Bavenit in dünntafeligen Kristallen vom Kerberbruch bei Tittling/Bayerischer Wald. Die Bildhöhe beträgt 3,5 mm.

Oben rechts. Rhodonitkristall von 1 mm Größe vom Laacher See/Eifel.

Unten rechts. Prehnit in typisch grünlich-kugeliger Ausbildung vom Steinbruch Rauschermühle bei Niederkirchen/Pfalz. Bildbreite ca. 5 cm.

Oben links. Begehrte Kristalle: Leicht rosa gefärbter Apophyllit von St. Andreasberg/Harz. Höhe der Kristalle ca. 2 cm.

Unten links. Rhodesit in watteartigen Bällchen von Maroldsweisach/Franken. Die Bildbreite beträgt ca. 1 cm.

Oben rechts. Kugelig-krustiger Allophan vom Eisenberg bei Goldhausen/Korbach. Bildbreite 4 mm.

Unten rechts. Ein Phlogopitkristall, wie man in sehr häufig in der Eifel finden kann. Fundort ist der Nickenicher Sattelberg/Eifel. Durchmesser des Kristalls 1 cm.

Babingtonit, $Ca_2(Fe^{2+},Mn)Fe^{3+}Si_5O_{14}(OH)$, trik.

Grünschwärzlich, kleine kurzsäulige bis tafelige Kristalle. Herbornseelbach b. Dillenburg (27).

Inesit, $Ca_2Mn_7Si_{10}O_{28}(OH)_2 \cdot 5H_2O$, trik.

Rosa, kleine prismatische Kristalle, nadelig-gestreckt, zu radialstrahligen Aggregaten verwachsen. Nanzenbach b. Dillenburg (23).

Pyroxmangit, $MnSiO_3$, trik.

Rosabraun, vom Fundort -Laacher Seegebiet- olivbraun, nur mm-große eingewachsene Körner, wenig Substanz, mit den für die Bundesrepublik seltenen Mineralen Tephroit, Rhodonit, Fergusonit und Calciobetafit im Sanidinit eines vulkanischen Auswürflings (13).

Narsarsukit, $Na_2(Ti,Fe)Si_4(O,F)_{11}$, tet.

Gelb, bildet Pseudomorphosen nach einem tafeligen Mineral, zusammen mit Rutil in einem Einschluß einer vulkanischen Schlacke. Bellerberg/Eifel (13).

Bavenit, $Ca_4Be_2Al_2Si_9O_{26}(OH)_2$, orth.

Weiß, nadelige Rosetten, auch tafelig ausgebildet, einziger bekannter Fundort in der Bundesrepublik ist Tittling, Bayer. Wald (L 78/2).

Prehnit, $Ca_2Al_2Si_3O_{10}(OH)_2$, orth.

Farblos, meist grünlich, tafelige und prismatische Kristalle, gewöhnlich gekrümmt und zu fächerartigen bis kugeligen Gebilden verwachsen. Rauschermühle b. Niederkirchen/Pfalz (EH 87/1); Teichelberg/Opf. (A 88/1); Stbr. Huneberg, Altenau/Harz (EH 87/3); Stbr. Kreimbach b. Kaiserslautern (A 86/12); Tittling/Bayer. Wald (L 78/2).

Stilpnomelan, $K(Fe^{2+},Fe^{3+},Al)_{10}Si_{12}O_{30}(OH)_{12}$, trik.

Schwarz bis grünlichschwarz, dunkelrotbraun, stengelige Kristalle, auch büschelig aggregiert, dichte Massen. Weilburg/Lahn (23); Hagendorf/Opf. (A 87/1).

Phyllosilicate

Apophyllit, tet.

Nur noch ein Gruppenname, aber die neuen Bezeichnungen Fluorapophyllit, Hydroxylapophyllit und Natroapophyllit können hier nicht angewendet werden, da eine Zuordnung der Vorkommen in der Bundesrepublik fehlt. Farblos, weiß, grünlich, auch rosa. Hervorragend ausgebildete tet. Prismen mit dipyramidalen Flächen, auch dünn- und dicktafelige Kristalle, würfelig, schalig, blättrig und dicht in porzellanartigen Massen. St. Andreasberg/Harz (8); Niederrotweil, Kaiserstuhl (L 78/3); Stbr. Kreimbach b. Kaiserslautern (A 86/12); Bellerberg/Eifel -oktaederähnliche Kristalle- (13).

Cuprorivait, $CaCuSi_4O_{10}$, tet.

Azurblau, winzige dünntafelige Kristalle, seitliche Begrenzung der Tafeln durch verschieden steile Dipyramidalflächen, das für die Bundesrepublik außergewöhnliche Mineral ist leicht an der blauen Farbe zu erkennen, zuerst vom Vesuv beschrieben, extrem selten. Sattelberg und Emmelberg/Eifel (13).

Pyrophyllit, $Al_2Si_4O_{10}(OH)_2$, mon.

Silbrigweiß, grünlichgelb, apfelgrün, glimmerartig verwachsene tafelige Kristalle, grobe biegsame Blättchen, wirrstrahlig und dicht wie Talk, auch wie dieser fettig anzufühlen, kaum Fundorte bei uns bekannt. Grube Apollo b. Raubach/Ww. (EH 3/86); Nieder-Beerbach/Odw. (A So. 27).

Talk, $Mg_3Si_4O_{10}(OH)_2$, mon., trik.

Fast farblos bis lichtapfelgrün, als Speckstein weiß, grau, bräunlichgelb, selten in idiomorph entwickelten Kristallen, nur als Pseudomorphosen des Specksteins gut ausgebildet, meist in grobblättrigen, schuppigen Aggregaten, leicht zu spalten, biegsam, perlmutterglänzend, fettig, abfärbend (Schneiderkreide). Göpfersgrün/Fichtelg. -von hier die berühmten Pseudomorphosen des Specksteins nach Quarz und Dolomit- (L 81/11); Münchberg, Oberfranken (A So. 8); Wellmich b. St. Goar (EH 87/3).

Muskovit, $KAl_2(OH,F)_2AlSi_3O_{10}$, mon., ps.-hex.

Farblos, gelblich, grünlich, bräunlich, dünntafelige Kristalle mit hex. oder rautenförmigem Habitus, selten deutlich ausgebildet, fast immer blättrig verwachsen, sehr leicht spaltbar, auf den Tafelflächen typischer Perlmuttglanz, schuppig-talkartige Bällchen als Sericit, vielfach pseudom., z.B. nach Topas als Gilbertit, eins der häufigsten Glimmerminerale, von vielen Fundorten bekannt. Hörlberg b. Lam, Bayer. Wald (A 75/1); Forbach/Schww. (A So. 20); Epprechtstein/Fichtelg. -Gilbertit- (L 85/7-8).

Phlogopit, $KMg_3Si_3AlO_{10}(F,OH)_2$, mon.

Rotbraun, gelblich, grünlich bis farblos, undeutliche blättchen-artige Kristallbildungen in Ca-reichen Xenolithen des Emmelberg b. Üdersdorf/Eifel (L 86/12); Kropfmühl b. Passau (M 84/4); Kalkofen b. Furth i. Wald (L 85/6).

Biotit, $K(Mg,Fe)_3(Al,Fe)Si_3O_{10}(OH,F)_2$, mon.

Farblos, weiß, dunkelbraun, schwarz, tafelige Kristalle mit ps.-hex. oder rhomboedrischem Habitus, meist aber mit undeutlicher Randbegrenzung, aus vielen übereinander gestapelten Blättchen bestehend und spaltbar, ein- und aufgewachsen, das verbreitetste Glimmermineral als Gemengteil vieler magmatischer Gesteine, besonders des Granits, die angegebenen wenigen Fundorte stehen für zahllose andere - wie übrigens bei allen häufigen Mineralen, die in diesem Buch erwähnt werden. Hagendorf/Opf. (A So. 26); Laacher Seegebiet und weitere Fundorte der Eifel (13).

Zinnwaldit, $KLiFe^{2+}Al(AlSi_3)O_{10}(F,OH)_2$, mon.

Silbergrau, fast metallisch, gelb bis violettbräunlich, tafelig mit undeutlichem sechsseitigem Umriß, fächerartig gruppiert und wirr gewachsen, hübsche großblättrige Stufen. Waldstein und weitere Steinbrüche des Fichtelgebirges (L 87/11).

Lepidolith, $K(Li,Al)_3(Si,Al)_4O_{10}(F,OH)_2$, mon.

Hellviolettrosa, grau, feinkörnig-schuppige Aggregate in Pegmatitgängen. Siegen (27).

Glaukonit, $(K,Na)(Al,Fe^{3+},Mg)_2(Al,Si)_4O_{10}(OH)_2$, mon.

Grün, ein strukturell dem Biotit ähnliches Glimmermineral, meist nicht magmatischer Herkunft, sondern konkretionär aus marinen Sedimenten, feinkörniger Aufbau. In Mergel- und Kalkgruben Nord- und Westdeutschlands, z.B. Höver b. Hannover (A So. 14); Lütjensee, Holstein (39); Grube Clara, Oberwolfach/Schww. -hier andere Bildung als im Flachland- (L 88/3).

Seladonit, $K(Mg,Fe^{2+})(Fe^{3+},Al)Si_4O_{10}(OH)_2$, mon.

Grün, braunstichig, als Ausfüllung von Mandelräumen in Ergußgesteinen, parallelfaserige Aggregate im Gneis und pseudom. Bildungen, nur wenige Vorkommen sind bei uns bekannt. Grube Clara, Oberwolfach/Schww. (L 85/1).

Bityit, $CaLiAl_2(AlBeSi_2)O_{10}(OH)_2$, mon.

Farblos, trüb, glimmerartige Blättchen, feinschuppige Aggregate als Pseudomorphosen nach Beryll. Tittling, Bayer. Wald (L 78/2).

Montmorillonit, $(Na,Ca)_{0,33}(Al,Mg)_2Si_4O_{10}(OH)_2 \cdot nH_2O$, mon.

Grauweiß, gelblich bis orange, feinerdige Massen ohne erkennbare Kristallformen, leicht zerreibbar, mit Wasser quellend, saugfähig. Fuchsbau/Fichtelg. (L 85/7-8); Teichelberg/Opf. (A 88/1); Bad Harzburg/Harz (EH 89/1); Emmelberg b. Üdersdorf/Eifel (86/12); St. Trudpert, Münstergrund/Schww. (L 87/5).

Beidellit, mon. $(Na,Ca_{0,5})_{0,33}Al_2(Al,Si)_4O_{10}(OH)_2 \cdot nH_2O$,

Weißlich, gelblich, grau, ein weiteres Mineral der Smektit-Gruppe, das dem Montmorillonit sehr ähnlich ist, ohne Untersuchung nicht zu identifizieren, das gilt auch für einige andere Minerale dieser Gruppe, die gewöhnlich als "Montmorillonit" bezeichnet werden. Milsenburg, Rhön.

Nontronit, $Na_{0,3}Fe_2^{3+}(Al,Si)_4O_{10}(OH)_2 \cdot nH_2O$, mon.

Strohgelb bis gelbgrün, derbe Massen, dichtfaserig, erdig. Kropfmühl b. Passau (M. 84/4); St. Andreasberg/Harz (8); Fuchsbau/Fichtelg. (L 85/7-8); Hagendorf/Opf. (A 83/7).

Saponit, $(Ca,Na)_{0,33}(Mg,Fe)_3(Si,Al)_4O_{10}(OH)_2$, mon.

Weiß, grauweiß, grauolivfarben, unscheinbare plastische Massen in Fluorithohlräumen, Gr. Hermine, Wölsendorf/Opf. (L 79/6); Überzüge und nierige Krusten in Blasenräumen der Lava von der Hannebacher Ley/Eifel, sind wahrscheinlich auch Saponit (A 86/2); Zeilberg b. Maroldsweisach (A 79/10); Teichelberg/Opf. (A 88/1).

Wolchonskoit, mon. $Ca_{0,3}(Cr^{3+},Mg,Fe^{3+})_2(Si,Al)_4O_{10}(OH)_2 \cdot 4H_2O$,

Grün, derbe Massen ohne erkennbare Kristallformen. Kürn b. Regensburg; Teichelberg/Opf. (A 88/1).

Vermiculit, $(Mg,Fe^{3+}Al)_3(OH)_2(Al,Si)_4O_{10} \cdot 4H_2O$, mon.

Silberweiß, grauweiß, glimmerähnliche Plättchen, bläht sich beim Erhitzen stark auf und dient dann Isolationszwecken, wenige bekannte Vorkommen, bei uns ein Fe- und Ni-freier Vermiculit, nach dem römischen Castra Batava für Passau "Batavit" genannt. Kropfmühl b. Passau (EH 89/2).

Sudoit, $(Al,Mg,Fe)_{4-5}(Si,Al)_4O_{10}(OH)_8$, mon.

Weiß, gelblichweiß, unscheinbare erdige Krusten auf Quarz. Nußbach b. Triberg/Schww. (23); Lützelbach/Plochingen b. Stuttgart (23).

Klinochlor, $(Mg,Fe^{2+})_5Al(Si_3Al)O_{10}(OH)_8$, mon.

Grün in verschiedener Tönung, tafelig mit ps.-hex. oder ps.-rhomboedrischem Habitus, z. T. flächenreich, ein Mineral der Chlorit-Gruppe, deren Vertreter Schichtsilicate mit guter Spaltbarkeit bilden, wechsellagernde Schichten, durch deren Verschiebung zahlreiche Varianten entstehen, z.B. der ps.-trig. Pennin, die schwierige und zeitaufwendige Bestimmung ist der Grund, daß man sich mit der Sammelbezeichnung Chlorit begnügt, wahrscheinlich gibt es bei uns mehr Minerale der Chlorit-Gruppe als die wenigen hier aufgeführten. Auerbach/Bergstr. (A So. 27); Hochbruck b. Bischofsmais/Bayer. Wald (A 76/10); Stbr. Kreimbach b. Kaiserslautern (A 86/12).

Chamosit, $(Fe^{2+},Mg,Fe^{3+})_5Al(Si_3Al)O_{10}(OH,O)_8$, mon.

Graugrünlich bis grünschwarz, sehr dichte feinkörnige Massen, schichtartig, schalig, blättrig. Bad Harzburg -"Brunsvigit"- (EH 89/1); Stbr. Kreimbach b. Kaiserslautern -"Delessit"- (A 86/12); Kirn a.d. Nahe.

Oben links. Noseankristall von 1 cm Länge. Fundort ist Niedermending, Laacher See/Eifel.

Unten links. Farblose Analcimkristalle von St. Andreasberg/Harz. Bildbreite 4 mm.

Oben rechts. Natrolithkristalle in Form radialstrahliger Gruppen vom Basaltsteinbruch in Roth/Westerwald. Bildbreite ca. 7 cm.

Unten rechts. Gonnardit in watteartigen Büscheln von Niederofleiden/Vogelsberg. Bildbreite 1,5 cm.

Oben links. Desmin (Stilbit) als 8 mm langer Kristall auf Orthoklas vom Wurmbergsteinbruch bei Braunlage/Harz.

Oben rechts. Willhendersonitkristalle vom Bellerberg, Ettringen/Eifel. Bildhöhe 2,5 mm.

Unten. Für Laumontitfunde berühmt geworden ist der Steinbruch Herbornseelbach bei Dillenburg. Die abgebildeten Kristalle haben ein Länge von 2,5 cm.

Thuringit, Var. Chamosit

Pistaziengrün bis dunkelgrün, feine schuppige Massen, aus vielen kleinen Blättchen zusammengesetzt. Hagendorf/Opf. (A 83/7); Wilnsdorf, Siegerld. (L 87/1).

Kaolinit, $Ca(Al_2Si_7)O_{18} \cdot 7H_2O$, trik.

Weiß, gelblich, dünne ps.-hex. Plättchen, meist lockere feinkörnige Massen mit Perlmuttglanz oder matt, bekannt als Porzellanerde (Kaolin), größere Vorkommen bei Tirschenreuth und Schnaittenbach-Hirschau, Opf.; Ellweiler und Nohfelden/Pfalz, in kleineren Mengen weit verbreitet, wo sich Feldspäte und deren Verwandte zersetzt haben. Fuchsbau/Fichtelg. (L 85/7-8); Bad Ems/Lahn (EH 83/2); Wittichen/Schww. (L 87/7-8).

Dickit, $Al_2Si_2O_5(OH)_4$, mon.

Reinweiß, locker aus winzigen Schüppchen zusammengesetzt, dem Kaolinit sehr ähnlich. Untermaubach b. Düren (L 79/3); Werlau-Wellmich b. St. Goar (EH 87/3); St. Andreasberg/Harz (L 86/3).

Nakrit, $Al_2Si_2O_5(OH)_4$, mon.

Weiß, gelblich, deutliche glimmerartige Kristallplättchen mit ps.-rhomboedrischem Habitus, fächerförmig zu tafeligen Büscheln verwachsen, perlmuttglänzend. Schweighausen/Schww. (10); St. Andreasberg/Harz (8); Grube Apollo b. Raubach/Ww.

Halloysit, $Al_2Si_2O_5(OH)_4$, mon.

Weiß, grünlichgrau, krustig und ohne erkennbare Kristallformen, wachsglänzend, leicht mit Kaolinit zu verwechseln. Grube Clara, Oberwolfach (15); Weiler b. Lahr (L 83/12). Hier ist der wasserfreie Halloysit gemeint, der mit Kaolinit, Dickit und Nakrit polymorph ist; die Bezeichnung Metahalloysit erscheint entbehrlich, da der wasserhaltige Halloysit mit Endellit identisch ist. Kropfmühl b. Passau (EH 89/2)

Allophan, $Al_2SiO_5 \cdot nH_2O$, amorph.

Farblos, weiß, verschiedenfarbig, als nierig-traubiger Überzug, transparent-opalartiges Aussehen, in gealterter Form mit Schrumpfrissen. Maubach-Mechernich (EH 82/2); Wittichen/Schww. (L 87/7-8); Rammelsberg/Harz (EH 87/4).

Hisingerit, $Fe_2^{3+}Si_2O_5(OH)_4 \cdot 2H_2O$, mon.

Schwarz, glasartiger Bruch, dann kantendurchscheinend grünlichbraun, das Fe-Analogon von Allophan. Waldsassen (23); Oberschulenberg/Harz (L 86/1).

Antigorit, $(Mg,Fe)_3Si_2O_5(OH)_4$, mon.

In vielen Farben, als gewöhnlicher Serpentin meist grauolivfarben, von dichter mikrokristalliner Beschaffenheit, gesteinsbildend, als edler Serpentin zartgelb bis lichtgrün gefärbt, Verwendung als Schmuckstein, Pseudomorphosen nach Mineralen der Olivin-Gruppe. Bad Harzburg/Harz (EH 89/1); Auerbach/Bergstr.; Katzenbuckel, Odw. (L 80/7-8); Erbendorf/Opf. (A So. 26).

Orthochrysotil, $Mg_3Si_2O_5(OH)_4$, orth.

Farblich und chemisch dem Antigorit sehr ähnlich, aber mit faserig erscheinender Struktur statt einer blätterartigen, als Asbest aus parallelfaserigen Massen mit Seidenschimmer, polymorph mit Klinochrysotil, Parachrysotil, Antigorit und Lizardit. Auerbach/Bergstr. (A So. 27); Teichelberg/Opf. (A 88/1).

Lizardit, $Mg_3Si_2O_5(OH)_4$, trig., hex.

Farblos, weiß, grau, grün, rosa, sehr selten idiomorph als kleine hex. Täfelchen ausgebildet, rosettenartig verwachsen. Schellkopf b. Brenk/Eifel (A 86/7).

Berthierin, $(Fe^{2+},Fe^{3+},Mg)_{2-3}(Si,Al)_2O_5(OH)_4$, mon.

Grünlich, deutliche, aber sehr dünne plättchenförmige Kristalle, aufgewachsen auf Pyrit. Hagendorf/Opf. (A 83/7).

Amesit, $(Mg_2Al)(AlSi)O_5(OH)_4$, trik., ps.-hex.

Lichtgrün, talkartig-derbe Massen, als Varietät "Jenkinsit" von Auerbach/Bergstr. (A So. 27).

Endellit, $Al_2Si_2O_5(OH)_4 \cdot 2H_2O$, mon.

Weiß, grünlich, bläulich, braun, knollige, nierige Krusten, erdig, kaolinitähnlich, leichter Wachsglanz, das wasserhaltige Analogon zu Halloysit, worunter hier das entsprechende wasserfreie Glied der Kaolinit-Serpentin-Gruppe verstanden wird. Altenberg b. Aachen (23); Bergnersreuth b. Wunsiedel -"Glagerit"- (23).

Pyrosmalith, $(Fe^{2+},Mn)_8Si_6O_{15}(OH,Cl)_{10}$, hex.

Braun bis grün, metallartig-fettiger Glanz, tafelige oder säulige Kristalle, durchscheinend bis opak, vom genannten Fundort wird das sehr seltene Mineral ohne nähere Hinweise zur Kristallform als in Zwieselit eingewachsen beschrieben. Hagendorf/Opf. (A 87/1).

Palygorskit, $(Mg,Al)_2Si_4O_{10}(OH) \cdot 4H_2O$, mon. ,orth.

Weißlich, gelb, unscheinbar, asbestartig in feinfaserigen Massen. Dillgebiet (27).

Gyrolith, $Ca_2Si_3O_7(OH)_2 \cdot H_2O$, trik., ps.-hex.

Weiß, durchsichtig bis durchscheinend, kleine halbkugelige Gebilde aus blättchenförmigen Aggregaten im Basalt, auch als Einzeltäfelchen und rosettenartig verwachsen auf einer Unterlage von Phillipsit oder Thomsonit, derbe Krusten. Zeilberg b. Maroldsweisach (A 82/9); Arensberg/Eifel (13); Bramburg b. Adelebsen (A So. 28).

Zeophyllit, $Ca_4Si_3O_8(OH,F)_4 \cdot 2H_2O$, trik., ps.-hex.

Trübweiß, milchig durchscheinend, geschlossene Krusten und einzelne Klümpchen bestehen aus parallel oder radial verwachsenen Blättchen, undeutliche Flächen auf der Krustenoberfläche gehen auf Stapel gleichgeschichteter Kriställchen zurück. Schellkopf b. Brenk/Eifel (13).

Mountainit, $(Ca,Na_2,K_2)_2Si_4O_{10} \cdot 3H_2O$, mon.
Farblos, weißlich, kleine tafelig-gestreckte Kristalle in Hohlräumen des Basalts, auch blättrig-schuppige Aggregate, in gefüllten Äderchen stehen die Kristalle mit der Längskante senkrecht zur Unterlage, nicht immer parallel, Neigung zu radialstrahliger Anordnung, sehr selten. Höwenegg i. Hegau (A 74/12).

Rhodesit, $(Ca,Na_2,K_2)_8Si_{16}O_{40} \cdot 11H_2$, orth.
Weiß, langnadelig-strahlige Aggregate in dichter Verwachsung, erkennbar auf der Kluftfläche eines mittelkörnigen Sandsteinsediments im Basalt, vermutl. nur erst einmal in der Bundesrepublik bestimmt. Zeilberg b. Maroldsweisach (A 76/2).

Tektosilicate

Nephelin, $(Na,K)AlSiO_4$, hex.
Farblos, weiß, kurz- bis langprismatische Kristalle mit meist großer Basis, seltener durch die Dipyramide begrenzt, ein- und aufgewachsen in vulkanischen Gesteinen. Nickenicher Sattel/Eifel (EH 4); Emmelberg b. Üdersdorf und weitere Fundpunkte der Eifel (13); Katzenbuckel/Odw. (L 80/7-8); Meiches, Vogelsberg (23); Teichelberg/Opf. (A 88/1).

Kalsilit, $KAlSiO_4$, hex.
Farblos, weiß, grau, selten sechsseitige Prismen, dem Nephelin als dessen K-Analogon sehr ähnlich, nur mit Hilfe wissenschaftlicher Verfahren zu unterscheiden, nur wenige Male bei uns festgestellt. Üdersdorf und Bellerberg/Eifel (13).

Leucit, $KAlSi_2O_6$, tet.
Farblos, weiß, grau, charakteristische Ikositetraeder, meist eingewachsen, dennoch modellartig scharf ausgebildet, auch in Hohlräumen aufgewachsen, dann kleiner und mitunter kugelig abgerundet. Emmelberg b. Üdersdorf und viele Eifelfundstellen mehr (L 86/12); (13).

Orthoklas, $KAlSi_3O_8$, mon.
Farblos, weiß, gelblich, grünlich, meistens rötlich bis bräunlichrot, in Drusen und auf Klüften gut ausgebildete Kristalle, tafelig-gestreckt, säulig, beim Adular auch ps.-rhomboedrisch, verzwillingt nach den bekannten Gesetzen (Karlsbader linke und rechte Zwillinge, Bavenoer Zwillinge und Manebacher Zwillinge), gesteinsbildend, eines der häufigsten Minerale, stellvertretend für viele werden die Vorkommen aus dem Fichtelgebirge genannt, z.B. Fuchsbau, Epprechtstein, Waldstein (L 85/7-8).

Sanidin, $(K,Na)AlSi_3O_8$, mon.
Farblos, weiß, rauchbraun, vielgestaltig in Tracht und Habitus, besonders in den silikatischen Xenolithen, kurzprismatisch, langprismatisch, tafelig, ps.-rhomboedrisch (Adulartracht), auch verzwillingt und grobkörnig als vulkanisches Gestein. Drachenfels, Siebengebirge/Bonn; Emmelberg b. Üdersdorf, Herchenberg, Nickenicher Sattel u.a. Fundstellen der Eifel (13).

Mikroklin, $KAlSi_3O_8$, trik.
Mit Orthoklas dimorph, gleicht diesem daher in Farbe und Aussehen weitgehend, nur gilt für die Deutung der Kristallformen das trik. System, meist durch Umwandlung aus Orthoklas entstanden, so besteht auch der Feldspat der obigen Fundorte im Fichtelgebirge oft nicht mehr aus reinem Orthoklas, sichere Bestimmung durch eine Dünnschliffuntersuchung. Teichelberg/Opf. (L 88/1); Tittling/Bayer. Wald (L 78/2); Hagendorf/Opf. (A So. 26), Stbr. Huneberg b. Altenau/Harz (EH 87/3).

Anorthoklas, $(Na,K)AlSi_3O_8$, trik.
Farblos, weiß, grau, grünlich, Kristallformen wie bei den übrigen Feldspäten, Viellinge nach dem Albit- und Periklingesetz, Glied der bei hohen Temperaturen entstandenen Mischkristallreihe Orthoklas - Albit. Auerbach/Bergstr. (A So. 27).

Orthoklaskristall (Breite der Kopffläche 2 cm) vom Himmelleitensteinbruch bei Roßbach/Oberpfalz.

Albit, $NaAlSi_3O_8$, trik.
Farblos, weiß, durch Chloritschüppchen grünlich, einfache trik. Kristalle weniger häufig, aufgewachsene Kristalle oft verzwillingt nach dem Albit- oder dem Periklingesetz, charakteristische Zwillingsstreifung, feiner beim Albit, dem Anfangsglied der Plagioklasreihe (trik. Na-Ca-Feldspäte), gröber beim Endglied Anorthit, die Zwischenglieder unterscheidet man nach ihren optischen Eigenschaften und dem prozentua-

Oben links. Offretit von Gedern/Vogelsberg. Bildbreite 3 mm.

Unten links. Chabasit als Zwölfling von Oberwiddersheim/Vogelsberg. Größe des Kristalls 1 cm.

Oben rechts. Offretit-Erionit, parallelfaserige Kristallaggregate mit Montmorillonit. Bildbreite ca. 5 mm. Gedern/Vogelsberg.

Unten rechts. Chabasitkristalle vom Wurmbergsteinbruch bei Braunlage/Harz. Bildbreite 3,5 cm.

Oben links. Leyvin

Unten. Stilbitkristall (oben) mit Heulandit (unten) von St. Andreasberg, Harz. Bildbreite 2 cm.

len Anteil der Anorthitkomponente an der jeweiligen Zusammensetzung. Fuchsbau und Stbr. Zufuhrt b. Tröstau/Fichtelg. (L 85/7-8); Münchberg, Oberfranken (A So. 8); Wurmbergsteinbruch b. Braunlage/Harz; Werlau-Wellmich b. St. Goar (EH 87/3); Tittling/Bayer. Wald (L 78/2).

Oligoklas,

Zwischenglied der Plagioklas-Reihe, trik.
Farblos, weiß, grün als Aventurinfeldspat, der gewöhnliche Na-Ca-Feldspat in sauren magmatischen Gesteinen, z.B. im Granit, meist eingewachsene Kristalle und körnige Aggregate. Bad Harzburg/Harz (EH 89/1); Diabasstbr. b. Winterberg/Sauerl. (A 82/3).

Andesin,

Zwischenglied der Plagioklas-Reihe, 50-70% Albit + 30-50% Anorthit, trik.
Farblos, grau, apfelgrün, flächenreiche Kristalle, auch eingewachsen, leistenförmig in derben Lagen. Bodenmais/Bayer. Wald (L 77/9); Auerbach/Bergstr. (A So. 27).

Labradorit,

Zwischenglied der Plagioklas-Reihe, trik.
Farblos, durch kleinste Einschlüsse grau, bläulich, braun. Zwillingsbildung bewirkt mitunter das Farbenspiel des Labradorisierens. Kaum deutliche Kristalle, lagenartig-spätige Einschlüsse in meist basischen Magmagesteinen. Bad Harzburg/Harz (EH 89/1); Auerbach/Bergstr. (A So. 27).

Bytownit, Zwischenglied der Plagioklas-Reihe, trik.
Braun, vorwiegend derbe spätige Massen als Einschlüsse, Vorkommen wie beim Labradorit, dazu im Forellenstein b. Volpersdorf (23).

Anorthit, $CaAl_2Si_2O_8$, trik.
Farblos, trübweiß, der Habitus der meist aufgewachsenen Kristalle ist albitähnlich, sonst eingewachsen als spätige Gemengteile im magmatischen Gestein, bei uns wohl nicht sehr verbreitet -wie auch die drei vorhergehenden Plagioklase- jedenfalls nur von wenigen Stellen beschrieben. Auerbach/Bergstr. (A So. 27).

Cancrinit, hex. $(Na,K,Ca)_{6-8}(Al,Si)_{12}O_{24}(SO_4,CO_3Cl)_{1-} \cdot nH_2O$,
Farblos, weiß, trüb, langprismatische Kristalle, einfach oder durch die typische flache Dipyramide begrenzt, häufiger als eingewachsene undeutliche Stengel in Subvulkaniten. Laacher Seegebiet (13).

Davyn, $(Na,Ca,K)_8(Al_6Si_6)O_{24}(Cl,SO_4,CO_3)_{2-3}$, hex.
Farblos, weißlich, cancrinitähnlich; ein solches Mineral wurde 1913 vom Laacher Seegebiet beschrieben, soll durch "pneumatolytische Prozesse" aus Cancrinit in Davyn umgewandelt worden sein; es bleibt abzuwarten, ob sich die Angaben durch Neufunde bestätigen lassen oder ob es sich um ein neues cancrinitähnliches Mineral handelt, das an Fundstellen der Osteifel vorkommt (13).

Sodalith, $Na_4Al_3(SiO_4)_3Cl$, kub.
Farblos und leicht getrübt, einfache Rhombendodekaeder, manchmal gestreckt mit prismatischem Habitus, flächenreichere Individuen durch Kombinationen von Rhombendodekaeder und Würfel, in Xenolithen vom Emmelberg b. Üdersdorf und Sattelberg/Eifel (13), im Phonolith vom Kirchberg b. Niederrotweil, Kaiserstuhl (L 78/3).

Hauyn, $(Na,Ca)_{4-8}(Al_6Si_6)O_{24}(SO_4,S)_{1-2}$, kub.
Weiß, blau, kleine Kriställchen in Blasenräumen von vorwiegend quartären Vulkangesteinen, typische Form in Schlacken ist die Kombination aus Würfel und Rhombendodekaeder, in anderen Vulkangesteinen als eingewachsene körnige Aggregate, leicht an der blauen Farbe erkennbar, wird von mehreren Fundorten der Eifel beschrieben, z.B. Mendig, Hochsimmer, Bellerberg (13); außerdem von Oberrotweil, Kaiserstuhl -hier auch zersetzt als rote Körner- (A 88/2).

Nosean, $Na_8Al_6(SiO_4)_6(SO_4)$, kub.
Farblos, meistens trübweiß bis grau, manchmal auch zartblau, in bis zu zentimetergroßen Rhombendodekaedern auftretend, Durchkreuzungszwillinge in der Form gestreckter Prismen mit einspringenden Winkeln, auch nur eingewachsener Gesteinsbestandteil. Rockeskyll, Schellkopf, Laacher See/Eifel (13).

Helvin, $Mn_4Be_3(SiO_4)_3S$, kub.
Gelb, braun, in tetraedrischen Kristallen und eingewachsenen butzenartigen Aggregaten, Gefahr der Verwechslung mit derbem Granat, wenn keine entsprechenden Kristallformen angedeutet sind, sehr selten am angegebenen Fundort. Matzersdorf b. Tittling/Bayer. Wald (L 88/4).

Mejonit, $3Ca(Al_2Si_2)O_8 \cdot CaCO_3$, tet.
Farblos, weiß, millimetergroße prismatische Kristalle in Hohlräumen quartärer Vulkangesteine, außerdem als unscheinbare weiße Körner, eingewachsen in plagioklashaltigen Xenolithen, erkennbar an einer kräftigen gelben Fluoreszenz, die auch der Skapolithvarietät Wernerit zueigen ist. Bellerberg, Eiterköpfe/Eifel (13); in anderer Paragenese wird Skapolith vom Marmorstbr. Auerbach/Bergstr. beschrieben, ohne Angabe, welches Glied dieser Gruppe (Marialit, Meionit, Mizzonit) gemeint ist (A So. 27).

Zeolithe

Natrolith, $Na_2(Al_2Si_3)O_{10} \cdot 2H_2O$, orth.
Farblos, weiß, bei Verunreinigung gelblich, rötlich, bräunlich, nadelig-säulige Kristalle, meist in radialstrahligen Büscheln, kugelig, faserig und dicht, auf Klüften und in Blasenräumen vulkanischer Gesteine. Viele Fundorte, wie z.B. Hohentwiel i. Hegau (L 78/1); Arensberg/Eifel (13); Fohberg b. Oberschaffhausen, Kaiserstuhl (A 88/2); Oberwiddersheim, Vogelsberg (L78/1); Roßberg/Odw. (L 80/7-8); seltener in magmatischen Gesteinen, z.B. St. Andreasberg/Harz (8); Stbr. Huneberg, Harz (EH 87/3); Rauschermühle b. Niederkirchen/Pfalz (EH 87/1).

Paranatrolith, $Na_{2(}Al_2Si_{3)}O_{10} \cdot 3H_2O$, ps.-orth.
Farblos, durch Wasserverlust an der Luft weiß, ps.-tet. Kristalle, nadelig-verwachsen, faserig, wandelt sich in Tetranatrolith um. Schellkopf b. Brenk/Eifel (13); Teichelberg/Opf. (A 87/1).

Tetranatrolith, $Na_2Al_2Si_3O_{10} \cdot 2H_2O$, tet.
Weiß, aus Paranatrolith hervorgegangen, parallel verwachsene und garbenförmige Kristallbüschel, nadelig-faserig. Die tet. Kristallform ist erst bei sehr starker Vergrößerung erkennbar. Vorkommen wie unter Paranatrolith.

Mesolith, $Na_2Ca_2(Al_6Si_9)O_{30} \cdot 8H_2O$, mon.
Weiß, grau, säulige bis nadelige Kristalle in büscheligen Aggregaten ähneln dem Natrolith, nur sind die Formen vom mon. System her zu deuten, soweit es die Größe überhaupt

zuläßt, auch seidige Fasern und lockere Krusten. Oberschaffhausen, Kaiserstuhl (A 88/2); Bad Harzburg/Harz (EH 89/1); Arensberg/Eifel (13); Roßberg/Odw. (L 80/7-8).

Skolezit, $Ca(Al_2Si_3)O_{10} \cdot 3H_2O$, mon.

Weiß, grau, meist ps.-rhombische Zwillinge mit typischer Federstreifung, auch gestreckte Kristalle in nadeligen Sphärolithen. Zeilberg b. Maroldsweisach (A 79/10); Langenau b. Selb, Oberfranken; Basaltbruch b. Bad Marienberg/Ww. (27); Roßberg/Odw. (L 80/7-8).

Analcim, $NaAl(Si_2O_6) \cdot H_2O$, kub.

Farblos, weiß bis grau, gelborange, charakteristische Deltoid-Ikositetraeder, einzeln oder in Drusen aufgewachsen, ferner in dichten körnigen Aggregaten und pseudom. nach Leucit, Nephelin u.a. St. Andreasberg/Harz (8); Beilstein b. Berenbach/Eifel (13); Duingen b. Alfeld (A 86/8-9); Bülten-Adenstedt b. Peine/Hannover (EH 80/4); Teichelberg b. Pechbrunn/Opf. (A 88/1); Rauschermühle b. Niederkirchen/Pfalz.

Thomsonit, $NaCa_2(Al_5Si_5)O_{20} \cdot 6H_2O$, orth.

Farblos, weiß, gelblich, grau, Einzelkristalle als vertikal gestreifte Prismen nicht sehr häufig, meist natrolithähnliche nadelig-stengelige Aggregate, fächerförmig, kugelig, knollig. Roßberg/Odw. (L 80/9); Arensberg/Eifel (13); Oberwiddersheim, Vogelsberg (L 79/6); Zeilberg b. Maroldsweisach (A 79/10).

Gonnardit, $Na_2Ca(Al_4Si_6)O_{20} \cdot 7H_2O$, orth.

Farblos, weiß, sehr feinfaserige garben- bis kugelförmige Aggregate, deutliche Kristalle extrem selten. Niederofleiden, Vogelsberg (L 78/1); Schellkopf b. Brenk/Eifel -hier ist die Bestimmung wegen der engen Verwachsung mit Para- und Tetranatrolith sehr schwierig- (13).

D'Achiardit, $(Ca,Na_2,K_2)_5(Al_{10}Si_{38})(O_{96} \cdot 25H_2O$, mon.

Farblos, als kleine prismatische Kristalle in Hohlräumen von Basaltgestein; als Fundort des seltenen Zeolithminerals wird der Steinbruch am Gaulsberg bei Ortenberg/Vogelsberg genannt.

Mordenit, $(Ca,Na_2,K_2)(Al_2Si_{10})O_{24} \cdot 7H_2O$, orth.

Weiß, nadelig-strahlige Aggregate, oft schon verkieselt am genannten Fundort. Freisen, Pfalz (20a).

Ferrierit, $(Na,K)_2Mg(Al_3Si_{15})O_{36}(OH) \cdot 9H_2O$, orth.

Farblos, weiß, dünne nadelig-gestreckte Kristalle, zu sphärolithischen Büscheln vereinigt, bisher einziger Fund in der Bundesrepublik von Reichweiler b. Freisen/Pfalz, dort als rötlich eingefärbte radialstrahlige Aggregate in Achatmandeln, aufgewachsen auf Chalcedon (A 80/3).

Laumontit, $Ca(Al_2Si_4)O_{12} \cdot 4H_2O$, mon.

Farblos, weiß, langsäulige vertikal gestreifte Prismen mit charakteristischer Abschrägung der Endfläche, nadelig-faserige Aggregate, bei Wasserverlust öfter zerbröckelnd. Bad Harzburg/Harz (EH 89/1); St. Andreasberg/Harz (8); Herbornseelbach b. Dillenburg (A 71/2); Schönlautenbach b. Idar-Oberstein -hier in Achatmandeln- (28).

Heulandit, $(Na,Ca)_{4-6}Al_6(Al,Si)_4Si_{26}O_{72} \cdot 24H_2O$, mon.

Farblos, weiß, gelblich, durch Hämatiteinlagerungen auch rötlich, meist dünntafelig-gestreckte Kristalle, blättrig verwachsen, fächerartig und schuppig. St. Andreasberg/Harz (8); Bad Harzburg/Harz (EH 89/1); Lengede b. Peine; Tittling/Bayer. Wald. (L 78/2); Herbornseelbach b. Dillenburg (27); Ellenbach b. Frauenbach, Nahe -rote Kristalle- (28).

Klinoptilolith, mon. $(Na,K,Ca)_{2-3}Al_3(Al,Si)_2Si1_3O_{36} \cdot 12H_2O$,

Farblos bis weiß, dünntaflige, nadelartige Kristalle, auch in kleinen blättrigen Aggregaten, selten in Blasenräumen von Basalten; einziger bisher bekannter Fundort in der Bundesrepublik ist der Steinbruch am Gaulsberg bei Ortenberg/Vogelsberg.

Stilbit, $NaCa_2(Al_5Si_{13})O_{36} \cdot 14H_2O$, mon., trik.

Farblos, weiß, gelblichgrau, braun, scheinbar rhombisch ausgebildete Kristalle, sind mon. Durchkreuzungszwillinge, oft typisch garbenförmig verwachsen, auch strahlig-stengelige Büschel, nicht selten. St. Andreasberg/Harz (8); Huneberg b. Altenau/Harz (EH 87/3); Erlenbach/Odw. (L 80/7-8); Tittling/Bayer. Wald (L 78/2); Waldstein/Fichtelg. (L 87/11).

Stellerit, $Ca(Al_2Si_7)O_{18} \cdot 7H_2O$, orth.

Farblos bis weiß, kleine prismatische Kristalle in Büscheln und als Hohlraumauskleidung. Winklarn b. Deggendorf/Bayr. Wald (U.).

Brewsterit, $(Sr,Ba,Ca)(Al_2Si_6)O_{16} \cdot 5H_2O$, mon.

Farblos, weiß, prismatisch-gestreckte Kristalle, fächerartig verwachsen, heulanditähnlich, bisher nur ein Fundort bei uns bekannt. St. Andreasberg/Harz (L 86/3).

Gismondin, $Ca(Al_2Si_2)O_8 \cdot 4H_2O$, mon.

Farblos, trübweiß, gut ausgebildete Kristalle mit dipyramidalem Habitus, in Wirklichkeit Zwillinge, einzeln und in geschlossenen Partien aufgewachsen, auch halbkugelige und garbenförmige Aggregate. Arensberg, Üdersdorf, Schellkopf/Eifel (13); Teichelberg/Opf. (A 88/1); Gedern, Vogelsberg (L 82/12).

Willhendersonit, $KCaAl_3Si_3O_{12} \cdot 5H_{24}O$, trik.

Farblos, klar, tafelige bis flachprismatische Kristalle mit rechteckigem Umriß, Unterscheidungsmerkmal gegenüber ähnlich aussehenden Wollastonitkristallen, in Hohlräumen von Ca-reichen Xenolithen des Bellerbergs/Eifel -für die Bundesrepublik die bisher einzige Fundstelle, neben einem Vorkommen in Italien die zweite überhaupt- (13).

Garronit, $Na_2Ca_5(Al_{12}Si_{20})O_{64} \cdot 27H_2O$, orth., ps.-tet.

Farblos, weißlich durchscheinend, keine Einzelkristalle bekannt, dichte strahlige Aggregate. Kappiger Ley/Eifel (13); Zeilberg b. Maroldsweisach (A 79/10); vom Höwenegg i. Hegau ist ein garronitähnliches Mineral beschrieben worden, das aber noch nicht genau bestimmt werden konnte.

Amicit, $K_4Na_4(Al_8Si_8)O_{32} \cdot 5H_2O$, mon.

Farblos, winzige undeutliche Kristalle, angelagert an radialstrahlige Fasern des Merlinoits, in Adern des Melilith-Nephelinits vom Höwenegg i. Hegau (N.Jb.Min.Mn. 79/11).

Phillipsit, $KCa(Al_3Si_5O_{16}) \cdot 6H_2O$, mon.

Farblos, weiß, gelblich, scheinbar orth. Kristalle als Durchkreuzungszwillinge, häufiger ps.-tet. Kristalle, die eigentlich Doppelzwillinge sind, drei solcher Vierlinge können sich zu Zwölflingen durchkreuzen, bei Ausfüllung der einspringenden Winkel entstehen annähernd Rhombendodekaeder, die Kristalle verwachsen auch zu radialstrahligen Aggregaten und sphärolithischen Krusten, häufig in vulkanischen Gesteinen. Roßberg/Odw. (L 80/7-8); Schellkopf, Arensberg und Bellerberg/Eifel (13); Limberg b. Sasbach/Kaiserstuhl (A 88/2); Teichelberg/Opf. (L 78/1); Langd, Vogelsberg (L 79/7-8).

Harmotom, $(Ba,K)_{1-2}(Al,Si)_8O_{16} \cdot 6H_2O$, mon.

Weiß, milchig trüb, ps.-tet. Durchkreuzungsvierlinge wie beim Phillipsit sind hier die Regel. St. Andreasberg -berühmt wegen der Schönheit der Kristalle- (8); Höwenegg i. Hegau (A 74/12); Bodenmais/Bayer. Wald (L 82/6); Freisen/Pfalz (28); Zeilberg b. Maroldsweisach (A 79/10); Steinbruch Setz bei Idar-Oberstein.

Merlinoit, $K_5Ca_2Al_9Si_{23}O_{64} \cdot 24H_2O$, orth.

Farblos, weiß, winzige ps.-tet. Kristalle als Fasern in radialstrahligen Büscheln. Höwenegg i. Hegau (N.Jb.Min.Mh. 79/11); Steinbruch am Gaulsberg b. Ortenberg/Vogelsberg.

Offretit, $(K_2,Ca)_5(Al_{10}Si_{26})O_{72} \cdot 30\text{-}32H_2O$, hex.

Farblos, Kristalle werden allgemein als prismatisch mit Vertikalstreifung beschrieben, auch als faserig-büschelige Aggregate, im besonderen werden leicht tonnenförmig gewölbte Kristalle aus Prisma und hex. Basis erwähnt, die in Hohlräumen aufgewachsen sind. Sasbach, Kaiserstuhl -hier besteht der innere Teil der Tönnchen aus Offretit, der Mantel aus Erionit- (A 76/7-8); Teichelberg/Opf. (A 88/1); Arensberg/Eifel (13); Geilshausen, Oberwiddersheim, Herbstein, Gedern, Wallernhausen -sämtlich Vogelsberg- (L 82/12).

Gmelinit, $(Na_2,Ca)(Al_2Si_4)O_{12} \cdot 6H_2O$, hex.

Gelbweißlich, rötlich, fleischrot, aufgewachsene Kristalle bilden eine scheinbar hex. Dipyramide. Bad Harzburg (EH 89/1) und St. Andreasberg/Harz (L 86/3).

Chabasit, $Ca(Al_2Si_4)O_{12} \cdot 6H_2O$, trig.

Farblos, weiß, gelblich, rötlichbraun, würfelähnliche Rhomboeder als aufgewachsene Kristalle, meist gut ausgebildet, Ergänzungszwillinge mit vorspringenden Ecken auf den Rhomboederflächen, als "Phakolith" mit gekrümmten Flächen linsenartig erscheinend. Oberwiddersheim, Vogelsberg (A 77/11); Üdersdorf, Schellkopf b. Brenk, Bellerberg/Eifel (13); Stbr. Huneberg b. Altenau (EH 87/3) und St. Andreasberg/Harz (8); Teichelberg/Opf. (A 88/1); Zeilberg b. Maroldsweisach (A 79/10); Freisen/Pfalz (28).

Erionit, $(Ca,Na_2,K_2)_4(Al_8,Si_{28})O_{72} \cdot 27H_2O$, hex.

Schneeweiß, dünne nadelige Kristalle, feinfaserige Aggregate, das Mineral wurde nur in Verwachsung mit Offretit festgestellt. Sasbach, Kaiserstuhl (A 76/7-8); Gedern, Vogelsberg (L 82/12).

Levyn, $(Ca,Na_2,K_2)_3(Al_6Si_{12})O_{36} \cdot 18H_2O$, trig.

Farblos, weiß, auch anders gefärbt, ps.-hex. Täfelchen, entstanden durch Verdoppelung der Rhomboederfläche infolge von Zwillingsbildung, sehr selten in vulkanischen Schlakken des Bellerbergs, in der Lava des Kalem und in einem Stbr. b. Birresborn/Eifel (13); in Verwachsung mit Offretit von Oberwiddersheim, Vogelsberg (A 77/11).

Faujasit, $(Na_2,Ca)(Al_2Si_4)O_{12} \cdot 8H_2O$, kub.

Farblos, weiß, meist gut ausgebildete kleine Oktaeder mit scharfen Kanten und rissig erscheinenden Flächen, auch andere kub. Formen. Sasbach/Kaiserstuhl (A 88/2); Annerod b. Gießen (L 82/12); Großen-Buseck, Vogelsberg (L 82/12).

Paulingit, $(K_2Ca,Na_2,Ba)_5Al_{10}Si_{32}O_{84} \cdot 34\text{-}44H_2O$, kub.

Farblos, winzige rhombendodekaedrisch entwickelte Kriställchen sitzen mit Calcitskalenoedern auf einer aus verschiedenen Bestandteilen zusammengesetzten Kruste in Hohlräumen von Melilith-Nephelinit-Gestein. Höwenegg i. Hegau (A 81/4); Steinbruch am Gaulsberg bei Ortenberg/Vogelsberg.

Organische Verbindungen

Whewellit, $CaC_2O_4 \cdot H_2O$, mon.
Farblos, weiß, andere Färbung durch Einschlüsse, meist kleine flächenreiche Kristalle mit isometrischem Habitus, auch dicktafelig ausgebildet und herzförmig verzwillingt, verschiedenartige Vorkommen. Hannebacher Ley/Eifel -in Hohlräumen vulkanischer Lava- (A 86/2); Ibbenbüren -auf Klüften von Steinkohleflözen- (EH 88/3); Hoheneggelsen b. Hildesheim -in Toneisengeoden- (A 86/2).

Humboldtin, $FeC_2O_4 \cdot 2H_2O$, mon.
Gelb, prismatische Kristalle, faserig, körnig, erdig und anflugartig. Großalmerode, Hessen (23); Schwandorf/Opf. (23).

Mellit, $Al_2C_6(CO,O)_6 \cdot 18H_2O$, tet.
Wachs- bis honiggelb, fettiger Glasglanz, durchscheinend, aufgewachsene Kristalle haben dipyramidalen Habitus, oft mit gewölbten Flächen und gerundeten Kanten, sonst derb, eingesprengt. Dransfeld b. Göttingen -mikroskopisch kleine Kristalle eines Belags auf bituminösem Holz- (L 86/10).

Asphaltit, Gemenge.
Schwarz, kugelig-warzig, glänzender Bruch. Hannebacher Ley/Eifel (A 86/2); Stbr. Lieth b. Elmshorn (L 87/2).

Kratochvilit, $C_{13}H_{10}$, orth.
Farblos, bläulich, grünlich, sehr dünne Täfelchen und Blättchen, stark perlmuttglänzend, auf Klüften der Braunkohle. Thüste b. Alfeld, Niedersachsen.

Fichtelit, $C_{19}H_{34}$, mon.
Farblos, nierig-kugelige Aggregate, im Bruch harzglänzend, in vertorften Wurzeln von Moorkiefern. Zeitelmoos b. Wunsiedel (23).

Bernstein, Gemenge.
Wachs- bis honiggelb, braunrot, auch geflammt, meist als gerundete Stücke und knollige Massen, spröd, muscheliger Bruch. Strandgut, vorwiegend an der Ostseeküste. Auch in Geschieben und Schottern der norddeutschen Tiefebene (Sandgruben).

Retinit, Harzgemenge, amorph
Wachsgelb bis gelblichweiß, dem Bernstein sehr ähnlich in der Ausbildung, aber ohne Bernsteinsäure. Großalmerode/Hessen.

Schlackenbildungen

Für Systematiker und Sammler von Schlackenbildungen werden hier diejenigen Spezies genannt, die bisher nicht als natürliche Mineralien der Bundesrepublik Deutschland vertreten sind. Es handelt sich bei diesen um natürliche Kristallbildungen, nur daß der Mensch die Voraussetzungen für ihre Entstehung schuf.

Zn-Paratacamit, $(Cu,Zn)_2(OH)_3Cl$, trig.
Grasgrün, selten in deutlichen Kristallen, krustig, mit Zn-Gehalt. Astfeld/Harz (A 87/8-9).

Botallackit, $Cu_2Cl(OH)_3$, mon.
Hellgrünblau, gestreckte Nadeln in büscheligen Gruppen, auch in Pusteln. Astfeld/Harz (A 87/5).

Anthonyit, $Cu(OH,Cl)_2 \cdot 3H_2O$, mon.
Lichtblau, prismatische Kriställchen. Richelsdorf (A 86/7).

Claringbullit, $Cu_4Cl(OH)_7 \cdot nH_2O$, hex.
Blau, flachprismatische, garbenförmig gebündelte Kristalle, sehr winzig. Astfeld/Harz (A 87/6).

Paralaurionit, $PbCl(OH)$, mon.
Farblos, gipsähnliche Kristalle, aber dünntafelig, mit Laurionit epitaktisch verwachsen. Astfeld/Harz (A 87/6).

Simonkolleit, $Zn_5(OH)_5Cl_2 \cdot H_2O$, hex.
Farblos bis weiß, kleine sechsseitige Kristalle. Richelsdorf (A 84/3), Letmathe und Seilbahn-Hüsten/Sauerland.

Boleit, $Pb_{26}Ag_{10}Cu_{24}Cl_{62}(OH)_{48} \cdot 3H_2O$, kub.
Tiefblau, würfelige Kristalle, deutlich parkettiert, hoher Glanz. Astfeld/Harz (A 87/6) .

Hämatophanit, $Pb_4Fe_3O_8(OH,Cl)$, tet.
Tiefrotbraun, kristalline Aggregate mit guter Spaltbarkeit. Richelsdorf (A 84/3) .

Zinkit, ZnO, hex.
Gelb bis orangefarben, kleine hex. Prismen, fettglänzend, durch Oxidation des metallischen Zinks in alten Schlacken entstanden. Astfeld/Harz (A 87/6).

Plumboferrit, $PbFe_4^{3+}O_7$, trig.
Schwarz, braunrot durchscheinend, dünne sechsseitige Tafeln. Letmathe/Sauerland (A 86/2).

Ordonezit, $ZnSb_2O_6$, tet.
Orangegelb, flachtafelige, gestreckte Kristalle, nadelige tet. Prismen mit tet. Pyramide. Letmathe/Sauerland (A 86/2).

Woodruffit, $(Zn,Mn^{2+})Mn_3^{4+}O_7 \cdot 1\text{-}2H_2O$, mon.
Lackschwarz, hochglänzende kugelig-schalige Aggregate in Hohlräumen von Schlacken. Astfeld/Harz (A 87/6).

Wülfingit, $Zn(OH)_2$, orth.
Gelblich, beigefarben, winzige Kriställchen, meist derb ausgebildet. Richelsdorf (A 84/4).

Ashoverit, $Zn(OH)_2$tet.
Farblos, sehr kleine tafelige Kristalle auf Zn-haltiger Schlacke. Astfeld/Harz (A 88/3).

Spertiniit, $Cu(OH)_2$, orth.
Ultramarinblau, flachprismatische bis nadelig-faserige Kristalle von geringer Größe, auch anflugartig. Astfeld/Harz (A 88/3).

Finnemanit, $Pb_5(AsO_3)_3Cl$, hex.
Gelbgrau, kurzprismatische hex. Säulen, plattig, parkettiert, stark glänzend. Altenau (A 87/6) .

Leiteit, $(Zn,Fe)As_2O_4$, mon.
Farblos, leicht gelblich, hahnenkammartig verwachsene Kristalle mit horizontaler Streifung in Schlackenhohlräumen. Lautenthal/Harz (A 88/3).

Norsethit, $BaMg(CO_3)_2$, trig.
Weiß, glasig, ps.-hex. Täfelchen in einer Schlacke. Richelsdorf (A 84/4).

Comblainit, $(Ni_x^{2+}Co_{1-x}^{3+})(OH)_2(CO_3)_{(1-x)/2} \cdot yH_2O$, trig.
Himmelblau bis helltintenblau, winzige Blättchen zu kugelignierigen Aggregaten verwachsen, in Schlackenhohlräumen. Lautenthal/Harz (A 88/3).

Chalkocyanit, $CuSO_4$, orth.
Blau, grünlich, in Schlackenhohlräumen tafelige, dreieckig ausgebildete Kristalle, horizontale Streifung. Siebertal/Harz (A 87/7).

Ferrohexahydrit, $FeSO_4 \cdot 6H_2O$, mon.
Farblos, lockenartig gedrehte Aggregate auf Fe-haltiger Schlacke. Astfeld/Harz (A 88/3).

Quenstedtit, $Fe_2^{3+}(SO_4)_3 \cdot 10H_2O$, trik.
Blaßlila, weiß, kleine, flächenreiche Kristalle, glasglänzend, in Schlacken. Richelsdorf (A 86/6).

Natronalaun, $NaAl(SO_4)_2 \cdot 12H_2O$, kub.
Farblos, feinkristalline Aggregate in Schlacken. Letmathe/Sauerland (A 86/2).

Kalialaun, $KAl(SO_4)_2$, kub.
Farblos, kleine okt. Kristalle, auch tannenbaumartig gestreckte Aggregate. Richelsdorf (A 84/2); Letmathe (A 86/2).

Kröhnkit, $Na_2Cu(SO_4)_2 \cdot 2H_2O$, mon.
Lichtblau, feinfaserige Aggregate im Hohlraum einer Schlacke. Lautenthal/Harz (A 87/7).

Butlerit, $Fe^{3+}(SO_4)(OH) \cdot 2H_2O$, mon.
Orangerot bis rotbraun, radialstrahlig-faserige Aggregate mit typischem Seidenglanz in Fe-haltiger Schlacke. Astfeld/Harz (A 88/3).

Zinkaluminit, $Zn_6Al_6(SO_4)_2(OH)_{26} \cdot 5H_2O$, hex.(?)
Weiß bis lichtgrün, lamellenartige Krusten, des weiteren Aggregate ähnlich der Eisenblüte und nierig-traubige Gebilde in Zn-haltiger Schlacke. Letmathe/Sauerland (A 83/2).

Carbonat-Cyanotrichit, $Cu_4Al_2(CO_3,SO_4)(OH)_{12}.2H_2O$, orth.
Blau, pustelige Aggregate, aus feinsten Nädelchen zusammengesetzt. Astfeld/Harz (A 87/7).

Glaukokerinit, $(Cu,Zn)_{10}Al_4(SO_4)(OH)_{30} \cdot 2H_2O$ (?), hex.
Farblos, da ohne Cu-Gehalt, sonst mit blauen Farbeinschlägen, Krusten aus makroskopisch nicht wahrnehmbaren Fasern, röntgenographisch bestimmt, in Schlacken. Astfeld/Harz (A 87/7).

Stranskiit, $Zn_2Cu(AsO_4)_2$, trik.
Cyanblau, hellblau, sehr kleine Nadelbüschel und pustelige Aggregate in Blasenräumen einer Schlacke, extrem selten im Aushub einer Baustelle auf dem Gelände der ehemaligen Silberhütte in Altenau, Harz, das Mineral ist bisher nur in Tsumeb, Namibia, vorgekommen (A 87/8-9). Neuerdings auch von Letmathe/Sauerland.

Nealit, $Pb_4Fe(AsO_4)_2Cl_4$, trik.
Gelb, tafelig-gestreckte Kriställchen, dachförmige Begrenzung, das sonst nur in den antiken Bleischlacken von Laurion, Griechenland, vorkommende Mineral fand sich in den Hohlräumen einer Schlacke. Astfeld/Harz (A 87/8-9).

Willemit, Zn_2SiO_4, trig.
Farblos, undeutlich säulig entwickelte Kriställchen mit ps.-hex. Querschnitt in Schlackenhohlräumen sind als sekundäre Neubildungen beschrieben worden. Lautenthal/Harz (A87/7-8),

Wadsleyit, ß-$(Mg,Fe)_2SiO_4$, orth.
Grau, radialstrahlig angeordnete langprismatische Kristalle in Fe-reicher Schlacke, das Mineral wurde erst einmal als Bestandteil des Pearce River Meteoriten in Kanada gefunden, es bleibt offen, ob das Schlackenmineral ein Schmelzprodukt oder eine sekundäre Neubildung darstellt. Richelsdorf (A 86/7)

Übersicht der erstbeschriebenen Minerale aus der Bundesrepublik Deutschland

Diese Liste erhebt keinen Anspruch auf Vollständigkeit

Amicit
Höwenegg/Hegau (1979): Alberti, A., Hentschel, G., Vezzatini, G., N.Jb.Min.Mh.
Arsenbrackebuschit
Grube Clara, Oberwolfach (1978): Abraham, K., Kautz, K., Tillmanns, E., Walenta, K., N.Jb.Min.Mh.
Arsenocrandallit
Grube Clara, Oberwolfach (1981): Walenta, K., Schweizer min. petr. Mitt. 61.
Arsenogoyazit
Grube Clara, Oberwolfach (1985): Dunn, P. J., Walenta, K., Schweizer min. petr. Mitt. 64.
Arsenuranospathit
Menzenschwand (1978): Walenta, K., Miner. Mag. 42.
Ba-Al-Pharmakosiderit
Neubulach (1966): Walenta, K., Tscherm. min. petr.Mitt.
Ba-Pharmakosiderit
Grube Clara, Oberwolfach (1966): Walenta, K., Tscherm. min. petr. Mitt.
Beudantit
Grube Louise, Güllesheim/Ww. (1826): Levy, A.
Bieberit
Bieber/Hessen (1845): Haidinger.
Bismutostibiconit
Grube Clara, Oberwolfach (1983): Walenta, K., Chem. Erde 42.
Boracit
Lüneburg (1789): Werner, A.G., Bergm. J. 2, Bd. 2.
Bornhardtit
Trogtal/Harz (1955): Ramdohr, P., Schmitt, M., N. Jb. Min. Mh.
Boyleit
Kropbach/Schww. (1978): Walenta, K., Chem. Erde 37.
Breithauptit
St. Andreasberg (1833): Hausmann, J., Stromeyer, F., Gött. Gelehrten Anz. 201.
Brenkit
Brenk/Eifel (1978): Hentschel, G., Leufer, U., Tillmanns, E., N. Jb. Min. Mh.
Brownmillerit
Bellerberg/Eifel (1964): Hentschel, G., N. Jb. Min. Mh.
Bulachit
Neubulach (1983): Walenta, K., Der Aufschluß 34.
Calcioferrit
Battenberg/Pfalz (1858): Blum, J.R., N. Jb. Min.
Camgasit
Grube Johann am Burgfelsen, Wittichen (1989): Walenta, K., Der Aufschluß, 40.
Carlhintzeit
Hagendorf (1979): Dunn, P.J. et. al., Can. Min. 17.
Chukhrovit-(Ce)
Grube Clara, Oberwolfach (1979): Walenta, K., Chem. Erde 38.
Clarait
Grube Clara, Oberwolfach (1982): Dunn, P.J., Walenta, K., Chem. Erde 41.
Cualstibit
Grube Clara, Oberwolfach (1984): Walenta, K., Chem. Erde 43.
Cyanophyllit
Grube Clara, Oberwolfach (1981): Walenta, K., Chem. Erde 40.
Dreyerit
Hirschhorn/Pfalz (1981): Dreyer, G., Tillmanns, E., N. Jb. Min. Mh.
Eifelit
Bellerberg/Eifel (1983): Hentschel, G. et. al., Contr. Mineral. Petrol. 82.
Ericait
Wathlingen-Hänigsen b. Celle (1950): Werner, H., Der Aufschluß 1.
Ettringit
Bellerberg/Eifel (1874): Lehmann, J., N. Jb. Geol. Paläont.
Fabianit
Rehden b. Diepholz (1963): Kühn, R., Moenke, H., Kali und Steinsalz.
"Falkmanit"
Waldsassen/Bayern (1939): Ramdohr, P. (24).
Freboldit
Trogtal/Harz (1955): Ramdohr, P., Schmitt, M., N. Jb. Min. Mh.
Freudenbergit
Katzenbuckel/Odw. (1961): Frenzel, G., N. Jb. Min. Mh.
Goslarit
Rammelsberg/Harz (1845): Haidinger.
Hagendorfit
Hagendort (1957): Strunz, H., N. Jb. Min. Mh.
Hallimondit
Weiler bei Lahr (1961): Walenta, K., Wimmenauer, W., Jh. geol. Landesamt Baden-Württemberg.
Hannebachit
Hannebacher Ley/Eifel (1985): Hentschel, G., et. al., N. Jb. Min. Mh.
Hastit
Trogtal/Harz (1955): Ramdohr, P., Schmitt, M., N. Jb. Min. Mh.
Hauchecornit
Grube Friedrich b. Wissen/Siegerland (1893): Scheibe.
Heidornit
Frenswegen bei Nordhorn (1956): Zemann, J., Heidelb. Beitr. Min. Petr. 5.
Heinrichit
Menzenschwand (1958): Gross et al., Amer. Miner. 43.
Hentschelit
Reichenbach/Odw. (1987): Medenbach, O. et al., Amer. Miner. 72.
"Heubachit"
Grube Anton, Heubachtal b. Schiltach (1876): Sandberger.
Hügelit
Weiler bei Lahr (1961): Walenta, K., Wimmenauer, W., Jh. geol. Landesamt Baden-Württemberg.
Jasmundit
Bellerberg/Eifel (1983): Hentschel, G. et al., N. Jb. Min. Mh.
Joliotit
Menzenschwand (1976): Walenta, K., Schweizer Min. Petr. Mitt. 56.
Jungit
Hagendorf (1980): Moore, P. B., Ito, J., Der Aufschluß 31.
Karminit
Grube Louise bei Güllesheim (1850): Sandberger, F.
Keckit
Hagendorf (1979): Mücke, A., Amer. Miner. 64.
Laueit
Hagendorf (1954): Strunz, H., Naturw. 43.
Lautenthalit
Lautenthal: Medenbach, O. - Veröffentlichung unbekannt.
Lehnerit
Hagendorf (1988): Mücke, A., Der Aufschluß 39.
Lüneburgit
Lüneburg (1876): Noellner, C., Jb. Naturw. Verein Fstm. Lbg. VI.
Machatschkiit
Grube Anton Heubachtal bei Schiltach (1977): Walenta, K., Tscherm. min. petr. Mitt. 26.
Matildit (Schapbachit)
Grube Friedrich-Christian, Wildschapbachtal/Schww. (1853): Kenngott.
Mayenit
Bellerberg/Eifel (1964): Hentschel, G., N. Jb. Min. Mh.
Messelit
Messel bei Darmstadt (1890): Muthmann, W., Z. Kryst. Min. 17.
Meta-Heinrichit
Menzenschwand und Wittichen (1958): Gross et al., Amer. Miner. 43.
Meta-Kahlerit
Menzenschwand und Wittichen (1958): Walenta, K., Jh. geol. Landesamt Baden-Württemberg 3.
Meta-Kirchheimerit
Wittichen (1958): Walenta, K., Jh. geol. Landesamt Baden-Württemberg 3.
Millerit
Lammerichskaule bei Horhausen (1845): Haidinger.
Moschellandsbergit
Obermoschel/Pfalz (1972): Seeliger, E., Mücke, A., Jb. Min. Abh. 117.
Mückeit
Grube Grüne Au b. Schutzbach/Siegerland (1989): Schnorrer-Köhler, G., et al., N.Jb.Min.Mh. 89/5.
Paraschachnerit
Obermoschel, Pfalz (1972): Seeliger, E., Mücke, A. Jb.Min.Abh. 117.
Parascholzit
Hagendorf (1981): Dunn, P. J. et al., Amer. Miner. 66.
Phosphoferrit
Hühnerkobel bei Zwiesel (1920): Laubmann, H., Steinmetz, H., Z. Krist. 55.
Phosphofibrit
Grube Clara, Oberwolfach (1984): Dunn, J. P., Walenta, K., Chem. Erde 43.
Phosphophyllit
Hagendorf (1926): Steinmetz, H., Z. Krist. 64.
Phyllotungstit
Grube Clara, Oberwolfach (1985): Walenta, K., N. Jb. Min. Mh.
Pseudolaueit
Hagendorf (1956): Strunz, H., Naturw. 43.
Ramsbeckit
Ramsbeck, Sauerland (1985): Hodenberg, R.v. et al., N. Jb. Min. Mh.
Rankachit
Grube Clara, Oberwolfach (1984): Walenta, K., N. Jb. Min. Mh.
Reichenbachit
Reichenbach/Odw. (1987): Medenbach, O. et al., Amer. Miner. 72.
Reinhardbraunsit
Bellerberg/Eifel (1985): Hamm, H.M., Hentschel, G., N. Jb. Min. Mh.
Richelsdorfit
Richelsdorf (1983): Schnorrer-Köhler, G., Süsse, P., N. Jb. Min. Mh.
Rokühnit
Salzdetfurth (1980): Hodenberg, R.v., Struensee, G., N. Jb. Min. Mh.
Samsonit
Grube Samson, St. Andreasberg (1910): Werner, H., Glückauf 46.
Schachnerit
Obermoschel/Pfalz (1972): Seeliger, E., Mücke, A., Jb. Min. Abh. 117.
Scholzit
Hagendorf (1949): Strunz, H., Tennyson, Chr., Z. Krist. 1956.
Schulenbergit
Oberschulenberg/Harz (1984): Hodenberg, R.v. et al., N. Jb. Min. Mh.
Siegenit
Müsen/Siegerland (1850): Dana.
Simonkolleit (S)
Richelsdorf (1985): Schmetzer, K. et al., N. Jb. Min. Mh.
Spessartin
Aschaffenburg (1832): Beudant.
Strätlingit
Bellerberg/Eifel (1976): Hentschel, G., Kuzel, H. J., N. Jb. Min. Mh.
Strengit
Gr. Eleonore bei Gießen (1881): Nies, A., N. Jb. Min. Geol. Pal.
Triphylin
Hühnerkobel bei Zwiesel (1834): Fuchs, J. N.
Trogtalit
Trogtal/Harz (1955): Ramdohr, P., Schmitt, M., N. Jb. Min. Mh.
Ullmannit
Gosenbach/Siegerland (1850): Fröbel.
Uranosilit
Menzenschwand (1983): Walenta, K., N. Jb. Min. Mh.
Uranotungstit
Menzenschwand (1984): Walenta, K., Tscherm. Min. Petr. Mitt.
Weilerit
Weiler bei Lahr (1961): Walenta, K., Wimmenauer, W., Jb. geol. Landesamt Baden-Württemberg.
Weilit
Wittichen und Markirch (1963): Herpin, P., Pierrot, R., Bull. Soc. franc. Miner. Christ 86.
Weinschenkit (Churchit)
Auerbach/Opf., (1922): Laubmann, H.
Widenmannit
Weiler bei Lahr (1961): Walenta, K., Wimmenauer, W., Jh. geol. Landesamt Baden-Württemberg.
Wilhelmvierlingit
Hagendorf (1983): Mücke, A., Der Aufschluß 34.
Wittichenit
Wittichen (1853): Kobell, F.v./Kenngott.
Wölsendorfit
Wölsendorf/Opf. (1957): Protas, C.R. Acad. Sci. Paris 244.
Wülfingit (S)
Richelsdorf (1985): Schmetzer, K. et. al., N. Jb. Min. Mh.
Xanthoxen
Hühnerkobel bei Zwiesel (1920): Laubmann, H., Steinmetz, H.
Zwieselit
Pegmatit bei Zwiesel (1841): Breithaupt.

Literatur

1. BLIEDTNER, M. und MARTIN, M. (1986): Erz- und Minerallagerstätten des Mittleren Schwarzwaldes. Freiburg.
1a. BECHER, J.P. (1789): Mineralogische Beschreibung der Oranien-Nassauischen Lande. Marburg.
1b. BECK, R. (1901): Lehre von den Erzlagerstätten. Berlin.
1c. BERGEAT, A. (1905): Die Erzlagerstätten. Leipzig.
2. BRAUN, E. (1974): Die Goldlagerstätte des Eisenbergs bei Korbach. Glückauf 8. Essen.
3. BÜLTEMANN, H.-W. (1965): Die Uranvorkommen Ellweiler in Rheinland-Pfalz und Menzenschwand im Schwarzwald. Erzmetall 18. Stuttgart.
4. BUSCHENDORF, F. et al. (1971): Geologie des Erzgangreviers, Mineralogie des Ganginhaltes und Geschichte des Bergbaus im Oberharz. - Monographie 3 der deutschen Blei-Zink-Erzlagerstätten, Lieferung 1 - Beihefte zum Geologischen Jahrbuch, Heft 118. Hannover.
5. DREYER, G. und HANEKE, J. (1978): Geochemische und geologisch-lagerstättenkundliche Untersuchungen im Bereich der Kupfererzvorkommen von Imsbach am Donnersberg. Mainzer geowiss. Mitt. 6. Mainz.
6. DRIEßNER, TH. (1985): Der "Kalkberg" in Lüneburg. Jb. Naturw. Verein Fstm.Lbg., 37. Lüneburg.
6a. FLEISCHER, M. (1987): Glossary of Mineral Species. 5. Aufl. Tucson, USA.
7. FUCHS, H.J. et al. (1985): Rheinbreitbach - Bergbaugeschichte, Geologie, Mineralien. Bode-Vlg., Haltern.
8. GEBHARD, G. (1988): Harzer Bergbau und Minerale - St. Andreasberg. Gebhard-Giesen-Vlg., Reichshof.
9. GEBHARD, G. (1987): Ramsbeck - Bergbau und Mineralien. Bode-Vlg., Haltern.
9a. GEBHARD. G. (1987): Mineralien-Lexikon, Bode-Vlg., Haltern.
9b. HAEGE, Th. (1887): Die Mineralien des Siegerlandes, Reprint Bode-Vlg. 1982., Bochum.
10. GLAS, M. und SCHMELTZER, H. (1976): Mineralfundstellen - Band 3. Baden-Württemberg. München.
11. HEBERLING, E. und STOPPEL, D. (1988): Vom Schwerspat- und Kupfererzbergbau um Bad Lauterberg. Bode-Vlg., Haltern.
11a. HEIDTKE, U. (1988): Die Minerale der Pfalz. Pollichia-Sonderdruck 7, 2. Aufl. Bad Dürkheim.
12. HENGLEIN, M. (1924): Erz- und Minerallagerstätten des Schwarzwaldes. Stuttgart.
13. HENTSCHEL, G. (1987): Die Mineralien der Eifelvulkane. München.
14. HINTZE, C. (1897-1938): Handbuch der Mineralogie. Leipzig/Berlin, ergänzt durch Chudoba, K.F. (1960-1975). Berlin.
14a. HOFMEISTER, W. (1983): Die Mineralogie des Landschaftsschutzgebietes Donnersberg. Pollichia-Buch Nr.4. Bad Dürkheim.
14b. HOTZE, H. (1989): Mineraliensammeln im Harz - Bad Lauterberg. Bode-Vlg., Haltern.
15. KAISER, H. (1984): Die Grube Clara zu Wolfach im Schwarzwald. Freiburg.
15a. KAMP, H. von (1981): Erläuterungen zu Blatt C 4714 Arnsberg. Geol. Landesamt NRW, Krefeld.
15b. KLASSEN, H. -Hrsg.- (1984): Geologie des Osnabrücker Berglandes. Osnabrück.
16. KÜHN, R. (1972): Salzmineralien aus niedersächsischen Lagerstätten. Ber. Naturkrist. Ges. Hannover 116. Hannover.
17. KÜHN, R. (1957): Führung durch das Kalibergwerk Neuhof-Ellers, obere Sohle, nebst einigen Beiträgen zur Petrographie des Werra-Fulda-Kalireviers. Fortschr. Min. 35. Stuttgart.

17a. LUEDECKE, O. (1896): Die Minerale des Harzes. Berlin.
17b. MEDENBACH, O./SUSSIECK; C. (1982): Mineralien. Steinbachs Naturführer. München.
18. MESSER, E. (1955): Kupferschiefer, Sanderz und Kobaltrücken im Richelsdorfer Gebirge (Hessen). Hess. Lagerstättenarchiv, 3. Wiesbaden.
19. METZ, R., et al. (1957): Die Blei-Zink-Erzgänge des Schwarzwaldes. Beih. geol. Jb., 29. Hannover.
20. MOHR, K. (1978): Geologie und Minerallagerstätten des Harzes. Stuttgart.
20a. MÜLLER, G. (1982): Mineralien des Saarlandes. Tagungsheft zur VFMG-Sommertagung in Oberthal. Heidelberg.
21. NICKEL, E. (1985): Odenwald, Vorderer Odenwald zwischen Darmstadt und Heidelberg. Sammlung geol. Führer, 2. Aufl., Stuttgart.
21a. NOSTIZ, R. (1912): Die Minealien der Siegener Erzlagerstätten. Reprint Bode-Vlg., Bochum.
22. OSANN, A. (1927): Die Mineralien Badens. Stuttgart.
23. RAMDOHR, P., STRUNZ, H. (1978): Klockmanns Lehrbuch der Mineralogie. 16. Aufl. Stuttgart.
24. RAMDOHR, P. (1975): Die Erzmineralien und ihre Verwachsungen. 4. Aufl. Berlin.
25. RIECH, E., et al. (1986): Rammelsberg - Bergbau und Mineralien. Bode-Vlg., Haltern.
26. RICHTER-BERNBURG, G. (1968): Salzlagerstätten. Stuttgart.
27. ROTH, H.J. (1983): Siegerland, Westerwald, Lahn und Taunus. Geologie, Mineralogie und Paläontologie. Kosmos-Vlg., Stuttgart.
27a. SCHEINPFLUG, R. (1983): Der Zeilberg bei Maroldsweisach. Lohr am Main.
28. SCHMELTZER, H. (1977): Mineralfundstellen - Band 6: Rheinland-Pfalz. München.
29. SCHMELTZER, H. (1977): Mineralfundstellen - Band 2: Bayern. München.
30. SCHMIDT-THOME, P. (1987): Helgoland. Berlin/Stuttgart.
31. SCHWEIZER, V., KRAATZ, R. (1983): Kraichgau und südlicher Odenwald. Sammlung geol. Führer, 72. Stuttgart.
32. SEELIGER, E. und STRUNZ, H. (1965): Erzpetrographie der Uranmineralien von Wölsendorf. II. Mitteilung: Brannerit, Lermontovit (?), Selen und Selenide, Ni- und Bi-Begleitmineralien. N.Jb. Miner. Abh. 103. Stuttgart.
32a. SEELIGER, E. (1950): Pseudohydrothermale Pb-Zn-Erzgänge im Ruhrgebiet und im Gebiet von Velbert-Lintorf. Archiv für Lagerstättenforschung, Heft 80. Berlin.
33. SLOTTA, R. (1983/1987): Technische Baudenkmäler in der Bundesrepublik Deutschland. Band 4, Der Metallerzbergbau, Teil I und II/ Band 5, Der Eisenerzbergbau, Teil I. Bochum.
34. SLOTTA, R. et al. (1987): Bad Grund - Mineralien und Bergbau. Bode-Vlg., Haltern.
35. STOPPEL, D. (1987): Auf Erzsuche. Zur Geschichte des Silber-, Kupfer- und Schwerspatbergbaus im Raum Biedenkopf-Dillenburg. Bode-Vlg., Haltern.
36. STRUNZ, H. (1952): Mineralien und Lagerstätten in Ostbayern. Acta Albertina 20. Regensburg.
37. STRUNZ, H. (1982): Mineralogische Tabellen. Leipzig.
37a. VOGELGESANG, W. (1865): Geognostisch-bergmännische Beschreibung des Kinzigthaler Bergbaues. Beitr. z. Statistik d. inneren Verwalt. d. Großherzogtums Baden. Karlsruhe.
38. WALENTA, K. (1979): Mineralien aus dem Schwarzwald. Kosmos-Vlg., Stuttgart.
38a. WALENTA, K. und WIMMENAUER, W. (1961): Der Mineralbestand des Michaelganges im Weiler bei Lahr (Schwarzwald). Jh. geol. Landesamt Baden-Württemberg 4. Freiburg.
39. WETZEL, W. (1957): Mineralien in Schleswig-Holstein. Kiel.
40. WILKE, H.-J. (1979): Mineralfundstellen - Band 7: Hessen. München.
41. ZARBOCK, (1985): Mineralbestand der Grube Christa, Großschloppen. Unveröffenlichtes Manuskript.

Register
Bergwerke und Ortsnamen

Die kursiv gedruckten Namen geben Bergwerke an.

Register
Mineralien

Die kursiv gedruckten Namen geben Mineralvarietäten, die kursiv gedruckten Zahlen die Seitenzahl eines Farbfotos an.

Sammlungsnachweis

Ballak, Norbert/Lonig: 229 o.re., 238 u.re., 255 u.re.
Bauer, Horst/Singhofen: 88.
Betz, Volker/Taunusstein: 107, 194 u.li., 233 o.re., 240 u.li., 254 u. 255 o.li., 282 u.re., 286 o., 286 u.li., 290.
Beyert/Bad Harzburg: 203 u.
Bode, Rainer/Haltern: 24, 39, 43, 222 o.li., 223 o.li., 227 o.li, 265 o.re., 272 u.re., 286 u.re.
Bolland, Helmut/Wermelskirchen: 157 o., 160 u.re., 162 o.re., 169 u., 183 o.li., 235 o.re.
Büdenhölzer, Norbert/Herdorf: 61.
Büttchen: 215 u.re.
Dederscheck, Detlef/Bad Homburg: 206 u.re., 207 o.li., 236 u.re.
Dietrich, Dr. Roland/Wiesbaden: 105, 236 o., 240 u.re., 243 o., 251 o.re., 269 o.re.
Dietrichs, Dr. Joachim/Eindhoven: 26.
Estrov, Dr.: 36 o., 170 u. li., 188, 222 o.re.
Fettel, Michael: 165 u.li., 173 o., 175 o.li.
Fricke, Reinhard/Iserlohn: 38 u., 195 u.li.
Gebhard, Dr. Georg/Reichshof: 164 u.li., 168 o.li., 169 o.li., 173 u., 279 o.li., 282 u.li.
Geipel, Rudolf/Regenstauf: 207 u.li., 239 o.re., 242 o.re., 246 o.re., 272 u.li., 278 u.li., 285.
Geologisk Museum Kobenhaven: 156.
Goelker, H.R./Wenden: 222 u.re., 226, 227 o.re.
Gulich, Johannes/Urberg: 132, 205 o.re., 238 o.re., 242 o.re., 265 o.
Gundermann, Thomas/Clausthal-Zellerfeld: 261 u.re.
Habel, Martin/Passau: 260 o.re.
Harms: 218.
Heckmann, Hado/Essen: 176, 250 o.li.
Heidtke, Ulrich/Deidesheim: 201 u.re.
Helsper, Gerd/Gosenbach: 227 u., 231 o.li.
Hentschel, Dr. Gerhard/Wiesbaden: 186 o.li., 187 u.re.
Heyde, Kurt/Böhl-Iggelheim: 197 o.
Hotze, Heinrich/Bad Lauterberg: 223 u.
Houssa, Michel/Liege: 275 o.re.
Jatzkowski, Martin/Wadersloh: 210, 211.
Jäger, Berthold/Göttingen: 279 o.re.
Keck, Erich/Etzenricht: 239 o.li., 239 u. re., 240 o.re., 240 u.li., 246 o.li., 246 u., 247, 248, 250 u.li., 251 o.li., 254 o.li.
Kohout, Karl/Kerzenheim: 118, 278 u.re.
Kolb, Matthias/Güllesheim: 225 u.li.
Konrad, Walter/Freiburg: 228 u.re., 237.
Künzel, Dr. Egon/Leverkusen: 268 u.li., 275 u.li.
Lieber, Dr. Werner/Heidelberg: 182, 222 u.li., 257 o.li.
Lück, Erich/Neuwied: 165 o.li.
Maggi, H./Wiel: 126, 214 u., 231 o.re., 231 u.re., 232 u.li., 240 o.li.
Medenbach, Dr. Olaf/Witten: 162 o.li.
Meersche, Eddy v.d./Gent: 190 o., 229 o.re., 233 u.re.
Mell, Rolf/Fuldabrück: 36 u.
Meyer, Herbert/Haslach: 160 o., 170 u.re.
Mineralogische Sammlung der Ruhruniversität Bochum: 183 o.re., 219 u.re., 283 u.
Mineralogische Sammlung der Universität Hamburg: 171 o.li., 183 u., 219 o.re., 238 u.li.
Mineralogische Sammlung der Universität Rom: 208 u.re.
Mineralogische Sammlung der Universität Münster: 162 u.li., 171 o.re., 219 u.li., 257 u.
Mineralogische Sammlung Technische Universität Clausthal: 165 o. re., 175 u.re., 214 o.
Mineralogische Sammlung Universität Bonn: 56, 95, 98, 168 o.re., 211 u.li., 215 o., 225 o.re., 236 u.li.
Muhr, Markus: 175 o.re., 177.
Müller, Sieghard/Koblenz: 207 o.re., 244.
Müsse, Heinrich/Hilchenbach: 14.
Museum National d`Historie Naturelle/Paris: 63.
Museo de Geologica (Museo Martorell/Barcelona: 235 o.li.
Naturhistorisches Museum Wien: 83, 205 u.re., 232 o.li.
Naturkundemuseum Dortmund: 53, 163 u.
Noll, Kurt/Wattenheim: 165 u.r., 238 o.li.
Nosty, Gerd: 2/3 u.li.
Offermann, Erich/Arlesheim: 254 o.re.
Rank, Roland/Hof: 109 u., 196 o., 196. u.re., 223 o.re., 229 o.li., 243 u.li., 250 u.re., 251 u., 257 o.re., 260 u., 264 o., 264 u.re., 269 o.li., 279 u.li.
Rinn, Hilde/Braunfels: 53, 202.
Rondorf, Eugen/Neuwied: 187 o.li., 190 u., 195 o.li., 197 u.re., 219 o.li., 269 u.re., 272 o., 275 o.li., 278 o.li.
Runkel, Joachim/Bochum: 7, 64, 102, 153, 160, 174, 191, 198, 201 o.re., 205 u.li., 208 o., 215 u.li.
Schertl, Hans-Peter: 282 o.re.
Schlabach, Peter/Breunigweiler: 157 u.re., 232 o.re.
Schreck, Anton/Oer-Erkenschwick: 170 o.re.
Schreyer, Herbert/Bad Grund: 207 o.re.
Schüller, Willi/Adenau: 201 o.li., 203 o.re., 228 o.re., 255 o.re., 255 u.li., 261 o.li., 268 o., 268 u.re., 275 u.re., 278 o.re.
Schwarz, Ewald/Obereisenhausen: 163 o., 205 o.li.
Schweisfurth, Gerhard/Siegen-Niederschelden: 164 u.re., 168 u., 175 u.li., 187 o.re., 195 o.re., 206 o., 216, 235 u.
Sievert: 232 u.li.
Steen, Helge/Freiburg: 179 o.li.
Steinkamm, Dr. Uwe/Goslar: 225 u.re., 228 o.li., 283 o.li.
Ternes, Bernd/Mayen: 92, 187 u.li., 194 o., 203 o.li., 242 u.re., 260 o.li., 261 u.li., 261 o.re., 265 u., 269 u.li., 282 o.li., 283 o.re.
Tischer, Hubert/Lünen: 239 u.li., 250 o.re.
Vogelsang, Heinz/Recklinghausen: 228 u.li.
Weskamp, Henry/Siegen: 186 u.re.
Wittern, Artur/Barmstedt: 225 o.li.

Fotonachweis

Archiv Deutsches Bergbaumuseum Bochum: 18, 23, 28, 96.
Baade, Reinhardt/Wermelskirchen: 40, 42, 50, 54, 55, 70, 150, 4. Umschlags.
Becherer, Hansjörg/Fischingen: 131.
Bender, Dieter/Marl: 36 li., 47, 94 o., 134.
Betz, Volker/Taunusstein: 107, 165 u.li., 173 o., 194 u.li., 233 o.re., 239 o.li., 239 u.re., 240 o.re., 240 u.li., 242 u.li., 246 o.li., 246 u., 247, 250 u.li., 251 o.li., 254 o.li., 254 u., 255 u.li., 282 u.re., 286 o., 286 u.li., 287 o.li., 290.
Dietrich, Dr. Roland/Wiesbaden: 97.
Eicke, A./St. Andreasberg: 27.
Glas, Max/Starnberg: 133.
Geipel, Rudolf/Regenstauf: 143, 144, 147 o., 239 o.re., 242. o.li., 246 o.re., 272 u.li., 278 u.li., 285.
Grosch, Fa./Dietzenbach: 127.
Habel, Martin/Passau: 147 u., 148.
Hacker/Hauzenberg: 149.
Haus, Rainer/Biebertal: 35 u., 79, 82.
Heckmann, Hado/Essen: 252.
Helsper, Gerd/Gosenbach: 227 u., 231 o.li.
Henkel, Manfred/Würzburg: 109 o., 111, 145, 146.
Hosser-Foto/Idar-Oberstein: 2.
Jäger, Berthold/Göttingen: 34.
Jerusalem/Idar-Oberstein: 101 o.
Keck, Erich/Etzenricht: 140 r., 141.
Künzel, Dr. Egon/Leverkusen: 91, 92, 93, 94 u., 219 o.li., 233 o.li., 268 u.li., 275 u.li.
Lieber, Dr. Werner/Heidelberg: 182, 222 u.li., 257 o.li.
Medenbach, Dr. Olaf/Witten: 14, 53, 162 o.li., 163 u., 168 o.li., 202, 219 u.re., 279 o.li., 282 u.li., 283 u., 287 u.
Meersche, v.d. Eddy/Gent: 186 o.li., 187 o.li., 187 u., 190, 194 o., 195 o.li., 197 u.re., 201 o.li., 203 o., 228 o.re., 233 u.re., 238 u.re., 242 u.re., 255 o.re., 255 u., 260 o.li., 261 o.li., 261 u.li., 265.u., 268 o., 268 u.re., 272 o., 275 o.li., 275 o.re., 275 u.re., 278 o., 283 o.re.
Muhr, Markus/Troisdorf: 90.
Müther, Theo/Münster: 38/39, 110, 138 u.
Noll, Kurt/Wattenheim: 117, 119, 238 o.li.
Offermann, Erich/Arlesheim: 254 o.re., 263.
Rank, Roland/Hof: 109 u., 136, 137, 138 o., 139, 140, 160 u.li., 196 o., 196 u.re., 223 o.re., 229 o.li., 243 u.li., 250 u.re., 251 u., 257 o.re., 260 u., 264 o., 264 u.re., 279 u.li.
Schreiber, Wolfgang/Neu-Isenburg: 30, 85, 120, 155, 220.
Steen, Helge/Freiburg: 179 o.li.

Alle anderen Fotos : Rainer Bode